U0311262

航空航天材料化学概论

江 雷 朱 英 等 编著

科学出版社

北 京

内 容 简 介

化学作为一门"核心、实用和富有创造性"的科学，在国家工业生产、经济发展、环境安全和民生健康等相关领域的发展中具有无可替代的作用与价值。航空航天技术是衡量一个国家综合实力的指标，化学为航空航天技术提供了创造新物质的重要手段，对航空航天技术发展起到了强有力的支撑和保障作用。为帮助了解化学材料在航空航天领域的研究与进展，本书全面地介绍了元素周期表中的元素及其化合物，以及碳材料和高分子材料的结构、性质及其在航空航天领域的应用实例。

本书可为航空航天领域的科研人员以及相关专业的本科生和研究生提供参考。

图书在版编目（CIP）数据

航空航天材料化学概论 / 江雷等编著. —北京：科学出版社，2019.6

ISBN 978-7-03-060761-4

Ⅰ.①航… Ⅱ.①江…②朱… Ⅲ.①航空材料－材料科学－应用化学 ②航天材料－材料科学－应用化学 Ⅳ.①V25

中国版本图书馆 CIP 数据核字（2019）第 043683 号

责任编辑：张淑晓 宁 倩 / 责任校对：杜子昂
责任印制：肖 兴 / 封面设计：耕者设计工作室

科 学 出 版 社 出版

北京东黄城根北街 16 号
邮政编码：100717
http://www.sciencep.com

天津市文林印务有限公司印刷

科学出版社发行 各地新华书店经销

*

2019 年 6 月第 一 版 开本：787×1092 1/16
2019 年 6 月第一次印刷 印张：27 3/4
字数：635 000

定价：138.00 元
（如有印装质量问题，我社负责调换）

前 言

化学元素周期表的发现是人类最重要的科学成就之一，是化学发展的一个重要里程碑，对其他自然学科如生物学、天文学、物理学等的发展都具有广泛的意义。化学可为人类社会的可持续发展提供能源、健康、农业、航空航天和教育等方面的解决方案。正是基于化学元素对人类的重大贡献，2017 年 12 月 20 日，联合国将 2019 年列为"国际化学元素周期表年"。

航空航天是人类利用载人或无人飞行器在地球大气层内外进行的航行活动，大大改变了交通运输的结构，不但提供了一种快速、方便、安全、舒适的交通运输手段，而且给国民经济各部门带来直接的经济效益。化学作为一门中心学科，承担着制造新物质和研发新材料的任务，这势必为航空航天领域的发展提供强有力的工具。氢气作为高效燃料将中国大推力运载火箭长征五号成功送入太空；第三代铝锂合金、碳纤维复合材料应用在中国的大飞机 C919 众多部件；梦想号波音 787 梦想客机和空客 A380 都将锂电池作为主电池系统；北斗导航卫星系统采用了高精度铷原子钟和氢原子钟提供高度精确的时间；过氧化锂为载人航天器的生命保障系统提供氧气。总之，航空航天领域的发展，需要高效的燃料、轻质高强的新材料、高性能的化学电源、更加精确的时间和可靠的生命维持系统，这一系列的需求都离不开化学元素优化组合产生的新物质。本书以化学元素基本物理化学性质为主线，系统介绍它们的单质及其化合物的结构特征、制备方法、特性以及应用领域，着重介绍它们在航空航天领域相关研究中的发展及其为人类探索未知科学领域和未知宇宙空间作出的重要贡献。

北京航空航天大学化学学院自 2008 年成立以来，一直以"建设具有航空航天特色的国际一流化学学院"为目标。为庆祝北京航空航天大学化学学院成立十周年，在一线教学的老师们总结了近年来航空航天特色基础化学教学内容编成此书，旨在建设具有航空航天特色的化学学科。本书涵盖了元素周期表中所有的元素及其化合物，以及碳材料和高分子材料在航空航天领域的应用实例和在其他领域的应用和发展，为航空航天类相关专业的本科生、研究生、教师和该领域科技人员提供参考。衷心感谢衡利苹、孙晓波、王哲、田东亮、王女、吴俊涛、赵勇、侯永平、王景明、鹿现永、周苇、刘欢、霍利军、王华、杨中甲、程群峰和王明存老师参与本书的编写工作。在本书编写过程中，也得到了北京航空航天大学化学学院其他许多老师的大力协助和支持，在此表示衷心感谢。

由于编者的学识和精力有限，书中难免存在疏漏之处，诚恳希望读者批评指正。

编 者

2018 年 12 月

目　　录

前言
第1章　绪论 …………………………………………………………………… 1
1.1　化学元素的发展 ………………………………………………………… 1
1.2　化学元素周期表 ………………………………………………………… 2
1.3　化学在社会发展中的作用 ……………………………………………… 4
参考文献 …………………………………………………………………… 5
第2章　碱金属 ………………………………………………………………… 6
2.1　碱金属元素的性质 ……………………………………………………… 6
2.2　碱金属的单质 …………………………………………………………… 7
2.2.1　物理性质 ……………………………………………………………… 7
2.2.2　化学性质 ……………………………………………………………… 7
2.3　碱金属的化合物 ………………………………………………………… 9
2.3.1　氧化物 ………………………………………………………………… 9
2.3.2　氢氧化物 ……………………………………………………………… 10
2.3.3　盐类 …………………………………………………………………… 12
2.4　碱金属在航空航天领域的应用 ………………………………………… 12
2.4.1　单质与合金 …………………………………………………………… 12
2.4.2　化合物 ………………………………………………………………… 14
2.4.3　电池 …………………………………………………………………… 15
2.4.4　原子钟 ………………………………………………………………… 17
参考文献 …………………………………………………………………… 18
第3章　碱土金属 ……………………………………………………………… 20
3.1　引言 ……………………………………………………………………… 20
3.2　碱土金属单质的物理和化学性质 ……………………………………… 21
3.2.1　基本物理性质 ………………………………………………………… 21
3.2.2　物理性质的递变性 …………………………………………………… 21
3.2.3　物理性质的特性 ……………………………………………………… 22
3.2.4　基本化学性质 ………………………………………………………… 25
3.2.5　化学性质的递变性 …………………………………………………… 25
3.2.6　化学性质的特性 ……………………………………………………… 26
3.3　碱土金属化合物的物理与化学性质 …………………………………… 27

3.3.1　氧化物···27

3.3.2　过氧化物···28

3.3.3　氢氧化物···28

3.3.4　氢化物···28

3.3.5　氮化物···28

3.3.6　卤化物···29

3.3.7　碱土金属的盐···29

3.4　碱土金属在航空航天领域的应用······································31

3.4.1　铍及其合金在航空航天领域的应用·······························31

3.4.2　镁及其合金在航空航天领域的应用·······························34

3.4.3　钙元素在航空航天领域的应用···································38

3.4.4　锶元素在航空航天领域的应用···································39

3.4.5　碱土金属元素的多元合金·······································40

参考文献···40

第4章　硼族元素···42

4.1　引言···42

4.2　硼及其化合物···43

4.2.1　单质硼···44

4.2.2　硼的化合物···46

4.2.3　硼及其化合物的应用···52

4.3　铝及其化合物···55

4.3.1　铝单质···55

4.3.2　铝的化合物···56

4.3.3　铝合金的应用···58

4.4　镓、铟、铊···60

参考文献···62

第5章　碳族元素···64

5.1　引言···64

5.2　单质的物理和化学性质···64

5.2.1　碳单质···64

5.2.2　硅单质···68

5.2.3　锗分族单质···69

5.3　化合物的物理与化学性质···71

5.3.1　碳化合物···71

5.3.2　硅化合物···75

5.3.3　锗分族化合物···76

5.4　碳族元素与化合物在航空航天领域的应用·····························79

5.4.1 碳及其化合物的应用 ·· 79

5.4.2 硅及其化合物的应用 ·· 80

5.4.3 锗及其化合物的应用 ·· 81

参考文献 ·· 82

第 6 章　氮族元素 ··· 83

6.1 氮 ·· 83

6.2 氨和铵盐 ··· 85

6.2.1 氨 ·· 85

6.2.2 铵盐 ·· 86

6.3 氮的含氧化合物 ··· 86

6.3.1 氮的氧化物 ··· 86

6.3.2 氮的含氧酸及其盐 ··· 88

6.4 磷与砷、锑、铋 ··· 91

6.4.1 磷在自然界中的分布与单质磷 ·· 91

6.4.2 磷的含氧化合物 ··· 92

6.4.3 砷、锑、铋的单质及重要化合物 ·· 94

6.5 氮族元素在航空航天领域的应用 ·· 97

6.5.1 概述 ·· 97

6.5.2 硝基氧化剂 ··· 98

6.5.3 肼类燃烧剂 ··· 99

参考文献 ··· 101

第 7 章　氧族元素 ·· 102

7.1 氧族简介 ··· 102

7.2 氧 ··· 103

7.2.1 氧的成键特征 ··· 103

7.2.2 氧分子和氧分子离子 ··· 103

7.2.3 臭氧 ··· 106

7.2.4 氧和 p 区元素的氧化物 ·· 109

7.2.5 过氧化氢 ··· 109

7.2.6 三氧化硫和二氧化硫 ··· 112

7.2.7 金属氧化物 ··· 112

7.2.8 氧在航空航天领域的应用 ·· 113

7.3 硫 ··· 115

7.3.1 单质硫的同素异形体 ··· 116

7.3.2 硫化氢、硫化物和多硫化物 ·· 117

7.3.3 硫的氧化物、含氧酸及其盐 ·· 118

7.3.4 非金属含氧酸结构简介 ·· 120

7.3.5　硫的其他含氧酸及其盐 ·· 121

7.3.6　硫的生物作用 ·· 123

7.3.7　硫元素在航空航天领域的应用 ··· 124

7.4　硒和碲 ·· 125

7.4.1　硒的简介 ·· 125

7.4.2　硒的化学性质 ·· 126

7.4.3　碲的简介 ·· 127

7.4.4　硒和碲的含氧酸 ·· 127

7.4.5　金属的硫化物、硒化物和碲化物 ·· 128

7.4.6　硒在航空航天领域的应用 ··· 128

7.4.7　碲在航空航天领域的应用 ··· 129

7.5　钋 ··· 131

7.5.1　钋元素简介 ·· 131

7.5.2　钋元素在航空航天领域的应用 ·· 131

参考文献 ·· 132

第8章　卤族元素 ·· 134

8.1　引言 ··· 134

8.2　卤素单质的物理和化学性质 ·· 135

8.2.1　与单质作用 ·· 136

8.2.2　卤素间的置换反应 ··· 137

8.2.3　与水（酸、碱）作用 ·· 137

8.3　卤素化合物的物理与化学性质 ··· 138

8.3.1　卤化氢与氢卤酸 ·· 138

8.3.2　卤素氧化物 ·· 139

8.3.3　卤素的含氧酸及其盐 ·· 140

8.4　卤素在航空航天领域的应用 ·· 143

8.4.1　含氟化合物 ·· 143

8.4.2　含氯化合物 ·· 146

8.4.3　含溴化合物 ·· 147

8.4.4　含碘化合物 ·· 147

参考文献 ·· 147

第9章　惰性气体 ·· 149

9.1　惰性气体性质 ·· 149

9.2　惰性气体的发现 ··· 149

9.3　惰性气体化学的建立 ··· 150

9.4　惰性气体应用 ·· 151

9.5　惰性气体化合物的应用 ·· 153

9.5.1　原子能反应堆工艺 ··· 153

9.5.2　核燃料工业 ··· 154

9.5.3　化学及化学工业 ··· 155

9.5.4　其他 ··· 156

参考文献 ··· 158

第 10 章　钛、钒副族 ·· 160

10.1　钛副族元素的性质 ··· 160

10.1.1　钛副族元素概述 ·· 160

10.1.2　钛 ··· 161

10.1.3　锆 ··· 164

10.1.4　铪 ··· 166

10.2　钒副族元素的性质 ··· 167

10.2.1　钒副族元素概述 ·· 167

10.2.2　单质的物理和化学性质 ··· 168

10.2.3　重要化合物的物理和化学性质 ··· 170

10.3　钛钒副族元素的应用 ··· 174

10.3.1　航空用钛钒合金 ·· 174

10.3.2　国内外航空用钛钒合金应用现状 ······································· 184

10.4　总结与展望 ·· 195

参考文献 ··· 195

第 11 章　铬、锰副族 ·· 199

11.1　铬副族元素 ·· 199

11.1.1　铬的单质 ··· 201

11.1.2　三价铬 Cr(III)的化合物 ·· 201

11.1.3　六价铬 Cr(VI)的化合物 ·· 203

11.1.4　钼元素和钨元素 ·· 205

11.1.5　铬副族元素的应用 ·· 206

11.2　锰副族元素 ·· 210

11.2.1　锰的单质 ··· 211

11.2.2　锰的化合物 ·· 211

11.2.3　锝元素和铼元素 ·· 214

11.2.4　锰副族元素的应用 ·· 215

参考文献 ··· 216

第 12 章　铁系、铂系 ·· 218

12.1　铁系 ··· 218

12.1.1　铁系物质简介 ·· 218

12.1.2　铁系化合物 ·· 219

12.1.3 铁系元素化学反应 ······ 226

12.1.4 铁系材料的应用 ······ 228

12.2 铂系 ······ 234

12.2.1 铂系物质简介 ······ 234

12.2.2 铂系化合物及化学反应 ······ 235

12.2.3 铂系材料的应用 ······ 237

参考文献 ······ 244

第 13 章 铜、锌副族 ······ 246

13.1 铜副族元素 ······ 246

13.1.1 铜的性质与用途 ······ 246

13.1.2 银的性质与用途 ······ 253

13.1.3 金的性质与用途 ······ 259

13.2 锌副族元素 ······ 265

13.2.1 锌的性质与用途 ······ 265

13.2.2 镉的性质与用途 ······ 271

13.2.3 汞的性质与用途 ······ 275

参考文献 ······ 281

第 14 章 稀土元素 ······ 284

14.1 稀土元素特性 ······ 285

14.1.1 稀土元素的制备 ······ 285

14.1.2 稀土元素的发色原理及光谱特性 ······ 286

14.1.3 稀土元素的主要物理化学性质 ······ 286

14.2 我国稀土资源概况 ······ 287

14.3 稀土元素的名称由来及应用概况 ······ 288

14.4 稀土材料在航空航天领域的应用 ······ 295

14.4.1 稀土永磁材料在信息技术中的应用 ······ 295

14.4.2 稀土钢在航空航天领域的应用 ······ 297

14.4.3 高性能稀土镁合金在航空航天领域的应用 ······ 299

14.5 稀土材料应用前景及发展发向 ······ 300

14.5.1 稀土材料应用前景 ······ 300

14.5.2 稀土产业发展方向 ······ 301

参考文献 ······ 301

第 15 章 原子核化学 ······ 303

15.1 原子核化学发展史 ······ 303

15.1.1 α、β 和 γ 射线的研究 ······ 303

15.1.2 几个著名的核反应 ······ 304

15.1.3 重核的裂变和轻核的聚变 ······ 306

15.2 原子核化学基本知识 ··· 307

15.2.1 原子核的半径 ·· 308

15.2.2 结合能 ·· 308

15.2.3 核自旋 ·· 309

15.2.4 磁偶极矩 ··· 309

15.2.5 原子核的宇称 ·· 310

15.2.6 原子核的衰变 ·· 310

15.2.7 核反应 ·· 311

15.2.8 核裂变 ·· 311

15.3 原子核化学在航空航天领域的应用 ··· 313

15.4 核辐射对航天器的影响 ··· 316

参考文献 ·· 317

第 16 章 碳增强高分子复合材料 ·· 318

16.1 引言 ··· 318

16.1.1 碳材料 ·· 318

16.1.2 复合材料 ··· 320

16.1.3 碳增强复合材料 ·· 321

16.2 碳纤维增强复合材料 ·· 321

16.2.1 碳纤维 ·· 321

16.2.2 碳纤维增强复合材料简介 ·· 325

16.2.3 碳纤维增强复合材料的应用 ··· 329

16.3 碳纳米管增强复合材料 ··· 331

16.3.1 碳纳米管 ··· 331

16.3.2 碳纳米管增强复合材料简介 ··· 334

16.3.3 碳纳米管增强复合材料的性能 ·· 335

16.3.4 碳纳米管增强复合材料的应用 ·· 336

16.4 石墨烯增强复合材料 ·· 339

16.4.1 石墨烯 ·· 339

16.4.2 石墨烯增强复合材料简介 ·· 340

16.4.3 石墨烯增强复合材料的应用 ··· 345

参考文献 ·· 346

第 17 章 仿生石墨烯纳米复合材料 ··· 348

17.1 引言 ··· 348

17.1.1 天然鲍鱼壳的界面结构 ··· 349

17.1.2 石墨烯独特的物理性能 ··· 350

17.1.3 仿生石墨烯纳米复合材料设计原理 ······································ 351

17.2 仿生石墨烯纳米复合材料的制备方法 ······································ 352

17.2.1 层层自组装法 ……………………………………………………… 352
17.2.2 真空抽滤法 ……………………………………………………… 354
17.2.3 蒸发法 …………………………………………………………… 354
17.2.4 电泳沉积法 ……………………………………………………… 354
17.2.5 凝胶成膜法 ……………………………………………………… 354
17.2.6 冰模板法 ………………………………………………………… 355
17.2.7 裁剪叠层压制法 ………………………………………………… 356
17.3 二元仿生石墨烯纳米复合材料 ……………………………………… 356
17.3.1 单一界面相互作用 ……………………………………………… 357
17.3.2 协同界面相互作用 ……………………………………………… 365
17.4 三元石墨烯纳米复合材料 …………………………………………… 372
17.4.1 一维基元材料协同强韧作用 …………………………………… 372
17.4.2 二维基元材料协同强韧作用 …………………………………… 374
17.5 仿生石墨烯纳米复合材料应用 ……………………………………… 376
17.6 仿生石墨烯纳米复合材料展望 ……………………………………… 378
　参考文献 …………………………………………………………………… 379
第18章 树脂基复合材料 ……………………………………………………… 385
18.1 引言 …………………………………………………………………… 385
18.2 树脂基复合材料的特性与航空航天应用 …………………………… 385
18.2.1 高性能树脂基复合材料的结构、成型和性能 ………………… 385
18.2.2 高性能树脂基复合材料在航空航天领域的应用 ……………… 386
18.2.3 高性能树脂基复合材料在其他领域的应用 …………………… 388
18.2.4 先进树脂基复合材料的展望与未来 …………………………… 389
18.3 常用复合材料基体热塑性树脂 ……………………………………… 390
18.3.1 高性能树脂简介 ………………………………………………… 390
18.3.2 聚砜树脂 ………………………………………………………… 391
18.3.3 聚苯硫醚 ………………………………………………………… 392
18.3.4 聚醚醚酮 ………………………………………………………… 393
18.3.5 聚醚酰亚胺 ……………………………………………………… 393
18.3.6 聚四氟乙烯 ……………………………………………………… 394
18.4 常用复合材料基体热固性树脂 ……………………………………… 395
18.4.1 酚醛树脂 ………………………………………………………… 395
18.4.2 环氧树脂 ………………………………………………………… 397
18.4.3 有机硅树脂 ……………………………………………………… 399
18.4.4 双马来酰亚胺树脂 ……………………………………………… 400
18.4.5 氰酸酯树脂 ……………………………………………………… 402
18.4.6 硅芳炔树脂 ……………………………………………………… 404

18.4.7　聚酰亚胺树脂 ·· 405

18.5　树脂基复合材料成型工艺 ··· 410

18.5.1　复合材料成型工艺的类型和选择 ····································· 410

18.5.2　复合材料热压罐成型工艺 ·· 412

18.5.3　缠绕成型 ··· 414

18.5.4　RTM 成型 ··· 416

18.5.5　模压成型 ··· 418

18.5.6　其他成型技术 ·· 419

参考文献 ·· 421

附表　元素的中英文名称及发现与由来 ·· 422

第1章　绪　　论

1.1　化学元素的发展

众所周知，人类迄今共发现了一百多种化学元素，每种元素具有不同的物理、化学性质，造就了多姿多彩的、充满生命力的世界。然而，这些化学元素是怎么来的呢？

公元前 12 世纪，我国殷周之交的奴隶制全盛时期认为物质是由金、木、水、火、土组成，这就是所谓的"五行"学说。"五行"学说认为金、木、水、火、土可在一个永不终止的循环过程中变化，它们之间有着错综复杂的作用，这些作用产生了形形色色的物质[1]。

公元前 6 世纪，被尊为"希腊七贤"之一的唯物哲学家泰勒斯（Thales）认为万物的本原是水[2]。希腊最早的思想家阿那克西米尼（Anaximenes）认为万物的本原是气[3]。被称为辩证法奠基人之一的赫拉克利特（Herakleitos）认为万物的本原是火。到了公元前 5 世纪，古希腊的自然科学家、医生恩培多克勒（Empedokles）综合了以前的哲学家们的见解，提出了"四根说"，认为水、气、火、土是构成万物的 4 种"根基"。柏拉图（Platon）第一个把它们改称为"四元素"，所以，柏拉图是历史上最早使用"元素"（stoikheia）一词的哲学家。

公元前 4 世纪，古希腊哲学家亚里士多德（Aristotle）提出"原性学说"[4]，他认为自然界是由四种相互对立的"基本性质"——热和冷、干和湿组成的。它们的不同组合，构成了火（热和干）、气（热和湿）、水（冷和湿）、土（冷和干）四种元素；"基本性质"可以从原始物质中取出或放进，从而引起物质之间的相互转化。这样，宇宙的本源、世界的基础不是物质实体，而是离开实物而独立存在的"性质"了，这导向唯心主义。

13～14 世纪，西方的炼金术士们对亚里士多德提出的元素又作了补充，增加了 3 种元素：水银、硫磺和盐，这就是炼金术士们所称的"三本原"。但是，他们所说的水银、硫磺、盐只是表现出了物质的性质，水银——金属性质的体现物，硫磺——可燃性和非金属性质的体现物，盐——溶解性的体现物。到了 16 世纪，瑞士医生帕拉塞尔苏斯（Paracelsus）把"三本原"应用到他的医学中，他提出物质是由三种元素——盐（肉体）、水银（灵魂）和硫磺（精神）按不同比例组成的，疾病产生的原因是有机体中缺少了上述三种元素之一，为了治病，要在人体中注入缺少的元素[5]。

无论是古代的自然哲学家、炼金术士们，还是古代的医药学家们，对元素的理解都是通过对客观事物的观察或者臆测的方式解决的。直到 17 世纪中叶，逐渐兴起的科学实验使人类积累了一些物质变化的实验资料，人类才开始从化学分析的结果出发去解决元素的概念。1661 年，被称为化学之祖的英国科学家玻意耳（Boyle）综合分析了前人积累的资料，反复进行科学实验后指出，"元素是组成复杂物体的和在分解复杂物体时最后得到的那种简单的物体"。他还指出，"化学的目的是认识物质的结构，而认识的方法是分析，即把物质分解为元素"。可见，玻意耳纠正了古代错误的"性质"元素学说，第一次为元素确定了科学的概念，建立了唯物主义的"物质"元素理论[6]。

19 世纪初，英国科学家戴维（Davy）第一个发明了电解提炼的方法，发现了多种碱金属和碱土金属，成为历史上发现元素最多的科学家之一[7]。1803 年，英国化学家、物理学家道尔顿创立了化学中的原子学说，着手测定原子量，从此化学元素的概念开始和物质组成的原子量联系起来，这使每一种元素成为具有一定（质）量的同类原子。1841 年，贝齐里乌斯（Berzlius）根据已发现的一些元素，如硫、磷能以不同的形式存在的事实，硫有菱形硫、单斜硫，磷有白磷和红磷，创立了同素异形体的概念，即相同的元素能形成不同的单质，这表明元素和单质的概念是有区别的。1869 年，俄罗斯科学家和化学家德米特里·门捷列夫（Dmitry Mendelyev）对当时已发现的 63 种元素进行归纳总结，发现了元素化学性质的规律性，并画出了第一个元素周期表，在这个表格中，所有元素被排成19 个横行和 6 个纵列。根据周期表，他修改了铍、铯的原子量，预言了原子量为 45、68、70 的三种未知新元素，这些新元素的原子量、密度和物理化学性质都与门捷列夫的预言惊人相似，周期律的正确性由此得到了举世公认。在周期律的指导下，人们先后发现了镓、钪、锗、钋、镭、锕、镁、铼、锝、钫、砹十一种元素，同时还预言了稀有气体的存在。1898 年以后，氖、氢、氙等元素陆续被发现；到 1944 年，自然界存在的 92 种元素全部被发现[8]。

1.2 化学元素周期表

18 世纪，由于化学元素不断被发现，化学元素的种类越来越多，化学元素相互反应的性质越来越复杂。化学家开始对它们进行整理、分类的研究，以寻求系统的元素分类体系。

1789 年，法国化学家拉瓦锡（Lavoisier）在他的专著《化学纲要》一书中，列出了世界上第一张元素表[9]，他把已知的 33 种元素分成了气体元素、非金属、金属、能成盐的简单土四类，但他把一些物质，如光、石灰、镁土也列入了元素中。1815 年，英国医生威廉·普劳特受各原子质量一般为氢原子质量的整数倍的启发，提出所有元素都是由氢原子构成的。

1829 年，德国的化学家贝莱纳（Dobereiner）敏锐地察觉到已知元素所表露的内在关系：某三种化学性质相近的元素，如氯、溴、碘，它们不仅在颜色、化学活性（chemical activity）等方面有定性规律变化，而且其原子量之间也有一定的关系[10]，即中间元素的原子量为另两种元素原子量的算术平均值。

1862 年，法国的地质学家尚古多（Chancourtois）绘出了"螺旋图"，他将已知的62 种元素按原子量的大小次序排列成一条围绕圆筒旋转的螺线，性质相近的元素出现在一条竖线上。他最先提出元素性质和原子量之间有关系，并初步提出了元素性质的周期性。螺旋图向揭示周期律迈出了有力的第一步，但缺乏精确性。1864 年，英国化学家欧德林（W. Odling）将 46 种元素排进了"元素表"。同年，德国化学家迈尔（J. L. Mayer）

按照原子量大小排出"六元素"表，该表对元素进行了分族，有了周期的雏形[11, 12]。1865 年，英国的化学家纽兰兹（Newlands，J. A. R.）排出一个"八音律"，他发现元素的性质有周期性，第八种元素与第一种元素性质相似，像音乐中八音度的第八个音符一样，有相似的重复。"八音律"揭示了元素化学性质的重要特征，但未能揭示出事物内在的规律性。

1860 年，门捷列夫写作《化学原理》时，被无机化学缺乏系统性所困扰。于是，他开始搜集已知元素的性质和有关数据，他发现一些元素除有特性之外，还有其他共性，例如，已知卤素元素的氟、氯、溴、碘，都具有相似的性质；碱金属元素锂、钠、钾暴露在空气中时，都很快被氧化，因此都只能以化合物形式存在于自然界中；有的金属如铜、银、金都能长久地存在于空气中而不被腐蚀，正因为如此它们被称为贵金属。于是，门捷列夫将元素符号、原子量、元素性质及其化合物经过一系列的排列后，发现了元素化学性质的规律性，终于在 1869 年发现了元素周期律。他将化学元素从杂乱无章的迷宫中分门别类地进行了整理[13]。

如果说，原子-分子论的建立是对化学的一次总结，那么周期律的发现使元素成了一个严整的体系，从而使化学变成一门系统科学，它是化学史上的一个重要里程碑，它对原子结构、有机化学、原子能、地球化学、生物化学、冶金、新元素的发现与合成都有深远的影响。为纪念门捷列夫的伟大发现，科学家把 101 号元素命名为钔。恩格斯曾给予门捷列夫高度评价："门捷列夫不自觉地应用黑格尔的量转化为质的规律，完成了科学上的一个勋业。"但是，由于时代的局限性，门捷列夫不可能认识到周期律更本质的规律。

1902 年，捷克化学家布劳纳（B. Brauner）设计的周期表中有几处颠倒了原子量的排列。1905 年，瑞士化学家维尔纳设计的元素周期表也有这种现象，这是对门捷列夫周期律的直接挑战。随着阴极射线、电子、射线、放射性等的发现，1899~1900 年，英国物理学家卢瑟福（Rutherford）提出原子有核模型，揭示了原子的复杂结构。1913 年，荷兰物理学家范德布鲁克（van den Broek）指出，元素在周期表中的排列序数等于该元素原子具有的电子数。这一假说把元素在周期表中排列序数和原子结构联系起来。但是，这个假定动摇了门捷列夫和他的同辈及先辈们的周期律的固有概念。

1913~1914 年，英国物理学家莫斯莱（Moseley）对 X 射线技术进行了研究，从而验证了范德布鲁克的假说。1916 年，德国化学家柯塞尔（Kossel）把原子序数放进周期表中，代替了门捷列夫的原子量[14]。1920 年，英国物理学家查德维克（Chadwick）证实了莫斯莱的工作。这样，一系列物理学的新发现使元素周期律获得了新定义，元素的物理和化学性质，皆随着元素的原子序数（即原子核外电子数或核电荷数）的递增呈周期性变化。

按照核电荷递增顺序排列各元素，使前面出现的矛盾迎刃而解。随着现代原子结构理论的建立，周期律理论得到发展。1913 年，玛丽·居里（Marie Curie）提出原子核结构设想。1913 年，卢瑟福发现质子。1932 年，查德维克发现中子。质子和中子被发现后，苏联物理学家伊万年科（D. Ivanenko）、德国物理学家海森堡（Helsenberg）等立即提出原子核由质子和中子组成的理论[10]。1913 年，英国化学家索迪（F. Soddy）提出"同位素"概念。1919 年，阿斯顿（Aston）发明了质谱仪，他用这台装置发现了多种元素同位素，研究了 53 种非放射性元素，发现了天然存在的 287 种核素中的 212 种，第一次证明原子质量亏损。他为此荣获 1922 年诺贝尔化学奖。1913 年，丹麦物理学家玻尔（Bohr）用他的原子结构模型成功地解释了氢元素的线光谱。1923～1924 年，法国物理学家德布罗意（de Broglie）提出了"物质波"概念。1926 年，奥地利物理学家薛定谔（Schrödinger）提出了微观粒子运动方程，为核外电子运动状态和能级的计算提供了依据。这样，一系列物理学的新发现揭示了元素周期律的本质，元素的化学性质是它们原子序数的周期性函数。元素中有决定意义的不是原子量，而是元素的核电荷及核外电子数；元素的物理性质和化学性质，以及由元素形成的各种化合物的性质，皆与元素原子核电荷的数量呈周期性关系。

遵循元素与核电荷数的规律，把 106 种元素按照周期、族和区的规律排列得到化学元素表。早期的元素周期表有多种形式，有平面形、环形、塔形、螺旋形、扇形、台阶形、三角式、透视式及其他不同的表格形式。[15-18]。目前，最常用的表是维尔纳长式周期表。元素周期表有 7 个周期，包括 16 个族、4 个区，元素在周期表中的位置能反映该元素的原子结构。从而划分出活泼金属、非金属、过渡元素、低熔合金、镧系、锕系元素区。

1.3 化学在社会发展中的作用

化学是研究物质的组成、结构、性质及变化规律的科学，是一门与材料、生命、信息、环境、能源、地球、空间、核科学等密切交叉和相互渗透的中心科学，是发现和创造新物质的主要学科。化学作为一门"核心、实用和富有创造性"的科学，在人类认识自然和改造自然、提高人类的生活质量和健康水平、促进其他学科发展、推动社会进步等方面已经并仍然发挥着巨大的、不可替代的作用。在对药物化学和冶金化学的广泛探究之下，产生了原子-分子学说，使化学从实用技术跨入了科学之门。在这一理论的指导下，人们发现了大量元素，同时揭示了物质世界的根本性规律——元素周期律。现代物质结构理论的建立，使物质世界的谜底进一步揭开，合成物质大量涌现。

1928 年尿素的合成不仅打破了不能人工合成生物物质的思想禁锢，而且这一研究结果在这以后的合成化学中获得了极大的发展。1965 年，我国科学家首次合成了牛胰岛素，这是世界上第一次用人工方法合成具有生命活性的蛋白质，为人类探索生命的秘密迈出了第一步。随着物理学和化学等科学的发展及各种检测技术的出现，人类一方面从化学角度出发，开始研究材料的化学组成、化学键结合方式、结构及合成方法，另一方面从物理学角度出发，开始研究材料的物性，就是以凝聚态物理、晶体物理和固体物理等作为基础来说明材料组成、结构及性能间的关系，并研究制备材料和使用材料的有关工艺性问题。在此基础上，人工合成塑料、合成纤维及合成橡胶等合成高分子材料出现，它们与已有的金属材料和陶瓷材料（无机非金属材料）构成了现代材料的支柱。此外，超导材料、半导体材料、光纤等材料都是这一阶段的杰出代表。当前，面对能源与资源短缺的现状，需要开发煤炭的洁净利用与多联产技术，提高现有原油的采收率和利用率，掌握天然气资源的优化利用技术，同时发展清洁可再生的新型能源。而这在很大程度上依赖化学研究的突破。化学在保护生态环境中处于不可替代的地位，起着独特的作用。要解决环境污染问题，还得靠化学及其他工业自身的技术进步。同时，提高农作物产量、解决吃饭问题需要化学；维护人体健康更离不开化学。

此外，航空航天是目前最活跃和最有影响力的科学技术领域之一，化学作为中心学科在航空航天领域也发挥着巨大的作用，如航空航天器的推进剂（燃料）、飞行器材料、电源系统、导航系统和生命保障系统等[19]。液氧、液氢为航空航天提供了高效、环保、价格低廉和安全的推进剂；金属与非金属铝（Al）、铁（Fe）、镁（Mg）、锂（Li）、钛（Ti）、碳（C）、氮（N）等元素的组合，为航空航天器的制备储备新型高性能材料；硅（Si）、铅（Pd）、镍（Ni）、锂（Li）等单质或者化合物越来越多地应用到航空电池中高性能电极材料和隔膜材料，为航空航天领域的发展提供高能量密度的可靠能源供应；氢（H）、铈（Ce）、钌（Ru）和锶（Sr）原子钟的小型化、集成化，为高精度的卫星导航定位系统的建设增添时间测量的利器；基于锂（Li）、钠（Na）、氯（Cl）、氢（H）、氧（O）等元素组成的化合物的化学反应，为载人航天器内的宇航员提供了可靠的水和空气。

总之，化学与其他学科之间的渗透，促进了材料、能源、航空航天领域等学科的发展，是人类进步和科学发展的支柱和动力，对国民经济和社会生活产生着巨大而深远的影响。

参 考 文 献

[1] 叶铁林. 中国古代化工与化学元素概念的萌生和发展[J]. 化工学报，2013，64（5）：1560，1565，1591，1600，1634.

[2] 范航. 古希腊哲学的哲学形态研究. 产业与科技论坛，2018，17（21）：93-94.

[3] 李约瑟. 中国科学技术史（第二卷）. 北京：科学出版社，1990：268.

[4] 张殷全. 亚里士多德的哲学元素观及其在化学中的演化. 化学通报，2006，11：869-878.

[5] 赵敦华. 基督教哲学 1500 年. 北京：人民出版社，1994：279，350，617-618.

[6] 波义耳 R. 怀疑的化学家. 袁江洋译. 武汉：武汉出版社，1993：21，23，56，202，245.

[7] 汪定成，周宝珠. 化学元素发展史的初步分析. 自然辩证法通讯，1980，（2）：53-57.

[8] Seaborg G T. The chemical radioactive properties of the heavy elements. Chemical Engineering News，1945，23（23）：2190-2193.

[9] 任定成. 论氧化说与燃素说同处于一个传统之内. 自然辩证法研究，1993，（8）：30-35.

[10] 杨奇，陈三平，邸友莹，等. 再论化学元素周期表的形成和发展. 大学化学，2017，32（6）：46-67.

[11] Seaborg G T. Evolution of the modern periodic table. Journal of the Chemical Society-Dalton Transolutions，1996，35（20）：3899-3907.

[12] Cotlon S A. After the actinides，then what? Chemild Society Reviews，1996，25（3）：219-227.

[13] 凯德洛夫. 化学元素概念的演变. 陈益升，袁绍渊译. 北京：科学出版社，1985：140.

[14] 吴映民. 化学元素周期律的形成和发展的实践观. 琼州大学学报，1999，2：8-15.

[15] Campblell J A. Let us make the table periodic. Journal of Chemical Education，1989，66（9）：739-740.

[16] von Martlens O H，Gldschmidt A. A numerical periodic table and the f-series chemical elements. Journal of Chemical Education，1990，67（7）：563-565.

[17] von Martlens O H，Gldschmidt A. The electronic periodic chart of the elements. Journal of Chemical Education，1989，66（9）：758-761.

[18] Parsons R W. A new mnemonic scheme for applying the aufbau principle. Journal of Chemical Education，1989，66（4）：319.

[19] 鹿现永. 化学元素与航天. 化学教育，2019，40（5）：5-18.

第2章 碱 金 属

碱金属元素包括锂（Lithium，Li）、钠（Sodium，Na）、钾（Potassium，K）、铷（Rubidium，Rb）、铯（Cesium，Cs）和钫（Francium，Fr）六种元素，分别是位于元素周期表中每一周期的第一种元素，构成了元素周期表的 IA 族[1]。碱金属元素活泼性很强，它们的氢氧化物都是易溶于水的强碱，因此称它们为碱金属元素[2]。碱金属元素不仅与人们的日常生活息息相关，而且在航空航天领域也有广泛的应用，例如，锂元素可用作航天领域的高能燃料，钠的过氧化物可以在宇宙飞船中为航天员提供氧气等。由于钫是放射性元素，不在本章讨论。

2.1 碱金属元素的性质

碱金属元素的基本性质列于表 2-1 中。碱金属原子的最外层只有一个电子，其价电子层结构可以用通式 ns^1 表示，很容易失去一个电子呈现 +1 价氧化态（oxidation state），它们的第一电离能在同一周期中最低。碱金属原子的次外层为稳定的电子层结构，它们具有很大的第二电离能，从而不会呈现其他的氧化态[3]。

表 2-1　碱金属元素的基本性质

性质 ＼ 元素	锂	钠	钾	铷	铯
元素符号	Li	Na	K	Rb	Cs
原子序数	3	11	19	37	55
原子量	6.941	22.99	39.098	85.47	132.9
价电子层结构	$2s^1$	$3s^1$	$4s^1$	$5s^1$	$6s^1$
原子半径/pm	123	154	203	216	235
离子半径/pm	60	95	133	148	169
第一电离能 I_1/(kJ/mol)	520	496	419	403	376
电负性	0.98	0.93	0.82	0.82	0.79
标准电极电势 $\varphi^{\ominus}$/V	−3.045	−2.714	−2.925	−2.925	−2.923

元素周期表中每一周期都是从碱金属开始的，因此它们的原子半径和离子半径都是同一周期中最大的。随着原子序数的增加，碱金属元素的原子半径和离子半径从上到下依次增大，电离能和电负性依次减小，金属活泼性依次增强。碱金属的活泼性很强，使得它们不可能以单质的形式存在于自然界中。

2.2　碱金属的单质

2.2.1　物理性质

碱金属单质的洁净表面具有银白色金属光泽，有良好的导电性和延展性。碱金属硬度小，具有很高的柔软性，可以用刀子切割。同时，它的密度小，锂、钠、钾的密度均比水小。碱金属晶体中的自由电子的活动性较高，因而其具有良好的导电性和导热性。铯金属表面受到光线照射时，电子获得能量而从表面逸出，使得最外层电子发生电离，因此可用来制造光电管中的阴极[4]。

碱金属之间能形成液态合金，如钾钠合金，当其组成为77.2%的钾和22.8%的钠时，熔点为260.7K。钾钠合金由于具有大的比热容和良好的导热性，可用于核反应堆的冷却剂。钠汞齐具有温和的还原性，可用于有机合成反应的还原剂。锂是最轻的金属，其与铝和镁形成的铝锂合金和镁锂合金具有密度低、模量高、强度高等特点，已经被广泛应用于航空航天领域。碱金属的一些物理性质详见表2-2。

表 2-2　碱金属的一些物理性质

性质 ＼ 元素	Li	Na	K	Rb	Cs
密度 g/cm³	0.534	0.971	0.860	1.532	1.873
熔点/K	453.69	370.96	336.8	312.04	301.55
沸点/K	1620	1156	1047	961	951.5
硬度（金刚石为10）	0.6	0.4	0.5	0.3	0.2
导电性（Hg为1）	11.2	20.8	13.6	7.7	4.8

2.2.2　化学性质

碱金属是活泼性很强的金属，例如，在空气中钠、钾的银白色金属光泽会很快消失，这是因为表面形成了一层氧化物、氮化物和碳酸盐。所以，钠、钾应储存在煤油中而锂的密度小，一般将其密封在固体石蜡中。

碱金属能直接或者间接地与电负性较高的非金属元素，如卤素、氧、硫、磷、氮和氢等反应生成相应的化合物。

碱金属都容易与水反应，生成强碱和氢气，并放出大量热。由于锂与水生成溶解度较小的LiOH，覆盖在锂表面，缓和了锂与水的反应。钠、钾、铷、铯在与水的反应中熔化为液态，加剧了反应。钾、钠遇水可发生爆炸，铷和铯[5]遇水可燃烧。

$$M + H_2O \Longrightarrow MOH + \frac{1}{2}H_2 \uparrow$$

　　碱金属具有很强的电负性，但是由于与水反应剧烈，所以不能从盐的水溶液中置换出金属离子。但是，在固态和有机反应中常被用作还原剂。例如，在高温时碱金属能夺取氧化物中的氧或者氯化物中的氯：

$$TiCl_4 + 4Na \xrightarrow{\triangle} Ti + 4NaCl$$

$$KCl + Na \xrightarrow{\triangle} NaCl + K \uparrow$$

　　碱金属的化学性质见表 2-3。

表 2-3　碱金属的主要化学反应

反应	说明
与非金属反应	
$2M + X_2 \longrightarrow 2MX$	X = 卤素，反应剧烈
$6Li + N_2 \longrightarrow 2Li_3N$	室温下，只有 Li 与 N_2 反应
$3M + E \longrightarrow M_3E$	E = P、As、Sb、Bi；加热反应
$2M + 2C \longrightarrow M_2C_2$	M = Li、Na
$2M + S \longrightarrow M_2S$	反应很剧烈，有多硫化物产生
与氧反应	
$2M + \frac{1}{2}O_2(过量) \longrightarrow M_2O$	M = Li
$2M + O_2 \longrightarrow M_2O_2$	M = Na、K、Rb、Cs
$M + O_2 \longrightarrow MO_2$	M = K、Rb、Cs
与水反应	
$2M + 2H_2O \longrightarrow 2MOH + H_2 \uparrow$	Li 反应缓慢，K 发生爆炸
与氢反应	
$2M + H_2 \longrightarrow 2MH$	与 H_2 反应生成离子化合物，反应剧烈
$2M + 2H^+ \Longrightarrow 2M^+ + H_2$	与酸反应发生爆炸
与 NH_3 反应	
$2M + 2NH_3 \longrightarrow 2MNH_2 + H_2 \uparrow$	与液氨反应须以 Fe 作催化剂，与气态氨反应须加热
与汞反应	
$M + Hg \longrightarrow$ 汞齐	钠易与汞反应

2.3 碱金属的化合物

2.3.1 氧化物

碱金属与氧可形成多种氧化态的氧化物，有普通氧化物 M_2O、过氧化物 M_2O_2、超氧化物 MO_2、臭氧化物 MO_3。

1. 普通氧化物

当 Li 在空气中燃烧时，形成的主要产物是白色固体 Li_2O，而 Na、K、Pb 和 Cs 在空气中燃烧的主要产物分别是 Na_2O_2、KO_2、RbO_2 和 CsO_2。因而，为得到其他碱金属的纯净氧化物需要采用间接方法制备，例如，实验室用 Na 还原 Na_2O_2 得到白色固体 Na_2O，用 K 还原 KNO_3 得到淡黄色固体 K_2O：

$$Na_2O_2 + 2Na === 2Na_2O$$

$$2KNO_3 + 10K === 6K_2O + N_2$$

也可以用叠氮化物还原亚硝酸盐制得 Na_2O：

$$3NaN_3 + NaNO_2 === 2Na_2O + 5N_2 \uparrow$$

碱金属普通氧化物的一些物理性质列于表 2-4。

表 2-4　碱金属普通氧化物的一些物理性质

性质 ＼ 氧化物	Li_2O	Na_2O	K_2O	Rb_2O	Cs_2O
颜色	白	白	淡黄	亮黄	橙红
熔点/K	>1973	1548（升华）	623（分解）	673（分解）	673（分解）

碱金属的氧化物与水反应生成相应的氢氧化物：

$$M_2O + H_2O === 2MOH$$

2. 过氧化物

所有的碱金属都能形成过氧化物，其中 Na_2O_2 的实用意义最大。Na_2O_2 工业上的制法是：将 Na 在铝制容器中加热至熔化，在 453～473K 的温度下通入一定量的不含 CO_2 的干燥空气，得到 Na_2O，然后增加空气流量并提高温度至 573～673K，得到淡黄色的 Na_2O_2 粉末：

$$4Na + O_2 \xrightarrow{453\sim473K} 2Na_2O$$

$$2Na_2O + O_2 \xrightarrow{573\sim673K} 2Na_2O_2$$

Na_2O_2 易吸潮，与 H_2O 或稀酸反应生成 H_2O_2：

$$Na_2O_2 + 2H_2O === H_2O_2 + 2NaOH$$

$$Na_2O_2 + H_2SO_4 === H_2O_2 + Na_2SO_4$$

生成的 H_2O_2 立即分解产生 O_2，因此 H_2O_2 被广泛用作氧气发生剂、漂白剂、氧化剂和消毒剂。Na_2O_2 与 CO_2 反应，放出 O_2：

$$2Na_2O_2 + 2CO_2 = 2Na_2CO_3 + O_2$$

因此，Na_2O_2 可用作高空飞行或潜水时的供氧剂[6]。

3. 超氧化物

纯净的 LiO_2 至今尚未制得，Na_2O_2 与 O_2 在一定条件下反应可制得 NaO_2，K、Pb 和 Cs 在过量 O_2 中燃烧可生成超氧化物，例如：

$$K + O_2 \xrightarrow{\text{燃烧}} KO_2$$

超氧化物是很强的氧化剂，与 H_2O 发生剧烈反应，生成 O_2 和 H_2O_2：

$$2MO_2 + 2H_2O = O_2\uparrow + H_2O_2 + 2MOH$$

也能与 CO_2 反应放出 O_2：

$$4MO_2 + 2CO_2 = 2M_2CO_3 + 3O_2\uparrow$$

KO_2 易制备，且能除去 CO_2 并放出 O_2，常用在急救器中[7]。

4. 臭氧化物

K、Pb、Cs 的氢氧化物与 O_3 作用，可以得到它们的臭氧化物 MO_3，例如：

$$6KOH + 4O_3 = 4KO_3 + 2KOH \cdot H_2O + O_2$$

用液氨重结晶，得到橘红色的 KO_3 晶体。
臭氧化物在室温下缓慢分解，例如：

$$2KO_3 = 2KO_2 + O_2\uparrow$$

臭氧化物与 H_2O 剧烈反应，生成氢氧化物与 O_2：

$$4MO_3 + 2H_2O = 4MOH + 5O_2\uparrow$$

2.3.2 氢氧化物

碱金属的氢氧化物的一些性质列于表 2-5 中。

表 2-5 碱金属的氢氧化物的一些性质

性质 \ 氢氧化物	LiOH	NaOH	KOH	RbOH	CsOH
颜色	白	白	白	白	白
熔点/K	723	591	633	574	545
在水中溶解度/(mol/L)	5.3	26.4	19.1	17.9	25.8

碱金属的氢氧化物都是白色固体，在空气中吸水潮解，固体 NaOH 是常用的干燥剂。

碱金属的氢氧化物易溶于水，并且溶解时会放出大量的热。碱金属氢氧化物碱性的变化规律为：LiOH＜NaOH＜KOH＜RbOH＜CsOH，依次为中强碱、强碱、强碱、强碱、强碱。

碱金属的氢氧化物能与一些金属单质、非金属单质、氧化物和盐类发生反应[8]，现以 NaOH 为例讨论。

NaOH 同卤素等非金属单质作用：

$$X_2 + 2NaOH \longrightarrow NaX + NaXO + H_2O$$

NaOH 同非金属 B、Si 等反应[9]：

$$2B + 2NaOH + 6H_2O \longrightarrow 2Na[B(OH)_4] + 3H_2 \uparrow$$

$$Si + 2NaOH + H_2O \longrightarrow Na_2SiO_3 + 2H_2 \uparrow$$

NaOH 同两性金属反应：

$$2Al + 2NaOH + 6H_2O \longrightarrow 2Na[Al(OH)_4] + 3H_2 \uparrow$$

$$Zn + 2NaOH + 2H_2O \longrightarrow Na_2[Zn(OH)_4] + H_2 \uparrow$$

NaOH 能与酸进行中和反应，生成盐和 H_2O；NaOH 也能与酸性氧化物反应，生成盐和 H_2O。例如，NaOH 吸收 CO_2 生成 Na_2CO_3：

$$2NaOH + CO_2 \longrightarrow Na_2CO_3 + H_2O$$

因此，存放 NaOH 时必须密封，以免吸收空气中的 H_2O 和 CO_2 生成 Na_2CO_3。化学分析中要配制不含碳酸盐的 NaOH 溶液，可先配制 NaOH 的饱和溶液，静置后 Na_2CO_3 即可沉淀析出，取上层清液即为 NaOH 的饱和溶液。

室温下，NaOH 与 SiO_2 发生如下缓慢反应：

$$SiO_2 + 2NaOH \longrightarrow Na_2SiO_3 + H_2O$$

因此，盛放 NaOH 溶液的瓶子一定要用橡胶塞子而不能用玻璃塞子。

NaOH 还能与盐发生反应，生成弱碱和盐，例如：

$$NaOH + NH_4Cl \longrightarrow NH_3 \uparrow + H_2O + NaCl$$

$$6NaOH + Fe_2(SO_4)_3 \longrightarrow 2Fe(OH)_3 \downarrow + 3Na_2SO_4$$

实验室中可以利用第一个反应制氨气；利用第二个反应除去溶液中的 Fe^{3+}，以纯化某些物质。

由于 NaOH 熔点较低，熔融态的 NaOH 具有熔解金属氧化物或非金属氧化物的能力。例如：

$$Al_2O_3 + 2NaOH \xrightarrow{\text{熔融}} 2NaAlO_2 + H_2O$$

因此工业生产和分析工作中常用类似反应分解矿石原料和硅酸盐类试样。

必须指出的是，强碱 NaOH 有腐蚀性，能腐蚀衣服、皮肤、玻璃、陶瓷以及稳定的金属 Pt，使用时应注意。

KOH 的性质与 NaOH 很相似，但是价格昂贵，只用于满足特殊需求。

2.3.3　盐类

碱金属常见的盐有卤化物、硝酸盐、硫酸盐、碳酸盐和磷酸盐等。绝大多数碱金属盐类是离子型晶体，只是 Li^+ 半径小，才使得它的某些盐，如卤化物，具有不同程度的共价性。

碱金属离子 M^+ 不论在晶体中还是在水溶液中，都是无色的，它们的化合物的颜色取决于阴离子。若阴离子无色，如 O^{2-}、OH^-、NO_3^-、SO_4^{2-}、CO_3^{2-} 等，则其化合物为无色或白色；若阴离子有色，则化合物显阴离子的颜色，例如，CrO_4^{2-} 为黄色，则 Na_2CrO_4 亦为黄色。

碱金属元素及其化合物大多数易溶于水，并与水形成水合离子，这是碱金属盐类的主要特征之一。

碱金属的弱酸盐如 NaAc、Na_2CO_3、Na_3PO_4、Na_2SiO_3 等在水中发生水解，水解后的溶液呈碱性。

碱金属盐类易形成结晶水合物。由于碱金属离子中 Li^+ 半径最小，几乎所有的锂盐都是水合的[10]，钠盐水合物也较多，钾盐水合物较少，铷盐和铯盐仅有个别盐是水合物[11, 12]。常见的碱金属盐中，卤化物大多是无水的，硝酸盐中的水合物是 $LiNO_3·H_2O$、$LiNO_3·3H_2O$，硫酸盐中的水合物是 $Li_2SO_4·H_2O$、$Li_2SO_4·10H_2O$。除 Li_2CO_3 外，Na、K、Rb、Cs 的碳酸盐均可形成不同形式的水合盐：$Na_2CO_3·H_2O$、$Na_2CO_3·7H_2O$、$Na_2CO_3·10H_2O$、$K_2CO_3·H_2O$、$K_2CO_3·5H_2O$，$Rb_2CO_3·H_2O$、$Rb_2CO_3·5H_2O$，$Cs_2CO_3·3H_2O$、$Cs_2CO_3·5H_2O$。

碱金属盐一般具有较高的熔点，熔融时仍存在着离子，所以具有很强的导电能力。

一般来说，碱金属盐具有较高的热稳定性，这是它们的又一重要特征。结晶卤化物在高温时挥发而不分解；碳酸盐除 $LiCO_3$ 在 1000K 以上部分分解为 Li_2O 和 CO_2 以外，其余皆难分解。唯有硝酸盐热稳定性较低，加热时分解较为容易：

$$2NaNO_3 \xrightarrow{653K} 2NaNO_2 + O_2 \uparrow$$
$$2KNO_3 \xrightarrow{678K} 2KNO_2 + O_2 \uparrow$$

2.4　碱金属在航空航天领域的应用

随着现代科学技术的发展，碱金属元素的单质、合金、化合物在航空航天等领域的应用十分广泛[13, 14]，且很多碱金属元素已经实现了实际应用。本节主要介绍碱金属元素在航空航天领域的应用。

2.4.1　单质与合金

锂主要以单质和合金的形式应用于航空航天领域。由于锂及其化合物燃烧时具有燃烧度高、速度快、火焰宽、发热量大等特点，常作为高能燃料用于航天事业[15]。铷和铯具有极易电离的特点，熔点和沸点低，原子量和离子量大，能在较低的温度下产生极大的推力，因此被认为是理想的推进剂。一架携带同等质量铷或铯的离子推进剂宇宙飞船，其航程大约是常用液体或固体燃料的 150 倍，同时还可以避免发生爆炸的危险。

　　锂与轻金属、超轻金属、耐磨金属及有色金属形成合金，能大大提高合金的性能，如铝锂合金和镁锂合金[16]。锂是最轻的金属元素，在铝合金中每加入 1%的锂，铝合金的密度就降低 3%，模量提高 6%。新型铝锂合金不仅具有低密度、高弹性模量、高比强度和高比模量的优点，同时兼具低疲劳裂纹扩张速率、较好的高温或低温性能，被认为是航空航天领域最理想的结构材料。因此，开发新型铝锂合金对航空航天领域的发展具有重要意义。例如，如果将铝锂合金应用在航天运载器中，运载器每减轻 1kg，发射费用可节省约2.2 万美元。20 世纪 80 年代，美国麦道公司生产的 C17 运输机（图 2-1），使用了铝锂合金板材和挤压型材制造货舱的地板梁、襟翼、副翼、蒙皮等结构，用量 2.8t，比用普通铝合金减重 208kg。我国在 2017 年 5 月 5 日首飞成功的 C919 客机（图 2-1）的机身直接使用第三代铝锂合金，这是我国民航飞机首次运用铝锂合金。如今，铝锂合金已经在军用飞机、民用客机和直升飞机上使用或试用，主要用于机身框架、襟翼、翼肋、垂直安定面、整流罩、进气道唇口、舱门燃油箱等。

图 2-1　C919 客机（上）和 C17 运输机（下）

镁锂合金是航空航天领域常用的另一种高强度轻质合金,它不仅具有良好的导热性、导电性、延展性,还具有耐腐蚀、耐磨损、抗冲击性能好、抗高速粒子穿透等特点,被誉为"明天的宇航合金"。由于其超低的密度和超高的抗弯刚度,美国曾使用镁锂合金制造民兵式导弹的部件。此外,由于具有优异的阻尼性能、减震降噪效果和抗电磁干扰性能,镁锂合金首次应用在我国于 2015 年 9 月 25 日发射的"浦江一号"卫星(图 2-2)上。

图 2-2　"浦江一号"卫星

2.4.2　化合物

碱金属的氧化物和氢氧化物被广泛应用于宇宙飞船和空间站的供氧系统[17, 18]。当前宇宙飞船和空间站主要采用电解水的方法为航天员提供氧气,由于飞船和空间站的太阳能电池板偶尔会发生故障,无法给电解水提供能源,此时会采用碱金属的化合物释放氧气。例如,苏联在早期的空间站中采用超氧化钾供氧,"和平号"空间站采用了高氯酸锂氧烛供氧[19],美国研制了氯酸钠氧烛作为载人航天器的供氧设备[20]。它们发生如下反应制备氧气:

$$4KO_2 + 2CO_2 \xrightarrow{\hspace{1cm}} 2K_2CO_3 + 3O_2 \uparrow$$

$$LiClO_4 \xrightarrow{\hspace{1cm}} LiCl + 2O_2 \uparrow$$

$$2NaClO_3 \xrightarrow{\hspace{1cm}} 2NaCl + 3O_2 \uparrow$$

由于宇宙飞船和空间站是密封的,宇航员呼出的 CO_2 将会积累,高浓度的 CO_2 将引起 CO_2 中毒,因此需要将 CO_2 去除。空间站的 CO_2 清除组件通常采用化学固定的方法去除 CO_2,即采用氢氧化锂[美国的"水星"号飞船、"双子座"飞船和"阿波罗"号登月舱(图 2-3)]或超氧化钾(苏联和俄罗斯的"东方号"载人飞船、"联盟号"飞船等)固定 CO_2[21],我国"神舟七号"飞船(图 2-3)采用过氧化钠吸收 CO_2。分别发生如下反应:

$$2LiOH + CO_2 \Longrightarrow Li_2CO_3 + H_2O$$
$$2Na_2O_2 + 2CO_2 \Longrightarrow 2Na_2CO_3 + O_2$$

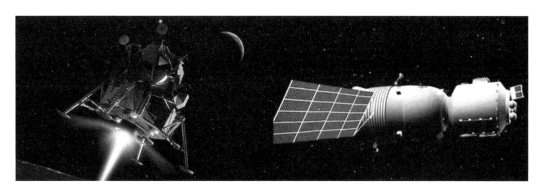

图 2-3　"阿波罗"号登月舱（左）和"神舟七号"飞船（右）

2.4.3　电池

电池在航空航天等领域具有广泛的潜在应用，与碱金属相关的电池主要有锂离子电池[22]、钠离子电池、锂-空气电池、钠-空气电池、锂硫电池和钠硫电池等，其中锂离子电池已经成功地应用于人造卫星的能源系统中[23]，卫星用锂离子电池模块见图 2-4。

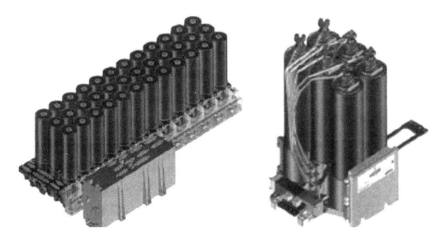

图 2-4　卫星用锂离子电池模块

锂离子电池具有高的能量密度（＞180W·h/kg）和较长的寿命（2～3 年），常被用作智能手机、计算机、平板、电动/混合动力汽车的蓄能装置[24]。锂离子电池主要由正极材料、负极材料、电解质、分离器和电流收集器组成，其中正极材料主要包括 $LiCoO_2$[25, 26]、$LiMnO_4$[27]、$LiNiO_2$[28]和 $LiFePO_4$[29]等，负极材料主要包括焦炭和石墨等，电解质材料主要包括锂盐（$LiClO_4$、$LiPF_6$、$LiBF_4$）、有机溶剂和添加剂。锂离子电池是一种二次电池，其充放电过程主要是锂离子在正极和负极上的嵌入和脱嵌过程。充电时，正极生成的锂离子经过电解质嵌入负极；放电时则相反，如图 2-5 所示。以石墨/$LiCoO_2$ 电池为例，充放电时在正负极上的反应和电池的总反应分别如下。

正极：$LiCoO_2 \rlap{=}{=} xLi^+ + Li_{1-x}CoO_2 + xe^-$

负极：$C + xLi^+ + xe^- \rlap{=}{=} Li_xC$

电池总反应：$LiCoO_2 + C \rlap{=}{=} Li_{1-x}CoO_2 + Li_xC$

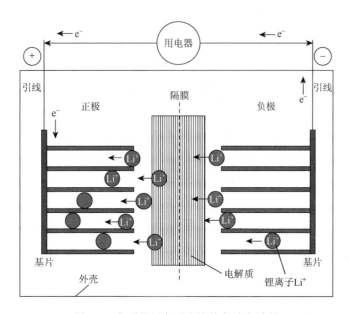

图 2-5　典型的锂离子电池的充放电过程

1980 年，美国的 Goodenough 团队开发出的 $LiCoO_2$ 正极材料给锂离子电池的商业化应用带来了希望。20 世纪 90 年代初期，日本的索尼公司制备了世界上第一块可充电的锂离子电池。经过二十多年的发展，锂离子电池已经应用于人类生活的方方面面[28]。当前，锂离子电池的能量密度已经接近 300W·h/kg，电压已经达到了 5V，充放电循环 3000 次后容量仍保持 84%。然而，在高的充放电速率下，电池的能量密度会急剧下降，使得锂离子电池的充电速率远低于人们的期望值（充电时间<6min），这限制了其商业化应用的发展。由于具备工作电压高、体积小、质量轻、比能量高、寿命长等优点，锂离子电池已成功地应用于航天器的空间能源系统。

钠离子电池[30]的工作原理与锂离子电池相似，其充放电是依靠钠离子在正负极之间的嵌入和脱嵌实现的。其正极材料主要包括过渡金属氧化物（Na_xNiO_2、Na_xCoO_2、Na_xMnO_2）、磷酸盐（$NaFePO_4$）和氟磷酸盐（Na_2FePO_4F）[31-33]，负极材料主要有碳基材料、合金类负极材料（Na_3Sb）、有机类负极材料（对苯二甲酸钠），电解质材料主要有液态电解质、离子液体电解质、凝胶态电解质和固体电解质。钠离子电池具有以下优点：原料资源丰富、成本低廉、分布广泛、电化学性能稳定、使用安全。

由于具有高理论能量密度，锂-空气电池[34, 35]受到了广泛的关注和研究。锂-空气电池以金属锂作为阳极，以空气中的氧气作为阴极反应物。如图 2-6 所示，放电时，阳极锂失去电子生成锂离子，锂离子经过电解质在阴极与氧气反应生成氧化锂或者过氧化锂，充电时则相反，其正负极反应如下。

$$负极：Li \Longrightarrow Li^+ + e^-$$

$$正极：O_2 + 2H_2O + 4e^- \Longrightarrow 4OH^-$$

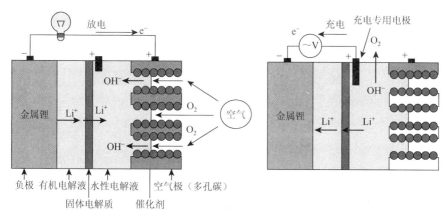

图 2-6 锂-空气电池的充放电过程

当前，锂-空气电池存在稳定性、效率、实用性和安全性欠佳等问题，仍制约着其在实际领域中的应用。钠-空气电池[36, 37]的工作原理与锂-空气电池相似，虽然钠-空气电池具有成本低和原材料丰富的优点，但是其研究仍存在诸多问题，这使其实际应用面临巨大挑战。

钠硫电池[38, 39]在 1967 年由美国福特公司首先发明出来，以金属钠为负极、硫为正极、陶瓷管为电解质隔膜。在充放电过程中，主要发生如下反应：

$$负极：Na \Longrightarrow Na^+ + e^-$$

$$正极：S + 2e^- \Longrightarrow S^{2-}$$

$$电池反应：2Na + xS \Longrightarrow Na_2S_x$$

在放电时钠在负极上氧化成 Na^+，并通过电解质迁移到正极与硫反应形成 Na_2S_x；而充电时 Na_2S_x 分解，Na^+ 迁移回负极得电子形成金属钠。钠硫电池具有比能量高、开路电压高、充放电电流密度高、充放电效率高、使用寿命长、环境友好、容量大等优点，具有很好的应用前景。锂硫电池工作原理与钠硫电池相似，虽然近年来的研究取得了迅猛的发展，但仍不能满足工业化的要求。

2.4.4 原子钟

铷[40]的辐射频率具有长时间的稳定性，据此制作的原子钟（图 2-7）具有漂移低、稳定性高、抗辐射、体积小、重量轻、功耗低等特点。铷原子钟每年的误差小于 0.1s，已经被广泛应用于卫星、运载火箭的发射系统、导航、雷达和全球定位系统。

图 2-7　铷原子钟

参 考 文 献

[1]　孟庆珍, 胡鼎文, 程泉寿, 等. 无机化学（下册）. 北京：北京师范大学出版社, 1988：1131-1154.

[2]　曹锡章, 宋天佑, 王杏乔. 无机化学（下册）. 3 版. 北京：高等教育出版社, 2010：793-817.

[3]　游文章, 黄少云, 艾军, 等. 基础化学. 北京：化学工业出版社, 2011：286-300.

[4]　史丽生, 王百荣. 核反应堆冷却剂材料的选取分析. 中国核科学技术进展报告, 2011：266-271.

[5]　黄万抚, 李新冬. 铯的用途与提取分离技术研究现状. 稀有金属与硬质合金, 2003, 31：18-20.

[6]　陆军. 过氧化钠与非金属氧化物反应的探讨. 化学教育, 1994, 15：39-40.

[7]　栗婧, 金龙哲, 汪声, 等. 救生舱用超氧化钾药板供氧性能试验研究. 煤炭学报, 2014, 39：136-140.

[8]　粟时伟. 浅谈氢氧化锂的应用及制备方法. 新疆有色金属, 2011, 34：94-95.

[9]　Manhique A, Kwela Zola A, Focke W W. De wet process for the beneficiation of zircon：Optimization of the alkali fusion step. Industrial & Engineering Chemistry Research, 2003, 42：777-783.

[10]　孙伯勤. 金属锂的三大特性. 金属世界, 1996, 5：13.

[11]　李静芬. 锂铷铯金属的应用前景. 世界有色金属, 1990, 4：8-10.

[12]　毛麒瑞. 空间时代金属——铷和铯. 化工之友, 1998, 4：6-7.

[13]　Li H G, Hu Y B, Xu Y W, et al. Reinforcement effects of aluminum-lithium alloy on the mechanical properties of novel fiber metal laminate. Composites Part B：Engineering, 2015, 82：72-77.

[14]　Han B, Tao W, Chen Y B, et al. Double-sided laser beam welded T-joints for aluminum-lithium alloy aircraft fuselage panels：Effects of filler elements on microstructure and mechanical properties. Optics & Laser Technology, 2017, 93：99-108.

[15]　Wu R, Yan Y, Wang G, et al. Recent progress in magnesium-lithium alloys. International Materials Reviews, 2015, 60：65-100.

[16]　孙凯涛. 西安航空基地镁锂合金首次应用中国卫星. 现代企业, 2015, 11：41-41.

[17]　周兴明, 胡晓, 毛胜华, 等. 空间站氯酸盐氧烛备份氧实验研究. 航天医学与医学工程, 2013, 5：394-397.

[18]　范敏, 卜建杰, 郑邯勇. 氧烛的研究现状与发展. 船舶科学技术, 2006, 28：16-20.

[19]　朱锐, 张振山, 梁伟阁. 高氯酸锂制氧气原理及其应用研究. 船舶电子工程, 2012, 32：129-130.

[20]　周兴明, 毛盛华, 胡晓, 等. 载人航天器备份氧烛试验研究, 2013, 19：28-32.

[21]　叶青. 改性多孔材料常温下吸附分离密闭空间二氧化碳. 杭州：浙江大学, 2012.

[22]　Tang Y X, Zhang Y Y, Li W L, et al. Rational material design for ultrafast rechargeable lithium-ion batteries. Chemical Society Review, 2015, 44：5926-5940.

[23]　Haregewoin A M, Wotango A S, Hwang B J. Electrolyte additives for lithium ion battery electrodes：Progress and perspectives. Energy & Environmental Science, 2016, 9：1955-1988.

[24]　Kim U H，Lee E J，Yoon C S，et al. Lithium-ion batteries：compositionally graded cathode material with long-term cycling stability for electric vehicles application. Advanced Energy Materials，2016，6：1601417.

[25]　Mizushima K，Jones P C，Wisenman P J，et al. Li_xCoO_2，$0 < x \leqslant -1$：A new cathode material for batteries of high energy density. Materials Research Bulletin，1980，15：783-789.

[26]　韩立明，谭垪生，刘浩杰. 锂离子电池在航天领域的应用. 电子元器件资讯，2008，11：63-65.

[27]　刘伶，孙克宁，孙乃庆，等. 空间用锂离子电池的研究进展. 功能材料信息，2006，3：22-24.

[28]　Lin F，Markus I M，Nordlund D，et al. Surface reconstruction and chemical evolution of stoichiometric layered cathode materials for lithium-ion batteries. Nature Communications，2014，5：3529.

[29]　Zhu Y G，Du，Y H，Jia C K，et al. Unleashing the power and energy of $LiFePO_4$-based redox flow lithium battery with a bifunctional redox mediator. Journal of the American Chemical Society，2017，139：6286-6289.

[30]　Masquelier C，Croguennec L. Polyanionic，phosphates，silicates，sulfates frameworks as electrode materials for rechargeable Li，or Na batteries. Chemical Reviews，2013，11：6552-6591.

[31]　Yang J Q，Zhou X L，Wu D H，et al. S-doped N-rich carbon nanosheets with expanded interlayer distance as anode materials for sodium-ion batteries. Advanced Materials，2017，29：1604108.

[32]　Deng X，Shi W X，Sunarso J，et al. A green route to a Na_2FePO_4F-based cathode for sodium ion batteries of high rate and long cycling life. ACS Applied Materials & Interfaces，2017，9：16280-16287.

[33]　Xu G L，Amine R，Xu Y F，et al. Insights into the structural effects of layered cathode materials for high voltage sodium-ion batteries. Energy & Environmental Science，2017，10：1677-1693.

[34]　Jung K N，Kim J，Yamauchi Y，et al. Rechargeable lithium-air batteries：A perspective on the development of oxygen electrodes. Journal of Materials Chemistry A，2016，4：14050-14068.

[35]　Luo Z K，Liang C S，Wang F，et al. Optimizing main materials for a lithium-air battery of high cycle life. Advanced Functional Materials，2014，24：2101-2105.

[36]　Landa-Medrano I，Li C M，Ortiz-Vitoriano N，et al. Sodium-oxygen battery：Steps toward reality. Journal of Physical Chemistry Letters，2016，7：1161-1166.

[37]　He M F，Lau K C，Ren X D，et al. Concentrated electrolyte for the sodium-oxygen battery：Solvation structure and improved cycle life. Angewandte Chemie International Edition，2016，55：15310-15314.

[38]　Wang Y X，Yang J P，Lai W L，et al. Achieving high-performance room-temperature sodium-sulfur batteries with S@interconnected mesoporous carbon hollow nanospheres. Journal of the American Chemical Society，2016，138：16576-16579.

[39]　Yu X W，Manthiran A. Highly reversible room-temperature sulfur/long-chain sodium polysulfide batteries. Journal of Physical Chemistry Letters，2014，5：1943-1947.

[40]　Dong G X，Deng J L，Lin J D，et al. Recent improvements on the pulsed optically pumped rubidium clock at SIOM. Chinese Optics Letters，2017，15：040201.

第3章 碱土金属

3.1 引 言

碱土金属（alkaline-earth metals）元素位于元素周期表的第IIA族，包括6种元素：铍（Beryllium，Be）、镁（Magnesium，Mg）、钙（Calcium，Ca）、锶（Strontium，Sr）、钡（Barium，Ba）、镭（Radium，Ra）；其中，铍是轻稀有金属，镭是放射性元素。碱土金属元素及其应用领域见图3-1。

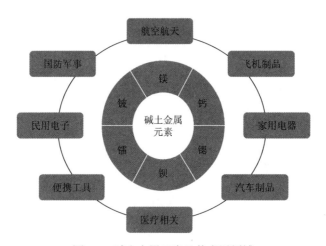

图3-1 碱土金属元素及其应用领域

碱土金属元素是活泼金属元素，其基本性质列于表3-1中。碱土金属的价电子构型为 ns^2，其第一电离能大，失去第一个价电子要难些，所以发生化学反应时很容易形成+2价阳离子，表现强还原性。随着原子序数的增加，第一电离能和电负性依次减小，金属性依次增强，呈现有规律的变化。碱土金属活泼的化学性质决定了它们只能以化合物的方式存在：在自然界中，碱土金属主要以碳酸盐和硫酸盐矿存在，其矿物主要有绿柱石（$3BeO \cdot Al_2O_3 \cdot 6SiO_2$）、菱镁矿（$MgCO_3$）、白云石（$CaCO_3 \cdot MgCO_3$）、石膏（$CaSO_4 \cdot 2H_2O$）、天青石（$SrSO_4$）、重晶石（$BaSO_4$）等。目前，各类元素的探明储量分布不均，钙、镁和钡在地壳内的蕴藏较丰富，而铍和镭的储量相对比较少。

表3-1 碱土金属元素的基本性质

元素 性质	铍	镁	钙	锶	钡	镭
元素符号	Be	Mg	Ca	Sr	Ba	Ra
原子序数	4	12	20	38	56	88

性质＼元素	铍	镁	钙	锶	钡	镭
原子量	9.012	24.305	40.078	87.62	137.327	226
价电子层结构	$2s^2$	$3s^2$	$4s^2$	$5s^2$	$6s^2$	$7s^2$
原子半径/pm	89	136	174	191	198	-
离子半径/pm	31	65	99	113	135	-
第一电离能 I_1/(kJ/mol)	900	738	590	550	503	-
电负性	1.57	1.31	1.00	0.95	0.89	-
$\varphi^{\ominus}$/V	−1.85	−2.36	−2.87	−2.89	−2.91	-

3.2 碱土金属单质的物理和化学性质

3.2.1 基本物理性质

碱土金属的单质多是具有金属光泽的银白色金属（铍为灰色），但是其暴露在空气中，会因氧气的氧化作用生成氧化物膜使光泽度下降，呈现灰色。在常温下，碱土金属多为固态，其熔点、沸点和硬度均比相应的碱金属高。碱土金属单质的密度比较小，属于轻金属，其中密度最大的钡比常见金属铁、铜等密度低很多。

3.2.2 物理性质的递变性

随着周期的递增，碱土金属元素单质物理性质具有明显的递变性：

（1）金属光泽逐渐增强；

（2）沸点逐渐降低；

（3）密度逐渐增大；

（4）硬度逐渐减小；

（5）元素晶体结构随着原子序数的增大呈现出六方密堆积→面心立方堆积→体心立方堆积的结构变化，晶体堆积结构见图 3-2。表现为：铍、镁为六方晶格，钙为面心立方晶格，钡为体心立方晶格[1]。

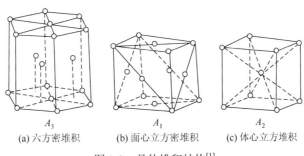

A_3
(a) 六方密堆积

A_1
(b) 面心立方密堆积

A_2
(c) 体心立方堆积

图 3-2 晶体堆积结构[1]

但是，碱土金属的熔点却没有变化规律，其主要原因为：①原子半径的不规律性；②金属晶格结构的不规律性。

3.2.3 物理性质的特性

1. 铍

铍呈现灰色，密度低，属于轻稀有金属，原子序数小，没有焰色反应。主要物理参数：密度 $1.847g/cm^3$，约为铝的 2/3、钛的 1/2；熔点较高（1283℃）；相对于其他金属，铍的热容量最大，室温下比热容为 $1.882J/(g·K)$；同时，其溶解热也是最大的，是铝的 3 倍、镁的 6 倍、铁的 4.3 倍[2]。铍原子行星模型和高纯金属铍见图 3-3。

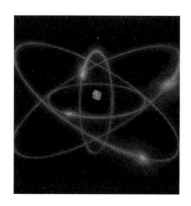

图 3-3 铍原子行星模型（左）和高纯金属铍（右）

室温下，铍的热导率为 $0.15kW/(m·K)$；铍的热膨胀系数与不锈钢、Ni-Co 合金相当；热扩散性能也很好。铍对可见光的反射率为 50%，对紫外线的反射率为 55%，对红外线（10.6μm）的反射率为 98%；对 X 射线穿透率很高（几乎是透明的），约为铝的 17 倍，是 X 射线窗口不可缺少的材料。铍的弹性模量为 287GPa，大约是铝的 4 倍、钛的 2.5 倍、钢的 1.5 倍[2]。另外，铍的热中子吸收率是所有金属中最小的，而散射截面很大。凭借其众多特殊性质，铍在航空航天领域占据极为重要的地位。

需要特别指出的是，元素铍及其化合物都有毒。

2. 镁

镁是一种有延展性的轻质银白色金属，没有焰色反应。主要物理参数：密度为 $1.74g/cm^3$，仅相当于铝密度的 2/3、钢密度的 1/4、铜密度的 1/5、钛密度的 2/5；熔点 648.8℃，沸点 1107℃[2]。镁是地球上储量最丰富的元素之一，镁矿资源种类繁多。材料界泰斗师昌绪先生曾说："镁是包括海洋在内地球表层最为丰富的金属元素，在诸多金属趋于枯竭的今天，大力开发金属镁材料是实现可持续发展的重要保证。"

在植物界，镁是构成叶绿素的重要成分。在人体中，镁是人体必需的微量元素，其能激活人体中的生物酶，对蛋白质的合成起着非常重要的作用；镁元素具有一定的镇静作用，在血液中注射适量镁盐即可导致麻醉[3]。在工业中，镁主要用于制造高强度、低密度的特种合金，广泛用于消费电子、汽车、飞机和卫星等制造业中。镁的晶体结构和高纯金属镁块见图 3-4。

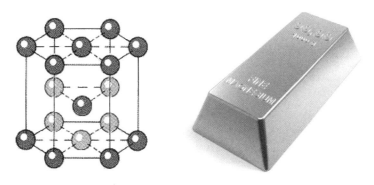

图 3-4　镁的晶格结构（左）和高纯金属镁块（右）

3. 钙

钙是银白色的轻金属，主要物理参数：密度 1.54g/cm^3，熔点 839℃，沸点 1484℃。Ca 非常活泼，在空气中，可以缓慢发生反应，其表面会形成一层氧化物和氮化物薄膜，使得其失去金属光泽，同时也阻止了里面单质继续受到腐蚀[2]。钙元素在自然界分布广，但是多以化合物的形态存在，如石灰石、白垩、大理石、石膏、磷灰石等。钙的面心立方晶格结构和高纯金属钙棒见图 3-5。

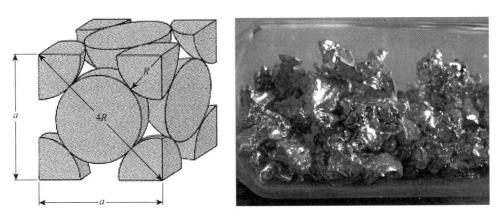

图 3-5　钙的面心立方晶格结构（左）和高纯金属钙（右）

钙是构成人和动物骨骼的主要成分，人体每天要补充 400～1500mg 的钙，人体缺钙就会导致佝偻病及骨质疏松症。钙主要来源于牛奶、干酪及绿叶蔬菜[3]。

4. 锶

金属锶是一种稀有银白色软金属，主要物理参数：密度 2.6g/cm^3，熔点 769℃，沸点

1384℃。锶在地壳中的含量只有 0.02%～0.03%，是碱土金属中丰度最少的元素，很少富集大矿。1808 年，英国的克劳福特和戴维先后由铅矿和锶矿中发现了锶。锶是碱土金属中丰度最小的元素，主要存在于天青石和碳酸锶矿石中。质量数为 90 的锶是一种放射性同位素，可作 β 射线放射源，半衰期为 25 年[4]。天青石和高纯金属锶见图 3-6。

图 3-6　天青石（锶矿石）（左）和高纯金属锶（右）

5. 钡

钡是有延展性的银白色金属，主要物理参数：熔点 725℃，沸点 1640℃，密度 3.51g/cm³。1774 年，钡首次被确认为一种新元素，但直到 1808 年电解法发明后，钡才正式被归纳为金属元素。在自然界中，人类还没有发现过钡单质，钡多以盐的形式存在，最常见的矿物是重晶石（硫酸钡）和毒重石（碳酸钡），二者皆不溶于水。纯重晶石显白色、有光泽，由于杂质及混入物的影响也常呈灰色、浅红色、浅黄色等，有时还可呈现透明晶体。硫酸钡是无嗅无味的白色粉末，是 X 射线检查辅助用药；医用硫酸钡在胃肠道内不吸收，也没有过敏反应，主要用于胃肠道造影[4]。重晶石和毒重石见图 3-7。

图 3-7　重晶石（硫酸钡，左）和毒重石（碳酸钡，右）

6. 镭

镭是一种具有很强放射性的碱土金属元素，由玛丽·居里和皮尔·居里（Pierre Curie）在 1898 年发现。已知镭有 13 种同位素，其中 ^{226}Ra 半衰期最长，可达 1622 年。当镭衰变时，会产生电离辐射，使得荧光物质发光。1910 年，玛丽·居里和德比恩电解纯的氯化镭溶液，用汞作阴极，先得镭汞齐，然后蒸馏去汞，获得金属镭[4]。

镭能放射出 α 和 γ 两种射线，并生成放射性气体氡。镭放出的射线能破坏、杀死细胞和细菌，因此，常用来治疗癌症等。此外，镭盐与铍粉的混合制剂，可作中子放射源，用来探测石油资源、岩石组成等。元素镭见图 3-8。

图 3-8　元素镭

3.2.4　基本化学性质

碱土金属的化学性质活泼，在反应中易失最外层 2 个电子形成离子，表现出活跃的还原性；可以与典型的非金属形成离子化合物（铍除外）；与其他元素化合时，一般生成离子型的化合物。但是，由于 Be^{2+} 和 Mg^{2+} 具有较小的离子半径，在一定程度上容易形成共价键的化合物。

室温下，碱土金属在空气中可以与氧气发生缓慢的氧化反应生成氧化物。在空气中，镁表面生成一薄层氧化膜，这层氧化物致密而坚硬，对内部的镁有保护作用，所以镁有抗腐蚀性能，可以保存在干燥的空气里。钙、锶、钡等更易被氧化，生成的氧化物疏松，内部的金属会继续被氧化，所以钙、锶、钡等金属要密封保存。

在空气中，碱土金属可以发生燃烧反应，例如，镁带在空气中可以直接点燃。在空气中燃烧时，只有钡元素能够生成过氧化物，其他碱土金属只能生成普通氧化物，有时还会同时伴有氮化物的生成。在高温时，碱土金属可以夺取某些氧化物中的氧及卤化物中的卤素等。

碱土金属的电极电势都很低，与水作用的趋势都很大，但不同元素的反应条件和反应速率却不尽相同：铍只能与高温的水蒸气反应，镁能与热水反应，钙、锶、钡均可以与冷水发生相对剧烈的反应。

碱土金属还能与许多非金属元素（如卤素、硫等）发生反应，生成相应的化合物。

3.2.5　化学性质的递变性

随原子序数的增加，原子半径逐渐增大，原子核对外层电子的引力逐渐减弱，容易失电子；电子层逐渐增多，原子序数（核电荷数、质子数、核外电子数）逐渐增大，还原性和金属性均自上而下增强。

3.2.6　化学性质的特性

1. 铍

铍的原子半径和离子半径都特别小（不仅比同族的其他元素小，而且小于碱金属元素），同时铍的电负性相对较高（不仅高于同族其他元素，也高于碱金属元素），因而，在化学反应中，铍具有形成共价键的倾向，不同于同族其他元素（其他元素主要形成离子型化合物）。

铍的反常性质如下：

（1）铍是非常活泼的两性金属元素，其氧化物和氢氧化物也都显两性，而同族其他元素的氢氧化物均呈现中强碱或强碱性；与氧的亲和力很大，室温条件下就能与氧反应，在其表面生成具有保护性质的氧化膜。

（2）铍单质不与水反应，而同族其他金属镁、钙、锶、钡均可以与水反应；但是，铍盐能够发生强烈的水解，生成四面体型的离子$[Be(H_2O)_2]^{2+}$，这是因为 Be—O 键很强，这就削弱了 O—H 键作用。水合铍离子有失去质子的倾向，从而铍盐在纯水中是酸性的，而同族其他元素（镁除外）的盐均没有水解作用。

2. 镁

金属镁能与热水反应放出氢气，在空气中燃烧时能产生炫目的白光。金属镁可以与多数非金属和多数的酸发生反应；但是，几乎不与碱反应，与包括烃、醛、醇、酚、胺、脂、酯和多数油类在内的有机化学药品也仅仅是显出轻微的反应或者根本不起反应。

3. 锶

金属锶在空气中加热能燃烧，可与空气中的氧和水反应快速生成 SrO、$Sr(OH)_2$ 淡灰色粉末。

4. 钡

金属钡的化学性质十分活泼，在自然界中从来没有关于发现钡单质的报道。在自然界中，钡最常见的存在形式是硫酸钡和碳酸钡。

单质钡在空气中缓慢氧化，生成氧化钡；氧化钡为无色立方晶体，可以溶于酸，不溶于氨水。钡能溶于液氨，生成具有顺磁性的、导电的氨基钡蓝色溶液。在空气中，钡可以燃烧，发出绿色火焰，生成过氧化钡。钡和氧气在加热下反应除了得到氧化钡，还能得到过氧化钡（过氧化钡可以吸氧、放氧，用来提取大气中的氧气）。钡可以与水作用生成氢氧化钡，氢氧化钡具有一定毒性。

钡对人体来说不是必需元素，在一定程度上也可以说是有毒元素。误食入可溶性氯化钡、硝酸钡等化合物可发生严重中毒，出现消化道刺激症状、进行性肌麻痹症状，甚至呼吸肌麻痹、心肌损害等症状,严重时可导致死亡。吸入可溶性钡化合物的粉尘,可引起急性钡中毒。长期接触钡化合物的人会出现流涎、无力、气促、口腔黏膜肿胀及糜烂、鼻炎、心动过速、血压增高、脱发等症状。

5. 镭

元素镭在空气中不稳定,是最活泼的碱土金属。镭在空气中可迅速与氮气和氧气生成氮化镭(Ra_3N_2)和氧化镭(RaO),与水反应剧烈,生成氢氧化镭$[Ra(OH)_2]$和氢气。镭的化学性质与钡十分相似,溶于稀酸;所有的镭盐与相应的钡盐具有相同的晶格。镭能生成仅微溶于水的硫酸盐、碳酸盐、铬酸盐、碘酸盐;镭的氯化物、溴化物、氢氧化物可溶于水。

镭有剧毒,它能取代人体内的钙并在骨骼中浓集,急性中毒时,会造成骨髓的损伤和造血组织的严重破坏,慢性中毒可引起骨瘤和白血病。

镭多存在于各种矿石和矿泉中,但含量极其稀少;目前广为采取的途径是居里夫妇采用的沥青铀矿方法。在沥青铀矿中提取铀时,镭经常出现在不溶于酸的残渣中,再以硫酸盐形式加以回收,通过进一步分离提纯,提炼出镭。

3.3　碱土金属化合物的物理与化学性质

碱土金属化学性质活泼,在室温条件下就不稳定,因而可以形成氧化物、过氧化物、超氧化物和氢氧化物等[5]。

3.3.1　氧化物

在空气中,碱土金属元素与氧气反应,可直接得到普通氧化物 MO,反应通式为

$$2M + O_2 == 2MO$$

通常通过加热各种元素相应的碳酸盐或硝酸盐,利用分解反应来制取相应的氧化物 MO,反应通式为

$$MCO_3 == MO + CO_2\uparrow$$

例如:

$$CaCO_3 \xrightarrow{\triangle} CaO + CO_2\uparrow$$

$$2Sr(NO_3)_2 \xrightarrow{\triangle} 2SrO + 4NO_2\uparrow + O_2\uparrow$$

碱土金属的氧化物都是难溶于水的白色固体,除 BeO 为 ZnS 型晶体外,其他都是具有 NaCl 晶格的离子型化合物。正负离子基团均带有 2 个电荷,而且 M-O 核间距又较小,碱土金属的氧化物均具有较大的晶格能,因此它们的熔点都比较高。在碱土金属的氧化物体系中,除了 BeO 显酸碱两性外,其余化合物均是典型的碱性氧化物,碱性要弱于相对应的同周期碱金属的氧化物。

碱土金属的氧化物与水的结合能力从 BeO 到 BaO 依次增强。BeO 几乎不与水反应，而 CaO（生石灰）与水剧烈反应生成 $Ca(OH)_2$（熟石灰）并放出大量热。

碱土金属氧化物在不同条件下与非金属氧化物作用生成相应的盐，例如，在高温下 CaO 分别能同 SiO_2 和 P_2O_5 等作用生成 $CaSiO_3$ 和 $Ca_3(PO_4)_2$：

$$CaO + SiO_2 \xrightarrow{\text{高温}} CaSiO_3$$

$$3CaO + P_2O_5 \xrightarrow{\text{高温}} Ca_3(PO_4)_2$$

3.3.2　过氧化物

除了铍外，其他碱土金属元素都能与氧结合生成过氧化物。碱土金属过氧化物中最为重要的是 BaO_2，在 770～790K 时将氧气通过 BaO 即可制得：

$$2BaO + O_2 \xrightarrow{770\sim790K} 2BaO_2$$

在实验室中常用过氧化钡与稀硫酸反应制备 H_2O_2：

$$BaO_2 + H_2SO_4 =\!=\!= H_2O_2 + BaSO_4\downarrow$$

3.3.3　氢氧化物

碱土金属的氢氧化物都是白色固体，在空气中易吸湿而潮解，吸收空气中的 CO_2 形成碳酸盐，因此要密封保存。在碱土金属的氢氧化物中，只有 $Be(OH)_2$ 是两性化合物，$Mg(OH)_2$ 为中强碱，其余都是强碱。

碱土金属的氢氧化物溶解度都比较低，随着原子序数的递增，其氢氧化物的溶解度增大，其中 $Be(OH)_2$ 和 $Mg(OH)_2$ 是难溶物，$Ca(OH)_2$ 和 $Sr(OH)_2$ 微溶，只有 $Ba(OH)_2$ 可溶。这主要是由于碱土金属离子的电荷高、半径小、离子势大，阳离子和阴离子之间的吸引力大。

3.3.4　氢化物

碱土金属中较活泼的钙、锶、钡能与 H_2 直接化合，生成氢化物：

$$M + H_2 =\!=\!= MH_2(M = Ca、Sr、Ba)$$

碱土金属的氢化物均为白色晶体，具有强还原性。CaH_2 等常用作有机合成反应中的还原剂。在水溶液中，这些氢化物同样是很强的还原剂，它们与水的反应为

$$CaH_2 + 2H_2O =\!=\!= Ca(OH)_2 + 2H_2\uparrow$$

3.3.5　氮化物

在常温下，铍、镁、钙不与氮气反应，要到一定的温度下，它们才和氮气反应生成氮

化物。锶、钡、镭遇到空气表面就失去金属光泽，不仅形成氧化物，也形成氮化物，反应通式为

$$3X + N_2 \Longrightarrow X_3N_2$$

氮化物含有氮离子，游离态氮化物稳定，但在水溶液中会迅速发生水解反应，生成氨气和氢氧化物。

3.3.6 卤化物

碱土金属元素可与卤素（如氯）反应，生成离子化合物。这里需要指出的是，铍的卤化物是共价化合物，不是离子化合物，其中越重的元素反应得越剧烈，反应通式为

$$M + X_n \Longrightarrow MX_n$$

3.3.7 碱土金属的盐

碱土金属元素能够形成的盐种类众多，如卤化物、碳酸盐、硝酸盐、硫酸盐、草酸盐、硅酸盐及硫化物等。绝大多数碱土金属盐属于离子型晶体，它们具有较高的熔点和沸点。碱土金属氯化物的熔点从 Be 到 Ba 依次增高，$BeCl_2$ 熔点最低，易于升华，能溶于有机溶剂中，是共价化合物，$MgCl_2$ 也有一定程度的共价性。

碱土金属离子的电荷高、半径小、离子势大、水合倾向大，因此碱土金属的盐易形成结晶水合物。各种碱土金属的部分无水盐非常容易吸收空气中的水分而潮解。

1. 盐的颜色及焰色反应

碱土金属元素的离子均具有饱和电子结构，一般情况下电子不易跃迁，它们的离子和水合离子都是无色的，因而，碱土金属元素的盐通常呈现其阴离子的颜色，当阴离子也无色时，则相应的盐是无色或白色的。

在碱土金属元素中，元素钙、锶、钡的挥发性盐在高温火焰中灼烧时，能使火焰呈现特定的颜色，称为"焰色反应"（表 3-2）。由于不同元素的原子结构不同，灼烧时发出波长不同的光，使得火焰呈现不同的颜色。利用焰色反应，可定性鉴定这些金属元素的存在。碱土金属元素在焰火中的色彩见图 3-9。

表 3-2 部分常见碱土金属的焰色[2]

性质 \ 离子	Ca^{2+}	Sr^{2+}	Ba^{2+}
焰色	橙红	洋红	绿
谱线波长/nm	714.9	687.8	553.5

图 3-9　碱土金属元素在焰火中的色彩

2. 盐的溶解性

碱土金属元素的盐大多难溶于水,其可溶性盐主要有氯化物、硝酸盐、高氯酸盐等。碱土金属元素的碳酸盐、草酸盐、磷酸盐及除镁外的硫酸盐和铬酸盐都是典型的难溶盐。随碱土金属阳离子半径增大,硫酸盐和铬酸盐的溶解度按 Mg、Ca、Sr、Ba 的顺序递减。钙的难溶盐中以草酸钙最为难溶,常用于重量分析中测定钙。硫酸钡既难溶于水又难溶于酸,常用于 SO_4^{2-} 和 Ba^{2+} 的鉴定。

3. 热稳定性

碱土金属元素的卤化物、硫酸盐具有较强的热稳定性。

碱土金属碳酸盐的热稳定性与金属离子半径相关（表 3-3）,其热稳定性随着碱土金属阳离子半径的增大而增强,这种变化规律一般用离子极化理论来解释：对于外部电子构型相同的阳离子,其离子半径越大,极化能力越弱,从酸根中夺取氧离子的能力也弱,相应碳酸盐分解温度越高。

表 3-3　碱土金属碳酸盐分解反应的焓变和分解温度[2]

性质　　　　化合物	$MgCO_3$	$CaCO_3$	$SrCO_3$	$BaCO_3$
分解温度/°C	810	1170	1550	1630
$\Delta_r H_m^{\ominus}/(kJ/mol)$	117	176	238	268

4. 制备碱土金属单质

在自然界中,碱土金属元素很少以单质的形式存在,多以硫酸盐、碳酸盐的形式存在,如白云石 $CaCO_3 \cdot MgCO_3$、方解石 $CaCO_3$、天青石 $SrSO_4$、重晶石 $BaSO_4$ 等。每种碱土金属元素都有其独特的制备方式。

铍通常是用金属镁在大约 1300℃下还原 BeF_2 来制取的，也可以在碱金属氯化物作助熔剂的条件下，用电解熔融 $BeCl_2$ 的方法制得。

镁是目前生产规模最大的碱土金属，全世界的年产量在几十万吨以上。电解法和硅热还原法是工业上生产镁的主要方法。电解法是在 750℃的温度下，通过电解熔融的 $MgCl_2$ 而获得镁。硅热还原法则是在减压和 1150℃的温度下，用硅铁与煅烧过的白云石进行反应而制得镁：

$$2(MgO·CaO) + FeSi \rightleftharpoons 2Mg + Ca_2SiO_4 + Fe$$

钙、锶、钡都可以用其氯化物进行熔盐电解制得，锶和钡还可以用金属铝在高温和真空条件下还原其氧化物制得。

3.4 碱土金属在航空航天领域的应用

航空航天工业的发展要求飞行器飞得更快、更高、更远，性能出色的碱土金属元素制备的各种特种合金具有重量轻、强度大和耐热等独特优势，因而，碱土金属被广泛用于各种领域中，从民用的消费电子产品（如相机），到汽车和大型民航飞机；然而，更多的还是应用到军品制备和航空航天军事工业中，覆盖了枪械、军用飞机、船舰领域，还涉及遥远外太空遨游的飞船和卫星等[6]。

3.4.1 铍及其合金在航空航天领域的应用

金属铍及其合金具有极为特殊的性质。铍属于轻稀有金属，其密度很小，仅是铅的 70%、钛的 40%；铍的弹性模量大（287GPa），所以声音在铍中的传播速度更快，比在钢中的传播速度快 1.5 倍还多；铍具有良好的导热性，其热导率仅次于银、铜、金和铝；铍具有优异加工性能，铍部件能在温度发生数百摄氏度的变化时，保持原来的尺寸；铍的熔点较高，为 1284℃左右，比铝、镁高出近 1 倍；铍的比强度较大，已超过钛合金和铝合金，比钢大 4 倍，并在高温中保持着应有的强度；铍的比弹性模量也较大（即弹性模量/密度），是不锈钢的 6 倍；铍的原子量小，中子俘获截面小而散射截面又特别高。所以，铍是很符合核工业要求的特种工程材料之一[7]。

铍的化学性质也较为特殊，它兼有金属和非金属的两重性质。铍的原子半径非常小，还不到镁原子的一半。铍的化学性能也介于镁、铝之间，并与铝有非常相似之处。铍有很强的氧化性质，在空氧中铍表面上就能生成"BeO"的氧化膜，这种氧化物在常温下和高温炽热状态中都很稳定。

基于这些性能，金属铍是航天工业中制造导航器件的理想材料。因此，铍被赋予"核时代金属"和"宇宙时代金属"之称。

铍所具有的许多优异性能，是由它的内部原子晶体结构决定的。铍具有两种晶体型结构，在室温条件下为 α-Be，具有密排六方晶格结构；晶体转变温度为 1254℃时，发生相转变成为 β-Be 结构[7]。

1. 铍在航空航天领域的应用

由于低密度铍可以显著降低材料的重量，因而，铍被广泛用于制备多种空间飞行器的结构材料，如卫星及飞船所用的基架、梁柱、固定桁梁、前置框架、旋转与消旋平台，卫星用太阳能板的基架等，铍板材也曾用于制作卫星蒙皮、导弹转接壳体、蜂窝板、仪表安装板及飞机结构的翼箱和尾舵等主要部件，铍类材料的采用使得相应结构中的部件重量减少了 20%～50%。

美国休斯敦航空公司用铍制造战略通信卫星和商业通信卫星中的天线，美国为研究各行星而发射的"先驱者号"卫星中也使用了金属铍部件，曾遨游木星的"伽利略"号卫星（图 3-10）伞状天线的骨架和头锥都是用铍制作的。

图 3-10　欧洲的"伽利略"号卫星和美国的格鲁曼 F-14 战斗机

铍是比热容最高的结构材料，具有高热导率、高熔点及在 800℃下的抗氧化性，使其成为高效散热片、热屏蔽、航天飞机和汽车制动器的理想制备材料。高温级铍材还成功地用于军用飞机的制动盘及火箭发动机的止推室。例如，美国已经装备的格鲁曼 F-14 战斗机（图 3-10）使用了铍，美国国家航空航天局（National Aeronautics and Space Administration，NASA）的"航海号""木星"等火箭上均使用了许多铍制件。

金属铍经抛光后，对红外线的反射率约为 95%，所以也被用作光学镜面。目前，铍制光学镜面已经被应用于地球资源卫星、通信卫星和气象卫星的扫描系统。对于卫星来说，除了性能要求外，减轻部件质量也十分重要。在强度相当时，铍制光学镜的质量仅是全能镜体的 1/6，而卫星每减轻 1kg 质量，发射成本将降低 20000 美元[8]。

2. 铍合金在航空航天领域的应用

铍合金的研制始于 1961 年开发出的铍铝合金（图 3-11）。铍铝合金具有质量轻、比强度高、热稳定性好、高韧性、抗腐蚀等多种优良特性，在航空航天工业中得到了大量应用。其中，应用较广的为美国研制的洛克合金（铍含量为 62%左右，铝含量为 38%左右），其产品形态为挤压棒和热轧板，该类型合金具有优越的挤压、机械加工性能。美国曾用洛克合金板制造 YF-12 型飞机的腹翼，与钛制部件相比，其刚度提高了 8 倍，扭转刚度提高了 5 倍。铍铝合金还是一种质轻高强模具材料，可用于制造高性能飞机的方向舵、机翼箱和喷气发动机金属构件。现代化战斗机的许多构件被改用铍金属制造后质量减轻，使飞机的行动更加迅速灵活[8]。

图 3-11 铍铝合金基材和美国制造的 F-35 作战飞机

2015 年，洛克希德·马丁公司为联合作战飞机 F-35（图 3-11）启动了"近净成形铸造铍铝合金"的研究，此项目是利用铍铝合金来替代部分构件进而削减成本计划的一部分。因为 F-35 的总生产成本为 4000 亿美元，寿命周期成本为 1.5 万亿美元，是历史上最昂贵的常规武器项目之一。该公司宣布"经济可负担能力蓝图"，目标是到 2019 年将每架飞机的成本降低 1000 万美元。该项目的成果之一是新制红外光电瞄准系统万向外壳，这种采用铍铝合金制成的外壳，其整体长度为 18 英寸[①]，截面直径为 12 英寸，具备复杂的几何外形，但是重量仅几磅[②][9]。

在航空航天应用中，铍合金的优势在于它的重量、刚度和抗震性，从而其很容易代替铝、镁、钛等金属基复合材料。但是，传统的铍铝合金粉末加工方式制造耗时、报废率高，这严重限制了成品的生产，导致其价格昂贵，制约了铍合金的应用。IBC 先进合金公司（IBC Advanced Alloys Company）采用独特的技术，很好地处理了铍铝合金两相的温度差，实现了粉末铸造加工。利用 IBC 先进合金公司的新型铸造技术，每天可以铸造一个铍铝合金零件，加工和精加工在一周内即可完成，比以前节约很多时间，此合金加工工艺的改进可以将成本价降低 30%～40%。IBC 先进合金公司在该技术方面的成功，证明了铸造铍铝合金材料和工艺的技术可行性，极大地扩展了铍铝合金在航空航天领域的应用[10]。

3. 氧化铍在航空航天领域的应用

氧化铍是用来生产金属铍、制作铍合金及制造特殊复合陶瓷的原料。氧化铍陶瓷是一种很好的散热材料，它的热导率约为 209.34W/(m·K)，是 α-Al_2O_3 的 15～20 倍，其直流击穿强度可达 10～14kV/mm。氧化铍陶瓷被用作电子工业中的高热导绝缘材料，同时被作

---

① 1 英寸 = 0.0254m。

② 1 磅 = 0.4536kg。

为高级耐火材料和涂层应用到航天器中。铍金属间化合物及其复合材料具有超高强度和高耐高温等级，已经开始进入火箭喷嘴和超音速飞机的结构件等新材料市场[11]。

氧化铍具有良好的核性能，也曾大量地应用于某些反应堆，被用作减速剂和反射体。此外，目前正在开发的基于铍的新型铍铝镁三元合金，已在航天飞机上获得应用。

3.4.2　镁及其合金在航空航天领域的应用

镁是一种银白色的轻质碱土金属，具有优良的综合性能，是目前实际应用中最轻的工程结构材料，也是减重、节能、环保、健康的多功能材料。镁的主要型材是镁合金：以90%左右的金属镁为主体，加入适量的铝、锌、锰、稀土等其他元素组成的多元合金。由于镁合金密度小、易加工、重量轻、屏蔽性良好、耐温性好及抗震减噪性能较强，其在航空航天领域获得广泛应用，是目前航空器、航天器和火箭导弹制造工业中普遍使用的最轻金属结构材料。

镁合金在航空航天领域的应用具有重要意义。载荷质量每减轻 1kg，整个运载火箭的起飞质量就可减轻 50kg，地面设备的结构质量就可减轻 100kg；战斗机质量若减轻 15%，则可缩短飞机滑跑距离 15%，增加航程 20%，提高有效载荷 30%[12]。

在航空工业中人们一直把镁合金作为航空航天器结构材料的首选材料，最大化增加镁合金的用量，来制造飞机、轰炸机、导弹，甚至步枪等军用装备：飞机的螺旋桨、舱体、壁板、客机座椅、起落轮、起落架、支持框，飞机电机壳体、油箱隔板、副油箱挂架、油泵壳体、仪表壳体、无线电设备底座；飞机发动机零件、直升机齿轮箱、涡轮喷气发动机机罩、机轮外壳，飞机的各种传送箱和电源装置，火箭和导弹的零部件等都将逐步采用镁合金制造。例如，美国的 B-52 轰炸机的机身部分就使用了镁合金板材 635kg，挤压件 90kg，铸件超过 200kg。镁合金也用于导弹和卫星上的一些部件，如中国"红旗"地空导弹的仪表舱、尾舱和发动机支架等都使用了镁合金[13]。镁合金及碱土金属掺杂型多元镁合金的应用见图 3-12。

图 3-12　镁合金及碱土金属掺杂型多元镁合金的应用

1. 超高强度镁合金

随着航空飞行器的飞行速度不断提高，镁合金材料容易形成缩松和热裂纹，使得材料强度偏低，尤其是抗高温强度和抗蠕变性差，导致力学性能不稳定。针对这些问题，利用快速凝固技术的新型高强铸造镁合金应运而生[14]。铸造镁合金具有优良的铸造性能和加工性能，抗拉强度可达 935MPa，比强度达到了 480MPa/(g·cm)。同时，在铸造镁合金中添加稀土元素（rare earth，RE），可提高合金的室温和高温强度、提高抗高温蠕变能力、改善铸造性能，同时有利于提高耐蚀性，从而使得合金具有较高的高温强度、优良的抗蠕变性能、良好的耐热和耐蚀性能[15, 16]。

利用快速凝固法制备的高强度铸造镁合金材料，其应用目标明确——航天器和飞行器。美国军方和飞机与发动机制造商联合研究表明，此类镁合金除了具有上述提到的优点外，还有一定的耐高温能力，可以与液体燃料接触，防止高空臭氧腐蚀和空间射线辐射，防止短电磁波、高能粒子和流星体的轰击。目前，已公开应用于航空（波音 707、波音 727、波音 737 和波音 747，军机 B29、直升机 Rockhard 和 Tagnite 等）、航天和飞行器。美国海军的卫星上已将镁合金复合材料用于支架、轴套、横梁等结构件的制备，其综合性能优于铝基复合材料[17]。2007 年美国雷神公司（Raytheon Company）为美国海军研发的 AGM-154C 联合防区外武器（图 3-13），其中除大量应用铝合金外，还应用了一定数量的高强韧铸造镁合金，如连接舱舱体、尾舱舱体、翼片骨架、设备箱箱体等，其力学性能和耐蚀能力均能够满足侵彻炸弹的整体要求。德国金牛座系统公司和瑞典博福斯公司合作开发的导弹 KEPD-350（图 3-14），在其结构材料体系中，壁板、舵面、隔板等 30 余种零件分别使用了约 100kg 的高性能镁合金[18]。

图 3-13 超高强镁合金参与制造的 KEPD-350 防区外对地攻击导弹和 AGM-154C 联合防区外武器[18]

目前，我国对镁合金在航空航天领域的应用研究也取得了一系列成果。中国科学院金属研究所研发的镁合金成功应用到神舟飞船的电控箱上，为其减重约 13kg。随后该合金又成功用于制造"天宫 1 号"等多个型号的航天器零部件[13]。上海交通大学将先进镁合金材料与新成型工艺结合，成功制备了基于镁合金的轻型导弹舱体（图 3-14）、发动机机匣、轻型导弹弹翼等部件[13]。以镁合金制备的轻型导弹舱体尾翼和无缝管见图 3-15。

图 3-14　镁合金制备轻型导弹舱体[13]

图 3-15　镁合金制备轻型导弹舱体尾翼和无缝管[13]

我国超高强度镁合金的研究工作刚刚起步，为了发展我国航空航天技术，特别是载人飞行器和空间实验室，研究和开发超高强度镁合金具有十分重要的现实意义。

2. 高强变形镁合金

变形镁合金的强度和延伸率一般优于铸造镁合金。压铸是镁合金成型的主要方式；但是，传统铸造镁合金组织都很粗大、力学性能较差，镁合金层错能较低，变形过程中易发生动态再结晶，并且容易产生微小的气孔，因此阻碍了镁合金产品的进一步发展。多数情况下都是通过塑性变形来细化镁合金晶粒，改善其力学性能，因此，变形镁合金因其良好的综合力学性能而受到了重视[19, 20]。

目前，变形镁合金的设计主要在保证较好塑性变形能力的前提下，选择合适的固溶体合金，或优化细化晶粒方法，或利用不同机理的强化方法（如固溶强化、细晶强化、沉淀强化和复合强化等方法）来提高材料的综合力学性能。开发新型高强、超轻、耐热、耐蚀变形镁合金是目前镁合金研究的重点[21, 22]。

变形镁合金中，超轻镁合金是目前比较成熟的产品之一。超轻镁合金主要指镁-锂系合金，该合金是轻合金材料中最轻的一种，其比强度高，具有良好的冷热变形能力，其冷变形率达 50%以上，韧性和焊接性能良好，在共晶成分附近具有良好的加工性能和超塑性，已经成为超轻高强合金的一个重要合金系[18]。

在变形镁合金中，镁-锌-锆系合金具有最高的强度、良好的塑性及耐蚀性，因此镁-锌-锆系合金是目前应用最多的变形镁合金之一[23]。作为代表性产品的 ZK60 变形镁合金，具有良好的切削加工性，且无应力腐蚀等，广泛应用于制造高强度、高屈服零部件，如飞机翼肋（图 3-16）等。

3. 镁合金的腐蚀与防护

镁及其合金的电极电势低，化学活性很高。在潮湿空气、含硫气氛和海洋大气中均会遭受严重的电化学腐蚀，而这些环境恰恰是飞行器经常工作的环境，因此严重阻碍了镁合金产品发挥其优势[24, 25]。镁暴露于空气中极易氧化，即表面能形成一层以 $Mg(OH)_2$ 为主，且含有 $MgCO_3$、$MgSO_3$ 等盐类的灰色薄膜。由于自身的热力学限制，这层薄膜在 pH 小于 11 的条件下极不稳定，几乎无法对基体金属的腐蚀提供保护作用，因此镁及镁合金易遭受各种环境条件的腐蚀。

 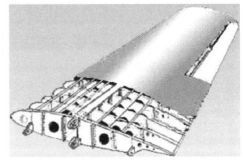

图 3-16　以 ZK60 变形镁合金制作的机翼

除了自然环境中的各种腐蚀性介质影响外，镁及其合金耐蚀性还受到冶金因素的影响，包括化学组成、加工处理方式及晶粒尺寸等[26, 27]。

合金化学组成按对镁合金耐蚀性的影响可分为以下几种：

（1）无害组成，如 Na、Si、Pb、Sn、Mn、Al 及 Be、Ce、Pr、Th、Y 和 Zr 等；

（2）有害组成，如 Fe、Ni、Cu 和 Co；

（3）介于两者之间的组成，如 Ca、Zn、Cd 和 Ag。

总之，镁及其合金的自身化学性质活泼，对杂质特别是 Fe、Ni、Cu 和 Co 敏感，此外，pH 小于 11 条件下自身钝化膜不稳定是造成镁腐蚀问题的主要根源。

为了增强镁及其合金的耐蚀性，对合金表面进行适当的处理也可以使得镁合金表现出优异的耐蚀性能。表面改性是增强镁耐蚀性阻抗环境因素的重要途径，包括离子注入技术和激光处理技术[28]。

（1）离子注入技术在镁合金表面改性方面的应用报道最早见于 1984 年。在真空状态下使用高能离子束轰击目标，几乎可以实现任何离子的注入，注入的离子被中和并留在固溶体的取代位置或间隙位置，形成非平衡表面层。其优点在于：生成新的表层合金及表层的均匀化；同时保持材料本体的性质不变；而且消除了改性层与基体之间的附着问题。有研究将 N_2^+ 注入 AZ91D 合金，发现 AZ91D 的平均腐蚀速率可降至处理前的 85%。例如，美国密歇根淡水湖上使用的由 Mg-4Al-0.2Mn 合金制造的小游艇，在服役 10 年之后还完好无损[29]。

（2）激光处理技术包括激光热处理技术和激光表面合金化，其中激光热处理技术是利用激光加热金属表面以促进亚稳固溶体形成[28]。

表面改性技术虽然能提高镁耐均匀腐蚀和点腐蚀的能力，但在目前阶段，这种技术还无法实现商业目的。

开发高纯合金或新合金是增强镁及其合金耐腐蚀性的另一重要途径。

影响镁合金耐腐蚀性的最重要因素之一是其中杂质元素的含量，尤其是有害元素如Fe、Ni、Cu 和 Co 的含量。因此，控制合金中有害元素的含量，提高合金的纯度，是解决镁合金腐蚀问题的有效途径之一。高纯镁合金与大多数商业铝合金相比，具有类似或更好的耐蚀性。目前，开发高纯镁合金已成为欧美汽车工业增加镁用量的主要途径[24]。

3.4.3 钙元素在航空航天领域的应用

金属钙是一种银白色轻金属，具有延展性，其化学性质活跃，在空气中极易氧化，因此常被作为生产特种钢、合金钢等高端材料的理想脱氧、脱碳、脱硫剂，也是制取高纯稀土金属必需的还原剂。例如，在金属熔炼过程中，加入单质钙可去除溶解在熔融金属中的氮气和氧气。作为功能材料体系，钙经常以合金或者无机盐的方式加以应用。

1. 钙镁合金

医用镁基生物材料具有优良的生物相容性、力学性能和可降解性，镁及镁合金（1.7～2.0g/cm^3）的密度远低于医用钛合金（4.4～4.5g/cm^3），与人体骨骼密度（1.8～2.1g/cm^3）相近，是一种具有广阔前景的新型人体植入材料。然而，由于镁合金耐腐蚀能力较差，制约了其在临床应用上的研究和发展。研究表明将钙加入镁合金体系中，能够使其晶粒细化，可以明显地提高镁合金的耐蚀性。同时，钙是人体骨骼组织修复的必要元素，在镁合金中加入钙，可以促进羟基磷灰石和磷酸钙生物陶瓷的形成，有利于新生硬组织在合金表面沉积，加速骨骼愈合[30]。另外，钙元素的标准电极电位为–2.76V，比镁的标准电极电位–2.37V 更低，在这样的条件下，钙元素相可以自发成为阳极，使镁合金基体受到阴极保护，耐蚀性得到提高。

2. 纳米钙基抗菌材料

基于纳米材料的聚合物复合材料越来越多地被运用于载人航天舱内设备。例如，用保温耐压纳米材料制作航天服、头盔及面窗材料、各种连接导线和电缆，多种非金属餐饮，食品、饮料及药品包装材料，航天废水再生处理用过滤、透析膜材料，保温材料，各种通风排气复合软管材料，减震保温用发泡材料及电热设备的绝缘隔热层。纳米材料虽然性能优异，但是也会遭受有害细菌侵蚀，严重损害材料质量，甚至通过交叉传播殃及人体健康[31]。

为给乘员创建安全可靠的工作条件，我国已试制出硅、钙、钾三大系列七大类多种抗菌剂，而且还为各种制剂选配了合适载体，较好地解决了部分抗菌纳米材料制品的生产工艺技术难题，其中纳米钙基材料应用较多，因为钙是人体需要的微量元素之一[32]。沸石型抗菌材料是目前广泛研究的体系之一，沸石的化学成分是碱金属和碱土金属的结晶性硅铝酸盐，结构中存在大量微孔或介孔。由于它具有优异的阳离子交换能力，可通过交换将抗菌金属离子结合到其结构中而制成沸石抗菌材料。依靠已经试制的抗菌材料制备了抗菌尼龙丝、聚乙烯板、药品包装材料、食品包装膜、聚丙烯编织丝料、无纺布、聚酯泡沫塑料和涂料等多种抗菌制品，经过进一步严格测试，沸石型抗菌材料未来可以应用到载人航天飞船上。

3.4.4 锶元素在航空航天领域的应用

金属锶是一种银白色金属，也是碱土金属中丰度最少的元素，因此在实际应用中，锶元素的使用量很小。无论是用于金属材料还是非金属材料中，添加适量锶及其化合物都能明显地改变某些性能或者使其具有特殊功能，相当于炒菜时用的味精，故锶有工业"金属味精"之称[33]。

锶元素的一个非常重要的特性就是长效变质，有效变质时间可达 5～7h，变质过程中无过变质行为，多次重熔仍保持良好的变质效果，不产生烟雾，对设备无腐蚀。锶的研究在国外已有多年的历史，在世界各国都得到了广泛的应用，使用规模稳步增长，发展势头十分迅猛。目前，对锶的变质工艺、变质剂的制造都进行了深入、系统的研究。我国对锶的利用不够充分，长期出口锶类初级原材料，而从国外进口锶类高级产品使用。因此，在我国锶及锶盐的研究也日益受到重视，对锶进行深入细致的研究，扩展锶的用途，可以充分地利用我国作为世界锶含量第一大国的资源优势，减少国内市场对国外的依赖。

1. 锶对镁合金体系的改性

镁合金在航空航天工业中的作用显著，将"金属味精"锶掺杂到镁合金中可改善其性能。

研究表明：锶对镁系合金有细化晶粒的作用，从而提高镁系合金的常温力学性能。在纯镁中加入 0.3%锶后，抑制了纯镁中柱状晶的长大，晶粒得到显著细化；在镁-铝合金中加入 0.3%锶，晶粒明显细化；在镁-铝-硅合金中添加一定量的锶后，不但能细化合金中的 Mg_2Si 相，也细化了合金的晶粒，同时形成 $Al_{10}Mg_{13}Sr$ 相，这种相可以显著提高合金的抗蠕变性能和高温裂变性能[33]。

将锶添加到镁合金中，还可以降低镁合金的显微缩松，主要是因为锶的添加细化了晶粒，减小了缩孔的形成概率，且细小的晶粒有利于提高金属凝固收缩时液体的毛细补缩作用，从而减少缩孔。还有一种观点认为，在镁合金中加入锶会使液体表面张力下降，提高合金液的流动性，从而减少了缩松。

2. 锶对铝合金体系的改性

锶铝合金是国内近年来开发的一种优良合金变质剂，主要用于亚共晶及共晶铝硅合金的变质，其变质类型与传统使用的钠元素相当，但与钠相比有以下显著优点[34]：

（1）锶的变质有效期长，重熔 4～5 次仍保持良好的变质效果，能够满足持续时间长的低压铸造和金属型铸造需要，特别适于浇注大型铸件和连续化生产；

（2）如果将锶元素加入铝硅合金中，可制成预变质的长效硅铝锭，这种合金锭只要经过重熔不必变质就可浇注铸件，使用十分方便；

（3）锶变质的铸件，机械性能达到或超过传统钠变质的效果。特别是热处理后，比钠变质效果更好。合金流动性、耐海水腐蚀性好，可以明显减少缩孔、浇不足等废品。

锶铝中间合金具有明显优点，用它代替锶盐类使用在国外已形成工业化。使用含锶5%的锶铝合金作为变质剂，在众多牌号铝合金上使用，取得了满意效果[35]；成功地生产了大量具备耐磨性、气密性且符合较高强度要求的各类铸件，如活塞、泵体、密封容器和结构件等。

随着铝合金的应用不断扩大，从改进性能、增加效益和提高铸造铝合金件质量等方面考虑，锶合金无疑是一种比较理想的中间合金。

3.4.5 碱土金属元素的多元合金

将碱土金属锶和钙掺杂到镁合金中，可以显著地提高镁基合金的性能，制备出高性能的新型合金[36, 37]。在 AZ91 合金中，添加 1.0%的钙可以显著提高合金的抗蠕变形，但是同时也增加了合金铸造脆裂趋势；添加 0.2%的锶以后，合金的铸造脆裂性得到了明显改善，抗蠕变性能和机械性能都得到了很大的提高[38]。在镁-铅-锶合金中，将钙元素加入后，研究发现在合金中形成 Mg_2Ca 和$(Mg/Al)_2Ca$ 相，可以显著提高合金的抗蠕变机械性能[39]。在镁-铅-钙合金中，添加 0.2%以上的锶时，在合金中能够形成 $Mg_{17}Sr_2$ 金属间化合物，当含锶量达到 0.5%以上时，会降低合金的流动压力，也就是提高了合金液态的流动性，从而进一步提高合金的铸造性能。

目前，广泛的研究集中在碱土金属掺杂的多元合金体系，用以开发出面对航空航天领域所需的各种特殊材料[40]。因此，碱土金属系列产品的开发与完善是一个国家发展基础工业和国防尖端技术的重要一环，也是国家战略资源利用和储备的重要研究对象。

参 考 文 献

[1] 大连理工大学无机化学教研室. 无机化学. 北京：高等教育出版社，2006：372-380.

[2] 唐有祺. 结晶化学. 北京：高等教育出版社，1967：166.

[3] 刘幸平. 无机化学. 北京：人民卫生出版社，2011：173-174.

[4] 顾学民，等. 无机化学丛书（第二卷）. 北京：科学出版社，2011.

[5] 刘新锦，朱亚先，高飞. 无机元素化学（第二版）. 北京：科学出版社，2010.

[6] Williams J C, Starke Jr E A. Progress in structural materials for aerospace systems. Acta Materialia, 2003, 51: 5775-5799.

[7] Trueman D L, Beryllium S P. Chapter 5//Gunn G. Critical Metals Handbook. Washington: American Geophysical Union, John Wiley & Sons, 2014.

[8] Stonehouse J, Hertz R K, Spiegelberg W, et al. Beryllium and Beryllium Alloys. New York: Wiley, 2000.

[9] Bucci R J, Warren C J. Need for new materials in aging aircraft structures. Journal of Aircraft, 2000, 37: 13-21.

[10] 马玲，赵双群. 铍铝合金的研究进展. 材料导报，2005，19：431-433.

[11] Mayer A S, Brazile W J, Erb S A, et al. Developing effective health and safety training materials for workers in beryllium-using industries. Journal of Occupational and Environmental Medicine, 2013, 55: 746-751.

[12] 丁文江，付彭怀，彭立明，等. 先进镁合金材料及其在航空航天领域中的应用. 航天器环境工程，2011，4：103-109.

[13] 吴国华，陈玉狮，丁文江. 镁合金在航空航天领域研究应用现状与展望. 载人航天，2016，22：281-292.

[14] Pan F S, Yang M B, Chen X H. A review on casting magnesium alloys: Modification of commercial alloys and development of new alloys. Journal of Materials Science & Technology, 2016, 32: 1211-1221.

[15] Dey A，Pandey K M. Magnesium metal matrix composites—A review. Reviews on Advanced Materials Science，2015，42：58-67.

[16] Du W D，Wu Y F，Nie Z R. Effects of rare earth and alkaline earth on magnesium alloys and their applications status. Rare Metal Materials and Engineering，2006，35：1345-1349.

[17] 郭学锋，魏建锋，张忠明. 镁合金与超高强度镁合金. 铸造技术，2002，23：133-136.

[18] 康凤，闫峰，杨鄂川. 轻合金在国外航空炸弹上的应用研究. 材料导报，2014，28（2）：136-138.

[19] 王祝堂. 变形镁合金在航空航天器中的应用. 世界有色金属，2010，3：66-69.

[20] 周瑞发，韩雅芳，李树索. 高温结构材料，北京：国防工业出版社，2006.

[21] Pekguleryuz M，Celikin M. Creep resistance in magnesium alloys. International Materials Reviews，2010，55：197-217.

[22] Pekguleryuz M O，Kaya A A. Creep resistant magnesium alloys for powertrain applications. Advanced Engineering Materials，2003，5：866-878.

[23] Huang Y D，Dieringa H，Hort N. Effects of segregation of primary alloying elements on the creep response in magnesium alloys. Scripta Materialia，2008，58：894-897.

[24] 张永君，严川伟，王福会，等. 镁的应用及其腐蚀与防护. 材料保护，2002，35：4-6.

[25] Makar G L，Kruger J. Corrosion of magnesium. International Materials Reviews，1993，8：138-153.

[26] Bryan Z L，Hooper R J，Henderson H B. Solidification pathways of alloys in the Mg-rich corner of the Mg-Al-Ba ternary system. Metallurgical and Materials Transactions A-Physical Metallurgy and Materials Science，2015，46A：1689-1696.

[27] Liu J，Wang W X，Zhang S. Effect of Gd-Ca combined additions on the microstructure and creep properties of Mg-7Al-1Si alloys. Journal of Alloys and Compounds，2015，620：74-79.

[28] 曾荣昌，孔令鸿，陈君，等. 医用镁合金表面改性研究进展. 中国有色金属学报，2011，1：35-39.

[29] Chen Q Q，Li K Y，Liu Y Y. Effects of heat treatment on the wear behavior of surfacing AZ91 magnesium alloy. Journal of Materials Research，2017，32：2161-2168.

[30] Masoumi M，Hu H. Influence of applied pressure on microstructure and tensile properties of squeeze cast magnesium Mg-Al-Ca alloy. Materials Science and Engineering A-Structural Materials Properties Microstructure and Processing，2011，528：3589-3593.

[31] 沈海军，史友进. 纳米抗菌材料的分类、制备、抗菌机理及其应用. 中国粉体工业，2006，2：18-20.

[32] 丁浩，童忠良，杜高翔. 纳米抗菌技术. 北京：化学工业出版社，2008.

[33] 程仁菊. 含锶中间合金对 AZ31 镁合金铸态组织的影响. 重庆：重庆大学，2006.

[34] 李庆，王仲山. 锶铝中间合金及其应用. 江苏冶金，1988，2：38-39.

[35] Suzuki A，Saddock N D，Riester L，et al. Effect of Sr additions on the microstructure and strength of a Mg-Al-Ca ternary alloy，Metallurgical and Materials Transactions A，2007，38：420-427.

[36] Berglund I S，Brar H S，Dolgova N，et al. Synthesis and characterization of Mg-Ca-Sr alloys for biodegradable orthopedic implant applications. Journal of Biomedical Materials Research Part B，2012，100B：1524-1534.

[37] Zhang D D，Zhang X R，Hao X W. Microstructure and mechanical properties of Mg-8Al-Sr-xCa（$x = 0.5$，1.0，1.5）alloys. Rare Metal Materials and Engineering，2014，43：1862-1866.

[38] Hirai K，Somekawa H，Takigawa Y. Effects of Ca and Sr addition on mechanical properties of a cast AZ91 magnesium alloy at room and elevated temperature. Materials Science and Engineering A—Structural Materials Properties Microstructure and Processing，2005，403：276-280.

[39] Zhang Y C，Yang L，Dai J，et al. Effect of Ca and Sr on the compressive creep behavior of Mg-4Al-Re based magnesium alloys. Materials and Design，2014，63：439-445.

[40] Ibrahim M F，Alkahtani S A，Abuhasel K A，et al. Effect of intermetallics on the microstructure and tensile properties of aluminum based alloys：Role of Sr，Mg and Be addition. Materials and Design，2015，86：30-40.

第4章 硼族元素

4.1 引　　言

硼族元素包括硼（Boron，B）、铝（Aluminum，Al）、镓（Gallium，Ga）、铟（Indium，In）和铊（Thallium，Tl），它们构成了周期表的ⅢA族。其中除硼是非金属元素外，其余的都是金属元素，而且金属性随着原子序数的增加而增强。硼和铝都有富集的矿藏，铝在地壳中的质量分数为8.2%，仅次于氧和硅，其丰度（以质量计）居第三位，而在金属元素中铝的丰度居于首位。硼和铝有富集矿藏，而镓、铟、铊是分散的稀有元素，常与其他矿共生。硼化合物是一个化合物大系列，对国民经济各部门和工农业生产起着重要的支撑作用，在现代科学技术、核工业、宇航、国防、高新技术领域有着广泛的应用。

硼族元素原子的价电子层结构为 ns^2np^1，常见氧化态为 + 3 和 + 1，随原子序数的递增，ns^2 电子对趋于稳定，特别是 6s 上的 2 个电子稳定性特别强。这使得从硼到铊高氧化数（+Ⅲ）的稳定性依次减小，即氧化性依次增强；而低氧化数（+Ⅰ）稳定性依次增强，其还原性依次减弱。例如，Tl(Ⅲ)是很强的氧化剂，而 Tl(Ⅰ) 很稳定，其化合物具有较强的离子键特性。硼的原子半径较小，电负性较大，这使其共价倾向最强，所以硼的化合物都是共价型的，在水溶液中也不存在 B^{3+}，而铝、镓、铟和铊虽然都是金属，但 +Ⅲ这一较高的氧化数及镓、铟、铊的 18 电子层壳层的结构，也容易使原子间成键时表现为极性共价键，并均可形成 M^{3+} 和相应的化合物。

以上这些关于价态和氧化还原性质的结论，可以从如图 4-1 所示的硼族元素的电势图中体现出来。

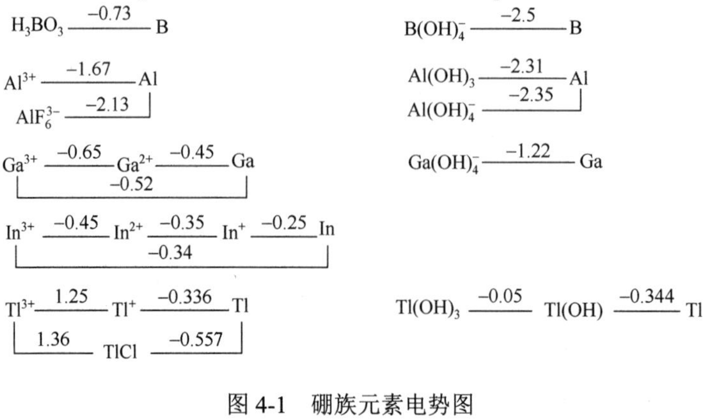

图 4-1　硼族元素电势图

硼族元素的价电子有 4 条轨道（ns、np_x、np_y、np_z），而其价电子只有 3 个，这种价电子层中价轨道数超过价电子数的原子称为缺电子原子，它们在形成共价键时，比稀有气体构型缺少一对电子，有一个 np 轨道是空的。因此，硼族元素的 + 3 氧化态化合物称为缺电子化合物。它们还有很强的继续接受电子的能力。这种能力表现在分子的自聚合及同电子对给予体形成稳定的配合物。例如，本族 + III 价单分子化合物 BF_3、$AlCl_3$ 等容易形成 HBF_4 和 Al_2Cl_6。缺电子原子在形成共价键时，往往采用接受电子形成双聚分子或稳定化合物和形成多中心键（即较多中心原子靠较少电子结合起来的一种离域共价键）的方式来弥补成键电子的不足。在此过程中，中心原子的价键轨道的杂化方式由 sp^2 杂化过渡到 sp^3 杂化。相应分子的空间构型由平面结构过渡到立体结构。

硼族元素的一些基本性质列于表 4-1 中。

表 4-1　元素的基本性质

元素	原子序数	原子量	价电子层构型	主要氧化态	共价半径/pm	离子半径/pm		第一电离能/(kJ/mol)	电负性
						M^+	M^{3+}		
硼（B）	5	10.81	$2s^2 2p^1$	+ 3	82	—	23	800.6	2.04
铝（Al）	13	26.98	$3s^2 3p^1$	+ 3	118	—	51	577.6	1.61
镓（Ga）	31	69.72	$4s^2 4p^1$	+ 3，(+ 1)	126	—	62	578.8	1.81
铟（In）	49	114.82	$5s^2 5p^1$	+ 3， + 1	144	132	81	558.3	1.78
铊（Tl）	81	204.38	$6s^2 6p^1$	(+ 3)， + 1	148	140	95	589.3	2.04

4.2　硼及其化合物

硼在自然界中不以单质存在，主要以各种硼酸盐形式矿存在，比较重要的硼矿石（borax）有：硼砂 $Na_2B_4O_7 \cdot 10H_2O$、方硼石 $2Mg_3B_8O_{15} \cdot MgCl_2$、硼镁矿 $Mg_2B_2O_5 \cdot H_2O$ 等，还有少量天然硼酸（sassolite）H_3BO_3。我国是世界上硼资源比较丰富的国家之一，B_2O_3 地质储量位居世界第五位。

单质硼有无定形硼和晶态硼两种同素异形体。无定形硼为棕色粉末，晶态硼呈黑灰色。硼的熔点、沸点都很高（熔点 2300℃，沸点 2550℃）。晶体硼的硬度很大，在单质中，其硬度略次于金刚石。

由于硼原子缺电子的特征，其晶体结构在所有元素中具有最特殊的复杂性。虽然晶体硼有多种复杂的结构，但都是以 B_{12} 二十面体为基本结构单元。这个二十面体由 12 个硼原子组成，它有 20 个等边三角形的面和 12 个顶角，每个顶角有一个硼原子，每个硼原子与邻近的 5 个硼原子距离相等（177pm）（图 4-2）。由于 B_{12} 二十面体空间排布方式不同、键型不同，所形成的硼晶体类型也不同。例如，最普通的六方晶系的 α-菱形硼的结构为由 B_{12} 单元组成的层状结构（图 4-3），每一层中的每个 B_{12} 单元通过 6 个硼原子与在同一平面的 6 个 B_{12} 单元连接［B—$\Big\langle^{B}_{B}$ 三中心两电子（3c-2e）键，键长 203pm］，这种由二十面体组成的片层，又依靠二十面体上、下各 3 个硼原子以 6 个正常的 B—B 共价单键（即两中心两电子键，2c-2e，键长 171pm）同上、下两层 6 个邻近的二十面体相连接，3 个在上一层，3 个在下一层。所以，在 α-菱形硼晶体中，既有普通的 σ 键，又有三中心键。

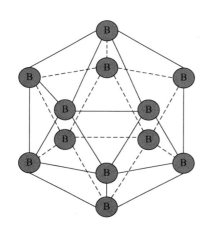

图 4-2　晶体硼 B_{12} 基本结构单元

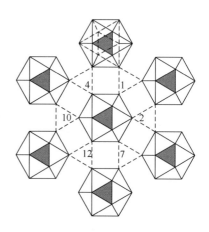

图 4-3　α-菱形硼结构示意图

4.2.1　单质硼

1. 单质硼的化学性质

硼和硅一样，在常温下表现为惰性，仅与 F_2 反应。对于单质硼而言，无定形和粉末状硼比较活泼，而晶态硼惰性较大。

$$2B(s) + 3F_2(g) \rightleftharpoons 2BF_3$$

硼在空气中燃烧，放出大量的热，生成 B_2O_3。

$$4B + 3O_2 \rightleftharpoons 2B_2O_3$$

从硼的燃烧热及 B—O 键的键能可知硼与氧的亲和力超过硅和碳［键能 B—O（560～690kJ/mol）＞Si—O（452kJ/mol）＞C—O（358kJ/mol）］，所以它能从许多稳定的氧化物（如 SiO_2、P_2O_5、H_2O 等）中夺取氧而用作还原剂。因此它在炼钢工业中可以用作去氧剂。例如，加热条件下，硼与水蒸气反应生成硼酸放出 H_2：

$$2B + 6H_2O \rightleftharpoons 2B(OH)_3 + 3H_2$$

$$3SiO_2 + 4B \xrightarrow{\text{强热}} 3Si + 2B_2O_3$$

无定形硼在室温下只能与 F_2 反应，但加热时也能与 Cl_2、Br_2、S 和 N_2 反应，分别得到 BCl_3、BBr_3、B_2S_3 和 BN（在 1473K 以上）。因此，硼在空气中燃烧时，也会有少量 BN 生成。硼不与 H_2 作用。

$$2B + N_2 \rightleftharpoons 2BN$$

$$2B + 3Cl_2 \rightarrow 2BCl_3$$

$$2B + 3S \rightarrow B_2S_3$$

硼不与非氧化性酸（如盐酸）作用，仅被氧化性酸如热浓 HNO_3、热浓 H_2SO_4 和王水（aqua regia）所氧化，生成硼酸。

$$B + 3HNO_3(浓) \rightarrow B(OH)_3 + 3NO_2\uparrow$$

$$2B + 3H_2SO_4(浓) \rightarrow 2B(OH)_3 + 3SO_2\uparrow$$

单质硼可以抵御沸腾的 NaOH 溶液和 500℃ 的熔融 NaOH 的作用，但有氧化剂存在时，硼和强碱共熔可得到偏硼酸盐。

$$2B + 2NaOH + 3KNO_3 \xrightarrow{共熔} 2NaBO_2 + 3KNO_2 + H_2O$$

在高温下，硼几乎与所有金属都生成金属型化合物。它们的组成一般为 M_4B、M_2B、MB、M_3B_4、MB_2 及 MB_6，如 Nb_3B_4、Cr_4B、LaB_6 等。这些化合物一般具有较高的硬度，且耐高温、抗化学侵蚀，通常都具有特殊的物理和化学性质。

2. 硼单质的制备

由于硼在自然界中以含氧的矿物存在，制备单质硼主要采用还原法。

1）金属还原

高温下可以用金属 Na、K、Mg、Ca、Zn、Fe 等还原硼的氧化物，通常得到的是无定形的硼，而且还混有难熔的金属氧化物和硼化物。可用酸处理产物，使这些杂质溶于酸，这样可使硼的纯度提高到 95%～98%。

$$B_2O_3 + 3Mg \rightarrow 2B + 3MgO$$

$$KBF_4 + 3Na \rightarrow 3NaF + KF + B$$

2）工业制备单质硼

一般采取浓碱溶液分解硼镁矿的方法。碱法步骤如下：

（1）用浓碱溶液来分解硼镁矿，得到偏硼酸钠：

$$Mg_2B_2O_5 \cdot 5H_2O + 2NaOH \rightarrow 2NaBO_2 + 2Mg(OH)_2 + 4H_2O$$

（2）偏硼酸钠溶于水，通入 CO_2 调节 pH，当酸性增大时，体系中的硼将以较高的聚合状态四硼酸钠的形式存在。经过浓缩分离后得到硼砂：

$$4NaBO_2 + CO_2 + 10H_2O \rightarrow Na_2B_4O_7 \cdot 10H_2O + Na_2CO_3$$

（3）将硼砂溶于水，用 H_2SO_4 调节酸度，可析出溶解度较小的硼酸晶体：

$$Na_2B_4O_7 + H_2SO_4 + 5H_2O \rightarrow 4H_3BO_3 + Na_2SO_4$$

（4）加热使硼酸脱水，得到 B_2O_3：

$$2H_3BO_3 \xrightarrow{\triangle} B_2O_3 + 3H_2O$$

（5）再用活泼金属如 Mg 或 Al 在高温下还原 B_2O_3 生成粗硼：

$$B_2O_3 + 3Mg \rightarrow 2B + 3MgO$$

这样得到的硼单质基本属于无定形.产物不纯的原因是高温下硼将与金属化合生成硼化物。

（6）粗硼可以进一步精制提纯。将碘化硼在灼热（1000～1300K）的钽金属丝上热解，可得到纯度达 99.95% 的 α-菱形硼：

$$2B(粗) + 3I_2 \Longrightarrow 2BI_3$$

$$2BI_3 \xrightarrow[\text{钽丝}]{1000\sim1300K} 2B（\alpha\text{-菱形硼}）+ 3I_2$$

4.2.2　硼的化合物

1. 硼烷

硼氢化合物是极其重要的一类硼化物，这类氢化物的物理性质相似于烷烃（石蜡 paraffin），故称硼烷（borane）。多数硼烷组成是 B_nH_{n+4}、B_nH_{n+6}，少数为 B_nH_{n+8}、B_nH_{n+10}。硼原子仅有 3 个价电子，它与氢似乎应该形成 BH_3、B_2H_4（$H_2B\text{-}BH_2$）、B_3H_5（$H_2B\text{-}BH\text{-}BH_2$）等类型的硼氢化合物，但实际上最简单的硼烷是 B_2H_6、BH_3 等之所以不存在是由于硼的价轨道没有被充分利用，且配位数未达到饱和，又不能形成稳定的 sp^2 杂化态的离域 π 键（delocalized bond），所以

$$BH_3(g) + BH_3(g) \longrightarrow B_2H_6(g) \qquad\qquad \Delta_r G_{m,298} = -127\text{kJ/mol}$$

而 BF_3 之所以存在，是因为形成了一个四中心、六电子的大 π 键 π_4^6。

1）硼烷的制备

自然界中没有硼烷，而且硼烷不能通过硼和氢气的直接化合制得。这也是此类化合物被人们认识得较迟的一个原因。硼烷的制取采用间接方法实现。

（1）质子置换法：

$$MnB + 3H^+ \Longrightarrow \frac{1}{2}B_2H_6 + Mn^{3+}$$

（2）氢化法：在无声放电的条件下，用氢气还原 BCl_3 可以得到乙硼烷。

$$BCl_3 + 3H_2 \Longrightarrow \frac{1}{2}B_2H_6 + 3HCl$$

（3）氢负离子置换法：在乙醚介质中，使用氢化铝锂或硼氢化钠还原 BCl_3 可以得到纯度较高的乙硼烷，这种反应不能在水中进行，因为氢化铝锂和硼氢化钠都会与水发生剧烈作用。

$$3LiAlH_4 + 4BF_3 \xrightarrow{\text{乙醚}} 2B_2H_6 + 3LiF + 3AlF_3$$

$$3NaBH_4 + 4BF_3 \xrightarrow{\text{乙醚}} 2B_2H_6 + 3NaBF_4$$

2）硼烷的结构特点

硼烷是缺电子化合物（electron deficient compound），例如，B_2H_6（图 4-4）中价电子总共只有 12 个，不足以形成 7 个二中心二电子单键（2c-2e），每个硼原子都采取 sp^3 杂

化，位于一个平面的 BH_2 原子团，以二中心二电子键连接位于该平面上、下，且对称的氢原子与硼原子分别形成三中心二电子键（图 4-5），称为硼氢桥键。

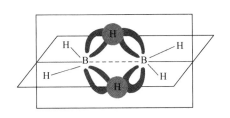
图 4-4　B_2H_6 的分子结构

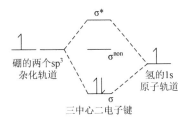
图 4-5　三中心二电子键

硼烷中常出现 5 种类型的化学键，其中有包括上述氢桥键在内的 3 种缺电子的三中心二电子键和 2 种经典的化学键：硼氢键 B—H、硼硼键 B—B。在各种硼烷中呈现五种成键情况。由它们便可确定任何一个简单硼烷的结构。

B—H　　　2c-2e　　　端侧

H
B⌒B　　　3c-2e　　　氢桥键

B—B　　　2c-2e　　　硼硼键

B
B⌒B　　　开放式　　　3c-2e　　　硼桥键

B
B∧B　　　闭合式　　　3c-2e　　　硼桥键

1957～1959 年，美国哈佛大学的物理化学家 Lipscomb 提出了硼氢化合物的"三中心键理论"，获得了巨大的成功，荣获 1976 年诺贝尔化学奖。

3）硼烷的性质

在常温下，B_2H_6 及 B_4H_{10} 为气体，$B_5 \sim B_8$ 的硼烷为液体，$B_{10}H_{14}$ 及其他高硼烷都是固体。硼烷多数有毒、有气味、不稳定，有些硼烷加热即分解，它的热分解产物很复杂，有 B_4H_{10}、B_5H_9、B_5H_{11} 和 $B_{10}H_{14}$ 等，控制不同条件可得到不同的主产物。例如：

$$2B_2H_6 \xrightarrow{\text{加压}} B_4H_{10} + H_2$$

硼烷发生水解、醇解反应即放出 H_2：

$$B_2H_6 + 6H_2O \Longrightarrow 2H_3BO_3 + 6H_2(g)$$

$$B_2H_6 + 2CH_3OH(l) \Longrightarrow 2H_3B(OCH_3)(aq) + 2H_2(g)$$

硼烷还是强还原剂，与卤素反应生成卤化硼。在空气中激烈地燃烧且放出大量的热。

$$B_2H_6 + 6X_2 \Longrightarrow 2BX_3 + 6HX$$

$$B_2H_6 + 3O_2 \xrightarrow{\text{燃烧}} B_2O_3 + 3H_2O$$

B_2H_6 还能发生加成反应：

$$3B_2H_6(g) + 6NH_3(g) \Longrightarrow 2B_3N_3H_6(l) + 12H_2(g)$$

$$B_3N_3H_6(l) + 3HCl(g) \Longrightarrow B_3N_3H_9Cl_3(s)$$

硼烷与 NH_3 反应产物复杂，由反应条件决定

$$B_2H_6 + NH_3 \begin{cases} \text{低温, } NH_3\text{过量} & B_2H_6 \cdot 2NH_3 \\ \text{高温, } NH_3\text{过量} & (BN)_x \\ \text{高温, } NH_3 : B_2H_6 \text{为} 2 : 1 & B_3N_3H_6 \end{cases}$$

2. 硼的卤化物

硼的四种卤化物（boron halides）BX_3 均已制得，它们都是共价化合物，三卤化硼的熔、沸点随分子量的增大而升高，易溶于非极性溶剂。在室温下，BF_3 和 BCl_3 为气体，BBr_3 为挥发性液体，BI_3 为固体。BX_3 在潮湿空气中因水解而发烟，但产物略有差别。

$$4BF_3 + 6H_2O \Longrightarrow 3H_3O^+ + 3BF_4^- + B(OH)_3$$

$$BCl_3 + 3H_2O \Longrightarrow B(OH)_3 + 3HCl$$

三卤化硼的中心硼原子的轨道采用 sp^2 杂化，故分子的构型为三角形，硼原子周围有 6 个电子，属于缺电子结构。中心硼原子有一个未参加杂化的 p 轨道，在 BX_3 分子中，卤素原子充满电子的一个 p 轨道可以与之重叠形成 π 键，从而使硼原子周围有 8 个电子。三氟化硼中 B—F 键的键长，远比 B 和 F 原子半径之和小。BX_3 分子中存在 B—X 键，很好地解释了这一现象。

卤化硼的制备方法为

$$2B(s) + 3X_2(g) \Longrightarrow 2BX_3(g)$$

$$3CaF_2 + B_2O_3 + 3H_2SO_4(\text{浓}) \Longrightarrow 2BF_3\uparrow + 3CaSO_4 + 3H_2O$$

$$B_2O_3 + 3C + 3Cl_2 \Longrightarrow 2BCl_3 + 3CO$$

BX_3 可与碱性物质反应：

$$4BF_3 + 2Na_2CO_3 + 2H_2O \Longrightarrow 3NaBF_4 + NaB(OH)_4 + 2CO_2\uparrow$$

该反应可以看作首先形成 HBF_4 和 H_3BO_3，再与 Na_2CO_3 碱性物质反应。

BX_3 化合物都是缺电子化合物，是很强的路易斯（Lewis）酸，因此，都易于和具有孤对电子的物质如 HF、NH_3、醚、醇及胺类等发生酸碱加合反应。

$$BF_3 + (CH_3)_2O\text{:}(l) \Longrightarrow (CH_3)_2O \rightarrow BF_3(s)$$

$$BF_3 + \text{:}NH_3 \Longrightarrow H_3N \rightarrow BF_3$$

如果用电负性来判断，其 Lewis 酸强度顺序应为

$$BF_3 > BCl_3 > BBr_3 > BI_3$$

3. 硼的氧化物

硼形成含氧化合物是它最显著的特征之一，硼被称为亲氧元素，硼氧化合物有很高的

稳定性。所以在自然界中不仅没有游离态的单质硼存在，而且没有不含氧元素的化合态的硼存在，许多含硼化合物在燃烧或水解时都转化为氧化物、硼酸或硼酸盐。

1）三氧化二硼 B_2O_3

B_2O_3 是白色固体，常见的有无定形和晶体两种。它是硼酸的酸酐，易溶于水生成硼酸，因此粉末状的 B_2O_3 可用作吸水剂。

$$B_2O_3 + 3H_2O \Longrightarrow 2H_3BO_3$$

若水量不充足，遇到热的水蒸气或潮气时，B_2O_3 则生成挥发性的偏硼酸。

$$B_2O_3 + H_2O(g) \Longrightarrow 2HBO_2(g)$$

熔融的 B_2O_3 可与许多金属氧化物反应，得到有特征颜色的偏硼酸盐，用此来作定性鉴定，称为硼珠实验。

$$CuO + B_2O_3 \Longrightarrow Cu(BO_2)_2(蓝色)$$
$$NiO + B_2O_3 \Longrightarrow Ni(BO_2)_2(绿色)$$

B_2O_3 与 NH_3 反应，在 500℃ 下生成 $(BN)_n$，与石墨结构相似。在 7MPa 和 3273K 下，氮化硼的结构由石墨型转变成金刚石型，硬度略低于金刚石。

$$B_2O_3(s) + 2NH_3(g) \Longrightarrow 2BN(s) + 3H_2O(g)$$

2）硼酸 H_3BO_3

构成二氧化硅、硅酸和硅酸盐的基本结构单元是 SiO_4 四面体，与之类似，构成三氧化二硼、硼酸和多硼酸的基本结构单元是平面三角形的 BO_3 和四面体的 BO_4。在 H_3BO_3 的晶体中，每个硼原子用 3 个 sp^2 杂化轨道与 3 个氢氧根中的氧原子以共价键相结合。每个氧原子除以共价键与一个硼原子和一个氢原子相结合外，还通过氢键同另一 H_3PO_3 单元中的氢原子结合而连成片层结构（图 4-6），层与层之间则以范德华力和氢键等分子间力相吸引连接在一起。硼酸晶体是片状的，有滑腻感，可作润滑剂。

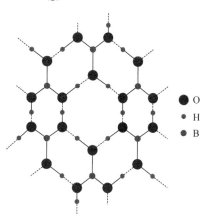

图 4-6 H_3BO_3 的晶体片层结构

硼酸为白色片状晶体。硼酸的缔合结构使它在冷水中的溶解度很小（273K 时为 6.359g/100g 水）；加热时，由于晶体中的部分氢键被破坏，其溶解度明显增大（373K 时为 27.6g/100g 水）。

硼酸是一元弱酸，$K_a = 6 \times 10^{-10}$。它之所以有酸性并不是因为它本身能给出质子，而是由于硼是缺电子原子，它加合了来自 H_2O 分子的 OH^-（其中氧原子有孤对电子）而释出 H^+。

$$B(OH)_3 + H_2O \Longrightarrow \left[HO-\underset{\underset{H}{\overset{\overset{H}{\overset{O}{|}}}{O}}{\overset{}{B}}\leftarrow OH\right]^- + H^+$$

硼酸与碱反应生成 $Na_2B_4O_7$，但过量 NaOH 使 $Na_2B_4O_7$ 变成 $NaBO_2$：

$$2NaOH + 4H_3BO_3 \rlap{=}= Na_2B_4O_7 + 7H_2O$$

$$Na_2B_4O_7 + 2NaOH \rlap{=}= 4NaBO_2 + H_2O$$

在碱性较弱的条件下则得到四硼酸盐，如硼砂 $Na_2B_4O_7 \cdot 10H_2O$，而得不到单个 BO_3^{3-} 的盐。但反过来，在任何一种硼酸盐的溶液中加酸时，总是得到硼酸，因为硼酸的溶解度较小，它容易从溶液中析出。

利用硼酸的缺电子性质，加入多羟基化合物（如甘油或甘露醇等），可使硼酸的酸性大为增强

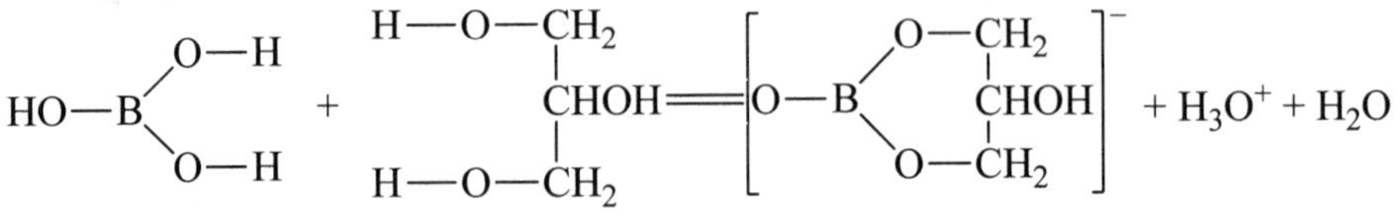

生成的配合物的 $K_a = 7.08 \times 10^{-6}$，此时溶液可用强碱以酚酞为指示剂进行滴定。常利用硼酸和甲醇或乙醇在浓 H_2SO_4 存在的条件下，生成挥发性硼酸酯燃烧所特有的绿色火焰来鉴别硼酸根。

$$H_3BO_3 + 3CH_3OH \xrightarrow{H_2SO_4} B(OCH_3)_3 + 3H_2O$$

当硼酸遇到较强的酸时，也可以表现出微弱的碱性：

$$B(OH)_3 + H_3PO_4 \xrightarrow[煮沸]{} BPO_4 + 3H_2O$$

硼酸受热易分解：

$$H_3BO_3 \xrightarrow[422K]{-H_2O} HBO_2 \xrightarrow[578K]{-H_2O} B_2O_3$$

在 KBO_2、$NaBO_2$ 晶体中有环状 $(BO_2)_3^{3-}$，而在 $Ca(BO_2)_2$、$LiBO_2$ 中则是呈 zig-zag 链状的 $(BO_2)_n^{n-}$：

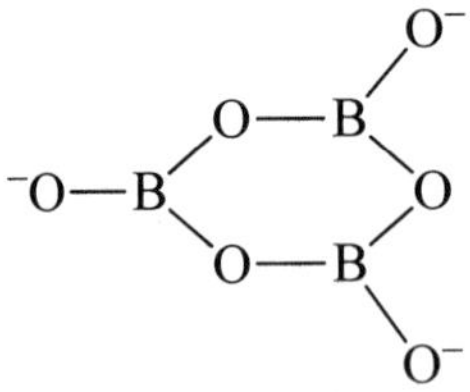

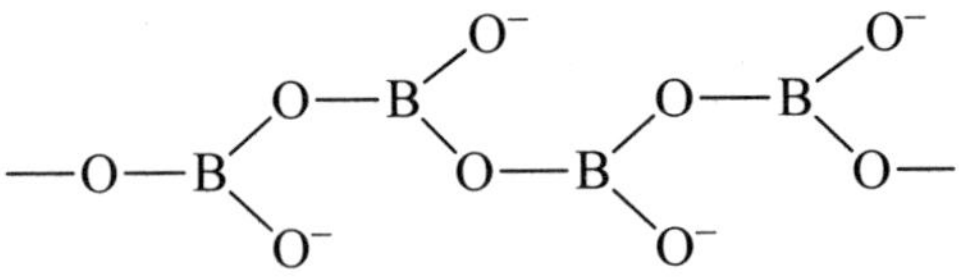

最常见的硼酸盐即硼砂。它是无色半透明的晶体或白色结晶粉末。在它的晶体中，其酸根离子 $[B_4O_5(OH)_4]^{2-}$ 通过氢键连接成链状结构，链与链之间通过 Na^+ 离子键结合，水分子存在于链之间，所以硼砂的分子式按结构可以写为 $Na_2B_4O_5(OH)_4 \cdot 8H_2O$。

$[B_4O_5(OH)_4]^{2-}$ 的结构式为

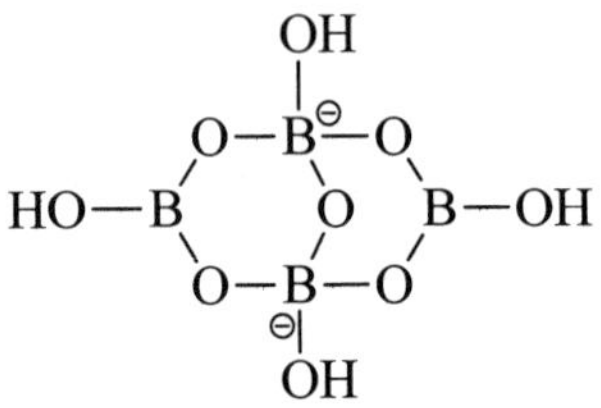

硼砂在干燥空气中容易风化,加热到 623～673K 时,成为无水盐,继续升温至 1151K 则熔为玻璃状物。它风化时首先失去链之间的结晶水,温度升高,则链与键之间的氢键因失水而被破坏,形成牢固的偏硼酸骨架。

$$Na_2B_4O_7 \cdot 10H_2O \xrightarrow{878℃} Na_2B_4O_7 + 10H_2O$$

硼砂同硼酸一样,在熔融状态下能溶解一些金属氧化物,并依金属的不同而显出特征的颜色(硼酸也有此性质)。例如:

$$Na_2B_4O_7 + CoO === 2NaBO_2 \cdot Co(BO_2)_2(蓝色)$$

$$3Na_2B_4O_7 + Cr_2O_3 === 6NaBO_2 \cdot 2Cr(BO_2)_3(绿色)$$

因此,在分析化学中可以用硼砂来作"硼砂珠试验",鉴定金属离子。此性质也被应用于搪瓷和玻璃工业(上釉、着色)和焊接金属(去金属表面的氧化物)。硼砂还可以代替硼酸用于制特种光学玻璃和人造宝石。

硼酸盐中的 B—O—B 键不及硅酸盐中的 Si—O—Si 键牢固,所以硼砂较易水解。它水解时,得到等物质的量的 H_3BO_3 和 $B(OH)_4^-$,

$$B_4O_5(OH)_4^{2-} + 5H_2O === 2H_3BO_3 + 2B(OH)_4^-$$

这种水溶液具有缓冲作用。硼砂易于提纯,水溶液又显碱性,所以分析化学上常用它来标定酸的浓度。硼砂还可以作肥皂和洗衣粉的填料。

4. 硼的其他化合物

1)过硼酸盐

将硼酸盐与 H_2O_2 反应或者让 H_3BO_3 与碱金属的过氧化物反应,都可以得到过硼酸盐。例如:

$$H_3BO_3 + Na_2O_2 + HCl + 2H_2O === NaBO_3 \cdot 4H_2O + NaCl$$

过硼酸钠 $NaBO_3 \cdot 4H_2O$ 是强氧化剂,水解时放出 H_2O_2,用于漂白羊毛、丝、革等物或加在洗衣粉中作漂白剂。过硼酸钠的分子结构尚未研究清楚,可看作是含 H_2O_2 的水合物 $NaBO_2 \cdot H_2O_2 \cdot 3H_2O$。它是无色晶体,加热失水后成为黄色固体。

2)氮化硼

将硼砂与 NH_4Cl 一同加热,再用盐酸、热水处理,可得到白色固体氮化硼 BN。

$$Na_2B_4O_7 + 2NH_4Cl === 2NaCl + B_2O_3 + 2BN + 4H_2O$$

在高温下用硼和氨或氮作用也可得 BN。BN 具有石墨型晶体结构,层内的硼原子和氮原子均采取 sp^2 杂化轨道相互结合。结构中 B—N 基团同 C—C 基团是等电子体。BN 耐腐蚀、热稳定性好,在 3272K 的高温下仍保持稳定的固体状态。它的电阻大、热导率大、绝缘性能好。当前它主要用作润滑材料、耐磨材料、电气和耐热的涂层材料。

在高温高压下,石墨型的 BN 可转化为金刚石型立方晶系的 BN。这种金刚石结构的 BN 的硬度可与金刚石的硬度相比拟。

3)硼酸盐阴离子结构

硼酸盐阴离子 B 原子可以采取 sp^2 杂化,如下列硼酸盐阴离子中:①BO_3^{3-},例如 $Mg_3(BO_3)_2$、$LaBO_3$;②$(B_2O_5)^{4-}$,例如 $Mg_2B_2O_5$、$Fe_2B_2O_5$;③$(B_3O_6)^{3-}$,例如 $K_3B_3O_6$、$Ba_3(B_3O_6)_2$(BBO 晶体);④$(BO_2)_n^{n-}$,例如 $Ca(BO_2)_2(s)$。

B 原子也可以采取 sp³ 杂化,如下列硼酸盐阴离子中:① BO_4^{5-} ,例如 $TaBO_4$;② $B(OH)_4^-$,例如 $Na_2[B(OH)_4]Cl$ 、$Mg[B_2O(OH)_6]$;③ $[B_2(O_2)(OH)_4]^{2-}$,例如 $Na_2[B_2(O_2)_2(OH)_4]·6H_2O$ 。

B 原子还可既采取 sp² 又采取 sp³ 杂化,如下列硼酸盐阴离子中:$K[B_5O_6(OH)_4]·2H_2O$,$Ca[B_3O_3(OH)_5]·H_2O$,$Na_2[B_4O_5(OH)_4]·8H_2O$ 。

从上面的各种硼酸盐阴离结构式来看:当 B 原子的端基是 OH 基团时,硼酸根离子的结构式中,sp³ 杂化的 B 原子数目等于硼酸根阴离子的电荷数。凡是 4 个或 4 个以上硼酸根相连的,绝大多数的结构是 B 原子以三配位或四配位同氧原子结合形成的。

$$KB_5O_8·4H_2O \longrightarrow KB_5O_6(OH)_4·2H_2O$$

4.2.3　硼及其化合物的应用

硼的化学性质介于金属和非金属之间,既能与金属又能与非金属化合生成各种硼化物。由于这种特殊的性质,硼和硼化物被广泛地应用于工业、农业、国防、尖端科学、医学等领域。20 世纪中期以来,喷气技术、火箭技术的发展对工业科学部门提出了两个需求:一是高能量燃料;二是耐高温材料。

1. 单质硼和硼同位素——核工业防中子材料

单质硼一直被西方国家视为一种重要的战略物资,这主要是因为它在军事上有着很重要的用途。

单质硼自 19 世纪被制备出来,到 1960 年前一直未找到它的工业用途,只在实验室中供研究使用。在 20 世纪 60 年代,美国将单质硼粉作为固体火箭的推进剂使用,这才使硼粉的工业化进程得到了重大发展。硼粉具有高能量密度及清洁燃烧的特性,是首选的能量添加剂,这使其在固体火箭推进剂中得以广泛应用。除了这一应用以外,硼粉在军事工业中还作为炸药引信中延期药的重要组分被广泛使用。

硼作为良好的中子吸收剂,被用在原子能反应堆中,作为反应堆控制棒中的材料。

硼-10 同位素作为优良的中子减速剂,它的可用性可以扩大到新的设计理念之中,若作为控制良好的反应堆设置,它的潜在用途还可用于仪器上[1, 2]。

稳定性同位素硼-10 具有很大的中子吸收截面($4.010×10^{-25}m^2$),能控制核反应中的中子通量密度,因而在核反应堆水中使用浓缩硼-10,中子吸收性能可提高 5 倍。同时,硼-10 的三氟化硼气体也用于高效率的慢中子探测器的计数管,硼-10 合金可以用作原子反应堆的控制及屏蔽材料。现在,它已经成为国防和原子能工业必需的重要材料之一。

2. 有机硼化合物——高能燃料(火箭推进剂及催化剂)

在航空航天及国防领域,推进剂是航空航天器动力系统中关键材料之一。航空航天器对于推进剂有着严格的要求:要飞得更远,就要求每单位重量推进剂释出更多的能量,同时要求引擎具有更高的燃烧效率;要飞得更高,推进剂必须具有更快的火焰速度(防止高空低压的火焰熄灭)和低蒸气压(防止推进剂在高空蒸发而引起较大的损失);要飞得更快,推进剂需要具有在高速空气流中的高燃烧效率和在特高温下的稳定性。总之,高能推进剂必须具有高燃烧热、低蒸气压、热稳定性、高密度及高火焰速变和保证在制造、装运和储藏时的安全性。

硼具有极高的质量热值和体积热值；同时氢被认为是单位质量热值最高的天然分子，如果能将硼、氢元素结合起来，开发出一种新的燃料，将显著改善推进剂的性能。于是硼氢类化合物——硼烷，就成了重点关注对象[3]。

最适于制取硼燃料的是两种比较稳定的硼氢化合物（戊硼烷和癸硼烷）及它们的烃基衍生物。

戊硼烷的生成热在生成固体的氧化硼时为 67780kJ/mol，在生成液体的氧化硼时为 61544kJ/mol，在生成气体的氧化硼时为 56484kJ/mol。发动机内的实际温度通常使氧化硼呈液体状态。戊硼烷的发热量比煤油的发热量高 50%。但是由于戊硼烷的密度较小，故它的体积发热量比煤油高得不多（当生成液体的氧化硼时仅提高 10%）。戊硼烷易于溶解在烃内，因此可以将它与烃类燃料混合在一起使用。戊硼烷的优点是燃烧速度高（比煤油高好几倍）及火焰较稳定，这对冲压式发动机是特别重要的。由于戊硼烷具有上述特性，故采用戊硼烷将使发动机燃烧室的尺寸减小。

癸硼烷 $B_{10}H_{14}$ 固体相对密度为 0.92，熔点为 99℃，沸点为 213℃。它在 170℃时开始显著地自发分解。固态癸硼烷在常温下与氧不反应，但液态癸硼烷在 100℃下能在空气中自燃。癸硼烷的发热量（在生成液体的氧化硼时）为 15310kJ/mol；由于癸硼烷的密度较大，故其体积发热量比戊硼烷大 1.5 倍，比煤油大 65%～70%。将癸硼烷溶解在液体烃类燃料或戊硼烷中可使之成为溶液或悬浮液。癸硼烷不易挥发，因此它在使用时比戊硼烷安全。

前面已指出，硼烷燃烧时，加热每千克空气所需的热量比煤油燃烧时多 45%～75%。就是采用戊硼烷可使发动机推力（指冲压式空气喷气发动机）及飞行速度提高 40%。

采用硼烷所获得的主要效果是：硼烷的发热量高而使航程增大，预计将比用煤油时增大 50%～60%。用乙基硼烷时航程比用戊硼烷时稍小（小 10%～20%）也就是说，用乙基硼烷时比用煤油时航程约增大 40%。

硼烷与空气的化学反应活性很强，硼烷-空气混合气能够在煤油不能进行燃烧的低压力下燃烧。因此，硼烷与煤油比较，能保证带空气喷气发动机的飞行器在更高的高空飞行。

虽然具有以上优点，但是目前由于硼烷毒性太大，加之在空气中的自燃性和较高生产成本等缺点，至今硼烷并未被大规模应用。

和液体推进剂相比，固体推进剂由于密度大、热值高、腐蚀性和危险性小、战备时间长、维修少、反应快等特点，在以火箭发动机为动力装置的飞行器中得到了广泛应用。如果要提高飞行器的飞行速度及飞行航程就不可避免地要大幅度提高推进剂的装药体积和质量，但这对于实际应用要求来讲是不可接受的。而添加金属燃料是一个重要且有效的提高推进剂推进性能的方法。硼族元素中铝和硼具有一系列优良理化特性，尤其是其热值较高（铝的燃烧热：1670.59kJ/mol，硼的燃烧热：1264.17kJ/mol）而成为首选金属添加剂。其中由硼组成的推进剂比冲量高，燃烧产物有良好的分散性，还可显著减少发动机喷管喉部二相流损失。20 世纪 50 年代末，国外就提出硼粉可用作固体推进剂。由于硼粉存在点火困难、燃烧效率低等问题,没有像铝粉那样得到广泛应用,但硼的质量热值和容积热值都比铝高,所以推进剂中添加硼粉将会显著地提高能量。而且在发动机燃烧室里,硼的燃烧产物 B_2O_3 最初为气态,到达喷管超音速区后才开始凝聚为液态,所以含硼推进剂与含铝推进剂相比,可以显著地减少两相流损失,这也有利于比冲量的提高[4-7]。

3. 耐高温航空用材料——硼化物金属陶瓷

从 20 世纪中期以来,随着航空航天技术的迅猛发展和实现空天一体化的迫切需要,高超声速飞行器是近年来许多国家航空航天部门发展的重点领域。在长时间高超声速巡航、跨大气层飞行和大气层再入等极端环境下,飞行器机翼前缘和鼻锥等关键部件在飞行过程中与大气剧烈摩擦,产生极高的温度。有一种说法为,在高度 12000m,外界温度为 −156℃时,第二音速的温度为 99℃,第三音速为 287℃,第四音速为 530℃。实际飞行过程中温度可能更高,例如,中机翼前缘的驻点区域温度可能超过 2000℃,此外火箭喷嘴口、吸气增强推进系统和发动机进气道在飞行过程中也要承受高热载荷和机械载荷。目前,极少材料能够在如此剧烈的氧化对流环境中保持结构和尺寸的完整性。因此,如何设计和制备有着良好的抗氧化性、抗烧蚀性、抗热震性并保持一定高温强度的超高温热防护材料成为新型空天飞行器亟待解决的重要技术问题。

目前有望在 1800℃ 以上温度下使用的材料一般有难熔金属材料、陶瓷基复合材料、C/C复合材料等。难熔金属材料密度高、加工性能、抗氧化性差,不适合作为高超声速飞行器鼻锥和前缘等部位的热防护材料。

C/C 复合材料是一种良好的结构/功能一体化材料,已成功用于制造导弹的弹头部件、航天飞机防热结构部件及航空发动机的热端部件,但 C/C 复合材料在高温下容易发生氧化,这限制了它在超高温领域,尤其是在可重复使用飞行器上的应用。陶瓷基复合材料,特别是过渡金属硼化物和碳化物,由于具有高熔点、高硬度、高热导率和适中的热胀系数,具有良好的抗烧蚀性和化学稳定性,被认为是高超声速飞行器和再入式飞行器的鼻锥和前缘等部位最具前途的热防护材料。

为了能够在航空航天飞行器上应用,超高温陶瓷首先必须具有较高的熔点,其次还应具有较低的密度,除此之外,在极端环境下服役的陶瓷材料还要在高温强度、蠕变、热膨胀、抗氧化、抗热震和抗烧蚀等方面具有良好的性能。在众多材料中,过渡金属硼化物较好地符合了这一要求。

超高温硼化物陶瓷主要有 HfB_2、ZrB_2、TaB_2 和 TiB_2[8-11]。这些陶瓷材料都由较强的共价键构成,具有高熔点、高硬度、高强度、低蒸发率、高热导率和电导率等特点。硼化物陶瓷中 ZrB_2 和 HfB_2 是目前研究最为广泛的耐高温陶瓷,抗氧化性较差是限制其广泛应用的主要障碍。研究表明在 1100℃ 以下,ZrB_2 表面会形成具有保护性的液态 B_2O_3 层,1100℃ 以上 B_2O_3 便开始蒸发,当温度接近 1860℃ 时,B_2O_3 层便出现大的孔洞和通道,使 ZrB_2 表面发生氧化。添加 SiC 制备的 ZrB_2-SiC 复合材料有着更好的综合性能,如较高的二元共晶温度、良好的热导率、良好的抗氧化性能及较高的强度。ZrB_2-SiC 复合材料在高温氧化时材料表层会形成硼硅酸盐保护层,该保护层可以保持其抛物线氧化规律到超过 1600℃。一些添加物,如 $MoSi_2$、$ZrSi_2$、$TaSi_2$、TaB_2 等,也被用作提高 ZrB_2 和 HfB_2 抗氧化性的第二相，主要是由于添加这些第二相后，高温下材料表层形成了高熔点玻璃相，阻止了氧气向材料内部的扩散。此外，美国国家航空航天局最近批准了关于 SiC 增强硼化物高温陶瓷专利转让的决定，并寻求工业生产和商业上的合作，可见该体系高温陶瓷研究成熟，未来有望用于民用领域。TiB_2 具有良好的机械性能、耐磨、耐高温、化学稳定性好，尤其是具有较低的密度和热膨胀系数，这使得 TiB_2 在航空航天领域有着很大优势。在过去几十年里，科研人员主要致力于 TiB_2 的致密化、提高断裂性和高温性能的研究。纯相 TiB_2 在 400℃氧化形成 $TiBO_3$，随后 $TiBO_3$ 进一步和 O_2 发生反应形成 TiO_2 和 B_2O_3。由于 B_2O_3 在高于 900℃时即开始挥发，块体表层的多孔 TiO_2 不具备保护性。通过添加含 Si 烧结助剂或第二相，如 Si、SiC、$MoSi_2$、Si_3N_4 等，可以使其在高温下生成熔点较高的硼硅酸盐覆盖在材料表面，从而提高材料的抗氧化性。例如，添加 2.5wt%（wt%表示质量分数）的 Si_3N_4 可以使 TiB_2 保持抛物线氧化规律至 1200℃，添加 20vol%～25vol%（vol%表示体积分数）的 SiC 可以使材料的使用温度提高到近 2000℃。

4.3　铝及其化合物

4.3.1　铝单质

1. 铝的提取和冶炼

铝矾土（Al_2O_3）矿是提取和冶炼铝的主要原料。首先将粉碎后的铝矾土用碱浸取，加压煮沸，使之转变成可溶性的铝酸钠：

$$Al_2O_3 + 2NaOH + 3H_2O == 2Na[Al(OH)_4]$$

过滤将铝酸钠溶液与不溶的杂质分开。之后通入 CO_2 调节 pH，使 $Al(OH)_3$ 沉淀、析出：

$$2Na[Al(OH)_4] + CO_2 + 2H_2O == 2Al(OH)_3\downarrow + Na_2CO_3 + 3H_2O$$

经分离、焙烧得到符合电解需要的较纯净的 Al_2O_3：

$$2Al(OH)_3 == Al_2O_3 + 3H_2O$$

将 Al_2O_3 溶解在熔融的冰晶石 Na_6AlF_6 中，在 1300K 下进行电解。电流强度 6000A、电压 5V 时在阴极上得到金属铝。电解反应可以表示为

$$2Al_2O_3 == 4Al + 3O_2$$

电解出来的铝是液态的，可以定时地放出，铸成铝锭。电解铝的纯度一般为 98%～99%，含有杂质 Si 和 Fe 及微量的 Ga。

2. 铝单质性质

铝是银白色金属，熔点 930K，沸点 2700K，具有良好的导电性和延展性，也是光和热的良好反射体。

铝的成键特征如下：

（1）铝在化合物中经常表现为 + 3 氧化态，由于 Al^{3+} 有强的极化力，在化合物中常显共价型，表现出缺电子特征，所以分子可自身聚合生成化合物。

（2）铝原子有空的 3d 轨道，可以形成配位数为 6 的稳定化合物。

铝最突出的化学性质是亲氧性，同时它又是典型的两性元素。铝一旦接触空气或氧气，其表面就立即形成一层致密的氧化膜，这层膜可阻止内层的铝被氧化，铝也不溶于水，所以铝在空气和水中都很稳定。

铝的亲氧性还可以从氧化铝非常高的生成焓看出来。

$$4Al + 3O_2 = 2Al_2O_3 \qquad \Delta_r H^{\ominus} = -3339kJ/mol$$

由于铝的亲氧性，它能从许多氧化物中夺取氧，故它是冶金上常用的还原剂，且常被用于冶炼铁、镍、铬、锰、钒等难熔金属，称为铝还原法。如铝粉与氧化铁粉末的混合物，在有氧化剂存在的条件下点燃镁条引发反应：

$$Fe_2O_3 + 2Al = Al_2O_3 + 2Fe$$

反应释放出来的热量可以使反应体系升温至 3000℃以上，产物中的铁将被熔化。有时也称这类反应为铝热反应，利用该反应可焊接损坏的铁轨。

高纯度的铝（99.950%）不与一般酸作用，只溶于王水。普通的铝能溶于稀盐酸或稀硫酸，被冷的浓 H_2SO_4 或浓、稀 HNO_3 所钝化（passivated）。所以常用铝桶装运浓 H_2SO_4、浓 HNO_3 或某些化学试剂。但是铝能同热的浓 H_2SO_4 反应：

$$2Al + 6H_2SO_4(浓) \xrightarrow{\triangle} Al_2(SO_4)_3 + 3SO_2\uparrow + 6H_2O$$

铝也比较易溶于强碱中：

$$2Al + 2NaOH + 6H_2O = 2Na[Al(OH)_4] + 3H_2\uparrow$$

4.3.2 铝的化合物

1. 铝的含氧化合物

Al_2O_3 主要有两种晶型，α-Al_2O_3 和 γ-Al_2O_3。

1）α-Al_2O_3

自然界存在的 α-Al_2O_3 称为刚玉，它的晶体属于六方紧密堆积构型，6 个氧原子围成一个八面体，在整个晶体中有 2/3 的八面体孔穴为铝原子所占据（图 4-7）。由于这种紧密堆积结构，加上晶体中 Al^{3+} 与 O^{2-} 之间的吸引力强、晶格能大，所以 α-Al_2O_3 的熔点 [(2288±15)K] 和硬度（8.8）都很高，仅次于金刚石和金刚砂（SiC）。

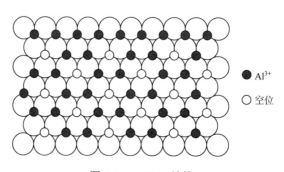

图 4-7 α-Al_2O_3 结构

α-Al_2O_3 不溶于水，也不溶于酸或碱，耐腐蚀且电绝缘性好，常用作高硬度材料、研磨材料和耐火材料。天然的或人造刚玉由于含有不同杂质而有多种颜色。例如，含微量 $Cr(III)$ 的呈红色，称为红宝石；含有 $Fe(II)$、$Fe(III)$ 或 $Ti(IV)$ 的称为蓝宝石；含少量 Fe_3O_4 的称为刚玉粉。将任何一种水合氧化铝加热至 1273K 以上，都可以得到 α-Al_2O_3。工业上用高温电炉或氢氧焰熔化氢氧化铝以制得人造刚玉。

2）γ-Al_2O_3

氢氧化铝在较低的温度下脱水，生成 γ-Al_2O_3。该晶体的 O^{2-} 以立方紧密堆积（cubic close packing）形式存在，Al^{3+} 不规则地占据由 O^{2+} 围成的八面体和四面体空隙。这种结构导致 γ-Al_2O_3 硬度不高，具有较大的表面积、粒子小，具有强的吸附能力和催化活性，化学性质活泼，较易溶于酸或碱中，所以 γ-Al_2O_3 又名活性氧化铝，可用作吸附剂和催化剂。把它加热至 1273K，即可转变为 α-Al_2O_3。

2. 氢氧化铝

Al_2O_3 的水合物一般称为氢氧化铝 $Al(OH)_3$，Al^{3+} 溶液中加入氨水可以沉淀出絮状的 $Al(OH)_3$ 白色沉淀，$Al(OH)_3$ 不溶于 NH_3，即不与 NH_3 生成配合物。

$$Al^{3+} + 3NH_3 \cdot H_2O =\!=\!= Al(OH)_3 + 3NH_4^+$$

氢氧化铝是典型的两性化合物，其碱性略强于酸性。新鲜制备的氢氧化铝易溶于酸也易溶于碱，例如：

$$Al(OH)_3 + 3HNO_3 =\!=\!= Al(NO_3)_3 + 3H_2O$$

$$Al(OH)_3 + KOH =\!=\!= K[Al(OH)_4]$$

3. 铝的卤化物

铝的四种卤化物 AlX_3 都存在，它们的一些物理性质如表 4-2 所示。

表 4-2　铝的卤化物的物理性质

卤化物	状态（室温）	熔点/K	沸点/K
AlF_3	无色晶体	—	1564（升华）
$AlCl_3$	无色晶体	463[*]	456（升华）
$AlBr_3$	无色晶体	371	536
AlI_3	棕色片状固体	464	633

*表示在 250kPa 下。

AlF_3 为离子型化合物，其余卤化铝均为共价化合物。在通常条件下只有 AlF_3 以单分子形式存在，而 $AlCl_3$、$AlBr_3$、AlI_3 都是双聚分子，这是因为这些共价化合物都是缺电子的，为了解决这一矛盾，只能采用双聚形式。如图 4-8 所示，双聚 $AlCl_3$ 分子中每个铝原子均采取 sp^3 杂化，因此各有一个空轨道。氯原子处于以铝为中心的四面

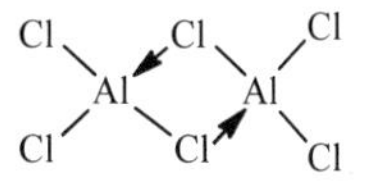

图 4-8　$AlCl_3$ 的双聚分子及四面体配置

体的 4 个顶点位置。分子中有桥式氯原子存在，可以认为，桥式氯原子在与左面的铝形成 σ 键的同时，与右面的铝的空轨道发生配位。也可以认为氯桥键是一个"三中心四电子键"，左面的铝提供一个电子，桥式氯提供 3 个电子。

AlCl$_3$ 等双聚分子的形成原因是铝原子的缺电子结构，因此遇到给电子的 Lewis 碱时，双聚分子会因为电子得到满足而解离。然后由单个的 AlCl$_3$ 分子同 Lewis 碱形成酸碱配合物。

无水 AlCl$_3$ 遇水强烈水解，解离为 Al(H$_2$O)$_6^{3+}$ 和 Cl$^-$。所以 AlCl$_3$ 只能用干法制备，用干燥的氯气作氧化剂在高温下与 Al 反应：

$$2Al + 3Cl_2 === 2AlCl_3$$

或铝与气态 HCl 反应，生成 AlCl$_3$ 和氢气：

$$2Al + 6HCl(g) === 2AlCl_3 + 3H_2(g)$$

4. 铝硅酸盐

具代表性的铝硅酸盐（aluminosilicates）是沸石（zeolites），通式为 M$_{x/n}$[(AlO$_2$)$_x$(SiO$_2$)$_y$]·mH$_2$O，由硅氧四面体（SiO$_4$）和铝氧四面体（AlO$_4$）结构单元构成。硅氧四面体和铝氧四面体都是通过共用顶点的氧原子而连接成多元环，常见的为四元环和六元环（图 4-9）。多元环能互相连接而形成立体的骨架，骨架是中空的，称为空穴（笼），由 8 个六元环和 6 个四元环构成的笼称为 β 笼。

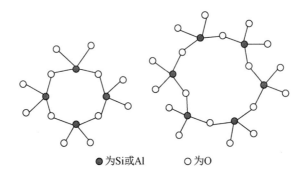

● 为 Si 或 Al　　○ 为 O

图 4-9　硅氧四面体和铝氧四面体构成的四元环和六元环

4.3.3　铝合金的应用

航天火箭质量每减 1kg，可减少发射费用约 2 万美元；导弹质量每减 1kg，射程可增加 15km；军机整体质量若减轻 15%，则可缩短滑跑距离 15%，增加航程 20%，提高有效载荷 30%；民用客机结构质量若减轻 14.6%，飞机每年的飞行费用将节省 2.2%。因此，发展高强度轻质合金进行减重是国内外航空航天领域长期密切关注的热点[12]。

纯铝的质量很轻，密度很小（仅约为铁的三分之一），拥有良好的导电性能。但纯铝强度低、质软、轻易就能碾压成很薄的箔，因此不宜用作结构材料使用。人们经过长期的探索和实践，逐渐掌握了通过在纯铝中添加其他金属元素及热处理等手段来提高纯铝性能，例如，纯铝中添加铜、镁、锌、锰、硅、稀土等元素制备成铝合金，使合金材料在保持纯铝质轻等特性的同时提升强度和硬度等方面的性能。铝合金与常用的钢碳相比，其质量更轻，并具有耐腐蚀的性能，因此，铝合金在国民经济的主要产业部门中占有重要的一席之地[13]。

铝合金的密度低，比强度高（与同样质量相比强度很高），具有较好的韧性和可塑性，易于加工，同时还具有优良的导电性、导热性和抗腐蚀性，这些特性使铝合金成为理想的结构材料，在现代高端设备制造业中有着其他金属不可替代的作用。

在现代飞机制造上，大约使用了 2000 种铝合金材料，分布在各个部位上。由于每个部位的功能不同，对铝合金材料的要求也不同，一般铝合金材料应具备耐热、高强、抗腐蚀等性能，即三种基本的铝合金：高强铝合金、耐热铝合金、耐蚀铝合金。高强铝合金材料可用在操控系统、机舱、机身、座椅等处，能有效提高飞机的安全性。耐热铝合金材料一般应用在发动机舱等部位，主要是因为该处温度较高，使用耐热铝合金材料可避免出现受热形变等问题。而耐蚀铝合金构件的各项性能比较好，可避免出现化学腐蚀等问题，应用在蒙皮等方面较多。

1. 铝镁合金

铝镁合金主要由铝元素和少量镁元素（一般镁的质量分数不会超过 10%）共同组成[14]，镁元素的加入使合金具有良好的抗蚀性，因此又被称作防锈铝合金。同时因为铝、镁本身就是金属，因此铝镁合金的导热性能和强度都比较突出。铝镁合金作为现在工业使用的轻金属结构材料，其拥有的高比强度、高比刚度、减震、易于铸造加工等性能，使它在多个行业都得到广泛应用。

铝锌镁合金材料的主要元素是铝，再在其中添加锌、镁等其他金属元素来优化其性能。铝锌镁合金材料最显著的特点是具有极高的强度，锌与镁两种元素的添加使铝锌镁合金的结构产生明显的强化作用，同时使得铝锌镁合金材料的热处理效果比其他种类铝合金更好。当然，随着锌和镁两种元素的含量增加，铝锌镁合金材料的强度会进一步提高。铝锌镁合金材料还具有良好的机械性能，这是由于其内部晶体细致、分布均匀，因此，铝锌镁合金材料的耐磨性很强，拥有不错的深度钻孔性能。铝锌镁合金材料还具有很强的抗腐蚀能力，无论是应力腐蚀还是剥落腐蚀，铝锌镁合金都能完美地应对，特别是在高应力结构件的加工中表现优异。此外，铝锌镁合金材料的耐低温性也值得人们关注。铝锌镁合金材料的上述性能使它成为制造航天飞行器的良好结构材料，能被广泛应用于航空工业，是制造飞行器不可或缺的一种合金材料，常被用来制造机翼上翼面蒙皮、大梁等。目前，铝锌镁合金主材料在航空航天工业、机械设备、模具加工等领域扮演着重要角色。铝锌镁合金材料具有强度高、密度小、易于成型等特点，被选为制作航天飞行器的结构材料之一。航空航天器在追求轻量化的道路上，必须渡过提高铝锌镁合金强度这一难关。目前常使用的对铝合金进行强化的方法主要有固溶时效强化、第二相强化和细晶强化。其中，细晶强化法能够同时提高合金强度并改善合金的韧性，是一种较佳的强化方式。

2. 铝锂合金

锂是最轻的金属元素，在铝中每掺入 1%的锂可使合金密度降低 3%，并使弹性模量增加约 6%。铝锂合金[15, 16]具有优越的比强度和比模量特性、优良的低温性能、良好的耐腐蚀性与卓越的超塑成型性能，用其取代常规铝合金，可使构件质量减轻 10%～15%，刚度提高 15%～20%。铝锂合金已成为航空航天领域的理想的新一代结构材料。美国、俄罗斯和欧洲等一些国家和地区在航空航天领域均有使用铝锂合金的实例，例如，空客公司的 A330、A340 和 A380 等机型的座椅滑轨、地板梁等部件均使用了铝锂合金。C919 国产客机的机身直段部段就是采用了我国自主研发的铝锂合金。它消除了第二代铝锂合金的各向异性问题，同时材料的屈服强度提高了 40%，其性能提升可以说是跨代的。

4.4　镓、铟、铊

镓、铟、铊是稀散元素，不存在独立的矿石，而是与其他矿共生。这三种元素都由各自的光谱发现：镓为紫色（门捷列夫所预言的第一个被证实的元素），铟为蓝色（由特征光谱线蓝色而得名），铊为（树芽）绿色。

镓、铟、铊都是银白色的金属。它们的一些物理性质如表 4-3 所示。

表 4-3　镓、铟、铊的物理性质

元素	熔点/K	沸点/K	硬度（莫氏）	密度/(g/cm³)
镓	302.8	2676	1.5～2.5	5.91
铟	430	2353	1.2	7.31
铊	577	1730	1.2～1.3	11.9

由表 4-3 可见，镓、铟和铊有较大的差别。特别是镓的熔点很低，放在手中即可熔化，但它的沸点却异常高，这与它的晶体结构有关。在固态镓中存在原子对，原子对内部结合很牢，而原子对之间的结合力较弱，熔融时只破坏部分原子对间的结合力，需要的能量少，因此其熔点很低。当继续加热，使原子对变成气态的单个 Ga 原子，需破坏原子对内部较强的结合力，需要较高的能量，因此 Ga 的沸点很高。

镓、铟、铊的化学性质较为活泼，但没有铝活泼。镓、铟、铊与非金属反应，易生成氧化物、硫化物、卤化物等，并易溶于非氧化性酸和氧化性酸。它们都能形成氧化数为 +3 和 +1 的两类化合物。按镓、铟、铊的次序，+3 氧化态的化合物稳定性降低，+1 氧化态的稳定性增高。

和铝一样，在常温下镓、铟、铊金属表面也容易形成一层氧化膜，而使之钝化，在受热时，其才能和空气进一步反应。例如，高温时，镓能与氧反应，形成氧化数为 +3 的氧化物。

$$4Ga + 3O_2 === 2Ga_2O_3$$

镓在常温下就能与卤素反应（与碘反应需加热），生成三卤化镓或一卤化镓，与硫反应需在高温下。

$$2Ga + 3X_2 === 2GaX_3$$

镓、铟和铊电位序在[H^+]的前面，它们可溶于稀酸，但 $\varphi^{\ominus}_{Tl^{3+}/Tl^+} = +1.25V$ ，所以，Tl 与酸反应得到 Tl(Ⅰ)产物，具体反应如下：

$$2Tl + 2H^+ \longrightarrow 2Tl^+ + H_2\uparrow$$

但铊与 HCl（aq）反应有类似"钝化"现象，这是由于生成了难溶性的 TlCl，其在金属铊表面阻碍了金属铊与盐酸进一步反应。

铟与稀酸作用缓慢，易溶于热的硝酸（nitric acid）或浓的矿物酸和乙酸、草酸中。

$$2In + 3H_2SO_4 === In_2(SO_4)_3 + 3H_2\uparrow$$

$$In + 6HNO_3 \xrightarrow{\triangle} In(NO_3)_3 + 3NO_2\uparrow + 3H_2O$$

镓与稀酸作用缓慢，但易溶于热的硝酸、浓的氢氟酸和热浓的高氯酸及王水中，生成镓盐。

$$2Ga + 3H_2SO_4 === Ga_2(SO_4)_3 + 3H_2\uparrow$$

$$Ga + 6HNO_3 \xrightarrow{\triangle} Ga(NO_3)_3 + 3NO_2\uparrow + 3H_2O$$

另外，镓还可溶于碱，所以是两性金属，铟和铊在无氧化剂存在时不溶于碱。

$$2Ga + 6H_2O + 6NaOH === 2Na_3[Ga(OH)_6] + 3H_2\uparrow$$

1. 氧化物和氢氧化物

从 Ga_2O_3 到 InO_3 再到 Tl_2O_3，其稳定性减弱，氧化性增强，碱性增强。例如，Tl_2O_3 受热分解放出 O_2：

$$Tl_2O_3 \xrightarrow[\triangle]{200℃} Tl_2O + O_2$$

再如，Ga_2O_3、In_2O_3、Tl_2O_3 与盐酸反应的标准自由能 $\Delta_r G^{\ominus}_m$ 分别为 71kJ/mol，–25kJ/mol 和–199kJ/mol，这说明从 Ga_2O_3 到 Tl_2O_3 碱性增强。

$$M_2O_3(s) + 6HCl(aq) === 2MCl_3(aq) + 3H_2O(l)$$

$Ga(OH)_3$ 为两性氧化物，虽然 Ga_2O_3 与 Al_2O_3 结构相似，但 $Ga(OH)_3$ 的酸性（～10^{-7}）比 $Al(OH)_3$ 的酸性（～10^{-11}）还强。这主要是镓为第四周期中紧接过渡元素（含 $3d^{10}$）后的第一种元素，有效核电荷增加，致使镓的离子半径（62pm）比同族上一周期的铝的离子半径（51pm）增加不多，而核电荷却增加了 18，因此，Ga(Ⅲ)的电场力比 Al(Ⅲ)的还强，对氧原子引力也就更大，$Ga(OH)_3$ 的酸性也就比 $Al(OH)_3$ 的强。$Ga(OH)_3$ 能溶于氨水，但 $Al(OH)_3$ 却不能。

$$Ga(OH)_3 + 3OH^- === [Ga(OH)_6]^{3-}$$

+1 氧化态的 Ga_2O、In_2O 是不稳定的，会发生歧化反应，是强还原剂。

$$3Ga_2O === Ga_2O_3 + 4Ga$$

Tl_2O 由 Tl 与 O_2 反应制得，是稳定的氧化物。

$$4Tl + O_2 =\!=\!= 2Tl_2O$$

TlOH 是强碱，能从空气中吸收 H_2O 或 CO_2，并能腐蚀玻璃。

2. 硫化物

Ga_2S_3（黄色）能彻底水解，所以用湿法不能制得。

$$Ga_2S_3 + 6H_2O =\!=\!= 2Ga(OH)_3\downarrow + 3H_2S\uparrow$$

因为 Tl(III) 有强氧化性，而 S^{2-} 是还原剂，Tl(III) 与 S^{2-} 不能共存，所以 Tl_2S_3 不存在。

$$2TlCl_3 + 3Na_2S =\!=\!= Tl_2S\downarrow + 2S\downarrow + 6NaCl$$

In_2S_3（红色）可溶于 $(NH_4)_2S$ 或 M_2S 中。

$$In_2S_3 + S^{2-} =\!=\!= 2InS_2^-$$

同样，+1 氧化态的 Ga_2S、In_2S 是不稳定的，会发生歧化反应。

$$3Ga_2S =\!=\!= Ga_2S_3 + 4Ga$$

$$3In^+(aq) =\!=\!= In^{3+} + 2In$$

$$3In_2S =\!=\!= In_2S_3 + 4In$$

In_2S（黄色）不与水反应，与酸反应放出 H_2。

$$In_2S + 4H^+ + 2S^{2-} =\!=\!= 2H_2\uparrow + In_2S_3(红色)$$

3. 卤化物

Ga、In 各有 4 种卤化物 GaX_3、InX_3（X = F、Cl、Br、I）。经实验测定 $GaCl_2$ 是由 Ga^+ 和 $[GaCl_4]^-$ 组成的离子型化合物，所以 $GaCl_2$ 是反磁性物质，即 $GaCl_2$ 中的 +2 氧化态为表观氧化数，因为并不存在 Ga^{2+}（有 $4s^1$ 必然顺磁性），所以其实际氧化数为 +1、+3。

$InCl_2$ 同样也是反磁性物质，其化学式为 $In[InCl_4]$。GaF_3 和 $InCl_3$ 的许多化学性质与相应的铝的卤化物相似，可以形成 $M_3^{(I)}GaF_6$ 和 $M_3^{(I)}InF_6$。气态 $GaCl_3$ 为二聚物 Ga_2Cl_6。

室温下，Tl 有 4 种一卤化物（TlF、TlCl、TlBr、TlI）和两种三卤化物（TlF_3、$TlCl_3$）。Tl 的 +1 氧化态卤化物稳定，除了 TlF 外，其他 TlX 难溶于水，与 Ag 卤化物相似。Tl 能形成同时作为一价和三价的配位化合物，例如，Ti_2Cl_4、Tl_4Cl_6 都不能认为 Tl 为 +2 价，而是以 $Tl^{(I)}[Tl^{(III)}Cl_4]$，$Tl_3^{(I)}[Tl^{(III)}Cl_6]$ 配合物形式存在。

参 考 文 献

[1]　核科学技术辞典编委会. 核科学技术辞典. 北京：原子能出版社，1993：369.

[2]　葛培元. 硼同位素分离理论塔板数和产品浓度计算. 精细化工，1988，5：1-3.

[3]　李慧珍，王芃远. 氨硼烷：一种高性能化学储氢材料. 科学通报，2014，（19）：1823-1837.

[4]　庞维强，樊学忠，吕康. 硼粉理化特性及其在富燃料固体推进剂中的应用进展. 飞航导弹，2009，10：53-58.

[5]　谢兴华，颜事龙. 推进剂与烟火. 合肥：中国科学技术大学出版社，2012.

[6]　陈广南，张为华. 固体火箭发动机撞击与热安全性分析. 北京：国防工业出版社，2008.

[7]　鲍福廷，黄熙君，张振鹏. 固体火箭冲压组合发动机. 北京：中国宇航出版社，2006.

[8]　Melendez M J, Nguez-Rodrguez A D, Monteverde F B. Characterization and high temperature mechanical properties of zirconium boride-basedmaterials. Journal of the European Ceramic Society，2002，22：2543-2549.

[9] Guo C Q，Kelly P M. Boron solubility in Fe-Cr-B cast irons. Materials Science and Engineering，2003，352：40-45.

[10] Brandstotter J，Lengauer W. Multiphase reaction diffusion in transition metal-boron systems. Journal of Alloys and Compounds，1997，262：390-396.

[11] 邓世均. 高性能陶瓷涂层. 北京：化学工业出版社，2004：179-181.

[12] 徐进军，康唯，都昌兵，航空航天铝锂合金及其成形技术的研究现状和发展趋势. 兵器材料科学与工程，2017，40：132-137.

[13] Rioja R J，Liu J. The evolution of Al-Li base products for aerospace and space applications. Metallurgical and Materials Transactions A，2012，43（9）：3325-3337.

[14] 肖亚庆，谢水生，刘静安. 铝加工技术实用手册. 北京：冶金工业出版社，2005.

[15] Association A. International Alloy Designations and Chemical Composition Limits for Wrought Aluminum and Wrought Aluminum Alloys. The Aluminum Association，Inc. 2009.

[16] Rioja R J. Fabrication methods to manufacture isotropic Al-Li alloys and products for space and aerospace applications. Materials Science & Engineering A，1998，257（1）：100-107.

第5章 碳族元素

5.1 引　言

碳族元素是元素周期表ⅣA 族的元素，包括碳（Carbon，C）、硅（Silicon，Si）、锗（Germanium，Ge）、锡（Stannum，Sn）、铅（Plumbum，Pb）及𫓧（Flerovium，Fl）。碳族元素在自然界分布差异很大，碳和硅在地壳中分布广泛，硅的含量最大，仅次于氧，碳、硅都是地壳中的常量元素；锗的含量则十分稀少，属于稀散型稀有金属；锡、铅的含量较小，但矿藏集中，易于开采和冶炼，因而其历史也较为长久；𫓧主要是由人工合成。其中，碳、硅是非金属元素，锗、锡和铅是金属元素[1-5]。碳族元素的基本性质如表 5-1 所示。本章重点介绍前五种元素的性质。

表 5-1　碳族元素的基本性质

性质 ＼ 元素	碳（C）	硅（Si）	锗（Ge）	锡（Sn）	铅（Pb）	𫓧（Fl）
原子序数	6	14	32	50	82	114
价层电子构型	$2s^22p^2$	$3s^23p^2$	$4s^24p^2$	$5s^25p^2$	$6s^26p^2$	$5f^{14}6d^{10}7s^27p^2$
主要氧化数	+4、（+2）	+4、（+2）	+4、+2	+2、+4	（+4）、+2	—
共价半径/pm	77	118	122	141	154	—
熔点/K	3823	1683	1211	505	600	—
沸点/K	4329	2628	3106	2875	2022	—
第一电离能 I_1/(kJ/mol)	1086	787	762	709	716	—
第一电子亲和能 A_1/(kJ/mol)	122.5	119.7	115.8	120.6	101.3	—
电负性（χ_p）	2.55	1.90	2.01	1.80(Ⅱ) 1.96(Ⅳ)	1.87(Ⅱ) 2.33(Ⅳ)	—

5.2　单质的物理和化学性质

5.2.1　碳单质

碳元素常见的同素异形体有金刚石、石墨、富勒烯和无定形碳等。下面分别介绍它们的性质。

1. 金刚石

金刚石，俗称钻石（diamond），具有正四面体结构（图 5-1）。其中每个碳原子以 sp^3 杂化，与相邻 4 个碳原子结合成键，是典型原子晶体。金刚石晶体中 C—C 键很强，所有价电子都参与了共价键的形成，无离域 π 电子，所以不导电。金刚石在所有单质中熔点最高（3823K），硬度最大，化学性质很稳定，主要用于制造钻探用钻头和磨削工具，还用于制作首饰等高档装饰品。

2. 石墨

石墨（graphite）具有层状结构（图 5-2）。层内每个碳原子都是以 sp^2 杂化轨道与相邻的 3 个碳原子形成 σ 单键。每个碳原子余下的 1 个 p 轨道与同层中相邻碳原子的 p 轨道相互平行重叠，形成 1 个垂直于 σ 键所在平面的 m 中心 m 电子的离域 π 键。大 π 键中的离域电子可以在同一平面层中"流动"，所以石墨具有良好的导电性和导热性。石墨的层与层间距较大（335pm），结合力相当于范德华力，易于滑动，故石墨质软（硬度较小）且具有润滑性。石墨熔点较高，表现出一定程度的化学活性。人造石墨可用石油、焦炭加煤焦油或沥青，成型烘干后在真空电炉中加热到 3273K 左右制得。工业上一般以 Ni-Cr-Fe 合金等为催化剂，在 $1.52 \times 10^6 \sim 6 \times 10^6$ kPa 和 1500～2000K 下，将石墨转变为金刚石。

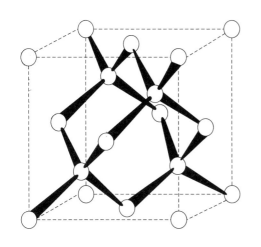 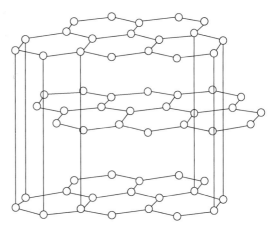

图 5-1　金刚石的晶体结构　　　　　　　图 5-2　石墨的晶体结构

3. 富勒烯

富勒烯（fullerene）也称为碳原子簇，是一类由碳原子组成的封闭多面体形的圆球形或椭球形结构的碳单质的总称，主要有 C_{60}、C_{70} 和 C_{84} 等。

C_{60} 是由 60 个碳原子相互联结的一种近似圆球的分子（图 5-3）。C_{60} 室温下为分子晶体，具有较高的化学活性。C_{60}分子中每个碳原子与周围 3 个碳原子相连，形成 3 个 σ 键并参与组成 2 个六元环和一个五元环。60 个碳原子构成近似于球形的 32 面体，即由 12 个正五边形和 20 个正六边形组成，相当于截角正 20 面体。碳原子杂化轨道介于 sp^2（石墨）和 sp^3（金刚石）之间，分子中有一个共轭大 π 键 π_{60}^{60}。

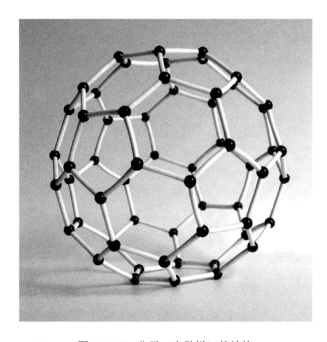

图 5-3 C_{60} 分子（富勒烯）的结构

C_{60} 等碳原子簇的发现，对物理学、电子学、材料学、生物学、医药科学等领域产生了广泛的影响，且其在理论研究和应用方面显示出了广阔的前景。C_{60} 的发现（1985 年）是人类对碳认识的新阶段，是科学上的重要发现。之后相继发现的 C_{24}、C_{120}、C_{180} 等碳原子组成的分子，是碳单质的新的存在形式。美国科学家 Curl 和 Smalley 教授及英国科学家 Kroto 教授为此获得 1996 年诺贝尔化学奖。

4. 无定形碳

与金刚石、石墨和富勒烯具有结晶构造的单质相比，黑烟煤和木炭的主要成分为无定形碳，工业上使用的碳纤维（carbon fiber，CF）、活性炭、烟煤和焦炭的主要成分也是重要的无定形碳。其中，碳纤维在航空航天领域具有广泛的应用。

碳纤维指碳的质量分数为 90%以上的纤维状碳材料。碳纤维与树脂、金属、陶瓷等基体复合制成的材料，就是碳纤维复合材料。碳纤维复合材料通常用于对密度、刚度、重量、疲劳特性和高温、化学稳定性等有严格要求的领域。碳纤维的应用，其实可以分为两个大的分支，即高端军用领域的小丝束碳纤维和低端民用领域的大丝束碳纤维（图 5-4）。碳纤维的丝束以 K 表示，1K 表示一个丝束含 1000 根碳纤维，3K 就是 3000 根。一般来讲，24K 以下的为小丝束（small tow），24K 以上的为大丝束（large tow）。航空航天领域，特别是军用航空领域，在飞机结构上一般采用的是小丝束碳纤维复合材料，以 3K 的碳纤维为主[6]。

图 5-4　碳纤维丝束及碳纤维布的编织纹理

5. 碳纳米管

碳纳米管（carbon nano tube，CNT），又名巴基管，是一种具有特殊结构（径向尺寸为纳米量级，轴向尺寸为微米量级，管子两端基本上都封口）的一维量子材料（图 5-5）。碳纳米管主要由呈六边形排列的碳原子构成数层到数十层的同轴圆管。层与层之间保持固定的距离，约 0.34nm，直径一般为 2～20nm。根据碳六边形沿轴向的不同取向可以将其

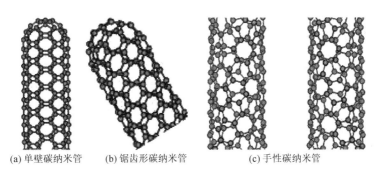

(a) 单壁碳纳米管　　(b) 锯齿形碳纳米管　　　(c) 手性碳纳米管

图 5-5　碳纳米管

分成锯齿形、扶手椅形和螺旋形三种。其中螺旋形的碳纳米管具有手性，而锯齿形和扶手椅形的碳纳米管没有手性。碳纳米管作为一维纳米材料，重量轻，具有许多优异的力学、热学、电学和化学性能。

碳纳米管的弹性模量与金刚石的基本相同，为已知材料的最高模量，约为钢的 5 倍；其弹性应变最高可达 12%，约为钢的 60 倍，而密度仅为钢的几分之一。碳纳米管的强度大约比其他纤维的强度高 200 倍，可以承受约 100 万个大气压的压力而不破裂。碳纳米管表现出良好的导电性，在一定方向，电导率可达铜的一万倍；碳纳米管的热传导系数高于天然金刚石和石墨原子基面的[7]。

6. 石墨烯

石墨烯（graphene）是由碳原子六角结构紧密排列构成的蜂窝状二维单层石墨（图 5-6），其厚度仅为 0.335nm，为目前世界上存在的最薄也是最坚硬的纳米材料，是构造其他碳质材料的基本单元，如包裹成零维的富勒烯、卷成一维的碳纳米管、堆叠成三维的石墨。石墨烯几乎完全透明，只吸收 2.3%的光；导热系数是金刚石的 3 倍；常温下电子迁移率是商用硅材料的 140 倍；电阻率比铜和银更低，是目前电阻率最小的材料；单层石墨烯的比表面积是最好活性炭的 1.75 倍；具有超强的刚度和硬度，强度是钢的 100 多倍。

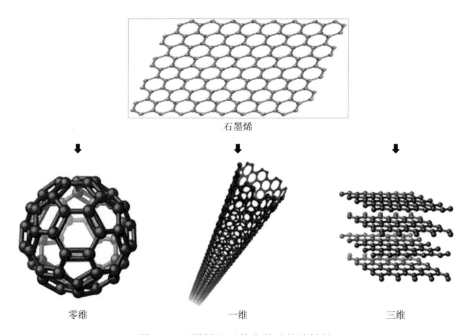

图 5-6　石墨烯及以其为基础的碳材料

5.2.2　硅单质

单质硅有无定形与晶体两种。晶体硅呈灰色，具有金属光泽，其结构与金刚石结构相同，属于原子晶体，熔点较高（1683K），质硬而脆。

单质硅在加热条件下能同单质如卤素、氮、碳等非金属作用，也能同某些金属如镁、钙、铁、铂等作用生成硅化物。它不溶于一般的无机酸（氢氟酸除外），但能溶解在碱溶液中，并放出氢气。

$$Si(s) + 2NaOH(aq) + H_2O \Longrightarrow Na_2SiO_3(aq) + 2H_2(g)$$

在炽热温度下，硅能同水蒸气发生作用：

$$Si(s) + 2H_2O(g) \Longrightarrow SiO_2(s) + 2H_2(g)$$

以上反应都体现了硅同氧有很强的亲和力。硅在空气中燃烧能直接生成二氧化硅并放出大量热。

5.2.3　锗分族单质

1. 锗

锗，呈灰白色，具有金属光泽，具有类金刚石结构，属于原子晶体，熔点 937.4℃，硬度比较大，并具有半导体的导电性能，电阻率和硅相近（20℃时为 $47\Omega\cdot cm$）。

锗主要采用还原法制备，先将含锗的矿石转化成 $GeCl_4$，经精馏提纯后，$GeCl_4$ 水解成 GeO_2，再用 H_2 在高温下将 GeO_2 还原为单质锗。超纯锗的制备是用区域熔融法，制造半导体的超纯锗的纯度大于 99.99999%。

锗可以和卤素反应生成具有挥发性的四卤化锗，与氧直接反应形成二氧化锗，与碱反应形成锗酸根离子：

$$Ge + 2X_2 \Longrightarrow GeX_4(X = F, Cl, Br, I)$$

$$Ge + O_2 \Longrightarrow GeO_2$$

$$Ge + 2OH^- + H_2O \Longrightarrow GeO_3^{2-} + 2H_2\uparrow$$

锗与氢能形成一系列通式为 GeH_{2n+2} 的挥发性氢化物。氢化锗可被氧气氧化成 GeO_2 和 H_2O。GeO_2 为弱酸性氧化物。

氧化态是 +2 价的锗化合物不稳定，可以作为强还原剂，如 GeF_2、$GeCl_2$、$GeBr_2$、GeI_2、GeS_2 等。制备这些化合物时，先由元素锗与卤素或者硫直接反应制得四卤化锗或二硫化锗，然后用锗还原为二氯化锗或硫化锗。

2. 锡

锡是银白色的金属，硬度低，熔点是 505K。锡具有三种同素异形体：灰锡（α 锡）、白锡（β 锡）及脆锡（γ 锡）。白锡是银白色略带有蓝色的金属，有延展性，可以制成器皿。在温度低于 286K 时，白锡可转化为粉末状的灰锡，温度越低，转变速度越快，在 225K 时转变速度最快。所以，锡制品长期放置于低温下会毁坏，发生锡疫。而当温度高于 434K 时，白锡可以转化为脆锡：

灰锡（α 锡） $\xleftarrow{\text{<286K}}$ 白锡（β 锡） $\xrightarrow{\text{>434K}}$ 脆锡（γ 锡）。

常温下，由于锡表面有一层保护膜，所以其在空气和水中都能稳定存在。镀锡的铁皮俗称马口铁，常用来制作水桶、烟筒等民用品。锡还常用来制造青铜（Cu-Sn 合金）和焊锡（Pb-Sn 合金）。

锡通常采用还原法制备，将锡矿石经氧化焙烧，其中所含 S、As 变成挥发性物质除去，其他杂质转化成金属氧化物。用酸溶解去除杂质金属氧化物，分离后得 SnO_2，再用 C 高温还原 SnO_2 制备单质锡：

$$SnO_2(s) + 2C(s) =\!=\!= Sn(l) + 2CO(g)$$

锡的金属还原性性比锗强，可与非氧化性的酸反应，生成 Sn(II)，放出 H_2。

锡在冷的稀盐酸中溶解缓慢，但能迅速溶解于热的浓盐酸中：

$$Sn + 2HCl =\!=\!= SnCl_2 + H_2\uparrow$$

锡与极稀的硝酸反应：

$$3Sn + 8HNO_3(极稀) =\!=\!= 3Sn(NO_3)_2 + 2NO\uparrow + 4H_2O$$

锡与卤素单质反应：

$$Sn + 2X_2 =\!=\!= SnX_4(X = Cl, Br)$$

锡与 NaOH 溶液反应放出氢气：

$$Sn + 2OH^- + 4H_2O =\!=\!= Sn(OH)_6^{2-} + 2H_2$$

以上反应的产物均为 Sn(II)。Sn(II)的还原性很强，如果与金属锡反应的是强氧化性物质，产物则为 Sn(IV)。例如，浓硝酸与锡的反应产物为 β-锡酸，即水合二氧化锡：

$$Sn + 4HNO_3 =\!=\!= H_2SnO_3(\beta) + 4NO_2 + H_2O$$

3. 铅

铅是银白色的金属，在空气中很快就会在表面形成碱式碳酸铅保护膜而显灰色；铅的密度很大，可制造铅球、钓鱼坠等；铅的熔点为 601K，主要用于制造低熔点合金，如焊锡、保险丝等；铅锑合金可用作铅蓄电池的极板。铅的硬度小，属于软金属，用指甲能在铅上刻痕；铅能抵挡 X 射线的穿射，常用来防护 X 射线，如铅板、铅玻璃、铅围裙、铅罐等。

铅的制备是将浮选后的方铅矿（主要成分 PbS）在空气中焙烧转化成 PbO，再用 CO 高温还原：

$$2PbS(s) + 3O_2(g) =\!=\!= 2PbO(s) + 2SO_2(g)$$

$$PbO(s) + CO(g) =\!=\!= Pb(l) + CO_2(g)$$

粗铅经电解精制，其纯度可达 99.995%，高纯铅（99.9999%）仍需用区域熔融法获得。

铅的电极电势 $\varphi_{Pb^{2+}/Pb}^{\ominus} = -0.126V$，从电化学原理上讲，铅能从稀盐酸和硫酸中置换出 H_2，但由于 $PbCl_2$ 和 $PbSO_4$ 难溶于水，其附着在铅表面阻碍反应的继续进行，并且 H_2 在铅上的超电势大，因此，铅难溶于稀盐酸和稀硫酸。

但是，铅易和稀硝酸和乙酸反应生成易溶的硝酸盐和乙酸配合物：

$$3Pb + 8HNO_3(稀) = 3Pb(NO_3)_2 + 2NO\uparrow + 4H_2O$$

$$Pb + 2HAc = Pb(Ac)_2 + H_2\uparrow$$

在乙酸铅溶液中，除 $Pb(Ac)_2$ 外还有 $PbAc^+$。如果有氧气存在，铅在乙酸中的溶解度会很大。

铅是两性金属，也可以溶解于碱性溶液：

$$Pb + 2H_2O + 2KOH = K_2[Pb(OH)_4] + H_2\uparrow$$

5.3　化合物的物理与化学性质

5.3.1　碳化合物

1. 氧化物

碳有许多氧化物，如一氧化碳（CO）、二氧化碳（CO_2）和次氧化碳（C_3O_2），还有 C_4O_3、C_5O_2 和 $C_{12}O_9$，其中常见和比较重要的是 CO、CO_2。

1）CO

CO 是一种无色无味的气体，不与水作用，属中性氧化物。

CO 分子中具有三重键，即一个 σ 键与两个 π 键，与 N_2、CN^-、NO^+ 等电子体结构相似。与 N_2 分子不同的是，CO 分子中三重键中有一个 π 键是配键，其电子来源于氧原子。这个配键的存在，在一定程度上抵消了因碳氧间电负性差所造成的极性，而且碳原子略显负电，比较容易向其他有空轨道的原子提供电子对。CO 的结构表示式为 $:C≡O:$。

一氧化碳是含碳燃料不完全燃烧产生的，如煤燃烧、石油燃烧，在氧气不足时生成 CO。

$$2C + O_2 = 2CO$$

实验室通常采用甲酸或草酸脱水制备 CO。

$$HCOOH + H_2SO_4(浓) = H_2O + CO\uparrow + H_2SO_4(稀)$$

$$H_2C_2O_4 + H_2SO_4(浓) = H_2O + CO\uparrow + CO_2 + H_2SO_4(稀)$$

CO 有强还原性，在加热条件下，与硫反应生成硫氧化碳，与氯气反应（光或铂催化）生成二氧化碳或光气。在高温下 CO 能还原许多金属氧化物，例如：

$$CuO + CO = CO_2 + Cu$$

$$Fe_2O_3 + 3CO = 3CO_2 + 2Fe$$

这种还原作用在冶金工业中起着很重要的作用。CO 在常温下也能还原溶液中的金属化合物，例如，它同溶液中的氯化钯反应：

$$CO + PdCl_2 + H_2O = CO_2 + Pd + 2HCl$$

产生的金属钯成为黑色的微细分散的沉淀物析出，可以利用这个反应检查 CO 的存在。

CO 可以作为配体提供电子，例如，CO 与过渡金属元素（低氧化态、零和负氧化态）可以形成金属有机配合物，即金属羰基化合物。最早发现的羰基化合物是 $Ni(CO)_4$，将 CO

通过还原镍丝，然后再燃烧，就发出光亮的绿色火焰（纯净的 CO 燃烧时发出蓝色火焰）。若使这种气体冷却，则得到一种无色的液体；若加热这种气体，则分解出 Ni 和 CO。

由于 Fe、Co、Ni 的相似性，它们常常共存。但是由于金属 Co 与金属 Ni 同 CO 的作用条件不同（Co 和 Fe 必须在高压下才能与 CO 化合，Ni 在常温常压就可作用），从而可分离 Ni 和 Co，以制取高纯度的 Ni。在 493K 和 2×10^7Pa 压力下通过 CO 还原 Fe 粉也能比较容易地制得五羰基合铁 $Fe(CO)_5$。之后，化学家们又陆续制得了许多其他过渡金属羰基配合物。

CO 还可与血液中的血红素结合生成羰基化合物，使血液失去输送氧的功能，引起 CO 中毒，因此，CO 对动物有剧毒，空气中 1/800 体积的 CO 就可使人在半小时内死亡。

2）CO_2

CO_2 是无色无味的气体，CO_2 在 5.2 个标准大气压、$-56.6℃$时可冷凝为雪花状的固体，称为干冰。CO_2 可溶于水，所溶解的体积与水的比近似为 1：1。CO_2 本身无毒，但是大量吸入可令人窒息。空气中 CO_2 的体积分数是 0.03%，人呼出的气体中 CO_2 的体积分数约为 4%。

CO_2 分子为直线型非极性分子（nonpolar molecule），其中 sp 杂化碳原子与氧原子 p 轨道生成两个 σ 键，碳原子上两个未杂化成键的 p 轨道同氧原子的 p 轨道肩并肩地发生重叠生成两个大 π 键（即离域 π 键）。π 电子的高离域性使 CO_2 中的碳氧键（键长 = 116pm）处于双键 C ═ O（键长 = 122pm）和叁键 C≡O（键长 = 110pm）之间。

$$\ddot{\text{O}} — \text{C} — \ddot{\text{O}}$$

碱性溶液有利于 CO_2 的溶解，因为生成了碳酸盐，因此，常用 NaOH 的浓溶液或固态 NaOH 颗粒作为 CO_2 的吸收剂和去除剂。

$$H_2CO_3 + 2NaOH === Na_2CO_3 + 2H_2O$$

CO_2 可用于灭火，但不能用于扑灭燃着的镁，因为它可与镁反应，说明了助燃的相对性。

$$CO_2 + 2Mg === 2MgO + C$$

在澄清石灰水中通入 CO_2 会生成白色沉淀：

$$CO_2 + Ca(OH)_2 === CaCO_3\downarrow + H_2O$$

此反应可鉴定 CO_2 的存在。

工业 CO_2 主要来源于碳酸盐的分解。实验室可用碳酸钙与盐酸反应来制备少量 CO_2。

$$CaCO_3 + 2HCl === CaCl_2 + H_2O + CO_2\uparrow$$

2. 碳酸及其盐

1）碳酸

CO_2 可溶于水，但在水中的溶解度不大，常温下饱和 CO_2 溶液的浓度为 0.03～0.04mol/L。溶解的 CO_2 很少一部分与 H_2O 反应而生成 H_2CO_3，大部分 CO_2 以水合状态存在。H_2CO_3 是二元弱酸，存在两级电离。

$$H_2CO_3 \Longrightarrow H^+ + HCO_3^- \qquad K_1 = 2.4 \times 10^{-4}$$
$$HCO_3^- \Longrightarrow H^+ + CO_3^{2-} \qquad K_2 = 4.69 \times 10^{-11}$$

2）碳酸盐

碳酸根离子（CO_3^{2-}）中，碳原子的三个 sp^2 杂化轨道与三个氧原子的 p 轨道形成 σ 键，它的另一个 p 轨道与氧原子的 p 轨道形成 π 键，形成平面三角形结构。

碳酸盐正盐和酸式盐的溶解性有很大不同。碳酸盐中只有铵盐、碱金属盐（除 Li_2CO_3 外）及 Tl_2CO_3 溶于水，而所有碳酸氢盐都溶于水。若碳酸盐易溶，则相应的酸式盐在水中的溶解度比碳酸盐的溶解度小，这同 HCO_3^- 在它们的晶体中通过氢键结合成链有关。若碳酸盐难溶，则酸式盐的溶解度比正盐的溶解度大。而且两者在一定程度下可以相互转化。

在自然界中，存在很多碳酸盐矿石，如大理石、石灰石、方解石及珍珠、珊瑚、贝壳等的主要成分都是 $CaCO_3$。白云石、菱镁矿含有 $MgCO_3$。地表层的碳酸盐矿石在 CO_2 和水的长期侵蚀下可以部分转变为 $Ca(HCO_3)_2$ 而溶解。所以天然水中

$$CaCO_3 + CO_2 + H_2O \Longrightarrow Ca(HCO_3)_2$$

$Ca(HCO_3)_2$ 经过长期的自然分解、受热及 CO_2 分压的降低，又析出 $CaCO_3$。自然界溶洞中钟乳石和石笋就是不断发生上述反应而形成的，也是暂时硬水（含 HCO_3^- 及 Ca^{2+} 和 Mg^{2+}）软化的原理。

碳酸是弱酸，因此碳酸盐和碳酸氢盐都能发生一定程度的水解。在金属盐类（碱金属除外）的水溶液中加入可溶性碳酸盐，产物可能是碳酸盐、碱式碳酸盐或氢氧化物。如果金属离子的水解性极强，其氢氧化物的溶度积又小，如 Al^{3+}、Cr^{3+} 和 Fe^{3+} 等，将得到氢氧化物。

$$2Cr^{3+} + 3CO_3^{2-} + 3H_2O \Longrightarrow 2Cr(OH)_3\downarrow + 3CO_2\uparrow$$

有些金属离子如 Cu^{2+}、Zn^{2+}、Pb^{2+} 和 Mg^{2+} 等，其氢氧化物和碳酸盐的溶解度相差不多，则可能得到碱式盐。

$$2Cu^{2+} + 2CO_3^{2-} + H_2O \Longrightarrow Cu_2(OH)_2CO_3\downarrow + CO_2\uparrow$$

碳酸盐受热分解的难易程度与阳离子的极化作用有关。阳离子对 CO_3^{2-} 产生极化作用，使 CO_3^{2-} 不稳定以致分解。阳离子的反极化作用越大，碳酸盐就越不稳定。一般来说，酸式碳酸盐的热稳定性均比相应的碳酸盐稳定性差。因为氢离子虽只带一个正电荷，但半径极小，电荷密度极大，反极化作用特别大。

一般情况下，碳酸和碳酸盐热稳定性规律为 $H_2CO_3 < MHCO_3 < M_2CO_3$。

3. 碳化物

石墨层与层之间结合疏松，许多离子或分子可以渗入层之间形成插入化合物。其中，

碳与电负性比其小的或相近的元素形成碳化物。碳化物通常可分为离子型、共价型及金属型。碳原子半径不大，同时其电负性与过渡元素相近，碳原子可以填充到金属晶体中，形成金属型碳化物，又称间隙化合物。

碳化物通常可以在高温下由碳与其他元素直接化合，或与金属氧化物直接反应，或由金属与适宜的碳氢化合物蒸气一起加热反应而制得。

碳化物的用途非常广泛，不仅可以用于制备相应价态的烷烃和炔烃，还有很广泛的应用。如碳化钛、碳化钽等可作高温材料，已用来制造火箭的心板和喷嘴。碳化硅、碳化硼均可做优良的磨料和制切削工具，也是大有发展前途的高温结构材料。

1）离子型碳化物

离子型碳化物，又称类盐碳化物，一般由电负性低的金属元素与碳元素所形成，其中碳以阴离子形式存在，如 C^{4-}、C_2^{2-}、C_3^{4-} 等。

含 C^{4-} 的碳化物有 Be_2C 和 Al_4C_3 等，它们在水解时生成氢氧化物并放出甲烷，故又称甲烷化物。例如：

$$Be_2C + 4H_2O === 2Be(OH)_2 + CH_4$$

$$Al_4C_3 + 12H_2O === 4Al(OH)_3 + 3CH_4$$

含 C_2^{2-} 的碳化物有 Na_2C_2、CaC_2、Ag_2C 及 ZnC_2 等多种，C_2^{2-} 结构式为 $(C \equiv C)^{2-}$。C_2^{2-} 为弱酸乙炔的共轭碱，水解时生成氢氧化物并产生乙炔，故又称乙炔化物。例如：

$$Na_2C_2 + 2H_2O === 2NaOH + C_2H_2$$

$$CaC_2 + 2H_2O === Ca(OH)_2 + C_2H_2$$

含 C_3^{4-} 的碳化物有 Mg_2C_3，C_3^{4-} 的结构呈直线型 $(C = C = C)^{4-}$。它与水反应生成氢氧化物并产生 C_3H_4。例如：

$$Mg_2C_3 + 4H_2O === 2Mg(OH)_2 + C_3H_4$$

2）共价型碳化物

共价型碳化物是由碳元素与一些电负性相似的元素以共价键结合而形成的，其为原子晶体，表现出硬度大、熔点高和化学惰性等特点，如 SiC 和 B_4C。SiC 为无色晶体，具有金刚石结构，故又名金刚砂。B_4C 为黑色固体，其结构较复杂，但也是以共价键相结合的三维网格晶体。

3）金属型碳化物

金属型碳化物，又称间充型碳化物，由 d 区过渡元素与碳元素所形成，如 TiC、TaC、HfC 及 W_2C 等。其中，金属原子以密堆积方式排列，碳原子嵌在密堆积的八面体孔穴内。金属型碳化物通常具有金属光泽，而且导电性能优良，硬度大，熔点非常高。化学性质一般不活泼，在空气中稳定，耐腐蚀。另外有一些碳化物，性质介于金属型与离子型之间，能被水和稀酸分解得到烃类和氢气的混合物，如 Fe_3C、Mn_3C、Co_3C、Ni_3C 等。

另外，若用强氧化剂（浓 HNO_3、浓 H_2SO_4、F_2、$KMnO_4$ 等）处理石墨，因 C 与 O、F 等结合，石墨的电子体系被破坏，结构也发生部分改变（sp^3）。如 $(CF)_x$ 是抗大气氧化的、耐高温的固体润滑剂。

5.3.2 硅化合物

1. 二氧化硅

二氧化硅是无色晶体，硅和氧原子以 SiO_4 四面体的形式相互连接，属原子型晶体（图 5-7）。二氧化硅的熔/沸点分别为 1713℃/2950℃，难溶于普通酸，但能溶于热碱和 HF 溶液中：

$$SiO_2 + 2NaOH \Longrightarrow Na_2SiO_3 + H_2O$$

$$SiO_2 + 6HF \Longrightarrow H_2SiF_6 + 2H_2O$$

因此，玻璃容器不能盛放浓碱溶液和氢氟酸。

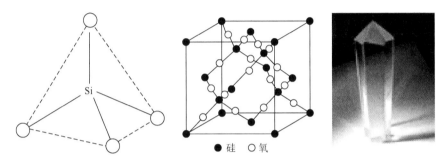

● 硅 ○ 氧

图 5-7 二氧化硅的结构及其在自然界的存在形式

2. 硅酸及其盐

1）硅酸和硅凝胶

简单的硅酸是正硅酸 $H_4SiO_4[Si(OH)_4]$。在室温下将细的无定形的二氧化硅放在水中不断搅动至平衡，可以得到一种含 0.01% $Si(OH)_4$ 的稀溶液：

$$SiO_2 + 2H_2O \Longrightarrow Si(OH)_4$$

用冷的稀酸同可溶的正硅酸盐作用，可以得到较浓（过饱和的）的正硅酸溶液：

$$SiO_4^{4-} + 4H^+ \Longrightarrow Si(OH)_4$$

硅酸是一种弱酸（$K_1 = 3.0 \times 10^{-10}$，$K_2 = 2 \times 10^{-12}$），它的盐在水溶液中有显著的水解作用。四氯化硅水解也可以得到正硅酸的水溶液。正硅酸在 pH = 2～3 的范围内是稳定的，不过若将饱和的 $Si(OH)_4$ 溶液长期放置，有时会生成无定形的二氧化硅沉淀相。这种二氧化硅可以呈现为胶态粒子、沉淀物或凝胶。它的聚合过程为

$$nSi(OH)_4 \Longrightarrow (SiO_2)_n \cdot 2nH_2O$$

目前实验室发现的硅酸有五种：$SiO_2 \cdot 3.5H_2O$、$SiO_2 \cdot 2H_2O$、$SiO_2 \cdot 1.5H_2O$、$SiO_2 \cdot H_2O$、$SiO_2 \cdot 0.5H_2O$。

在少量碱存在下，正硅酸的聚合会被催化形成稳定的水溶胶，而在酸性溶液中则生成凝胶。将凝胶中的部分水蒸发掉，就可以得到一种多孔的干燥固态凝胶，即常见的二氧化

硅凝胶（硅胶）。硅胶具有强的吸附性，可用作干燥剂。在某些反应中可用作催化剂，或用作其他催化剂载体。

2）硅酸盐

硅酸盐可分为可溶性和不溶性两大类。天然存在的硅酸盐结构较为复杂，都是不溶性的，只有钠、钾盐是可溶性的。工业上最常用的硅酸盐是 Na_2SiO_3，其水溶液俗称"泡花碱"或"水玻璃"。将不同比例的 Na_2CO_3 和 SiO_2 放在反射炉中煅烧可得到组成不同的硅酸钠，最简单的一种是 Na_2SiO_3，可用作黏合剂，也可用作洗涤剂的添加物。Na_2SiO_3 只能存在于碱性溶液中，遇到酸性物质即生成硅酸。例如：

$$SiO_3^{2-} + 2CO_2 + 2H_2O \longrightarrow H_2SiO_3 + 2HCO_3^-$$

$$SiO_3^{2-} + 2NH_4^+ \longrightarrow H_2SiO_3 + 2NH_3$$

硅酸盐和二氧化硅一样，都是以硅氧四面体作为基本结构（图 5-8）。

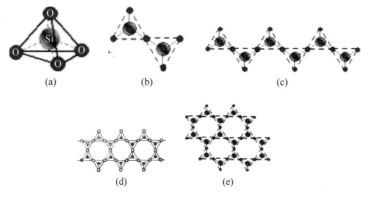

图 5-8 硅酸盐硅氧四面体基本结构

（1）每个[SiO₄]四面体，Si 和 O 的原子数之比是 1∶4，化学式为 SiO_4^{4-}。

（2）两个[SiO₄]以角氧相连，Si 和 O 的原子数之比是 1∶3.5，化学式为 $Si_2O_7^{2-}$。

（3）[SiO₄]以两角氧分别和其他两个[SiO₄]相连成环状或长链状结构，Si 和 O 的原子数之比是 1∶3。

（4）[SiO₄]以角氧构造成双链，Si 和 O 的原子数之比是 4∶11，化学式为 $[Si_4O_{11}]_n^{6n-}$。

（5）[SiO₄]分别以三角氧和其他三个[SiO₄]相连成层状结构，Si 和 O 的原子数之比是 2∶5，化学式为 $[Si_2O_5]_n^{2n-}$。

（6）[SiO₄]分别以四个氧和其他四个[SiO₄]相连成骨架状结构，Si 和 O 的原子数之比是 1∶2，化学式为 SiO_2。

5.3.3 锗分族化合物

1. 氧化物和氢氧化物

1）氧化物

锡的氧化物有 SnO 和 SnO_2，SnO 溶于酸和碱中分别生成 Sn^{2+} 和 $Sn(OH)_3^-$，具有还原性，SnO_2 与熔融碱作用生成 $Sn(OH)_6^{2-}$。

铅的氧化物有多种，最常见的是 Pb_3O_4(鲜红色)、PbO(橙黄色)、PbO_2(棕色)和 Pb_2O_3(橙色)。Pb_3O_4 俗名红丹或铅丹，可以看作 $2PbO \cdot PbO_2$，被广泛用作涂料和颜料，具有强氧化性。

$$PbO_2 + H_2SO_4 = PbSO_4 + \frac{1}{2}O_2\uparrow + H_2O$$

$$PbO_2 + 2HNO_3 = Pb(NO_3)_2 + \frac{1}{2}O_2\uparrow + H_2O$$

在酸性介质中，PbO_2 将 Mn^{2+} 氧化为 MnO_4^-，该反应可用来检验 Mn^{2+} 的存在：

$$5PbO_2 + 2Mn^{2+} + 4H^+ = 2MnO_4^- + 5Pb^{2+} + 2H_2O$$

Pb_3O_4 在 HNO_3 中可以部分溶解：

$$Pb_3O_4 + 4HNO_3 = PbO_2\downarrow + 2Pb(NO_3)_2 + 2H_2O$$

2）氢氧化物

在 Sn(Ⅱ)或 Sn(Ⅳ)的酸性溶液中加入 NaOH 溶液可生成白色 $Sn(OH)_2$ 沉淀或 $Sn(OH)_4$ 胶状沉淀，$Sn(OH)_2$ 或 $Sn(OH)_4$ 都是两性氢氧化物，既可溶于酸，又可溶于碱，前者以碱性为主，后者以酸性为主。

$$Sn^{2+} + 2OH^- = Sn(OH)_2\downarrow$$

$$Sn(OH)_2 + OH^- = Sn(OH)_3^-$$

在浓强碱溶液中，$Sn(OH)_3^-$ 部分地歧化为 $Sn(OH)_6^{2-}$ 和浅黑色的 Sn：

$$2Sn(OH)_3^- = Sn(OH)_6^{2-} + Sn\downarrow$$

向 Sn(Ⅳ)溶液中加碱或通过 $SnCl_4$ 水解都可得到活性的 α-锡酸，反应式如下：

$$SnCl_4 + 6H_2O = \alpha\text{-}H_2Sn(OH)_6\downarrow + 4HCl$$

α-锡酸既可溶于酸溶液，也可溶于碱溶液，在溶液中静置或加热就逐渐晶化，变成 β-锡酸，β-锡酸既难溶于酸溶液，又难溶于碱溶液（Sn 和浓硝酸作用只能得到不溶于酸的惰性 β-锡酸 $SnO_2 \cdot nH_2O$）。经高温灼烧过的 SnO_2，不能和酸、碱溶液反应，但却能溶于熔融碱生成锡酸盐。

$Pb(OH)_2$ 是以碱性为主的两性氢氧化物，溶于酸溶液生成 Pb^{2+}，溶于碱溶液生成 $Pb(OH)_3^-$。

2. 卤化物

锗分族卤化物根据价态可以分为两类，+2 价的 MX_2 和 +4 价的 MX_4。

Sn^{2+} 在酸碱介质中都具有比较强的还原性。

在酸性介质中存在如下两个反应：

$$2HgCl_2 + SnCl_2 + 2HCl = Hg_2Cl_2\downarrow(白) + H_2SnCl_6$$

$$Hg_2Cl_2 + SnCl_2 + 2HCl = H_2SnCl_6 + 2Hg\downarrow(黑)$$

以上两个反应可以应用于鉴定 Sn^{2+} 的存在。

在碱性介质中存在以下反应：

$$3Sn(OH)_3^- + 2Bi^{3+} + 9OH^- = 3Sn(OH)_6^{2-} + 2Bi\downarrow(黑)(用于鉴定 Bi^{3+})$$

另外，Sn^{2+} 易发生水解反应：

$$SnCl_2 + H_2O = Sn(OH)Cl\downarrow + H^+ + Cl^-$$

因此，在配制 $SnCl_2$ 溶液时要先加盐酸酸化蒸馏水和锡粒。

通常条件下，卤化物在水中的溶解度较小，但在它们相应的卤离子溶液中由于生成了配离子，增加了溶解度。例如：

$$PbCl_2 + 2Cl^- \Longrightarrow PbCl_4^{2-}$$

$$PbI_2 + 2I^- \Longrightarrow PbI_4^{2-}$$

$$SnCl_4 + 2Cl^- \Longrightarrow SnCl_6^{2-}$$

四氯化铅在低温下稳定，在常温下分解，而四碘化铅和四溴化铅不能稳定存在。

$$PbCl_4(l) \Longrightarrow PbCl_2(s) + Cl_2(g)$$

3. 硫化物

Ge 分族元素的硫化物包括硫化物和二硫化物，它们都不溶于水。其中 Ge 和 Sn 的硫化物具有相似的性质。

GeS 及 SnS 不能溶于可溶性硫化物溶液中，但是能溶于多硫化物溶液中，因为多硫离子有氧化性，它能将 GeS 或 SnS 氧化成硫代锗酸盐或硫代锡酸盐。例如：

$$SnS + S_2^{2-} \Longrightarrow SnS_3^{2-}$$

SnS 也能溶于中等酸度的盐酸中：

$$SnS + 4Cl^- + 2H^+ \Longrightarrow SnCl_4^{2-} + H_2S\uparrow$$

GeS$_2$ 和 SnS$_2$ 既能溶解在硫化物溶液中，也能溶解在强碱的水溶液中，而 GeS 和 SnS 则不能。Ge 分族元素高氧化态的硫化物显酸性，低氧化态的硫化物显碱性。

$$GeS_2 + S^{2-} \Longrightarrow GeS_3^{2-} \text{(硫代锗酸盐)}$$

$$SnS_2 + S^{2-} \Longrightarrow SnS_3^{2-} \text{(偏硫代锡酸盐)}$$

或　　　　　$$SnS_2 + 2S^{2-} \Longrightarrow SnS_4^{4-} \text{(正硫代锡酸盐)}$$

$$3SnS_2 + 6OH^- \Longrightarrow 2SnS_3^{2-} + Sn(OH)_6^{2-}$$

SnS$_3^{2-}$ 可以与酸反应，析出黄色 SnS$_2$ 沉淀并放出 H$_2$S 气体：

$$SnS_3^{2-} + 2H^+ \Longrightarrow H_2S\uparrow + SnS_2\downarrow$$

PbS 与 Ge 和 Sn 的硫化物不同，由于其溶度积很小，该物质不溶于非氧化性稀酸和碱，但 PbS 能溶于稀 HNO$_3$ 或浓盐酸中。

$$3PbS\uparrow + 8H^+ + 2NO_3^- \Longrightarrow 3Pb^{2+} + 3S + 2NO\uparrow + 4H_2O$$

$$PbS + 4HCl（浓）\Longrightarrow H_2S\uparrow + H_2PbCl_4$$

将 PbS 与 H$_2$O$_2$ 反应，PbS 很容易转化为白色的 PbSO$_4$。

$$PbS + 4H_2O_2 \Longrightarrow PbSO_4 + 4H_2O$$

4. 其他盐

四乙基铅为略带水果香甜味的无色透明油状液体，约含铅 64%。常温下极易挥发，即使 0℃时也可产生大量蒸气，其密度比空气稍大。遇光可分解产生三乙基铅。不溶于水，易溶于有机溶剂。四乙基铅曾被广泛作为汽油的添加剂，以提高燃料的辛烷值。

四乙基铅可由氯乙烷与钠铅合金反应制取，方程式如下：

$$Na_4Pb + 4C_2H_5Cl \Longrightarrow (C_2H_5)_4Pb + 4NaCl$$

由于其燃烧会产生固体一氧化铅和铅，长期使用会在发动机内迅速积聚，损害发动机，在使用时，加入 1, 2-二溴乙烷或 1, 2-二氯乙烷，使铅转化为可挥发的溴化铅和氯化铅。

$$(CH_3CH_2)_4Pb + 13O_2 \longrightarrow 8CO_2 + 10H_2O + Pb$$

$$2Pb + O_2 \longrightarrow 2PbO$$

但是，这种添加剂也会造成催化转换器内的催化剂受污染而失效，而且会造成空气污染，对儿童脑部构成损害。因此，现在这种含铅汽油已经被禁止使用，各石油公司都推出了无铅汽油。

5.4　碳族元素与化合物在航空航天领域的应用

5.4.1　碳及其化合物的应用

1. 碳的应用

1）金刚石

金刚石在航空航天领域主要用于完成现代飞机主要部件如起落架、机身、发动机核心材料的成型加工、磨削、钻削和表面处理机械加工等。

2）石墨

石墨具有良好的导电性和导热性，且石墨的层与层间距较大，结合力为范德华力，易于滑动，具有润滑性。石墨在民用及航空航天工业上用途广泛，可以用它制电极和高温热电偶、坩埚、冷凝器等化工设备、润滑剂、颜料、铅笔芯、火箭发动机喷嘴和宇宙飞船及导弹的某些部件等。在核反应堆中作中子减速剂及防射线材料等。

3）富勒烯

C_{60} 等碳原子簇的发现，引起了广大科学工作者的兴趣，以 C_{60} 为基础的碳氢化合物 $C_{60}H_{60}$ 具有很大的分子量且热值极高，可做火箭的燃料。另外，基于石墨的耐高温性能，近年来，研制了"多层曲面石墨加热阵列"，解决了空间环境模拟容器内超高温度测量及极高热流定向施加和控制的难题，为型号研制试验提供了有力技术支持，可有效适应未来航天器真空热试验发展需求。

4）碳纤维

碳纤维在航空航天领域具有广泛的应用，其中以碳纤维树脂基复合材料为主，由于其耐高温、轻质、高强度、耐腐蚀、高可靠性、隔热等优点，被广泛应用在航空航天领域，如飞机螺旋桨叶片和机翼、发动机外涵道、飞机刹车盘、飞船防热大底、导弹大面积防热材料、导弹发射筒、巡航导弹燃烧室等。使用的碳纤维复合材料在飞机自身重量中比例也非常大，例如，在 110t 自重的波音 787 中占 61%，100t 自重的 A350XWB 中占 53%等[8]。

5）碳纳米管与石墨烯

自从 2010 年安德烈·海姆由于在石墨烯材料方面的卓越研究获得诺贝尔化学奖后，石墨烯材料的研究备受关注，其质量轻，具有许多优异力学、热学、电学和化学性能，是构造其他碳质材料的基本单元，是目前存在的最薄也是最坚硬的纳米材料，这使人们热衷于对新型碳纳米材料的研究。石墨烯与其他材料复合，密度小而且具有优良的力学性能，使生产航天器用轻质、超高强部件成为可能[9]。

　　2. 碳化合物的应用

　　在航天生命保障系统中，最重要的一个问题就是控制二氧化碳在生存环境中的浓度。例如，北京航空航天大学成功完成我国首次长期多人密闭科学试验（图 5-9）。在"月宫一号"中，生物再生生命保障系统是核心。植物为乘员提供食物，并产生氧气和水。人排出的二氧化碳又被植物光合作用利用，形成一个闭环回路生命保障系统。

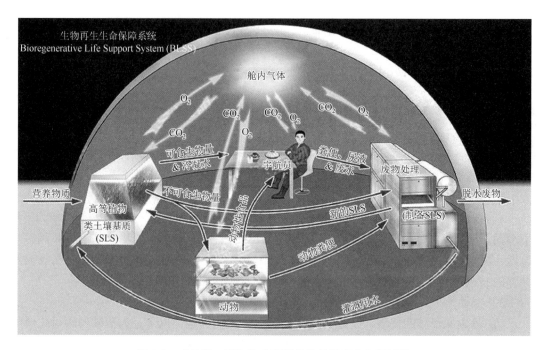

图 5-9　"月宫一号"完成我国首次长期多人密闭试验

5.4.2　硅及其化合物的应用

　　1. 太阳能电池

　　太阳能电池是一种由于光生伏特效应而将太阳能直接转化为电能的器件，以晶体硅材料（包括单晶硅和多晶硅）为基础的光伏材料被广泛应用于太阳能电池板，在航天航空领域具有重要的应用。

　　2. 高温陶瓷复合材料

　　氮化硅耐高温、化学稳定性好，而且强度高、硬度大、耐磨损、抗冲击、抗腐蚀、质量轻、导热性能好，可用作高温陶瓷复合材料，在航空航天、汽车发动机、机械等领域有着广泛的应用。

为了提高航空发动机的推重比和降低燃料消耗,最根本的措施是提高发动机的涡轮进口温度。而涡轮前温度与航空发动机热端部件材料的最高允许工作温度直接相关。陶瓷基复合材料是 21 世纪可替代高温合金的发动机热端结构的首选材料。以飞机的涡轮喷气发动机为例（图 5-10），压气机零部件温度在 650℃以下，目前主要采用钛合金、铝合金及耐热钢。燃烧室燃烧区温度高达 1800～2000℃，引入气流冷却后，燃烧室壁温仍然在 900℃以上，常用高温合金（镍基及钴基合金）板材制造，为防止燃气冲刷、热腐蚀和隔热，常喷涂防护层，现采用弥散强化合金无需涂层即可制备耐 1200℃的燃烧室。

图 5-10　飞机涡轮喷气发动机

陶瓷氮化硅耐热，在 1400℃时仍然有高的强度、刚度（但超过 1200℃时力学强度会下降），使用连续纤维增强的陶瓷可应用于涡轮部件，特别是小发动机的陶瓷叶片、涡轮外环和空气轴承。此外，氮化硅陶瓷密度小，密度仅为钢轴承的 41%，可有效降低飞机发动机重量，减低油耗。

大飞机发动机运转时产生的高温达 1600℃以上，目前主要采用了镍基耐高温材料。我国计划到 2020 年用氮化硅陶瓷材料代替金属材料。

SiC/SiC 陶瓷基复合材料是指在 SiC 陶瓷基体中引入 SiC 纤维作为增强材料，形成以引入的 SiC 增强纤维为分散相，以 SiC 陶瓷基体为连续相的复合材料。SiC/SiC 陶瓷基复合材料保留了 SiC 陶瓷耐高温、高强度、抗氧化、耐腐蚀、耐冲击的优点，同时兼具 SiC 纤维增强增韧作用，克服了 SiC 陶瓷断裂韧性低和抗外部冲击载荷性能差的先天缺陷。SiC/SiC 陶瓷基复合材料在航空领域主要应用于发动机燃烧室内衬、燃烧室筒、喷口导流叶片、机翼前缘、涡轮叶片和涡轮罩环等部位。

5.4.3　锗及其化合物的应用

锗是重要的半导体材料，有良好的半导体性质，如高的电子迁移率、空穴迁移率等，高纯锗单晶具有高的折射系数，对红外线透明，不透过可见光和紫外线。因此，在半导体、航空航天测控、核物理探测、光纤通信、红外光学、太阳能电池、化学催化剂、生物医学等领域都有广泛而重要的应用。锗和稀土都有"工业黄金"的美誉,是一种重要的战略资源。

锗和军工相关的应用领域主要有红外光学及太阳能电池领域。在红外光学领域,锗主要用于红外热像仪等红外光学系统中的透镜、棱镜、窗口、滤光片、整流罩等光学材料,其作用不可或缺。

在太阳能电池领域,锗衬底化合物半导体电池具有高效率、高电压、高温特性好等优点,广泛用于空间卫星太阳能电池和地面太阳能电站建设当中。例如,每颗普通卫星需要高效太阳能电池用锗晶片 6000~15000 片,每颗大型卫星的太阳能用锗晶片将达到数万片,空间站的建立及维护所需要的太阳能用锗晶片数量更为巨大。目前全球空间太阳能电池超过 80%采用锗衬底化合物半导体叠层电池,未来将提高到 95%。

参 考 文 献

[1]　刘又年,雷家珩,王林山. 无机化学. 2 版. 北京:科学出版社,2013.

[2]　张祖德. 无机化学. 2 版. 合肥:中国科学技术大学出版社,2014.

[3]　刘新锦,朱亚先,高飞. 无机元素化学. 2 版. 北京:科学出版社,2010.

[4]　宋天佑,程鹏,徐家宁,等. 无机化学. 3 版. 北京:高等教育出版社,2015.

[5]　严宣申,王长富. 普通无机化学. 2 版. 北京:北京大学出版社,2016.

[6]　刘强. 碳纤维复合材料在航空航天领域的应用. 科技与企业,2015,(22):221.

[7]　朱琳. 新型碳纳米材料的特点与航空航天领域应用展望. 冶金标准化与质量,2015,(6):41-44.

[8]　梁文萍,缪强. 先进材料在航空航天中的应用. 西安:西北工业大学出版社,2016.

[9]　刘宇,刘勇,左春艳,等. 石墨烯在航天领域应用进展. 宇航材料工艺,2017,47(4):1-7.

第6章 氮 族 元 素

氮族元素位于元素周期表中第ⅤA族，包括氮（Nitrogen，N）、磷（Phosphorus，P）、砷（Arsenic，As）、锑（Antimony，Sb）、铋（Bismuth，Bi）五种元素。氮、磷为非金属元素，砷、锑具有半导体性质，铋为金属。氮族元素的基态原子的价电子层为 $ns^2 np^3$，因此，它们具有得电子的趋势。氮族元素最高氧化态为 +5 价，最低还原态为–3 价。随着原子序数的增加，氮族元素的金属性逐渐增强，非金属性逐渐减弱。

氮族元素中，N 和 P 的原子半径较小，ns 和 np 轨道的能量相差较小，因此外层的 5 个电子易于全部参与成键，从而形成 +5 价的稳定化合物；而砷和锑两种元素 +3 价和 +5 价的化合物都较为常见；金属铋的原子半径较大，形成的键较弱，所以 +3 价的化合物较 +5 价的化合物更能稳定存在。氮族元素的基本性质见表 6-1。

表 6-1 氮族元素的基本性质

性质 \ 元素	氮	磷	砷	锑	铋
元素符号	N	P	As	Sb	Bi
原子序数	7	15	33	51	83
原子量	14.007	30.974	74.922	121.78	208.98
价电子层结构	$2s^2p^3$	$3s^23p^3$	$4s^24p^3$	$5s^25p^3$	$6s^26p^3$
原子半径/pm	80	130	150	160	170
离子半径/pm	13	38	58	76	103
第一电离能 I_1/（kJ/mol）	1402.3	1011.8	944	831.6	703.3
电负性	3.04	2.19	2.18	2.05	2.02
$\varphi^{\ominus}$/V	0.803	–0.276	0.560	0.152	0.158

6.1 氮

氮在地壳中的含量约为 0.0046%，氮的主要存在形式是氮气，而氮气作为大气的主要组分，约占 78.08%。另外，在蛋白质中也富含氮[1, 2]。

氮气，化学式为 N_2，通常状况下是一种无色无味的气体，而且氮气一般比空气密度小。在标准大气压下，冷却至–195.8℃时，氮气变成没有颜色的液体，冷却至–209.8℃时，液态氮变成雪状的固体。氮气的化学性质不活泼，常温下很难跟其他物质发生反应，所以常被用来制作防腐剂。但其在高温、高能量条件下可与某些物质发生化学反应,用来制取对人类有用的新物质。

单质氮在常态下是一种无色无臭的气体,在标准状态下,气体密度为1.25g/L,熔点为63K,沸点75K,微溶于水。氮气分子的轨道排布式为: $(\sigma_{1s})^2(\sigma_{1s}^*)^2(\sigma_{2s})^2(\sigma_{2s}^*)^2(\pi_{2p_y})^2(\pi_{2p_z})^2(\sigma_{2p_x})^2$。

由于氮原子中的2s和2p轨道能量差不多,所以,在成键过程中相互作用后影响轨道能量,使氮分子中的三键由 $(\pi_{2p_y})^2(\pi_{2p_z})^2$ 和 $(\sigma_{2p_x})^2$ 构成,即一个σ键和两个π键,键级为3。

N_2分子中对成键有贡献的是三对电子,即形成两个π键和一个σ键。对成键没有贡献的是一对电子,成键与反键能量近似抵消;它们相当于孤对电子。由于 N_2 分子中存在叁键N≡N,所以 N_2 分子具有很大的稳定性,将它分解为原子需要吸收941.69kJ/mol的能量。N_2分子是已知的双原子分子中最稳定的,N_2 通常不易燃烧且不支持燃烧。

N_2的制备涉及实验室制备和工业生产两个方面,在实验室中可以通过加热氯化铵饱和溶液和固体亚硝酸钠制备 N_2:

$$NH_4Cl + NaNO_2 == NH_4NO_2 + NaCl$$

$$NH_4NO_2 == N_2\uparrow + 2H_2O$$

工业上通过液态空气分馏得到 N_2(含有少量的氩气和氧气)。

在高温和催化剂的双重作用下,氮气可以与一些金属和非金属发生反应,具体反应如下[3-5]。

1. N_2 与活泼金属反应

N_2 与金属锂在常温下就可直接反应:

$$6Li + N_2 == 2Li_3N$$

N_2 与碱土金属Mg、Ca、Sr、Ba在炽热的温度下作用:

$$3Ca + N_2 == Ca_3N_2$$

N_2 与镁条反应:

$$3Mg + N_2 == Mg_3N_2(氮化镁)$$

2. N_2 与非金属反应

N_2 与氢气反应制氨气:

$$N_2 + 3H_2 \rightleftharpoons 2NH_3(高温\ 高压\ 催化剂)$$

N_2 与硼在白热的温度才能反应:

$$2B + N_2 == 2BN(大分子化合物)$$

N_2 与硅和其他族元素的单质一般要在高于1473K的温度下才能反应。

6.2 氨和铵盐

6.2.1 氨

氨（ammonia）化学式为 NH_3，为无色气体且具有强烈的刺激气味。在高温时会分解成氮气和氢气，有还原作用，密度 0.7710g/L，相对密度 0.5971（空气 = 1.00），易被液化成无色的液体。液态氨在工业生产中也被用作一种良好的极性溶剂，仅次于水。液态氨也存在微弱的电离：

$$2NH_3 \Longrightarrow NH_2^- + NH_4^+ \qquad K = 1.9 \times 10^{-30}(223K)$$

氮原子有 5 个价电子，其中有 3 个未成对，当它与氢原子化合时，每个氮原子可以和 3 个氢原子通过极性共价键结合成氨分子，氨分子里的氮原子还有一对孤对电子。氨分子的空间结构是三角锥形，为极性分子，如图 6-1 所示。

NH_3 较活泼，能和许多物质反应，反应可归纳为三种类型[6]。

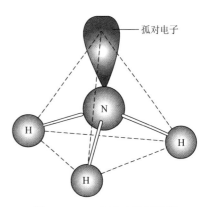

图 6-1 NH_3 分子结构示意图

（图中标注：孤对电子、N、H、H、H）

1. 加合反应

NH_3 加合 H^+ 形成 NH_4^+（H^+ 受到 NH_3 中的氮原子上孤对电子的吸引与 NH_3 加合形成配位键）：

$$NH_3 + H^+ \Longrightarrow NH_4^+$$

氨是一种 Lewis 碱，分子中的氮原子上的孤对电子容易进入中心离子的空轨道，能与金属离子及一些分子加合形成配位键，例如：

$$4NH_3 + Cu^{2+} \Longrightarrow [Cu(NH_3)_4]^{2+}$$

$$2NH_3 + Ag^+ \Longrightarrow [Ag(NH_3)_2]^+$$

2. 取代反应

氨的一种取代形式是氨中的 H 可依次被取代生成—NH_2（氨基）、$=NH$（亚氨基）、$\equiv N$（氮化物）的衍生物：

$$2Na + 2NH_3 \Longrightarrow 2NaNH_2 + H_2$$

另一种形式是氨以它的氨基或亚氨基取代其他化合物中的原子或基团，例如：

$$COCl_2 + 4NH_3 \Longrightarrow CO(NH_2)_2 + 2NH_4Cl$$

$$HgCl_2 + 2NH_3 \Longrightarrow Hg(NH_2)Cl + NH_4Cl$$

3. 氧化反应

氨在纯氧中燃烧：

$$4NH_3 + 3O_2(纯氧) \Longrightarrow 2N_2 + 6H_2O$$

氨在 700℃空气中且在铂作催化剂的情况下反应：

$$4NH_3 + 5O_2(空气) \xrightarrow[700℃]{Pt} 4NO + 6H_2O$$

氨与一些加热的金属氧化物发生反应：

$$3CuO + 2NH_3 === 3Cu + 3H_2O + N_2$$

氨与氯、溴发生反应：

$$2NH_3 + 3Cl_2 === N_2 + 6HCl$$

6.2.2　铵盐

铵盐是由氨与酸作用得到的，它是由铵根离子（NH_4^+）和酸根离子组成的化合物。一般为无色晶体，易溶于水，是强电解质。从结构来看，NH_4^+ 和 Na^+ 是等电子体。NH_4^+ 的半径比 Na^+ 的大，而且接近于 K^+，一般铵盐的性质也类似于钾盐，如溶解度大，一般易溶。铵盐和钾盐是同晶型的[7-8]。

所有的铵盐加热后都能分解，其分解产物与对应的酸及加热的温度有关。分解产物一般为氨和相应的酸。

挥发性酸（碳酸、盐酸）组成的铵盐，氨和酸一起挥发：

$$NH_4HCO_3 === NH_3\uparrow + H_2O + CO_2\uparrow$$

非挥发性酸（硫酸、磷酸）组成的铵盐，氨挥发，而酸或酸式盐留在容器中：

$$[NH_4]_2SO_4 === 2NH_3\uparrow + H_2SO_4$$

氧化性酸（硝酸、重铬酸）组成的铵盐，分解出的氨被酸氧化生成 N_2 或 N_2O：
在 185～200℃时，分解反应如下：

$$NH_4NO_3 === N_2O\uparrow + 2H_2O$$

若加热到 300℃左右时，分解反应如下：

$$5NH_4NO_3 === 2HNO_3 + 4N_2\uparrow + 9H_2O$$

6.3　氮的含氧化合物

6.3.1　氮的氧化物

氮的氧化物有很多种，其中氮的氧化数可以从 +1 变到 +5。常见的氧化物有 N_2O、NO、N_2O_3、NO_2、N_2O_4、N_2O_5。此外，被污染的大气经光谱分析可以检查到短暂存在的 NO_3。在室温下，N_2O_3 是蓝色液体，NO_2 是红棕色气体，其余都是无色气体。其中以 NO 和 NO_2（它的二聚体为 N_2O_4）最为重要，它们都是含单电子的分子，显顺磁性。

1. 一氧化氮（NO）

NO 为无色气体，其分子轨道表示式为：$NO[KK(\sigma_1)^2$ $(\sigma_2^*)^2(\sigma_3)^2(\pi_y)^2(\pi_z)^2(\pi_z^*)^1]$。形成一个 σ 键，一个 π 键、一个三电子键，见图 6-2。

图 6-2　NO 的分子结构示意图

NO 分子的内部结构与其性质有如下内在联系[9-13]。

由于氮的电负性比氧小（但两者相差不多），所以 NO 是极性分子，但极性较小，比氨分子小一个数量级，NO 难溶于水是这一结构特征的反映。NO 分子中有三电子键，即有成单电子，所以气态 NO 具有顺磁性。单电子可以互相偶合，因而在低温时 NO 分子可以聚合成$(NO)_2$分子，呈现反磁性。

NO 分子中氮和氧的价电子总数为 11，是奇电子分子（odd electron molecule）。这种分子一般不够稳定，容易自行结合或与其他物质反应。例如，在雷电之际，闪电使空气中的 N_2 和 O_2 反应产生 NO，NO 随即又与 O_2 结合成 NO_2，NO_2 再溶于雨水形成极稀的硝酸和亚硝酸溶液沉积于土壤中转化为植物的养料。据估计，大自然借雷电之助每年可以固定氮约 4000 万 t。

NO 分子中氮的氧化值为 + 2，介于最低与最高氧化值之间，所以它既有氧化性，又有还原性。例如，氧化剂高锰酸钾能将 NO 氧化成 NO_3^-。

$$10NO + 6KMnO_4 + 9H_2SO_4 \Longrightarrow 6MnSO_4 + 10HNO_3 + 3K_2SO_4 + 4H_2O$$

而红热的铁、镍、碳等还原剂又能将 NO 还原成 N_2。

$$2Ni + 2NO \Longrightarrow 2NiO + N_2$$

$$C + 2NO \Longrightarrow CO_2 + N_2$$

同时 NO 有三电子 π 键，反键轨道上的一个电子易失去生成 NO^+，例如，与氧化剂 Cl_2 反应，则生成氯化亚硝酰：

$$2NO + Cl_2 \Longrightarrow 2NO^+Cl^-$$

NO 也可以与还原剂反应获得一个电子生成 NO^-。例如，与还原剂金属钠（在液氨中）反应：

$$NO + Na \xrightarrow{\text{液氨}} Na^+NO^-$$

NO 分子中有孤对电子，所以能与金属离子形成加合物。例如，NO 能与 Fe^{2+} 加合生成棕色的 $[Fe(NO)]^{2+}$：

$$FeSO_4 + NO \Longrightarrow [Fe(NO)]SO_4$$

综上所述，NO 具有难溶于水、顺磁性、易聚合、易与 O_2 反应、氧化还原性、形成加合物等多种性质，这些都与该分子的内部结构密切相关，所以结构是性质变化的内因，而性质是结构的外在表现。

NO 还具有神奇的生理调节功能。作为一种新型生物信号分子，NO 广泛分布在人体内的神经组织中，在心脑血管调节、神经传递、免疫调节等方面发挥着十分重要的生物学作用。NO 已成为近年来生物医学研究的热点。

2. 二氧化氮（NO_2）

纯 NO_2 可通过 $Pb(NO_3)_2$ 的热分解制得：

$$2Pb(NO_3)_2(s) \xrightarrow{\triangle} 2PbO(s) + 4NO_2(g) + O_2(g)$$

将逸出的气体冷却，使 NO_2 液化而与氧分离。铜与浓硝酸作用也可制得 NO_2，但不纯[14]。

NO_2 为红棕色气体，其中一个氮和两个氧的价电子总数为 17，是奇电子分子，可以聚合成 N_2O_4。N_2O_4 为无色气体，在室温 25℃时 N_2O_4 与 NO_2 间建立平衡：

$$N_2O_4(g) \rightleftharpoons 2NO_2(g) \quad K^{\ominus} = 0.10$$

此时混合气体中，NO_2 约占 25%左右；当温度升至 100℃时，混合气体中 NO 约占 90%；温度升至 150℃以上，NO_2 开始分解为 NO 及 O_2。常温 N_2O 为无色气体，当温度下降时其成为绿色的液态，继续降温至−10℃以下时形成无色晶体。液态 N_2O_4（绿色）和气态 N_2O_4（无色）为中国探月卫星"嫦娥一号"星箭燃料的氧化剂。

从电极反应的标准电势值也可以看出，在溶液中 NO_2 具有较强的氧化性和较弱的还原性。

$$NO_2 + H^+ + e^- \longrightarrow HNO_2 \qquad E^{\ominus} = +1.065V$$
$$NO_3^- + 2H^+ + e^- \longrightarrow NO_2 + H_2O \qquad E^{\ominus} = +0.803V$$

由上述电对电极反应的标准电势值可知，NO_2 可以发生歧化反应（disproportionated reaction）。NO_2 溶于水中歧化为硝酸和亚硝酸，溶于碱中得硝酸盐和亚硝酸盐。

$$2NO_2 + H_2O \longrightarrow HNO_2 + HNO_3$$
$$2NO_2 + 2NaOH \longrightarrow NaNO_2 + NaNO_3 + H_2O$$

由于亚硝酸不稳定，受热即分解为硝酸和一氧化氮，因此 NO_2 在热水中歧化为硝酸和一氧化氮：

$$3NO_2 + H_2O(热) \longrightarrow 2HNO_3 + NO$$

6.3.2 氮的含氧酸及其盐

1. 亚硝酸及其盐

亚硝酸（nitrous acid）是一种弱酸，其酸性比乙酸的酸性略强，化学式为 HNO_2。将 NO_2 和 NO 混合物溶于水可得亚硝酸。

$$NO_2 + NO + H_2O \longrightarrow 2HNO_2$$

HNO_2 仅存于冷稀水溶液中，温度稍高或浓度稍大即分解：

$$3HNO_2 \longrightarrow HNO_3 + 2NO + H_2O$$

但其盐却相当稳定。

将碱金属硝酸盐与 Pb 共热，或用碱吸收 NO 和 NO_2 混合气体可得亚硝酸盐。

$$Pb + NaNO_3 \longrightarrow NaNO_2 + PbO$$
$$2NaOH + NO + NO_2 \longrightarrow 2NaNO_2 + H_2O$$

ⅠA、ⅡA 族元素（包括铵）的亚硝酸盐都是白色晶体（略带黄色），易溶于水，受热时较稳定。重金属的亚硝酸盐微溶于水，热分解温度低，例如，$AgNO_2$ 于 373K 开始分解。亚硝酸盐一般有毒，并且是致癌物质[15-17]。

NO_2^- 既有氧化性，又有还原性，以氧化性为主。例如，在酸性介质中 NO_2^- 能将 I^- 定量氧化为 I_2。

$$2NO_2^- + 2I^- + 4H^+ \longrightarrow 2NO + I_2 + 2H_2O$$

分析化学上用这个反应测定 NO_2^- 的含量。遇强氧化剂，如 MnO_4^-、$Cr_2O_7^{2-}$、Cl_2 等，NO_2^- 可被氧化为 NO_3^-，例如：

$$2MnO_4^- + 5NO_2^- + 6H^+ === 2Mn^{2+} + 5NO_3^- + 3H_2O$$

NO_2^- 作为配位体能和许多金属离子，如 Fe^{2+}、Co^{3+}、Cr^{3+}、Cu^{2+}、Pt^{2+} 等形成配离子。

2. 硝酸及其盐

硝酸（nitric acid）是三大强酸之一，化学式为 HNO_3。纯硝酸是无色液体，相对密度为 1.53，熔点 231.6K，沸点 357K。当加热至沸点或受光照时即逐渐分解。

$$4HNO_3 === 4NO_2 + O_2 + 2H_2O$$

硝酸中常因含有 NO_2 而带有黄色或红色。市售硝酸相对密度为 1.42，质量分数为 68%～70%，浓度相当于 15mol/L。

1）硝酸的结构

硝酸分子是平面型结构，其中 N 原子采取 sp^2 杂化，3 条杂化轨道分布在同一平面上呈三角形，分别与 3 个 O 原子的 2p 轨道（各含 1 个电子）重叠组成 3 条 σ 键。被孤对电子占据的 2p 轨道垂直于平面和 2 个非羟基氧的 2p 轨道（各含 1 电子），组成一条三中心四电子的离域 π 键（π_3^4）。羟基氧原子和氢原子组成一条 σ 键。另外，硝酸分子内还存在氢键。

NO_3^- 也是平面三角形结构，N 原子的 3 条 sp^2 杂化轨道分别与 3 个 O 原子的 1 条 2p 轨道（各含 1 个电子）组成 3 条 σ 键，3 个 O 原子上另 1 条 2p 轨道（各含 1 个电子）与 N 原子被孤对电子占据的 2p 轨道，再加上外来的 1 个电子（NO_3^- 所带的一个负电荷）共同组成 1 条四中心六电子的离域 π 键（π_4^6）。

由此可见，硝酸分子的整个结构对称性差，而 NO_3^- 是对称性很好的离子。

2）硝酸的氧化性

硝酸最突出的性质是它的氧化性。这主要是由于硝酸分子中 N 的氧化数为 +5（最高）及分子结构不对称。硝酸本身的还原产物可能是 NO_2、NO、N_2O、N_2 甚至是 NH_4^+，具体得到何种产物（为主），不仅取决于硝酸的浓度，还取决于还原剂和反应温度。

硝酸能把许多非金属在加热条件下氧化成相应的含氧酸或酸酐，例如：

$$C + 4HNO_3(浓) === CO_2 + 4NO_2 + 2H_2O$$

$$S + 2HNO_3(稀) === H_2SO_4 + 2NO$$

$$P + 5HNO_3(浓) === H_3PO_4 + 5NO_2 + H_2O$$

$$3I_2 + 10HNO_3(稀) === 6HIO_3 + 10NO + 2H_2O$$

硝酸几乎能与所有的金属（除 Au、Pt、Ta、Rh、Ir 外）作用生成相应的硝酸盐（Fe、Cr、Al 在冷、浓 HNO_3 中表面钝化）。

$$Ag + 2HNO_3(浓) === AgNO_3 + NO_2 + H_2O$$

$$Cu + 4HNO_3(浓) === Cu(NO_3)_2 + 2NO_2 + 2H_2O$$

$$3Cu + 8HNO_3(稀) === 3Cu(NO_3)_2 + 2NO + 4H_2O$$

当活泼金属与很稀的硝酸作用，产物可以是 N_2O 或 NH_4^+，例如：

$$4Mg + 10HNO_3(2mol/L) === 4Mg(NO_3)_2 + N_2O + 5H_2O$$

$$4Mg + 10HNO_3(1mol/L) === 4Mg(NO_3)_2 + NH_4NO_3 + 3H_2O$$

可见，浓硝酸的主要还原产物为 NO_2，稀硝酸的还原产物主要是 NO。另外，还原剂的还原能力越强，硝酸的浓度越小，则氮被还原的程度越大，还原产物中氮的氧化数越低。这是因为稀硝酸的反应速率较慢，当与还原剂作用时，尽管首先被还原为 NO_2，但缓慢产生的少量 NO_2 还来不及逸出反应体系就又进一步被还原成 NO 或 N_2O、NH_4^+ 等。

3）硝酸的混合酸

在实际工作中常用 HNO_3 的混合酸，较重要的有以下几种。

（1）1 体积浓 HNO_3 和 3 体积浓 HCl 的混合液称为王水。它具有强氧化性（HNO_3）和较强配位性（Cl^-），所以能溶解金（Au）、铂（Pt）等。

$$Au + HNO_3 + 4HCl \xrightarrow{\quad\quad} H[AuCl_4] + NO + 2H_2O$$

$$3Pt + 4HNO_3 + 18HCl \xrightarrow{\quad\quad} 3H_2[PtCl_6] + 4NO + 8H_2O$$

（2）浓 HNO_3 和 HF 的混合液也兼有氧化性和配位性，它能溶解铌（Nb）、钽（Ta）等连王水都难溶的金属。

$$Nb + 5HNO_3 + 7HF \xrightarrow{\quad\quad} H_2[NbF_7] + 5NO + 5H_2O$$

$$Ta + 5HNO_3 + 7HF \xrightarrow{\quad\quad} H_2[TaF_7] + 5NO_2 + 5H_2O$$

（3）浓 HNO_3 和浓 H_2SO_4 的混合液是硝化剂，可使某些有机化合物分子引入硝基，例如：

$$C_6H_6 + HNO_3 \rightleftharpoons C_6H_5NO_2 + H_2O$$

其中浓硫酸起脱水作用，使平衡向右移动。

4）硝酸盐

硝酸盐一般易溶于水，它们的水溶液不显氧化性。硝酸盐的一个重要性质是受热时易分解，可以认为不含结晶水的硝酸盐晶体受热分解分三步进行。

$$MNO_3 \xrightarrow{\quad\quad} MNO_2 + O_2$$

$$MNO_2 \xrightarrow{\quad\quad} M_2O + NO_2$$

$$M_2O \xrightarrow{\quad\quad} M + O_2$$

对于碱金属和某些碱土金属的硝酸盐，反应一般进行到第一步就终止了，因为它们的亚硝酸盐比较稳定。例如：

$$2NaNO_3 \xrightarrow{\triangle} 2NaNO_2 + O_2$$

对于金属活动顺序表中位于 Mg 和 Cu 之间的金属的硝酸盐，因为它们的亚硝酸盐不稳定，受热继续分解，故反应一般进行到第二步。例如：

$$2Pb(NO_3)_2 \xrightarrow{\triangle} 2PbO + 4NO_2 + O_2$$

位于金属活动顺序表中 Cu 以后的金属的硝酸盐，反应将进行到第三步，因为它们的氧化物也不稳定。例如：

$$2AgNO_3 \xrightarrow{\triangle} 2Ag + 2NO_2 + O_2$$

$$Hg(NO_3)_2 \xrightarrow{\triangle} Hg + 2NO_2 + O_2$$

另外，含有结晶水的固体硝酸盐，受热时，由于 HNO_3 易挥发，酸度降低，则部分水解，形成碱式盐。例如：

$$Cu(NO_3)_2 \cdot 6H_2O \xrightarrow{443K} Cu(OH)NO_3 + HNO_3 + 5H_2O$$

$$Mg(NO_3)_2 \cdot 6H_2O \xrightarrow{443K} Mg(OH)NO_3 + HNO_3 + 5H_2O$$

6.4 磷与砷、锑、铋

6.4.1 磷在自然界中的分布与单质磷

磷在自然界中以磷酸盐的形式存在，是重要的矿物资源，存在于生物体的细胞、蛋白质、骨骼和牙齿中，也是组成生命体的重要元素之一。所有含磷化合物中，磷原子总是通过氧原子和其他原子或者基团相结合。

单质磷可通过将磷酸钙、石英砂和炭粉混合物熔烧还原制得。

$$2Ca_3(PO_4)_2 + 6SiO_2 + 10C \xrightarrow{\quad\quad} 6CaSiO_3 + P_4 + 10CO$$

将生成的磷蒸气 P_4（高于 700℃时部分分解为 P_2）通入水中冷却，得到白磷。

单质磷有三种同素异形体，分别为白磷、红磷、黑鳞，且以白磷活性最大，其和空气或者潮气接触即发生缓慢氧化，部分能量以光能形式释放，即所谓的"磷光现象"。

黑鳞具有石墨状的片层结构，而红磷结构存在争议。

白磷是热力学指定单质，在氯气中自燃，可猛烈地和强氧化剂反应生成磷酸，也可以轻易地从盐中取代被还原的金属如金、银、铜、铅等；也能和取代出的金属立即反应生成磷化金属（白磷中毒后与解毒剂作用就是生成磷化铜）；白磷是剧毒物质，服入 0.1g 即致人死亡；工业空气允许白磷限量 $0.1mg/m^3$。工业白磷主要用来制造磷酸，在没有氧化剂和还原剂时白磷则发生歧化分解，由于动力学原因，这种歧化只能够在碱中实现，产物为磷化氢和次磷酸钠[18]。

$$P_4 + 3NaOH + 3H_2O \xrightarrow{\quad\quad} PH_3 + 3NaH_2PO_2$$

白磷是分子晶体，分子间靠范德华力结合，分子式为 P_4。四个原子位于四面体的顶点（图 6-3），化学键基本上是靠 p 轨道重叠，键角∠PPP = 60°，故轨道重叠程度不大，这种 σ 键有张力、弯曲、不稳定，是白磷化学性质活泼的主要原因。

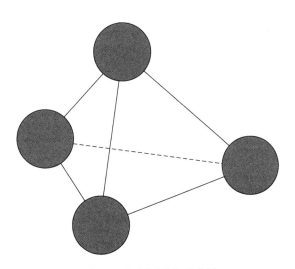

图 6-3 白磷四面体示意图

6.4.2　磷的含氧化合物

磷的含氧化合物包括氧化物、含氧酸及其盐，下面进行简单讨论。

1. 磷的氧化物

1）三氧化二磷

三氧化二磷为强毒性物质，溶于冷水时缓慢生成亚磷酸，因此又称作亚磷酸酐[19, 20]。

磷单质常温下缓慢氧化或在空气中不充分燃烧生成P(III)，即P_4O_6，以P_4分子为基本骨架，每两个P原子之间嵌入一个O原子，形成稠环分子，如图6-4（a）所示。此分子具有类球状的结构而容易滑动，所以三氧化二磷宏观表现为有滑腻感的白色吸潮性蜡状固体。

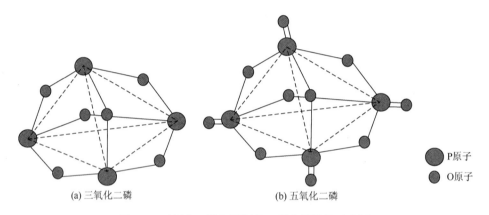

(a) 三氧化二磷　　　　　　　　(b) 五氧化二磷

图6-4　三氧化二磷与五氧化二磷分子结构示意图

2）五氧化二磷

五氧化二磷为白色粉末状固体，有很强的吸水性，在空气中很快潮解，可从化合物中夺取化合态的水，是最强的一种干燥剂。同水反应很激烈，生成大量热，可得P(Ⅴ)含氧酸，又名磷酸酐。

白磷充分燃烧可得P_4O_{10}，简称五氧化二磷，可理解为由P_4O_6每个顶点P原子的孤对电子接受O原子的进攻而得，如图6-4（b）所示。

2. 磷的含氧酸及其盐

1）正磷酸及其盐

正磷酸，无色晶体，熔点315K，市售磷酸一般质量分数为83%～98%，为黏稠状（可能与浓溶液中存在着氢键有关系）液体。加热时会逐渐脱水生成多磷酸（或称多聚磷酸）或偏磷酸，因此没有沸点。

磷酸有三个羟基（—OH），是三元酸。和同族的硝酸不同，磷酸在酸碱条件下都不显示氧化性。

由四个磷氧四面体（图 6-5）通过共用角顶氧原子而连接起来的稠环结构的 P_4O_{10} 在水中完全水解可以得到四分子的正磷酸 H_3PO_4。组成正磷酸的磷氧四面体是一切 P(V)含氧酸和盐的结构基础。H_3PO_4 中 P 采取 sp^3 杂化，三个杂化轨道与氧原子形成三个 σ 键，另一个杂化轨道与氧形成 σ 键的同时，空的 d 轨道和氧的孤对电子形成两个 $d\pi\text{-}p\pi$ 键组成多重键；键能大小接近于双键。

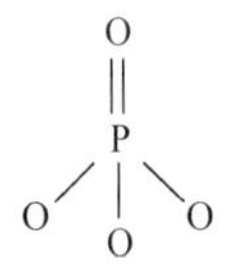

图 6-5　磷氧四面体结构

磷酸根离子有强的配合能力，能与许多金属离子形成可溶性配位化合物，分析化学常用 PO_4^{3-} 掩蔽 Fe^{3+}。

磷酸盐包括简单磷酸盐和复杂磷酸盐（包括多磷酸盐和偏磷酸盐）。

简单磷酸盐指正磷酸的各种盐，如 M_3PO_4、M_2HPO_4、MH_2PO_4（M 为一价金属离子），磷酸二氢盐都溶于水，而磷酸一氢盐和正磷酸盐中，除钠、钾、铵盐外都难溶。可溶性盐在水中都有不同程度的水解，使溶液显示不同的 pH。

磷酸正盐较稳定，不易分解，但磷酸一氢盐或者磷酸二氢盐受热容易脱水分解成焦磷酸盐或偏磷酸盐。酸式磷酸盐加热脱水可得多磷酸盐，例如，磷酸氢二钾加热至 927K 左右得焦磷酸钾。

$$2K_2HPO_4 \xrightarrow{927K} K_4P_2O_7 + H_2O$$

磷酸二氢盐 NaH_2PO_4 加热到 900K 将熔融物淬冷得到的格雷姆（Graham）盐是直链多磷酸钠盐玻璃体，其最突出的用途是作为锅炉水的软化剂，阻止水垢（$CaCO_3$、$MgCO_3$）的沉积。磷酸盐多用作化肥。

复杂磷酸盐可以分为三类：直链的多磷酸盐、支链的超磷酸盐和环状的聚偏磷酸盐玻璃体。其结构基础依然是磷氧四面体。

2）次磷酸、亚磷酸及其盐

白磷在浓碱液中歧化除得到 PH_3 外还能得到 $NaHPO_4$，酸化后得到 H_3PO_2 溶液，称为次磷酸，纯次磷酸为无色晶体，熔点 299.5K，易吸水潮解。次磷酸是一元中强酸，之所以是一元酸是因为结构中有两个氢原子是不能被取代的共价原子。次磷酸结构式见图 6-6。

单质磷和磷酸在 473K 时进行反应可以得到次磷酸。次磷酸及其盐都是强还原剂，可以将金属离子 Ag^+、Hg^{2+}、Cu^{2+} 等从其盐溶液中还原成单质：

$$4Ag^+ + H_3PO_2 + 2H_2O =\!=\!= 4Ag + H_3PO_4 + 4H^+$$

三氧化二磷缓慢同水作用可生成亚磷酸：

$$P_4O_6 + 6H_2O =\!=\!= 4H_3PO_3$$

纯亚磷酸为无色固体，熔点 346K，在水中溶解度很高；亚磷酸是二元酸，其结构如图 6-7 所示。

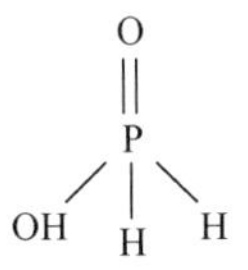

图 6-6　次磷酸分子结构示意图

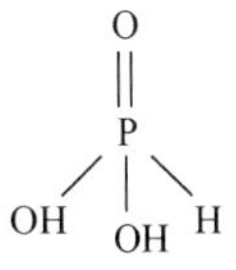

图 6-7　亚磷酸分子结构示意图

纯亚磷酸或浓溶液在强热情况下发生歧化反应:

$$4H_3PO_3 \xrightarrow{\triangle} 3H_3PO_4 + PH_3$$

亚磷酸容易将银离子还原成金属银,能将浓硫酸还原成二氧化硫;亚磷酸盐水溶液同时也是强还原剂。

3. 磷的其他化合物

1)磷化氢

磷和氢可以组成一系列氢化物,其中最主要的是 PH_3,称为膦,常温下膦是一种无色而剧毒的气体,其在水中的溶解度比 NH_3 小得多,酸或者碱溶液对溶解度影响很小,PH_3 和它的取代衍生物 PR_3(R 代表有机基团)具有三角锥结构,且中心 P 原子都有一对孤对电子,和 NH_3 一样能和许多过渡金属形成配位化合物,但 PH_3 或 PR_3 配合时有空 d 轨道接受配合物中心离子向磷原子的反馈电子,所以配位能力要强很多[20-22]。

PH_3 中 P 的氧化态为–3,是强还原剂,能从某些金属盐(如 Cu^{2+}、Ag^+、Au^{3+})溶液中置换出金属。

$$4CuSO_4 + PH_3 + 4H_2O \xrightarrow{\hspace{1cm}} H_3PO_4 + 4H_2SO_4 + 4Cu$$

平常制得的磷化氢在空气中能自燃,是由于气体中常含有更活泼易自燃的联膦 P_2H_4(联胺类似物)。

2)硫化物、卤化物

磷和硫在一起加热超过 373K 时,根据反应物相对含量不同,可得到四种产物,即 P_4S_3、P_4S_5 和 P_4S_7、P_4S_{10};它们均以 P_4 四面体为结构基础,在这些分子中四个原子仍然保持在 P_4 四面体中原来相对位置。

所有的单质卤素都能够和白磷反应,依据配比不同可生成 PX_3、P_2X_4 和 PX_5 等类型卤化物和混合卤化物。

三卤化磷:气态氯或者溴与白磷作用可以得到 PCl_3 和 PBr_3,理论上按比例混合白磷、碘和 CS_2 可以得到 PI_3,三氟化磷可通过三氟化砷和三氯化磷的反应来制备。除了三碘化磷(红色低熔点固体)外,所有的其他三卤化磷都是无色气体或者无色挥发性液体。

五卤化磷:单质和卤素或者三卤化磷和卤素反应可以得到五卤化磷;热稳定性随着卤素原子还原能力的增强而减弱,即热稳定性的顺序是 $PF_5 > PCl_5 > PBr_5$。

卤氧化磷:五卤化磷和水作用,水解产物是氢卤酸和卤氧化磷(或卤化磷酰)POX_3。作为许多金属卤化物的非水溶剂,卤氧化磷能够和许多金属磷化物形成配合物;也可以继续水解产生磷酸和氢卤酸。

6.4.3　砷、锑、铋的单质及重要化合物

1. 砷、锑、铋的单质

砷、锑、铋在自然界中或者说地壳中含量不大,有时以游离态存在,但主要以硫化物

矿存在，如雌黄（As_2S_3）、雄黄（As_4S_4）、硫砷铁矿（FeAsS）、辉锑矿（Sb_2S_3）、辉铋矿（Bi_2S_3），少量砷存在于金属硫化物矿中。

单质砷、锑、铋一般用碳还原它们的氧化物制得，例如：

$$Bi_2O_3 + 3C = 2Bi + 3CO$$

工业上将硫化物矿先煅烧成氧化物，然后用碳还原。

化学性质：常温下，砷、锑，铋在水和空气中都比较稳定，不和稀酸作用，但可以和强氧化性酸，如热浓硫酸、硝酸、王水等反应，高温下其可以和许多非金属反应。

砷、锑、铋三种单质能和绝大多数金属生成合金和化合物。如III-VA族半导体材料就是其和IIIA族金属元素之间的化合物。

（1）砷、锑、铋的成键特征。

砷、锑、铋最外电子层结构为ns^2np^3，和氮、磷一样都有5个价电子，但次外层结构为$(n-1)s^2(n-1)p^6(n-1)d^{10}$（18电子层结构），此结构离子具有较强的极化作用和较大的变形性，所以在性质上同氮、磷相差较大。这些元素都属于亲硫元素，在自然界通常以硫化物形式存在，而且往往共生在一起。

砷、锑、铋的主要氧化态为 +3、+5。

氧化态为 +3 的化合物(M^{3+})水溶液中，As(OH)$_3$虽可以电离，但即使在强酸性溶液中 As^{3+} 也极少；和砷不同，锑特别是铋都有 M^{3+} 存在，Sb^{3+}、Bi^{3+} 水溶液都可水解成 SbO^+ 和 BiO^+。

（2）共价化合物：氧化态为 +3 的砷、锑、铋多为共价化合物。

配合离子：由于 M^{3+} 是 18+2 电子层结构离子，并且带有孤对电子，所以 M^{3+} 容易形成配合离子，如 BiO^{4-}、$SbCl_5^{2-}$。

氧化态为 +5 的砷、锑、铋化合物都是共价化合物，一般来讲除了外层 s、p 轨道参与成键以外，空的 d 轨道也参与成键。值得注意的是，由于铋有明显的惰性电子对效应，所以氧化态为 +5 的铋非常不稳定，容易获得电子而还原成 Bi^{3+} 或 BiO^+。

2. 氧化物及其水合物

砷、锑、铋的氧化物主要有两种形式：氧化数为 +3 的 M_4O_6 或 M_2O_3；氧化数为 +5 的 M_4O_{10} 或 M_2O_5。其中三氧化二砷 As_4O_6（砒霜）为极毒性物质，致死量为 0.1g。

单质或硫化物在空气中燃烧生成三氧化物。

$$4As + 3O_2 = As_4O_6$$

$$2 Sb_2S_3 + 9O_2 = 2Sb_2O_3 + 6SO_2$$

和磷的氧化物相似，除铋外，砷、锑的三氧化物主要以 As_4 和 Sb_4 为结构基础形成分子晶体；由于铋表现为明显的金属性，其三氧化物是离子晶体。

砷、锑、铋三氧化物的重要性质之一是酸碱性。As_4O_6 是以酸性为主的两性氧化物，Sb_4O_6 是以碱性为主的两性氧化物，Bi_2O_3 则是碱性氧化物。这种性质反映到溶解度方面，As_4O_6 微溶得到亚砷酸水溶液；也能溶于酸和碱生成两类化合物。

$$H_3AsO_3 + NaOH = NaH_2AsO_3 + H_2O$$

$$As(OH)_3 + 3HCl = AsCl_3 + 3H_2O$$

由于具有较明显的酸性，AS_4O_6 在碱中溶解度比在水中溶解度大。

Sb_4O_6 也是两性氧化物，难溶于水，易溶于酸和碱，Bi_2O_3 则只溶于酸，所以溶液中只存在 Bi^{3+} 或水解产物 BiO^+。

另一重要性质是氧化还原性，由于砷、锑、铋中惰性电子 ns^2 的稳定性依次增加，三氧化物还原性按砷、锑、铋顺序减小。

砷、锑、铋的五氧化物和其他高价氧化物都是酸性氧化物，同水反应生成难溶于水的含氧酸或氧化物的水合物，含氧酸的酸性依砷、锑、铋的顺序减弱，而且都比相应的三氧化物强。

砷（Ⅴ）、锑（Ⅴ）、铋（Ⅴ）含氧酸及其盐的最突出性质是氧化性，而且由于"惰性电子对效应"，其稳定性按砷、锑、铋的顺序逐渐增加，所以氧化性也按同一次序递增。例如，砷酸和锑酸的氧化性只有在酸性介质中才表现出来，表现为砷酸可以把 HI 氧化成 I_2，锑酸甚至可以把 HCl 氧化成 Cl_2，而铋（Ⅴ）化合物则能把 Mn^{2+} 氧化成 MnO_4^-，分析化学定性检测 Mn^{2+} 就是用铋（Ⅴ）[14, 15]。

综上所述，砷、锑、铋的氧化物及其水合物都有一定酸碱性，并且这些化合物的酸碱性及氧化还原性变化符合无机物性质递变的基本规律[22-24]。现总结如下：

（1）从 As 到 Bi，随元素金属性增强，其氧化物和氢氧化物的碱性增强。

（2）从低氧化态（+3）到高氧化态（+5），同一元素的氧化物及其水合物酸性增强。

（3）从 As^{3+} 到 Bi^{3+} 随着 M^{3+} 有效核电荷增大，ns^2 电子对参与成键的倾向减弱，M^{3+} 氧化物及其水合物还原性减弱，而 M^{5+} 氧化物及其水合物氧化性增强。

3. 氢化物和硫化物

1）氢化物

砷、锑、铋都能生成氢化物 MH_3，且 MH_3 均为无色有恶臭的剧毒性气体，极不稳定，室温下即可在空气中自燃。例如，AsH_3（胂）在空气中自燃生成 As_2O_3。

$$2AsH_3 + 3O_2 =\!=\!= As_2O_3 + 3H_2O$$

缺氧条件下，胂受热分解得到单质砷：

$$2AsH_3 =\!=\!= 2As + 3H_2$$

单质砷聚集而形成亮黑色的"砷镜"，这就是医学上鉴定砷的马氏试砷法（检测限为 0.007mg）的依据。

砷、锑、铋的氢化物也都是很强的还原剂。例如，砷可以把高锰酸钾、重铬酸钾甚至是硫酸和亚硫酸还原，能分解重金属盐沉积出重金属。砷还原硝酸银（silver nitrate）得到银单质聚集出现银镜反应是古氏试砷法（检测限为 0.005mg）的检测依据。

2）硫化物

砷、锑、铋的硫化物很稳定，自然界内三种元素都能以硫化物形式存在，如雌黄、雄黄、硫砷铁矿、辉锑矿、辉铋矿。加热条件下，硫化物与氧作用生成相应的氧化物和二氧化硫。

硫化物都难溶于水，结构上类似于氧化物，但由于 S^{2-} 半径较大，而 As（Ⅲ）、Sb（Ⅲ）、

Bi（Ⅲ）与 S^{2-} 之间有较大的"极化效应"，所以它们的硫化物更接近于共价化合物，从而在水中溶解度小。并且这些硫化物的酸碱性与其氧化物相似。

6.5　氮族元素在航空航天领域的应用

6.5.1　概述

把航天器和导弹推送到目标处，以及把人送到宇宙空间的高能物质称为推进剂。高能物质在火箭发动机中发生化学反应（燃烧）放出的能量为能源，利用化学反应（燃烧）的产物作为工质的一种推进方式，称为化学推进。在化学推进中，参加化学反应（燃烧）的全部组分统称为化学推进剂。

根据化学推进剂在通常条件下所呈的物理状态，把化学推进剂分为液体推进剂、固体推进剂、固液推进剂。到目前为止，实际使用的主要是固体推进剂和液体推进剂。

1. 发展简史

最早的火箭推进剂是黑火药。公元 969 年（宋太祖时期），冯义升、岳义方就发明了以黑火药为推进剂，可以作为武器使用的固体（火药）火箭。成吉思汗西征时，火箭随军队传到西方。

尽管火药有如此悠久的历史，但是经历了一千多年的缓慢发展阶段。18 世纪末 19 世纪初，正值西方资本主义萌芽和发展时期，工业和各项技术发展十分迅速，作为一门科学的化学也迅速发展起来。在此基础上，火药和炸药的研究、制造和应用才有了空前的发展[25-27]。

中国的火箭由固体推进剂火箭发展到液体推进剂火箭经历了一千多年。后来火炮的出现取代了火箭，使火箭的发展处于长期停滞的状态。直到 1900 年以后，科学家们才对液体火箭正式展开研究。俄国的齐奥尔科夫斯基和德国的 H.阿伯尔提等创立了火箭理论，建立了许多火箭构造、星际航行的新概念，提出用氧、液氧、氢、汽油、酒精和柴油等作为推进剂，他们在火箭研究方面做出了巨大贡献。

液体火箭的迅速发展是纳粹德国从第二次世界大战期间开始的，德国工程师布劳恩负责领导此工作。1937 年开始进行 A 系列火箭的研究，用液氧和酒精作推进剂，并用过氧化氢作涡轮工质。1942 年，进行了 A-4 型火箭的首次飞行试验。

第二次世界大战后，苏联、美国、英国及我国的第一代液体火箭实际上都是在 A-4 的基础上发展起来的。从 20 世纪 50 年代到现在，各国对氟类、硼类、肼类、烃类及液氢等液体推进剂都先后开展了全面研究，给第二、三代液体火箭发动机的发展创造了良好条件。

自固体火箭发明至洲际固体导弹的出现经历了 1000 多年，从 1900 年正式开展液体火箭研究之后，仅过去半个世纪，就发射了洲际导弹和人造卫星，说明只有液体推进剂的发展，才促使宇宙从幻想变成现实。

目前，液体推进剂进一步向高能发展过程中，似乎遇到剧毒、强腐蚀、易燃易爆、环境污染、生产工艺及材料相容性的重重关卡。但是在宇航领域，液体火箭有其独特的优越性，如比推力较大、推力可调节、能多次重复启动和关机等，这是固体火箭难以达到的。

2. 液体推进剂

能给喷气发动机和火箭发动机提供能量使其产生推力的所有燃烧剂和氧化剂及单元推进剂统称为推进剂。进入发动机推力室前是液体者称为液体推进剂。推进剂进入推力室前是一种能源，进入推力室后形成高温高压气体产物，作为工质，它以超过音速若干倍的高速从发动机喷嘴喷出，使热化学能转变为功，产生推力。

大多数液体推进剂中都含有氮元素。按照推进剂的化学组成，可将推进剂分为单元液体推进剂和双元液体推进剂。顾名思义，单元液体推进剂是含有进行燃烧和分解过程必需的各种元素的一种单相液体化合物或混合物，如无水肼、硝酸异丙酯等。由于只需给推力室输送一种单元体，故称单元液体推进剂。双元液体推进剂由氧化剂和燃烧剂组成。氧化剂是推进剂的一个组元，能支持燃烧剂燃烧，故也称助燃剂，如 HNO_3、N_2O_4 等；燃烧剂是推进剂的另一种组元，能和氧化剂一起燃烧并产生能量的物质称为燃烧剂，如偏二甲肼、甲基肼等。氧化剂与燃烧剂产生的燃烧反应，是二者剧烈的氧化还原反应，燃烧剂的电子转移给氧化剂，热化学能就是电子转移过程释放出来的。

6.5.2　硝基氧化剂

双组元液体推进剂的两个组元分别储存在燃烧剂贮箱和氧化剂贮箱内，使用时泵至燃烧室，在燃烧室内点火燃烧，产生巨大的推力。常用的硝基氧化剂主要包括 HNO_3 和 N_2O_4。

1. 硝基氧化剂的理化性质

硝基氧化剂都是强氧化剂。因为其中 N 处于最高化合价（＋5 价），所以具有较强的获得电子的能力，含活性氧达到 60% 以上。含 N_2O_4 越高，氧化作用越强。

红烟硝酸和 N_2O_4 具有刺鼻的窒息性臭味，具有中等毒性，可引起呼吸困难及皮肤化学灼伤；具有强腐蚀性，无水 N_2O_4 和高浓度的红烟硝酸对金属的腐蚀性小，但随着含水量的增加，腐蚀性却在增强；不易燃，对机械撞击不敏感，但是遇到金属粉末、电石、有机酸、各种可燃物和易燃物时，即可发生猛烈的燃烧[28-30]。

2. 硝基氧化剂的主要危险

1) 着火与爆炸

（1）红烟硝酸和 N_2O_4 与各种可燃物接触，均可着火。与有机蒸气接触，还可能引起爆炸，危险性很大。

（2）N_2O_4 和偏二甲肼经水稀释 1 倍后，二者接触即可着火。

（3）N_2O_4 和多种卤化物、乙醇接触时，均可发生爆炸。

2) 腐蚀作用

（1）随着水分含量的增加，浓度降低，对绝大多数金属和有机物均可产生腐蚀性破坏。

（2）因腐蚀作用造成泄漏，进而引起着火、爆炸。

（3）对活体组织产生灼伤，产生腐蚀性化学变化。

3）毒害作用

毒害性主要来自分解产物 NO_2，属于三级中等毒性。氮氧化物和红烟硝酸主要通过呼吸道吸入中毒，损伤呼吸道，引起肺水肿和化学性肺炎。由于氮氧化物在水中溶解较慢，可达下呼吸道，引起支气管及肺泡上皮组织广泛性损伤，易并发细支气管闭塞症。皮肤、眼睛和黏膜吸收氮氧化物后会产生刺激性感觉，引起局部化学灼伤。亚急性和急性吸入 NO_2 主要损伤肺，易并发感染，还可损伤血液，形成高铁血红蛋白。

4）对植物的损伤

植物叶片气孔吸收溶解 NO_2，造成叶脉坏死，影响植物的生长发育，产量降低。对 N_2O_4 敏感的植物有蚕豆、西红柿、瓜类、莴苣、芹菜和向日葵等。有些植物并不怕 NO_2，例如，有一种植物称作石楠，如图 6-8 所示，即使在二氧化氮浓度高达 1000ppm[①]的情况下暴露 1h，花叶仍不会受损。

图 6-8 石楠

6.5.3 肼类燃烧剂

常用的燃烧剂是含 C、H、N 的化合物和某些轻金属及其氢化物。肼类燃料是目前使用最多的液体推进剂燃料，多与氧化剂红烟硝酸或 N_2O_4 组成双元液体推进剂，主要用于大型运载火箭，如美国大力神系列火箭、我国神舟系列火箭等；还用于各种战略、战术导弹，助推器火箭及姿态控制与轨道调整火箭。肼类推进剂包括肼、甲基肼、偏二甲肼等。

1887 年首次制备出肼，1970 年发现工业生产肼的方法，称为莱希法。目前普遍采用的是莱希法的改型，即用尿素替代氨，与氢氧化钠和氯反应生成的次氯酸钠作用，可得水合肼，反应方程式如下：

① 1ppm = 1×10^{-6}。

$$NH_2CONH_2 + 2NaOH + NaClO \longrightarrow N_2H_4 \cdot H_2O + Na_2CO_3 + NaCl$$

然后经除盐、脱水浓缩及蒸馏，最后得到较纯的肼。

1. 肼类燃烧剂的理化性质

肼的分子式是 N_2H_4，是吸湿性很强的物质，其蒸气在大气中与水蒸气结合而冒白烟。肼是极性物质，可溶于极性溶剂。肼还原性较强，暴露于空气中发生氧化反应，其氧化产物有氮、氨和水。肼虽然是可燃液体，但是热稳定性尚好，对冲击、压缩、摩擦和振动等均不敏感。

甲基肼分子式为 CH_3NHNH_2，易燃、有毒。结冰时与水不同，体积发生略微收缩。化学性质与肼相似，能量略低于肼。

偏二甲肼分子式为 $(CH_3)_2NNH_2$，是一种易燃、有毒且具有强烈鱼腥味的无色透明液体。偏二甲肼是肼类燃料中热稳定性最好的，即使在临界温度下也是稳定的。在催化分解或光分解时产生氢气、氮气、甲烷、乙烷等。偏二甲肼能量略低于甲基肼。

2. 肼类燃烧剂的主要危险及安全防护措施

1) 主要危险性

（1）着火与爆炸。肼类物质虽属于三级可燃性液体，但爆炸极限小于 10%。因此，在没有隔绝空气的情况下遇到各种火花时仍有发生爆炸的危险。肼类燃烧剂可产生气相火焰和液相火焰，着火危险性很大。

（2）毒害性。三种肼中毒性大小顺序为：甲基肼＞肼＞偏二甲肼。它们都可以通过注射、吸入、皮肤染毒和消化道吸收引起急性中毒。肼为确定的致突变和致癌物，甲基肼和偏二甲肼未获得实验结论。

肼类推进剂使用最广，其中偏二甲肼用量最大，与 N_2O_4 和红烟硝酸的用量相当。大量泄漏可对大气和水质造成污染；土壤一旦被污染就极难去除。

2) 安全防护措施

（1）加强管理、健全各项规章制度，加强现场浓度检测。

肼类燃烧剂和硝基氧化剂是具有多种危害的化学危险品，在推进剂中使用最广，用量也最大，加注、转注、储存和使用都在发射场地进行。因此，强化管理、健全各项规章制度，对防止事故发生有非常重要的意义。管理主要从安全教育入手，加强专业技术培训；建立岗位责任制，制定运输、储存、加注、转注、废液处理、设备检修和罐体清洗等各项工作规范；健全安全、消防人员、急救防护用品使用等规定；对工作人员进行健康检查、卫生保健及不定期疗养等制度。

（2）重视储存包装材料的选用。

N_2O_4 可用镀锌的 45 碳钢容器储存，红烟硝酸可用高纯铝制的容器储存，肼类燃料可以用不锈钢及铝合金容器。这些材料与介质均有很好的相容性，不会产生气相腐蚀和液体腐蚀。可用作密封垫圈的非金属材料有聚四氟乙烯、聚三氟氯乙烯。红烟硝酸和四氧化二氮对其他塑料和橡胶制品的相容性较差，存在明显的腐蚀破坏作用。

（3）关注运输安全。

肼类燃烧剂和硝基氧化剂都属于化学危险品中的氧化剂，可引起着火、爆炸，具有腐蚀性和毒害作用，必须严格按照国务院颁发的《化学危险品安全管理条例》进行存放。铁路运输和公路运输要执行《危险货物运输规则》有关条款。

（4）做好个人防护。

硝基氧化剂属于酸性物质，因此防毒面具、滤毒罐必须选用防酸性材料；肼类燃烧剂属于碱性物质，防毒面具、滤毒罐必须选用防有机蒸气和耐碱的材料。在缺氧环境和毒气浓度超过 2%时，必须使用隔绝式供氧防毒面具。必须穿戴耐酸的防毒手套和防毒靴，不准使用一般的乳胶手套或和棉织劳动手套。

参 考 文 献

[1]　周祖新. 无机化学. 2 版. 北京：化学工业出版社，2016.

[2]　胡常伟，周歌. 大学化学. 3 版. 北京：化学工业出版社，2015.

[3]　宋天佑，程鹏，王杏乔. 无机化学（上册）. 北京：高等教育出版社，2004.

[4]　徐家宁，史苏华，宋天佑. 无机化学例题与习题. 2 版. 北京：高等教育出版社，2007.

[5]　徐家宁. 无机化学核心教程. 2 版. 北京：科学出版社，2015.

[6]　周祖新. 无机化学. 北京：化学工业出版社，2011.

[7]　蔡善钰. 人造元素. 上海：上海科学普及出版社，2006.

[8]　陆家政，陈菲. 无机化学. 北京：化学工业出版社，2009.

[9]　苏小云，臧祥生. 工科无机化学. 上海：华东化工学院出版社，2004.

[10]　胡常伟. 大学化学. 北京：化学工业出版社，2004.

[11]　慕慧. 基础化学. 3 版. 北京：科学出版社，2013.

[12]　王宝珍，韩爽，周伟红，等. 简介一本优秀的普通化学教材——Chemistry. 大学化学，2010，25（6）：83-84.

[13]　印永嘉. 大学化学手册. 济南：山东科学技术出版社，1985.

[14]　杨小弟，张英华，周耀明，等. 大学化学开放性实验教学的探索. 实验室研究与探索，2007，26（4）：104-105.

[15]　吴泳. 大学化学新体系实验. 北京：科学出版社，1999.

[16]　陈祖福. 我国大学化学教育的发展和改革. 大学化学，1992，7（4）：5-10.

[17]　余红伟，魏徵，李瑜，等. 大学化学课堂教学中的案例教学. 化工高等教育，2012，29（3）：92-94.

[18]　刘作华，张云怀，李泽全，等. 浅谈大学化学教学中的人文素质教育. 化工高等教育，2004，（3）：47-48.

[19]　傅献彩. 大学化学（下册）. 北京：高等教育出版社，1999.

[20]　尚国香，张欣. 高中化学新课程与大学化学教学衔接研究——有机化学性质主题. 大学化学，2016，31（2）：15-19.

[21]　嵇天浩，王轶博. 延续教学在大学化学教学中的重要性. 大学教育，2015，（9）：52-53.

[22]　王泽山. 火炸药科学技术. 北京：北京理工大学出版社，2002.

[23]　周公度. 化学辞典. 北京：化学工业出版社，2011.

[24]　王兆春. 世界火器史. 北京：军事科学出版社，2007.

[25]　贾瑛. 大学化学. 北京：国防工业出版社，2015.

[26]　侯林法. 复合固体推进剂. 北京：宇航出版社，1994.

[27]　金继红. 大学化学. 北京：化学工业出版社，2009.

[28]　禚法宝. 新概念武器与信息化战争. 北京：国防工业出版社，2008.

[29]　Rosette M. Bioinorganic chemistry: Inorganic chemistry essentials. Applied Biochemistry & Biotechnology，2003，104（2）：1-23.

[30]　Cotton F A，Wilkinson G. Advance inorganic chemistry. Journal of Chemical Education，1988，9（8）：417-420.

第7章 氧族元素

7.1 氧族简介

周期系第ⅥA族元素称氧族元素（oxygen family element）。它包括氧（Oxygen，O）、硫（Sulfur，S）、硒（Selenium，Se）、碲（Tellurium，Te）和钋（Polonium，Po）。除氧以外，其余诸元素称为硫属元素（chalcogen），该词的希腊文原意为成矿元素。

氧是地球上含量最多的元素，它是燃烧和呼吸不可缺少的气体。硫在很早即为人们所知，炼丹术士们称它为"黄芽"。硒和碲是分散的稀有元素，典型的半导体材料。钋为放射性元素，半衰期为138.7天。

氧族元素是由典型的非金属过渡到金属的一个完整的家族。氧和硫是典型的非金属，硒和碲是准金属，钋是典型的金属。氧的含量占地壳总重量的49.13%，硫的印度梵文（Sulvere）原意是鲜黄色。贝采利乌斯（J. J. Berzelius）于1817年发现了硒，硒的希腊原意是"月亮"。碲是谬勒（Muller von Reichenstein）于1782年发现的，其名称源自拉丁文"tellus"，意为"土地"。居里夫人（M. S. Curie）于1898年发现了一种放射性元素，为了纪念她的祖国波兰，命名为钋[1]。

有关氧族元素的性质汇总于表7-1。

表7-1 氧族元素的性质

元素符号	O	S	Se	Te	Po
原子序数	8	16	34	52	84
电子构型	$[He]2s^2p^4$	$[Ne]3s^23p^4$	$[Ar]3d^{10}4s^24p^4$	$[Kr]4d^{10}5s^25p^4$	$[Xe]4f^{14}5d^{10}6s^26p^4$
氧化态	2、-1、0	-2、0、2、3、4、6	-2、0、4、6	-2、0、4、6	-2、0、2、4、6
共价半径/pm	66	104	117	137	153
第一电离能/(kJ/mol)	1313.9	999.6	940.9	869.2	812
电负性 鲍林	3.44	2.44	2.55	2.1	2.0
电负性 原子轨道	3.50	2.44	2.48	2.01	1.76
$\Delta H_{熔化}$/(kJ/mol)	0.444	1.23	5.1	13.5	10
$\Delta H_{气化}$/(kJ/mol)	6.82	9.62	90	104.6	100.8
熔点/K	54.8	386.0（α） 392.2（β） 380.0（γ）	490	722.7	527
沸点/K	90.188	717.824	958.1	1263.0	1235

由表7-1可见，氧族元素的共价半径、电离能、电负性的变化趋势与卤素相似。氧的

电负性值为 3.50，仅次于氟又略大于氯，因此氧气能表现出相当强的化学活性，它既能与非金属元素化合，又能与金属元素化合。在研究氧的成键特征时，应当注意两点：第一，当氧与氟化合形成 OF_2 时，氧才能显示正的氧化态，一般除了在 H_2O_2 中的氧的氧化数为 -1，通常情况下，均为 -2；第二，氧在成键时，由于它处于第二周期，不能利用 3d 空轨道，于是氧与硫、硒、碲等元素不同，它不能显现高氧化态，也不能扩大配位数，而硫、硒、碲的氧化数可呈现为 $+2$、$+4$、$+6$，其配位数可以为 2、4 和 6。

气态氧原子获得一个电子为放热反应，气态 O^- 再获得一个电子为吸热反应。其热化学方程如下：

$$O(g) + e^- \longrightarrow O^-(g) \quad \Delta H_1 = -141kJ/mol（放热） \qquad (7-1)$$

$$O^-(g) + e^- \longrightarrow O^{2-}(g) \quad \Delta H_2 = +780kJ/mol（吸热） \qquad (7-2)$$

ΔH_1 为氧元素的第一电子亲和能，ΔH_2 为氧元素的第二电子亲和能，欲克服该斥力，需要供给能量。

$$O(g) + 2e^- \longrightarrow O^{2-}(g) \quad \Delta_r H = \Delta H_1 + \Delta H_2 = +639kJ/mol \qquad (7-3)$$

一般而言，氧族元素如氧、硫、硒获得第二个电子的过程均是吸热过程[2]。

7.2　氧

工业上，可以用分离液态空气的方法从大气中获得氧气。氧的主要工业用途是炼钢，炼制 1t 钢约需消耗 1t 氧。炼钢过程中氧与焦炭反应生成 CO 并放出大量热，这种热量对氧化铁被 CO 和碳还原的反应至关重要。炼钢中使用纯氧（而不使用空气）是避免将热量浪费于加热空气中的 N_2。

7.2.1　氧的成键特征

（1）氧与电负性较小的元素化合，可以夺取电子形成 O^{2-}，如氧化锂 Li_2O。

（2）氧与电负性较大的元素化合，共用电子形成两个共价单键，如 H_2O、Cl_2O。

（3）氧原子的半径小，电负性大，有形成多重键的倾向，如尿素。

（4）无论是单键还是双键，氧原子还各有两对孤对电子，可以作为配位原子形成配合物。如 $[Fe(H_2O_6)]^{2+}$，水作为配体，配位原子是氧。

（5）氧原子可以把两个单电子以相反自旋归并，腾出一个空的 2p 轨道，接受外来的配位电子而成键，这种键介于单键与双键之间，如 SO_4^{2-} 中的 pπ-dπ 键，PO_4^{2-} 中的反馈 π 键。当然，由于氧的电负性大，原子半径较小，许多含氧化合物都易通过氧原子同另一化合物中的氢原子形成分子间氢键，或者与同一化合物内的氢原子形成分子内氢键。例如，氟化氢的水溶液就是形成分子间氢键；硝酸能形成分子内氢键。

7.2.2　氧分子和氧分子离子

氧是人和其他一切生物生长必不可少的要素，它的同素异形体是 O_2、O_3（臭氧）、

O_4（四聚氧）。氧分子有四种形态：O_2、O_2^-、O_2^{2-} 和 O_2^+（二氧基阳离子），带负电荷的氧分子为负氧离子，有"空气维生素"之称。当人们在海滨、瀑布和喷泉等处或在 2000～3000m 的高山上，顿时觉得空气格外新鲜，这是由于那里含有较为丰富的负氧离子，据测定一般达到 2000～5000 个/cm^3。而大量研究结果表明，负氧离子对中枢神经系统会产生较大的影响，能促进人体的新陈代谢，使血沉变慢，肝、肾、脑等组织氧化过程加快，从而具有镇定安神、止咳平喘、降低血压、消除疲劳等功效。近些年来，负氧离子在医疗和保健方面得到了广泛的应用并收到了很好的效果，受到了普遍的重视。产生负氧离子的仪器称为负氧离子发生器，它的工作原理是将污浊的空气经过滤网去尘，由风机抽入，然后被送入有高压电场的极栅中（电子云区），产生高浓度的负氧离子，经加速电场从窗口送出，成为含有丰富负氧离子的新鲜空气。用分子轨道法来表示 O_2、O_2^-、O_2^{2-} 和 O_2^+，如表 7-2 所示。

表 7-2 分子轨道法表示 O_2、O_2^-、O_2^{2-} 和 O_2^+

分子式	分子轨道法表示	键级	键长/pm	解离能/(kJ/mol)	未成对电子	磁性
O_2^+	$KK(\sigma_{2s})^2(\sigma_{2s}^*)^2(\sigma_{2p})^2(\pi_{2p})^4(\pi_{2p}^*)^1$	2.5	112.3	626	1	顺
O_2	$KK(\sigma_{2s})^2(\sigma_{2s}^*)^2(\sigma_{2p})^2(\pi_{2p})^4(\pi_{2p}^*)^2$	2	120.7	494	2	顺
O_2^-	$KK(\sigma_{2s})^2(\sigma_{2s}^*)^2(\sigma_{2p})^2(\pi_{2p})^4(\pi_{2p}^*)^3$	1.5	128～130	398	1	顺
O_2^{2-}	$KK(\sigma_{2s})^2(\sigma_{2s}^*)^2(\sigma_{2p})^2(\pi_{2p})^4(\pi_{2p}^*)^4$	1	149	126	0	逆

由表 7-2 可见，随着 O_2^+、O_2、O_2^-、O_2^{2-} 的顺序，键级逐渐减小，键长逐渐增长，导致键能（解离能）逐渐减弱。这些物种是否带有磁性取决于是否含有未成对电子。凡是含有未成对电子的为顺磁性，不含有未成对电子的为逆磁性。O_2^+ 存在于 $O_2[PtF_6]$ 中，该化合物是按下列方程式合成的：

$$O_2 + Pt + 3F_2 \longrightarrow O_2[PtF_6] \tag{7-4}$$

英国化学家巴特列（N. Bartlett）通过研究，发现氧分子的第一电离能为 1175.7kJ/mol 而 Xe 的第一电离能为 1171.5kJ/mol；于是他大胆地尝试用 Xe 代替氧，按下列方程式合成了 $XePtF_6$：

$$Xe + PtF_6 \longrightarrow XePtF_6 \tag{7-5}$$

这就是在 1962 年合成的第一个稀有气体的化合物。这个发现引发了对稀有气体的研究热潮，并使其获得迅猛的发展[3]。

接下来介绍氧分子的单重态和多重态。

基态的氧分子，由分子轨道（MO）理论可知，在 π_{2p}^* 轨道上有两个自旋相同的单电子，其自旋量子数的合量为 $2S + 1 = 3$，自旋多重性为 3，亦称为三线态氧，通常用符号 $^3O_2$ 表示。基态氧分子在光敏化反应中，即有光敏化剂参加的氧化反应，激发态的敏化剂将能量传递给基态氧 $^3O_2$，就形成两种激发态。这两种激发态氧分子的电子状态 $S = 0$，故自旋量子数的合量为 $2S + 1 = 1$，它们自旋多重性均为 1，是单重态，亦称为单线态氧，通常用符号 $^1O_2$ 表示，见表 7-3。

表 7-3　氧的不同激发态

状态	π^*_{2p} 轨道电子排布	自旋量子数的合量	符号	高出基态的能量/(kJ/mol)	寿命
第二激发态	↓↑	$2S + 1 = 1$	Σg^+（$1O_2$）	154.8	10^{-9} s
第一激发态	↑↓	$2S + 1 = 1$	$^1\Delta g$（$1O_2$）	92.0	$10^{-6} \sim 10^{-5}$ s
基态	↑↑	$2S + 1 = 3$	$^3\Sigma g^-$（$1O_2$）		

通常我们指的单线态氧就是第一激发态 $^1O_2$，它在水中的寿命要比 $^3O_2$ 长得多。在实验室中，借助下列反应，能明显地观察到 $^1O_2$ 存在并伴随有红色的光。

$$H_2O_2 + ClO^- \longrightarrow {}^1O_2 + H_2O + Cl^- \tag{7-6}$$

必须指出：单线态氧在动物和人体中有时会引起蛋白质光氧化疾病，这是由于单线态氧在有机体的代谢中会不断地生成与猝灭，它在多种生理及病理过程中起着好的或坏的作用。

氧的常见同素异形体为分子氧（O_2，沸点 -183℃）。液态氧为淡蓝色，这种颜色产生于相邻分子对之间的电子跃迁。分子轨道显示 O_2 中存在 O ═ O 双键；最外层的两个电子以自旋平行的方式（↑↑）占据着不同的反键 π 轨道。基态分子的谱项符号为 $^3\Sigma$，本章从这里开始在需要表明这种自旋状态时则将氧分子表示为 O_2（$^3\Sigma$）。单线态中两个电子以相反的自旋方向分占两个相同的 π 轨道；能量较 O_2（$^3\Sigma$）高出 154.8kJ/mol。另一种单线态（$^1\Delta$）中两个电子以相反的自旋方向占据一条轨道（↑↓），其能量较基态高出 92kJ/mol。两种单线态都是激发态，但后者的寿命比前者长得多（长得足以参与化学反应）。如果需要，可将光激发态分子的能量转移至基态氧产生 O_2（$^1\Delta$）。例如，用蓝光（452nm）照射$[Ru(bipy)_3]^{2+}$可得激发态物种$^*[Ru(bipy)_3]^{2+}$，后者可将能量转移给溶液中的 O_2（$^3\Sigma$）：

$$^*[Ru(bipy)_3]^{2+} + O_2(^3\Sigma) \Longrightarrow [Ru(bipy)_3]^{2+} + O_2(^1\Delta) \tag{7-7}$$

臭氧化物的热分解反应也可有效地产生 $O_2(^1\Delta)$，如图 7-1 所示。

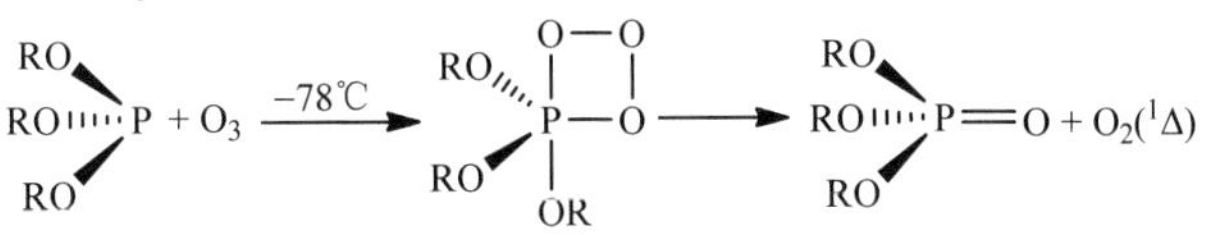

图 7-1　$O_2(^1\Delta)$的产生过程

与许多 $O_2(^3\Sigma)$ 反应显示的自由基机理不同，$O_2(^1\Delta)$ 在反应中是亲电式 $O_2(^1\Delta)$，采取这种反应模式可能是因为它含有空 π^* 轨道。例如，$O_2(^1\Delta)$ 加合到二烯的反应很像丁二烯与亲电烯烃之间的 Diels-Alder 反应，如图 7-2 所示。

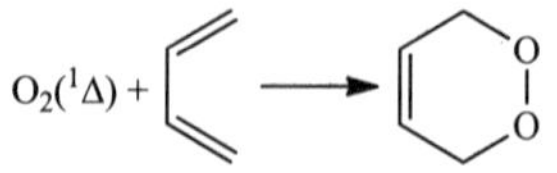

单线态氧被认为为光化学烟雾产生的一种有害于生物体的物种。

$$O_2(^1\Delta) + \text{（二烯）} \longrightarrow \text{（环状过氧化物）}$$

图 7-2　Diels-Alder 反应方程式

另一种同素异形体称为臭氧（O_3，沸点 $-112\,^\circ\!C$），这个吸能化合物（$\Delta G_f = +163\text{kJ/mol}$）为一具有高反应活性和爆炸性的深蓝色气体。$O_3$ 为符合 VSEPR 理论的角形分子，键角为 117° 并显示抗磁性[4]。

7.2.3　臭氧

臭氧是氧的另一个同素异形体。它和氧气是由同一种元素组成的单质，只不过分子中所含氧原子数不同。据报道，地球上的生物之所以能安然无恙地生存，免遭紫外线的伤害，是因为离地面 25km 处的高空有一个臭氧保护层。氧分子吸收了波长小于 185nm 的紫外线可形成臭氧，其反应为

$$3O_2 + h\nu \longrightarrow 2O_3 \tag{7-8}$$

但当波长为 200～320nm 的紫外线照射臭氧时，又可使反应逆转，使臭氧分解为氧，所以高层大气中存在着氧和臭氧的动态平衡，以致消耗了太阳辐射到地球上能量的 5%。不过应当引起关注的是，近来发现超音速飞机排出的废气 NO、CO、CO_2 等和某些烟雾喷射器中使用的燃料含有氯氟烃，在高空经光化学反应生成的氯原子都能与臭氧发生作用，致使保护层中的臭氧大大减少，而让更多的紫外线照射到地球上。如不采取措施，将会造成严重的后果。臭氧，是一种具有鱼腥臭味的淡蓝色的气体，通常通过无色放电作用于氧气来制备臭氧。臭氧分解时放出热量。

$$2O_3 \longrightarrow 3O_2 \quad \Delta_r H = -284\text{kJ/mol} \tag{7-9}$$

臭氧的氧化能力比氧强得多，它在酸性和碱性溶液中的电极电势值如下：

$$O_3 + 2H^+ + 2e^- \Longrightarrow O_2 + H_2O \quad A = +2.70\text{V} \tag{7-10}$$

$$O_3 + H_2O + 2e^- \Longrightarrow O_2 + 2OH^- \quad B = +1.24\text{V} \tag{7-11}$$

臭氧的氧化能力比氧强得多，表现在 PbS 被臭氧氧化为硫酸铅：

$$PbS + 4O_3 \longrightarrow PbSO_4 + 4O_2\uparrow \tag{7-12}$$

金属银被臭氧氧化为过氧化银：

$$2Ag + 2O_3 \longrightarrow Ag_2O_2 + 2O_2 \tag{7-13}$$

碘化钾溶液被 O_3 氧化产生碘：

$$2KI + O_3 + H_2O \longrightarrow 2KOH + I_2 + O_2 \tag{7-14}$$

松节油、煤气等在臭氧中能自燃，臭氧遇有机色素能使其褪色。

人们利用臭氧的强氧化性，用它来代替常用的催化氧化和高温氧化，这将大大简化化工

工艺流程，提高产品的产率。尤其在环境化学方面，为了处理废气和净化废水，臭氧也大有作为。例如，可将工业废水中的有害成分酚、苯、硫、醇和异戊二烯等变为无害的物质。臭氧的强氧化性使其又可作为漂白剂用来漂白麻、棉、纸张等。臭氧还可作为皮、毛的脱臭剂。医学上可以利用臭氧的强杀菌能力作为杀菌剂。空气中含少量臭氧可使人兴奋，当臭氧浓度达 1ppm，人将会感到疲劳头痛，即对人体健康有害[5]。氧与臭氧性质对比见表 7-4。

表 7-4　氧与臭氧性质对比

性质	氧 O_2	臭氧 O_3
气味	无	鱼腥臭味
颜色	气（无色）、液（蓝色）	液（天蓝色）、固（蓝紫色）
稳定性	较稳定	不稳定
氧化性	$3O_2 \longrightarrow 2O_3$ 强	较强，次于单质氟
磁性	顺磁性	逆磁性
键级	键级 2 一条 σ 键，两条 3 电子 π 键	键级 1.5
单电子	有 2 个成单电子	没有成单电子
化学性质	性质较活泼	比氧气有更大的化学活性

1. 离域 π 键及其形成的条件

凡是含有三个或三个以上原子的 π 键称作离域 π 键。它与定域 π 键不同，此种键形成时必须具备三个条件：

（1）成键的原子必须在一个平面上；

（2）每一个原子有互相平行的 p 轨道；

（3）p 电子的数目小于 p 轨道的两倍。

总之，分子中多个原子间有相互平行的 p 轨道，连贯重叠在一起，构成一个整体，p 电子在多个原子间运动，形成 π 型化学键。这种不局限在两个原子间的 π 键称为离域 π 键。一般生成离域 π 键的体系，其能量都比相应的经典定域键结构式所估计的要低，这个降低的数值称为离域能（delocalized energy）。下面以臭氧分子为例分析离域 π 键的形成。

首先，关于臭氧分子的骨架，由测定得知其夹角为 116.8°，用价键法来解释，中心原子采取 sp^2 杂化，其配位原子利用它的未成对电子，各自投入两个杂化的 sp^2 轨道形成 σ 键，中心原子的一对孤对电子占据了第三个杂化轨道，于是分子形状的夹角不等于 120°，为 116.8°，见图 7-3。

在臭氧分子中除了 σ 键外还存在四个电子，那就是中心原子剩下两个电子，两个配位原子各剩下一个电子，四个电子布及三个原子的非定域 π 键，此种键垂直于分子平面，见图 7-4。

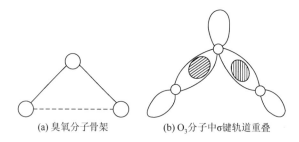

(a) 臭氧分子骨架　　　　(b) O₃分子中σ键轨道重叠

图 7-3　O₃分子中 σ 键轨道重叠

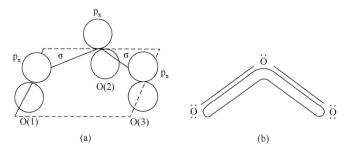

(a)　　　　　　　　　　(b)

图 7-4　O₃分子中的离域 π 键

2. 臭氧分子的共振式

与分子轨道（MO）理论相互补充的共振论，于 20 世纪 20 年代问世，广大化学家对它抱有浓厚的兴趣。1931～1933 年，Pauling 进一步将共振论引申来描述某些分子的性质。图 7-5 为臭氧的共振表示式。

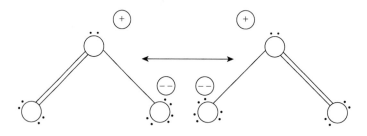

图 7-5　臭氧的共振表示式

进入 20 世纪 80 年代以来，科学家通过对臭氧层的观测，确认氟利昂（CF_2Cl_2）对臭氧的威胁是不可忽视的。然而，氟利昂是当今电冰箱行业不可缺少的制冷剂，其安全、无毒，且化学稳定性好。

氟利昂是稳定的气体，无毒无色，在通常条件下不活泼，然而当氟利昂扩散到高层大气时，它们能吸收紫外辐射，使 C—Cl 键断裂生成氯原子。即

$$CF_2Cl_2 \longrightarrow CF_2Cl + Cl \tag{7-15}$$

活泼的氯原子参与破坏臭氧的反应。这是一个连锁反应,氯原子不仅破坏了臭氧,还破坏了重新生成臭氧所需的氧原子,致使到达地表的紫外线增加,这就是氟利昂造成的危害,所以美国现在禁止使用它作为喷雾器的喷射剂。生物学家认为,臭氧层遭到破坏,紫外光不断辐射到地面,势必对生物产生很大的影响,对人类是一种威胁。据报道,南极上空的臭氧层遭到破坏,形成臭氧空洞,致使目前臭氧的浓度已经下降到 1987 年以来的最低水平。南极地区的紫外线照射比其他地区高出十倍左右。臭氧浓度的极限由 1987 年一亿分之二百降至一亿分之一点五。臭氧层被破坏的恶果是更多的人患皮肤癌。

3. 臭氧化物

已报道的臭氧化物有 KO_3、RbO_3、CsO_3 和 NH_4O_3。KO_3 为橙红色晶体,臭氧与 KOH 固体反应可得到 KO_3。KO_3 缓慢分解成 KO_2(超氧化钾)和氧气。

$$3KOH(s) + 2O_3(g) \longrightarrow 2KO_3(s) + KOH \cdot H_2O(s) + \frac{1}{2}O_2(g) \qquad (7-16)$$

O_3^- 有一个未成对电子,因此是顺磁性的,它的键角为 $100°$,O—O 键长 120pm。不论在碱溶液分解反应中还是在辐射分解反应中,O_3^- 均以反应中间体的形式出现。

7.2.4 氧和 p 区元素的氧化物

氧不是惰性分子,但它的许多反应却非常缓慢。例如,尽管反应在热力学上是有利的,水溶液中的 Fe^{2+} 仍只是缓慢地被空气氧化。对氧参与的许多反应而言,其活化过程与多种因素有关。首先是弱还原剂至氧的单电子转移过程在热力学上多少有些不利:

$$O_2(g) + H^+(aq) + e^- \Longrightarrow HO_2(aq) \quad E = -0.13V(pH = 0) \qquad (7-17)$$

$$O_2(g) + e^- \Longrightarrow O_2^-(aq) \quad E = -0.33V(pH = 14) \qquad (7-18)$$

因此,单电子还原剂必须超越上述电位才能获得明显的反应速率。其次是基态氧的两个 π^* 轨道都被单电子占据(既不是有效的 Lewis 酸,也不是有效的碱),因而几乎没有与 p 区亲电试剂或亲核试剂发生取代反应的趋势。最后是氧的高键能(463kJ/mol)导致与氧解离过程有关的反应具有高活化能。燃烧过程的自由基链机理绕开了必须克服上述活化势垒的某些反应途径,溶液中也可发生自由基氧化作用。

7.2.5 过氧化氢

H_2O_2 为无色透明的液体,俗称双氧水。市售浓度约为 30%,主要化学性质以氧化性为基础。医学上通常用 3% 的 H_2O_2 水溶液来消毒、杀菌,轻纺工业用其作漂白剂。纯的 H_2O_2 浓度可达 99%,可作高能燃料强氧化剂等[7]。

过氧化氢的分子结构见图 7-6。

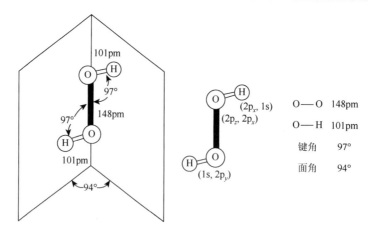

图 7-6　过氧化氢分子结构

如图 7-6 所示，价键理论认为每个氧原子都采取 sp^3 杂化，每个氧原子都有两对孤对电子。两个氧原子间借助 sp^3 轨道重叠形成 σ 键，每个氧原子各用一个 sp^3 轨道分别与两个氢原子的 s 轨道重叠形成两条 σ 键（O—H）。由于孤对电子的排斥，键角不是 109°28′ 而是 97°。从分子的对称性来看，H_2O_2 与 H_2O 一样，都有一个二重轴 C_2，但 H_2O 分子有两个互相垂直的竖直对称面 σ_v 和 σ'_v。而 H_2O_2 分子没有对称面，H_2O 隶属于 C_{2v} 点群，H_2O_2 隶属于 C_2 点群，见图 7-7。

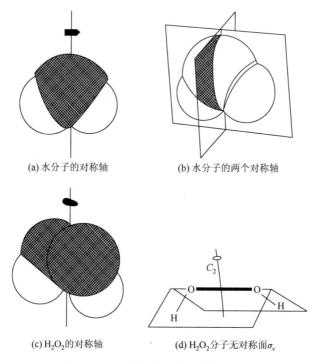

图 7-7　水和过氧化氢的对称性示意图

一般，利用两步电解法制备 H_2O_2。首先电解 NH_4HSO_4（以昂贵的铂作电极）得到过二硫酸。

$$阳极：\quad 2HSO_4^- \longrightarrow H_2S_2O_8 + 2e^- \tag{7-19}$$

$$阴极：\quad 2H_3O^+ + 2e^- \longrightarrow H_2\uparrow + 2H_2O \tag{7-20}$$

然后过二硫酸水解，最后可以制得 H_2O_2：

$$第一步水解：\quad H_2S_2O_8 + H_2O \longrightarrow H_2SO_4 + H_2SO_5 \tag{7-21}$$

$$第二步水解：\quad H_2SO_5 + H_2O \longrightarrow H_2SO_4 + H_2O_2 \tag{7-22}$$

经测定证明，第一步反应很快，第二步反应较慢。目前，国内外推行乙基蒽醌法来制备 H_2O_2（图 7-8）。该方法是用氧气氧化乙基蒽醇生成蒽醌和 H_2O_2。以昂贵的金属钯为催化剂，用氢还原，蒽醌又转化为蒽醇，所以蒽醇可以循环使用。整个过程消耗的只是 H_2O、H_2、O_2，得到的是浓度约为 20% 的 H_2O_2 的水溶液。在减压下将 20% H_2O_2 进行分级减压蒸馏，可以把溶液进一步浓缩，最高可以达到 98% 的浓度，再冷冻进行分级结晶，可以得到纯的 H_2O_2 晶体。倘若不用减压蒸馏法来浓缩 H_2O_2，将会发生爆炸。

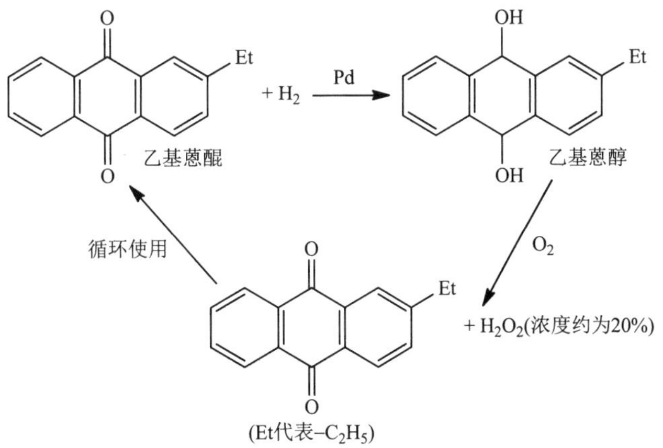

图 7-8　乙基蒽醌法制备 H_2O_2

一般而言，H_2O_2 在酸性介质中可以作为氧化剂，也可作为还原剂，在碱性介质中也是一种理想的氧化剂或还原剂。由于 H_2O_2 参加反应后不会给溶液带来杂质离子，所以稀的或 30% 的 H_2O_2 溶液是较为理想的氧化剂。

H_2O_2 在酸性介质中能将 I^- 氧化，生成碘。

$$H_2O_2 + 2I^- + 2H^+ === I_2 + 2H_2O \tag{7-23}$$

$$E = 1.776 - 0.535 = 1.241(V) \tag{7-24}$$

H_2O_2 在碱性介质中能将 $Cr(OH)_4^-$（四羟基铬[III]阴离子）氧化成 CrO_4^{2-}（铬酸根离子）。

$$2Cr(OH)_4^- + 3HO_2^- === 2CrO_4^{2-} + OH^- + 5H_2O \tag{7-25}$$

在酸性介质中，高锰酸钾与 H_2O_2 反应，似乎 H_2O_2 应当作为氧化剂的身份出现，但我们应当考虑到 MnO_4^- 中的氧化数为 +7 的锰已处于最高氧化态，所以 MnO_4^- 绝不可能再以还原剂的身份出现，而只能作为氧化剂的身份出现，MnO_4^- 将 $[—O—O—]^{2-}$ 氧化成 O_2，其反应为

$$2MnO_4^- + 5H_2O_2 + 6H^+ = 2Mn^{2+} + 5O_2(g) + 8H_2O \qquad (7-26)$$

$$E = 1.491 - 0.682 = 0.809(V) \qquad (7-27)$$

同样，在碱性介质中 MnO_4^- 与 H_2O_2 相遇，H_2O_2 也作为还原剂。

$$2MnO_4^- + H_2O_2 = 2MnO_2 + 2OH^- + 2O_2(g) \qquad (7-28)$$

$$E = 0.588 - (-0.08) = 0.668(V) \qquad (7-29)$$

H_2O_2 在室温下分解很慢，倘若有 MnO_2、Fe_2O_3 等重金属离子或其氧化物存在时，则剧烈地分解放出氧气。

$$2H_2O_2 \longrightarrow 2H_2O + O_2\uparrow \quad \Delta_r H = -195.9kJ/mol \qquad (7-30)$$

如何检验 H_2O_2 的存在呢？在酸性溶液中 H_2O_2 能使重铬酸盐生成过氧化铬的氧化物，化学式为 $Cr(O_2)_2O$ 或 CrO_5。CrO_5 在乙醚中比较稳定，生成 CrO_5 与乙醚的加合物，分子式为 $CrO_5 \cdot (C_2H_5)_2O$，显蓝色。故通常预先加一些乙醚，否则在水溶液中 CrO_5 进一步与 H_2O_2 反应，蓝色迅速消失。

$$4H_2O_2 + H_2CrO_7 \longrightarrow 2Cr(O_2)_2O + 5H_2O \qquad (7-31)$$

$$CrO_5 + (C_2H_5)_2O \longrightarrow CrO_5 \cdot (C_2H_5)_2O \qquad (7-32)$$

$$2Cr(O_2)_2O + 7H_2O_2 + 3H_2SO_4 \longrightarrow Cr_2(SO_4)_3 + 7O_2 + 10H_2O \qquad (7-33)$$

该反应除了用于检验 H_2O_2 的存在，也可以检验 CrO_4^{2-} 或 $Cr_2O_7^{2-}$ 的存在。

7.2.6 三氧化硫和二氧化硫

SO_2（沸点 $-10℃$）和 SO_3（沸点 $44.8℃$）这两种最常见的硫化物分子在气态时的结构分别为角形和平面三角形。两者都是 Lewis 酸（S 原子为接受体），但 SO_3 比 SO_2 的酸性强得多也硬得多。SO_3 的强 Lewis 酸性导致它在室温和加压条件下聚合为氧桥连接的固体。二氧化硫与 p 区的简单 Lewis 碱形成弱配合物，例如，与 H_2O 形成的配合物不稳定，而与三甲胺和 F^- 这类较强的 Lewis 碱却生成稳定配合物。SO_2 是酸性物质的优良溶剂[8]。

7.2.7 金属氧化物

O_2 分子容易从金属得到电子形成包括 O^{2-}（氧负离子）、O_2^-（超氧离子）或 O_2^{2-}（过氧离子）的各种金属氧化物。尽管固体化合物中可以这样表示氧物种，而且 O^{2-} 离子的存在也可用闭合稀有气体电子结构作解释，但由 $O_2(g)$ 形成 $O^{2-}(g)$ 却是个吸热过程，只是晶格能的关系才使它能以固态稳定存在。

碱金属和碱土金属往往形成过氧化物或超氧化物。金属元素中只有某些贵金属不形成热力学稳定氧化物。然而，即使对那些得不到氧化物固体的金属而言，原子级光洁度的金属表面（这种表面只能在超高真空中制得）与痕量氧接触时也能迅速形成氧化物层。金属氧化物化学性质的一种重要变化趋势是酸碱性变化趋势：氧化态低半径大的金属离子（ζ 值低）形成的氧化物碱性高，随着电荷-半径比的增大（ζ 值升高）逐渐形成两性直至酸性氧化物。金属氧化物的结构不太容易找出规律，但对氧化态为 +1、+2 和 +3 的金属氧化物而言，氧离子通常具有高配位数环境。例如，M^{2+}氧化物通常为岩盐结构（6：6 配位），M^{3+}氧化态（化学式为 M_2O_3）往往为 6：4 配位，而化学式为 MO_2 的氧化物往往以金红石或萤石结构存在（分别为 6：3 和 8：4 配位）。高氧化态的 MO_4 化合物则为分子型，如四面体结构的 SO_4 分子。p 区金属的氧化物往往偏离这些简单结构，金属周围 O 原子的对称性比较低。这种现象归因于存在立体化学活性的孤对电子[9]。

金属氧化物的结构与非金属氧化物的结构明显不同，后者的 O 原子可能具有一定程度的重键（E—O）特征，非金属氧化物和某些高氧化态的金属氧化物另一种常见结构是具有二配位氧原子（E—O—E）。

7.2.8　氧在航空航天领域的应用

航空呼吸用氧主要是为了满足飞行人员生理活动的需要，如航空用呼吸面罩（图 7-9）[10]，由地面装备生产，用气瓶或槽车储存，飞行前灌入飞机氧气系统，供飞行人员飞行时使用。飞机所充氧气的质量应符合《航空呼吸用氧》（GB 8983—1998）的规定：最低纯度应为 99.5%（V/V），水分含量按露点不超过$-63.4℃$，无毒性，不含有大于 $100\mu m$ 的颗粒[11]。《航空呼吸用氧》适用于由深冷法分离空气而制取的气态氧和液态氧。标准考虑到氧气中的含水量过高会将供气管路冻结、杂质越少利用率越高等因素，规定氧气的纯度在 99.5%以上。飞机供氧方式有三种，即地面供应气态氧、地面供应液态氧和机载分子筛制氧。我军战机基本上采用地面供应气态氧的方式[12]。

图 7-9　航空用呼吸面罩

高速氧燃料（high velocity oxygen fuel，HVOF）广泛应用于喷涂航空发动机[13]。HVOF 喷涂过程是一种内燃烧（火箭）喷气流过程（图 7-10），它可以产生超过 2100m/s 的气流速度，是音速的 6 倍多。用于内燃烧的燃料有丙烯、乙炔、丙烷、氢、煤油等。这些气流要将各种碳化物及非碳化物喷涂在各种各样的基体上。当这些燃料在纯氧中燃烧时，气体的温度可超过 2760℃。进行喷涂时，其涂层厚度、结合强度、硬度及耐久性等均比其他热喷涂法优异。涡轮发动机的伞齿轮采用 HVOF 进行热喷涂得到的涂层其结合强度高于等离子喷涂的涂层，可以达到 69MPa。通用电气公司在 T-38 教练机用的 J85 发动机上进行了试验。喷涂前氮化层用 Al_2O_3 进行喷丸处理，然后用含 12% CO 的 Al-1100 碳化钨粉末进行 HVOF 喷涂，喷涂后，磨削至原始图纸尺寸，表面粗糙度为 0.15～0.28μm（均方根）。金相检验表明：碳化钨质点均匀分布在基体中。HVOF 除了可用在航空发动机工业外，还可用在其他工业，如汽车、工业燃气轮机、核电工业、印刷业、钢铁、冶金、电子等行业[13]。

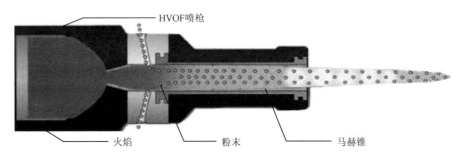

图 7-10　高速氧燃料喷涂技术示意图

　　氧元素也被广泛地应用在航空航天用高能量、高燃速推进剂方面（图 7-11）[14]。在含高氯酸铵（AP）的复合推进剂中常用过渡金属化合物［如 Fe_2O_3、Cu_2O、CuO、Co_2O_3、Ni_2O_3、Cr_2O_3 及 $Cu_2Cr_2O_5$（亚铬酸铜）、$Fe(C_5H_5)_2$（二茂铁）等］和碳硼烷衍生物作燃烧催化剂以提高燃速，其中又以 Fe_2O_3、亚铬酸铜、二茂铁化合物最为常用，关于二茂铁化合物作催化剂的研究工作最为活跃。20 世纪七八十年代，为防止二茂铁的迁移而制备了许多二茂铁的衍生物，将二茂铁结构引入黏合剂和氧化剂分子中，以克服二茂铁的挥发和迁移问题。90 年代，美国和日本等国先后对二茂铁衍生物从合成方法、作用机理乃至推进剂工艺过程中药浆流动特性，以及与碳甲硼烷的组合催化剂进行了研究，发现二茂铁衍生物不仅具有较 Fe_3O_4 更佳的燃速催化作用，且使推进剂的压力指数较 Fe_3O_4 更低。法国国营火药与炸药公司在含 68% AP 的复合推进剂中引入了含二茂铁的聚丁二烯树脂预聚物（Butacence）催化剂，将推进剂 7MPa 下的燃速提高到 70mm/s，其压力指数为 0.46。LE-5 是日本研制的第一台低温发动机。它是为 H-1 的第二级设计的。H-1 三级运载火箭能把 550kg 的有效载荷送入地球同步轨道。LE-5 发动机为燃气发生器循环系统和中等燃烧室压力的发动机，其真空额定推力为 10t。推进剂是液氧和液氢，能通过两个旁通活门分成三挡控制推进剂的混合比。发动机的再起动能力是由一种独特的方法实现的，在这种起动方法中，用以驱动涡轮泵转动的氢气是从燃烧室放出的。日本宇宙开发事业团和航空宇宙技术研究所合作完成了 LE-5 原型发动机的研制，并在 1981 年 3～7 月成功地进行了点火试验[15]。

　　氧元素也以环氧树脂（epoxy resin）等高分子的形式广泛地应用于航空结构件上[16]。

图 7-11　氧元素被广泛地应用在航空航天用高能量、高燃速推进剂

环氧树脂基复合材料因具有比强度高、比模量大、结构整体性好、可设计性强、耐疲劳性好、可修复性强及安全性好等优点而应用于航空产品结构件上，但其缺陷是脆性大、韧性差和抗冲击损伤容限低等。随着复合材料的广泛应用，特别是应用于航空产品上，提高复合材料的韧性一直是国内外复合材料领域所关注的问题。由洪都航空工业集团有限责任公司自行研制的 NY9200G 环氧树脂体系制成的先进树脂基复合材料自 1996 年通过中国航空工业集团有限公司鉴定以来，已用于某飞机结构件上，并投入批生产，取得了明显的技术和经济效益。实践证明，该树脂体系是一种工艺性好、技术成熟、性能优良及价格便宜的环氧树脂复合材料基体。但随着新型号对复合材料韧性要求的不断提高，与韧性复合材料相比，其冲击后压缩强度 CAI 值相对韧性复合材料 CAI 值 193～255 MPa有一定的差距[17]。

7.3　硫

制备硫的原料有三种：天然元素硫的沉积物、金属硫化物矿及含硫量高的液态或气态烃。氧族其他元素与氧不同，都形成单键而不是双键，因而易聚集为较大的分子并在室温下以固态存在。高温下形成的硫蒸气中含有部分顺磁性二硫 S_2，S_2 物种与 O_2 类似也具有三线基态和形式上的双键结构[2]。

室温下可以离析出来的所有晶体硫都由 S_n 环组成。可以合成出含 6～20 个 S 原子环的晶体，最常见的正交形多晶体 $\alpha\text{-}S_8$ 是皇冠状的八元环。正交硫在 113℃ 熔化为黄色液体，该液体在 160℃ 以上颜色变暗，而且其黏度随着硫环断裂和发生聚合而增大。由熔体得到的螺线形聚合物 S_n 骤冷时形成类似于橡胶的介稳态材料，这种材料在室温下会慢慢变成 $\alpha\text{-}S_8$。硫对植物和动物而言都是重要元素，例如，有些氨基酸（半胱氨酸和蛋氨酸）中存在着 RSH 和 RSR 基团。O_3、S 单质、晶体硫的结构式见图 7-12。

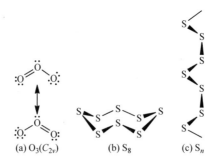

图 7-12　（a）O_3 的结构式；（b）S 单质的结构式；（c）晶体 S 结构式

7.3.1　单质硫的同素异形体

硫的各种同素异形体熔点可不同，它们的沸点相同，为 733 K。单质硫具有 S_8 的环状结构，见图 7-13。

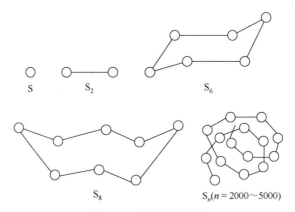

图 7-13　硫的各种变体

一个硫原子和相邻的硫原子之间的键角为 107.6°，通过进行 sp^3 杂化成键，二面角为 99.3°，8 个硫原子组成皇冠状结构，在加热时发生断裂，变为长链，随着温度升高断链的情况如表 7-5 所示。

表 7-5　加热时随温度升高单质硫链长的变化情况

温度/K	现象	S 的存在形式
386	由黄色针状晶体转变为黄色透明液体	环状硫，S_8
433～473	转变为暗红色液体，黏度增大	聚合硫，$S_n(n=8\sim10^5)$
523	液体黏度降低	长链发生断裂的 S_n
717.6	转变为气态	S_8，S_6，S_4，S_2
～1273	维持气态	S_2
～1713	维持气态	S

将黏度大的硫骤然冷却就生成弹性硫，因有可塑性，也称塑性硫。硫链除了在单质中存在，还存在于相应的硫化物和含氧酸中，如多硫化氢、连四硫酸等[5]。

7.3.2 硫化氢、硫化物和多硫化物

1. 硫化氢

硫化氢具有臭鸡蛋味，饱和硫化氢水溶液浓度为 0.1mol/L。由于硫化氢水溶液易渐渐被空气中的氧气氧化，所以要现用现配制。硫化氢水溶液具有弱酸性：$K_{a1} = 9.1 \times 10^{-8}$，$K_{a2} = 1.1 \times 10^{-12}$；硫化氢又具有还原性，能被空气中的氧、氯、高锰酸钾、硝酸等氧化成高氧化态。例如：

$$H_2S + I_2 \longrightarrow S + 2H^+ + 2I^- \tag{7-34}$$

$$H_2S + 4Br_2 + 4H_2O \longrightarrow H_2SO_4 + 8HBr \tag{7-35}$$

2. 硫化物

许多金属硫化物难溶于水，其溶度积常数如表 7-6 所示。

表 7-6　一些金属硫化物在 291K 下的颜色与溶度积常数

硫化物	颜色	溶度积常数 K_{sp}
CuS	黑色	8.5×10^{-45}
CoS	黑色	3×10^{26}
HgS	黑色	$4 \times 10^{-58} \sim 2 \times 10^{-19}$
MnS	肉色	1.4×10^{15}
PbS	黑色	3.4×10^{-28}
ZnS	白色	1.2×10^{23}
FeS	黑色	3.7×10^{-19}
Ag$_2$S	黑色	1.6×10^{-49}

大多数金属硫化物都具有颜色。当将强酸加入某些金属硫化物中时，有硫化氢气体产生。根据硫化物在酸中溶解情况分成四类：①能溶于稀盐酸，如 ZnS、MnS 等；②能溶于浓盐酸，如 CdS、PbS 等；③不溶于浓盐酸但溶于浓硝酸，如 CuS、Ag$_2$S；④不溶于浓硝酸仅溶于王水，如 HgS。

$$ZnS + 2H^+ \longrightarrow Zn^{2+} + H_2S\uparrow \tag{7-36}$$

$$3CuS + 8HNO_3 \longrightarrow 3Cu(NO_3)_2 + 3S\downarrow + 2NO\uparrow + 4H_2O \tag{7-37}$$

$$3HgS + 12HCl + 2HNO_3 \longrightarrow 3[HgCl_4]^{2-} + 6H^+ + 3S\downarrow + 2NO\uparrow + 4H_2O \tag{7-38}$$

由于 H$_2$S 和 HS$^-$ 是弱酸，所以可溶性硫化物在水溶液中发生水解，使溶液呈碱性，因此工业上常以价格便宜的 Na$_2$S 代替 NaOH 作为碱来使用。

$$S^{2-} + H_2O \longrightarrow HS^- + OH^- \tag{7-39}$$

$$HS^- + H_2O \longrightarrow H_2S + OH^- \tag{7-40}$$

而 Cr_2S_3、Al_2S_3 在水中则完全水解，故只能用干法制造。其水解反应为

$$Al_2S_3 + 6H_2O \longrightarrow 2Al(OH)_3\downarrow + 3H_2S\uparrow \tag{7-41}$$

$$Cr_2S_3 + 6H_2O \longrightarrow 2Cr(OH)_3\downarrow + 3H_2S\uparrow \tag{7-42}$$

3. 多硫化物

碱金属的硫化物如 Na_2S 的溶液能与单质硫反应生成多硫化钠，其反应如下：

$$Na_2S + (x-1)S \longrightarrow Na_2S_x \tag{7-43}$$

一般而言，Na_2S_x 溶液显黄色，随着单质硫 x 值的增大，颜色加深，显示黄色→橙色→红色。S_x^{2-}（多硫离子）具有链状结构，硫原子是通过共用电子对相连接成硫链，应当指出，多硫化物在酸性溶液中很不稳定，S_x^{2-} 遇酸生成硫化氢和单质硫。考虑到 H_2O_2 的结构中含有过氧链，则多硫化物的结构中存在过硫链，因此，多硫化物具有氧化性，并能发生歧化反应。其反应如下：

$$Na_2S_2 + SnS \longrightarrow SnS_2 + Na_2S \tag{7-44}$$

$$Na_2S_2 \longrightarrow Na_2S + S \tag{7-45}$$

Na_2S_2 作为脱毛剂大量应用于制革工业中，多硫化物也是一种化学试剂，可应用于分析化学中。碱土金属也能形成多硫化物，如 CaS_4 在农业上用来作杀虫剂[6]。

7.3.3　硫的氧化物、含氧酸及其盐

1. 二氧化硫、亚硫酸及其盐

二氧化硫（SO_2）具有刺激性气味，又有漂白性，它是工业上制硫酸的基础物质。SO_2 中的硫的氧化数为 $+4$，处于中间价态，既可作氧化剂，又可作还原剂。但同时，它也会污染空气，破坏生态平衡，为一大公害。所以对工厂烟囱排放的废气应注意治理。为了保护环境，变害为利，尽量使烟道气中的 SO_2 还原为单质硫，或者用石灰乳吸收为亚硫酸钙。据报道，2000 年从世界含硫废气中能回收 3.33 亿 t 硫，由此可见废气的回收至关重要。

$$3FeS_2 + 8O_2 =\!=\!= 6SO_2\uparrow + Fe_3O_4 \tag{7-46}$$

$$Ca(OH)_2 + SO_2 =\!=\!= CaSO_3 + H_2O \tag{7-47}$$

2. 三氧化硫、硫酸及其盐

SO_3 为硫酐，其结构如图 7-14 所示。硫原子以 sp^2 杂化轨道分别与三个氧原子成键，

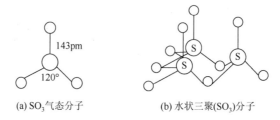

(a) SO_3气态分子　　　　　　(b) 水状三聚(SO_3)分子

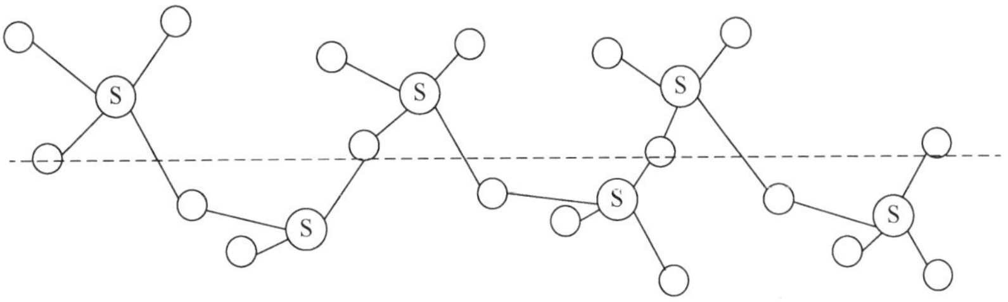

(c) 纤维状$(SO_3)_n$分子

图 7-14　SO_3 的结构

硫原子的三个电子与氧原子各一个未成对电子形成 π_4^6 离域键。SO_3 氧化性极强，在高温时，能将 I^- 氧化成碘，将磷氧化成磷酐。

$$2KI + SO_3 \longrightarrow I_2 + K_2SO_3 \tag{7-48}$$

$$2P + 5SO_3 \longrightarrow P_2O_5 + 5SO_2 \tag{7-49}$$

硫酸是无色油状液体，383.4K 凝固，市售硫酸浓度为 98%，密度为 $1.84g/cm^2$。硫酸为高沸点酸（沸点 611K），可用来制低沸点酸如 HF。硫酸有吸水性和脱水性，当浓硫酸与蔗糖相遇可发生碳化反应。铜与浓硫酸作用发生下列两个反应。

$$Cu + 2H_2SO_4 \longrightarrow CuSO_4 + SO_2\uparrow + 2H_2O \tag{7-50}$$

$$5Cu + 4H_2SO_4 \longrightarrow Cu_2S + 3CuSO_4 + 4H_2O \tag{7-51}$$

反应（7-50）温度范围为 273～543K，而反应（7-51）在 273～373K 时正向反应趋势增加，373～543K 时趋势减小。反应（7-51）中的 Cu_2S 可以进一步与浓硫酸作用：

$$Cu_2S + 2H_2SO_4 \longrightarrow CuS + CuSO_4 + SO_2\uparrow + 2H_2O \tag{7-52}$$

$$CuS + 2H_2SO_4 \longrightarrow S\downarrow + CuSO_4 + SO_2\uparrow + 2H_2O \tag{7-53}$$

黑色的 Cu_2S 或 CuS 之所以能在反应过程中沉淀出来，是因为它们的溶度积小。过去不少人误认为黑色物质是 CuO，这是不符合实际的。因为 CuO 是碱性氧化物，它不可能在浓硫酸中沉淀出来。

硫酸盐有正盐和酸式盐，能形成矾。胆矾 $CuSO_4 \cdot 5H_2O$、绿矾 $FeSO_4 \cdot 7H_2O$、皓矾 $ZnSO_4 \cdot 7H_2O$ 均属假矾。明矾 $K_2SO_4 \cdot Al_2(SO_4)_3 \cdot 24H_2O$ 为矾，具有正八面体结构[9]。

3. 焦硫酸及其盐

市售的发烟硫酸与焦硫酸不是同一物质，发烟硫酸是指在浓硫酸中溶有 SO_3，然而焦硫酸是指 $H_2SO_4 \cdot SO_3$，按照化学命名法规定：两份正酸脱去一份水的产物称为焦硫酸（图 7-15）。

由两个或两个以上同种或异种单酸混合，脱水而成一种新酸的反应称为缩合反应。焦硫酸的氧化性比 H_2SO_4 更强，可应用于染料、炸药和有机物的磺化过程中。

焦硫酸盐如同焦硫酸一样，含有较正酸及其盐更多的酸性氧化物。因此 $K_2S_2O_7$ 也可写成 $K_2SO_4 \cdot SO_3$，所以它能与碱性氧化物反应。焦硫酸盐在分析化学中可用作熔矿剂就是基于上述反应的原理。$S_2O_7^{2-}$ 在水中极易水解：

$$S_2O_7^{2-} + H_2O \longrightarrow 2HSO_4^- \tag{7-54}$$

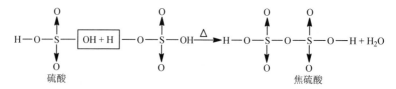

图 7-15　硫酸脱水生成焦硫酸的反应过程

因此无法配制焦硫酸盐溶液，应当指出：焦硫酸盐溶于水，开始是吸热过程，稍等片刻后，由于 $S_2O_7^{2-}$ 发生水解而有明显的放热效应[8]。

7.3.4　非金属含氧酸结构简介

1. 路易斯结构式

现行教材中表示非金属含氧酸的电子结构源于路易斯（Lewis）的电子结构。以"："表示电子对键。H_2SO_4 的路易斯结构式见图 7-16。

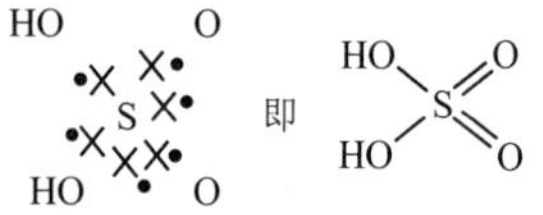

图 7-16　H_2SO_4 的路易斯结构式

2. 赛奇维克结构式

英国牛津大学化学系教授赛奇维克（Sidgwick）在这方面又有了重要发现。他指出：在原子间构成化学键时，共享电子对可以由同一原子单方面提供，称为"配价"。用"→"表示方向性的键。赛奇维克的配价键可以圆满地解释 SO_4^{2-}、ClO_4^- 等。SO_4^{2-} 的赛奇维克结构式见图 7-17。

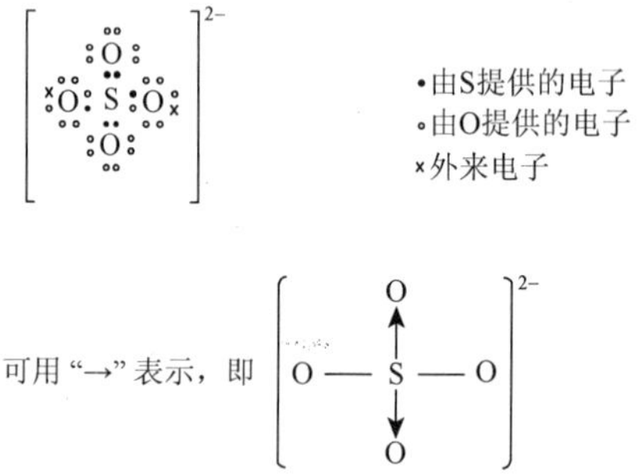

· 由S提供的电子
· 由O提供的电子
× 外来电子

可用"→"表示，即

图 7-17　SO_4^{2-} 的赛奇维克结构式

3. πd 键

在 SO_4^{2-} 中，因为硫原子有 3d 轨道，所以硫原子与氧原子之间形成 πd 键，如图 7-18 所示。

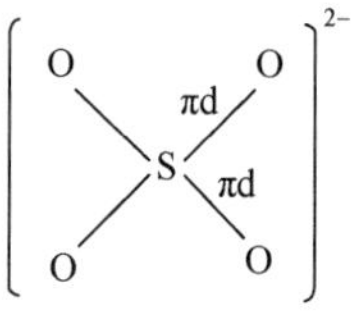

图 7-18　SO_4^{2-} 中的 πd 键

4. pπ-dπ 键

实验所测 SO_4^{2-} 为正四面体结构，硫酸为四面体结构，见图 7-19。

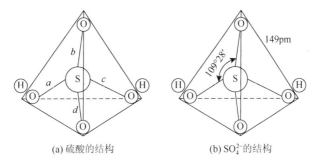

(a) 硫酸的结构　　　　　　　　(b) SO_4^{2-} 的结构

图 7-19　硫酸和 SO_4^{2-} 的结构

$a = 155$pm；$\angle ab = 116°$；$b = 142$pm；$\angle ac = 104°$；$c = 152$pm；$\angle ad = 112°$
$d = 143$pm；$\angle bc = 98°$；$\angle bd = 117°$；$\angle cd = 109°$

在 SO_4^{2-} 中，S—O 之间的键长为 149pm，比理论计算共价单键 169pm 要短些，这说明 S-O 之间绝对不是简单的 σ 键。硫原子的 3d 轨道是空的，它与 3p 轨道能量极为相似，在一定的条件下可参与成键。氧原子可以把两个成单电子以相反自旋归并让出一个 $2p_x$ 轨道，以接受外来配位电子而成键。在 SO_4^{2-} 中，中心硫原子采取 sp^3 杂化（所以为正四面体空间构型），与氧原子的 p_x 轨道形成 σ 配键，尚有 2 个填满电子的 p_y 和 p_z 轨道垂直于 S—O 键轴（图 7-20）。

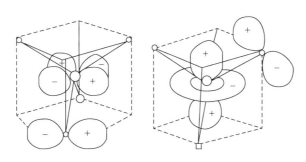

图 7-20　SO_4^{2-} 中的 pπ-dπ 配键

此外，氧原子的 $2p_y$ 轨道上有一对电子与中心硫原子的空的 $3d_{x^2-y^2}$ 轨道，两者因对称性相匹配，可以重叠而形成 pπ-dπ 配键。同样，氧原子 $2p_z$ 轨道上的一对电子与中心硫原子的空的 $3d_{z^2}$ 轨道形成 pπ-dπ 配键。这就是说，从中心原子到氧的 σ 配键和由氧原子到中心原子的 pπ-dπ 配键比正常的单键略短。第四、五周期各非金属元素与第三周期情况相似，由于 5d 和 5p，4d 和 4p 之间轨道能量差比 3d 和 3p 的能量差更小，所以更趋于形成 pπ-dπ 键。

7.3.5　硫的其他含氧酸及其盐

1. 硫代硫酸及其盐

硫代硫酸钠 $Na_2S_2O_3·5H_2O$ 俗称海波，又名大苏打。"标记原子"实验证明 $S_2O_3^{2-}$ 中的两个硫原子是不同的。用 ^{35}S 和 SO_3^{2-} 反应生成硫代硫酸根，后者和足量的 $AgNO_3$ 反应，先生成硫代硫酸银沉淀，接着分解为硫化银。实验证明：^{35}S 只在硫化银中，而另一产物 H_2SO_4 中却无 ^{35}S。可见 $S_2O_3^{2-}$ 中两个 S 是不同的。

$$Ag_2{}^{35}SSO_3 + H_2O \longrightarrow Ag_2{}^{35}S + H_2SO_4 \qquad (7\text{-}55)$$

硫代硫酸钠遇酸分解，有硫析出：

$$Na_2S_2O_3 + 2HCl \longrightarrow S\downarrow + SO_2\uparrow + 2NaCl + H_2O \qquad (7\text{-}56)$$

硫代硫酸钠具有还原性，与碘反应，生成连四硫酸钠，反应式如下：

$$2[S_2O_3]^{2-} + I_2 \longrightarrow [S_4O_6]^{2-} + 2I^- \qquad (7\text{-}57)$$

硫代硫酸钠与氯、溴等作用，可被氧化为硫酸，因而硫代硫酸钠可作为脱氯剂。

$$Na_2S_2O_3 + 4Cl_2 + 5H_2O \longrightarrow 2H_2SO_4 + 2NaCl + 6HCl \qquad (7\text{-}58)$$

在 $S_2O_3^{2-}$ 中，配位原子硫具有较强的配位能力，故应用于照相术、电镀和鞣革方面。

$$AgBr + 2Na_2S_2O_3 \longrightarrow Na_3[Ag(S_2O_3)_2] + NaBr \qquad (7\text{-}59)$$

$Na_2S_2O_3$ 与 KCN 作用，生成无毒的 KSCN。反应方程式为

$$Na_2S_2O_3 + KCN \longrightarrow Na_2SO_3 + KSCN \qquad (7\text{-}60)$$

2. 连硫酸及其盐

连二硫酸、连四硫酸、连六硫酸的结构式见图 7-21。

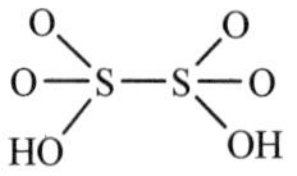
连二硫酸 $H_2S_2O_6$(dithionic acid)

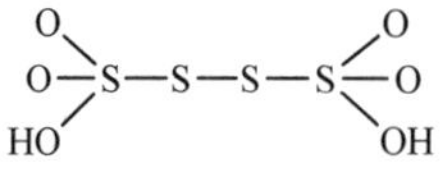
连四硫酸 $H_2S_4O_6$(tetrathionic acid)

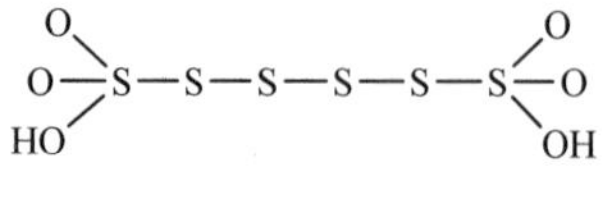
连六硫酸 $H_2S_6O_6$
(hexathionic acid)

图 7-21　连二硫酸、连四硫酸、连六硫酸结构式

$S_4O_6^{2-}$ 的空间构型如图 7-22 所示。由图 7-22 可知，$S_4O_6^{2-}$ 的 4 个硫原子不在一条直线上。

连二亚硫酸钠盐是强还原剂，俗称保险粉，其分子式是 $Na_2S_2O_4{\cdot}2H_2O$，为无色透明

晶体。连二亚硫酸钠的制备如下。

$$2NaHSO_3 + Zn(粉) \longrightarrow Na_2S_2O_4 + Zn(OH)_2 \quad (7-61)$$

$Na_2S_2O_4$ 遇盐酸，生成 SO_2 和 S：

$$2Na_2S_2O_4 + 4HCl \longrightarrow 3SO_2 + S\downarrow + 4NaCl + 2H_2O$$
$$(7-62)$$

$Na_2S_2O_4$ 能还原有机染料，还能还原碘、IO_3^-、H_2O_2、Ag^+、Cu^{2+} 等，被广泛应用于医药和印染工业。

$$S_2O_4^{2-} + I_2 + 4OH^- \longrightarrow 2I^- + 2SO_3^{2-} + 2H_2O \quad (7-63)$$

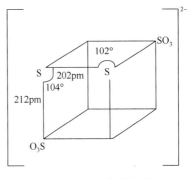

图 7-22　$S_4O_6^{2-}$ 的结构

3. 硫及其重要化合物的电势图

硫及其重要化合物的电势见图 7-23。

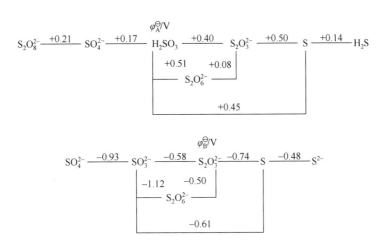

图 7-23　硫及其重要化合物的电势图

4. 硫、硒、碲和钋的自由能-氧化态图

图 7-24 是硫、硒、碲和钋的自由能-氧化态图。可见，在酸性介质中，$H_2S_2O_3$、$H_2S_2O_4$ 易发生歧化反应，并且，①Se(Ⅵ)的氧化性很强，稳定性很差；②S、Se、Te、Po 正四价很稳定，不会发生歧化；③H_2S 有弱的稳定性，H_2Se、H_2Te 很不稳定。

7.3.6　硫的生物作用

硫也是构成动植物蛋白质的重要元素之一。蛋白质中硫的含量为 0.3%～2.5%。动物

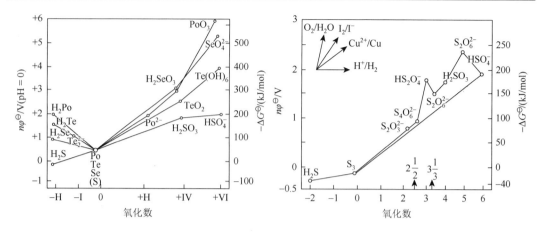

图 7-24　硫、硒、碲和钋的自由能-氧化态图

体中的硫大部分存在于毛发、软骨等组织内。在医学上，$Na_2S_2O_3$ 可用作注射液的抗氧剂，还可以内服或静脉注射用作解毒剂。卤素、氰化物及重金属中毒时，可用 $Na_2S_2O_3$ 解毒。它能将卤素还原为卤离子，能与重金属配位，与 KCN 作用解毒的原理如下：

$$Na_2S_2O_3 + KCN \longrightarrow Na_2SO_3 + KSCN \tag{7-64}$$

$Na_2S_2O_3$ 还可用于治疗疥疮，用作抗过敏药[3]。

7.3.7　硫元素在航空航天领域的应用

　　硫元素在航空航天中主要以聚苯硫醚的形式应用。美国肯塔基州 Ticona 公司的全球技术营销经理 Michael Favaloro 表示，有许多航空航天制造品厂商提高了对热塑性塑料的兴趣，其中线型聚苯硫醚（PPS）热塑性塑料的物理性能及其在航空航天部件及结构中的应用确立了其良好的市场地位。线型 PPS 是一种半结晶热塑性塑料，其熔点为 280～290℃，具有固有的阻火性、耐化学性、耐油性。它能通过挤出、连续层压、压缩模塑、热成型、自动化纤维/带类铺层、软外壳模塑及注塑等方法加工而成。它是热塑性塑料，因而可再生利用，几乎没有寿命期限制，也不需要用高压釜固化。Favaloro 考察了碳纤维/PPS 复合材料在空客 A340/A380 飞机机翼主缘上的应用后发现，一种 PPS 薄膜与碳纤维织物经热成型的片材，制成弯曲状部件后构成了机翼主缘。碳纤维/PPS 还被用在 Fokker50 飞机起落架门，构成应力肋和桁，以及用在 A340 飞机副翼结构上。Favaloro 认为，线型 PPS 也是几种飞机内饰件的候选材料，包括座椅架、支架、横梁及管道之类[18]。

　　硫元素也广泛应用于航空密封剂中。航空材料是飞机、导弹性能不断提高、发展的基本保障，其中密封剂部分起着重要作用，没有质地合宜的航空密封剂，不可能达到设计目标。航空密封剂（图 7-25）在航空飞行器中主要负责完成载人舱体、机载电子仪器舱等空气系统的密封、整体油箱燃料系统的密封、整机防腐蚀密封、水上飞机防水及三防密封等任务。国内外关于航空密封剂的研究都朝着使其具备抗击特殊恶劣环境的能力方向发展。美国、法国、德国、俄国、日本等国家的许多研究机构和公司在近年来研制了能在高温、低温、燃油、滑油、液压油、酸性或碱性雨水、海水、海雾、湿气、阳光、火焰、微生物及复杂应力的单一因素或综合因素作用下长期保证飞行器结构密封的各类航空密封剂。液体聚硫橡胶基系列密封剂是最早发展起来且如今用量仍是最大的一类航空密封剂，由于耐自然老化、耐燃油能力很强，其在飞机气动整流、压力舱、整体油箱、电子仪器、结构阻蚀、导电密封等方面获得了广泛的应用[19]。仅美国、俄国两国液体聚硫橡胶基系列密封剂就有 70 多个牌号 100 多个级别，美国产品的使用温度范围为–55～135℃。近几年发展了新一代无毒阻蚀聚硫密封剂如无铬酸盐阻蚀密封剂等。改性聚硫橡胶 P-5 是美国在 20 世纪 80 年代中期研制的改性产品，其特点是将硫醚基团引入聚硫橡胶主链，相对提高了聚硫密封剂的耐温性（达 150℃）和耐水耐湿热能力。在用典型的液体聚硫橡胶制备聚硫密封剂技术方面，苏联的材料可在–60～150℃温度范围内使用。聚硫聚合物、改性聚硫聚合物、聚硫醚聚合物、聚有机硅氧烷聚合物、聚氨酯聚合物、含氟高聚物、聚酰亚胺、磷腈化合物，将是今后国外在几个不同温度等级的综合环境中使用的航空密封剂的主要基础材料，在现有基础上采用化学手段提高航空密封剂的应用效果，在完全不降低密封剂性能的前提下，取代有损生产者和使用者健康的成分。设计并合成新型结构的高分子化合物，使其具备抗击特殊恶劣环境的能力，制备新一代军用、民用飞机需要的密封剂[20]。

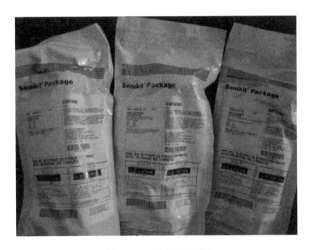

图 7-25 航空密封剂

7.4 硒 和 碲

7.4.1 硒的简介

硒的化学符号是 Se，在化学元素周期表中位于第四周期ⅥA 族，是一种非金属，可以用作光敏材料、电解锰行业催化剂、动物体必需的营养元素和植物有益的营养元素等。

无机硒一般指亚硒酸钠和硒酸钠，包括有大量无机硒残留的酵母硒、麦芽硒，从金属矿藏的副产品中获得。无机硒有较大的毒性，且不易被吸收，不适合人和动物使用。植物活性硒通过生物转化与氨基酸结合而成，一般以硒代蛋氨酸的形式存在，植物活性硒是人类和动物允许使用的硒源。

1817 年，瑞典的贝采利乌斯从硫酸厂的铅室底部的红色粉状物质中制得了硒，他还发现了硒的同素异形体。还原硒的氧化物，得到橙色无定形硒；缓慢冷却熔融的硒，得到灰色晶体硒；在空气中让硒化物自然分解，得到黑色晶体硒。

硒单质是红色或灰色粉末，为带灰色金属光泽的准金属。在已知的六种固体同素异形体中，三种晶体（α 单斜体、β 单斜体、灰色三角晶）是最重要的，晶体中以灰色六方晶系最为稳定，密度 4.81g/cm^3。硒也以三种非晶态固体形式存在。红色、黑色的两种无定形玻璃状的硒：前者性脆，密度 4.26g/cm^3；后者密度 4.28g/cm^3。另外一种是胶状硒[8]。

7.4.2　硒的化学性质

硒可以与大多数元素直接化合，不过，比氧和硫要困难一些。最稳定的化合物是与强电正性的碱金属、碱土金属及镧系元素形成的硒化物，以及与强电负性元素 O、F 等生成的 +2 价、+4 价、+6 价氧化态的化合物。

硒化氢是无色有恶臭的气体，毒性比硫化氢更大，有热稳定性，在水中的溶解度比硫化氢小，水溶液的酸性及还原性却比硫化氢强。

硒在氧气或空气中燃烧生成 SeO_2，SeO_2 是易挥发的白色固体，易溶于水，水溶液呈弱酸性，蒸发其水溶液可得到无色结晶的亚硒酸。亚硒酸是二元弱酸，酸性比亚硫酸略弱。

与 SO_2 不同的是，SeO_2 主要显示氧化性，被还原为单质硒。例如，亚硒酸能够氧化 SO_2、H_2S、HI 和 NH_3：

$$H_2SeO_3 + 2SO_2 + H_2O = 2H_2SO_4 + Se \qquad (7\text{-}65)$$

在强氧化剂（如 Cl_2、Br_2、$KMnO_4$ 等）作用下被氧化成硒酸：

$$H_2SeO_3 + Cl_2 + H_2O = H_2SeO_4 + 2HCl \qquad (7\text{-}66)$$

硒酸和硫酸相似，是一种不易挥发的强酸，有强烈的吸水性，能使有机物碳化。硒酸水溶液的第一步解离是完全的。硒酸的氧化性比硫酸强得多，就像高溴酸的氧化性比高氯酸的强；热的浓硒酸能溶解 Ag、Au，分别生成 Ag_2SeO_4、$Au_2(SeO_4)_3$；热硒酸与浓盐酸的混合溶液像王水一样可以溶解铂。硒酸盐的许多性质（如组成和溶解性）都与相应的硫酸盐相似。

硒是一种多功能的生命营养素，常用于治疗肿瘤癌症、克山病、大骨节病、心血管病、糖尿病、肝病、前列腺病、心脏病等 40 多种疾病，广泛运用于癌症手术、放化疗等。硒又分为植物活性硒和无机硒两种，植物活性硒的科技水平主要取决于人体的吸收利用率，从这点上看，中国自主研发的硒比国外的硒更适合人体吸收[6]。

7.4.3　碲的简介

碲为斜方晶系银白色结晶，可溶于硫酸、硝酸、王水、氰化钾、氢氧化钾；不溶于冷水和热水、二硫化碳。高纯碲以碲粉为原料，用多硫化钠抽提精制而得，制得高纯碲的纯度为 99.999%。高纯碲用作半导体器件、合金、化工原料及铸铁、橡胶、玻璃等工业添加剂。

碲的两种同素异形体中，一种是晶体碲，具有金属光泽，银白色，性脆，与锑相似；另一种是无定形粉末状，呈暗灰色，密度中等，熔、沸点较低。它是一种非金属元素，却有良好的传热和导电本领。在所有的非金属中，它的金属性是最强的。

碲在空气中燃烧带有蓝色火焰，生成二氧化碲；可与卤素反应，但不与硫、硒反应；溶于硫酸、硝酸、氢氧化钾和氰化钾溶液；和熔融 KCN 反应产生 K_2Te；溶于水生成的氢碲酸具有类似氢硫酸的性质。碲也生成亚碲酸 H_2TeO_3 及相应的盐。用强氧化剂（HClO、H_2O_2）作用于碲或 TeO_2（稳定白色晶态），生成 H_6TeO_6，它在 160℃ 转变为粉末状 H_2TeO_4，进一步加热则转变为 TeO_3。H_6TeO_6 易溶于水（25.3%）成为碲酸，这是一种弱酸。它的化学性质很像硫和硒，有一定的毒性。在空气中把它加热熔化，会生成氧化碲的白烟。这种白烟会使人感到恶心、头痛、口渴、皮肤瘙痒和心悸。人体吸入极低浓度的碲后，在呼气、汗、尿中会产生一种令人不愉快的大蒜臭气。这种臭气很容易被别人感觉到，但本人往往并不易察觉。

工业上一般从铜冶炼的电解铜的阳极泥中提取碲。含碲约 3% 的阳极泥干燥后在 250℃ 下进行硫酸化焙烧，然后在 700℃ 使二氧化硒挥发，碲留在焙烧渣中。用水浸出硫酸铜，再用氢氧化钠溶液浸出，得到亚碲酸钠溶液。浸出液用硫酸中和，生成粗氧化碲沉淀。两次重复沉淀氧化物，然后进行水溶液电解，可得含量为 98%～99% 的碲。碲可由炼锌的烟尘中回收而得[9]。

7.4.4　硒和碲的含氧酸

硒酸和硫酸相似，不易挥发，都属于强酸，但硒酸的氧化性比硫酸要强得多。在水溶液中的氧化性顺序如下：

$$H_2SeO_4 > H_6TeO_6 > H_2SO_4 \qquad (7-67)$$

这也是由于 p 区中间横列元素的不规则性。但是它们的酸性顺序符合 ROH 规则：

$$H_2SO_4 > H_2SeO_4 > H_6TeO_6 \qquad (7-68)$$

与王水一样，硒酸能溶解金和铂。其反应方程式如下：

$$2Au + 6H_2SeO_4 \longrightarrow Au_2(SeO_4)_3 + 3H_2SeO_3 + 3H_2O \qquad (7-69)$$

硫、硒、碲含氧酸的酸性强弱及电极电势见表 7-7。

表 7-7　硫、硒、碲含氧酸的酸性强弱及电极电势

含氧酸	酸性	电极电势/V
H_2SO_4	强酸	$\varphi^{\ominus}(SO_4^{2-}/H_2SO_4) = 0.17$
H_2SeO_4	强酸	$\varphi^{\ominus}(SeO_4^{2-}/H_2SeO_3) = 1.1$
H_6TeO_4	强酸	$\varphi^{\ominus}(H_6TeO_6/TeO_2) = 1.0$

7.4.5　金属的硫化物、硒化物和碲化物

　　硫、硒、碲离子都是软配位体，在自然界中主要与铜和锌共存，与氧相似，硒和碲原子也可作为金属原子之间的桥配体。例如，硫、硒、碲原子既可作为 2 个金属原子之间的桥，也可作为 3 个金属原子之间的桥。从结构判断，硫、硒、碲与低氧化态金属原子形成重键的倾向往往大于氧，后者的重键（MO）通常只限于高氧化态金属。

　　曾经提到硫因存在 S^{2-} 和较大的多硫阴离子形式而具有丰富的配位化学类型。硒和碲不存在如硫一般的多原子阴离子 S_n^{2-}（$n = 2 \sim 22$），迄今只得到 Se_2^{3-} 和 Te_2^{3-}。然而较大的聚硒离子和聚碲离子的配合物却是已知的，如 Cp_2TiSe_5。硫化物、硒化物、碲化物的结构式如图 7-26 所示。聚硫、聚硒和聚碲离子的电子密度似乎都集中在 E_n^{2-} 链两端，这样就可解释为什么其总是采取末端配位[4]。

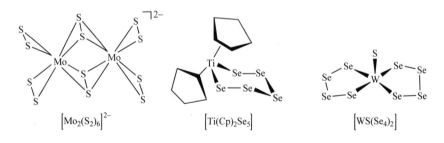

图 7-26　硫化物、硒化物、碲化物的结构式

7.4.6　硒在航空航天领域的应用

　　金属硫硒化物是重要的半导体材料，当它们在三维空间内至少有一个维度的尺寸处于纳米级尺度（1～100nm），或者它们是由纳米尺度下的结构单元构筑而成时，就可以被称为金属硫硒化物半导体纳米材料，处于纳米尺度的金属硫硒化物半导体材料可表现出一系列既不同于其本体材料也不同于其单个原子分子的新性质，如量子尺寸效应、小尺寸效应、表面效应、宏观量子隧道效应、库伦堵塞与量子隧穿、介电限域效应等。而这些新性质的出现，为金属硫硒化物半导体材料带来了新的光、电、热、磁等方面的性质。制备高质量

的金属硫硒化物半导体纳米材料对于研究其性质及其在航空航天领域的实际应用具有非常重要的意义。随着一系列高质量的金属硫硒化物半导体纳米材料的成功制备，它们所展现出的优异性质使其在航空航天范围内的太阳能电池（图 7-27）、热电转化器、光学传感器、光电探测器等众多方面均表现出了巨大的应用价值[20]。

图 7-27　航空航天用太阳能电池板

二苄基二硒醚对 RP-3 喷气燃料超临界热裂解结焦具有抑制作用。高超音速飞行时，喷气燃料急剧升温至 600℃以上，部分裂解为乙烯等小分子产物的同时燃料也形成结焦，并沉积在燃油输送管路表面，导致发动机热管理系统故障。抑制喷气燃料高温热裂解结焦已成为高超音速推进系统研究的关键问题。为解决高超音速飞行中喷气燃料的热裂解结焦问题，在连续流动反应装置上研究了结焦抑制剂二苄基二硒醚对 RP-3 喷气燃料超临界热裂解结焦的影响。结果表明，在 RP-3 中添加适量二苄基二硒醚可降低结焦总量约 50%，裂解气的产量降低约 20%，产物分布变化不大。扫描电镜（scanning electron microscope，SEM）、能谱色散谱（energy dispersive spectrum，EDS）和 X 射线光电子能谱（X-ray photoelectron spectroscopy，XPS）分析表明，高温下二苄基二硒醚与反应管表面铁原子形成金属硒化物，从而既抑制了纤维状焦炭的生成，又减少了无定形碳和富氢吸附炭的沉积量[21]。

7.4.7　碲在航空航天领域的应用

碲广泛应用于航空航天用半导体材料领域。碲锌镉，英文名称 cadmium zinc telluride，CdZnTe，简写为 CZT。CZT 晶体是宽禁带 II-VI 族化合物半导体，可以看作是由 CdTe 和 ZnTe 固溶而成。随着 Zn 加入量的不同，熔点在 1092～1295℃变化。CZT 晶体还被广泛用作红外探测器 HgCdTe 的外延衬底和室温核辐射探测器等，它具有优异的光电性能，可以在室温状态下直接将 X 射线和 γ 射线的光子变为电子，是迄今制造室温 X 射线及 γ 射线探测器最为理想的半导体材料。与硅和锗检波器相比，CZT 晶体是唯一能在室温状态下工作并且能处理两百万光子/(s·mm)的半导体。另外，CZT 晶体分光率胜过所有市场上的分光镜。CZT 探测器的诸多优点，使得它得到了越来越广泛的应用，如核安全、环境监测、天体物理等领域。在科学研究方面，CZT 探测器在高能物理学方面有很大的应用前景，例如，它可用于高能粒子的加速系统。化合物半导体探测器具有很大的竞争力，可以预料其在粒子物理方面的应用会得到很大发展。此外，CZT 探测器在天文物理研究方面也具有广阔的应用前景。当前，CZT 探测器的研究处于迅速发展阶段，是一个很有意义的新课题。西北工业大学介万奇教授团队在 CZT 晶体材料及制备技术上取得重大突破，其成果可广泛应用于航空、航天、核能、工业、农业等诸多领域[22]。

碲镉汞红外材料广泛应用于航空航天探测领域[23]。随着现代科学技术的不断发展，对红外系统的要求越来越高。原有的红外探测手段已经不能满足导弹与航天领域的要求，必须发展新一代探测器。例如，美国的战略防御计划（Strategic Defence Initiative，SDI）中要求的监视、捕获、跟踪、瞄准及杀伤评估等重要的分系统必须有高灵敏度、高分辨率的红外探测器；侦察卫星、地球遥感卫星所用的红外传感器目前正向成像和高分辨率方向发展；未来的红外制导导弹的发展方向将是红外成像制导导弹。许多现有的红外系统和建议研制的红外系统都选用碲镉汞材料[24]，因此对该技术的投资每年都有明显增长。最近几年来，碲镉汞材料作为一种多光谱和高性能的红外探测材料，得到了普遍和深入的研究。碲镉汞材料对于中波红外（MWIR，$3\sim5\mu m$）和长波红外（LWIR，$8\sim12\mu m$）都是首要的候选材料[25]。美国国家航空航天局的广角红外测量探测器"WISE"如图 7-28 所示。

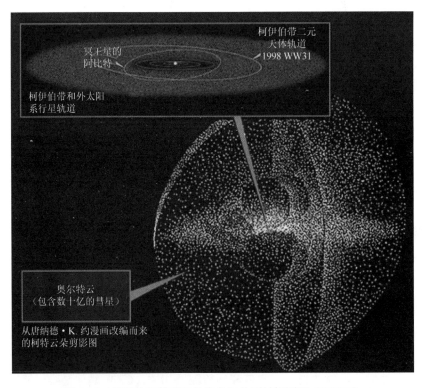

图 7-28　美国航空航天局的广角红外测量探测器"WISE"

7.5 钋

7.5.1 钋元素简介

钋是一种银白色金属，能在黑暗中发光，由著名科学家玛丽·居里与丈夫皮埃尔·居里在 1898 年发现，为了纪念居里夫人的祖国波兰，两人将这种元素命名为钋。钋是目前已知最稀有的元素之一，在地壳中含量约为 100 万亿分之一。钋主要通过人工合成方式取得，是世界上最毒的物质之一。

钋的外围电子排布为 $6s^2 6p^4$，具有放射性，钋的化学性质与碲类似，但较碲金属性强。钋溶于硝酸可以形成正盐 $Po(NO_3)_4$ 和各种碱式盐，溶于硫酸只生成简单阳离子的硫酸盐。当钋溶于盐酸时，起初生成氯化亚钋（$PoCl_2$），但由于 α 辐射分解溶剂产生臭氧，钋（II）被迅速氧化成钋（IV）。钋不和硫直接作用，钋的化合物易于水解并还原。原子共价半径167pm，第一电离能818kJ/mol，电负性2.0，主要氧化数 +2、+4、+6，钋的氧化态有 +6、+4、+3、+2、0 和–2，+4 和 +6 为最常见价态。钋在 250℃与氧反应生成二氧化钋，溶于盐酸、硫酸和硝酸生成 Po（IV）盐。钋在 400~600℃与碱反应生成 M_2Po 和 M_2PoO_3，可被氧化为 M_2PoO_4。Po^{4+} 极易水解成为胶体，可形成很多配合物。已知钋有两种同位素异形体：α-Po 为单正方体，密度为 9.32g/cm³；β-Po 为单菱形体，密度为 9.4g/cm³。在约36℃时，发生 α-Po 转化为 β-Po 的相变。钋的物理性质类似于铊、铅、铋，可溶于稀硝酸和稀氢氧化钾。

已知钋有 27 种同位素，质量数为 192~218，均为放射性核素。钋同位素中最普遍、最易得的是钋-210，其半衰期仅有 138 天，其放射性比镭大近 5000 倍。钋-210 危险性很大，在操作时即便用量很低也要格外小心谨慎。钋-210 属于极毒的放射性核素，它发射的 α 粒子在空气中的射程很短，不能穿透纸或皮肤，所以在人的体外不构成外照射危险。但是它的电离能力很强，如果通过吸入、食入或由伤口进入人体内，可以引起体内污染、中毒或急性放射病。如果在短时间内体内的吸收剂量达到 4Gy 则是致使的。大小不及一粒盐的钋-210，可使体重 70kg 的人死亡。但是，在通常情况下，钋-210 对自然界和人类并不构成危险。这是因为钋是最稀有的元素之一，在地壳中的含量大约只有一百万亿分之一。天然的钋存在于所有铀矿石和钍矿石中，但含量极微。在自然环境中，如大气以至人体内都有极微量钋-210 存在。钋-210 的物理半衰期为 138 天，这就是说，每过 138 天，它的放射性活度就自动减少一半，约 2.5 年后其放射性基本消失[1]。

7.5.2 钋元素在航空航天领域的应用

核火箭发动机是以核为初始能源，通过核反应释放的能量给液态氢加热，被加热的氢经过喷管膨胀加速后排出，产生推力的火箭发动机（图 7-29）。核火箭发动机基本上是液体火箭发动机的扩展，但其加热的能源不是来自化学反应，而是来自核能，使用液态氢作为核火箭发动机的工作流体是因为氢的原子量最小。按照能量释放形式，核火箭发动机可以分为三种类型：核裂变（nuclear fission）型、放射性同位素衰变型和核聚变型。其中衰变型核火箭发动机为放射性同位素衰变型的火箭发动机，它利用钚-238 或钋-210 衰变时释放的能量加热氢或氨等工质，然后氢或氨等经喷管以高速喷出而产生推力。这种核火箭发动机可在几个月的时间内连续发出很小的推力，甚至可以小于 1N。其比冲可达 2500～8000m/s，很可能被用作未来行星际航行的推进装置或作为空间供电用的动力源[26]。

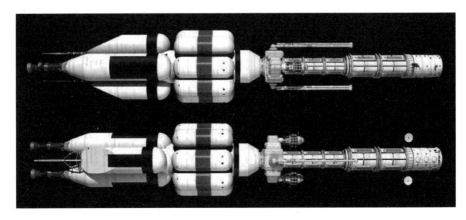

图 7-29　核火箭发动机

参 考 文 献

[1]　格林伍德 N N，厄恩肖 A. 元素化学. 曹庭礼，等译. 北京：高等教育出版社，1996：455.

[2]　蔡少华. 元素无机化学. 广州：中山大学出版社，1999：40.

[3]　王世华. 无机化学教程. 北京：科学出版社，2001：235.

[4]　严宣申，王长富. 普通无机化学. 北京：北京大学出版社，1999：195.

[5]　王致勇，等. 简明无机化学教程. 上海：上海高等教育出版社，1988：423.

[6]　宋其圣，孙思修. 无机化学教程. 济南：山东大学出版社，2001：214.

[7]　和玲，赵翔. 高等无机化学. 北京：科学出版社，2011：345.

[8]　唐宗薰. 中级无机化学. 2 版. 北京：高等教育出版社，2009：178.

[9]　邵学俊. 无机化学（上、下）. 武汉：武汉大学出版社，2003：475.

[10]　陈卫华，孙洪宇，王和力. 航空呼吸用氧的生产现状及对策分析. 国防技术基础，2009，（6）：56-57.

[11]　魏晓斌，陈卫华，朱海军. 航空充氧车自动充气流程设计. 液压与气动，2010，（8）：34-37.

[12]　尹钦林. 氧族元素的生命化学. 丽水学院学报，1989，（s1）：40-44.

[13]　王屠成. 高速氧燃料喷涂在航空发动机中的应用. 航空制造工程，1995，（5）：4-6.

[14]　冉秀伦，杨荣杰. 高燃速推进剂研制现状分析. 飞航导弹，2006，（9）：44-50.

[15]　Nakanishi H，袁耀章. 用于 H-1 运载火箭的 LE-5 氢氧火箭发动机. 导弹与航天运载技术，1982，（5）：31-42.

[16]　余英丰，刘小云，李善君. 航空航天用环氧耐高温胶粘剂研究. 粘接，2005，26（5）：4-7.

[17]　吴平，万建平，甘武奎，等. 航空结构用环氧树脂基复合材料增韧技术的工艺研究. 教练机，2008，（4）：18-25.

[18]　毕鸿章. 碳纤维/聚苯硫醚热塑性复合材料在航空航天方面的应用. 高科技纤维与应用，2010，（2）：43.

[19]　邢祎琳，刘刚，唐蒙. 航空聚硫密封剂国内外测试方法对比研究. 粘接，2017，（12）：49-52.

[20]　白天语. 金属硫硒化物半导体纳米材料的制备与性质研究. 长春：吉林大学，2015：15.

[21] 刘国柱, 朱玉红, 张香文, 等. 二苄基二硒醚对 RP-3 喷气燃料超临界热裂解结焦的抑制作用. 天津大学学报: 自然科学与工程技术版, 2007, 40 (11): 1327-1331.

[22] 席发元, 宋凤军. 叠层碲锌镉探测器制备及 γ 能谱特性测试. 强激光与粒子束, 2018, 30 (3): 157-161.

[23] 徐国森, 朱龙源, 靳秀芳, 等. 航空遥感用碲镉汞光导探测器的研究. 红外与毫米波学报, 1992, (3): 91-94.

[24] 范永杰. 中波/长波碲镉汞探测器温度响应特性分析. 北京理工大学学报, 2010, 30 (5): 581-584.

[25] 林枚. 应用碲锡铅探测器的航空红外扫描效果. 激光与红外, 1982, (3): 27-28, 88.

[26] 张忠利, 张蒙正. 核能火箭发动机的设计. 火箭推进, 1995, (4): 39-46.

第8章 卤族元素

周期表中第ⅦA族包括氟（fluorine，F）、氯（chorine，Cl）、溴（bromine，Br）、碘（iodine，I）和砹（astatine，At）5种元素，统称为卤族元素，简称卤素。卤族元素表现出典型的非金属性质。由于它们的外层电子结构类似，所以元素的性质十分相似，并呈规律性的变化。卤素中的砹属于放射性元素，在自然界中仅微量而短暂地存在于镭（Ra）、锕（Ac）或钍（Th）的蜕变产物中。对砹的性质研究发现，它与I十分相似[1]。

8.1 引 言

卤素原子最外层电子结构是ns^2np^5，与稀有气体原子外层的8电子稳定结构相比仅缺少1个电子。因此卤素原子都有获得1个电子成为卤离子X^-的强烈倾向。卤素中Cl的亲和能最大，按Cl、Br、I顺序依次减少。卤素的原子半径随原子序数增加而依次增大，但与同周期元素相比较，原子半径较小，因此卤素都有比较大的电负性。F的电负性最大，因此F具有最强的氧化性，易获得1个电子而形成稳定结构。卤素的第一电离能都比较大，说明它们失去电子的倾向比较小。Cl、Br、I的第一电离能比氢的电离能（1312kJ/mol）低，但为什么有H^+存在却没有简单的X^+生成呢？这是因为H^+体积很小，在水溶液中生成水合离子时可以释放出较多的热量；因而H所需电离能可以从这些能量中得到补偿。而X^+的体积较大，在生成水合离子时释放的热量较小。因此，相比之下卤素原子失去电子成为+1价的离子只有I的可能性大些，因为它的电负性较小而原子半径较大。I^+在配合物中比较稳定：

$$I_2 + AgNO_3 + 2C_5H_5N \Longrightarrow [I(NC_5H_5)_2]^+ + NO_3^- + AgI \qquad (8\text{-}1)$$

Cl、Br和I的原子最外层电子结构中都存在着nd空轨道。因此，当这些元素与电负性更大的元素相化合时，它们的nd空轨道都可以参与成键。原来成对的s电子和p电子拆开进入nd空轨道，故这些元素可以表现出更高的氧化态。

卤素分子是双原子分子。根据分子轨道理论（molecular orbital theory），在卤素分子的成键轨道和2个π_{np}上共有6个电子，反键轨道2个π_{np}^*上有4个电子。例如，氟分子的成键情况：$(\sigma_{1s})^2(\sigma_{1s}^*)^2(\sigma_{2s})^2(\sigma_{2s}^*)^2(\sigma_{2p_x})^2(\pi_{2p_y})^2(\pi_{2p_z})^2(\pi_{2p_y}^*)^2(\pi_{2p_z}^*)^2$。卤素分子中原子之间的结合力相当于一个单键，随着卤素原子序数和原子半径的增大，原子轨道的有效重叠程度减小，因此卤素分子的解离能依次降低。但反常的是氟分子具有较低的解离能，其原因主要是F的原子半径过小，孤对电子之间有较大的排斥作用。在第二周期其他元素中，也有类似的情况。例如，氧分子的解离能小于硫双原子分子的解离能[1]。

卤素的单质及其化合物在水溶液中的氧化还原能力的大小可以用标准电极电势数值

表示。卤素在酸性溶液中最高氧化态和最低氧化态之间的各点几乎处于同一条直线上，这说明除了-1氧化态外都可以作为氧化剂，而且除 +1 和 +7 氧化态外都可以发生歧化反应（I_2 不易歧化）。

卤素在碱性溶液中的各氧化态的氧化性一般比在酸性溶液中的弱些，Cl 和 Br 单质易歧化，IO_3^- 较稳定。和在酸性溶液中一样，+3 氧化态在碱性溶液中也是不稳定的。

卤素各氧化态之间组成的电对都具有正的电极电势值，尤其是在酸性溶液中，大多数电对的电极电势具有较大的正值，因此他们都具有比较强的氧化能力。卤族元素的基本性质见表 8-1[2]。

表 8-1 卤族元素的基本性质

性质	氟	氯	溴	碘	砹
元素符号	F	Cl	Br	I	At
单质颜色状态	淡黄绿色气体	黄绿色气体	深红棕色液体	紫黑色固体、紫色气体	不稳定固体
原子序数	9	17	35	53	85
原子量	18.998	35.453	79.904	126.904	209.987
电子排布	$[He]2s^22p^5$	$[Ne]3s^23p^5$	$[Ar]3d^{10}4s^24p^5$	$[Kr]4d^{10}5s^25p^5$	$[Xe]4f^{14}5d^{10}6s^26p^5$
原子半径/Å	0.72	0.97	1.12	1.32	0.57
单质熔点/℃	-219.6	-101	-7.2	113.5	301.8
单质沸点/℃	-188.1	-34.6	58.78	184.4	369.9
气体密度	1.69g/L	3.21g/L	$3.12g/cm^3$	$4.93g/cm^3$	$6.35g/cm^3$
溶解度（水中）/(mol/L)	剧烈反应	0.09	0.21	0.0013	—

8.2 卤素单质的物理和化学性质

卤素单质具有较高的化学活性，因此在自然界中卤素不可能以单质形式存在，大多数卤素以氢卤酸盐形式存在于自然界。

卤素单质由双原子分子组成。这些分子均为非极性分子，分子间的结合力为色散力（dispersion force），随着卤素原子半径的增大，卤素分子之间的色散力也逐渐增大。因此，卤素单质的一些物理性质也呈规律性变化。在常温常压下 F_2 和 Cl_2 呈气态，Br_2 呈液态，I_2 呈固态。Cl_2 容易液化，在 193K 超过 $6.7×10^5Pa$ 压强下，气态氯即可转变为液态氯。固态 I_2 具有高的蒸气压，在加热时固态碘可直接升华为气态碘，人们常利用这种性质来制备高纯度的 I_2。

气态卤素单质 F_2 呈浅黄色，Cl_2 呈黄绿色，Br_2 呈红棕色，I_2 呈紫黑色并带有金属光泽。卤素单质颜色的变化规律可以用分子轨道能级图加以解释。我们知道当可见光照射到物体上时，其中一部分光被物体吸收，物体所显示的颜色就是未被吸收的那部分光的复合颜色。对气态卤素单质的吸收光谱的研究表明，其颜色变化规律与从反键轨道激发一个电子到反键空轨道上所需要的能量的变化规律是一致的。随着卤素原子序数的增加，分子中这种激发所需要的能量依次降低。对 F_2 来说主要吸收可见光中能量较高、波长较短的那部分光，而显示出波长较长的那部分光的复合颜色——黄色；I_2 则主要吸收可见光中能量较低、波长较长的那部分光，而显示出波长较短的那部分光的复合颜色——紫色。同理可以说明 Cl_2 和 Br_2 的颜色。这些颜色都是指气态物质的颜色。当物质的聚集态由气态向液态和固态转化时，显示的颜色会不断加深，所以固态的 I_2 显紫黑色。

卤素单质较难溶于水。常温下 $1m^3$ 水可溶解约 $2.5m^3$ 的 Cl_2，这种溶液称为氯水。在水中 Br_2 的溶解度较大，I_2 的溶解度最小。F_2 不溶解于水，但它可使水剧烈地分解并放出 O_2，同时可生成少量的 O_3：

$$2F_2 + 2H_2O = 4HF + O_2 \tag{8-2}$$

Br_2 和 I_2 易溶于许多有机溶剂中。Br_2 在乙醇、乙醚、氯仿、四氯化碳和二硫化碳中生成的溶液随着浓度的不同而显现从黄到棕红的颜色。I_2 在乙醇和乙醚中生成的溶液随着浓度的不同而显现从黄到棕红的颜色。I_2 在乙醇和乙醚中生成的溶液为棕色，这是生成了溶剂化物的结果。I_2 在介电常数较小的溶剂如二硫化碳、四氯化碳中生成紫色溶液，这是因为在这些溶液中碘以分子状态存在。可以利用卤素单质在有机溶剂中的易溶性，把它从溶液中分离出来[1]。

I_2 在水中溶解度虽然小，但在 KI 或其他碘化物溶液中溶解度却明显增大。碘盐的浓度越大，溶解的碘越多，生成的溶液的颜色越深。这是由于当 I^- 靠近 I_2 时，后者产生诱导偶极，进一步形成了离子 I_3^-：

$$I_2 + I^- = I_3^- \tag{8-3}$$

在这个平衡中，溶液里总有碘单质存在，因此 KI 溶液的性质与碘溶液相同。此外，已知的多卤离子还有 Br_3^-、Cl_3^-，但远不及 I_3^- 稳定。

卤素单质具有强的化学活性。在化学反应中卤素原子显著地表现出结合电子的能力，这种能力是它们最典型的化学性质。卤素单质是很强的氧化剂，随着原子半径的增大，卤素的氧化能力依次减弱。尽管在同族中 Cl 的电子亲和能最高，但氧化性最强的却是 F。

8.2.1　与单质作用

1. 与金属作用

F_2 能强烈地与所有金属直接作用，生成高价氟化物。F_2 与 Cu、Mg、Ni 作用时，由于在金属表面生成一层氟化物膜而阻止了 F_2 与它们的进一步作用，因此 F_2 可以储存在 Cu、Mg、Ni 或它们的合金制成的容器中。Cl_2 也能和各种金属作用，有的需要加热，反应也较为剧烈。Cl_2 在干燥的情况下不与铁作用，因此可将 Cl_2 储存于铁罐中。Br_2 和 I_2 在常温下可以和活泼金属作用，与其他金属的反应需要加热。

$$nX_2 + 2M = 2MX_n \tag{8-4}$$

式中，M 为多数金属元素；n 为金属的氧化数。

2. 与非金属作用

F_2 几乎与所有的非金属元素（除 O、N 外）都能直接化合，甚至在低温下，F_2 仍能和 Br_2、I_2、S、P、Se、Si、C、B 等非金属猛烈反应，产生火焰或炽热，这是因为生成的氟化物具有挥发性，它们的生成并不妨碍非金属表面与 F_2 的进一步作用。F_2 和稀有气体直接化合形成多种类型的氟化物。Cl_2 可以与大多数非金属单质直接化合，作用程度不如 F_2 剧烈。Br_2、I_2 的活泼性比 Cl_2 差。

3. 与氢作用

卤素单质都能与氢直接化合：

$$X_2 + H_2 \rule[0.5ex]{1.5em}{0.4pt} 2HX \tag{8-5}$$

但反应的剧烈程度鲜明地表现出卤素单质化学活泼性的不同。F_2 在低温和暗处即可与 H_2 化合，放出大量的热并引起爆炸；Cl_2 与 H_2 在暗处室温下反应非常慢，但在加热或强光照射下发生爆炸；在紫外线照射时或加热至 648K 时，Br_2 与 H_2 可发生作用，但剧烈程度远不如氯与氢；碘和氢的反应则需要更高的温度，并且作用不完全。从上述卤素单质与金属、非金属、H_2 作用的反应条件和反应剧烈程度可见，F_2、Cl_2、Br_2、I_2 的化学活泼性是依次减弱的[1]。

8.2.2　卤素间的置换反应

根据 X_2/X^- 的标准电极电势数据可知，卤素的氧化能力和卤离子的还原能力大小顺序如下。

氧化能力：$F_2 > Cl_2 > Br_2 > I_2$；

还原能力：$I^- > Br^- > Cl^- > F^-$。

因此，按 F、Cl、Br、I 的氧化还原能力次序，前面的卤素单质（X_2）可以将后面的卤素从它们的卤化物中置换出来。

8.2.3　与水（酸、碱）作用

卤素单质与水可以发生两种类型的反应。

1. 对水的氧化作用

$$X_2 + H_2O \rule[0.5ex]{1.5em}{0.4pt} 2H^+ + 2X^- + 1/2O_2 \tag{8-6}$$

pH = 0 时（酸介质中），F_2、Cl_2 能将水氧化放出 O_2，而 Br_2、I_2 无此反应。pH = 7 时，F_2、Cl_2、Br_2 均能将水氧化放出 O_2，而 I_2 不能。pH = 14 时（碱介质中），F_2、Cl_2、Br_2、I_2 均能将水氧化放出 O_2。事实上，F_2 在酸性、碱性和中性水溶液中均反应剧烈，放出 O_2；Cl_2 只有在光照下，才能缓慢使水氧化放出 O_2。Br_2 与 H_2O 作用放出 O_2 的速率极慢。

2. 卤素在水中的歧化

$$X_2 + H_2O \Longrightarrow H^+ + X^- + HXO \qquad (8\text{-}7)$$

除 F_2 外，Cl_2、Br_2、I_2 在水中 298.15K 均可以发生与式（8-7）类似的反应。事实上，Cl_2 在水中能进行歧化反应，但不完全，而 Br_2 和 I_2 被视为不发生歧化反应[1]。

8.3 卤素化合物的物理与化学性质

8.3.1 卤化氢与氢卤酸

1. 卤化氢和氢卤酸的物理性质

卤素和氢形成的二元化合物称为卤化氢，它们的水溶液称为氢卤酸。其中卤化氢都是具有强烈刺激性气味的无色气体，它们的性质按照 HF、HCl、HBr、HI 的顺序呈规律性的变化，HF 分子极性最大、HI 分子极性最小。同时根据分子量的大小可以判断卤化氢的范德华力为 HCl<HBr<HI，因此三种化合物的熔沸点排序也是如此。但更值得注意的是 HF 的熔沸点在卤化氢中是反常的，其熔点高于 HBr，沸点高于 HI，反常的原因是 HF 分子间存在氢键。HF 分子是靠氢键结合在一起的，蒸气密度测定表明 HF 气体在常温下的主要存在形式应是$(HF)_2$ 和$(HF)_3$；在 359K 以上 HF 气体才以单分子状态存在。

卤化氢是极性分子，极易溶于水。$1m^3$ 的水可溶解 $500m^3$ 的 HCl，HF 则可无限地溶于水中。卤化氢的水溶液是氢卤酸。除 HF 外，其余的氢卤酸都是强酸，在稀的水溶液中全部解离为氢离子和卤离子。同时卤化氢极容易液化，液态卤化氢不导电。于常压下蒸馏氢卤酸（不论稀酸还是浓酸），溶液的组成和沸点会不断改变，但最终都会达到溶液组成和沸点恒定不变的状态，此时的溶液称为恒沸溶液。

2. 卤化氢和氢卤酸的化学性质

氢卤酸在水中可以电离出氢离子和卤离子，因此酸性和卤离子的还原性是卤化氢的主要化学性质。卤化氢和氢卤酸的还原能力按 HF、HCl、HBr、HI 的顺序增强，氢碘酸在常温时可以被空气中的氧气所氧化：

$$4H^+ + 4I^- + O_2 \Longrightarrow 2I_2 + 2H_2O \qquad (8\text{-}8)$$

氢溴酸和 O_2 的反应进行得很缓慢，盐酸不能被氧气氧化，但在强氧化剂如 $KMnO_4$ 和 $K_2Cr_2O_7$ 等的作用下表现出还原性，而氢氟酸没有还原性。

氢卤酸的还原性强弱顺序可以用卤素的电负性加以解释，电负性越大，卤离子吸引已得到电子的能力越强，越难失去电子，其卤离子表现出的还原性就越弱。

与还原性相反，四种氢卤酸的热稳定性按照 HF、HCl、HBr、HI 的顺序依次减弱，所谓的热稳定性是指卤化氢受热分解成单质反应进行的难易程度：

$$2HX \Longrightarrow H_2 + X_2 \qquad (8\text{-}9)$$

从热力学角度考虑，化合物的热稳定性可以粗略地由它的生成热数据说明，生成热为负值的化合物比生成热为正值的化合物稳定,因为负值表示在生成该化合物时放热,负值越大,放热越多,化合物内能越低,因此越稳定。另外可从结构角度分析,用键能数据也可粗略说明热稳定性的差异,HX 中键能越大,越难打开,稳定性就越强。HF 的键能是HX 中最大的,且键能大小按照 HF、HCl、HBr、HI 的顺序依次减小,所以热稳定性也依次减弱。

氢卤酸中除去氢氟酸以外都是强酸,且酸性 HCl<HBr<HI,而氢氟酸则是弱酸,在稀溶液中发生部分电离:

$$HF \Longleftrightarrow H^+ + F^- \tag{8-10}$$

电离产生的氟离子可以和没有电离的氢氟酸发生缔合

$$HF + F^- \Longleftrightarrow HF_2^- \tag{8-11}$$

氢氟酸的浓溶液是一种强酸,这主要是因为氢氟酸可以结合溶液中的氟离子形成较稳定的缔合离子 HF_2^-,使氢离子浓度增大,成为强酸。因此一般说的"氢氟酸是弱酸"指的是氢氟酸的稀溶液。

氢氟酸另一项与其他氢卤酸不同的化学性质是它能与 SiO_2 或者 SiO_3^{2+} 作用生成四氟化硅:

$$SiO_2 + 4HF \Longrightarrow 2H_2O + SiF_4 \tag{8-12}$$

$$CaSiO_3 + 6HF \Longrightarrow CaF_2 + SiF_4 + 3H_2O \tag{8-13}$$

因此,氢氟酸不能盛放于玻璃容器中,一般储存于塑料容器中。同时也因为该性质,氢氟酸常用于刻蚀玻璃、分解硅酸盐等。

8.3.2 卤素氧化物

卤素的氧化物大多数是不稳定的,受到撞击或受光照即可爆炸分解。在已知的卤素氧化物中,碘的氧化物是最稳定的,氯和溴的氧化物在室温下明显分解。高价态的卤素氧化物比低价态的卤素氧化物稳定。由于 F 的电负性大于 O,氟和氧的二元化合物是氧的氟化物而不是氟的氧化物。

OF_2 是无色气体,强氧化剂,它与金属、硫、磷、卤素剧烈作用生成氟化物和氧化物。把单质氟通入 2% NaOH 溶液中可制得 OF_2:

$$2F_2 + 2NaOH \Longrightarrow 2NaF + H_2O + OF_2 \tag{8-14}$$

OF_2 溶于水得到中性溶液,溶解在 NaOH 溶液中得到 F^- 和氧气,因此它不是酸酐。

卤素氧化物中以氯的氧化物较重要,氯的氧化物主要有 Cl_2O、ClO_2、ClO_3 和 Cl_2O_7,都是强氧化剂,其中 ClO_2 和 ClO_3 氧化性最强。当这些氧化物与还原剂接触,或受热及撞击时,会立即发生爆炸,分解为氯气和氧气。

Cl_2O 为黄棕色气体,沸点为 275K,极易溶于水生成 HClO,是 HClO 的酸酐:

$$Cl_2O + H_2O \Longrightarrow 2HClO \tag{8-15}$$

用新制得的 HgO 与 Cl_2 反应可制得 Cl_2O:

$$2Cl_2 + 2HgO \Longrightarrow HgCl_2 \cdot HgO + Cl_2O \tag{8-16}$$

另一种制备方法是将 Cl_2 和潮湿的 Na_2CO_3 反应：

$$2Cl_2 + 2Na_2CO_3 + H_2O \rule[0.5ex]{2em}{0.4pt} 2NaHCO_3 + 2NaCl + Cl_2O \tag{8-17}$$

在 Cl_2O 分子中，O 原子采取 sp^3 杂化，有两对孤对电子，分子呈 V 形结构，Cl_2O 主要用来制备 $HClO$。

ClO_2 是黄绿色气体，冷凝时为红棕色液体，沸点为 284K。当 ClO_2 气体分压为 666Pa 以上时容易发生爆炸。ClO_2 与碱作用发生歧化反应，生成 ClO_2^- 与 ClO_3^-，因此可知 ClO_2 是亚氯酸与氯酸两种酸的混合酸酐。

$$2ClO_2 + 2NaOH \rule[0.5ex]{2em}{0.4pt} NaClO_2 + NaClO_3 + H_2O \tag{8-18}$$

同时，ClO_2 分子中含有成单电子，因此具有顺磁性，并且具有很高的化学活性，是强氧化剂和氯化剂。ClO_2 见光分解，受热或遇到还原剂时都会发生爆炸，生成氯气和氧气。若用空气、CO_2、N_2 等惰性气体稀释时，爆炸性则降低。

ClO_2 主要用于纸张、纤维、纺织品的漂白，以及污水及饮用水的杀菌处理。ClO_2 作漂白剂时，漂白效果是 Cl_2 的 30 倍。ClO_2 是目前国际上公认的最新一代高效、广谱、安全的消毒杀菌剂，是氯制剂最理想的替代品。为控制饮用水中"三致"（致畸、致癌、致突变）物质的产生，欧美发达国家和地区已广泛应用 ClO_2 替代 Cl_2 进行饮用水的消毒。

Cl_2O_7 是无色液体，受热或撞击立即爆炸。它是 $HClO_4$ 的酸酐，用 P_2O_5 使高氯酸脱水可以制取：

$$2HClO_4 + P_2O_5 \rule[0.5ex]{2em}{0.4pt} 2HPO_3 + Cl_2O_7 \tag{8-19}$$

溴的氧化物有 Br_2O、BrO_2、BrO_3 和 Br_3O_8 等，它们对热均不稳定。

碘的氧化物有 I_2O_5、I_2O_7、I_2O_4 和 I_4O_9。I_2O_5 是白色固体，它是所有卤素氧化物中最稳定的。I_2O_5 是 HIO_3 的酸酐，是一种易吸潮的非挥发性的白色粉末，548K 以下稳定。I_2O_5 可以由 HIO_3 加热至 443K 脱水生成：

$$2HIO_3 \rule[0.5ex]{2em}{0.4pt} I_2O_5 + H_2O \tag{8-20}$$

作为氧化剂，I_2O_5 可以氧化 NO、C_2H_4、H_2S 和 CO 等。在合成氨工业中用 I_2O_5 来定量测定 CO 的含量：

$$I_2O_5 + 5CO \rule[0.5ex]{2em}{0.4pt} 5CO_2 + I_2 \tag{8-21}$$

I_2O_5 在 573K 时分解为单质 I_2 和 O_2：

$$2I_2O_5 \rule[0.5ex]{2em}{0.4pt} 2I_2 + 5O_2\uparrow \tag{8-22}$$

I_2O_4 和 I_4O_9 是离子化合物，可以看成是碘酸盐，即 $IO^+IO_3^-$ 和 $I^{3+}(IO_3^-)_3$。

8.3.3 卤素的含氧酸及其盐

Cl、Br 和 I 均应有四种类型的含氧酸，分子式分别为次卤酸（HXO）、亚卤酸（HXO_2）、卤酸（HXO_3）和高卤酸（HXO_4），其中卤素氧化态分别为 +1、+3、+5 和 +7。在这些离子结构中，卤素原子均采用 sp^3 杂化方式，故次卤酸根为直线形，亚卤酸根为 V 形，卤酸根为三角锥形，高卤酸根为四面体形。卤素原子和氧原子之间除了有 sp^3 杂化轨道参与成键外，还有氧原子中充满电子的 2p 轨道与卤素原子空 d 轨道间所成的 d-pπ 键。而氟原子中没有 d 轨道因此不能形成 d-pπ 键[1]。

很多卤素的含氧酸仅存在于溶液或含氧酸盐中。在卤素的含氧酸中只有氯的含氧酸有较多的实际用途。HIO 和 $HBrO_2$ 的存在是短暂的，往往只是化学反应的中间生成物。

1. 次卤酸及其盐

次卤酸 HClO、HBrO、HIO 都是极弱的酸，酸性的强度随卤素原子序数的增大而减小，即酸性：HClO＞HBrO＞HIO。

次卤酸都很不稳定，仅存在于水溶液中，其稳定程度也依 HClO、HBrO、HIO 次序减小。它们最突出的性质是氧化性，主要有以下两类反应。

$$3HXO \Longrightarrow 2HX + HXO_3$$

当温度较高时，HXO 或 XO^- 主要发生上述歧化反应，且在碱中的歧化趋势远大于在酸中；次卤酸根离子歧化形成卤离子和卤酸根离子。在室温时 ClO^- 的歧化很慢，而在 343K 以上其歧化速率明显提高；低于 273K 时，BrO^- 相对稳定，而在室温则迅速歧化；而 IO^- 在 273K 时，歧化速率就已经很快了。

$$2HXO \Longrightarrow 2HX + O_2\uparrow$$

当有光照时，HXO 或 XO^- 几乎都发生此类反应。另外，当有容易与氧化合的物质或者有催化剂（如氧化钴或氧化镍）存在时，也发生这类反应。

因此，次卤酸和次卤酸盐都是较强的氧化剂。工业上常见的次卤酸盐是 $Ca(ClO)_2$，常利用其氧化性来漂白和消毒。漂白粉就是通过熟石灰与氯气反应而得到的混合物，其中有效成分为 $Ca(ClO)_2$。

$$2Cl_2 + 3Ca(OH)_2 \Longrightarrow CaCl_2 \cdot Ca(OH)_2 \cdot H_2O + Ca(ClO)_2 + H_2O \tag{8-23}$$

常见的次氯酸盐还有 LiClO，可用于硬水处理和牛奶消毒。NaClO 用于家庭漂白以及游泳池、城市供水和下水道的消毒[1]。

2. 亚卤酸及其盐

亚卤酸也是弱酸，但比相应的次卤酸强，为中强酸。亚卤酸是最不稳定的卤素含氧酸，最稳定的 $HClO_2$ 也只能以稀溶液的形式存在，而 $HBrO_2$ 和 HIO_2 则更不稳定，只能瞬间存在于溶液中。盐类相对稳定，$NaClO_2$ 已经达到规模化生产，可用 H_2SO_4 与 $Ba(ClO_2)_2$ 反应来制备。

$$Ba(ClO_2)_2 + H_2SO_4 \Longrightarrow BaSO_4\downarrow + 2HClO_2 \tag{8-24}$$

分离出 $BaSO_4$ 后可得稀的 $HClO_2$ 溶液。而 $HClO_2$ 水溶液不稳定，容易发生分解反应。

$$8HClO_2 \Longrightarrow 6ClO_2 + Cl_2\uparrow + 4H_2O \tag{8-25}$$

亚氯酸盐在溶液中较为稳定，有强氧化性，可用做漂白剂，在固态时加热或撞击亚氯酸盐，则其迅速分解发生爆炸，溶液受热转化为氯酸盐和氯化物。

$$3NaClO_2 \Longrightarrow 2NaClO_3 + NaCl \tag{8-26}$$

3. 卤酸及其盐

$HClO_3$、$HBrO_3$ 仅存在于水溶液中。但是它们在溶液中浓度不会太高，当稀溶液加热或浓度太高时分解。HIO_3 为白色固体，较为稳定。卤酸的稳定性为 $HClO_3 < HBrO_3 < HIO_3$。

卤酸都是强酸，其酸性按 $HClO_3$、$HBrO_3$、HIO_3 的顺序依次减弱。其浓溶液都是强氧化剂。

实验室中，可用硫酸酸化卤酸盐得到卤酸水溶液。

$$Ba(XO_3)_2 + H_2SO_4 =\!=\!= BaSO_4\downarrow + 2HXO_3 \qquad (X = Cl，Br) \qquad (8\text{-}27)$$

碘酸则可方便地用碘与浓硝酸反应来制取。

$$I_2 + 10HNO_3(浓) =\!=\!= 2HIO_3 + 10NO_2\uparrow + 4H_2O \qquad (8\text{-}28)$$

对于卤酸盐，我们可以利用卤素单质在碱性水溶液中的歧化反应来制取。其中，氯酸钾最为重要，它在 630K 时熔化，约在 670K 时开始歧化分解。

$$4KClO_3 =\!=\!= 3KClO_4 + KCl \qquad (8\text{-}29)$$

当使用 MnO_2 作催化剂时，$KClO_3$ 在较低温度下按下式分解。

$$2KClO_3 =\!=\!= 2KCl + 3O_2\uparrow \qquad (8\text{-}30)$$

固体 $KClO_3$ 是强氧化剂，当它与硫磺或红磷混合均匀后撞击时会发生猛烈爆炸。$KClO_3$ 大量用于制造火柴、炸药的引信、信号弹和礼花等。

4. 高卤酸及其盐

在高卤酸中，$HClO_4$ 是最强的无机含氧酸，分子呈四面体构型，其中 Cl 采用 sp^3 杂化。高氯酸可形成水合物 $HClO_4\cdot nH_2O$，其中 $n = 0.25$、1、2、3 或 3.5。市售高氯酸的浓度为 60%～62%，蒸馏得到的最大浓度为 71.6%，为恒沸混合物（constant boiling mixture），沸点为 476K。$HBrO_4$ 也是强稳定性的截面强酸，373K 时也不分解。正高碘酸 H_5IO_6 属于中强酸，其第一级解离常数 $K_{a1} = 2.3 \times 10^{-2}$。$H_5IO_6$ 是无色单斜晶体，熔点为 413K，在强酸中以 H_5IO_6 形式存在，在碱中以 H_3IO_5 的形式存在。所以高卤酸酸性的大小关系为：

$$HClO_4 > HBrO_4 > H_5IO_6$$

利用浓硫酸与高氯酸盐反应来制备高氯酸，减压蒸馏可得到浓度为 71.6% 的高氯酸恒沸物。

$$KClO_4 + H_2SO_4 =\!=\!= KHSO_4 + HClO_4 \qquad (8\text{-}31)$$

高溴酸氧化性极强，所以不易稳定存在。利用强氧化剂 F_2 氧化溴酸盐溶液，可得到高溴酸盐水溶液。

$$BrO_3^- + F_2 + 2OH^- =\!=\!= BrO_4^- + 2F^- + H_2O \qquad (8\text{-}32)$$

利用氧化剂氧化 I^-、I_2 或 IO_3，可得到高碘酸盐。例如，将 Cl_2 通入碘酸盐的碱性溶液中，可得高碘酸盐。

$$Cl_2 + 3OH^- + IO_3^- =\!=\!= 2Cl^- + H_3IO_6^{2-} \qquad (8\text{-}33)$$

高碘酸盐在工业上的另外一种生产方法是以 PbO_2 为阳极，电解碱性 $NaIO_3$ 溶液。

$$IO_3^- + 3OH^- - 2e^- =\!=\!= H_3IO_6^{2-} \qquad (8\text{-}34)$$

从上述讨论中可以看出，卤素含氧酸及其盐主要表现的性质是酸性、稳定性和氧化性。现以氯的含氧酸及其盐为例将这些性质进行总结，如图 8-1 所示。

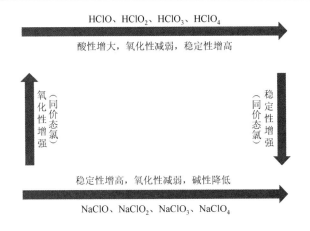

图 8-1 卤素含氧酸及其盐的递变规律（以氯为例）

高卤酸盐的特殊性质，表现在一些反常的难溶盐上，常见的碱金属和铵的高卤酸盐往往溶解度比较小。如 K^+、Rb^+、Cs^+、NH_4^+ 的高氯酸盐的溶解度小，K^+、Rb^+、Cs^+ 的高溴酸盐的溶解度小，而其余金属的盐易溶。这种现象与其他常见盐类的溶解规律正好相反，而高碘酸盐通常都是难溶性的。

8.4 卤素在航空航天领域的应用

8.4.1 含氟化合物

含氟材料由于其特有的化学结构，一般具有良好的耐大气老化性、良好的耐高低温性能、耐介质性和优异的润滑性能，可以在提高飞机抗腐蚀性、苛刻条件下的长效密封、零部件润滑、结构减重、改善飞机外场维护性等方面得到广泛应用，并且有着不可替代的地位。近年来，飞机上应用的氟材料品种、数量都有大幅度增加，但含氟材料成本过高是目前制约其推广应用的最主要障碍，如能解决这一问题，无论是在军用还是民用领域，氟材料都会有广阔的发展前景[3]。

目前，在航空武器装备上常见的含氟材料制品包括：氟塑料、氟橡胶（含氟硅橡胶、氟胶布、氟胶黏剂）、氟涂料、氟化有机玻璃、以聚四氟乙烯为基的自润滑减磨材料（氟塑料金属带、用聚四氟乙烯改性的聚酰亚胺板）、氟硅密封剂、氟润滑脂等。

氟化有机玻璃可作飞机挡风玻璃（图 8-2），优点：具有耐高温、极强的耐酸碱及抗氧化能力；有良好的电绝缘性能且耐磨、耐用等。

含氟油脂（图 8-3）可用于导航陀螺仪，优点：相对密度大、黏温性好、耐氧化、耐老化、耐辐射等。

全氟橡胶（图 8-4，氟橡胶是指主链或侧链的碳原子上连有氟原子的一种合成高分子弹性体）可作涡轮机、喷射引擎和空气输送系统中的油封，优点：有较好的力学性能，而且有很高的耐高温、耐油及耐腐蚀性能[4]。发展历史：最早的氟橡胶为 1948 年美国 DuPont 公司试制出的聚-2-氟代-1，3-丁二烯及其与苯乙烯、丙烯等的共聚体，其性能并不比氯丁

图 8-2　飞机挡风玻璃

图 8-3　含氟油脂

橡胶、丁橡胶突出,而且价格昂贵,没有实际工业价值。20 世纪 50 年代后期,美国 Thiokol 公司开发了一种低温性能好、耐强氧化剂(N_2O_4)的二元亚硝基氟橡胶,氟橡胶开始进入实际工业应用。中国从 1958 年开始也开发了多种氟橡胶,主要为聚烯烃类氟橡胶,如 23 型、26 型、246 型及亚硝基类氟橡胶;随后又发展了较新品种的四丙氟橡胶、全氟醚橡胶、氟化磷橡胶。这些氟橡胶品种都首先从航空、航天等国防军工配套需要出发,逐步推广应用到民用工业部门,已应用于现代航空、导弹、火箭、宇宙航行、舰艇、原子能等尖端技术及汽车、造船、化学、石油、电信、仪器、机械等工业领域。与通用性的橡胶相比,氟、氟硅橡胶的加工工艺性、黏结性及低温性能(氟橡胶)较差,价格也过于昂贵,平均是飞机其他橡胶材料的 10~20 倍。所以,其多用于通用橡胶不能胜任的高温介质环境中[5]。

图 8-4 全氟橡胶

氟涂料，俗称氟碳漆，是以三氟氯乙烯为主的四元共聚物加颜料、助剂、溶剂研磨而成为组分一，固化剂为组分二的氟涂料，可作飞机蒙皮，是一种高科技、多功能的新涂料。优点：突出的耐化学药品性能，附着力强，耐候性能长达 15～20 年，硬度高、耐摩擦、韧性好、耐温、耐水、耐油、抗污等[6]。

聚四氟乙烯由四氟乙烯聚合而成，其分子结构完全对称，主碳链周围紧密围绕着氟原子，而 C—F 键是已知的最牢固高分子键之一，因此聚四氟乙烯材料有稳定的物理特性和化学特性，可作航空航天用绝缘电线（图 8-5）。同时，整个聚四氟乙烯分子电性中和，不带极性，使得聚四氟乙烯材料使用温度范围很大，频率范围也很大，能够耐腐蚀、耐气候老化，物理性能和化学性能稳定良好。以其制成的电线电缆产品具有优异的电气性能，且外径小、重量轻，与传统产品相比具有耐磨、抗开裂、耐水解等优点。车辆和飞机的防雨披布也都是由聚四氟乙烯织物制备的。

图 8-5 航空航天用聚四氟乙烯绝缘电线

8.4.2　含氯化合物

氯醇橡胶（图 8-6）可用于飞机的发动机，侧基氯原子具备耐油、耐溶剂、燃烧透气性低、黏合性好等特点[7, 8]。

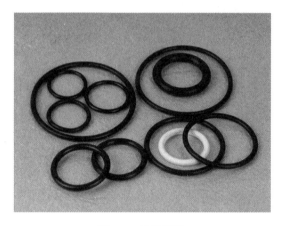

图 8-6　氯醇橡胶

氯醚橡胶（图 8-7）可用于航空薄膜，具有耐 N_2O_4、抗老化、抗臭氧老化、气密性能和动态疲劳性能高等特点，使用寿命大幅度提高[9]。

图 8-7　氯醚橡胶

氯丁橡胶（图 8-8）可用于飞机的油箱保护器，具备耐老化、耐热、耐油、耐化学腐蚀、阻燃性、耐无机酸、碱腐蚀性的优点。

高氯酸铵分解产生大量气体，是火箭燃料常用的氧化剂。

氯代烷烃可用作飞机的灭火剂，它可阻止能量传递，毒性低、喷发迅速、无残留物、无需清理。

过氯乙烯可用作飞机的涂料，优点：常温固化、表干时间短、施工工艺简便。

图 8-8　氯丁橡胶

8.4.3　含溴化合物

溴系阻燃剂可用作飞机的表面涂料，溴系阻燃剂可捕获燃烧反应中的自由基，终止链式反应（chain reaction）的发生[10, 11]。

溴化丁基橡胶可用于飞机起落架的减震系统，优点：较高的减震性能，耐疲劳、耐热和耐臭氧。

溴类清洗剂在飞机维护中可用于金属清洗、电子清洗和精密清洗，具备高洗净力、低臭氧破坏系数、低暖化系数。

8.4.4　含碘化合物

化学氧碘激光器可用于飞机的新概念武器，技术前瞻性强，发展潜力大，速度快，反应快，打击准，杀伤力可控，抗电子干扰能力强，使用成本低。

三氟碘甲烷可用于机载灭火器，三氟碘甲烷具有清洁、低毒、电绝缘性好等特点，灭火效率高、速度快、对大气臭氧层无破坏作用。

碘化银可用于飞机人工降雨，碘化银作为冰核形成剂，相对高炮等人工增雨手段，飞机人工增雨的面积大，雨量可增加 10%～15%。

参 考 文 献

[1]　胡常伟. 大学化学. 北京：化学工业出版社，2004.

[2]　宋天佑. 无机化学. 3 版. 北京：高等教育出版社，2015.

[3]　王克然，章骏. 高新航空武器装备的发展对含氟材料的需求. 飞机设计，2002，（4）：58-62.

[4]　徐博，朱光明，祝萌. 航空航天用膨化聚四氟乙烯密封材料研究进展. 中国塑料，2013，27（8）：8-12.

[5]　陆刚. 氟橡胶结构特点及其应用和发展探源. 化学工业，2014，32（7）：32-38.

[6]　徐丕坤. 氟涂料（氟碳漆）在飞机上的应用. 中国表面工程，2001，14（3）：45-47.

[7]　刘舒巍，杨兴桐，张从轩，等. 氯系阻燃剂四氯双酚 A 的毒性及降解技术研究进展. 化工环保，2017，37（2）：145-151.

[8]　周绍昌. 氯醇橡胶在航空薄膜上的应用. 特种橡胶制品，1979，（1）：5-12.

[9]　宋月贤，郑元锁. 航空薄膜用锦丝绸与氯醚橡胶粘合性能的研究. 橡胶工业，1998，（12）：733-737.

[10]　王彦辉，韩元培，李武斌，等. 环保型溴系阻燃剂在 ABS 复合材料中的应用. 工程塑料应用，2016，44（3）：105-108.

[11]　石鑫，许忠. 环保溴系阻燃剂在改性聚氨酯泡沫塑料中的应用. 广州化工，2018，46（4）：55-58.

第9章 惰性气体

9.1 惰性气体性质

惰性气体（noble gases）又称稀有气体，在元素周期表中为第 18 族元素，因其化合价为零，故也被称为零族元素。惰性气体包括氦（Helium, He）、氖（Neon, Ne）、氩（Argon, Ar）、氪（Krypton, Kr）、氙（Xenon, Xe）和氡（Radon, Rn）6 种元素，它们在空气中的含量（以体积计）为：氩 0.934%，氖 1.82×10^{-3}%，氦 5.24×10^{-4}%，氪 1.14×10^{-3}%，氙 8.7×10^{-6}%，氡是放射性矿物的衰变产物，因它们在空气中含量极微，又都是气体，故称稀有气体。除氡以外，其他元素在空气中都存在，可由液态空气分馏而得[1-8]。

表 9-1 惰性气体的基本性质

性质 \ 元素	氦	氖	氩	氪	氙	氡
化学符号	He	Ne	Ar	Kr	Xe	Rn
原子序数	2	10	18	36	54	86
原子量	4.003	20.18	39.95	83.80	131.3	222.0
价电子层结构	$1s^2$	$2s^2 2p^6$	$3s^2 3p^6$	$4s^2 4p^6$	$5s^2\ sp^6$	$6s^2 6p^6$
原子半径/μm	93	112	134	169	190	220
蒸发热/(kJ/mol)	0.09	1.8	6.3	9.7	13.7	18.0
熔点/K	0.95	24.48	83.95	116.55	161.16	202.15
沸点/K	4.25	27.25	87.45	120.25	166.05	208.15
气体密度（标况）/(g/L)	0.1785	0.9002	1.7809	3.708	5.851	9.73
临界温度/K	5.25	44.45	153.15	210.65	289.75	377.65
临界压强/atm	2.26	26.9	48.3	54.3	57.6	62.4
水中溶解度（293K）/(mL/L)	13.8	14.7	37.9	72	110.9	—

惰性气体元素都是无色、无臭、无味气体，微溶于水，其溶解度随分子量的增加而增大。气体分子由单原子组成，熔点和沸点都很低，并随原子量增加而升高。它们在低温时可被液化，除氦以外，其他 5 种气体都可在充分降温下凝固，氦则要在 25 个大气压或更大的外压下于 0~1K 凝固。惰性气体原子的最外层电子结构为 $ns^2 np^6$（氦为 $1s^2$），这使惰性气体一般不具备化学活性，故称之为惰性气体[9-14]。

9.2 惰性气体的发现

六种惰性气体元素是在 1894~1900 年陆续被发现的，发现惰性气体的主要功绩应归于英国化学家威廉·拉姆塞（William Ramsay，1852—1916，图 9-1）[2, 4]。

图 9-1　威廉·拉姆塞，英国著名化学家，1904 年诺贝尔化学奖得主

1894 年英国化学家拉姆塞和物理学家瑞利（L. Ragleish）合作发现氩，紧接着拉姆塞在 1895 年从沥青铀矿中分离出氦，并用光谱法证实了它就是在 27 年前法国的严森（P. J. C. Janssen）、英国的洛克耶（J. N. LocRyer）观察日全食时所发现的"太阳元素"[12, 15-19]。1898 年拉姆塞和特莱弗斯（M. W. Travers）合作，相继从液态空气中分馏出氖、氪、氙。1899 年加拿大的欧文（R. B. Owens）在研究钍的放射性时发现了"钍射气"，1900 年德国的道恩（F. E. Dorn）在研究镭的放射性时发现了"镭射气"。当拉姆塞用光谱分析"钍射气"和"镭射气"时，发现它们是同一种物质，而且是一种新的天然放射性元素，将其命名为氡。至此，这 6 个在常温下为气体的元素全部被人们制得或发现，并在周期表中增添了 1 个完整的新族——零族。零族元素的发现，丰富和发展了元素周期律的内容，也使周期律的理论经受住了一次重大的考验。

1894 年 8 月 13 日，当拉姆塞和瑞利在英国牛津自然科学代表大会上宣布这一新元素的发现时，大会主席马登（H. C. Madan）就根据它未发生任何化学反应的特征提议给这种气体元素取名叫"Argon"（氩），这个名称有"懒惰"、"迟钝"的意思。"惰性"元素从此冠名而问世。

在 20 世纪 30 年代中期，德布罗意（L. V. de Broglie）、薛定谔（E. Schrödinger）、海森伯（W. K. Heisenberg）等创立了量子力学，揭示了微观世界运动的特征，为阐明原子核外电子的运动及其排布的规律提供了更深层次的理论基础。惰性气体原子基态时的最外层电子排布分别是 He: $1s^2$；Ne: $2s^2 2p^6$；Ar: $3s^2 3p^6$；Kr: $4s^2 4p^6$；Xe: $5s^2 5p^6$；Rn: $6s^2 6p^6$。这就是说，所有惰性气体元素最外层的支壳层均被电子填满形成"闭合支壳层"，而氦和氖整个外层全部填满，形成"闭合壳层"。惰性气体原子的这些结构特征，解释了其化学性质不活泼的本质原因[20-25]。

9.3　惰性气体化学的建立

1962 年，在加拿大工作的英国青年化学家巴特莱特成功地制得六氟铂酸氙，使惰性气体元素发生了化学变化。这项研究震惊了整个化学界，并由此而开创了惰性气体化学。紧接着在之后的同年 8 月，美国的化学家们在加热加压体积比为 1:5 的氙与氟的混合物时，直接制得 XeF_4，同年年底又得到 XeF_2、XeP_6。氙与氟直接合成成功，更加推动了惰性气体化学领域的发展。在此后很短的时间内，人们陆续发表了数十篇这方面的报道，不仅制得了一系列不同价态的氙氟化合物、氙氯化合物、氙溴化合物、氙氧氟化合物、氙氧化合物、氙的有机化合物及氙的氟硼化合物等，而且对其中多种化合物的结构和化学键的性质进行了研究。很显然，再继续将这一族元素称为惰性元素已不科学。根据该族元素的克拉克含量（即某种元素在地壳中存在的多寡）都很低微，只有氩稍高一些，但其质量克拉克百分

比也仅达 4×10^{-4}，因此一些化学家建议将惰性气体更名为稀有气体，这一建议很快被普遍采用。稀有气体化学的建立，不仅在理论上有重大意义，而且有着广阔的应用前景[26-29]。

9.4　惰性气体应用

氦（He）是零族元素的第一个成员，由液态空气的分馏而得，也存在于某些天然气中。它完全没有化学反应，没有已知的化合物，其气体密度为 0.1785g/L，熔点为 0.95K，沸点为 4.25K，在放电管中光谱颜色为粉红色。由于它的密度是空气的 1/9，是除了氢气以外密度最小的气体，且不易燃，可以代替氢气装在飞船里。使用氦气的飞船不会着火，也不会发生爆炸。液态氦的沸点为 -269℃，利用液态氦可获得接近绝对零度（-273.15℃）的超低温。氦气还用来代替氮气制成人造空气，供深海潜水员呼吸。因为在压强较大的深海里，用普通空气供呼吸，会有较多的氮气溶解在血液里，当潜水员从深海处上升，体内逐渐恢复常压时，溶解在血液里的氮气释放出来形成气泡，对微血管起阻塞作用，引起"气塞症"。氦气在血液里的溶解度比氮气小得多，用氦跟氧的混合气体（人造空气）代替普通空气，就不会发生上述现象。此外，这种含氦的人造空气，还可用来医治支气管气喘，因为它的平均密度比普通空气小 3 倍，容易吸入或呼出[2]。

氖（Ne）由液态空气分馏而得，完全没有化学反应，没有已知的化合物。它的气体密度为 0.9002g/L，熔点为 24.5K，沸点为 27.3K。它常用于霓虹灯和荧光照明中，在低气压放电中辐射橘红色辉光，也用于验电笔作为指示灯。它与氦气一起制成氦氖激光器，辐射波长为 6328Å①，可用于激光准直、测距、针灸等。氦氖激光器是将氦、氖混合气体密封在一个特制的石英管中，在外界高频振荡器的激励下，混合气体的原子间发生非弹性碰撞，被激发的原子之间发生能量传递，进而产生电子跃迁，并发出与跃迁相对应的受激辐射波，近红外光。氦氖激光器可应用于测量和通信。氖和氩还用在霓虹灯里。霓虹灯是在细长的玻璃管里充入稀薄的气体，电极装在管子的两端，放电时产生有色光。灯光的颜色跟灯管内填充气体的种类和气压有关，跟玻璃管的颜色也有关[9]。

氩（Ar）是零族元素中含量最多的，由空气液化分馏而得，气体密度为 1.7809g/L，熔点为 84K，沸点为 87.5K，它不起化学反应，没有已知的化合物。它常用于电灯泡和荧光管中，光谱颜色为蓝紫色。用氩离子制成的氩离子激光器，辐射波长可调，主要辐射波长为 514.5nm 和 488nm，既可以产生连续辐射，又可以输出模式锁定的超短脉冲序列，将它用于泵浦染料激光器和钛宝石激光器，可获得飞秒超短光脉冲，也可用于研究化学和生物学的超快过程等。它也是防止焊接过程发生氧化的保护气体。氩常用来填充普通的白炽电灯泡，灯丝在空气中加热会产生燃烧现象，因此必须抽掉灯泡中的空气，但空气抽出后，炽热的灯丝就容易蒸发。所以长时间使用的灯泡在玻璃内壁会附着一层黑色薄膜。如果把一定数量的氩气或氩、氮混合气体充入灯泡里，就会增加灯泡内部的气压，防止灯丝在炽热时蒸发，延长灯丝的寿命。

---

① 1Å = 1×10^{-10}m。

氪（Kr）由空气液化分馏得到，气体密度为 3.708g/L，熔点为 116.6K，沸点为 120.3K。它不起化学反应，仅形成一种化合物 KrF_2。氪放电颜色为蓝绿色，可制成激光器，可辐射较多波长，如 350.7nm、356.4nm、476.2nm 等。它亦可用于制作照相闪光灯，用作荧光灯管及机场跑道的频闪灯等。用氪来填充白炽灯，可以节能 10%，氩和氪的混合气被广泛用于充填荧光灯。氪热导率比氩还低，可作电光源的填充气体。氪和氙在电场激发下放出强烈白色光，在高压电弧放电时，产生类似日光的光线，称其"小太阳"，可用于特殊照明（舞台照明、运动场照明等），还可用作固体激光器的激励光源。氪灯能放出紫外线，在医学上有所应用。氪和氙的同位素在医学上均被用来测量脑血流量、研究肺功能、计算胰岛素分泌量等。含氧气体积分数为 0.22 的氪气，可用作麻醉剂，效果好，且无副作用。

氙（Xe）由空气液化分馏得到，气体密度为 5.851g/L，熔点为 161.2K，沸点为 166.2K。它不起化学反应，仅能形成某些化合物，如四氟化氙 XeF_4。它常用于制造荧光管和灯泡的添加剂，用作激光器的泵浦光源。激光技术的进步，使人们发现仅在激发态存在的准分子可用于制造准分子激光器，主要有氟化氪激光器，辐射波长 248nm；氟化氙激光器，辐射波长 351～353nm；氟化氩激光器，辐射波长 193nm；氯化氙激光器，辐射波长 308nm。它们可用于制作光刻机，在集成电路制造过程中实行显微光刻。作为麻醉剂，氙气在医学上很受重视。氙能溶于细胞质的油脂里，引起细胞的麻醉和膨胀，从而使神经末梢作用暂时停止。人们曾将 80%氙气和 20%氧气组成的混合气体作为无副作用的麻醉剂。

氡（Rn）是镭放射性衰变产物，具有放射性，对人体有害，在家庭装修上要注意避免使用可能含有放射性的装饰材料，如花岗岩和大理石。医学上氡用于恶性肿瘤的放射性治疗，但若人吸入含有氡的粉尘，则有可能引起肺癌。

惰性气体因其特有的性质而被应用于生产和科学研究。氦不能燃烧，质量又轻，可以代替易燃的氢气填充高空气球和飞艇。由于惰性气体的化学性质很不活泼，常用作工业生产中的保护气。例如，用电弧焊接火箭、飞机、导弹、舰船等所使用的不锈钢、铝合金材料时，可以用高纯度氩气充当保护气，防止高温下金属和空气中的氧气等发生反应。常用的白炽灯泡内充入氩气和氮气的混合气体作保护气，保护灯丝，以延长灯泡的使用寿命。惰性气体在低压放电时会发出多种颜色的光（图 9-2），例如，氖会发出橘红色辉光，氩会发出紫蓝色辉光，氦会发出粉红色辉光，因此可以利用惰性气体制成五光十色的霓虹灯，把现代都市的夜晚装扮得异彩纷呈。氖灯发出的橘红光，能透射过浓雾，常用作航空、航海和铁路交通的指示灯。惰性气体在高科技领域方面正大显身手，氦的沸点是所有已知物质中最低的，液氦常用作超低温研究中的制冷剂，氦在原子反应堆中也可用做制冷剂。氖气、氩气、氙气还用于制激光器等。

就目前而言，惰性气体氟化物已开始用作多种工业过程的氟化剂和强氧化剂，氪在辐射监测和大气净化方面已开始得到应用。惰性气体化合物可应用在原子能反应堆工艺和核燃料工业应用方面，化学反应、化工生产过程和金属及合金的精炼应用方面，以及激光、特殊光学玻璃、高能燃料和炸药、宇航飞行器的消融猝灭剂等方面，正在从推测或实验室试验阶段走向实际应用[13]。

图 9-2 惰性气体发光

9.5 惰性气体化合物的应用

惰性气体化合物的制成,不仅在理论上有重大意义,而且有实际应用的可能性,一开始就引起人们的注意。至今已提出了稀有气体化合物多种实际应用,但大多处于试验阶段,有的则属于推测和建议。由于实际应用将涉及各有关科学技术领域,因此首先要考虑这些化合物的特性。而目前制成的化合物的种类还不够多,对这些化合物性质的研究还不深入。但可以预期,惰性气体化合物实际应用的前景是很广阔的。

例如,在铀-235(²³⁵U)作核燃料的原子反应堆中,可以利用氟化法,使氪和氙转为固态的氟化氪和氟化氙,并利用它们氟化能力的不同,将它们作进一步的分离。在铀矿的开采中,氡是一种有害的强放射性气体,也可以通过氟化处理而消除。在精炼合金时,加入固体二氟化氙、四氟化氙,有助于除去金属或合金中所含的气体和非金属夹杂物。宇航飞行器从外层空间返回地球时,外壳与大气摩擦产生高温,惰性气体的氟化物可作为猝灭消融剂,吸热降温,结合等离子体火焰中的电子而使其猝灭,防止飞行器熔化。三氧化氙和四氧化氙对震动、加热都极为敏感,在潮湿的空气中有很强的爆炸力,人们试图探讨将它们用作火箭推进剂的可能性。惰性气体卤化物还可以作为大功率激光器的工作物质,例如,一氟化氙激光器可发射出波长为 351.1nm 和 35.1nm 的激光束等[30-34]。

9.5.1 原子能反应堆工艺

1. 放射性氪、氙的处理与分离

²³⁵U 在反应堆中裂变时,会生成多种裂变产物。除固体外,还有气体,其中包括氪和氙的放射性同位素,过去无法使它们生成化合物而除去,又不能立即向大气中排放,只得

用专门的容器储存，让短寿命的放射性同位素"死"掉。例如，在核辐射固定氮的生产过程中，只得将 ^{135}Xe 储存，待其放射性显著降低后，通过特别设计的高烟囱向大气中排放。这不仅增加了工艺设备，延长了生产时间，还造成一定的污染。现在已经可用生产氟化氙的方法除去放射性物质。

根据氙、氪与氟化合能力的差异性，利用氙比氪更易于生成氟化物的特点，将裂变产物中的氙和氪分离出来，作为放射性同位素实际应用。这个方法已经在处理反应堆裂变产物的工艺中试验过，达到了预期的分离效果。

2. ^{135}XeF$_4$ 作减速剂

^{235}U 在反应堆中裂变时生成氙，其中 ^{135}Xe 的热中子俘获截面极高，随着它的聚集，反应堆中的大量热中子被这些"毒物"俘获，影响反应堆的正常运转，所以要及时将 ^{135}Xe 这类"毒物"分离出来。同时，^{135}Xe 热中子俘获截面很高的特性，又可使其作为效率极佳的减速剂，以控制反应堆的正常运转。若用单质 ^{135}Xe 作减速剂，由于氙是气体，体积很大；若用化合物 ^{135}XeF$_4$，根据 XeF$_4$ 的密度，可计算出 XeF$_4$ 所含的 Xe，相当于 500atm（1atm = 101325Pa）的单质氙，使用起来可能很方便，但 XeF$_4$ 的辐射性不佳，能否付诸实际应用，尚待实践。

9.5.2　核燃料工业

1. 铀、钚、镎的分离

铀、钚、镎的分离提纯，在核燃料工业中占有重要的地位，主要是从大量铀中分离出钚、镎，根据它们三者不同氧化态的稳定性的差别而进行分离。为此必须使用适当的氧化剂或还原剂，进行选择性的氧化还原，然后用沉淀法或其他方法进行分离。氟化氙、氧化氙有很强的氧化性，当其完成氧化作用后，氙即逸出，对体系无干扰，使以后的处理过程更为简化。例如，XeO$_3$ 可将 Pu（Ⅲ）氧化：

$$6Pu（Ⅲ）+ XeO_3 + 6H^+ === 6Pu（Ⅳ）+ Xe + 3H_2O \qquad (9\text{-}1)$$

XeO$_3$ 在光源照射下，可迅速将 Np 的氧化数从 + 5 提高到 + 6。XeF$_2$ 或 XeO$_3$ 在 KOH 溶液中还可将 Np（Ⅵ）进一步氧化为 Np（Ⅶ）。XeF$_2$ 在水溶液中将钚、镎氧化至各种氧化态的研究，正在继续进行。此外，可利用氙化合物与 PuF$_6$ 反应、不与 UF$_6$ 反应的性质，简化铀与钚的分离问题。可以预期，在核燃料工业中有可能使用氙化合物来提高铀、钚、镎分离提纯的效率。

2. UF$_6$ 的生产

从天然铀中分离出含量约为 0.7% 的 ^{235}U 是原子能工业的重要课题。成熟的方法之一是将铀化合物先转变为易于挥发的 UF$_6$，然后用气体扩散法将 ^{235}U 与 ^{238}U 分离开。用 XeF$_2$ 作氟化剂有较大的优越性，在 20～50℃下，XeF$_2$ 在密闭的反应器内，将 UO$_3$ 或 U$_3$O$_8$ 氟化为 UF$_6$。反应过程中不需使用催化剂，也不产生液体的放射性污染物。XeF$_2$ 可定量地反应，XeF_2 将氧化铀氟化后，自身分解为氙，与反应产物 UF_6 相混，通过 $-70℃$ 的冷凝阱，UF_6 则被冷凝分离出来。氙可在通往氟化器过程中氟化为 XeF_2，供循环使用。

9.5.3　化学及化学工业

1. 分析试剂

氙化合物具有很强的氧化性。氙的氟化物或氧化物在氧化其他物质时，自身被还原为氙逸出，不给体系增加杂质。所以用氙化合物作为氧化性的分析试剂，很有优势。

1）XeF_2

XeF_2 水溶液可用来测定 I^-、Cr^{3+} 的存在，在微酸性溶液中分别把它们氧化为 IO_4^-、Cr^{6+}。测定铬时，将铅合金溶解后，溶液中含有相当于 $1\sim20mg$ 的铬，在 pH 为 1.65 下用 $10\sim20mg$ 的 XeF_2 氧化，然后用碘量法滴定，此法的误差较大；若用光度法，所得的结果较佳。取试液 $1\sim4mL$，内含相当于 $1\sim100mg$ 的铬，在 pH = 1.65 下用 0.1mg 的 XeF_2 将其氧化为 CrO_4^{2-}，加入 10mL 1.0mol/L 硫酸酸化后，再加入 1.0mL 0.15%的二苯卡巴肼乙醇溶液，然后将溶液倒入测定池内，入射光的波长为 540nm，测定其吸光度。对于标准铬溶液（含铬 831.9mg/L），用此法测得的铬含量为（830 ± 50）mg/L。

XeF_2 用于气相反应色谱，可测定周期表第ⅥA 元素 S、Se、Te，XeF_2 起氟化剂作用，将 ZnS、$ZnSO_4$、$2TeO\cdot HNO_3$ 氟化为挥发性的 S、Se、Te 的氟化物。由于氟化反应很剧烈，为了减缓反应速率，必须用氢气稀释，此方法可用来测定微量的 S、Se、Te 等。

XeF_2 还可用于有机物的元素分析。XeF_2 的强氧化性在室温下便可使有机物分解。这样，可使元素有机分析的过程大为简化。

2）XeO_3

（1）测定有机物含量。

根据 XeO_3 对伯醇、仲醇的氧化性质，可用 XeO_3 来分析伯醇及仲醇的含量：用已知浓度的 XeO_3 水溶液，将伯醇或仲醇氧化为二氧化碳和水，然后用碘量法滴定剩余的 XeO_3，从而测出醇的含量。这种测定方法操作简便，可准确测定微量或大量的醇，醇的含量为 $100\mu g$ 时，相对标准误差为 1%；$25\mu g$ 时为 4%，比过去常用的高锰酸钾法、铈量法要准确得多。

XeO_3 在中性、酸性溶液中可将一元羧酸、二元羧酸氧化为二氧化碳和水；将苯甲醇、苯甲醛氧化为苯甲酸。因此 XeO_3 可用来测定羧酸的含量。和测定醇一样，也是先加入已知浓度的 XeO_3 水溶液，然后用碘量法滴定过剩的 XeO_3。这个方法比传统的铈量法、钒量法更佳，特别是对于那些难以氧化的羧酸（如乙酸、琥珀酸），XeO_3 氧化法更显示出优越性，既简便又准确。

（2）催化法。

XeO_3 水溶液不能氧化特丁醇，若加入 H_2O_2，则由于 H_2O_2 起催化作用而引发反应，引发时间的长短与 H_2O_2 的浓度有关。根据工作曲线，可由引发时间得出 H_2O_2 的浓度。这个方法的灵敏度极高，最低检测限可达 $0.9\mu g$。

（3）滴定法。

最初用 XeO_3 溶液直接滴定 H_2O_2，以溴甲酚红紫为指示剂，由于 XeO_3 的氧化性太强，将指示剂破坏，以致误差太大，实验结果平行性不好。所以直接滴定法有待找寻抗 XeO_3 的指示剂。

采用间接滴定法可得到较好的结果。先用过量的已知浓度的 XeO_3 和 H_2O_2 反应，并预先测定完成反应所需时间，以供正式测定时参考。待 XeO_3 和 H_2O_2 反应完毕后，即测定溶液中剩余的 XeO_3，先加入高氯酸酸化，然后加入 NaI，利用碘量法测定。间接法远比直接法好，测定的最低检测限可达 50μg，相对标准误差为 4%；若含量为 200μg 时，误差降低至 1%。

2. 化学反应和化工生产过程

氟化氙无疑是很有发展前途的氟化剂，其对有机物、无机物均有良好的氟化性能，在反应过程中，氟化氙实际上成为自由基源，为反应体系提供自由基，例如，XeF_2 与 HSO_3F 反应生成 $SO_3F·$ 自由基：

$$XeF_2 + 2HSO_3F \longrightarrow Xe + 2HF + 2SO_3F· \qquad (9\text{-}2)$$

$$2SO_3F· \longrightarrow S_2O_6F_2 \qquad (9\text{-}3)$$

在上述反应中，氙化合物被还原为单质氙以后即由体系中逸出，逸出的氙可循环使用，使它变为氟化氙后，再进入体系内反应。这样，氟化氙就成为自由基源，给体系不断地补充自由基，使反应继续进行下去。

$XeF_n(n = 2, 4, 6)$ 中以 XeF_2 作氟化基最有前途，这是因为 XeF_2 的氟化选择性较好，氟化性质温和，不像 XeF_6 那样使有机物断链。更重要的是 XeF_2 的水解率低，即使在水溶液中水解后，也不至于生成具有爆炸性的 XeO_3，所以使用安全。加合物 $XeF_2·XeF_4$ 作氟化剂的效果也很好。这种加合物可直接以适当比例的氟混合，直接加热合成。

氟化氙还可作实验室的"载氟剂"。加热氮化氙，即分解出氙，氙可循环使用，这对于储存和使用都比较方便。二氟化氙已经用于烯烃类不饱和化合物的聚合引发剂、各种树脂的交联剂或熟化剂[35]。

9.5.4　其他

1. 激光

惰性气体早已被作为激光工作物质，近几年发现惰性气体的卤化物具有优质激光材料的性能。当氢（或氙）和卤素（或卤化物）注入激光器内激发时，惰性气体和卤素（或卤化物）即反应生成惰性气体的卤化物，其可发射出大功率及特定波长的激光。这方面的工作进展很快。氟化氙、氟化氪、溴化氙在不同气压下的各种激发方式均试验过。例如，按 Ar：Xe：F = 250：2.5：1 注入激光器内，总量为 1.7atm，激发时即生成 XeF，发射出波长为 351.1nm 和 353.1nm 的大功率（峰值达 0.5MW）激光光束。

2. 特殊的光学玻璃

现已研制出一种含 Xe（Ⅵ）的光学玻璃，其具有奇特的光学、磁学和电学性质，可用来作为激光材料等。这项工作具有重要的现实意义，不过目前还处于研发阶段。

要想制造出含氙化合物的玻璃，首先要解决两个问题：第一是选择热稳定性较高的氙化合物；第二是选择一种熔点较低的玻璃基质，以适应氙化合物热稳定性较差（易于热分解）的特点。

目前制成的氙化合物中，以 Cs_2XeF_8 和 Rb_2XeF_8 的热稳定性较高，前者的分解温度在 400℃ 以上。作为玻璃的组分而言，希望阳离子的体积较大，Rb^+、Cs^+ 正好满足这一点。由于 Xe（Ⅵ）具有很强的氧化性，为了避免其与杂质发生化学反应，要求玻璃基质各种组分比较纯净，宜用化学试剂；熔融过程中用氮、氩作保护气氛，熔炼的容器用铂或合金坩埚。这种含氙玻璃在 100℃ 下发软，退火温度为 60℃，在空气及室温下稳定，玻璃成品用碘量法测定，含 XeF_6 达 10%（重量分数）。

3. 高能燃料和炸药

XeO_3 对振动很敏感，可产生效能很高的爆炸，又不遗留固体碎片或腐蚀性气体，故可考虑将 XeO_3 用于特定条件下的"微型"炸药。若将 XeO_3 和现有常规炸药的性能相比较，尤其是考虑到经济方面，把 XeO_3 作为一种大量使用的炸药是不现实的。但根据氙化合物、氪化合物的强氧化性质，人们已考虑将惰性气体的氧化物作为火箭推进剂的可能性。

4. 金属及合金的精炼

在精炼液体金属及合金时，加入固态的 XeF_2、XeF_4，有助于去除金属或合金中所含气体及非金属夹杂物。

5. 延长白炽灯泡的寿命

往钨丝白炽灯泡注入 XeF_2、XeF_4 或 XeF_6，可以延长灯泡使用寿命。

6. 宇航飞行器的消融猝灭剂

宇航飞行器从外层空间返回地球时，外壳与大气层摩擦产生高温，若不用消融剂，飞行器将会熔化。消融剂应具有两方面的作用：一是吸热降温；二是结合等离子体火焰中的电子而使其猝灭。惰性气体的氟化物可作为猝灭消融剂的组分，在高温下它们分解出电子亲和力极强的 XeF^+ 和 KrF^-，其与等离子体中的电子结合而起到猝灭剂的作用，也可以将惰性气体的氟化物与硫混合，在高温下生成 SF_6 气体，它也是效率很高的猝灭剂[36,37]。例如，XeF_2 和硫反应：

$$3XeF_2 + S === 3Xe + SF_6 \tag{9-4}$$

将惰性气体的氟化物（或掺入硫）加入液状的树脂预聚物中，充分搅拌混匀，并加入增强剂（如石英、炭、石棉等），然后倒入所需形状的模具中并加温，使之聚合固化。脱模后即得到特定形状含氟化氙的加合物，安装在宇航飞行器上[38]。

参 考 文 献

[1]　切尔尼克 C L. 惰性气体化学. 北京：原子能出版社，1981.

[2]　冯光熙，黄祥玉. 稀有气体化学. 北京：科学出版社，1981.

[3]　周嘉华，张黎，苏永能. 世界化学史. 长春：吉林教育出版社，1998：265-270，419-423.

[4]　赵匡华. 化学通史. 北京：高等教育出版社，1981：242-245.

[5]　凌永乐. 世界化学史简编. 沈阳：辽宁教育出版社，1988：289-295，380-385.

[6]　凌永乐，李华隆. 物质结构的探索. 北京：北京出版社，1988：53-75.

[7]　艾伯特·斯特沃特加. 化学元素便览. 田晓伍，任金霞译. 郑州：河南科学技术出版社，2002：13-139.

[8]　胡常伟. 大学化学. 北京：化学工业出版社，2004：314-315.

[9]　孙挺. 无机化学. 北京：高等教育出版社，2011.

[10]　谢少艾. 元素化学简明教程. 北京：高等教育出版社，2001.

[11]　Hargittai I. Neil Bartlett and the first noble gas compound. Structural Chemistry，2009，20（6）：953-959.

[12]　赵匡华. 化学通史. 北京：高等教育出版社，1993：242-245.

[13]　刘殿永. 稀有气体对元素定位作用. 化学教学，1999，（3）：45.

[14]　Pauling L. The formulas of antimonic acid and the antimonates. Journal of the American Chemical Society，1933，55：1895-1900.

[15]　Laszlo P，Schrobilgen G J. One or Several Pioneers？The discovery of noble-gas compounds. Angewandte Chemie International Edition，2010，27：479-489.

[16]　Ming W W. Prediction of a Metastable helium compound：HHeF. Journal of the American Chemical Society，2000，122：6289-6290.

[17]　Liao M S，Zhang Q E. Chemical bonding in XeF_2, XeF_4, KrF_2, KrF_4, RnF_2, $XeCl_2$, and $XeBr_2$：From the gas phase to the solid state. Journal of Physical Chemistry A，1998，102：10647-10654.

[18]　Joyner C H，Dixon T A，Baiocchi F A，et al. The structure of Ar-N_2O. Journal of Chemical Physics，1981，75：5285-5290.

[19]　Hodge J，Hayman G D，Dyke T R，et al. Molecular-beam infrared spectroscopy of the Ar-N_2O van der Waals molecule. Journal of the Chemical Society，Faraday Transactions，1986，82：1137-1142.

[20]　朱华，李绎，谢代前，等. He-N_2O 的从头算势能面及振转能级. 高等学校化学学报，2002，23（11）：2137-2141.

[21]　蒋刚，谢洪平，谭明亮，等. 弱结合分子 Kr-HF 结构与相关效应. 物理学报，2000，49（4）：665-669.

[23]　鄢国森，谢军楷，谢代前. 用 DVR 方法研究 Ar-HF 和 Ar-DF 的振转光谱. 化学学报，1997，55：1041-1046.

[24]　McDowell A. A computational study of hydrogen-bonded complexes of HKrCl：N_2⋯HKrCl, OC⋯HKrCl, and HF⋯HKrCl. Journal of Chemical Physics，2003，119（7），3711-3716.

[25]　陈小华，张高明. C（60）的惰性气体原子化合物分子力学研究. 湖南大学学报，1997，24（3）：13-16.

[26]　Petsalakis I D，Theodorakopoulos G，Buenker R J. Theoretical ab initio study of the electronic states of KrH and KrH$^+$：Quantum defect and complex coordinate calculations on the Rydberg states of KrH. Journal of Chemical Physics，2003，119（4）：2004-2012.

[27]　谢文，杨向东，朱俊. 氢原子与惰性气体原子间相互作用势的研究. 四川大学学报（工程科学版），1995，4：99-102.

[28]　Lotrich F，Avoird A. Method for the ab initio calculation of intermolecular potentials of ionic clusters：Test on Rg^-CO^+, Rg = He，Ne，Ar. Journal of Chemical Physics，2003，118：1110-1118.

[29]　Ahokas J，Vaskonen K，Eloranta J，et al. Electronic Absorption Spectra of HXeCl，HXeBr，HXeI，and HXeCN in Xe matrix. Journal of Physical Chemistry A，2000，104：9506-9511.

[30]　Cohen A，Lundell J，Gerber R B. First compounds with argon-carbon and argon-silicon chemical bonds. Journal of Chemical Physics. 2003，119（13）：6415-6417.

[31]　Feldman V I，Sukhov F F，Orlov A Y，et al. Experimental evidence for the formation of HXeCCH：The first hydrocarbon with an inserted rare-gas atom. Journal of the American Chemical Society，2003，125：4698-4699.

[32]　Khriachtchev L，Tanskanen H，Lundell J，et al. Fluorine-free organoxenon chemistry：HXeCCH，HXeCC，and HXeCCXeH. Journal of the American Chemical Society，2003，125：4696-4697.

[33]　Khriachtchev L，Tanskanen H，Cohen A，et al. A gate to organokrypton chemistry：HKrCCH. Journal of the American Chemical Society，2003，125（23）：6876-6877.

[34]　Lundell J，Cohen A，Gerber B. Quantum chemical calculations on novel molecules from xenon insertion into hydrocarbons. Journal of Physical Chemistry A，2002，106：11950-11955.

[35]　孙挺，张霞. 无机化学. 北京：冶金工业出版社，2011.

[36]　熊武一，周家法，卓名信，等. 军事大辞海. 北京：长城出版社，2000.

[37]　冯光熙，黄祥玉，申泮文，等. 无机化学丛书. 第 1 卷. 稀有气体、氢、碱金属. 北京：科学出版社，1984.

[38]　朱继洲，吴新佳，周法清，等. 核反应堆运行. 北京：原子能出版社，1992.

第 10 章　钛、钒副族

10.1　钛副族元素的性质

10.1.1　钛副族元素概述

钛副族金属元素的基本性质列于表 10-1 中。

表 10-1　钛副族元素的基本性质

性质 ＼ 元素	钛	锆	铪
元素符号	Ti	Zr	Hf
原子序数	22	40	72
原子量	47.90	91.22	178.49
价电子层结构	$3d^24s^2$	$4d^25s^2$	$5d^26s^2$
共价半径/pm	136	145	144
离子半径/pm	68	80	79
第一电离能 I_1/(kJ/mol)	658	660	654
电负性	1.54	1.33	1.30
$\varphi^{\ominus}$/V	−0.86	−1.43	−1.57

钛元素、锆元素和铪元素的价电子层结构为$(n-1)d^2ns^2$，稳定化态为Ⅳ，位于周期表第ⅣB族，统称为钛副族。其中，钛元素主要存在于钛铁矿 $FeTiO_3$ 和金红石 TiO_2 中；锆元素主要存在于锆英石 $ZrSiO_4$ 和斜锆石 ZrO_2 中；铪元素通常与锆共生。

钛于 1791 年由格雷戈尔于英国康沃尔郡发现，并由马丁·克拉普罗特用希腊神话的泰坦为其命名。由于其稳定的化学性质，良好的耐高温、耐低温、抗强酸、抗强碱性能，以及高强度、低密度，常用来制造火箭及太空船，因此获"太空金属"美誉[1]。

有人把钛称为稀有金属，这是因为钛的发展历史很短。实际上钛是一种资源极为丰富的元素，它在自然界的分布相当广，已发现含钛 1%以上的矿物就有 80 多种。在地壳中钛的含量为 0.61%，在所有元素中居第九位，在常用的金属元素中仅次于铝、铁、镁，比我们大家熟知的锡、镍、铅、锌、铬元素含量的总和还要多十几倍[2]。钛的矿石主要有钛铁矿及金红石，广泛分布于地壳及岩石圈中。钛亦同时存在于几乎所有生物、岩石、水体及土壤中。我国钛资源储量居世界之首，占世界钛资源储量的 48%，但其中 98.9%是钛铁矿，仅有 1%左右是金红石矿，而且多为贫矿、原生岩矿，大多数为难选矿[3]。从主要矿石中萃取出钛需要利用克罗尔法[4]或亨特法。钛最常见的化合物是二氧化钛，可用于制造白色颜料[5]。其他化合物还包括四氯化钛（$TiCl_4$，作催化剂及用于制造烟幕或空中文字）及三氯化钛（$TiCl_3$，用于催化聚丙烯的生产）。

1787 年，利用来自斯里兰卡的黄锆石，马丁·克拉普罗特提取出一种新的氧化物，命名为德语：Zirkonerde。1824 年，贝采利乌斯用金属钾还原该氧化物，分离出锆金属。

铪和锆的化学性质极其相似，这使得它们难以分离[6]。最初使用的方法是分级结晶法（利用其在氟代酸铵中的溶解度不同）[7]以及分级蒸馏法（利用它们的氯化物的沸点不同）[8]，但它们尚未工业化。溶剂萃取法由于具有分离彻底、可连续操作、操作环境好等优点，在锆铪分离中占有重要地位[9]。约半数金属铪是通过提纯锆而产生的副产物得到的，分离的最终产物是四氯化铪[10]。提纯的四氯化铪通过钠或镁对其的还原反应来制备金属铪（克罗尔法）[11]：

$$HfCl_4 + 2Mg \xrightarrow{1100℃} 2MgCl_2 + Hf$$

Arkel 和 de Boer 开发出了进一步提纯铪的方法，该方法利用了化学传递反应：在密闭容器中，铪与碘在 500℃的温度下反应，形成四碘化铪；再在 1700℃的钨丝上发生逆反应，分解得到碘和铪。铪在钨丝上形成固体包裹在上面，而碘可以与多余的铪反应，使转化趋于稳定[12, 13]。

$$Hf + 2I_2 \xrightarrow{500℃} HfI_4$$

$$HfI_4 \xrightarrow{1700℃} Hf + 2I_2$$

10.1.2　钛

钛，化学符号 Ti，原子序数 22。其特征为重量轻、强度高、具金属光泽，亦有良好的抗腐蚀能力（包括海水、王水及氯气）。

1. 单质的物理和化学性质

1）物理性质

在金属元素中，钛的比强度很高[14]。钛的强度和硬度与钢接近，同时兼具钢强度高和铝质地轻的优点[15]。它是一种高强度但低质量的金属，而且具有相当好的延展性（尤其是在无氧的环境下）[16]。钛的表面呈银白色金属光泽（图 10-1）[17]。它的熔点相当高（超过 1649℃），所以是良好的耐火金属材料。它具有顺磁性，其电导率及热导率皆很低[3]。

商业等级的钛（纯度为 99.2%）具有约 434MPa 的极限抗拉强度，与低等级的钢合金相同，但比钢合金要轻 45%。钛的密度比铝高 60%，但强度是常见的 6061-T6 铝合金的两倍。某些钛合金（如 βC）的抗拉强度达 1400MPa[18]。李明强设计了一种九元素

（Ti-Al-Sn-Zr-Mo-Cr-Nb-Ni-Si）的 $\alpha+\beta$ 两相超高强钛合金，拉伸强度可达 1300～1700MPa[19]。然而，当钛被加热至 430℃以上时，强度会减弱[16]。

图 10-1　钛

尽管比不上高等级的热处理钢，钛仍具有相当大的硬度。钛不具磁性，同时是不良的导热及导电体。用机械处理时需要注意，如不采用锋利的器具及适当的冷却手法，钛会软化，并留有压痕。像钢结构体一样，钛结构体也有疲劳极限，因此在某些应用上可保证持久耐用[16]。钛合金的刚度一般不如铝合金及碳纤维等其他材料，所以较少应用于需要高刚度的结构上。

钛具有两种同素异形体[14]和五种天然的同位素，为 ⁴⁶Ti～⁵⁰Ti，其中丰度最高的是 ⁴⁸Ti（73.8%）[20]。在 882℃时，钛会从六方最密堆积的 α 型转变成体心立方的 β 型[19]。在到达临界温度前，α 型的比热容会随着升温而暴增，但到达临界温度后会下降，然后在 β 型下保持基本恒定[16]。跟锆和铅类似，钛还存在一种 ω 态，在高压时热力学稳定，但也可能在常压下以介稳态存在，此态一般是六边形（理想）或三角形（扭曲），其在软性纵波声频光子导致 β 型（111）原子平面倒塌时能被观测到[21]。

2）化学性质

钛的特性中，最为人称道的就是它优良的抗腐蚀能力——它的抗蚀性几乎跟铂一样好。钛耐稀硫酸、稀盐酸、氯气、氯溶液及大部分有机酸的腐蚀[4]，但仍可被浓酸溶解[22]。钛在热力学上是一种活性很高的金属（图 10-2）[23]，但是它与水及空气的反应是非常缓慢的[3]。钛暴露在高温空气中时，会生成一层钝氧化物保护膜，阻止氧化持续[3]。在最初形成时，保护层只有 1～2nm 厚，但会缓慢地持续增厚；四年可达 25nm 厚[24]。但当钛被置于高温空气中时，便很容易与氧发生反应[3]。该反应在空气温度达 1200℃时便会发生，而在纯氧中最低只需 610℃就会生成二氧化钛[14]。因此不能在空气中熔化钛，因为在到达熔点前钛会先燃烧起来，所以只能在惰性气体或真空中熔化钛。在 550℃时，钛会与氯气结合[4]。钛亦会与其他卤素结合，并吸收氢气[5]。

钛也是少数会在纯氮气中燃烧的元素，达 800℃就会燃烧，生成一氮化钛，导致脆化。

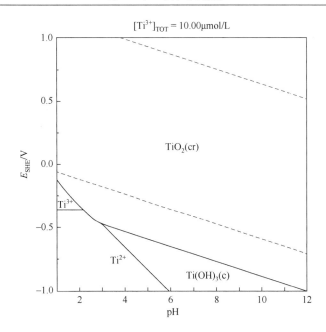

图 10-2　在纯水、高氯酸或氢氧化钠中的钛电位-酸度图（$T = 25℃$）

2. 化合物的物理和化学性质

氧化态为 + 4 的钛的化合物在钛化学中占首要地位[16]，但氧化态为 + 3 的钛的化合物亦属常见[25]。正因为这样的高氧化态，许多钛化合物中的共价键高度密集[22]。蓝宝石及红宝石的星彩性缘自它们所含的二氧化钛杂质[24]。二氧化钛是一种白色粉末，天然的金红石因含杂质而呈暗红色、深棕色甚至黑色。钛酸盐是以二氧化钛为原料的化合物。钛的其他重要的化合物还包括四氯化钛（$TiCl_4$）和三氯化钛（$TiCl_3$）等。

3. 元素和化合物的应用

钛具有储氢、超导、形状记忆、超弹和高阻尼等特殊功能，对国防、国民经济建设和社会发展具有极其重要的战略意义[26]。钛能与铁、铝、钒或钼等其他元素熔成合金，造出高强度的轻合金，在各领域有着广泛的应用，包括宇宙航行（喷气发动机、导弹及航天器）、军事、工业程序（化工与石油制品、海水淡化及造纸）、汽车、农产食品、医学（义肢、骨科移植及牙科器械与填充物）、运动用品、珠宝及手机等[3]。在非合金的状态下，钛的强度跟某些钢相同，但却比钢轻 45%[17]。

钛合金由于其优越的高温及低温性能而被广泛地用于航空航天领域，被誉为"宇宙金属""空间金属"。对航天材料而言，轻质高强、耐高温、耐低温和耐腐蚀是航天产品选材的主要标准[27]。钛合金材料质轻、强度高，密度为 $4.5g/cm^3$，仅为钢的 56%；强度为 $500\sim1400MPa$，比 Al、Mg 合金高得多。除此以外，钛合金可以在 550℃高温和−250℃低温下长期工作而保持性能不变。

四氯化钛是一种无色液体[28]，也是二氧化钛颜料制造过程中的中间体[29]。酒精与四氯化钛反应会生成钛酯，可被用于制作防水纤维[14]。作为一种路易斯酸，四氯化钛在有机化学反应中有广泛应用，如向山羟醛反应[30]。钛另有一种氧化数较低的氯化物，即三氯化钛，可用作还原剂[31]。

钛酸钡具有压电性，因此可以被用于制造声光转换器[14]。氮化钛（TiN）具有与蓝宝石及金刚砂相当的硬度（莫氏硬度 9.0），因此可作为各种切割工具的涂层，如钻头[32]。它的其他应用还包括装饰用金色涂料及半导体器件制造中铜导线界面的扩散阻障层。

二氯化二茂钛是一种重要的 C—C 键形成催化剂。异丙醇钛用于 Sharpless（夏普莱斯）不对称环氧化反应。其他化合物还包括溴化钛（用于冶金术、超合金及高温用电线线路及涂层）和碳化钛（用于高温切割工具及涂层）[5]。

10.1.3　锆

1. 单质的物理和化学性质

1）物理性质

锆为银灰色金属（图 10-3），外观似钢，有光泽；熔点 1852℃，沸点 4377℃，密度 6.49g/cm³。

图 10-3　锆

2）化学性质

锆容易吸收氢、氮和氧气；锆对氧的亲和力很强，1000℃氧气溶于锆中能使其体积显著增加。锆有耐腐蚀性，但是溶于氢氟酸和王水；高温时，可与非金属元素和许多金属元素反应，生成固溶体。锆的可塑性好，易于加工成板、丝等。锆在加热时能大量地吸收氧、氢、氮等气体，可用作储氢材料。

2. 化合物的物理和化学性质

锆的重要氧化物包括氧化锆、硅酸锆等。纯的氧化锆是一种高级耐火原料，有较好的热稳定性，化学惰性大，能提高釉的化学稳定性和耐酸碱能力，还能起到乳浊剂的作用。硅酸锆的熔点高，化学性质稳定。

3. 元素和化合物的应用

锆元素被称为"稀有金属"元素，主要以矿物形式存在于自然界。锆元素的制取工艺较为复杂，不易被经济地提取[33]。

锆不易腐蚀，主要在核反应堆用作燃料棒的护套材料，以及用作抗腐蚀的合金。由于锆的中子截面积非常小，中子几乎可以完全透过锆，因此锆合金在核裂变反应堆中可以作为核燃料的包覆管结构材料，如锆 2 和锆 4 合金。锆唯一的缺点是在 1260℃以上时会跟水蒸气反应产生氢气，造成氢爆。

锆也用于 X 射线衍射仪器，当使用的是钼靶时，则利用锆来过滤其他不需要的频率。

在有机化学中，锆是过渡金属参与的有机合成方法学研究中比较新颖的一种金属，锆可以和碳形成五元环或者六元环，然后被其他基团进攻而离去，从而构筑有机物的骨架，利用锆化学的方法可以合成很多新奇的化合物。

在航空航天领域，主要用氧化锆薄膜作为热障涂层材料。ZrO_2（Y_2O_3）既具有较高的熔点又具有较低的导热系数，是应用最广泛的陶瓷热障涂层之一。图 10-4 是 ZrO_2-7wt% Y_2O_3 粉末的扫描电子显微镜（scanning electron microscope，SEM）图[34]。采用 ZrO_2（Y_2O_3）热障涂层可以使发动机叶片的工作温度提高到 1000℃左右，而 ZrO_2（La_2O_3）热障涂层可以使发动机的使用温度进一步提高到 1400℃。

图 10-4　ZrO_2-7wt% Y_2O_3 粉末 SEM 图

锆合金常用于金属的切割，白色的二氧化锆为陶瓷刀的主要成分，非常硬，但不耐摔，一摔即碎。

10.1.4　铪

1. 单质的物理性质和化学性质

1）物理性质

铪是一种带光泽的银灰色的过渡金属（图 10-5），熔点 2233℃，沸点 4602℃，密度 13.31g/cm³。由于受镧系收缩的影响，铪的原子半径几乎和锆相等，因此铪与锆的性质极为相似，很难分离，最主要的分别是铪的密度是锆的两倍。铪的晶体结构有两种：在 1300℃以下时，为六方密堆积（α 型）；在 1300℃以上时，为体心立方（β 型）。铪是具有塑性的金属，当有杂质存在时质变硬而脆。

图 10-5　铪

2）化学性质

铪的氧化态是 +2、+3、+4，其中 +4 价化合物最稳定。致密的金属铪性质不活泼，表面形成氧化物覆盖层，在常温下很稳定，灼烧时仅在表面上发暗，粉末状的铪容易在空气中自燃，细丝可用火柴的火焰点燃，性质似锆。铪吸收氢气的能力很强，最高可形成 $HfH_{2.1}$。高温下，铪能与氮发生反应。铪不与稀盐酸、稀硫酸和强碱溶液作用，但可溶于氢氟酸和王水。

2. 化合物的物理和化学性质

在大部分铪的化合物中，铪呈现 +4 价，在溶液中为无色。二氧化铪、四氯化铪和四碘化铪是常见的化合物。铪盐在水中会发生水解，但倾向比相应的锆盐要小[35]。

铪的化合物 Ta_4HfC_5 是目前已知物质中熔点最高的，为 4263K（3990℃）[36]；尽管在 2015 年有模拟计算预测一种 Hf-C-N 材料的熔点比 Ta_4HfC_5 高 200K，但尚未经实验证实[37]。

铪可以形成各种各样的配合物，例如，氟铪酸盐有 HfF_6^{2-}、HfF_7^{3-}、HfF_8^{4-} 等几种，氯、溴、碘代的铪酸盐也有过报道[38]。乙酰丙酮铪[39]、乙醇铪[40]等有机盐也是已知的。

3. 元素和化合物的应用

铪元素伴生于锆的矿物中，没有单独的铪矿。锆石是在钛铁矿和金红石的重矿物砂矿石的矿床开采时的主要副产品，同时也会产生大量的铪，锆和铪的比例约为 50:1。铪系氧化物和氮氧化物由于具有高的介电常数值和好的热稳定性，成为当前金属氧化物半导体（MOS）器件高介电常数栅介质的研究热点。

10.2　钒副族元素的性质

10.2.1　钒副族元素概述

钒副族元素位于元素周期表中的 VB 族。钒（Vanadium，V），原子序数 23，价电子构型 $3d^34s^2$，主要价态 $-1\sim+5$；铌（Niobium，Nb），原子序数 41，价电子构型 $4d^55s^1$，稳定价态 $+5$；钽（Tantalum，Ta），原子序数 73，价电子构型 $5d^36s^2$，稳定价态 $+5$。三种元素在自然界中的丰度分别为 $1.6\times10^{-2}\%$、$2\times10^{-3}\%$ 和 $2\times10^{-4}\%$，详情见表 10-2。

表 10-2　钒副族元素基本性质

元素名称	钒	铌	钽
元素符号	V	Nb	Ta
原子序数	23	41	73
原子量	50.94	92.91	180.95
价电子层结构	$3d^34s^2$	$4d^55s^1$	$5d^36s^2$
密度/(g/cm³)	6.11	8.57	16.650
导热系数/[W/(m·K)]	30.7	53.7	57.5
熔点/℃	1902	2477	3017
沸点/℃	3409	4744	5458
比热容/[J/(g·K)]	0.49	0.27	0.14

钒音译自英语 Vanadium，其词根源于日耳曼神话中古日耳曼语的女神名字 Vanadis。该名字源于钒有许多色彩鲜艳的化合物，钒在地球中的分布并不均一，地核中钒的含量为 150ppm[41]，硅酸盐地球中钒的平均含量为 82ppm[42]，地幔橄榄岩中钒的含量变化范围很大，从几 ppm 到上百 ppm 不等[43]。钒的主要存在形式有绿硫钒石（VS_2）、钒铅矿 [$Pb_5(VO)_4Cl$]、钒磁铁矿、磷绿铅钒矿（图 10-6），钒主要和其他一些金属矿共生，至今没有发现独立的钒矿。世界上 88% 的钒是从钒钛磁铁矿中获得的，而我国钒资源主要由两部分组成，一部分为钒钛磁铁矿，我国钒钛磁铁矿的储量很丰富，仅次于南非和俄罗斯，居世界第三位，尤其是攀枝花地区的钒资源相当丰富[44]；另一部分为石煤，石煤在我国分布广泛，总储量达 618.8 亿 t，V_2O_5 含量大于 0.5% 的石煤中 V_2O_5 的储量为 0.77 亿 t，是我国钒钛磁铁矿中 V_2O_5 储量的 2.7 倍[45]。钒在海水中为近保守元素（居留时间 $50\sim100$ka），因此远洋及半远洋海水中钒的含量变化不大（$35\sim45$mol/kg）[46]。此外，钒在生物圈中也广泛存在，是海洋浮游生物及藻类的生命必要元素，海洋生物、海参、海鞘等能从海水中摄取钒，并将其浓集到血液中，据测定，海参、海鞘等烧成的灰分中，含钒量高达 15%。1978 年，Cantley 等发现钒酸根对 ATP 酶的抑制作用，这引

起了大家对钒酸根抑制或促进磷酸根代谢酶的作用的兴趣，钒从而被确定为人和动物的必需微量元素[47]。

由于铌和钽的五价离子半径极为相近，在自然界中总是共生的，主要矿物有铌铁矿或钽铁矿 Fe[(Nb, Ta)O$_3$]$_2$；如果 Nb 的含量多就称铌铁矿，反之称为钽铁矿。

图 10-6　从左至右依次为钒磁铁矿、钒铅矿、磷绿铅钒矿

世界上的铌钽矿床主要分布在加拿大、澳大利亚、巴西、刚果及尼日利亚等地。全球钽需求量的 50% 以上是由澳大利亚提供的[48]。中国的铌钽矿床大部分位于华南地区，如江西、湖南、广东等地，在攀西地区和新疆北部及内蒙古也有零星分布。

10.2.2　单质的物理和化学性质

1. 单质的物理性质

单质钒（V）、铌（Nb）、钽（Ta）是稀有金属，熔点较高，且熔点随周期数增加而升高。它们的共同点是呈银白色、有金属光泽、有延展性、具有典型的体心立方结构。纯钒具有良好的延展性和可锻性，在常温下可制成片、丝和箔。钒呈弱顺磁性，是电的不良导体。钒的力学性能取决于它的纯度。少量的杂质，如氧、氮、碳、氢可提高钒的硬度和抗拉强度，但降低了它的延展性。钒的物理性质见表 10-3。

表 10-3　金属钒的物理性质

性质	数据
原子量	50.9451
熔点/℃	1890±10
沸点/℃	3380
密度/(g/cm^3)	6.11
比热容(20℃)/[J/(kg·K)]	533.72

续表

性质	数据
热导率(20℃)/[W/(m·K)]	30.98
线膨胀系数(0～100℃)/℃$^{-1}$	$8.3×10^{-6}$
电阻温度系数/(Ω·cm/℃)	$(2.18～2.76)×10^{-8}$
热焓(0～100℃)/(J/mol)	24.62
再结晶温度/℃	800～1000
晶型	立方

2. 单质的化学性质

常温下钒的化学性质比较稳定，活性低，抗腐蚀性强，室温下不与空气、水、碱及除 HF 以外的非氧化酸反应，可溶于浓 H_2SO_4、HNO_3 和王水等；钒与 HF 反应，有配位化合物生成：

$$2V + 12HF =\!=\!= 2H_3[VF_6] + 3H_2↑$$

此外，钒具有一定的耐液态金属（铀）和金属（钠、铅-铋等）的腐蚀能力，因此，钒包套材料与核燃料之间不发生明显的相互作用与扩散作用，能可靠地防护核分裂产物，适合作钠冷却快中子反应堆的燃料包套和反应堆材料。

铌和钽的化学性质极不活泼，酸中只与 HF 反应，溶于熔融状态的碱，可溶于硝酸和 HF。混合液中反应如下：

$$M + 5HNO_3 + 7HF =\!=\!= H_2MF_7 + 5NO_2↑ + 5H_2O（M = Nb、Ta）$$

高温下，钒、铌、钽能与碳、硅、氮、氧、硫、氯、溴等大部分非金属元素生成化合物，能与熔融的 NaOH 反应。例如：钒在空气中加热至不同温度时可生成不同的钒氧化物。

$$4V + 5O_2 =\!=\!= 2V_2O_5 (＞933K)$$

$$V + 2Cl_2 =\!=\!= VCl_4 (加热)$$

3. 单质的制备

纯钒的制备如下：①金属热还原钒的氧化物和氯化物；②氢气还原钒的氯化物；③真空条件下碳热还原钒的氧化物，例如：

$$V_2O_3 + 3C =\!=\!= 2V + 3CO↑（真空加热）$$

所有钒副族金属均可通过电解熔融的氟配合物得到。

10.2.3　重要化合物的物理和化学性质

1. 氧化物

钒副族元素主要氧化数为 + 2、+ 3、+ 4、+ 5，+ 5 价的氧化物 V_2O_5、Nb_2O_5、Ta_2O_5 碱性递增，钒副族元素的重要化合物见表 10-4。

表 10-4　钒副族元素的重要化合物

元素 ＼ 价态	+ 5	+ 4	+ 3	+ 2
V	V_2O_5	VO_2	V_2O_3	VO
Nb	Nb_2O_5	NbO_2	—	NbO
Ta	Ta_2O_5	TaO_2	—	TaO

1）V_2O_5

V_2O_5 是一种无色、无嗅、有毒的橙黄色或红棕色粉末，微溶于水（约 0.07g/L），溶液呈微黄色，见图 10-7。它在约 670℃时熔融，冷却时结晶成黑紫色正交晶系的针状晶体。它的结晶热很大，当迅速结晶时会因灼热而发光。

(a)　　　　　　　　　　　　　　　　(b)

图 10-7　V_2O_5（a）和 VO_2（b）

V_2O_5 是两性氧化物，但主要呈酸性。但 V_2O_5 溶解在极浓 NaOH 中时，得到一种八面体钒酸根离子的无色溶液。与 Na_2CO_3 一起共熔得到不同的可溶性钒酸盐。

$$V_2O_5 + 6OH^-(\text{冷、浓 NaOH}) == 2VO_4^{3-}(\text{钒酸根，无色}) + 3H_2O$$

$$V_2O_5 + 2OH^-(\text{热 NaOH}) == 2VO_3^-(\text{偏钒酸根，浅黄色}) + H_2O$$

$$V_2O_5 + H_2SO_4(\text{强酸，pH<1}) == (VO_2)_2SO_4(VO_2^+ \text{钒二氧基阳离子，淡黄色}) + H_2O$$

V_2O_5 具有强氧化性，可被还原为各种低氧化态的氧化物。例如，V_2O_5 溶于盐酸发生如下氧化还原反应。

$$V_2O_5 + 6HCl = 2VOCl_2 + Cl_2\uparrow + 3H_2O$$

因为在 V_2O_5 晶格中比较稳定地存在着脱出氧原子而得到的阴离子空穴，因此在 700～1125℃范围内可逆地失去氧，这种现象可解释 V_2O_5 的催化性质，可应用于接触法制硫酸、空气氧化萘法制邻苯二甲酸。

$$2V_2O_5 = 2V_2O_4 + O_2$$

工业制备 V_2O_5 用氯化焙烧法处理钒铅矿，制得的偏钒酸钠用水浸出，将溶液酸化，得到红棕色水合 V_2O_5 沉淀析出。煅烧，得到工业级 V_2O_5。

$$V_2O_5 + 2NaCl + 1/2O_2 = 2NaVO_3 + Cl_2$$

V_2O_5 也可用偏钒酸铵在空气中于 500℃左右分解制得。为了得到纯 V_2O_5，最好在上述温度下，通入足量的空气煅烧 3h 左右。

$$2NH_4VO_3 = V_2O_5 + 2NH_3 + H_2O$$

三氯氧化钒的水解也可制备 V_2O_5。V_2O_5 是最重要的钒氧化物，工业用量最大。工业一般用含钒矿石、钒渣、含碳的油灰渣等提取，制得粉末或片状 V_2O_5。它大量作为制取钒合金的原料，少量作为催化剂。

2）Nb_2O_5 和 Ta_2O_5 的性质

Nb_2O_5 和 Ta_2O_5 都是白色固体，熔点高，较为惰性，很难与酸反应，但与 HF 反应，可与 NaOH 共熔，生成铌酸盐或钽酸盐。

$$Nb_2O_5 + 12HF = 2HNbF_6 + 5H_2O$$

$$Nb_2O_5 + 10NaOH = 2Na_5NbO_5 + 5H_2O$$

3）钒的其他氧化物

VO_2 是深蓝色固体，具有金红石结构（图 10-7）；可用 CO、SO_2 还原 V_2O_5 制得；呈两性，溶于酸得蓝色 VO^{2+}，溶于碱得 $V_4O_9^{2-}$，碱度更高时生成 VO_4^{4-}，颜色由黄到棕。

VO_2 有金属-非金属转变的性质，是 20 世纪五六十年代被发现的。V_6O_{11}、V_3O_5、V_2O_3 等也具有类似的特点，这种材料发生相变时，光学和电学性质会发生明显的变化：当温度低时，在一定温度范围内，材料会突然从金属性质转变到非金属（或半导体）性质，同时还伴随着晶体在纳秒时间范围内向对称形式较低的结构转化，光电透过率也会从低透转变为高透。

V_2O_3 是灰黑色有金属光泽的结晶粉末，是非整比的化合物 $VO_{1.35～1.5}$，具有刚玉结构。熔点很高（2070℃），属于难熔化合物，并具导电性，属碱性化合物。

V_2O_3 也有金属-非金属转变的性质，低温相变性好，电阻突变可达 6 个数量级，还伴随着晶格和反铁磁性的变化，低温为单斜反铁磁半导体组。V_2O_3 具有两个相变点：150～170K 和 500～350K，其中高性能的低温相变使其在低温装置中有着广阔的应用前景。

VO 为灰色带有金属光泽的晶体粉末，是非整比的化合物 $VO_{0.94～1.12}$，具有缺陷 NaCl 结构，呈碱性，在空气中不稳定，容易氧化为 V_2O_3。真空中 VO 发生歧化反应生成金属

钒和 V_2O_3。用氢在 1700℃下还原 V_2O_5 或 V_2O_3 制得 VO。此外钒还有 V_3O_7、V_4O_9、V_6O_{13} 等氧化物。主要钒氧化物的性质见表 10-5。

表 10-5　主要钒氧化物的性质

氧化物	晶系	颜色	密度/(g/cm³)	熔点/℃	溶解性
V_2O_2	等轴	浅灰	5.76	1790	不溶于水，溶于酸
V_2O_3	菱形	黑	4.87	1970～2070	不溶于水，溶于 HF 和 HNO_3
V_2O_4	正方	蓝黑	4.2～4.4	1545～1967	微溶于水，溶于酸和碱，不溶于乙醇
V_2O_5	斜方	橙黄	3.357	650～690	微溶于水，溶于酸和碱，不溶于乙醇

2. 含氧酸盐

钒酸具有较强的缩合能力。在碱性钒酸盐溶液酸化时，将发生一系列的水解-缩合反应，形成不同的同多酸及其盐，并与溶液的钒浓度和 pH 有关（图 10-8）。

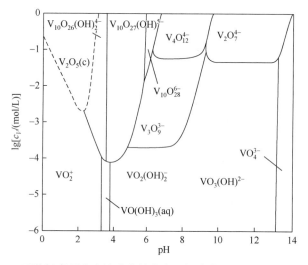

图 10-8　五价钒离子在水溶液中的状态及钒浓度与 pH 的关系（25℃）

单聚的 VO_4^{3-} 仅存于强碱，随着 pH 的降低，单聚物 VO_4^{3-} 和 VO_3^- 会发生逐步聚合，生成二聚物、三聚物和五聚物等，溶液颜色逐渐加深，从无色到黄色再到深红色。在碱性（pH 为 11～14）溶液中，钒以正四面体形的正钒酸根离子 VO_4^{3-} 的形式存在；加酸降低 pH 时，这个离子加合质子并聚合生成了在溶液中大量的不同含氧离子；在 pH 为 10～12 时，以二钒酸根离子 $V_2O_7^{4-}$ 存在；当 pH 下降到 9 左右时，进一步缩合成四钒酸根离子 $V_4O_{12}^{4-}$；pH 继续下降，将进一步缩合成多聚钒酸根离子 $V_6O_{17}^{4-}$、$V_6O_{16}^{2-}$、$V_{10}O_{28}^{6-}$、$V_{12}O_{31}^{2-}$ 等；在 pH 为 2 左右时，缩合的多钒酸根离子遭到破坏，水合的 V_2O_5 沉淀析出。在极强酸存在时，该水合氧化物即溶解并生成比较复杂的离子，直到 pH 小于 1 时，以离子 VO_2^+ 的形式存在于溶液中。在不同 pH 条件下结晶出来许多固体化合物，但是这些化合物不一定具有相同的结构，并且水合程度也不相同。聚合过程发生的反应如下：

$$2VO_4^{3-} + 2H^+ \longrightarrow 2HVO_4^{2-} \longrightarrow V_2O_7^{4-} + H_2O \quad (pH \geqslant 13)$$

$$3V_2O_7^{4-} + 6H^+ \longrightarrow 2V_3O_9^{3-} + 3H_2O \quad (pH \geqslant 8.4)$$

$$10V_3O_9^{3-} + 12H^+ \longrightarrow 3V_{10}O_{28}^{6-} + 6H_2O \quad (8 > pH > 3)$$

$$V_2O_5 + 2H^+ \longrightarrow 2VO_2^+(淡黄色) + H_2O \quad (pH < 1)$$

缩合度增大，溶液颜色逐渐加深，由淡黄色变到深红色。溶液转为酸性后，缩合度不再改变，而是发生获得质子的反应：

$$[V_{10}O_{28}]^{6-} + H^+ \longrightarrow [HV_{10}O_{28}]^{5-}$$

$$[HV_{10}O_{28}]^{5-} + H^+ \longrightarrow [H_2V_{10}O_{28}]^{4-}$$

还存在 HVO_4^{2-}、$H_2VO_4^-$、$V_4O_{12}^{4-}$、$H_2V_{10}O_{28}^{4-}$ 等。

pH $\approx$ 2 时，有红棕色的 V_2O_5 水合物沉淀析出，pH = 1 时，溶液中存在稳定的黄色 VO_2^+：

$$[H_2V_{10}O_{28}]^{4-} + 14H^+ \Longrightarrow 10VO_2^+ + 8H_2O$$

酸性介质中，钒酸盐是中强氧化剂，VO_2^+ 可被 Fe^{2+}、$H_2C_2O_4$、酒石酸、乙醇等还原为 VO^{2+}，有一些强还原剂如 Zn 粉，能将 VO_2^+ 还原为 V^{2+}，从而使溶液呈现丰富多彩的颜色（图 10-9）。

图 10-9　钒离子颜色的多样性（a）及在酸性（上）和碱性（下）溶液中钒的标准电极电势（b）

$$VO_2^+(黄色) + Fe^{2+} + 2H^+ \Longrightarrow VO^{2+}(蓝色) + Fe^{3+} + H_2O$$

$$2VO_2^+ + H_2C_2O_4 + 2H^+ \Longrightarrow 2VO^{2+} + 2CO_2\uparrow + 2H_2O$$

$$2VO^{2+} + Zn + 4H^+ \Longrightarrow 2V^{3+}(绿色) + Zn^{2+} + H_2O_2$$

$$2VO_2^+ + 3Zn + 8H^+ \Longrightarrow 2V^{2+}(紫色) + 3Zn^{2+} + 4H_2O$$

若向紫色的 V^{2+} 溶液加入氧化剂如 $KMnO_4$，先得到绿色 V^{3+} 溶液，V^{3+} 溶液继续被氧化为蓝色 VO^{2+} 溶液，最后 VO^{2+} 被氧化为黄色 VO_2^+ 溶液。

在钒酸盐溶液中加入过氧化氢，若溶液呈中性或碱性，得到黄色的二过氧钒酸根离子 $[VO_2(O_2)_2]^{3-}$；若溶液呈强酸性，得到红棕色的过氧钒阳离子 $[V(O_2)]^{3+}$，两者之间存在下列平衡，同时钒酸盐与过氧化氢的反应在分析上可作为鉴定钒和测定钒含量的方法。

$$6OH^- + 9H_2O_2 + 2V \longrightarrow 2[VO_2(O_2)_2]^{3-} + 12H_2O(黄色)(中性、碱性)$$

$$6H^+ + 7H_2O_2 + 2V \longrightarrow 2[V(O_2)]^{3+} + 10H_2O(红棕色)(强酸)$$
$$[VO_2(O_2)_2]^{3-} + 6H^+ \longrightarrow V(O_2)^{3+} + H_2O_2 + 2H_2O$$

铌酸盐和钽酸盐能被弱酸或 CO_2 所分解；铌酸锂是重要的光学晶体之一，具有物理性能、机械性能良好和成本低等优点，它作为非线性光学晶体、电学晶体、声学晶体和双折射晶体得到了广泛应用。

3. 卤化物

钒的卤化物主要有：VF_5（无色液体）、VF_4（绿色固体）、VF_3（黄绿色固体）、VCl_4（红色液体）、VCl_3（红紫色固体）、VBr_4（不稳定，$-23℃$分解）

氧化态相同时，随着卤素原子量的增加，卤化物的稳定性下降。一般来说，钒的碘化物最不稳定。

卤化物的主要性质如下。

1）岐化或自身氧化还原分解

$$2VCl_3 =\!=\!= VCl_2 + VCl_4 （歧化反应）$$
$$2VCl_3 =\!=\!= 2VCl_2 + Cl_2\uparrow （自身氧化还原分解）$$

2）吸湿性（水解，趋势随氧化态升高而增加）

$$VCl_4 + H_2O =\!=\!= VOCl_2 + 2HCl$$

4. 铌和钽的卤化物

五卤化物 MX_5（$M = F$、Cl、Br、I）均可由金属（Nb、Ta）和卤素单质直接化合制得。铌和钽的卤化物均为固态，它们的五卤化物都是易升华和易水解的固体。NbF_5、TaF_5 为白色，$NbCl_5$、NbI_5、$TaCl_5$、$TaBr_5$ 为深浅不同的黄色，$NbBr_5$ 为橙色，TaI_5 为黑色。

钒副族元素的五卤化物在气态时都是单体，具有三角双锥结构。

常温下，NbF_5、TaF_5 是四聚体，$NbCl_5$、$TaCl_5$ 是二聚体结构。

5. 钒的羰基配合物

六羰基钒 $V(CO)_6$ 是蓝绿晶体，熔点 $50℃$，不溶于水，溶于有机溶剂。

10.3　钛钒副族元素的应用

10.3.1　航空用钛钒合金

1. 钛合金及其分类

钛合金是 20 世纪 50 年代发展起来的一种重要金属材料，钛工业的历史比航空工业的历史晚了几十年，但与航空工业有着不解之缘。1953 年，在美国道格拉斯公司生产的 DC-T 机发动机吊舱和防火壁上首次使用钛材，从而揭开了钛航空应用的历史。从那时以来，钛合金在航空工业上已应用了半个多世纪。钒在稀有金属合金中也具有广泛的用途，可生产钛合金及一些超级合金，随着航空航天技术及民用航空器的不断发展，钒用量也会进一步增加。

　　钛合金因具有比强度高、耐蚀性好、耐热性高等特点而被广泛应用，近年来更是迅速
发展成为具有强大生命力的新型关键结构材料，在军工和民用等部门获得了广泛的应用。
钛合金的应用取决于钛合金的特点。总地来说，钛合金有如下特点[49-52]：①钛的密度小、
比强度高。钛的密度为 4510kg/m^3，介于铝（2700kg/m^3）和铁（7600kg/m^3）之间。钛合
金的比强度高于铝合金和钢。②钛合金的工作温度范围较宽，低温钛合金在–253℃还能保
持良好的塑性，而耐热钛合金的工作温度可达 550℃左右，其耐热性明显高于铝合金和镁
合金，如果克服了 550℃以上的氧化问题，其使用温度还可以进一步提高。③钛合金具有
优良的抗蚀性，钛合金的腐蚀性能的突出特点是不发生局部腐蚀和晶间腐蚀，一般为均匀
腐蚀。④钛的化学活性很高，极易受氢、氧、氮的污染，难以冶炼和加工，生产成本较高。
⑤钛合金导热性差（只有铁的 1/5，铝的 1/3），摩擦系数大（0.42），抗磨性也较差。⑥钛
合金的弹性模量低，这影响了构件的刚度，也使细长构件的使用受到限制。其中，密度小、
比强度高、抗腐蚀性能好等优势使其能够广泛应用于航空航天各个领域。例如，钛基合金
在飞机及发动机中的应用量在 20 世纪 80 年代就已达到 30%以上，随着飞机设计进入损
伤容限设计时代，其用量还在增加。波音系列飞机用材料比例（图 10-10）中钛合金的应
用比例随着每一个重要商业飞机的产生而增加[53]。

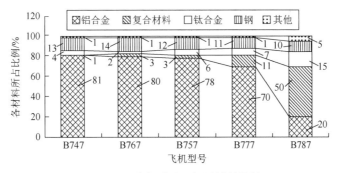

图 10-10　波音系列飞机用材料比例

　　钛合金按室温下的组织结构可分为 α 型钛合金、β 型钛合金和（α + β）型钛合金。
　　1）α 型钛合金
　　α 型钛合金是指退火状态的组织为单相 α 固溶体或 α 固溶体加微量金属间化合物的钛
合金，牌号用"TA"表示，TA4～TA8 都属于 α 合金。主要添加合金元素为 α 稳定元素
Al 和中性元素 Sn，起固溶强化作用。
　　Ti-3Al-2.5V 用于高压水压管道系统（压力达 28MPa，外径为 6.3～38mm），取代了
21-6-9 不锈钢，节约了 40%的重量。Ti-6Al-4V 由于强度高可以更显著地减轻重量，但是
其制成薄片和条状代价较高，而 Ti-3Al-2.5V 可容易地加工成薄片和条状[54]。
　　Ti-5Al-2.5V 是退火后合金，主要用于低温，它在低温下能保持较好的断裂韧度，主
要用于涡轮泵中高压燃料的氢侧[54]。
　　α 型钛合金具有良好的抗蠕变性能、强度、可焊性及韧性，是高温下使用的首选合金[55]。
α 型钛合金的组织与塑性加工和退火条件有关。α 相塑性加工和退火后，可以得到细的等轴晶
粒组织。如果自 β 相缓冷，α 相则转变为片状魏氏组织；如果是高纯合金，这种组织还可以

出现锯齿状 α 相；当有 β 相稳定元素或杂质存在时，片状 α 相还会形成网篮状组织；自 β 相区淬火可以形成针状六方马氏体。同时，α 型钛合金不存在冷脆性，它也适合在低温环境中使用，这扩大了其应用范围。α 型钛合金锻造性较差，易产生锻造缺陷，可通过减少每道次加工率和频繁热处理来控制锻造缺陷。α 型钛合金不能通过热处理来提高强度[56]，退火后强度基本无变化或少有变化。α 型钛合金的缺点是强度不很高、变形抗力大、热加工性差。

2）β 型钛合金

β 型钛合金是退火或淬火状态得到单相 β 固溶体组织的钛合金，牌号用"TB"表示。图 10-11 分别是 Ti153、TIMETAL-LCB、β21S 和 VT22 这四种典型 β 型钛合金重结晶得到的微观结构图[57]。大多数 β 型钛合金是同时加入与 β 相具有相同晶体结构的稳定元素和非活性共析型 β 相稳定元素。β 型钛合金包括稳定 β 型钛合金、亚稳定 β 型钛合金、近亚稳定 β 型钛合金。

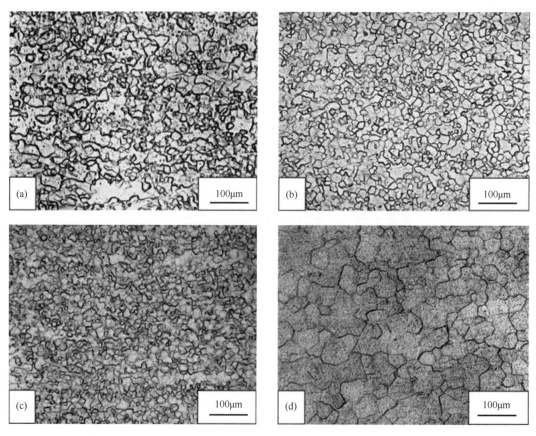

图 10-11 四种典型 β 型钛合金重结晶微观结构图

（a）Ti153；（b）TIMETAL-LCB；（c）β21S；（d）VT22

β 型钛合金是发展高强度钛合金潜力最大的合金。β 型钛合金在固溶状态下具有良好的工艺塑性，便于加工成型。β 型钛合金在淬火条件下能够冷成型（体心立方晶格），然后进行时效处理，时效处理后可获得很高的强度性能。由于 β 相浓度高，M_s 点低于室温，淬透性高，大型工件也能完全淬透。β 型钛合金的缺点是对杂质与元素的敏感性高，组织不够稳定，耐热性较低，不宜在高温下使用。

3）（α+β）型钛合金

（α+β）型钛合金是指含 β 稳定元素较高的钛合金，总量为 2%～6%，退火状态组织为（α+β）固溶体，牌号用"TC"表示。（α+β）型钛合金中加入 V、Mn、Cr、Fe 等 β 稳定元素溶于 β 相中起固溶强化作用和提高 β 相稳定性作用，加入 α 稳定元素 Al 和中性元素 Sn 起强化 α 相作用，并通过淬火使合金产生时效强化效果。

与其他钛合金相比，α+β 合金中同时加入 α 稳定元素和 β 稳定元素，使 α 和 β 相得到强化。β 相含量一般为 5%～40%[58]，主要为了获得足够数量的 β 相，以改善合金的成型塑性并赋予合金以热处理强化的能力。由此可知，（α+β）型钛合金的性能主要由 β 相稳定元素来决定。元素对 β 相的固溶强化和稳定能力越强，对性能改善作用越明显。（α+β）型钛合金具有优良的综合性能，例如，其室温强度高于 α 合金，热加工工艺性能良好，可以进行热处理强化，因此适用于航空结构件。（α+β）型钛合金退火组织为（α+β）相[59]，但其组织不够稳定，使用温度最高只能到 500℃，焊接性能和耐热性低于 α 型钛合金。

2. 航空用钛合金

钛合金作为当代飞机和发动机的主要结构材料之一，可以减轻飞机的重量，提高结构效率。根据航空用钛合金的强度及服役环境特点，可将其分为 4 大类：①高强度钛合金；②高温钛合金；③损伤容限型钛合金；④阻燃钛合金。

1）高强度钛合金

高强度钛合金是为了满足机身减重和高负载部件的使用而提出的，在飞机上用于机身的承力隔梁、起落架的扭力臂、支柱等。目前高强度钛钒合金的研究主要以 β 钛钒合金为主，也包括 α+β 两相合金，合金化的主要特点是加入较多的 β 稳定元素，如 V、Cr、Mn、Fe 等元素，严格控制 N、H、O 等气体元素含量，并在高温下进行固溶时效处理得到稳定的 β 相组织。具有代表性的高强度钛钒合金有 Ti1023、Ti153、β21S、BT22。

Ti1023（Ti-10V-2Fe-3Al）钛钒合金是一种为适应损伤容限设计原则而产生的高结构效益、高可靠性和低制造成本的锻造钛合金。Ti1023 合金具有优异的锻造性能，在 760℃ 可进行等温锻造，提供各种近净加工锻件。该合金是目前应用最为广泛的高强韧近 β 钛合金，已成功应用于 C17 大型运输机的起落架、波音 777 客机的起落架及大型客机 A380 的主起落架支柱[60]。

Ti153（Ti-15V-3Cr-3Al-3Sn）钛钒合金具有优良的冷加工性能，可在固溶状态下进行各种复杂零件的冷成型，时效后的室温拉伸强度可达 1000MPa 以上，该合金特别适宜制造火箭发动机推进剂贮箱和导管等部件，已应用于波音 777 上的控制系统管道和灭火罐，替代了低强度普通钛合金[61]。

β21S（Ti-15Mo-3Al-2.7Nb-0.2Si）钛合金在 649℃ 具有良好的抗氧化性能，可在 540℃ 下长期工作；冷、热加工性能优良，可制成厚度为 0.064mm 的箔材，冷轧变形量达 75% 左右，不需要中间退火。该合金被用于波音 777 飞机的引擎 P&W4084、GE90 和 Trent800 中的喷嘴、蒙皮和各种纵梁结构[62]。我国仿制 β21S 钛合金研制出了 TB8 合金。TB8 合金是一种可冷成型、锻造和可焊接的新型亚稳定 β 型高强度钛钒合金[63]。图 10-12 给出了 TB8 在不同应变速率下的动态压缩应力-应变曲线。通常，应力诱发马氏体相变的难易程度可以通过诱导应力来测量。工程应力-应变曲线中的弹性阶段切线和应变平台阶段切向交点对应的应力值定义为诱导应力，诱导应力被称为 δ_{trigger}（图 10-12）。在应变速率为 $500s^{-1}$、$1000s^{-1}$、$1200s^{-1}$、$2000s^{-1}$ 时，诱导应力分别为 506MPa、863MPa、1107MPa、1160MPa[54]。

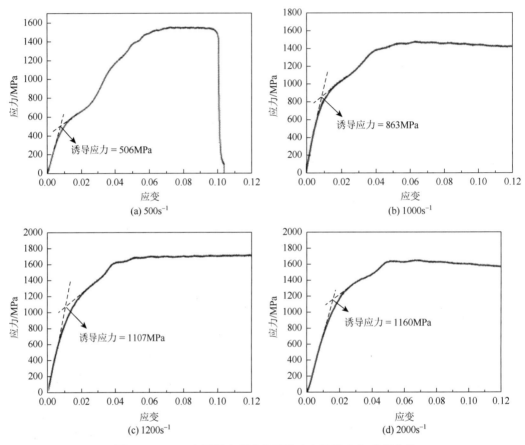

图 10-12　TB8 在不同应变速率下的动态压缩应力-应变曲线

以上 3 种钛合金的常规力学性能见表 10-6[61]。波音公司的波音 777 机架使用钛材量占 10%左右，主要用到的合金即为 Ti1023 合金、Ti153 合金和 β21S 合金。

表 10-6　几种钛合金常规性能（参考）

合金名称	σ_b/MPa	$\sigma_{0.2}$/MPa	δ/%	ψ/%
Ti1023	2170	1200	9	30
Ti153	L 1300	1200	8	—
	T 1350	1240	8	
β21S	1450～1480	1390～1420	9～13	37～39

注：σ_b 表示抗拉强度，$\sigma_{0.2}$ 表示屈服强度，δ 表示伸长率，ψ 表示断面收缩率。

BT22（Ti-5V-5Mo-1Cr-1Fe-5Al）钛合金退火状态下为 $\alpha + \beta$ 结构，该合金塑性和焊接性能优异，已用于 IL-86 和 IL-96-300 的机身、机翼、起落架等高负载航空部件。

北京有色金属研究总院自主研制的 TB10（Ti-5Mo-5V-2Cr-3Al）合金具有比强度高、断裂韧度好、淬透性高等优点，现已在我国航空领域得到了实际应用。

现有钛钒合金的强度，尤其是强韧性匹配不能满足航空要求，而且合金成本太高，合金性能对工艺参数敏感等问题使其应用受到了一定限制。因此，研制强韧匹配、开发低成本的高强钛钒合金显得尤为重要。

2）高温钛合金

高温钛合金是现代航空发动机的重要材料，主要用于飞机发动机的压气机盘、机匣和叶片等部件，以减轻发动机重量，满足发动机更高的工作温度，提高推重比。常规钛合金工作温度较低，一般小于 500℃，目前，美国、英国等国已研制出了使用温度 550～600℃ 的高温钛合金，并获得了广泛的应用。国外典型的高温钛合金有美国的 Ti6242S、Ti1100，英国的 IMI829、IMI834，俄罗斯的 BT18Y、BT36 及我国自行研制的 Ti60、Ti600 等。

Ti6242S（Ti-6Al-2Sn-4Zr-2Mo-0.1Si）是美国早期研制的一种高温钛合金，属于近 α 型结构，强度达到 930MPa，最高使用温度为 540℃[64]，研发人员通过对 Ti6242S 的合金元素含量进行调整，研制出了 Ti1100（Ti-6Al-2.75Sn-4Zr-0.4Mo-0.45Si），使其使用温度提高到 600℃，该合金已应用于 T55-712 发动机的高压压气机轮盘和低压涡轮叶片等部件[65]。

IMI834（Ti-5.8Al-4Sn-3.5Zr-0.7Nb-0.5Mo-0.35Si）是 IMI829 的改进型，合金中 Nb 的加入在保证热稳定性的基础上，最大限度提高了合金的强度，室温强度达到 1070MPa[57]，该合金焊接性能优异，已应用于波音 777 飞机的 Trent700 发动机上。

BT36（Ti-6.2Al-2Sn-3.6Zr-0.7Mo-0.1Y-5.0W-0.15Si）是俄罗斯在 20 世纪 90 年代研制的一种重要的高温合金，其使用温度达到 600～650℃[65]，合金中加入 Y 达到细化晶粒改善塑性的效果，加入 W 提高了合金的热强性。

Ti60（Ti-5.8Al-4.8Sn-2Zr-1Mo-0.35Si-0.85Nd）中合金元素 Nd 改善了合金的热稳定性。其使用温度达到 600℃，室温强度达到 1100MPa。Ti600 合金在 600℃ 下强度达到 740MPa 以上，同时保持良好的伸长率和断面收缩率[66]。表 10-7 是 IMI834、Ti1100、BT36 和 Ti60 这 4 种 600℃ 高温钛合金的成分及性能特点。

表 10-7　几种 600℃ 高温钛合金的性能特点

合金	$(\alpha + \beta)/\beta$ 相转变温度 T_β	性能特点
IMI834	1045℃	较宽的两相区热加工工艺窗口；良好的疲劳性能和蠕变性能匹配
Ti1100	1015℃	良好的高温蠕变性能
BT36	980℃	良好的高温蠕变性能；非常细小的显微组织
Ti60	1025℃	良好的热稳定性和高温抗氧化性

在 Ti-Al-Sn-Zr-Mo-Si 合金系的基础上,我国研制出的新型钛合金包括 TA29、TA33、TD3、TB12 和 TF550 等。图 10-13 是北京航空材料研究院制备的 TD3 钛合金 3t 铸锭(ϕ 600mm)的照片[67]。

图 10-13　TD3 钛合金 3t 铸锭(ϕ 600mm)照片

此外,Al-Fe-V-Si 系合金扩大了高温合金的应用范围,Al-Fe-V-Si 合金基体(Al-MMCs)由于其良好物理和机械性能的其他结构应用,如高比弹性模量、高导热和导电性,以及良好的耐磨性和耐腐蚀性被认为是用于航空航天和汽车工业的有前景的材料。

3)损伤容限型钛合金

具有很高断裂韧性和很慢裂纹扩展速率的中强或高强钛合金,即损伤容限型钛合金[58],其开发受到了各国的重视。目前,高断裂韧度、低裂纹扩展速率的损伤容限型钛合金主要有 Ti-6Al-4V(β-ELI)、Ti-6-22-22S 合金和新型两相高强高韧 TC21 合金。

Ti-6Al-4V 属于 900MPa 强度级别的高损伤容限型钛钒合金。其锻件主要性能可达到:$\sigma_b \geqslant 895$MPa,$\sigma_{0.2} \geqslant 795$MPa,$\delta_5 \geqslant 8\%$,$\psi \geqslant 15\%$,$K_{IC} \geqslant 75$MPa·m$^{1/2}$。Ti-6Al-4V($\beta$-ELI)合金已应用于波音 777 客机的安定面连接接头和 F/A-22 飞机的机体。Ti-6Al-4V 合金的主量元素为 Fe、Al、V(含 4%V),其含量范围受到严格控制[68]。Ti-6Al-4V 合金是用于制造飞机和火箭的优良结构材料,在美国极受重视,产量占钛基钒合金的一半以上,美国每年用于生产钛基钒合金的钒达 454t[69]。在 Ti-6Al-4V 合金的颗粒增强钛基复合材料的抗裂纹扩展性能方面,国内外学者开展了多方面的研究,Soboyejo 等[70]在研究 TiB 增强 Ti-6Al-4V 合金复合材料的裂纹扩展行为时发现,裂纹萌生于该复合材料中断裂增强体和基体的界面处,在应力作用下裂纹向基体中扩展,最终导致断裂;Bohelert 等通过原位拉伸试验也得到了相同的结论[71]。

Ti-6-22-22S(Ti-6Al-2Sn-2Zr-2Mo-2Cr-0.2Si)合金是由美国 RMI 公司研制的一种航空用 $\alpha + \beta$ 型钛合金。该合金的主要优点为:具有良好的强韧性匹配,经热处理后合金的 $\sigma_b \geqslant 1035$MPa,$K_{IC} \geqslant 77$MPa·m$^{1/2}$;深淬透性(断面直径可达 100mm);极好的超塑性成型性能[72]。该合金已作为 F-22 战斗机、教练机及联合攻击战斗机用材料。

　　TC21（Ti-Al-Mo-Sn-Zr-Cr-Si-X 系）是西北有色金属研究院研制的一种新型两相高强、高韧、高损伤容限型钛合金[73]，具有优良的强度、塑性、韧性和低的裂纹扩展速率匹配。该合金已经过实验室、中试及工业规模 3 个周期的深入研究。实验表明，该合金的 $\phi 20\text{mm}$ 棒材经过（$T_\beta = 20 \sim 50^\circ\text{C}$）$\times 1\text{h AC} + 600^\circ\text{C} \times 4\text{h AC}$ 的固溶、时效处理后，其组织成为由等轴 α 和网篮组织共同构成的双态组织，$\sigma_b \geqslant 1105\text{MPa}$、$\sigma_{0.2} \geqslant 1000\text{MPa}$、$\delta_5 \geqslant 15\%$、$\psi \geqslant 43\%$，具有良好的综合性能[74]。

　　随着我国航空系统损伤容限设计技术的迅速普及，对高损伤容限钛钒合金的需求将日益迫切。同时，需深入研究钛钒合金损伤容限性能机理并完善对损伤容限性能的表征与评价技术。我国高端钛钒合金仍以仿制为主、自主创新产品很少、"一材多用"的主干材料牌号不多、技术成熟度有待提升[75]。"十五"以来，依托国家有关科研专项的大力支持，研制出低强高塑（TA18，Ti45Nb）、中高强高韧（TC32）、高强高韧（TC21）、超高强韧（TB17）和损伤容限型（TC4-DT，TC21）等钛钒合金系列技术，从而进一步完善了自主研发的航空新型钛钒合金系列，为建立中国特色的关键主干材料体系奠定了坚实基础（图 10-14）[76]。

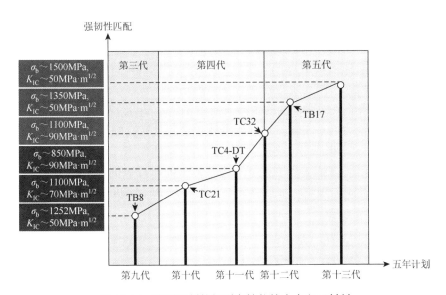

图 10-14　我国研制的新型高性能钛合金主干材料

　　图 10-14 是按钛合金研发计划年代（横坐标）与强韧性匹配性（纵坐标）归纳的新型钛合金系列发展示意图，可以看出，TB8 钛合金在冷成型、焊接接头性能、强韧性、抗氧化和耐腐蚀等方面具有非常优异的综合性能，为我国超高强度高性能钛合金的研发奠定了一定的基础。但该合金密度较高，达到了 4.9g/cm^3 的级别，限制了比强度/比刚度的进一步提升。之后，我国陆续研制了高强高韧（TC21）、中强高韧（TC4-DT）、中高强高韧（TC32）、超高强韧（TB17）等系列新型高性钛合金，综合强韧化的匹配水平也在不断提升，同时，合金的密度控制在 $4.6 \sim 4.75\text{g/cm}^3$，保证了合金的比强度/比刚度。

　　4）阻燃钛合金

　　用于航空发动机的某些钛合金部件工作温度较高，易发生燃烧，在一定的温度、压力和气流环境下，常规钛合金容易被点燃而发生持续燃烧，因此，含钒元素的合金被用于阻燃合金。燃气涡轮发动机上一旦发生"钛火"则蔓延速度很快，从燃烧开始到结束仅 4～20s，难以采取灭火措施，因而限制了钛在航空发动机中的应用，用钛基阻燃合金可以避免燃烧事故的发生。其中 Ti-V-Cr 系阻燃合金是目前最具工程意义的航空发动机用功能型结构材料，原因如下：V、Cr 等元素能使燃烧前沿快速生成一层致密的保护性氧化层，有效隔离氧向基体运输，从而起到阻燃作用；V、Cr 的燃烧产物以气相形式逸出，使燃烧过程放热少，抑制燃烧蔓延；合金熔点较低，在燃烧前已软化或熔化，同时大量吸热使局部温度降低；合金导热性能好，热量能快速散开，可以避免局部升温。Ti-V-Cr 系阻燃合金是国内外航空材料学者研究的重点，虽然这类合金的阻燃性能和力学性能均很优良，但生产成本很高，如美国的 Alloy C 合金由于含大量昂贵的 V 元素并且可锻性较差而导致生产成本很高，因此降低 V 含量，研制低成本的 Ti-V-Cr 系阻燃合金成为今后的一个发展趋势。各国已在这方面做了大量的研究工作，如英国的 Ti-25V-15Cr-xAl-xC 合金和我国的 Ti40（Ti-25V-15Cr-0.2Si）合金等。

我国在阻燃合金领域的研究开展了二十余载，Ti-V-Cr 系阻燃钛合金是我国新型钛合金的研究重点和发展方向之一。以 Alloy C（Ti-35V-15Cr）合金的成分为基础，现已研制出能在 500℃长期使用的 TB12（Ti-25V-15Cr），目前已突破铸锭成分均匀性控制、棒材挤压开坯、环锻件轧制、微区耗熔炼工艺参数控制和阻燃性能评价等关键技术，并在阻燃机理研究方面取得重要进展。弭光宝等建立了定量描述阻燃钛合金抗点燃性能的摩擦接触压力-氧浓度曲线，解释了阻燃钛合金的摩擦表面由 TiO_2、V_2O_5 和 Cr_2O_3 等氧化物融合物构成，该层融合物的厚度为 2～5μm，这种融合物致密且具有良好的结合性，改善了摩擦的润滑条件，体现了"软化相"与"硬质化"之间的互补性作用，从而使摩擦区温度大大降低，起到抗点燃作用[77]。TB12 及 TF550 合金是典型的高合金化 β 型钛合金，V、Cr 元素含量总和分别高达 40% 和 50%。图 10-15 为锭型为 ϕ620mm 的 TB12 合金和 TF550 合金工业铸锭及其性能测试结果[78]。

(a)

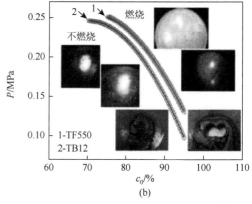

(b)

图 10-15　TB12 阻燃钛合金包套挤压棒材（a）和采用摩擦氧浓度法测得的 TB12 和
TF550 合金阻燃性能（b）

美国、俄国等国从 20 世纪 70 年代开始就开展了阻燃钛合金的研究。80 年代美国 Pratt & Whitney 和 Teledyne Wah Chang Albany 公司联合研制出对持续燃烧不敏感的钛合金 Alloy C（也称为 Ti-1270，属于 Ti-V-Cr 系，β 型钛合金），该合金的名义成分为 50Ti-35V-15Cr（质量分数）。Alloy C 具有较高的强度，尤其是高温强度，并具有良好的室温和高温塑性、蠕变和疲劳性能，但在高温（特别是 482℃以上时）工作时，合金易发生脆化，该合金已应用于 F119 发动机的高压压气机机匣、导向叶片和矢量尾喷管[74-80]。

俄罗斯研制出 Ti-Cu-Al 系 BTT-1（Ti-13Cu-4Al-4Mo-2Zr）、BTT-3（Ti-18Cu-2Al-2Mo）阻燃钛合金，BTT-1 合金有良好的热加工性，被用于发动机压气机机匣和叶片[67]。BTT-3 合金与 BTT-1 相比塑性更高，特别适合于制造各种板材和箔材零件。BTT-3 的阻燃能力也高于 BTT-1，在相同的试验条件下，Ti-6Al-4V 的摩擦着火温度为 100℃，BTT-1 为 650℃，BTT-3 则大于 800℃。图 10-16 是 Ti-6Al-4V 在空气中的高温着火实验[81]，（a）～（d）表示着火前随着时间增加样品表面的高温区域的变化；（e）表示样品着火瞬间；（f）表示样品的剧烈燃烧。BTT-3 合金可用于制备更加复杂的发动机零件，但这两种合金的整体力学性能和铸造性能较差，至今未能工程化。

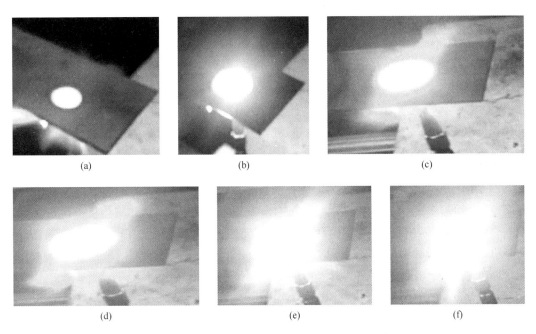

| | (a) | | (b) | | (c) |
| (d) | | (e) | | (f) | |

图 10-16　Ti-6Al-4V 在空气中的高温着火实验

目前，除美国和俄罗斯的部分典型阻燃钛合金得到了实际应用外，其他各国的阻燃钛合金仍处于研究阶段。阻燃钛合金的类型较少、成本较高，以及对阻燃性能评价方法的不统一都阻碍了阻燃钛合金的发展。与 Ti-V-Cr 系阻燃钛合金相比，Ti-Cu-Al 系阻燃钛合金的综合力学性能较差，工作温度也较低。对如何进一步提高该系合金的力学性能需进行更深入的研究。Ti-V-Cr 系阻燃钛合金含有大量贵金属元素 V，导致成本较高，限制了其应用。

10.3.2　国内外航空用钛钒合金应用现状

1. 钛钒合金在飞机机身构架上的应用现状

钛钒合金因其高比强度和优异的耐腐蚀性等突出特性，被广泛应用于铝合金、高强钢和镍基高温合金的质量、强度、抗蚀性和高温稳定性等综合性能不能满足要求的飞机零部件中。机身采用钛钒合金的主要原因总结如下：①减重，替代钢和镍基高温合金；②使用强度的要求，替代钢、铝合金和镍基高温合金；③耐腐蚀性，替代低合金钢和铝合金；④满足与聚合物复合材料的电化学相容性要求；⑤空间的限制，替代钢和铝合金。

钛钒合金在机身构架中主要用于防火壁、蒙皮、隔框、大梁、舱门、起落架、翼肋、紧固件、导管、拉杆等部件。钛钒合金在使用初期主要应用于受力不大的结构件，如飞机支座、接头、框架、隔热板、减速板等，其中由于 Ti-6Al-4V 的 β 稳定系数为 0.27，密度小、强度和疲劳性能良好、合金成分简单、半成品成本低，在飞机紧固件方面得到了广泛应用[82]。一架飞机所用的紧固件及弹性元件少则几十万件，多则几百万件，例如，俄罗斯的一架伊尔-96 飞机使用紧固件达 14.2 万件，单架空客 A380 使用紧固件超过 100 万件，俄罗斯的紧固件主要采用 BT16（Ti-3Al-5Mo-4.5V），该合金属（$\alpha + \beta$）型高强钛合金，其强度水平为 1030MPa。随着飞机先进性的提高，航空紧固件在服役期间除了受静载荷的作用外，还要经受由飞行器起飞和降落、发动机振动、转动件的高速旋转、机动飞行和突风等因素产生的交变载荷的作用，这对材料力学性能要求也越来越高。

从 20 世纪 80 年代开始，随着钛钒合金部件成型技术和本身质量的大幅提升，不少受力结构件也开始选用钛钒合金，例如，波音飞机上吊装 CF6-80 发动机的安装吊架，是受力条件非常严峻的结构件[83]。近年来，美国、俄罗斯等国家对飞机机身上钛钒合金的用量不断增加。

在军用飞机领域，钛钒合金的用量发展是非常迅速的。1949 年美国道格拉斯公司采购了第一批用于制造飞机的钛，主要用在 DC-7 运输机的发动机舱和隔热板上，同时期北美航空的 F-100 战斗机也开始使用钛材料。洛克希德公司在研制 SR-71 "黑鸟" 高空战略侦察机时，由于设计指标要求最高时速是音速的 3 倍，此时机体表面温度将超过常用铝制蒙皮的承受极限，换成钢材又会大大增加重量，影响飞行速度和升限等性能参数，因此必须大量使用钛钡合金。结果每架 SR-71 上用到的钛有 30t，达到飞机结构总重量的 93%，号称 "全钛飞机"（图 10-17）。到目前为止还没有其他飞机能够打破这一用钛比例纪录，而追求高性能的军用飞机对钛及其合金的需求仍居高不下。俄罗斯的伊尔-76 运输机的钛用量达到 12%，法国幻影 2000 和俄罗斯 CY-27C K 战斗机的钛用量分别达到 23% 和 18%[84]。1950 年在 F84 战斗轰炸机上采用工业纯钛制造后机身隔热板、导风罩和机尾罩等非承力构件，钛钒合金在飞机制造过程中显现出了明显优势，这使其在机身上的应用占比逐年增长。

美国在研制第四代战机 F-22 "猛禽" 时，原型机 YF-22 上的钛合金结构比重只有 24%。然而在实弹射击测试时发现，原本全部采用复合材料制造的机翼翼梁对 30mm 炮弹的抗打击效果不理想，导致飞机生存能力降低，后来改成钛合金主翼梁加复合材料辅助梁

图 10-17 号称"全钛飞机"的 SR-71 侦察机

的混合结构，钛合金用量占到机翼结构重量的 47%。F-22 的机身上也采用了大量的钛合金部件，包括机舱整体隔框、机身侧壁板、操纵支架、平尾后梁和液压管路系统等，其中后机身的钛合金用量占到该处结构重量的 55%。最终 F-22 上的钛合金结构比重高达 41%。表 10-8 为美国主要军用飞机服役年份及钛合金的用量[85]，其中 F-22 和 F-35 战斗机、B1 和 B2 轰炸机的钛合金用量均达到了 20% 以上。

表 10-8 美国主要军用飞机服役年份及钛合金用量

型号	F/A-18 A/B	F/A-18 C/D	F/A-18 E/F	F-22	F-35	B1	B2	C17
开始服役年份	1980	1986	2002	2005	2008	1986	1991	1992
钛合金用量/%	12	13	15	41	27	21	26	10.3

我国在军用飞机上钛合金的应用起步较晚，在 20 世纪 80 年代研发的歼八战斗机上钛合金的用量仅为 2%，重量为 93kg，歼十战斗机钛合金的用量提高到 3%，但与国外第三代、第四代军用飞机的钛用量相比，仍然存在很大差距。近年来，我国加大了钛合金在军用航空领域的应用量，预计我国新一代高性能战斗机的钛用量将达到 25%～30%[75]。

在民用飞机领域，钛合金的用量也在不断增加，目前国外主流民航机中机体用钛材量占机身总重达到 6% 以上。波音 777 飞机钛合金的用量为 8%，波音 787 飞机上的钛合金用量为 15%。表 10-9 是几种典型国外民航飞机服役年份及钛合金用量。

表 10-9 国外民航飞机服役年份及钛合金用量

型号	波音 777	波音 787	空客 A320	空客 A340	空客 A350	空客 A380
开始服役年份	1994	2010	1988	1993	2013	2007
钛合金用量/%	8	15	4.5	6	9	10

在波音 777 上，钛钒合金主要应用于早期碳纤维增强复合材料（CFRP）结构，以避免采用铝合金造成的电化腐蚀，大幅度提高了飞机的损伤容限。其中，将 Ti-10V-2Fe-3Al 钛钒合金应用于波音 777 的主起落架转向架梁，单个钛钒合金锻件重量当时达到了最大。Ti-10V-2Fe-3Al 合金是美国 Timet 公司研制成功的，它是一种为适应损伤容限性设计原则而研制的高效益、高可靠性和低成本的锻造钛钒合金，V 和 Fe 为主要的 β 稳定元素，该锻件抗拉强度、拉伸强度、屈服强度分别为 965MP、1105MPa、1190MPa 时具有良好的疲劳性能[86]。波音 777 的起落架几乎全部由该合金制成，空客 A380 的主起落架支柱也是采用该合金，使用该合金可使每架飞机减重 270kg，此外还可以消除使用钢时产生的应力腐蚀，见图 10-18 和表 10-10。波音 777 还将 β21S 钛合金用于发动机塞、整流罩和喷嘴等热结构，其高抗氧化性大幅度地降低了排气部件的重量[87]。

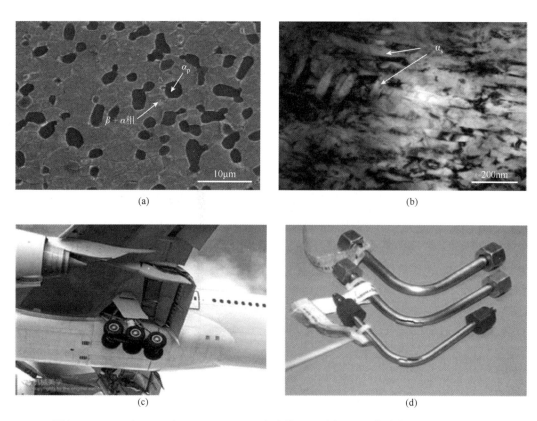

(a)　　　　　　　　　　　　　　　　　(b)

(c)　　　　　　　　　　　　　　　　　(d)

图 10-18 （a）和（b）为 Ti-10V-2Fe-3Al 合金的 SEM 图；（c）为波音 777 的起落架；（d）为航空液压油管（Ti-3Al-2V）[88]

表 10-10　Ti-10V-2Fe-3Al 合金（Ti-1023）的机械性能

合金	UTS/MPa	YS/MPa	EI/%	AR/%
Ti-1023	1270	1210	8.5	31

注：UTS 表示极限抗拉强度，YS 表示屈服强度，EI 表示下偏差，AR 表示涡轮特性。

钛合金在波音 787 上的使用比例为 15%。一方面用于传统部位，如吊挂、起落架结构等；另一方面，由于波音 787 飞机复合材料用量的大幅增加及钛合金与复材相容性好的特点，钛合金在某些部位也取代了铝合金。

波音 787 的吊挂结构采用的是 Ti-5Al-5V-5Mo-3Cr 近 β 型合金[89]，主要应用于比较重要的上连杆和吊挂接头结构，侧连杆则采用了普通的 Ti-6Al-4V，既满足传力要求，又能满足运营温度要求。钛合金在波音 787 吊挂结构上的应用如图 10-19 所示。

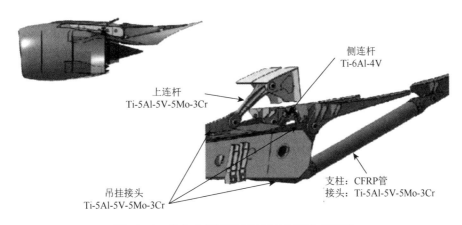

图 10-19　钛合金在波音 787 吊挂结构上的应用

波音 787 机身为全复合材料结构，包括机身蒙皮、普通框和剪切角片等。而在载荷复杂的中机身，所有侧边框包括前后压力隔框都普遍采用钛合金结构以承受高载，波音 787 中机身框结构如图 10-20 所示。

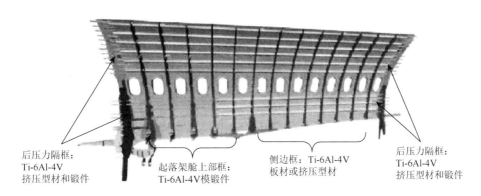

图 10-20　波音 787 机身框结构

波音 787 的其他关键部位，尤其是与复合材料外翼前后梁连接的各类接头，普遍采用了钛合金。包括与发动机吊挂连接的接头、与主起落架连接接头、襟翼滑轨接头、机翼梁接头等，部分接头零件的选材情况如图 10-21 所示。

A380 民用飞机钛钒合金的使用比例没有明显增加，但由于机身整体质量大，钛钒合金的总用量是相当大的。在机身的关键部位，都采用了钛钒合金，尤其是重要的连接位置。

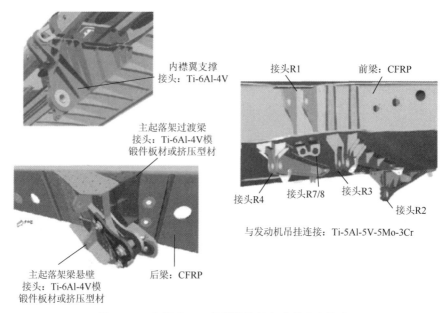

图 10-21 与波音 787 机翼连接的部分钛合金接头

A380 飞机钛钒合金分布情况如图 10-22 所示[90]，主起落架采用 Ti-10V-2Fe-3Al，每件重量达 3120kg[62]。

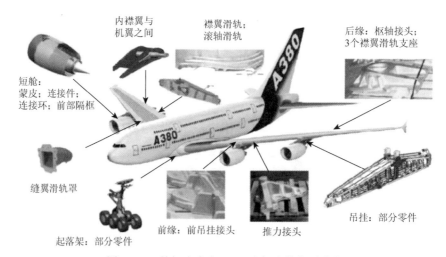

图 10-22 钛钒合金在 A380 飞机上的主要分布

空中客车公司第一次采用全钛设计了 A380 吊挂的主要结构，主要采用最常用的钛钒合金 Ti-6Al-4V，如图 10-23 所示，其在 β 退火状态下具有最大的断裂韧性和最小的裂纹增长速度，使得吊挂的疲劳性能得到较大改善。

在民用飞机领域，我国商用支线客机 ARJ21 的钛合金用量为 4.8%，我国自主研发的 C919 大型客机的钛合金用量达到了 9.3%，超过了美国波音 777 飞机，2017 年 5 月 5 日，首架 C919 大型客机试飞成功。

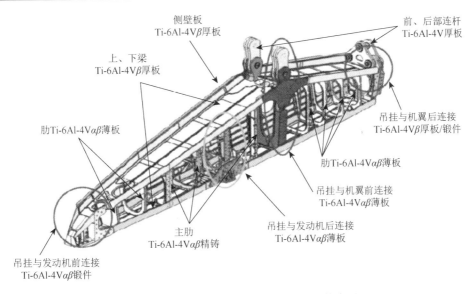

图 10-23　钛钒合金在 A380 吊挂结构上的应用

2. 钛钒合金在航空发动机上的应用现状

喷气发动机是飞机的心脏，其部件承受着高温、高压环境的考验，要求合金在 650℃以下有着良好的抗高温强度、抗蠕变性和抗氧化性。发动机的一个重要性能指标是推重比，即发动机产生的推力与其自重之比。推重比越高，发动机性能越好。提高推重比，必须提高涡轮前进气的压缩比（进气量指标）与进气温度。工作温度越高，发动机的热效率越高。随着航空发动机对推重比和刚度要求的提高，要求将一些关键钛合金结构件做成大型复杂薄壁的整体精铸件，因此目前大型复杂薄壁钛合金整体结构精铸技术已得到了充分发展。因铝合金使用温度过低，钢的密度太大，所以钛合金成为最佳选择。

在飞机上使用较多的钛钒合金有 Ti-6Al-4V、Ti-8Al-1Mo-1V、Ti-17、Ti-6242、Ti-6246、TC6、TC9、TC11、IMI829、IMI834、Ti-1100 等。其中，Ti-8Al-1Mo-1V 合金具有密度低、弹性模量高、振动阻尼性能优良、热稳定性好、焊接性能和成型性能好等诸多优点，其比刚度是所有工业钛钒合金中最高的，图 10-24 为 Ti-8Al-1Mo-1V 合金的微观结构，其各项性

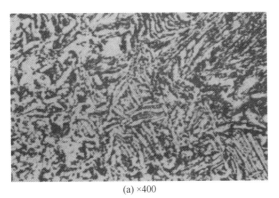

(a) ×400

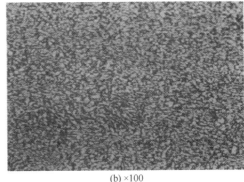

(b) ×100

图 10-24　Ti-8Al-1Mo-1V 合金的微观结构

能测试满足航行要求，见表 10-11～表 10-13，被选用于 Adour 发动机（JAGUAR 飞机）的 HPC 压缩机叶片上[91]。

表 10-11　HPC 叶片的性能要求

工作条件	性能要求
离心力高达 10000r/min 扰动气流干扰 叶片振动干扰	高比拉伸强度 HCF，LCF 高断裂韧度
旋转共振	E 值高，低密度
高压压气机的高温环境	耐高温
外壳和转子间摩擦	热导系数低
异物损坏（沙子、石头、鸟类等）	耐腐蚀，缺口低敏感性， 高断裂韧度
沿海高湿度环境	耐腐蚀性

表 10-12　Ti-8Al-1Mo-1V 合金的部分性能认证

疲劳强度	温度/℃	试样种类	应力范围/MPa	循环时间/min	
				1	2
HCF	室温	光滑	±400	>2.3×10^7	2×10^7
		缺口	±270	>2.1×10^7	>2×10^7
LCF	室温	光滑	85～850	>1060	1×10^3

表 10-13　Ti-8Al-1Mo-1V（wt%）的合金成分

A.E			杂质含量										
Al	Mo	V	Fe	C	O	H	N	Ni	Ni+Cu	Mn+Cr	Yt[a]	总 RE+	Ti
7.35 −8.35	0.75 −1.25	0.75 −1.25	0.30	0.08	0.20	0.015	0.05	0.08	0.1	0.15	0.02	0.03	余量

　　a. Yt 并不单指某种元素，一般是指钨钴钛合金，主要成分是碳化钨、碳化钛和钴。

目前，钛钒合金以其优异的特性在飞机上的应用范围日趋扩大，在喷气发动机中可用于压气盘、静叶片、动叶片、机壳、燃烧室外壳、排气机构外壳、中心体、喷气管、机匣等[73]。其中，叶片、机匣等部件目前已采用钒钛合金铸件，Rolls-Royce（Trent900）和 GE/Pratt &Whitney Engine Alliance（GP7200）两家公司生产的 A380 空中客车新型发动机的风扇直径为 3m 左右，并采用中空钛风扇叶片。

表 10-14 为欧美等国家和地区一些航空发动机的钛用量[92]。可以看出，国外先进航空发动机的钛用量一般在 25% 以上。

表 10-14　欧美等国家和地区一些航空发动机的钛用量

发动机型号	TF39	JT90	F100	F101	CF6	F119	GE90	Trent900
服役年份	1968	1969	1973	1976	1985	1986	1995	2005
装备机型	C-5A C-5B	B747 B767F-5A	F15 F16	B1	A330 B747 B767	F22	B777	A380
钛合金用量/%	33	35	25	20	27	39	40	41

　　我国在航空发动机方面，为歼-7、歼-8 系列配套的涡喷-13 发动机钛用量为 13%，涡喷-14 "昆仑" 发动机钛用量为 15%，与国外同期先进水平都有着不小的差距。自 20 世纪末以来，我国科研机构积极研制钛钒合金，第三代战机上的钛用量已上升到 15%，下一代高性能战机有望达到 30%，而涡扇-10 "太行" 发动机的钛用量也增至 25% 左右。

　　新一代高推重比航空发动机压气机和涡轮系统高温环境使用的叶片、盘、机匣、整体叶盘和整体叶环等构件设计通常选用先进高温钛合金材料。近年来，随着先进发动机对高温钛合金的迫切需求，600℃ 高温钛合金、阻燃钛合金、TiAl 合金和 SiC_f/Ti 复合材料成为新型高温钛合金的发展重点[93]。

　　600℃ 高温钛合金中，TA29 钛合金大规格棒材、整体叶盘锻件和零件已具备小批生产能力。图 10-25 为 TA29 钛合金典型整体叶盘零件。整体叶盘结构消除了盘、片分离结构存在的零件连接、装配而引起的零件之间的应力、变形和漏气损失，使发动机的工作效率、质量可靠性有所提高。

(a) Ⅰ型　　　　　　　　　　　　　　　　　(b) Ⅱ型

图 10-25　TA29 钛合金整体叶盘零件

　　TA29 钛合金因在 620℃ 仍具有良好的蠕变抗力，在其他性能满足设计要求时，可延伸至 620℃ 左右长期使用。除在发动机领域具有很好的应用潜力外，TA29 钛合金在 750～800℃ 仍能保持较高的抗拉强度，可在此温度区间短时使用，可应用于超高声速导弹、火箭、飞行器、空天飞机等装备的机体构件、蒙皮，以及所用发动机的高温部件。

　　TiAl 合金主要以铸件形式应用于发动机上，例如，美国 GE 公司率先在 GEnx 发动机低压涡轮上应用 TiAl 合金，使每级低压涡轮减轻结构质量 45.5kg。每架波音 787 用两台

GEnx 发动机，每台发动机选用两级 TiAl 合金涡轮叶片；每架波音 747-8 用四台 GEnx 发动机，每台发动机选用一级 TiAl 合金涡轮叶片，因此，每架波音 787 或波音 747-8 均减轻结构质量 182kg。美国 PCC 公司制造的 TiAl 铸造涡轮叶片，年产量已达近 4 万片，用于 GEnx 发动机。CFM 公司生产的 TiAl 涡轮叶片用于 LEAP 发动机，可显著提高发动机性能并节省 15%的燃油消耗。

在 SiC_f/Ti 复合材料方面，国外的研发及应用有较大的进展。例如，美国 Textron 公司采用 Ti-1100 钛合金作为基材制造 SiC_f/Ti 复合材料整体叶环，其使用温度可以达到 700～800℃，结构质量减轻 50%。我国也开展了钛基复合材料环形件、板材、转动轴部件的研制工作，通过多年的技术攻关，解决了整体叶环制备过程中复合材料断裂的问题，制备了整体叶环试验件，如图 10-26 所示。

  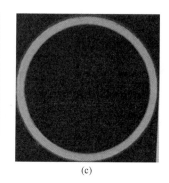

　　　　(a)　　　　　　　　　　　　　　(b)　　　　　　　　　　　　　(c)

图 10-26　整体叶环部件及超声波探伤 C 扫描图

除了用于飞机的机身和发动机以外，对于要克服地心引力冲出大气层的航天器来说，对减轻自身重量、提高有效载荷和耐热性的要求更为突出，因此，钛合金在航天器上也得到了应用。美国在"双子星"载人航天计划和"阿波罗"载人登月计划中都用到了钛合金，其主要用于制造固体燃料容器、火箭发动机部件、登月舱、各种接合器和紧固件等，对减轻结构重量和降低疲劳破坏有明显效果。

铌与其他高温结构材料——钨、钼、镍、钢等相比，具有熔点高、密度小、塑韧性和焊接性能好、比强度高等突出的优点，是更高温度使用的新型航空航天结构件的备选材料。铌合金按照强度和塑性的不同，分为高、中、低强铌合金。低密度铌合金是先进航空航天发动机和小推力火箭发动机的重要候选材料之一。它们以铌金属为基体，以 Ti 为主合金元素，以 Al、V、Zr、Cr 等为副合金元素，加入少量的 W、Mo、Hf 或 C 等，由于合金密度小（$<8g/cm^3$），被称为低密度铌合金，这类合金强度与镍合金相当。低密度铌合金的优点是密度小、比强度高、抗氧化性能优于高铌含量的铌合金（Nb＋W＞80wt%），能够与常用的铌合金和钛合金焊接，缺点是室温塑韧性较差。其不加抗氧化涂层可在 550～800℃大气环境中使用而不被氧化，加抗氧化涂层可在 800～1300℃大气环境中使用，当涂层遭到破坏后，合金基体不会立即被烧穿和破坏。美国 Pratt & Whitney 公司已用 Nb-37.7Ti-5Hf-5V-5Cr-5Al-2Sn-0.5Zr-0.1C 合金制造了 250000 台军用飞机发动机，该合金已被制成 0.76mm×800mm×6000mm 的增压喷嘴用大尺寸板材；俄罗斯也已将同类合金用

于飞机发动机排气管道。我国对低密度铌合金的研究从 2005 年开始，西北有色金属研究院已研制出密度为 5.95g/cm^3、尺寸为（3～4）mm×500mm 的 Nb-31Ti-7Al-xV-1.5Zr（x：3～10）合金板材[94]。

　　TC21（Ti-6Al-2Zr-2Sn-2Mo-1.5Cr-2Nb）钛合金中掺杂了元素 Nb，是一种新型高强、高韧、高损伤容限钛合金，目前已在国内航空公司获得了实际应用，该合金应用于海上预警机的尾翼部分[95]（图 10-27）。近来，人们更关注亚稳态 β 钛合金，尤其是 Ti-5553 合金，当整个 V 含量被 Nb 取代时或用 Nb 部分替代 V 时，由于其加工性能和优异的力学性能，被广泛用于大型锻造零件[96]。

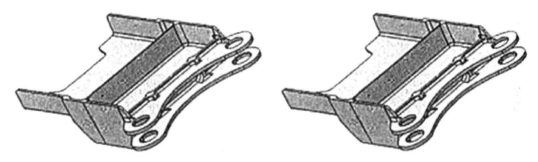

图 10-27　海上预警机验证尾翼部分前梁悬挂接头本体三维图（左）；海上预警机验证尾翼部分后梁悬挂接头本体三维图（右）

　　Ti-45Nb 合金是美国一家公司研制的一种商用阻燃合金，由于 Nb 在 Ti 合金的主要合金元素中具有最小的氧化生成热，所以发展了 Ti-Nb 系阻燃合金，其很好的抗蚀性能、较好的物理性能和力学性能可解决高压釜钛合金的燃烧问题。这种材料主要用于超导材料和耐蚀材料，尚未开发应用于发动机部件。

　　此外，Nb 元素还以碳化铌的形式广泛应用于航天设备的零部件，如涡轮转子、燃气舵、叶片、发动机喷管内衬及核反应堆的结构件等，对运行环境的温度有很高的要求。碳化铌的熔点极高，用作宇航材料时，与传统材料钨相比，其相容性好、密度小、热膨胀系数低。碳化铌宇航材料的强度随着温度的上升而升高，在 800℃时达到最高值，随后温度继续升高其强度反而有所下降。宇航部件的基体随着温度的升高由脆性转变为塑性，在此条件下碳化铌颗粒对塑性基体的强化作用增强，高温增强效果显著提高，因此碳化铌复合材料有极佳的耐热强度[97]。

　　铌铪合金（NbHf$_{0\sim1}$）是我国目前双组元液体火箭发动机广泛使用的材料，该材料在硅化铌高温抗氧化涂层保护下工作温度为 1200～1300℃，远低于推进剂燃烧时产生的燃气温度（2700℃），因此必须设置由推进器形成的液膜冷却来降低燃烧室壁的温度，这部分冷却的推进剂流量占燃料的 30%～40%，造成推进剂浪费，缩短航天器的在轨寿命并更易产生羽流污染。铌钨合金（Nb-5W-2Mo-1Zr）在硅化钼高温氧化层的保护下工作温度为 1550℃左右，可大幅度减少用于冷却燃烧室的推进剂流量，有利于提高发动机的比冲。用铌钨合金研制的某型号 1∶1 液体火箭发动机推力室试验件进行了热试车实验，图 10-28 为该推力试车前后的照片。试车结果表明，用铌钨合金材料及硅化钼涂层研制的火箭发动机推力室比冲比原来的同型号发动机提高了 10s。进行地热发动机试车，最高工作温度 1561℃，说明涂层具有一定的抗高温高速燃气流冲刷的能力[98]。

图 10-28　喷管试车前后实物图

钽和铌是超耐热合金的优良添加剂，这种合金主要用于制造涡轮元件和喷气发动机零件，其需求量的约 90%用于宇宙航行和航空工业。添加少量钇作为钽的晶粒稳定剂，添加适量钨可提高钽的高温强度。为了提高钽的抗蠕变能力，可在钽钨合金中添加 2.5%的铪，铪富集在晶粒边界上，能防止晶界滑移。例如，T-111 合金现用于包裹宇宙热电发电机热源的强化结构材料，TaW10 合金是重要的火箭喷管材料，在航天和导弹技术中占有极其重要的地位[99]。

目前工业广泛应用的钽合金有 Ta-W、Ta-W-Hf、Ta-Ti、Ta-W-Hf-Re-C 等系列合金，见表 10-15。

表 10-15　Ta 及主要 Ta 合金的室温力学性能

材料	Rm/MPa	Rp$_{0.2}$/MPa	A/%
纯 Ta	205	165	40
纯 Ta（粉冶）	310	220	30
Ta-2.5W	345	228	40
Ta-8W-Hf（T-111）	690	585	25
TaW10	550	460	29
TaW12	646	560	40

钽在高温合金中的应用也日渐增加，目前国外性能较好的航空发动机叶片大部分由 Ni 基单晶超合金制成，且合金中钽组分的比例越来越大，同时，美国橡树岭国家实验室

（Oak Ridge National Laboratory）和田纳西州大学正在研究一系列地面基和航空发动机用高温抗氧化 $Cr-Cr_2Ta$ 合金。采用定向凝固技术可以制得均匀层状 Cr_2Ta Laves 相的 $Cr-Cr_2Ta$ 自生复合材料，在这类合金中，铬基固溶体呈现出良好的塑性和高温抗氧化性，而 Cr_2Ta Laves 相则弥散于铬基固溶体中改善合金体系的高温强度和室温断裂韧性。这是由于层状结构使裂纹难以扩展，进而使其偏折、分叉并产生剪切筋，从而提高了材料的室温断裂韧性。这类合金研究的成功将提高燃气涡轮机的热效率，并将广泛应用于叶片、密封件和喷嘴。此外，还可以用于燃气清洁系统部件[100]。

10.4　总结与展望

钛作为地球上并不稀缺的资源，多年来并未得到广泛应用，而其应用潜力，特别是在航空航天上的应用潜力十分巨大。钛的蕴藏量是铜的 10 倍，是继铁、铝之后的"第三金属"。它资源丰富，但是其工业生产仅有 60 多年，与具有百年历史的铝、镁相比，钛被形象地称为"婴儿金属"。我国虽然已是产钛大国，但目前航空航天领域对钛的使用量尚不到总量的 20%。随着国产大飞机和新型战机项目的推进，我国航空市场进入快速发展阶段，预计对钛材的需求量将以每年 15%～20%的速度增长，这将加快我国钛合金的加工技术和应用水平的提高。但我国锆铪分离技术与国际先进水平有较大差距，需要广大科技工作者的不断努力。

到目前为止，钒主要用于钢铁工业，其用量约占钒消耗量的 85%，主要用于生产各种钒钢，如碳素钢、HSIA 钢、高合金钢和工具钢等，目前用量最大的钢种是碳素钢。钒在稀有金属合金中具有广泛的用途，可生产钛合金及一些超级合金，其中主要用于生产 Ti-6Al-4V 和 Ti-8Al-1Mo-1V 两种钛合金，这两种钛合金在宇航工业有着广泛的用途，随着航空航天技术及民用航空器的不断发展，相信钒在钛合金生产中会有很大的发展，用量也会进一步增加。

参 考 文 献

[1]　Masterton W L，Hurley C N. Chemistry：principles and reactions. Chemistry Principles & Reactions，2009，20（2）：138-151.

[2]　李佐臣. 发展中的第三金属—钛//张平祥. 稀有金属材料与工程. 北京：科学出版社，1985，（2）：82-83.

[3]　王立平，王镐，高颀，等. 我国钛资源分布和生产现状. 稀有金属，2004，（1）：265-267.

[4]　David R. Handbook of Chemistry and Physics. 86th edition. Boca Raton：CRC Press，2005：2544.

[5]　Bracken J D. The history and use of our earth's chemical elements：a reference guide. Journal of Chemical Education，2006，76（4）：475.

[6]　Larsen E，Fernelius W C，Quill L，et al. Concentration of hafnium-preparation of hafnium-free zirconia. Industrial & Engineering Chemistry Analytical Edition，2002，15（8）：512-515.

[7]　Boer J H D，Arkel A E V. Die Trennung von zirkonium und hafnium durch kristallisation ihrer ammoniumdoppelfluoride. Zeitschrift Für Anorganische Chemie，2004，141（1）：284-288.

[8]　Van Arkel A E，De Boer J H. Die trennung des zirkoniums von anderen metallen，einschließlich hafnium，durch fraktionierte destillation. Zeitschrift Für Anorganische Chemie，2004，141（1）：289-296.

[9]　解西京，柳松，王敬欣. 溶剂萃取分离锆和铪研究进展. 稀有金属，2009，33（3）：426-433.

[10]　Griffith，Robert F. Zirconium and hafnium. Minerals Yearbook Metals and Minerals（except fuels），1952：1162-1171.

[11] Gilbert H L，Barr M M. Preliminary investigation of hafnium metal by the kroll process. Journal of the Electrochemical Society，1955，102（5）：243-245.

[12] Wiberg E. Lehrbuch der Anorganischen Chemie. 91-100 ed. Berlin：Walter de Gruyter，1985：1056-1057.

[13] Arkel A E V，Boer J H D. Darstellung von reinem titanium-，zirkonium-，hafnium-und thoriummetall. Zeitschrift Für Anorganische Und Allgemeine Chemie，1925：345-350.

[14] 陈海珊. 钛及其合金的物理、化学性能和应用. 稀有金属材料与工程，1983，（4）：76-78.

[15] 刘知路. 对攀枝花钛工业发展的思考. 攀枝花科技与信息，2005，（4）：18-20.

[16] Barbalace J. Titanium. The Encyclopedia of Chemical Elements. New York：Reinhold Book Corporation，1968：732-738.

[17] Stwertka A. "Titanium". Guide to the Elements. Oxford：Oxford University Press，1998：81-82.

[18] Donachie Jr M J. Titanium. Metals Park，OH：ASM International，1988.

[19] 李明强. 一种新型超高强钛合金材料初探. 钛工业进展，2012，29（5）：19-22.

[20] Titanium. Columbia Encyclopedia. 6th ed. New York：Columbia University Press，2011：2000-2006.

[21] Puigdomenech I. Hydra/medusa chemical equilibrium database and plotting software. KTH Royal Institute of Technology，2004.

[22] Emsley J. Titanium. Nature's Building Blocks：An A-Z Guide to the Elements. Oxford：Oxford University Press，2001.

[23] Casillas N，Charlebois S J，Smyrl W H，et al. Pitting corrosion of titanium. Journal of the Electrochemical Society，1994，（4）：636-642.

[24] Forrest A L. Effects of metal chemistry on behavior of titanium in industrial applications. Industrial applications of titanium and zirconium. ASTM International，1981.

[25] Buettner K M，Valentine A M. ChemInform abstract：bioinorganic chemistry of titanium. Cheminform，2012，112（3）：1863-1881.

[26] 胡清熊. 钛的应用及前景展望. 钛工业年会，2003.

[27] 赵永庆. 国内外钛合金研究的发展现状及趋势. 中国材料进展，2010，29（5）：1-8.

[28] Liu G，Huang W X，Yong Y I. Preparation and optical storage properties of λ-Ti$_3$O$_5$ powder. Journal of Inorganic Materials，2013，28（4）：425-430.

[29] Bonardi A，Pühlhofer G，Hermanutz S，et al. A new solution for mirror coating in γ-ray cherenkov astronomy. Experimental Astronomy，2014，38（1-2）：1-9.

[30] Earnshaw A，Greenwood N. Chemistry of the Elements. 2nd ed. Oxford：Butterworth-Heinemann，1998：962.

[31] Saha N C，Tompkins H G. Titanium nitride oxidation chemistry：an X-ray photoelectron spectroscopy study. Journal of Applied Physics，1992，72（7）：3072-3079.

[32] Greenwood N N，Earnshaw A. Chemistry of the Elements. 2nd ed. Oxford：Butterworth-Heinemann，1997.

[33] 熊炳昆，杨新民，罗方承，等. 锆铪及其化合物应用. 北京：冶金工业出版社，2002，1.

[34] Wang D，Tian Z，Shen L，et al. Effects of laser remelting on microstructure and solid particle erosion characteristics of ZrO$_2$-7wt%Y$_2$O$_3$，thermal barrier coating prepared by plasma spraying. Ceramics International，2014，40（6）：8791-8799.

[35] 北京师范大学，等. 无机化学（下册）. 4 版. 北京：高等教育出版社，2003：793.

[36] Andrievskii R A，Strel'Nikova N S，Poltoratskii N I，et al. Melting point in systems ZrC-HfC，TaC-ZrC，TaC-HfC. Soviet Powder Metallurgy & Metal Ceramics，1967，6（1）：65-67.

[37] Hong Q J，Axel V D W. Prediction of the material with highest known melting point from ab initio molecular dynamics calculations. Physical Review B，2015，92（2）：1-13.

[38] 申泮文，车云霞，罗裕基，等. 无机化学丛书（第八卷）. 北京：科学出版社，1998.

[39] Zherikova K V，Morozova N B，Kuratieva N V，et al. Synthesis and structural investigation of hafnium（IV）complexes with acetylacetone and trifluoroacetylacetone. Journal of Structural Chemistry，2005，46（6）：1039-1046.

[40] 王长红，杨声海，陈永明，等. 电化学合成乙醇铪的参数优化、表征和热性能分析. 中国有色金属学报（英文版），2017，27（3）：694-700.

[41] Karner J M，Sutton S R，Papike J J，et al. Application of a new vanadium valence oxybarometer to basaltic glasses from the

earth，moon，and mars. The American Mineralogist，2006，91（2-3）：270-277.

[42] Rehder D. Bioinorganic Vanadium Chemistry. New York：John Wiley and Sons，2008.

[43] Anbar A D，Jarzecki A A，Spiro T G. Theoretical investigation of iron isotope fractionation between $Fe(H_2O)_6^{3+}$ and $Fe(H_2O)_6^{2+}$：Implications for iron stable isotope geochemistry. Geochimica et Cosmochimica Acta. 2005，69（4）：825-837.

[44] 段炼，田庆华，郭学益. 我国钒资源的生产及应用研究进展. 湖南有色金属，2006，(6)：17-20.

[45] 张一敏，包申旭，刘涛，等. 我国石煤提钒研究现状及发展. 有色金属（冶炼部分），2015，(2)：24-30.

[46] Kerstin L. Interdisciplinary Earth Data Alliance，US. http://www.petdb.org/[2015-09-08].

[47] Cantley Z C，Resh M D，Guidotti G. Vanadate inhibits the red cell（Na^+，K^+）ATPase from the cytoplasmic side. Nature，1978，272（5653）：552-554.

[48] Selway J B，Breaks F W，Tindle A G. A review of rare-element（Li-Cs-Ta）pegmatite exploration techniques for the Superior Province，Canada，and large worldwide tantalum deposits. Exploration & Mining Geology，2005，104（1）：58-61.

[49] 《有色金属及其热处理》编写组. 有色金属及其热处理. 北京：国防工业出版社，1981.

[50] 张宝昌. 有色金属及其热处理. 西安：西北工业大学出版社，1993.

[51] 虞莲莲. 实用有色金属材料手册. 北京：机械工业出版社，2002.

[52] 郑来苏. 铸造合金及其熔炼. 西安：西北工业大学出版社，1994.

[53] 张宝柱，孙洁琼. 钛合金在典型民用飞机机体结构上的应用现状. 航空工程进展，2014，5（3）：275-280.

[54] Boyer R R. An overview on the use of titanium in the aerospace industry. Materials Science & Engineering A，1996，213（1-2）：103-114.

[55] 韩传玺. 高温钛合金的研制现状及前景. 稀有金属材料与工程，1986，1：30-36.

[56] Inaba T，Ameyama K，Tokizane M. Formation of（$\alpha+\beta$）microduplex structure in a Ti-15V-3Cr-3Sn-3Al alloy. Isij International，1991，31（8）：792-798.

[57] Ivasishin O M，Markovsky P E，Matviychuk Y V，et al. A comparative study of the mechanical properties of high-strength β-titanium alloys. Journal of Alloys & Compounds，2008，457（1）：296-309.

[58] Li J S，Li F H，Lei L，et al. Re-boronizing below beta transus temperature on TC4 titanium alloy surface. Advanced Materials Research，2013，750：651-654.

[59] 敖宏，惠松骁，叶文君，等. 高模量钛合金研究进展. 金属学报，2002，38：22-24.

[60] 曲恒磊，周廉，周义刚，等. 高强韧钛合金评述. 稀有金属快报，2004，23（10）：5-9.

[61] 汪建林. 高强度β钛合金的发展和应用. 上海钢研，2001，(2)：25-33.

[62] 李重河，朱明，王宁，等. 钛合金在飞机上的应用. 稀有金属，2009，33（1）：84-91.

[63] 张利军，王幸运，郭启义，等. 钛合金材料在我国航空紧固件中的应用. 航空制造技术，2015，436（16）：129-133.

[64] Boyer R R. An over view on use of titanium in the aerospace industry. Materials Science and Engineering，1996，A213：103-111.

[65] 蔡建明，李臻熙，马济民，等. 航空发动机用600℃高温钛合金的研究与发展. 材料导报，2005，19（1）：50-53.

[66] 曾丽英，洪权，赵永庆，等. Ti-600钛合金的热稳定性. 稀有金属材料与工程，2013，42（11）：2253-2256.

[67] 曹京霞，弭光宝，蔡建明，等. 高温钛合金制造技术研究进展. 钛工业进展，2018，35（1）：1-8.

[68] 卜兆杰，陶泽秀，王新梅，等. 电感耦合等离子体原子发射光谱（ICP-AES）法测定钛合金TC4中Fe、Al、V. 中国无机分析化学，2018，8（02）：57-59.

[69] 锡淦，雷鹰，胡克俊，等. 国外钒的应用概况. 世界有色金属，2000，(2)：13-21.

[70] Soboyejo W O，Shen W，Srivatsan T S. An investigation of fatigue crack nucleation and growth in a Ti-6Al-4V/TiB *in situ* composite. Mechanics of Materials，2004，36（1）：141-159.

[71] Boehlert C J，Cowen C J，Tamirisakandala S，et al. *In situ* scanning electron microscopy observations of tensile deformation in a boron-modified Ti-6Al-4V alloy. Scripta Materialia，2015，55（5）：465-468.

[72] Wood J R，Russo P A，Welter M F，et al. Thermomechanical processing and heat treatment of Ti-6Al-2Sn-2Zr-2Cr-2Mo-Si for structural applications. Materials Science & Engineering A，1998，243（1-2）：109-118.

[73] 曲恒磊，赵永庆，朱知寿，等. 一种高强韧钛合金及其加工方法，中国：03105965.1.2003.

[74]　张颖楠，赵永庆，曲恒磊，等. 热处理对 TC21 合金显微组织和室温拉伸性能的影响. 稀有金属，2004，28（1）：34.

[75]　朱知寿. 我国航空用钛合金技术研究现状及发展. 航空材料学报，2014，34（4）：44-50.

[76]　朱知寿，王新南，商国强，等. 新型高性能钛合金研究与应用. 航空材料学报，2016，36（3）：7-12.

[77]　弭光宝，黄旭，黄京霞，等. Ti-V-Cr 系阻燃钛合金的抗点燃性能及其理论分析. 金属学报，2014，50（5）：575-586.

[78]　蔡建明，弭光宝，高帆，等. 航空发动机用先进高温钛合金材料技术研究与发展. 材料工程，2016，44（8）：1-10.

[79]　Bania P J. Beta titanium alloys and their role in the titanium industry. JOM，1994，46（7）：16-19.

[80]　梁春华，李晓欣. 先进材料在战斗机发动机上的应用研究趋势. 航空材料学报，2012，32（6）：32-36.

[81]　Wang C，Hu J，Wang F，et al. Measurement of Ti-6Al-4V alloy ignition temperature by reflectivity detection. Review of Scientific Instruments，2018，89（4）：044902.

[82]　董瑞峰，李金山，唐斌，等. 航空紧固件用钛合金材料发展现状. 航空制造技术，2018，61（4）：86-91.

[83]　张喜燕，赵永庆，白晨光. 钛合金及应用. 北京：化学工业出版社，2005.

[84]　李明怡. 航空用钛合金结构材料. 有色金属，2000，（6）：17-20.

[85]　曹春晓. 选材判据的变化与高损伤容限钛合金的发展. 金属学报，2002，38：4.

[86]　Wu Y，Liu J R，Wang H，et al. Effect of stress ratio on very high cycle fatigue properties of Ti-10V-2Fe-3Al alloy with duplex microstructure. Journal of Materials Science & Technology，2018，34（7）：1189-1195.

[87]　Boyer R R. New titanium applications on the Boeing 777 airplane. JOM，1992，44（5）：23-25.

[88]　Banerjeea D. Perspectives on titanium science and technology. Acta Materialia. 2013，61（3）：844-879.

[89]　Veeck S，Lee D，Boyer R，et al. The castability of Ti-5553 alloy. Advanced Materials & Processes，2004，162（10）：47-49.

[90]　Rendigs K H. Metal Materials in Airbus A380. Izmir Global Aerospace & Offset Conference，Izmir，2010.

[91]　Saha B，Jana B，Yadav J S，et al. Development and certification of Ti-8Al-1Mo-1V alloy for HP compressor blades for adour engine applications. Bulletin of Materials Science，1996，19（4）：661-669.

[92]　黄张洪，曲恒磊，邓超，等. 航空用钛及钛合金的发展及应用. 材料导报，2011，25（1）：102-107.

[93]　蔡建明，弭光宝，高帆，等. 航空发动机用先进高温钛合金材料技术研究与发展. 材料工程，2016，44（8）：1-10.

[94]　郑欣，白润，蔡晓梅，等. 新型铌合金研究进展. 中国材料进展，2014，33（Z1）：586-594.

[95]　刘红涛. 航空 TC21 钛合金的机械加工. 金属加工（冷加工），2010，（22）：18-21.

[96]　Opini V C，Campo K N，Mello M G，et al. Effect of partial replacement of V with Nb on phase transformations and mechanical properties of Ti-5553 alloy. Materials Letters，2018，22（6）：205-208.

[97]　刘玉宝，李麟，张先恒，等. 碳化铌的合成方法及应用研究进展. 稀有金属与硬质合金，2014，42（1）：66-69.

[98]　张春基，吕宏军，贾中华，等. 铌钨合金材料在液体火箭发动机上的应用. 宇航材料工艺，2007，（6）：57-60.

[99]　王晖，张小明，李来平，等. 钽及钽合金在工业装备中的应用. 装备制造技术，2013，（8）：115-117.

[100]　胡忠武，李中奎，张廷杰，等. 钽及钽合金的新发展和应用. 稀有金属与硬质合金，2003，（3）：34-36.

第 11 章 铬、锰副族

元素周期表中第VIB族为铬副族元素，其中包括铬（Chromium，Cr）、钼（Molybdenum，Mo）、钨（Wolfram 或 Tungsten，W）三种元素。锰副族元素位于元素周期表的第VIIB族，包括锰（Manganese，Mn）、锝（Technetium，Tc）、铼（Rhenium，Re）三种元素（图 11-1）[1-4]。

图 11-1 铬副族和锰副族纯金属元素

11.1 铬副族元素

铬副族元素包括铬、钼、钨三种元素，位于周期表中第VIB族。铬、钼和钨电子层结构分别为[Ar]3d⁵4s¹、[Kr]4d⁵5s¹ 和[Xe]4f¹⁴5d⁴6s²。它们的最高氧化态为 + 6，都具有 d 区元素多种氧化态的特征（表 11-1）[5]。

表 11-1 铬副族元素的基本性质

元素（符号）	原子序数	原子量	电子层结构	常见氧化态
铬（Cr）	24	51.996	[Ar]3d⁵4s¹	+ 6，+ 3，+ 2
钼（Mo）	42	95.94	[Kr]4d⁵5s¹	+ 6，+ 4
钨（W）	74	183.84	[Xe]4f¹⁴5d⁴6s²	+ 6，+ 4

图 11-2　路易斯·尼可拉斯·瓦奎宁
（1763—1829），法国化学家，1797 年
发现 Cr 元素，1798 年发现 Be 元素

铬（Chromium），化学符号 Cr，原子序数 24，原子量 51.9961。元素名来自于希腊文 Chroma，原意为"颜色"，因其化合物都具有颜色。1797 年法国化学家瓦奎宁（L. N. Vauquelin，图 11-2）在西伯利亚铬铅矿中发现了一种新矿物，次年用碳还原得到，该矿物即为含铬矿物。铬在地壳中的含量为 0.01%，居第 17 位，按照在地壳中的含量，铬属于分布较广的元素之一。我国铬矿资源比较贫乏，按可满足需求的程度看，属短缺资源，铬每年消费量的 80% 以上需依靠进口。我国的铬矿产地约有 56 处，其中以西藏自治区为最主要产地。自然界中不存在游离状态的铬，已发现的含铬矿物有 50 余种，主要以铬铁矿（Fe,Mg）Cr_2O_4 形式存在。

钼（Molybdenum），化学符号 Mo，原子序数 42，原子量 95.94。1778 年瑞典化学家卡尔·威尔海姆·舍勒（Carl Wilhelm Scheele，图 11-3）发现辉钼矿不是铅矿或石墨，可能是一种未知金属元素与硫结合在一起的矿。1782 年同样为瑞典化学家的皮特·雅各布·埃尔姆（Peter Jacob Hjelm，图 11-3）用亚麻子油调过的木炭和钼酸混合物密闭灼烧得到钼。钼元素英文名来自希腊文 Molybdos，原意是"铅"。钼在地壳中的含量约为 1.5×10^{-4}%，居第 53 位。它分布在各种不同的矿物中，最重要的是辉钼矿（MoS_2），含钼 60%。我国已探明的钼金属储量为 172 万 t，基础储量为 343 万 t，仅次于美国，居世界第二位。钼矿集中分布在陕西、河南、吉林和辽宁四省。

图 11-3　瑞典化学家卡尔·威尔海姆·舍勒（1742—1786）和皮特·雅各布·埃尔姆（1746—1813），
他们为钼元素的发现做出了贡献

钨（Wolfram 或 Tungsten），化学符号 W，原子序数 74，原子量 183.84。1781 年瑞典化学家舍勒发现了白钨矿，并提取出新的元素酸，即钨酸。1783 年西班牙人德普·尔

亚（D. Elhuyar）发现了黑钨矿并从中提取出钨酸，同年，他用碳还原三氧化钨第一次得到了钨。钨在地壳中的自然储量约为 620 万 t，可开采储量 290 万 t。中国是世界上最大的钨储藏国，钨资源储量达 520 万 t。主要的钨矿有十几种，中国主要有两种，黑钨矿（Fe, Mn）WO_4 和白钨矿 $CaWO_4$，大体上分布于中国南岭山地两侧的广东东部沿海一带[6]。

11.1.1　铬的单质

铬单质是银白色有光泽的金属，为体心立方晶体，密度为 $7.20g/cm^3$。纯铬具有延展性，而含杂质的铬硬而脆。铬的单电子多，金属键较强，因此其熔、沸点很高，熔点为 1907℃，沸点为 2672℃，且硬度极大，其莫氏硬度达到 9，是硬度最大的金属。

室温条件下，铬在空气和水中稳定。铬具有很高的耐腐蚀性，在潮湿空气中氧化很慢，因此将其镀在金属上可起保护作用。纯铬可以抵抗稀酸的侵蚀，与硝酸甚至王水作用会使铬钝化，一般认为这是表面生成一层致密的氧化物的缘故[6]。

在高温条件下，铬的活性增强，可与多种非金属物质如卤素、氧气、氮气、硫等直接反应，通常形成三价化合物。

铬具有较强的还原性，未钝化时能溶于稀酸，且反应活性较钼、钨更强。铬可以缓慢溶解于稀酸中，首先生成蓝色 Cr^{2+} 溶液，二价铬还原性强，易被空气氧化成绿色的 Cr^{3+} 溶液：

$$Cr + 2HCl \rightleftharpoons CrCl_2 + H_2\uparrow \text{(蓝色)}$$
$$4CrCl_2 + 4HCl + O_2 \rightleftharpoons 4CrCl_3 + 2H_2O \text{(绿色)}$$

铬还能与热浓硫酸进行反应：

$$2Cr + 6H_2SO_4 \rightleftharpoons Cr_2(SO_4)_3 + 3SO_2\uparrow + 6H_2O$$

金属铬可通过铬铁矿（$FeCr_2O_4$）在焦炭还原的条件下制取，该反应得到铬铁合金，可用于制造不锈钢：

$$FeCr_2O_4 + 4C \xrightarrow{\text{高温}} Fe + 2Cr + 4CO\uparrow$$

铬单质也可通过铝热法或用硅还原 Cr_2O_3 得到单质金属铬：

$$Cr_2O_3 + 2Al \xrightarrow{\text{点燃}} 2Cr + Al_2O_3$$
$$2Cr_2O_3 + 3Si \xrightarrow{\text{高温}} 4Cr + 3SiO_2$$

此外还可以通过电解铬盐溶液（如 $CrCl_3$）的方式制备高纯度铬。

11.1.2　三价铬 Cr(Ⅲ)的化合物

1. 氧化物及氢氧化物

Cr_2O_3 为浅绿至深绿色六方晶体。灼热时变棕色，冷后变回绿色。硬度很大，熔沸点高，稳定性好，即使在红热下通入氢气亦无变化。主要用于冶炼金属铬和碳化铬，可用作搪瓷、陶瓷、人造革、建筑材料的着色剂，有机化学合成的催化剂，耐晒涂料，研磨材料，绿色抛光膏和印刷纸币的专用油墨，俗称铬绿[7]。

Cr$_2$O$_3$ 可通过以下反应得到：

$$4Cr + 3O_2 \rule[0.5ex]{3em}{0.4pt} 2Cr_2O_3$$

$$(NH_4)_2Cr_2O_7 \rule[0.5ex]{3em}{0.4pt} Cr_2O_3 + N_2\uparrow + 4H_2O$$

Cr$_2$O$_3$ 具有两性，既可溶于酸，也可溶解于强碱：

$$Cr_2O_3 + 3H_2SO_4 \rule[0.5ex]{3em}{0.4pt} Cr_2(SO_4)_3 + 3H_2O$$

$$Cr_2O_3 + 2NaOH \rule[0.5ex]{3em}{0.4pt} 2NaCrO_2 + H_2O$$

但经过高温灼烧后的 Cr$_2$O$_3$ 不可溶于酸碱，但熔融法可使它变为可溶性的盐：

$$Cr_2O_3 + 3K_2S_2O_7 \xrightarrow{\text{熔融}} 3K_2SO_4 + Cr_2(SO_4)_3$$

$$Cr_2O_3 + 6KHSO_4 \xrightarrow{\text{熔融}} 3K_2SO_4 + Cr_2(SO_4)_3 + 3H_2O$$

向三价铬盐溶液中加入 NaOH 溶液，可得到灰蓝色的氢氧化铬胶状沉淀：

$$Cr^{3+} + 3NaOH \rule[0.5ex]{3em}{0.4pt} Cr(OH)_3\downarrow + 3Na^+$$

Cr(OH)$_3$ 是一种两性氢氧化物，400℃时开始分解，至 500℃完全分解成氧化铬绿：

$$Cr(OH)_3 + 3H^+ \rule[0.5ex]{3em}{0.4pt} Cr^{3+} + 3H_2O$$

$$Cr(OH)_3 + OH^- \rule[0.5ex]{3em}{0.4pt} [Cr(OH)_4]^-(绿色)$$

2. 盐和配位化合物

最常见且重要的铬（III）盐包括氯化铬、硫酸铬和铬矾，这些盐类多带结晶水。Cr(III) 电子构型为 3d^3，具有 6 个空轨道，半径也较小，容易形成 d^{2}sp^3 型配合物，在水溶液中以 [Cr(H$_2$O)$_6$]$^{3+}$ 形式存在。

CrCl$_3$·6H$_2$O 是一种配合物，由于含配体不同而有不同的颜色，例如，[Cr(H$_2$O)$_6$]Cl$_3$ 为紫色，[Cr(H$_2$O)$_5$Cl]Cl$_2$·H$_2$O 为浅绿色，[Cr(H$_2$O)$_4$Cl$_2$]Cl·2H$_2$O 为暗绿色。若其中的 H$_2$O 被 NH$_3$ 逐步取代，可生成一系列不同颜色的配合物，变化规律如表 11-2 所示。

表 11-2 配体中 NH$_3$ 含量对 Cr 配合物颜色的影响

物质组成	颜色
[Cr(NH$_3$)$_2$(H$_2$O)$_4$]$^{3+}$	紫红色
[Cr(NH$_3$)$_3$(H$_2$O)$_3$]$^{3+}$	浅红色
[Cr(NH$_3$)$_4$(H$_2$O)$_2$]$^{3+}$	橙红色
[Cr(NH$_3$)$_5$(H$_2$O)]$^{3+}$	橙黄色
[Cr(NH$_3$)$_6$]$^{3+}$	黄色

铬配合物颜色的变化是由于 NH$_3$ 所产生的场强比 H$_2$O 大，d-d 跃迁所需的能量增大，因此其吸收波长变短，颜色由紫到黄。

若将 Cr$_2$O$_3$ 溶于冷硫酸中，则得到紫色的 Cr$_2$(SO$_4$)$_3$·18H$_2$O，此外还有绿色的 Cr$_2$(SO$_4$)$_3$·6H$_2$O 和桃红色的无水 Cr$_2$(SO$_4$)$_3$。硫酸铬（III）与碱金属硫酸盐可以形成铬矾：MCr(SO$_4$)$_2$·12H$_2$O[M = Na$^+$，K$^+$，Rb$^+$，Cs$^+$，NH$_4^+$]。

水合氯化铬加热脱水时水解：

$$CrCl_3\cdot6H_2O \rule[0.5ex]{3em}{0.4pt} Cr(OH)Cl_2 + 5H_2O + HCl\uparrow$$

而水合硫酸铬加热脱水时不水解，是因为产物硫酸不挥发。

由于 Cr^{3+} 的电荷高，易于与 OH^- 结合，水解性较强，可在 Na_2CO_3 或 Na_2S 等碱性溶液中水解生成氢氧化物沉淀：

$$2Cr^{3+} + 3S^{2-} + 6H_2O \Longrightarrow 2Cr(OH)_3\downarrow + 3H_2S\uparrow$$
$$2Cr^{3+} + 3CO_3^{2-} + 3H_2O \Longrightarrow 2Cr(OH)_3\downarrow + 3CO_2\uparrow$$

3. 还原性及氧化产物

在碱性溶液中，$Cr(III)$ 主要以亚铬酸盐形式存在，具有较强的还原性，易被氧化为黄色的 CrO_4^{2-}：

$$CrO_4^{2-} + 2H_2O + 3e^- \Longrightarrow CrO_2^- + 4OH^- \quad E^\ominus = -0.13V$$

因而在碱性条件下，$Cr(III)$ 很容易被 H_2O_2、Na_2O_2、I_2 等氧化：

$$2CrO_2^- + 3H_2O_2 + 2OH^- \Longrightarrow 2CrO_4^{2-} + 4H_2O$$
$$2CrO_2^- + 3Na_2O_2 + 2H_2O \Longrightarrow 2CrO_4^{2-} + 6Na^+ + 4OH^-$$

而在酸性介质中，$Cr(III)$ 的还原性较差：

$$Cr_2O_7^{2-} + 14H^+ + 6e^- \Longrightarrow 2Cr^{3+} + 7H_2O \quad E^\ominus = 1.33V$$

因而在酸性介质中，Cr^{3+} 很稳定，只有遇强氧化剂，如过二硫酸铵等才被氧化为 $Cr_2O_7^{2-}$：

$$2Cr^{3+} + 3S_2O_8^{2-} + 7H_2O \xrightarrow{Ag^+} Cr_2O_7^{2-} + 6SO_4^{2-} + 14H^+$$
$$10Cr^{3+} + 6MnO_4^- + 11H_2O \xrightarrow{加热} 5Cr_2O_7^{2-} + 6Mn^{2+} + 22H^+$$

11.1.3　六价铬 Cr(VI) 的化合物

1. Cr(VI) 的存在形式

在第一过渡系元素中，Cr^{6+} 比同周期的 Ti^{4+}、V^{5+} 有更高的正电荷和更小的半径。因此，不论在晶体中还是在溶液中都不存在简单 Cr^{6+}。常见的 $Cr(VI)$ 化合物是氧化物 CrO_3、铬氧基 CrO_2^{2+}、含氧酸盐 CrO_4^{2-} 和 $Cr_2O_7^{2-}$，其中又以重铬酸钾（俗称红矾钾）、重铬酸钠（俗称红矾钠）最为重要。常见的 $Cr(VI)$ 化合物均有特征颜色，如表 11-3 所示。

表 11-3　常见 Cr(VI) 化合物的特征颜色

物质	颜色
铬酸根（CrO_4^{2-}）	黄色
重铬酸根（$Cr_2O_7^{2-}$）	橙色
三氧化铬（CrO_3）	红色
氯化铬酰（CrO_2Cl_2）	深红色

2. Cr(VI) 盐之间的转化

铬酸盐和重铬酸盐在水溶液中存在着下列平衡：

$$2CrO_4^{2-} + 2H^+ \rightleftharpoons Cr_2O_7^{2-} + H_2O \quad K^\ominus = 1.0 \times 10^{14}$$

加酸可使平衡向右移动，$Cr_2O_7^{2-}$ 浓度升高；加碱可以使平衡左移，CrO_4^{2-} 浓度升高。故在酸性溶液中，$Cr(VI)$ 主要以 $Cr_2O_7^{2-}$ 形式存在，在碱性溶液中，$Cr(VI)$ 则以 CrO_4^{2-} 形式为主。

除了加酸、加碱可使这个平衡发生移动外，向这个溶液中加入 Ba^{2+}、Pb^{2+}、Ag^+，与 CrO_4^{2-} 反应生成溶度积较低的铬酸盐，也可使平衡向生成 CrO_4^{2-} 的方向移动。而重铬酸盐的溶解度远大于铬酸盐，因此无论向铬酸盐溶液还是重铬酸盐溶液中加入这些金属离子，生成产物都是铬酸盐沉淀，实验室中常用 Ba^{2+}、Pb^{2+}、Ag^+ 来检验 CrO_4^{2-} 的存在：

$$Cr_2O_7^{2-} + 2Ba^{2+} + H_2O = 2H^+ + 2BaCrO_4\downarrow(黄色)$$

$$Cr_2O_7^{2-} + 2Pb^{2+} + H_2O = 2H^+ + 2PbCrO_4\downarrow(黄色)$$

$$Cr_2O_7^{2-} + 4Ag^+ + H_2O = 2H^+ + 2Ag_2CrO_4\downarrow(砖红色)$$

在 $K_2Cr_2O_7$ 的溶液中加入浓硫酸，即铬酸洗液，可析出橙红色的 CrO_3 晶体：

$$K_2Cr_2O_7 + H_2SO_4 = K_2SO_4 + 2CrO_3\downarrow + H_2O$$

将重铬酸钾与氯化物在浓硫酸中加热，可蒸馏制得氯化铬酰 CrO_2Cl_2：

$$K_2Cr_2O_7 + 3H_2SO_4 + 4KCl = 2CrO_2Cl_2 + 3K_2SO_4 + 3H_2O$$

氯化氢与 CrO_3 反应也可生成 CrO_2Cl_2：

$$2HCl + CrO_3 = CrO_2Cl_2 + H_2O$$

CrO_2Cl_2 是四面体形的共价分子，深红色液体，沸点 390K，易挥发。CrO_2Cl_2 这一性质可用在钢铁分析中，当有铬干扰时，在溶解试样时加入 NaCl 和 $HClO_4$，加热蒸发至冒烟，使生成的 CrO_2Cl_2 挥发而除去 Cr：

$$Cr_2O_7^{2-} + 4Cl^- + 6H^+ = 2CrO_2Cl_2 + 3H_2O$$

CrO_2Cl_2 在不见光时比较稳定，遇水易分解：

$$2CrO_2Cl_2 + 3H_2O = H_2Cr_2O_7 + 4HCl$$

3. $Cr(VI)$ 的氧化还原性质

重铬酸盐在酸性溶液中是强氧化剂：

$$Cr_2O_7^{2-} + 14H^+ + 6e^- = 2Cr^{3+} + 7H_2O \quad E_A^\ominus = 1.232V$$

在冷溶液中 $K_2Cr_2O_7$ 可以氧化 H_2S、H_2SO_3 和 HI；在加热时可氧化 HBr 和 HCl。在这些反应中，$Cr_2O_7^{2-}$ 的还原产物都是 Cr^{3+} 的盐：

$$Cr_2O_7^{2-} + 3H_2S + 8H^+ = 2Cr^{3+} + 3S\downarrow + 7H_2O$$

$$Cr_2O_7^{2-} + 6I^- + 14H^+ = 2Cr^{3+} + 3I_2 + 7H_2O$$

$$Cr_2O_7^{2-} + 6Fe^{2+} + 14H^+ = 2Cr^{3+} + 6Fe^{3+} + 7H_2O$$

加热时，$K_2Cr_2O_7$ 还可以氧化浓 HCl 和 HBr：

$$K_2Cr_2O_7 + 14HCl = 2KCl + 2CrCl_3 + 3Cl_2\uparrow + 7H_2O$$

$Na_2Cr_2O_7$ 用碳还原得到 Cr_2O_3：

$$Na_2Cr_2O_7 + 2C = Cr_2O_3 + Na_2CO_3 + CO\uparrow$$

重铬酸钾也可被乙醇还原，利用该反应可检测司机是否酒后开车[12]：

$$3CH_3CH_2OH + 2K_2Cr_2O_7 + 8H_2SO_4 \Longrightarrow 2Cr_2(SO_4)_3 + 3CH_3COOH + 2K_2SO_4 + 11H_2O$$

在铬酸盐或重铬酸盐的酸性溶液中加入 H_2O_2，生成深蓝色的过氧化铬 $CrO(O_2)_2$[13]：

$$Cr_2O_7^{2-} + 4H_2O_2 + 2H^+ \Longrightarrow 2CrO(O_2)_2 + 5H_2O$$

过氧化铬的结构相当于 CrO_3 中两个氧被两个过氧基取代，不稳定，极易分解放氧：

$$4CrO(O_2)_2 + 12H^+ \Longrightarrow 4Cr^{3+} + 7O_2\uparrow + 6H_2O$$

$$CrO_7^{2-} \xrightarrow{\ 1.33\ } Cr^{3+} \xrightarrow{\ -0.41\ } Cr^{2+} \xrightarrow{\ -0.91\ } Cr$$
$$\underset{-0.74}{\underline{\qquad\qquad\qquad\qquad}}$$

11.1.4　钼元素和钨元素

由于镧系收缩的缘故，钼和钨的化学性质较为类似，但相较于钛副族的锆和铪、钒副族的铌和钽，钼和钨之间的差异较大，这使其比较容易分离[15]。

1. 钼和钨的单质

钼、钨都是高熔点、沸点的重金属，可用于制作特殊钢材，钨是所有金属中熔点最高的，故被用作灯丝。钼和钨可做特种钢，被称作"战略金属"[24, 25]。

钼要失去 7 个或 8 个电子是极困难的，这决定了钼的化学性质比较稳定。常温或在不太高的温度下，钼在空气或水里是稳定的。室温下，钼能与 F_2 反应。250℃时钼开始与 Cl_2 反应，700~800℃钼可与 Cl_2 反应生成 $MoCl_2$。在白热温度下，钼能与 Br_2 反应。钼与卤素反应产物可以是 MoX_6（如 MoF_6），亦可是 MoO_2X_2（如 MoO_2Cl_2）、$MoOX_4$（如 $MoOCl_4$）或者是 MoX。钼在常温下不与 HF、HCl、稀 HNO_3、稀 H_2SO_4 及碱溶液反应。钼只溶于浓 HNO_3、王水或热而浓的 H_2SO_4、煮沸的 HCl 中。

钨是一种银白色金属，外形似钢。钨的熔点高，蒸气压很低，蒸发速度也较小。钨的化学性质很稳定，常温时不跟空气和水反应，不加热时，任何浓度的盐酸、硫酸、硝酸、氢氟酸及王水对钨都不起作用，当温度升至 80~100℃时，上述各种酸中，除氢氟酸外，其他的酸对钨发生微弱作用。常温下，钨可以迅速溶解于氢氟酸和浓硝酸的混合酸中，但在碱溶液中不起作用。有空气存在的条件下，熔融碱可以把钨氧化成钨酸盐，在有氧化剂（$NaNO_3$、$NaNO_2$、$KClO_3$、PbO_2）存在的情况下，生成钨酸盐的反应更猛烈。

2. 钼和钨的含氧化合物

MoO_3 是白色固体；WO_3 是淡黄色固体，可由金属单质或硫化物及低价的氧化物在空气或氧气中加热得到：

$$2Mo/W + 3O_2 \Longrightarrow 2MoO_3/WO_3$$

$$2MoS_2 + 7O_2 \Longrightarrow 2MoO_3 + 4SO_2\uparrow$$

也可由含氧酸或其铵盐加热分解得到：

$$H_2MoO_4 \Longrightarrow MoO_3 + H_2O$$

$$(NH_4)_2MoO_4 \Longrightarrow MoO_3 + 2NH_3\uparrow + H_2O$$

MoO_3 和 WO_3 都是酸性氧化物，难溶于水，可溶于氨水和强碱溶液生成含氧酸盐：

$$MoO_3 + 2NH_3 \cdot H_2O \rightleftharpoons (NH_4)_2MoO_4 + H_2O$$
$$WO_3 + 2NaOH \rightleftharpoons Na_2WO_4 + H_2O$$

调节钼酸盐和钨酸盐为强酸性，可以得到黄色的钼酸（$H_2MoO_4 \cdot H_2O$）和白色的钨酸（$H_2WO_4 \cdot xH_2O$）沉淀。钼酸盐和钨酸盐的氧化性比铬酸盐弱得多。

两个或两个以上同种简单含氧酸分子缩合而成的酸称为同多酸，它们的盐称为同多酸盐。在钼酸和钨酸的溶液中加入酸，就会形成缩合度不等的多钼酸和多钨酸，随着 pH 减小，同多酸的聚合程度增大，例如：

$$7H_2MoO_4 \rightleftharpoons H_6Mo_7O_{24} + 4H_2O \text{ (七钼酸或仲钼酸)}$$

由两种不同含氧酸分子缩水而成的酸称为杂多酸，其盐称为杂多酸盐。例如，钼酸铵和磷酸根离子可生成黄色磷钼酸铵沉淀，可用于鉴定磷酸根离子：

$$3NH_4^+ + 12MoO_4^{2-} + PO_4^{3-} + 24H^+ \rightleftharpoons (NH_4)_3[PMo_{12}O_{40}] \cdot 6H_2O + 6H_2O$$

同多酸和杂多酸的酸性比相应简单酸的酸性强，仅能存在于酸性溶液中，在碱性或强碱溶液中分解为简单酸根离子。

11.1.5 铬副族元素的应用

1974 年，我国考古人员在秦陵挖掘出一把宝剑，它锋利无比（图 11-4），研究发现其原因是剑锋上面覆盖了一层铬，这可以证明几千年前我们的祖先就发现并使用铬了。从秦始皇陵兵马俑二号坑出土的青铜剑，长 86cm，剑身上有 8 个棱面，历经 2000 年却无蚀无锈，光洁如新。用现代科学方法检测分析，发现这些青铜剑表面竟涂有一层厚约 10μm 的氧化膜，其中含铬 2%。这一发现立即震惊了世界，因为这种铬盐氧化处理是近代才掌握的先进工艺。德国在 1937 年，美国在 1950 年才先后发明并申请专利，秦人的铸造水平令人惊叹。

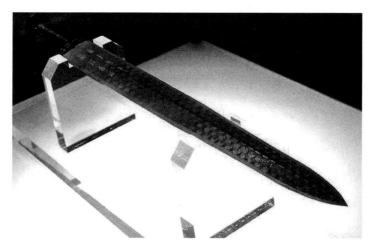

图 11-4　我国考古人员在秦陵挖掘的宝剑

铬也是当今工业制造中不可或缺的原料之一[34]。铬钢是制造机械、枪炮筒、坦克和装甲车的必需材料。在炼钢的时候加入铬，其元素的含量达到 12wt%时，可以明显减小碳化物与铁素体之间的电极电位差；若含铬量再增加，达到一定值时，还可以使钢在常温下成为单相铁素体组织。另外，铬还能在钢表面形成起保护作用的氧化膜（Cr_2O_3），使钢与周围介质隔离，阻止钢进一步氧化。金属铬还可用于电镀，电镀铬后的金属具有耐磨、耐热、耐腐蚀的优良特性。镀铬的时候，铬层愈薄，愈是紧贴在金属的表面。例如，一些炮筒、枪管的内壁，所镀的铬层仅有 5‰mm 厚，但是发射了千百发炮弹、子弹以后，铬层依然存在[17]。

30-CrMnSiNi-2A 钢是航空工业中使用较为广泛的低合金超高强度钢，用于制造受力最大的重要飞机结构件，如起落架、机翼大梁、重要连接件、螺栓等（图 11-5）[21]。

图 11-5　铬钢的用途

Inconel718 合金（简称 IN718 合金）是一种时效强化型 Ni-Fe-Cr 基变形高温合金，20 世纪 60 年代开始最先应用于美国 GE 和 Pratt & Whitney 公司生产的军用飞机发动机系列，70 年代开始大规模应用于民用飞机发动机。由于具有优异的力学性能、抗氧化和热腐蚀性能及良好的热加工性能和焊接性能，IN718 合金目前已成为世界上用量最大的高温合金，广泛应用于航空、航天、核能和石油等关键领域，尤其在先进发动机中，是最主要的涡轮盘和压气机盘材料之一。然而，当服役温度超过 650℃时，合金的强度、塑性等一系列性能迅速下降。研究发现，添加固溶强化元素，如 W、Co 和 Ta 等，可以提高 IN718 合金的使用温度。W、Mo 是 IN718 合金中固有的固溶强化元素，可以提高合金的高温组织稳定性[26]。

此外，铬是人体必需的微量元素，在肌体的糖代谢和脂质代谢中发挥特殊作用。铬的离子中，三价铬对人体有益，而六价铬有毒。铬作为葡萄糖耐量因子的组成部分，对调节体内糖代谢、维持体内正常的葡萄糖耐量起重要作用。人体内缺铬表现为葡萄糖耐量受损，并可能伴有高血糖、尿糖，每日在膳食中补充 500μg 以上的有机铬对治疗糖尿病有利。铬能影响脂质代谢，降低血中胆固醇和甘油三酯的含量，预防心血管病。缺铬导致脂质代谢失调，易诱发冠状动脉硬化并导致心血管病。每日在膳食中补充 200μg 以上的有机铬对治疗高脂血症有利。

钼在钢铁工业中的应用仍然占据着最主要的位置[35]。钼作为钢的合金化元素，可以提高钢的强度，特别是高温强度和韧性；提高钢在酸碱溶液和液态金属中的抗蚀性；提高钢的耐磨性并改善淬透性、焊接性和耐热性。钼是一种良好的形成碳化物的元素，在炼钢的过程中不氧化，可单独使用，也可与其他合金元素共同使用。钼与铬、镍、锰和硅等可制造不同类型的不锈钢、工具钢、高速钢和合金钢等。所制成的不锈钢有良好的耐腐蚀性能，可用于石油开采的耐腐蚀钢管，一种加钼约 6% 的不锈钢还可取代钛金属用于海水淡化装置、远洋船舶、海上石油及天然气开采管道。这类不锈钢还可以用于汽车外壳、污水处理设备等。含钼工具钢的效率是钨工具的两倍，性能优良，成本低廉且重量较轻。钼系列高速钢具有碳化物不均匀性低、耐磨、韧性好、高温塑性强等优点，适用于制造成型刀具。含钼合金钢可用于制造机床结构部件、工业车辆和推土设备。在轧制状态下有微细珠光体组织的含钼合金钢，是铁轨和桥梁建设中的重要钢材。

不过，由于钼具有低温脆性、强度低、延性差等不足，对钼合金进行深加工比较困难，其应用受到较大限制。多年来，我国钼业以生产钼的初级产品为主。因此，研发具有更好性能、更高附加值的钼合金材料，对于我国钼业发展有着重要意义。随着技术的发展，对钼合金进行纳米级结构改性可以大幅提高其机械性能。近日，西安交通大学金属材料强度国家重点实验室成功研制出纳米结构弥散强化钼合金材料。解决了稀土氧化物的纳米化与非团聚化，在钼晶粒内部和晶界均匀弥散分布，以及纳米超细晶结构的高温稳定性等制约该领域发展的三个关键问题。他们制备的钼合金强度与延、韧性均超过已被报道的国际一流公司同类材料的最好水平，同时塑脆转变温度明显降低，合金高温再结晶温度及高温强度与拉伸延性显著提高，为其进一步提高性能及在航空航天、机械、船舶等领域的应用潜力开辟了新道路。氧化物弥散强化处理的钼合金的微观结构见图11-6。

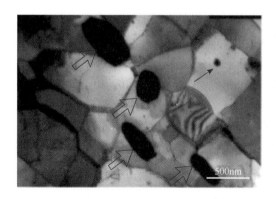 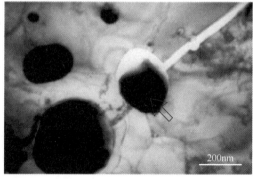

图 11-6 氧化物弥散强化处理的钼合金的微观结构[31]

二硫化钼（MoS₂）是一种具有银灰色光泽的黑色粉末，广泛应用于汽车工业和机械工业,可作为良好的固体润滑材料,可用作航空润滑剂,也可用于制润滑脂、固体润滑膜添加剂、尼龙等填充剂、催化剂,以及钼化合物、氢化反应催化剂等。近年来,为满足锂电池快速发展的要求,具有类石墨结构的二硫化钼纳米材料由于在锂离子电极材料上的潜在应用而受到关注,其二维结构满足了快速锂存储需要的稳定性、高有效表面积及锂离子脱嵌需要的较短的开放路径(图 11-7)[27, 28, 38]。

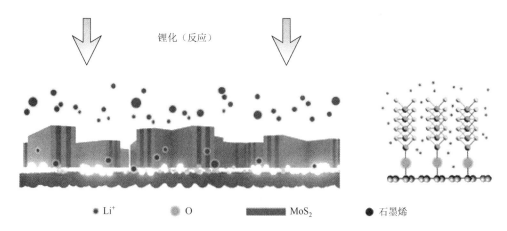

锂化(反应)

| ● Li⁺ | ⬤ O | ▬ MoS₂ | ● 石墨烯 |

图 11-7 MoS$_2$纳米片垂直生长于石墨烯表面示意图,其可用作锂离子电池正极材料[39]

钼的生物属性也很重要,它不仅是植物也是动物必不可少的微量元素。钼是植物体内固氮菌中钼黄素蛋白酶的主要成分之一;也是植物硝酸还原酶的主要成分之一;还能激发磷酸酶活性,促进作物内糖和淀粉的合成与输送;有利于作物早熟。钼是七种重要微量营养元素之一,还是动物体内肝、肠中黄嘌呤氧化酶、醛类氧化酶的基本成分之一,也是亚硫酸肝素氧化酶的基本成分。研究表明,钼还有明显防龋作用,钼对尿结石的形成有强烈抑制作用,人体缺钼易患肾结石。对于人类,钼是第二、第三类过渡元素中已知唯一对人必不可少的元素。

世界上开采出的钨矿,约 50%用于优质钢的冶炼,约 35%用于生产硬质钢,约 10%用于制钨丝。钨的用途十分广泛,钨可以制造枪械、火箭推进器的喷嘴、穿甲弹、切削金属的刀片、钻头、超硬模具、拉丝模等,涉及矿山、冶金、机械、建筑、交通、电子、化工、轻工、军工、航天、科技各个工业领域。

钨合金常用于飞行操纵系统的配重件,如方向舵和副翼等,这些部位是飞机保持平衡的重要部位,对配重件的机械性能要求很高[36, 37]。要求直升机旋翼绝对平衡,才能保持机身的整体平稳,钨合金可以制作成叶片,以弥补单个刀片在保持直升机平衡中的缺陷。钨合金配重还被装进许多螺旋桨设计的高控制系统中,可以防止超速也常被纳入螺旋桨的陀螺控制中。钨合金配重可用于调整三角形和激光束的振荡频率,同时钨合金制成的弯曲的棒是在高密度中减震的理想选择。

此外,钨合金配重器件(图 11-8)还可以用来调整飞机的最终平衡。钨合金密度高,这大大减小了配重器件的尺寸,因此在有限空间工作时,钨合金配重器件是调整飞行器平衡最好的选择。而其高密度也增强了负荷分配控制的敏感性,提高了配重器件的修剪效率,因此钨合金在航空配重方面具有很大优势。钨合金配重器件也可以用于卫星飞行平衡，有助于对卫星重心进行测量定位，确保其能够进入正确的太空飞行轨道。

图 11-8　机用钨合金配重器件

11.2　锰副族元素

ⅦB 族包括锰、锝和铼三种元素，其中锝为放射性元素，只有锰及其化合物有很大实用价值。锰副族价层电子构型为（$n-1$）d^5ns^2，最高氧化态为 + 7。锰副族元素的基本性质见表 11-4[8-10]。

表 11-4　锰副族元素的基本性质

元素（符号）	原子序数	原子量	电子层结构	常见氧化态
锰（Mn）	25	54.938	[Ar]3d^{5}4s^2	+ 7、+ 6、+ 4、+ 3、+ 2
锝（Tc）	43	99	[Kr]3d^{5}4s^2	+ 7、+ 4
铼（Re）	75	186.207	[Xe]4f^{14}5d^{5}6s^2	+ 7、+ 6、+ 4、+ 3

锰（Manganese），化学符号是 Mn，原子序数 25，原子量为 54.938。18 世纪后期，瑞典化学家柏格曼（Bergman）研究了软锰矿，认为它是一种新金属氧化物，并曾试图分离出这种金属，却没有成功。瑞典化学家舍勒也同样没有从软锰矿中提取出金属，于是便求助于他的好友、柏格曼的助手——甘恩（Grahn）。1774 年，甘恩用舍勒提纯的软锰矿粉和木炭在坩埚中加热 1h 后得到了纽扣状的金属锰块。

锰在地壳中含量约为 9.5×10^{-2}%，排名第 12 位。最重要的矿物是软锰矿（MnO_2）、黑锰矿（Mn_3O_4）、方锰矿（MnO）和菱锰矿（$MnCO_3$）等，近年来在深海发现大量的锰结核。中国锰矿资源较多，分布广泛，在全国 21 个省区市均有产出，从地区分布看，以广西、湖南最为丰富。我国总保有储量矿石 5.66 亿 t，居世界第 3 位，但富锰矿较少，在保有储量中仅占 6.4%。

锝（Technetium），化学符号为 Tc，原子序数 43，原子量 99，是首个以人工方法制得的元素，元素名来源于希腊文 Technetos，原意为"人造"。锝的主要来源为反应堆中铀裂变产物。1937 年，美国加州大学伯克利分校物理学家、回旋加速器的发明者欧内斯特·劳伦斯（E. O.·Lawrence），使用回旋加速器加速含有一个质子的氘原子核去"轰击" 42 号元素钼，制得了 43 号新元素锝，然后送给两位意大利化学家佩里埃（C. Perrier）和塞格雷（E. G. Segre）鉴定，最后由两位化学家向世界宣布锝元素的发现。

铼（Rhenium），化学符号为 Re，原子序数 75，原子量 186.207。元素名源自拉丁文 Rhenus，意为"莱茵河"。德国的诺达克（Noddack）、塔克（Tacke）、伯格（Berg）在 1925 年表示在铂矿和铌铁矿中探测到了此元素，它是最后被发现的稳定元素。1928 年，他们在 660kg 辉钼矿中提取出了 1g 铼元素。目前铼及其合金被广泛应用于航空航天、电子、石油化工等领域。

11.2.1　锰的单质

金属锰是银白色，粉末状的锰为灰色。纯锰通常通过铝热反应进行制备：
$$3MnO_2 + 4Al === 3Mn + 2Al_2O_3$$
$$3Mn_3O_4 + 8Al === 9Mn + 4Al_2O_3$$

锰是活泼金属，在空气中其表面生成一层氧化物保护膜。锰在水中因表面生成氢氧化锰沉淀而阻止反应继续进行。锰和强酸反应生成锰（Ⅱ）盐和氢气。但和冷浓 H_2SO_4 反应很慢（钝化）。

$$3Mn + 2O_2 === Mn_3O_4$$
$$Mn + X_2 === MnX_2$$
$$Mn + 2H_2O === Mn(OH)_2 + H_2 \text{（热水）}$$
$$Mn + 2H^+ === Mn^{2+} + H_2\uparrow$$

11.2.2　锰的化合物

1. Mn(Ⅱ)化合物

Mn(Ⅱ)的强酸盐易溶于水，如 $MnSO_4$、$MnCl_2$ 和 $Mn(NO_3)_2$ 等；而弱酸盐 MnS、$MnCO_3$、MnC_2O_4 和氢氧化物 $Mn(OH)_2$ 难溶，但它们可以溶于强酸中，这是过渡元素的一般规律[11]。

MnS（绿色）、$MnCO_3$（白色）、MnC_2O_4（白色）和 $Mn(OH)_2$（白色）在空气中放置或加热，都会被氧化为黑色的亚锰酸：
$$MnS + O_2 + H_2O === MnO(OH)_2 + S$$
$$2MnCO_3 + O_2 + 2H_2O === 2MnO(OH)_2 + 2CO_2$$

在碱性溶液中，Mn^{2+}还原性较强，易被氧化。

$$Mn^{2+}(淡粉红色) + 2OH^- \Longrightarrow Mn(OH)_2\downarrow(白色)$$

$$2Mn(OH)_2 + O_2 \Longrightarrow 2MnO(OH)_2\downarrow(棕色)$$

在酸性溶液中 Mn^{2+}是最稳定的氧化态，还原性较弱，只能被强氧化剂氧化：

$$2Mn^{2+} + 5BiO_3^- + 14H^+ \Longrightarrow 2MnO_4^- + 5Bi^{3+} + 7H_2O$$

$$2Mn^{2+} + 5S_2O_8^{2-} + 8H_2O \Longrightarrow 2MnO_4^- + 16H^+ + 10SO_4^{2-}$$

$$2Mn^{2+} + 5PbO_2 + 4H^+ \Longrightarrow 2MnO_4^- + 5Pb^{2+} + 2H_2O$$

该反应可用于鉴定 Mn^{2+}，但 Mn^{2+}的浓度和用量不宜过大，Mn^{2+}过多时：

$$3Mn^{2+} + 2MnO_4^- + 2H_2O \Longrightarrow 5MnO_2(棕色) + 4H^+$$

二价锰盐中，硫酸锰最稳定，可形成一系列水合物，加热时不分解，易脱水：

$$MnSO_4 \cdot 7H_2O \rightarrow MnSO_4 \cdot 5H_2O \rightarrow MnSO_4 \cdot 4H_2O \rightarrow MnSO_4 \cdot H_2O$$

酸根有氧化性的二价锰盐热稳定性较差，高温分解时 Mn(II)被氧化，例如：

$$Mn(NO_3)_2 \Longrightarrow MnO_2 + 2NO_2\uparrow$$

$$Mn(ClO_4)_2 \Longrightarrow MnO_2 + Cl_2\uparrow + 3O_2\uparrow$$

2. Mn(III)化合物

Mn(III)氧化性极强，容易歧化，在溶液中不稳定：

$$2Mn^{3+} + 2H_2O \Longrightarrow Mn^{2+} + MnO_2(s) + 4H^+$$

$$2Mn(OH)_3 \Longrightarrow Mn(OH)_2 + MnO_2 + 2H_2O$$

3. Mn(IV)化合物

Mn(IV)最重要的化合物是 MnO_2，棕黑色粉末，难溶于水、稀酸和稀碱。MnO_2可用作火柴的助燃剂、某些有机反应的催化剂，以及合成磁性材料铁氧体 $MnFe_2O_4$ 的原料等[15]。它具有两性，可以溶于浓碱生成亚锰酸盐：

$$MnO_2 + 2NaOH(浓) \Longrightarrow Na_2MnO_3 + H_2O$$

Mn(IV)在碱性介质中具有还原性：

$$2MnO_2 + 4KOH + O_2 \Longrightarrow 2K_2MnO_4 + 2H_2O$$

$$3MnO_2 + 6KOH + KClO_3 \Longrightarrow 3K_2MnO_4 + 3H_2O + KCl$$

Mn(IV)在酸性溶液中是强氧化剂：

$$MnO_2 + 4HCl(浓) \Longrightarrow MnCl_2 + Cl_2\uparrow + 2H_2O$$

$$4MnO_2 + 6H_2SO_4(浓) \Longrightarrow 2Mn_2(SO_4)_3 + O_2\uparrow + 6H_2O$$

$$2Mn_2(SO_4)_3 + 2H_2O \Longrightarrow 4MnSO_4 + O_2\uparrow + 2H_2SO_4$$

$$2MnO_2 + 2H_2SO_4(浓) \Longrightarrow 2MnSO_4 + O_2\uparrow + 2H_2O$$

4. Mn(VI)化合物

Mn(VI)最重要的化合物是深绿色的 K_2MnO_4。锰酸盐只能在强碱性溶液中稳定存在，在中性或近中性溶液中易歧化：

$$3MnO_4^{2-} + 2H_2O \rlap{=\!=} 2MnO_4^- + MnO_2 + 4OH^-$$

$$3MnO_4^{2-} + 4H^+ \rlap{=\!=} 2MnO_4^- + MnO_2 + 2H_2O$$

加酸平衡向右移动生成紫色的 MnO_4^-，即使很弱的酸如 CO_2 或 HAc，也能促进歧化反应进行完全：

$$3K_2MnO_4 + 2CO_2 \rlap{=\!=} 2KMnO_4 + MnO_2 + 2K_2CO_3$$

另外，采用电解的方法也可以由锰酸盐制备高锰酸盐。

$$阳极：2MnO_4^- + 2e^- \rightarrow 2MnO_4^{2-}$$

$$阴极：2H_2O + 2e^- \rightarrow H_2\uparrow + 2OH^-$$

$$总反应：2K_2MnO_4 + 2H_2O \rlap{=\!=} 2KMnO_4 + 2KOH + H_2\uparrow$$

或者加入氧化剂 Cl_2 或 NaClO 氧化：

$$2K_2MnO_4 + Cl_2 \rlap{=\!=} 2KMnO_4 + 2KCl$$

5. Mn(Ⅶ)化合物

Mn(Ⅶ)最重要的化合物是深紫色晶体高锰酸钾 $KMnO_4$（灰锰氧），其水溶液呈紫红色，不同离子在 $KMnO_4$ 中的氧化产物见表 11-5。由于 MnO_4^- 与 VO_4^{3-} 和 CrO_4^{2-} 一样，为四面体结构，其紫红色是 Mn-O 之间的电荷跃迁造成的，而且 Mn-O 之间的极化作用比 Cr-O 更强，电子跃迁更容易发生，所以显紫红色[14]。

表 11-5　不同离子在 $KMnO_4$ 中的氧化产物

还原性离子	SO_3^{2-}	I^-	Cl^-	H_2S	Fe^{2+}	Sn^{2+}
氧化产物	SO_4^{2-}	I_2 或 IO_3^-	Cl_2	S 或 SO_4^{2-}	Fe^{3+}	Sn^{4+}

在酸性溶液中，MnO_4^- 是很强的氧化剂：

$$MnO_4^- + 8H^+ + 5e^- \rlap{=\!=} Mn^{2+} + 4H_2O$$

$$2MnO_4^- + 16H^+ + 10Cl^- \rlap{=\!=} 2Mn^{2+} + 5Cl_2 + 8H_2O(实验室制备氯气)$$

$$MnO_4^- + 8H^+ + 5Fe^{2+} \rlap{=\!=} Mn^{2+} + 5Fe^{3+} + 4H_2O(铁的定量测定)$$

在中性、微酸性或微碱性溶液中，MnO_4^- 仍然是氧化剂：

$$MnO_4^- + 2H_2O + 3e^- \rlap{=\!=} MnO_2 + 4OH^-$$

$$2MnO_4^- + H_2O + I^- \rlap{=\!=} 2MnO_2 + IO_3^- + 2OH^-$$

在强碱性溶液中，MnO_4^- 仍旧是氧化剂：

$$MnO_4^- + e^- \rlap{=\!=} MnO_4^{2-}$$

$$2MnO_4^- + SO_3^{2-} + 2OH^- \rlap{=\!=} 2MnO_4^{2-} + SO_4^{2-} + H_2O$$

$KMnO_4$ 不稳定，在中性溶液中缓慢分解，在酸性或碱性溶液中快速分解：

$$4MnO_4^- + 4H^+ \rlap{=\!=} 4MnO_2\downarrow + 3O_2\uparrow + 2H_2O$$

$$4MnO_4^- + 4OH^- \rlap{=\!=} 4MnO_4^{2-} + O_2\uparrow + 2H_2O$$

光照也能使 $KMnO_4$ 分解，因此其应保存在棕色试剂瓶中：

$$4KMnO_4 + 2H_2O \xlongequal{\quad\quad} 4MnO_2\downarrow + 3O_2\uparrow + 4KOH$$

$KMnO_4$ 固体加热时也可分解：

$$2KMnO_4 \xlongequal{\quad\quad} K_2MnO_4 + MnO_2 + O_2\uparrow$$

$KMnO_4$ 和冷的浓硫酸作用产生绿色油状物质七氧化二锰：

$$2KMnO_4 + H_2SO_4(冷浓) \xlongequal{\quad\quad} K_2SO_4 + Mn_2O_7 + H_2O$$

锰的各类氧化物形式的基本性质见表 11-6。

表 11-6　锰的各类氧化物形式的基本性质[16]

氧化数	氧化物名称	分子式	酸碱性	氧化物水合物
II	氧化锰	MnO	酸性	$Mn(OH)_2$
III	二氧化二锰	Mn_2O_3	弱碱性	$Mn(OH)_3$
IV	二氧化锰	MnO_2	两性	$Mn(OH)_4$
VI	锰酸酐	MnO_3	酸性	H_2MnO_4
VII	高锰酸酐	Mn_2O_7	酸性	$HMnO_4$

11.2.3　锝元素和铼元素

锝的电化学性质介于铼和锰之间，更接近于铼。锝的重要化合物有两种氧化锝、卤化锝、两种硫化锝等。

锝在空气中加热到 500℃时，燃烧生成溶于水的 Tc_2O_7：

$$4Tc + 7O_2 \xlongequal{\quad\quad} 2Tc_2O_7$$

锝在氟气中燃烧生成 TcF_5 和 TcF_6 的混合物，和氯气反应生成 $TcCl_4$ 和其他含氯化合物的混合物。锝和硫反应生成 TcS_2。锝不和氮气反应。锝不溶于氢卤酸或氨性 H_2O_2 中，但溶于中性或酸性的 H_2O_2 溶液中。

锝-97 可以由氘轰击钼所得，锝-99 可以由铀的裂变作用所得。用氢在 500～600℃还原硫化锝（Tc_2S_7）或过锝酸铵，可得金属锝。在硫酸溶液中电解过锝酸铵也可析出金属锝。

铼是一种银白色金属，其熔点在所有元素中是继钨和碳之后第三高的，沸点则居首位。其密度在元素中排第四位，前三位分别为铂、铱和锇。铼具六方密堆积晶体结构，晶格常数为 $a = 276.1pm$ 和 $c = 445.6pm$。商业用的铼一般呈粉末状，可在真空或氢气中经压制或烧结制成高密度固体，其密度为金属态的 90%以上。铼金属在退火时延展性很高，可弯曲和卷起。铼-钼合金在 10K 时是超导体，钨-铼合金的超导温度则在 4～8K。铼金属在（1.697 ± 0.006）K 时成为超导体，在标准温度和压力下能抵抗碱、硫酸、盐酸、稀硝酸（非浓硝酸）及王水。

在硫化铜矿石的提炼过程中，铼可以从含有钼元素的焙烧烟气中提取出来。钼矿石含有 0.001%～0.2%的铼元素。从烟气物质中可用水淋洗出七氧化二铼和高铼酸，再用氯化钾或氯化铵使其沉淀为高铼酸盐，最后以重结晶方法进行纯化。铼的全球年产量在 $40\sim$ 50t 之间，主要产国有智利、美国、秘鲁和波兰。另外，铂-铼催化剂和某些铼合金的回收过程每年可产出 10t 铼。要制成铼金属，需在高温下用氢气还原高铼酸铵[30]：

$$2NH_4ReO_4 + 7H_2 \longrightarrow 2Re + 8H_2O + 2NH_3$$

11.2.4 锰副族元素的应用

锰在钢铁工业中主要用于钢的脱硫和脱氧；也可用于合金的添加料[23, 33]，以提高钢的强度、硬度、弹性极限、耐磨性和耐腐蚀性等；在高合金钢中，还用作奥氏体化合元素，用于炼制不锈钢、特殊合金钢、不锈钢焊条等，普遍适用于发动机下护板。锰钢的"脾气"十分古怪而有趣，如果在钢中加入 2.5%～3.5%的锰，那么所制得的低锰钢如同玻璃一样，一敲就碎；然而，如果加入 13%以上的锰，制成高锰钢，那么其就变得既坚硬又富有韧性。高锰钢加热到淡橙色时，变得十分柔软，很易进行各种加工。另外，它没有磁性，不会被磁铁所吸引。如今，人们大量用锰钢制造钢磨、滚珠轴承、推土机与掘土机的铲斗等经常受磨的构件，以及铁锰锰轨、桥梁等。上海新建的文化广场观众厅的屋顶采用的新颖的网架结构，就是用几千根锰钢钢管焊接而成。在纵 76m、横 138m的扇形大厅里，中间没有使用一根柱子。由于用锰钢作为结构材料，非常结实，而且用料比别的钢材省，平均每平方米的屋顶只用 45kg 锰钢。1973 年兴建的上海体育馆，也同样采用锰钢作为网架屋顶的结构材料。在军事上，用高锰钢制造钢盔、坦克钢甲、穿甲弹的弹头等。炼制锰钢时，是把含锰达 60%～70%的软锡矿和铁矿一起混合冶炼而成的。

锰是锰特异性的糖基转移酶和磷酸烯醇丙酮酸羧激酶的一个重要成分，并为正常骨结构所必需。锰摄入量主要取决于是否摄入锰含量丰富的食品，如非精制的谷类食物、绿叶蔬菜和茶。此微量元素的通常摄入量为每天 2～5mg，吸收率为 5%～10%。

锰是细胞中许多酶（如脱氢酶、脱羧酶、激酶、氧化酶和过氧化物酶）的活化剂，尤其会影响糖酵解和三羧酸循环。锰在光合作用中使水分解出氧。缺锰时，叶脉间缺绿，且伴随小坏死点的产生，这在嫩叶中或老叶中均会出现，依植物种类和生长速率决定。

铼具有极佳的抗磨性和抗腐蚀性，可用作火箭、导弹等航天器的金属表面，以及宇宙飞船所用仪器和高温部件的热屏蔽、电弧放电、电接触器材料，以增加耐磨性能，同时可用作高温涂层。近年来人们逐渐开始利用铼生产高性能单晶高温合金，进而生产先进航空发动机的叶片[18]。

同时铼具有良好的塑性，在高温和低温情况下都没有脆性，抗拉强度和抗蠕变强度优于钨、钼、铌。向难熔金属钨、钼、铬中添加铼，可以显著提高材料的强度、塑性和焊接性能，降低韧-脆转变温度和再结晶脆性，因此使得 W-Re 和 Mo-Re 合金具有良好的高温强度和塑性，这样的现象称为"铼效应"[19]。同时铼对单晶高温合金显微组织、力学性能、不稳定相及单晶缺陷等的影响显著，可以增强单晶合金的高温抗蠕变性能。镍铼高温合金可用于制造喷气发动机的燃烧室、涡轮叶片（图 11-9）及排气喷嘴[22]。这些合金最多含有 6%的铼[20]。

图 11-9 铼用于航空发动机叶片

目前，铼在航空发动机工业中的应用达到了全部铼用量的 80%，这是铼最大的实际应用。另外，铼可以作为催化剂应用于化工行业。铼还可应用于高效能喷射引擎及火箭引擎，因此在军事战略上十分重要。铼比钻石更难取得，所以价格昂贵。2018 年底，每公斤金属铼价格为 37000～45000 元人民币，与金属铂相当。

参 考 文 献

[1] 陈寿棒. 重要无机化学反应. 上海：上海科学技术出版社，1994.

[2] 周公度. 无机化学丛书：无机结构化学. 北京：科学出版社，1982.

[3] 曹忠良，王珍云. 无机化学反应方程式手册. 长沙：湖南科学技术出版社，1982.

[4] 戴安邦. 无机化学教程. 北京：人民教育出版社，1964.

[5] 乔利，王盛水. 无机化学原理. 北京：高等教育出版社，1988.

[6] 蔡少华，黄坤耀，张玉容. 元素无机化学. 广州：中山大学出版社，1998.

[7] 国家自然科学基金委员会化学科学部组. 21 世纪的无机化学. 北京：科学出版社，2005.

[8] 严宣申. 普通无机化学. 北京：北京大学出版社，1987.

[9] 华东化工学院. 无机化学教学参考书. 北京：高等教育出版社，1983.

[10] 王世华. 无机化学教程. 北京：科学出版社，2000.

[11] 黄佩丽. 无机化学规律初探. 北京：北京师范大学出版社，1983.

[12] 颜秀茹. 无机化学与化学分析. 北京：高等教育出版社，2004.

[13] 王致勇，等. 简明无机化学教程. 上海：上海高等教育出版社，1988.

[14] 杨子超. 基础无机化学理论. 西安：陕西人民出版社，1994.

[15] 朱裕贞，苏小云，路琼华. 工科无机化学. 上海：华东理工大学出版社，1993.

[16] 田荷珍，等. 无机化学疑难问题解答. 北京：北京师范大学出版社，1987.

[17] 汤智慧，陆峰，张晓云，等. 航空高强度结构钢及不锈钢防护研究与发展. 航空材料学报，2003，(z1)：261-266.

[18] 颜鸣皋，吴学仁，朱知寿. 航空材料技术的发展现状与展望. 航空制造技术，2003，(12)：19-25.

[19] 王燕. 先进复合材料在飞机上的应用. 西飞科技，2001，(3)：45-46.

[20] 张绪虎，徐方涛，石刚，等. 铼铱材料在高性能发动机上的应用. 宇航材料工艺，2016，46（1）：37-41.

[21] 秦紫瑞，孙连春. 新型耐磨蚀铸造高铬钢的研制. 化工机械，1995，22（2）：20-24.

[22] 田世藩，张国庆，李周，等. 先进航空发动机涡轮盘合金及涡轮盘制造. 航空材料学报，2003，(z1)：233-238.

[23] 张淑珍，王奎民. 锰对 Al-Cu-Mg-Fe-Ni 系合金的组织和性能的影响. 轻合金加工技术，1986，（3）：38-42.

[24] 张雪辉，林晨光，崔舜，等. 钨及其合金涂层的研究现状. 兵工学报，2013，34（3）：365-372.

[25] 黄伯云，范景莲. 纳米钨合金材料的研究与应用. 中国钨业，2001，（6）：38-44.

[26] 韩大尉，孙文儒，于连旭，等. Mo 含量对 IN8 合金组织和力学性能的影响. 航空材料学报，2018，38（4）：64-74.

[27] 吴会杰，李元，李庆. 二硫化钼微/纳米材料的合成及研究进展. 化工新型材料，2016，44（9）：16-18.

[28] Stephenson T，Li Z，Olsen B，et al. Lithium ion battery applications of molybdenum disulfide（MoS$_2$）nanocomposites. Energy & Environmental Science，2014，7（1）：209-231.

[29] Argon A S，Im J. Separation of second phase particles in spheroidized 1045 steel，Cu-0.6% Cr alloy，and maraging steel in plastic straining. Metallurgical Transactions A，1975，6（4）：839.

[30] Cotton F A，Wilkinson G S. Advanced inorganic chemistry: a comprehensive text. Advanced Inorganic Chemistry A Comprehensive Text，1972.

[31] Liu G，Zhang G J，Jiang F，et al. Nanostructured high-strength molybdenum alloys with unprecedented tensile ductility. Nature Materials，2013，12（4）：344.

[32] Hall M G，Aaronson H I，Kinsma K R. The structure of nearly coherent fcc: bcc boundaries in a Cu-Cr alloy. Surface Science，1972，31：257-274.

[33] Kim K C，Nam S W. Effects of Mn-dispersoids on the fatigue mechanism in an Al-Zn-Mg alloy. Materials Science and Engineering: A，1998，244（2）：257-262.

[34] Shi R，Li G，Xia Y，et al. Microstructural characterization of an $\alpha + \beta$ type Ti-5.5 Mo-7.2 Al-4.5 Zr-2.6 Sn-2.1 Cr alloy during recrystallization annealing. Journal of Alloys and Compounds，2017，705：183-187.

[35] Cao Z，Ouyang L，Wang H，et al. Composition design of Ti-Cr-Mn-Fe alloys for hybrid high-pressure metal hydride tanks. Journal of Alloys and Compounds，2015，639：452-457.

[36] Karachevtsev F N，Letov A F，Protsenko O M，et al. Aircraft alloy composition standard specimens. Measurement Techniques，2015，58（4）：471-474.

[37] Klimpel A，Janicki D，Lisiecki A，et al. Plasma welding repair procedure for turbine jet apparatus rings in aircraft engines. Welding International，2014，28（6）：495-500.

[38] Lembke D，Bertolazzi S，Kis A. Single-layer MoS$_2$ electronics. Accounts of Chemical Research，2015，48（1）：100-110.

[39] Teng Y，Zhao H，Zhang Z，et al. MoS$_2$ nanosheets vertically grown on graphene sheets for lithium-ion battery anodes. ACS Nano，2016，10（9）：8526-8535.

第 12 章 铁系、铂系

元素周期表第Ⅷ副族处于过渡族，包含铁（Iron, Fe）、钴（Cobalt, Co）、镍（Nickel, Ni）、钌（Ruthenium, Ru）、铑（Rhodium, Rh）、钯（Palladium, Pd）、锇（Osmium, Os）、铱（Iridium, Ir）、铂（Platinum, Pt）及放射元素镙（Hassium, Hs）、鿏（Meitnerium, Mt）、鿏（Darmstadtium, Ds）。其中处于第 4 周期的铁、钴、镍又称铁系（iron group）元素，而处于第 5、6 周期的钌、铑、钯、锇、铱、铂为铂系（platinum group）元素，又称贵金属（precious metal）。

12.1 铁 系

12.1.1 铁系物质简介

铁系元素包括铁、钴、镍，它们是具有白色金属光泽的金属（钴略带灰色），熔点高、密度大、有强磁性。铁系元素价电子层结构为 $3d^{6\sim8}4s^2$，镧系收缩使得位于第四周期第一过渡系列的第Ⅷ副族的元素性质非常相似，相应参数如表 12-1 所示。

表 12-1 铁系元素相应性质参数

元素名称	元素符号	原子序数	原子量	原子半径/pm	第一电离能 I_1（kJ/mol）	第一电子亲和能 I_1（kJ/mol）	电负性
铁	Fe	26	55.845	126	762.5	14.57	1.83
钴	Co	27	58.933	125	760.4	63.87	1.88
镍	Ni	28	58.693	124	737.1	111.54	1.91

铁系元素具有多种氧化态。铁的丰度在地壳中排行第四，约为 4.1%，在自然界中主要以化合态的形式存在，包括赤铁矿（Fe_2O_3）、磁铁矿（Fe_3O_4）、硫铁矿（FeS_2）等。钴和镍在自然界中经常共生，丰度分别为 $2.9 \times 10^{-3}\%$ 和 $9.9 \times 10^{-3}\%$，主要矿物有镍黄铁矿（$NiS \cdot FeS$）和辉钴矿（$CoAsS$）。

铁系元素是中等活泼的金属，在常温干燥的条件下，它们不与 O_2、S、Cl_2 等非金属发生作用；而在高温下反应剧烈。冷的浓硫酸、浓硝酸均可使铁的表面钝化。若是与热稀硝酸反应，则有一部分铁转化为 Fe^{3+}。铁系元素在碱性溶液中稳定性较高，不易与碱发生反应；但铁能被浓碱侵蚀[1]。

12.1.2 铁系化合物

1. 氧化物和氢氧化物

铁、钴、镍均能形成氧化态为 +2 和 +3 的氧化物。它们 +3 价的氧化物的氧化能力按铁、钴、镍顺序递增，而稳定性递减。铁除了生成 +2、+3 价的氧化物之外，还能够形成混合价态的氧化物 Fe_3O_4。Fe_3O_4 实际上是一种铁（III）酸盐 $Fe^{II}(Fe^{III}O_2)_2$，即铁酸亚铁。以上氧化物均为碱性氧化物，可溶于酸溶液。此外，铁（II）盐与碱溶液作用可生成白色的 $Fe(OH)_2$ 沉淀，而后迅速与空气中的氧作用形成橙黄色 FeOOH，最后转化为棕褐色的 $Fe(OH)_3$，加热条件下会转换为砖红色的 Fe_2O_3。而钴（II）与 NaOH 溶液反应生成蓝色沉淀[α-Co(OH)_2]，放置或加热可转化为粉红色[β-Co(OH)_2]；$Co(OH)_2$ 可被氧化为棕色 CoOOH 或 $Co(OH)_3$。镍（II）溶液与 NaOH 反应，生成绿色 $Ni(OH)_2$ 沉淀，空气下能稳定存在，加入强氧化剂可转换为黑色 NiOOH。

铁系元素氧化物和氢氧化物的颜色十分丰富，如表 12-2 所示。

表 12-2 铁系元素氧化物和氢氧化物颜色

物质	英文	颜色	物质	英文	颜色
FeO	Ferrous oxide	黑色	$Fe(OH)_2$	Ferrous hydroxide	白色
CoO	Cobalt oxide	灰绿色	$Co(OH)_2$	Cobalt hydroxide	粉红色
NiO	Nickel oxide	暗绿色	$Ni(OH)_2$	Nickel hydroxide	绿色
Fe_2O_3	Ferric oxide	砖红色	$Fe(OH)_3$	Ferric hydroxide	棕褐色
Fe_3O_4	Ferroferric oxide	黑色	$Co(OH)_3$	Cobalt（III）hydroxide	棕色
Co_2O_3	Cobalt（III）oxide	黑褐色	$Ni(OH)_3$	Nickel（III）hydroxide	黑色
Ni_2O_3	Nickle（III）oxide	黑色	FeOOH	Iron oxyhydroxide	橙黄色
CoOOH	Cobalt oxyhydroxide	棕色	NiOOH	Nickel oxyhydroxide	黑色

2. 铁系硫族化合物

铁系硫族化合物是一类重要的无机化合物，包括硫化物和硒化物。该类化合物种类众多，具有丰富的价态和价电子层构型。由于硫的电负性较小，3d 轨道与 3s 和 3p 轨道能量接近 d 轨道，一定条件下可以参与成键，所以铁系硫化物多数为共价型化合物。它们展示的特殊 3d 价电子壳层结构，使其具有独特的物理化学性质，在磁、光和电学等方面应用广泛。铁系硫化物是一个复杂的体系，存在许多整比、非整比计量数的物相组成，如 FeS_2、FeS、CoS_2、CoS、$CoSe_2$、$NiSe_2$、Ni_3Se_2、$CoSe_xS_{2-x}$、Co_9S_8、Co_3S_4、$NiS_{1.97}$、$Co_{0.85}Se$ 等。这里主要介绍在自然界中含量最高、实际应用较为广泛的黄铁矿（pyrite）结构的 MS_2 型铁系硫化物（包括 FeS_2、CoS_2、NiS_2、$FeSe_2$、$CoSe_2$ 和 $NiSe_2$）。

黄铁矿型 MS$_2$ 晶胞和晶体结构如图 12-1 所示[2]，其结构属面心立方晶系，与 NaCl 的晶体结构类似。两个硫原子聚集在一起形成二硫聚物，S$_2^{2-}$ 的质心代替了 Cl$^-$ 位于立方体单胞的 12 条棱上，金属离子代替了 Na$^+$ 位于单胞的角顶和面心。每个硫原子与 1 个硫原子和 3 个金属离子成键，位于变形的四面体中，每个金属离子位于由 6 个哑铃型硫离子组成的变形八面体中。由于 S—S 键与 M—S 键的键长均接近相应的共价半径之和，因此 MS$_2$ 为共价型化合物。

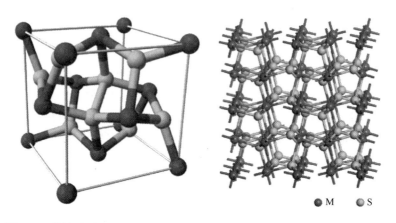

● M　　● S

图 12-1　黄铁矿型 MS$_2$ 晶胞（浅色球为 S，深色球为 M）和晶体结构示意图

黄铁矿型 MS$_2$ 的合成方法有很多，按照反应温度的不同可大致分为 3 类。一类是温度较温和的液相法及高能球磨法，一类是用反应釜实现高温高压反应条件的水热法及溶剂热法，还有一类是在保护气氛下，加热升华硫、硫脲及硫代乙酰胺等硫源与金属前驱体进行的气固反应。例如，有报道利用碳包覆的 Fe$_3$O$_4$ 和硫磺粉混合，在 Ar 氛围下 350～400℃ 煅烧 3h 得到 FeS$_2$@C 复合材料，其硫化过程如图 12-2 所示[3]。

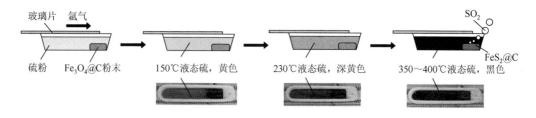

图 12-2　FeS$_2$ 硫化反应的过程图

FeS$_2$ 作为常见黄铁矿的一种，在自然界储量非常丰富，且为无毒环境友好型窄带隙半导体材料。其能带间隙约为 0.9eV，非常接近理想太阳能电池材料所需的 1.1eV 的要求，结合其较强的吸光能力，可作为理想的光伏材料[4]。当外界温度升高时，其能带间隙降低、金属性增强、导电性增加，该种特性又使其在高温热电池领域具有一定的应用前景[5]。另外，对于 NiS$_2$ 和 CoS$_2$ 而言，除上述半导体的性能之外，由于其具有较多的电催化活性位

点（金属位点及二硫键位点），成为目前热门的能源转换及能源催化材料，应用研究领域包括电催化产氢（hydrogen evolution reaction，HER）及电催化产氧（oxygen evolution reaction，OER）反应。

3. 铁系氮族化合物（铁氮化物、铁磷化物）

1）铁系氮化物

铁系氮化物由于具有高化学稳定性和导电性，在催化领域引起了科研者的极大关注。图 12-3 展示了四类氮化钴的晶体结构图，其中 Co_4N 为常见的面心立方结构，金属原子排列在面心立方晶格位置，N 原子占据体中心位置[6]。可以看出 N 的引入会形成不同的晶体结构，从而形成独特的电子结构。

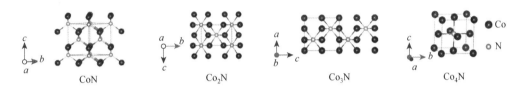

图 12-3　四类氮化钴的晶体结构图

经证实，N 原子的引入通过电荷转移过程造成金属主体的电子结构改变，进而显著影响了过渡金属氮化物在电学、催化等领域的应用。例如，科研者将金属盐前驱体在氨气中进行热处理，合成了纳米结构的 Co_4N 和 Ni_3N，均具有优异的 OER 性能。对于铁系氮化物的合成，常用的化学方法是在氨气下煅烧氧化物前驱体或者煅烧硝基-有机化合物体系。此外也有用物理法如磁控溅射进行材料合成的，例如，利用 N_2 射频等离子直接体快速有效地将 Co_3O_4 纳米线转变为 CoN，氮化过程在室温下只需要 1min 即可完成，且纳米线结构保持完整，同样此类材料具有优异的 OER 催化性能[7]。

2）铁系磷化物

在铁系磷化物中，由于磷外层电子数较多，可以形成多种价态化合物，所以金属原子与磷原子的原子个数比具有多种比例，甚至还有非整比的情况。按照它们的比例划分，金属元素和磷元素的原子比例大于 1 的磷化物称为富金属相磷化物（如 Ni_2P、Co_2P、Ni_5P_4 等），金属元素和磷元素的原子比例等于1的磷化物称为单磷相金属磷化物（如 FeP、CoP），金属元素和磷元素的原子比例小于 1 的磷化物称为富磷相磷化物（如 NiP_2、$Ni_{12}P_5$、CoP_2 等）。不同类型的磷化物表现出不同的物理化学性能，这也丰富了铁系磷化物的应用领域。

对于具有六方相晶体结构的铁系磷化物如 Ni_2P（图 12-4）[8]，过渡金属原子在磷原子的四周形成通常为三棱柱的结构单元。这些单元按照多种方式形成具有规则形状的晶格，磷原子则填充于基本结构单元的中心孔隙中。三棱柱基本结构单元结合的多样性使得铁系磷化物具有不同的晶体结构。此外，对于具有面心立方结构的铁系磷化物（如 NiP_2），这类结构与黄铁矿 FeS_2 结构的相同，仅晶胞参数略有不同，这里不再赘述。

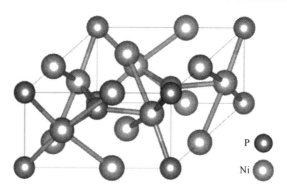

图 12-4　面心立方 Ni$_2$P 晶胞结构

磷化物的合成选用的磷源分为无机相和有机相两类。在保护气氛如氮气或氩气下,在 300～400℃温度区间加热 NaH$_2$PO$_2$·H$_2$O,使其分解产生膦气和铁系化合物发生气固反应,制备相应的磷化物。这里需要注意的是由于次亚磷酸钠的热不稳定性,反应温度不能过高。对于气固反应而言,红磷也是常用的磷源,磷化反应可以在较高的温度如 500℃下进行。在油相反应体系中常用的磷源有三正辛基膦(TOP)、三正辛基氧膦(TOPO)、三(三甲硅烷基)膦(TMSP)及三苯基膦(TPP)等,该反应一般在油相液体体系中在较低的温度下如 300℃左右就能进行,用于制备纳米级别尺寸较小的铁系磷化物粒子。这类反应成本相对较高,得到的样品表面含有反应体系带来的疏水基团,所以它在水中分散性差,可通过表面离子交换提高其在水相中的分散。

富金属相磷化物、单磷相金属磷化物及富磷相磷化物由于金属和非金属元素比例不一而具有不同的物理化学性能。富金属相磷化物表现出较多的金属性,具有高的热稳定性和化学稳定性、高硬度、高熔点、好的导电性、金属光泽等。单磷相金属磷化物的结构中包含部分金属键和共价键,通常具有熔点高、硬度高、抗氧化性强、化学稳定性高等性质,其中大多数化合物在高温的环境下硬度仍然保持较高的状态。相比前面两种材料,富磷相铁系磷化物性质具有很大不同,这类材料多属于半导体材料,通常具有较低的熔点,化学稳定性和热稳定性都较差。

近些年,铁系磷化物作为电催化剂受到了广泛的关注。金属性的磷化物的高导电性可以提高电催化反应过程中电子的迁移速率,是高催化性能的保证。在 HER 中,由于磷原子带有负电荷,可以作为质子受体,且可作为 HER 反应的催化活性位点,对于富磷相铁系磷化物而言,磷原子的相对含量较高意味着具有更多的 HER 催化活性位点,密度泛函计算结果也表明富磷相铁系磷化物的 HER 反应具有更小的吉布斯自由能[9]。另外,在锂离子电池储能方面,磷原子理论上可以结合 3 个锂离子,因此富磷相铁系磷化物会表现出更高的理论容量,是理想的锂离子电池负极材料[10]。

4. 铁系碳化物

过渡金属碳化物是一类间隙型填充化合物,即在晶体结构中,碳原子以间隙原子的形式填充金属的晶格间隙,因而金属碳化物又称作间隙合金。它们具有简单晶体结构,如面心立方、体心立方及六方结构等。铁系元素(铁、钴、镍)作为过渡元素,原子半径小于

1.3Å，碳原子插入使原金属晶格发生畸变，且碳的原子链贯穿在变形的金属结构中，因而这些金属碳化物的性质介于离子型和间充型之间。态密度（density of states，DOS）计算结果表明，此类材料表现出较高的金属性，利于催化反应中电子的转移。对于铁系碳化物的合成，最常用的方法是化学气相沉积法，另外将金属盐与有机物在保护气氛下高温煅烧（800℃）也可得到相应的铁系碳化物。

5. 铁系合金与氢化物

自 20 世纪 60 年代中期发现 LaNi$_5$ 和 TiFe 等金属间化合物的可逆储氢作用以来，储氢合金及其应用研究得到迅速发展。储氢合金能以金属氢化物的形式吸收氢，是一种安全、经济而有效的储氢方法。金属氢化物不仅具有储氢特性，而且可将化学能与热能或机械能相互转化，从而利用反应过程中的焓变发展热能的化学储存与输送，有效利用各种废热形式的低质热源。

由图 12-5 所示的钛-铁二元相图可知，钛和铁可以形成两种金属间化合物。当铁含量在 51.3%～54.1%时，在 1085℃下，经共晶转变形成 CsCl 结构的 TiFe 相（空间群：$Pm3m$；点阵常数：$a = 0.297$nm），温度达到 1317℃时生成的 TiFe 相再经共晶转变生成 MgZn$_2$ 结构 TiFe$_2$ 相（空间群：$P63/mmc$；$a = 0.479$nm，$b = 0.479$nm，$c = 0.778$nm）。TiFe$_2$ 相为不吸氢相，而 TiFe 相可以在室温下与氢发生可逆反应，因此，合金设计时要避免不吸氢的 TiFe$_2$ 相的生成。

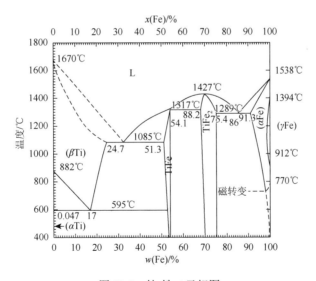

图 12-5　钛-铁二元相图

TiFe 相是 AB 型金属间化合物，原子间隙由四面体构成，间隙多，有利于氢原子的吸附。TiFe 相在室温下可与氢反应，生成氢化物 TiFeH$_{1.04}$（β 相）和 TiFeH$_{1.95}$（γ 相）。β 相为正方晶格，γ 相为立方晶格，TiFe 合金活化后，能可逆地吸放大量的氢，且氢化物的分解压强仅为几个大气压，接近工业应用；Fe、Ti 元素在自然界中含量丰富，价格便宜，适合在工业中大规模应用。

TiFe 吸氢，首先是氢分子被吸附到 TiFe 表面上，其中一些氢分子解离成氢原子。然后，这些氢原子进入金属晶体，占据晶格间隙。当压力升高时（通常在某种临界浓度和压力下），金属被氢饱和而进入一新相，即氢化物相。如氢压进一步提高，最后变成金属氢化物。由于金属晶格中有许多间隙位置，可以高度紧密地容纳大量氢。但是其缺点是吸氢和放氢循环中具有比较严重的滞后效应。为改善 TiFe 合金的储氢特性，可用过渡金属 Co、Cr、Cu、Mn、Mo、Ni、Nb、V 等置换部分铁形成多元合金以实现常温活化。过渡金属的加入，使合金活化性能得到改善，氢化物稳定性增加。但材料中有 TiO 层形成，使得该材料极难活化，限制了其应用。改善 FeTi 合金活化性能最有效的途径是合金化和纳米化，在纯 Ar 气氛下，掺杂少量的 Ni，球磨 20～30h 后制备的 TiFe 材料不需活化即可很容易地吸氢；研究还表明用机械压缩和酸、碱等化学试剂进行表面处理也能改善 TiFe 合金的活化性能。

铁系氢化物在吸氢化学反应时放出大量热，而在放氢时吸收大量热的特性，使得其可进行热的储存和传输，并制造制冷或采暖设备。储氢合金也被应用到镍氢电池中，其具有高放电功率和优异的放电性能，且稳定性较好，适用于高功率电动车，另外储氢合金也可作为未来氢能汽车的储氢材料[11]。

6. 盐类化合物

氧化态为 + 2 价的铁、钴、镍盐，在性质上有许多相似之处。它们的强酸盐都易溶于水并有微弱的水解，因而溶液显酸性；与弱酸盐生成难溶物，如 F^-、CO_3^{2-}、$C_2O_4^{2-}$、CrO_4^{2-}、PO_4^{3-}、S^{2-} 等。强酸盐从水溶液中析出晶体时，往往带有一定数目的结晶水，如 $MCl_2 \cdot 6H_2O$、$M(NO_3)_2 \cdot 6H_2O$ 和 $MSO_4 \cdot 7H_2O$。$FeSO_4 \cdot 7H_2O$（七水合硫酸亚铁），俗称绿矾或黑矾。

铁、钴、镍的硫酸盐能与碱金属或铵的硫酸盐形成复盐。例如，硫酸亚铁铵 $(NH_4)_2SO_4 \cdot FeSO_4 \cdot 6H_2O$（俗称莫尔盐，Mohr），它比相应的亚铁盐 $FeSO_4 \cdot 7H_2O$ 更稳定，不易被氧化；在分析化学中作为还原剂用以配制 Fe(II)标准溶液，用于氧化剂标准溶液滴定。

钴（II）和镍（II）盐最为常见，它们有氯化物、硫酸盐、硝酸盐、硫化物等。氯化钴（$CoCl_2 \cdot 6H_2O$）是重要的钴（II）盐，往往带有不同个数的结晶水而具有不同颜色，如 $CoCl_2 \cdot 6H_2O$ 呈粉红、$CoCl_2 \cdot H_2O$ 呈蓝紫、$CoCl_2$ 呈蓝，即根据颜色变化可判断其含结晶水的情况。利用这一原理将 $CoCl_2$ 用作干燥剂硅胶的指示剂，以吸水失水过程中颜色发生的变化来表明硅胶的吸湿情况，所以 $CoCl_2$ 溶液被称为隐形墨水。常见的铁盐类及对应颜色如表 12-3 所示。

表 12-3　铁系盐及对应颜色

物质名称	颜色	物质名称	颜色
$FeSO_4$	白色	$CoSO_4 \cdot 6H_2O$	粉红色
$FeSO_4 \cdot 7H_2O$	绿色	$CoCl_2 \cdot 6H_2O$	粉红色
$Fe_2(SO_4)_3 \cdot 12H_2O$	浅黄色	$CoCl_2 \cdot 2H_2O$	紫红色
$FeCl_3 \cdot 6H_2O$	橘黄色	$CoCl_2 \cdot H_2O$	蓝紫色

续表

物质名称	颜色	物质名称	颜色
$Fe(NO_3)_3 \cdot 6H_2O$	浅紫色	$CoCl_2$	蓝色
$NH_4Fe(SO_4)_2 \cdot 12H_2O$	浅紫色	$NiCl_2 \cdot 6H_2O$	绿色

在铁系元素中，Co^{3+} 和 Ni^{3+} 具有强氧化性，只有 Fe^{3+} 才能形成稳定的可溶性盐。二价铁盐在空气中不稳定，得不到淡紫色的 $[Fe(H_2O)_6]^{2+}$，取而代之的是因逐渐水解而生成的黄色 $[Fe(OH)(H_2O)_5]^{2+}$ 及二聚体 $[Fe_2(OH)_2(H_2O)_8]^{4+}$ 溶液。并且随着 pH 升高，生成棕色的 β-FeOOH 胶体；在更高 pH 时，最终生成 $Fe_2O_3 \cdot H_2O$。

卤化物随着金属元素的氧化数升高及卤素的半径增大而颜色加深。铁的无水卤化物有 FeF_2、$FeCl_2$、$FeBr_2$、FeI_2、FeF_3、$FeCl_3$、$FeBr_3$。其中 $FeCl_3$ 是重要的化工原料，可作为印刷电路板的刻蚀剂和水处理的絮凝剂。Fe(III) 盐易水解，水解产物一般近似认为是 $Fe(OH)_3$，一般用在 pH = 6~7 的污水处理中，Fe^{3+} 水解得到胶状 $Fe(OH)_3$，利用其对水中污染物较强的吸附能力，吸附沉降重金属离子甚至降低某些阴离子的浓度。$FeCl_3$ 存在明显共价键，易溶于乙醇；高温时 $FeCl_3$ 转化为共价化合物。向 $FeCl_3$ 溶液中加入 NaF 溶液生成白色的 FeF_3 沉淀，FeF_3 溶于过量的 F^- 溶液，生成较稳定的配离子 $[FeF_5]^{2-}$。钴和镍的 +2 氧化态是重要化合态，它们的卤化物（从氟化物到碘化物）颜色经历如下变化：CoX，从浅红到黑色；NiX，从黄色到黑色。

7. 配位化合物及金属有机框架结构

配位化合物是一种具有特殊化学结构的化合物，由提供空轨道的中心原子（或离子，统称中心原子）和围绕它的具有孤对电子的分子或离子（称为配位体或配体）完全或部分通过配位键结合而形成。过渡金属元素具有较强的形成配合物的趋势，这是因为：①过渡金属具有能量相近的同一能级组的 $(n-1)d$、ns、np 共 9 条价轨道。能量相近的轨道可以进行杂化，形成成键能力较强的杂化轨道，用以接受配体提供的电子对，形成配合物；②过渡金属离子是形成配合物的良好中心形成体，因为过渡金属离子的有效核电荷较大，而且具有 9~18 构型的过渡金属离子，其极化能力和变形性都比较强，因而可以和配体产生很好的结合力，形成稳定的配合物。

铁系金属原子（Fe、Co、Ni）或者离子（Fe^{2+}、Fe^{3+}、Co^{2+}、Co^{3+}、Ni^{2+}、Ni^{3+}）3d 轨道未充满，因此可作为配合物的中心原子，而 H_2O、CO、NH_3、CN^-、Cl^- 等具有孤对电子的分子或离子作为配体，形成的常见配合物包括水合配合物（例如 $[Co(H_2O)_6](ClO_4)_2$），氨合配合物（例如 $[Co(NH_3)_5Cl]SO_4$），卤合配合物（例如 $K[NiCl_4]$、$K_2[CoCl_4]$），氰合配合物（例如 $K_4[Fe(CN)_6]$），金属羰基配合物（例如 $[Ni(CO)_4]$ 和 $[Fe(CO)_5]$）等。

其中，羰基配合物的特点可以概括为以下三点：①羰基中存在 π 键，因此可视为一种强配体；②金属在羰基配合物中一般以低氧化态存在；③这些配合物基本遵循 18 电子规则。稳定的铁系元素羰基配合物有 $[Fe(CO)_5]$、$[Ni(CO)_4]$、$[Fe_2(CO)_9]$、$[Co_2(CO)_8]$、$[Fe_3(CO)_{12}]$、$[Co_4(CO)_{12}]$、$[Co_6(CO)_{16}]$ 等。以五羰基铁 $[Fe(CO)_5]$ 为例，它为黄色油状液体，熔点 $-21℃$，沸点 $102.8℃$，$250℃$ 分解可得到纯铁，受日光或紫外线照射时发生二聚作用，生成 $Fe_2(CO)_9$

和 CO，是一种典型的具有正常三角双锥几何构型的五配位化合物。五羰基铁[Fe(CO)₅]由细 Fe 粉与 CO 在 200℃左右和 50~200 个大气压下直接反应制得，可用于有机合成、抗爆剂、脱卤和羰基化试剂。

金属-有机框架（metal-organic frameworks，MOF）材料是由有机配体和金属离子或团簇通过配位键自组装形成的具有分子内孔隙的有机-无机杂化材料。在 MOF 中，有机配体和金属离子或团簇的排列具有明显的方向性，可以形成不同的框架孔隙结构，从而表现出各异的吸附性能、光学性质、电磁学性质等。MOF 材料具有以下特点：①多孔性及高比表面积：通过选择不同的有机配体可以实现 MOF 材料孔径度的可调，在催化、气体吸附与分离等领域具有重要应用前景。②结构与功能多样性：MOF 材料具有可变的金属中心及有机配体，导致其结构与功能的多样性，在实际应用中，可以根据不同的用途来设计合成不同的 MOF 材料。③不饱和的金属位点多：多数 MOF 材料在合成过程中经过加热或者真空处理，在除去溶剂分子的同时，会暴露出更多的活性位点。这些位点可显著改善其相应的某些性能[12]。

经典 MOF 主要有 ZIF 和 MIL 两个系列：ZIF 是 zeolitic imidazolate framework 的缩写，表示类沸石咪唑酯骨架材料；MIL 的英文全称是 material of institute lavoisier，该材料由不同的过渡金属元素和琥珀酸、戊二酸等二羧酸配体合成。常见铁系 MOF 材料有 MIL-53(Fe)、ZIF-67(Co)等[12, 13]。ZIF-67(Co)是一种沸石咪唑酯多孔骨架结构材料。其中，有机咪唑酯交联连接到过渡金属原子 Co 上，形成一种四面体框架。详细的晶体结构及参数如图 12-6 所示[14]。在 ZIF-67 的骨架中，金属原子 Co 与配体结合，形成具有高孔隙度、高比表面积、高有序度的三维晶体结构。另外，MOF 也是制备多种化合物的理想前驱体材料，例如，可通过热处理结合酸洗涤将 ZIF-67 转化为多孔氮化碳材料。这类材料可以与诸多材料复合，构建复合材料。由于具备特殊的孔洞结构和可观的比表面积，MOF 材料在锂离子电池、电解水制氢、超级电容器、燃料电池等领域具有广阔的应用前景[13, 15]。

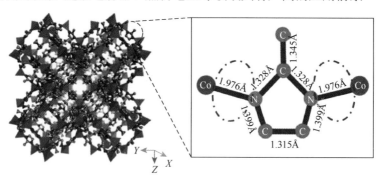

图 12-6 ZIF-67 的详细晶体结构及参数

12.1.3 铁系元素化学反应

铁系元素参与的常见反应如表 12-4 所示。其中，Fe 单质在潮湿的环境下极易被氧化成铁锈（$Fe_2O_3 \cdot xH_2O$），因此 Fe 单质一般在干燥的环境下或惰性气体氛围下保存。高温下 Fe 单质同样也能与 O、S、卤族元素等发生化学反应。在水溶液中，Fe^{2+}的还原性和 Fe^{3+}

的氧化性使其可参与大量的化学反应，例如，Fe^{3+}能够将 Cu 单质氧化成 Cu^{2+}。铁系金属阳离子也可与氨水及硫氰化物配位生成氨或硫氰配合物，其中生成的血红色 $Fe(SCN)_n^{3-n}$ 可用于 Fe^{3+} 的鉴定，而蓝色的 $Co(SCN)_n^{2-n}$ 则用于 Co^{2+} 的检测。Ni^{2+} 与丁二酮肟（DMG）能够生成鲜红色的 $Ni(DMG)_2$，用于 Ni^{2+} 的鉴定与检测。

表 12-4　常见铁系元素化学反应

		反应式	说明	
铁系单质化学反应	与潮湿空气作用	$Fe + O_2 + H_2O \longrightarrow Fe_2O_3 \cdot xH_2O$	Fe 在潮湿空气中容易生锈	
	与 O、S、X（F、Cl、Br 等）反应	$4Fe + 3O_2 \longrightarrow 2Fe_2O_3$	高温	
		$Fe + 2S \longrightarrow FeS_2$		
		$2Fe + 3Cl_2 \longrightarrow 2FeCl_3$		
	与水反应	$3Fe + 4H_2O \longrightarrow Fe_3O_4 + 2H_2\uparrow$	高温	
	与 CO 反应生成羰基配合物	$Fe + 5CO \longrightarrow Fe(CO)_5$	20MPa、200℃	
		$Ni + 4CO \longrightarrow Ni(CO)_4$	20MPa、200℃	
	与酸反应	$M + 3H^+$（稀）$\longrightarrow M^{2+} + H^+$（$M = Fe$、Co、Ni）	Co、Ni 反应缓慢	
水溶液中 Fe^{3+}、Fe^{2+}、Co^{2+}、Ni^{2+} 离子的反应	Fe^{2+}、Fe^{3+} 的反应	$4Fe^{2+} + 4O_2 + 4H^+ \longrightarrow 4Fe^{3+} + 2H_2O$	Fe^{2+}的还原性	
		$6Fe^{2+} + Cr_2O_7^{2-} + 14H^+ \longrightarrow 6Fe^{3+} + 2Cr^{3+} + 7H_2O$		
		$5Fe^{2+} + Mn_2O_4^- + 8H^+ \longrightarrow 5Fe^{3+} + Mn^{2+} + 4H_2O$		
		$2Fe^{3+} + Cu \longrightarrow Cu^{2+} + 2Fe^{2+}$	Fe^{3+}的氧化性	
		$2Fe^{3+} + Fe \longrightarrow 3Fe^{2+}$		
		$2Fe^{3+} + H_2S \longrightarrow 2Fe^{2+} + S + 2H^+$		
		$2Fe^{3+} + 2I^- \longrightarrow 2Fe^{2+} + I_2$		
	配位反应	$Fe^{2+} + 2NH_3 \cdot H_2O \longrightarrow Fe(OH)_2\downarrow + 2NH_4^+$	氨配合物	
		$Fe^{3+} + 3NH_3 \cdot H_2O \longrightarrow Fe(OH)_3\downarrow + 3NH_4^+$		
		$Co^{2+} + 6NH_3 \longrightarrow Co(NH_3)_6^{2+}$		
		$Ni^{2+} + 6NH_3 \longrightarrow Ni(NH_3)_6^{2+}$		
		$Fe^{3+} + nSCN^- \longrightarrow Fe(SCN)_n^{3-n}$	硫氰配合物	鉴定 Fe^{3+}
		$Co^{2+} + nSCN^- \longrightarrow Co(SCN)_n^{2-n}$		鉴定 Co^{2+}
		$Ni^{2+} + nSCN^- \longrightarrow Ni(SCN)_n^{2-n}$		鉴定 Ni^{2+}
	Ni^{2+} 与 DMG 的反应	$Ni^{2+} + 2C_4H_8N_2O_2 \longrightarrow Ni(C_4H_7N_2O_2)_2 + 2H^+$	鉴定 Ni^{2+}	

12.1.4　铁系材料的应用

1. 新型储能材料

电池、超级电容器和电容器是当今三大主要的电化学储能器件，其中超级电容器是介于传统电容器和电池之间的一种新型储能器件，图 12-7 展现的是几种不同储能系统的比功率-比能量 Ragone 图，可看出，锂离子电池拥有较高的能量密度（商业化产品可达 180W·h/kg），但其功率密度相对较低（约 2k·W/kg），相比较而言，超级电容器的能量密度较低，但其相较于电池的优越性在于能提供高功率密度和几秒钟内完成充放电的能力。超级电容器除了具备极佳的功率密度外，寿命也更长，在其寿命中可以经历比电池更多的充电序列。这一长寿命周期意味着超级电容器可以持续更长的时间，这就减轻了与处置电池有关的环境问题。因此，在不同领域对于能量/功率密度需求不同时，对储能器件也有不同的选择，甚至进行混合使用。

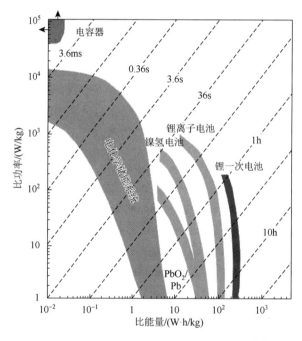

图 12-7　不同电化学储能系统的 Ragone 图[16]

铁系材料在电池和电容器等储能器件中具有举足轻重的地位。例如，早期飞机和某些现代轻型飞机上仍采用蓄电池作为主电源。飞机上蓄电池的主要用途是：飞机主电源不工作或发生故障时作为辅助电源或应急电源向重要用电设备供电；作为飞机发动机的起动电源；在某些特殊情况下（如在无电源的野外）也可以用作飞机某些小功率用电设备飞行前检查的电源。飞机蓄电池作应急电源使用时，常与直流发电机（主电源）并联使用。

镉镍蓄电池（Cd-Ni 电池）、氢镍蓄电池（MH-Ni 电池）和锂离子蓄电池因寿命长而在航空、航天领域得到应用[17]。就早期使用的镉镍蓄电池和氢镍蓄电池而言,铁系材料中常把镍材料用在正极板上,其活性物质是羟基氧化镍(NiOOH)晶体,镍为正三价离子(Ni^{3+}),它们在正极上的充放电过程一样。放电过程中,晶格中每两个镍离子可从外电路获得负极转移出的两个电子,生成两个 Ni^{2+};与此同时,溶液中每两个 H_2O 电离出两个 H^+ 进入正极,与晶格上的两个 O^{2-} 结合,生成两个 OH^-,然后与晶格上原有的两个 OH^- 一起,与两个 Ni^{2+} 生成两个氢氧化亚镍晶体。充电过程中,正极板上的氢氧化亚镍晶格中,两个 Ni^{2+} 各失去一个电子生成 Ni^{3+},晶格中两个 OH^- 各释放出一个 H^+,将 O^{2-} 留在晶格上,释出的 H^+ 与溶液中的 OH^- 结合,生成 H_2O。然后,两个 Ni^{3+} 与两个 O^{2-} 和剩下的两个 OH^- 结合,生成两个 NiOOH 晶体。为达到航空电池长寿命的要求,正极采用烧结镍电极,以保留足够的剩余空隙率、增加传输、降低电池内阻、提高活性物质利用率,使其具有机械强度高、可大电流放电的优点,确保起动性能。

对于目前较常用的锂离子电池,铁系材料的贡献主要在于作为电极材料。自从 1980 年 Goodenough 教授提出,$LiCoO_2$ 已成为最早商用的锂离子电池正极材料[18-20]。$LiCoO_2$ 是典型的层状 α-$NaFeO_2$ 型结构,具有明显的层状材料特征,锂离子有二维脱嵌路径,扩散系数为 $10^{-9} \sim 10^{-7} cm^2/s$,电子电导率约为 $10^{-3} S/cm$,离子电子导电性高,因此倍率放电性能好。它的理论比容量为 273mA·h/g,而实际比容量只有 $130 \sim 140mA·h/g$,放电电压为 3.9V。充放电形成 $Li_{1-x}CoO_2$,当 $x < 0.5$ 时,锂的嵌入量可连续变化且不影响其基本结构,具有优异的可逆性、充电效率和电压稳定性。其工作电压较高,充放电电压平稳,适合大电流充放电,比能量高,循环性能好,电导率高,材料及电池生产工艺稳定。但其缺点也明显,钴有毒、污染环境,资源短缺且价格昂贵,循环性能有待进一步提高。而且其热稳定性较差,抗过充电性较差,存在安全隐患。因此,其安全性仍是限制其电池高容量应用的主要问题。

$LiNiO_2$ 正极材料结构与 $LiCoO_2$ 类似[19-21],理论容量为 274mA·h/g,实际容量可达 $190 \sim 210mA·h/g$,工作电压范围为 $2.5 \sim 4.2V$,自放电率低,无污染,与多种电解质有着良好的相容性。与 $LiCoO_2$ 相比,$LiNiO_2$ 具有容量更高、对环境友好且价格便宜等优点,但制备条件苛刻,热稳定性差,充放电过程中容易发生结构变化,使电池的循环性能变差,容量衰减。

基于钴酸锂发展的三元正极材料 $Li[Ni, Co, Mn]O_2$ 是目前较为热门的正极材料,常见成分有 $LiNi_{1/3}Co_{1/3}Mn_{1/3}O_2$(简称 111)、$LiNi_{0.4}Co_{0.2}Mn_{0.4}O_2$(简称 424)、$LiNi_{0.5}Co_{0.2}Mn_{0.3}O_2$(简称 523)和 $LiNi_{0.8}Co_{0.1}Mn_{0.1}O_2$(简称 811)型[22-24]。三元材料的实际容量可达 200mA·h/g,由于存在三元协同效应,其与 $LiCoO_2$ 相比具有良好的热稳定性、较低的生产成本,是钴酸锂最有希望的替代材料。但是三元材料也存在镍锂阳离子混排、振实密度低、倍率性能和循环性能有待提高等问题。针对这些问题,人们通过离子掺杂、表面包覆、改进合成工艺等措施对三元材料的性能进行改善。三元材料按组元成分不同分为两个发展方向:一是向高镍含量方向发展,提高高能量密度;二是向高锰含量方向发展,与锰酸锂改性结合,提高功率密度。

另外一种热门的正极材料是 $LiFePO_4$,其理论容量为 170mA·h/g,实际容量可达 160mA·h/g,工作电压约为 3.5V。它具有规整的橄榄石结构,属于正交晶系,氧原子以近似六方紧密堆积的方式排列,铁原子和锂原子占据八面体空隙,磷原子占据四面体空隙。

LiFePO$_4$具有一维锂离子脱嵌路径，只能允许锂离子在一个方向上移动，锂离子扩散系数为 $1.8 \times 10^{-10} m^2/s$。然而其充电产物 FePO$_4$ 电子电导率低，只有 $10^{-10} \sim 10^{-9} S/cm$，这严重影响其倍率放电性能。但充电产物 FePO$_4$ 的结构和体积均与 LiFePO$_4$ 相似，在锂离子的脱嵌过程中晶胞体积变化小，只有 6.81%，有优良的充放电循环性能[20, 24, 25]。以上几种电池正极材料的性能对比如表 12-5 所示。

表 12-5　几种锂离子电池正极材料的性能比较

体系　　　　参数	晶体结构	工作电压/V	理论容量/(mA·h/g)	实际容量/(mA·h/g)	优点	缺点
LiCoO$_2$	层状结构	3.9	273	130~140	理论容量高、循环性能好、可大电流充放电	资源有限、价格高
LiNiO$_2$	层状结构	2.5~4.2	274	190~210	容量高、价格较低	循环性能差、安全性差、生产困难
Li[Ni, Co, Mn]O$_2$	层状结构	2.8~4.5	270~274	200	容量高、价格较低	振实密度低、循环性能差
LiFePO$_4$	橄榄石结构	3.5	170	160	稳定性好、无污染、安全性高、价格低廉	电子和离子传导率低、振实密度低、大倍率性能差

铁系材料作为锂离子电池负极材料具有高的理论比容量，但是铁系材料的电导率较低，充放电过程材料体积变化大，因此倍率性能和循环稳定性较差。同时形成的固体电解质相界面（solid electrolyte interphase，SEI）膜引起的不可逆容量损失较大。科研者常采取形状超薄化、尺寸量子点化、结构阵列化、材料复合化等手段，合成不同结构的铁系纳米负极材料。由于纳米微粒的表面效应、量子尺寸效应、小尺寸效应、宏观量子隧道效应的影响，纳米材料有比表面积大、离子嵌入和脱出行程短的特点，这使得纳米级材料较普通材料减小了电极在充放电时极化的程度，缓冲了嵌脱锂过程引起的体积变化，具有更稳定的长循环性能。

锂离子电池同太阳能电池联合组成供电电源在航天领域应用广泛。由于其具有自放电率小、无记忆效应、能量密度大、循环寿命长等特点，比原用 Cd-Ni 电池或 MH-Ni 电池组成的联合供电电源优越，如表 12-6 所示。电池的小型化、轻量化对航天器件减重影响极大，因为航天器件的质量指标往往不是按千克计算的，而是按克计算的。锂离子电池在航天器件方面的应用已有报道，例如，将锂离子电池作为 Teledesic 通信卫星的供电电源。

表 12-6　几种二次电池性能比较

体系　　　　参数	工作电压/V	能量密度/(W·h/kg)	循环寿命/次	工作温度/℃	每月自放电率/%（室温）	对环境影响	记忆效应
Cd-Ni 电池	1.25	41	1500	−40~60	20	镉污染	有
MH-Ni 电池	1.25	50~95	300~500	−20~60	30	重金属	无
锂离子电池	3.7	100~140	>500	−20~60	10	无	无
锂聚合物电池	3.7	120~160	>500	0~60	<10	无	无

中国首款新能源飞机——锐翔 RX1E，是中国首架拥有自主知识产权的电动飞机，2013 年 9 月 20 日在第二届沈阳法库国际飞行大会上正式亮相，并于 2016 年 3 月成功完成低温试飞试验。该机以电动机为动力，8.8kW·h 锂电池为能源，每充 1.5h 的电，就可满足上天飞行 40min。RX1E 每次充电仅耗电 10kW·h，折合电费 5 元左右，运行成本低廉。该机性能优越，可广泛用于飞行员培训、观光旅游飞行、高精度航拍航测等。图 12-8 展示了 RX1E 锐翔双座电动轻型飞机。

图 12-8　RX1E 锐翔双座电动轻型飞机

此外，飞行器在运行的过程中，受到稀薄的大气阻力等原因的影响，需要进行姿态控制和轨道修正，这时可能需要高功率输出，且高功率输出对电池有严重损害，发展高性能超级电容器同样意义重大。它在充放电过程中对电流没有严格限制，其储存的能量可以在瞬间以较大的电流释放，具有寿命长、免维护、可在极限条件下工作等特点，所以若采用超级电容器与电池一起工作，不仅可以有效降低电池的冲击负载，提高电源系统的稳定性，还可以减少电池数量，延长电池的使用寿命。作为可靠性的一个标志，NASA 在宇航员使用的钻头上装置超级电容包，可使宇航员在太空行走过程中来完成国际空间站的修理工作。此外，空客 A380 大飞机的应急舱门系统也应用了超级电容器，可以为飞机开启门提供爆发动力，使用寿命可达 25 年，已经通过空中客车公司资质证明。

对于超级电容器而言，铁系材料是一类重要的赝电容电极材料。它主要通过电极活性物质在电极表面及近表面发生快速氧化还原反应来储存能量，从而获得较高的比电容和能量密度。其工作原理与化学电源相同，但充放电行为与常规电容器类似，故称法拉第赝电容。法拉第赝电容具有相对较高的容量，是双电层电容的 10～100 倍。常见的材料有铁系氧化物、氢氧化物、双金属氢氧化物、硫化物等，图 12-9 展示了三种不同氧化物的晶胞结构[26]，其中 $NiCo_2O_4$ 展现了较高的比容量，其在碱性电解液中发生的可逆氧化还原反应如下[27]：

$$NiCo_2O_4 + OH^- + H_2O \rightleftharpoons NiOOH + 2CoOOH + 2e^-$$

$$MOOH + OH^- \rightleftharpoons MO_2 + H_2O + e^-$$

M 代表 Ni 或 Co。为了最大限度地提高电化学性能，研究者通过对电极材料的尺寸、形貌与组分的调控，或利用与高电导率的碳材料进行复合来解决铁系氧化物材料电导率低的问题。例如，科研者利用氮掺杂石墨烯/碳纳米管复合膜作为基板，生长 $NiCo_2O_4$ 纳米片直接用作电极，其在 5A/g 的电流密度下显示出 2292.7F/g 的超高放电比容量；在和氮掺杂石墨烯/碳纳米管复合膜组装成非对称超级电容器后，电压窗口达到 1.55V，同时展现了较优异的能量/功率密度（最大能量/功率密度分别为 42.71W·h/kg 和 15485W/kg），具有可观的应用前景[28]。

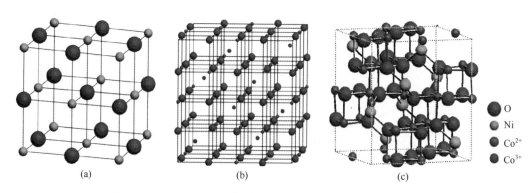

图 12-9　NiO（a）、Co_3O_4（b）和 $NiCo_2O_4$（c）的晶胞结构图

　　随着化石能源的日渐匮乏和生态环境的不断恶化，寻找和发展新型能源为全世界所瞩目，氢能源则被认为是人类未来的理想清洁能源。氢是一种高能量密度的绿色新能源，它在燃料电池及高能可充放电电池等方面展现了很好的应用前景。

　　如前所述，铁系材料可用于氢气的存储。目前储氢技术分为物理和化学储氢法。铁系 MOF 材料是近年来发展起来的新型功能材料，具有制备简便、轻质、多孔径、大比表面积等特点，可在室温及安全的压力（＜2MPa）下快速吸收大量氢气。图 12-10 展示了超级电容器及氢燃料电池在航空航天及交通运输中的应用。

图 12-10　超级电容器在空客 A380（左），超级电容公交车（中）和丰田 FC Ni-H_2 燃料电池汽车（右）中的应用

2. 催化材料

　　光/电驱动的水分解产氢和产氧是目前实现太阳能/电能转化为化学能的最有效的途径之一，它克服了太阳能的间歇性，实现了太阳能的储存。此外，氢气由于在释放储存能量时，具备较高的能量密度以及无碳排放等特点，被认为是一种可持续的、安全环保的新能

源[29]。水分解反应可分为两个半反应：氧析出反应（OER）和氢析出反应（HER）。就单独析氢反应而言，它是一种相对简单的反应，在较低电位时即可实现。相比之下，析氧反应由于涉及四电子转移过程更为复杂，需要较大的电位[30]。此外，析氧反应也是金属-空气电池和可再生燃料电池中的重要的半反应。因此发展高效稳定的催化材料对于实现能源的有效利用具有重大意义。

铁系（Fe、Co、Ni）催化材料由于其较高的催化性能及较低的成本而受到研究人员的广泛关注。例如，在光催化分解水领域，磁性氧化铁由于其储量充足、较低的成本、优良的铁磁性、较窄的能带间隙及良好的化学和物理稳定性而得到研究，其能带间隙约为2.24V，对紫外光和可见光均表现出较好的光电化学响应，具有较高的太阳光利用率。然而由于其较高的光电腐蚀现象，研究人员将其与其他材料进行复合，构成异质结来降低空穴-电子重组率，实现其催化性能的提高[31]。

相比光解水领域，铁系催化材料在电解水领域应用更多，并且一直被认为是最可能替代贵金属催化剂的几种材料之一。目前被研究过的物质种类繁多，包括氧化物如 Fe_2O_3、Fe_3O_4、CoO、Co_3O_4、NiO 等，氢氧化物如 $Fe(OH)_3$、$Co(OH)_2$、$Ni(OH)_2$ 等，硫化物如 FeS_2、FeS、NiS_2、Ni_3S_2、CoS、CoS_2 等，磷化物如 FeP、FeP_2、CoP、NiP、NiP_2、Ni_2P 等[32, 33]。研究者通过纳米结构及组分的调控，利用结构协同与组分协同效应，得到了一系列性能优异的电解水的优异催化剂[34, 35]。

此外，将其应用拓展，铁系材料在燃料电池及金属-空气电池等领域也有重要应用[36]。经过百年发展历程，燃料电池已经在国防、航天和民用移动电站、分立电源、潜艇、电动车、计算机与通信等众多领域具有非常广泛的应用前景和巨大的市场潜力。2009 年 7 月 7 日，全球首架使用燃料电池驱动的"安塔里斯"DLR-H2 型机动滑翔机（图 12-11），在德国北部城市汉堡人工驾驶试飞成功。该"零排放"飞机可连续飞行 5h，航程可达 750km。它利用氢作为燃料，通过和空气中的氧发生电化学反应产生能量。全过程不发生燃烧，不排放温室气体，唯一副产品为水。

图 12-11 "安塔里斯"DLR-H2 型机动滑翔机

12.2　铂　　系

12.2.1　铂系物质简介

铂系元素矿物属自然铂亚族，包括钌、铑、钯、锇、铱、铂 6 种铂系元素。铂系元素在自然界通常以单质状态存在，同时它们之间还可以发生类质同象置换现象，形成混晶，共同组成矿石。根据其密度划分，钌、铑、钯的密度约为 12g/cm³，称为轻铂系金属；密度约为 22g/cm³ 的称为重铂系金属，如锇、铱、铂。下面将从物理、化学性质两方面来介绍铂系元素的通性。

1. 物理性质

铂系元素除金属锇呈灰蓝色外，其余均呈银白色。根据表 12-7 可知，无论是轻铂金属还是重铂金属，铂系元素都是难熔的，其熔、沸点逐渐降低，这是因为其 nd 轨道中成单电子数从左到右逐渐减少导致金属键逐渐减弱。可以看出，六种元素中最难熔的是金属锇，最易熔的是金属钯。此系列具体的对应特征见表 12-7。

表 12-7　铂系元素的物理性质

元素	符号	原子序数	原子量	熔点/℃	沸点/℃	密度 /(g/cm³)	外观	特点
钌	Ru	44	101.07	2310	3900	12.30	硬质白色金属	耐蚀性很强
铑	Rh	45	102.9	1964	—	12.41	银白色、坚硬金属	制造合金、镀膜
钯	Pd	46	106.42	1554	2970	12.02	银白色过渡金属	氢化或脱氢催化剂
锇	Os	76	190.2	3045	5300	22.59	灰蓝色金属，锇粉呈蓝黑色	用于制造高硬度合金
铱	Ir	77	192.217	2454	—	22.56	白色金属	高熔点、高硬度、抗蚀性
铂	Pt	78	195.078	1772	3827±100	21.45	白色金属	良好延展性、导热性、导电性

根据硬度不同，它们所应用的领域有所不同。通常钌和锇具有很高的硬度和脆度，不能承受机械处理，但铑和铱与之相比，具有较好的延展性，可以接受机械处理，但其效果同样不好。而钯和铂具有良好延展性，尤其是铂，完全可以承受机械处理，具有高度的可塑性。例如，纯净的铂可以制得厚度为 0.0025mm 的箔。

2. 化学性质

1）化学稳定性

室温下，大部分铂系金属对空气、氧都是稳定的，不发生反应。例如，铂和铑可以在

空气中长期保持光泽，不被氧化。例外的是室温下粉状的锇，它在空气中会生成挥发性的蓝色四氧化锇 OsO_4，方程式为

$$Os + 2O_2 \longrightarrow OsO_4$$

在高温的情况下，铂系金属可以与氧、硫、磷、氟、氯等非金属反应，生成相应的化合物。例如，在高温下铂和铑与氧气作用生成挥发性的氧化物。粉末状的铱在 600℃时可以氧化，生成氧化铱（IrO_2）薄膜。四氧化锇（OsO_4）和四氧化钌（RuO_4）都是挥发性的有毒化合物，能刺激黏膜，对人体造成伤害。而铱是唯一在 2300℃下损失不严重的金属，具有超高的化学稳定性。

在酸性条件下，铂系金属化学性质稳定，它们对酸的化学稳定性比所有其他各族金属都高。其中，钌、锇、铑和铱对酸的化学稳定性最高，不仅不溶于普通强酸，甚至不溶于王水。钯和铂能溶于王水，钯还能溶于硝酸（稀硝酸中溶解慢，浓硝酸中溶解快）和热硫酸中。虽然王水可以与铂发生反应，但也与铂的状态有关，在常温下致密的铂与王水反应速度非常慢。同时铂粉在加热的情况下仍然可以与浓硫酸反应，生成 $Pt(SO_4)_2$、SO_2 和水，铂溶于王水和浓硫酸的反应式如下，

$$Pt + 4HNO_3 + 6HCl \longrightarrow H_2PtCl_6 + 4NO_2 + 4H_2O$$
$$Pt + 4H_2SO_4 \longrightarrow Pt(SO_4)_2 + 2SO_2 + 4H_2O$$

此外，铂系金属可溶解在熔融的碱中，也同样可溶解在盐酸和过氧化氢及盐酸和高氯酸的混合物中，例如：

$$Ru + 2KOH + KClO_3 \longrightarrow K_2RuO_4 + KCl + H_2O$$

它们虽然常温下不与一般强酸、碱反应，但在高温下，其化学稳定性会略微降低。例如，铂可以在高温下与多种氧化剂、强碱、容易还原的重金属及硫、磷、砷等反应。因此，不得在铂器皿中加热或熔融碱金属的氧化物，以免器皿被破坏。

2）催化活性

铂系金属都具有很高的催化活性，大多数铂系金属都能吸收氢气。其中吸收氢气能力最差的是锇，而吸收氢气能力最强的是钯。常温下 1 体积钯能吸收约 700 体积的氢。在真空下把金属钯加热到 100℃，其所吸收的氢还可以完全放出，实现氢的有效吸附和析出。与之相反，铂对氢的吸收能力很低，但铂对氧具有很好的吸收能力。与钯相比，铂具有很好的溶解氧能力，1 体积的钯只能吸收 0.07 体积的氧，而 1 体积的铂可以溶解 70 体积的氧。铂系金属吸收气体的性能与它们的高度催化性能高度相关，所以催化剂呈现良好的选择性。

3）配位性质

铂系元素都有形成配位化合物的倾向，最常见的配位数为 4 和 6。铂具有 +2、+3、+4、5、+6 多种氧化态，很容易与氨基形成配位化合物，如 $Pt(NH_3)_2Cl_2$、$KPt(NH_3)Cl_5$ 等。其中，$[Pt(C_2H_4)Cl_2]_2$ 是第一个人工制得的不饱和烃与金属的配合物。

12.2.2　铂系化合物及化学反应

铂系化合物由于其配位特性，与 Cl、NH_3、CN、NO_2、CO 等都可以形成配合物。以

铂为例，如果将上面提到的铂溶于王水就可以制得 H_2PtCl_6，产物为棕红色固体，可以溶于水和乙醇，可作为其他铂化合物的前驱体，进一步合成铂化合物。通常铂系化合物包括氧化物、氢氧化物、硫化物等，它们之间转换的化学反应如表 12-8 所示。

表 12-8 铂系化合物的化学反应式

生成物类型	反应式	说明
配合物	$[PtCl_4]^{2-} + C_2H_4 \longrightarrow [PtCl_3(C_2H_4)]^- + Cl^-$ $2[PtCl_3(C_2H_4)]^- \longrightarrow [Pt(C_2H_4)Cl_2]_2 + 2Cl^-$	第一个人工制得的不饱和烃与金属的配合物
铂的氧化物	$Pt(OH)_2 \longrightarrow PtO + H_2O$	加热
	$PtO_2 \cdot 2H_2O \longrightarrow PtO_2 + 2H_2O$	
锇的氧化物	$Os + O_2 \longrightarrow OsO_2$	室温
	$Os + 2O_2 \longrightarrow OsO_4$	加热
铱的氧化物	$Ir + O_2 \longrightarrow IrO_2$	600℃
铂的氢氧化物	$PtCl_2 + 2KOH \longrightarrow Pt(OH)_2\downarrow + 2KCl$	—
	$2Pt(OH)_2\downarrow + O_2 + 2H_2O \longrightarrow 2Pt(OH)_4$	潮湿空气中
铂的硫化物	$Pt + S \longrightarrow PtS$ $Pt + 2S \longrightarrow PtS_2$	—
铂系卤化物	$Pt + F_2 \longrightarrow PtF_2$ $Pt + 2F_2 \longrightarrow PtF_4$	灼烧（黄褐色）
	$Pt + 2Cl_2 \longrightarrow PtCl_4$	300℃（棕褐色）
	$2Pt + 3Cl_2 \longrightarrow 2PtCl_3$	400℃（暗绿色）
	$Pt + Cl_2 \longrightarrow PtCl_2$	500℃（褐绿色）
	$Pt + 3/2Br_2 \longrightarrow PtBr_3$	高温
	$Pt + 3/2I_2 \longrightarrow PtI_3$	高温
	$PdCl_2 + CO + H_2O \longrightarrow Pd(s) + CO_2(g) + 2HCl$	CO 鉴定
铂系氰化物	$PtCl_2 + Hg(CN)_2 \longrightarrow Pt(CN)_2\downarrow + HgCl_2$	淡黄色沉淀
	$Pt(CN)_2 + 2HCN \longrightarrow H_2Pt(CN)_4$	氰配合物
	$H_2Pt(CN)_4 + 2LiOH \longrightarrow Li_2Pt(CN)_4 + 2H_2O$	配盐
	$H_2Pt(CN)_4 + ZnSO_4 \longrightarrow ZnPt(CN)_4 + H_2SO_4$	配盐（白色）

1. 氧化物

铂的氧化物包括 PtO 和 PtO_2，PtO 是在惰性气体中加热 $Pt(OH)_2$ 得到的，为黑色粉末。PtO_2 是由加热 $PtO_2 \cdot 2H_2O$ 使之脱水得到的，同样为黑色粉末，不溶于水、王水。

锇的氧化物通常包括 OsO_2 和 OsO_4，其中 OsO_2 有两种晶型，其中一种是橘棕色晶体，加热到 500℃时可以部分转化为 OsO_4。另一种是黑色粉末 OsO_2，可在氧中加热锇粉或 OsO_4 加热分解制得。

铱的氧化物包括 IrO_2 和 Ir_2O_3，其中 IrO_2 为棕色粉末，Ir_2O_3 是黑蓝色粉末，在硝酸中 Ir_2O_3 会进一步氧化生成 IrO_2。

2. 氢氧化物

$Pt(OH)_2$ 由 K_2PtCl_4 溶液水解制得，为黑色沉淀，不溶于水，容易受热氧化并分解。

3. 硫化物

铂的硫化物通常包括 PtS 和 PtS_2，制备方法通常分为两种：一种是将铂和硫在高温进行反应，得到硫化物；另一种将 H_2S 分别通入 Na_2PtCl_4 或 Na_2PtCl_6 溶液中，也可以得到黑色的硫化物固体。

锇的硫化物一般指 OsS_2，它是黑色立方晶体，由锇和硫加热直接化合而得，受热易分解。不溶于水、碱类，但可以溶于硝酸。

4. 卤化物

铂的氯化物通常包括 $PtCl_2$ 和 $PtCl_4$，红棕色晶体 $PtCl_4$ 是由加热 $H_2PtCl_6 \cdot 6H_2O$ 至 300℃生成的，加热到 350℃以上可以继续生成绿色 $PtCl_2$。

将金属钯在加热的条件下直接氯化可以得到 $PdCl_2$，进一步加热至 550℃以上可得到不稳定的 α-$PdCl_2$，逐渐降温至产物可进一步转变为 β-$PdCl_2$。同时，$PdCl_2$ 水溶液遇 CO 可以重新变为金属钯，可作为鉴定 CO 是否存在的气敏材料。

铱通常不会形成 $IrCl$ 和 $IrCl_2$，只能形成 $IrCl_3$。无水 $IrCl_3$ 由氯和铱粉末在 650℃经氧化反应生成，而水合 $IrCl_3$ 则由 Ir_2O_3 溶于氢氯酸中制成。铱还可以与 F 原子进一步生成 IrF_4、IrF_5 和 IrF_6。在 400℃时向铑中通入氟气，可以形成红色六方系晶体 RhF_3。RhF_3 可以作为其他铑化合物的前驱体，例如，将 RhF_3 与氢氧化钾溶液共沸，可以生成氢氧化铑。高温时与一氧化碳作用生成红色针状晶体 $Rh_2OCl_2(CO)_3$。

5. 氰化物

由 HCl 处理 $K_2[Pt(CN)_4]$ 制得灰黄色固体 $Pt(CN)_2$，产物不溶于酸和碱。也可由氯化铂与氰化汞作用生成淡黄色 $Pt(CN)_2$ 沉淀，$Pt(CN)_2$ 可溶于过量的氰化物中，形成氰配合物。$Pt(CN)_2$ 与氢氧化锂作用，可将配酸转化为配盐，与硫酸盐、硝酸盐及氯化物等作用，皆可生成相应的配盐。

12.2.3 铂系材料的应用

铂系材料具有高精密性、高可靠性、长寿命及不可替代性，广泛用于飞机、导弹、舰艇、雷达、通信设备、军事卫星、核工业等现代国防装备和军工技术。铂系贵金属是信息探测、存储、传输、运算和处理等领域的重要材料，对于满足国防、通信、计算机等工业需求至关重要。在能源工业中，铂系贵金属具有优良的催化活性和选择性，可广泛用于无机化工、石油精炼、有机化工、精细化工等领域，铂催化剂也是清洁能源如燃料电池、氢能、核能和太阳能的必用材料，另外，铂系催化剂的优异催化活性也可用于治理和消除汽车尾气、工业废气、温室效应气体等。在航空、航天工业中，铂及铂合金可用于制造宇宙空间站电阻加热电离式发动机、核能包封装置、精密仪表、高温保护涂层等。

1. 铂系材料在催化领域的应用

1820 年，Edmund Davy 发现用化学方法还原出来的铂黑有促进乙醇氧化的作用，随后，Döbereiner 发现，在乙醇全部氧化成乙酸的同时，铂完全没有改变，可重复利用。1831 年 Phillips 及 1832 年 Döbereiner 分别独立发现铂有助于二氧化硫氧化成三氧化硫，该现象被 Berzelius 于 1835 年命名为"催化作用"。催化剂材料和催化技术是化学工业发展的基础性关键材料和技术之一，它可以加快反应速率、节约原料、降低能耗和提高产率。在现代工业中应用的催化剂有 50%以上是贵金属催化剂，其中主要是铂催化剂。目前，铂系金属在以下反应如氨氧化成硝酸、汽车废气净化、石油工业、氢能源技术等领域不可替代。

1）硝酸工业铂系合金催化剂

硝酸工业在国民经济中占有重要地位。硝酸作为硝酸盐和硝酸酯的必需原料，用来制取一系列硝酸盐类氮肥。作为农业大国，我国的氮肥需求量居世界第一。硝酸具有氧化性和酸性，可以把不纯的金属氧化成硝酸盐，排除杂质再还原，可以精炼金属。浓硝酸、甘油、浓硫酸反应可以生成硝化甘油，它是一种烈性炸药。军事上将甲苯与浓硝酸和浓硫酸反应可以得到 2, 4, 6-三硝基甲苯（TNT），TNT 常用做炮弹、手榴弹、地雷和鱼雷等炸药，也可用于采矿等爆破作业。另外，硝酸也是塑料、染料等化工产品的重要原料。

早在 1838 年，F. Kuhlmann 就在加热的铂金属上利用氨氧化法制备硝酸，但一直没有应用到工业生产中。1904 年，Ostwald 等利用该原理建立了铂催化剂生产硝酸的中间工厂。采用氨氧化法制备硝酸，主反应式为

$$4NH_3 + 5O_2 \Longrightarrow 4NO + 6H_2O \qquad \Delta H = -907 \text{ kJ}$$

$$NH_3 + 1.75O_2 \Longrightarrow NO_2 + 1.5H_2O \qquad \Delta H = -284.7 \text{ kJ}$$

$$2NO + O_2 \Longrightarrow 2NO_2 \qquad \Delta H = -112.6 \text{ kJ}$$

$$3NO_2 + H_2O \Longrightarrow 2HNO_3 + NO \qquad \Delta H = -116.33 \text{ kJ}$$

生产过程是将固定比例的空气与氨混合物预热到 200～250℃后，通过含有铂催化剂的氨氧化反应器，该过程中氨被氧化生成 NO 及 NO$_2$，NO 进一步氧化生成 NO$_2$，最后被水吸收形成硝酸[37, 38]。W. Ostwald 的硝酸中间工厂最初选择 Pt 作催化剂，但是纯 Pt 强度低，并不能满足在高温长期使用的要求，因而发展了铂合金。20 世纪 40 年代，杜邦公司开发了以 Pt-10Rh 和 Pt-7.5Rh 为代表的 Pt-5～10Rh 合金催化剂。50 年代后，苏联相继开发了 Pt-4Pd-3.5Rh 和 Pt-15Pd-3.5Rh-0.5Ru 合金催化剂，并将其投入工业应用，添加少量 Ru 作增强、增韧剂。80 年代后，西方国家也开发了 Pt-Pd-Rh 合金，甚至高 Pd 合金如 Pt-30～40Pd-5～7Rh 合金等来应对国际市场上的 Pt、Rh 价格的提升[39]。

20 世纪 50～60 年代，中国主要靠进口 Pt-4Pd-3.5Rh 合金催化剂进行硝酸工业生产，直到 70 年代才建立了催化剂生产基地，成为催化剂生产大国。90 年代，昆明贵金属研究所结合我国丰富的稀土资源及铂系金属的短缺现状，研制开发了稀土金属（RE）改性的 Pt-Pd-Rh-RE 催化剂，节省了催化剂中 Pt 的用量[37, 38, 40]。可见，为了提高氨氧化活性、节约铂系金属的用量、降低催化剂和硝酸生产成本，硝酸工业铂合金催化剂经历了从纯 Pt 到 Pt-Rh 二元合金再到 Pt-Pd-Rh-RE 等多元合金的发展。

对各国硝酸生产厂使用的 Pt-Rh、Pt-Pd-Rh 及国产 Pt-Pd-Rh-RE 合金的氨转化率的统计表明，在 Pt-Rh（Pt-Pd-Rh）合金中增加 Pd 或添加微量稀土金属元素，可使氨转化率提高 1.0%～1.5%[41, 42]。Pd 在氨氧化反应过程中还原 PtO_2 为 Pt 并减少 Rh_2O_3 形成，并且 Pd 对氨氧化也具有催化活性，因此 Pd 的添加有利于提高氨氧化率。稀土金属具有可变价态，在催化方面具有独特的助催化性能，能增大催化合金表面储氧能力和催化剂活性。氨耗率随着氨氧化率的提高而降低，中压条件下，相比 Pt-10Rh 合金，国产 Pt-Pd-Rh-RE 合金的氨耗率约低 6.5%[43]。

2）石油工业铂系催化剂

铂系金属不仅催化活性高，而且具有特殊的选择性和多种催化作用，在石油化工中被广泛用于生产催化剂。催化剂一方面可以使反应的自由能减小，提高催化反应速率；另一方面可以起到定向反应的作用，加速主要化学反应，控制副反应的发生，增加目标产物产率。

石油化工是以粗油为原料制取各种化工产品，生产过程中涉及氢化、氢化裂解、氧化、脱氢、芳构化、异构化、聚合等化学反应。鉴于铂在氢化、氧化、脱氢和氢解等反应中具有优良的催化活性和选择性，因此，它在许多石油化工反应中是优良的催化剂。石油重整过程使用贵金属催化剂，其中主要是铂催化剂。作为单金属催化剂的 Pt/Al_2O_3 是第一代重整催化剂，是石油工业的一次革命。Pt/Al_2O_3 催化剂中 Pt 的质量分数一般为 0.3%～1.0%，经浸渍和还原处理后分散在 Al_2O_3 基体上。该催化剂中，活性组分 Pt 具有环烷芳构化和转换链烷烃为烯烃的作用，并促进催化剂表面含碳中间体的氢化，保持催化剂表面干净。基体 Al_2O_3 可以促进碳氢化合物的异构化、裂化和环化反应等。另外，催化剂中还会添加卤素元素等，防止反应过程中 Pt 颗粒烧结，利于催化剂再生过程中的重分散。Pt/Al_2O_3 的使用寿命较短，3 个月左右就需要再生、活化。

向 Pt 催化剂中添加第二组分发展双金属催化剂可以有效改善催化剂的稳定性。1967 年 Chevron 公司首先开发了 Re 质量分数约为 0.2% 的 Pt-Re/Al_2O_3 催化剂，即使在极端使用条件下，该催化剂依然展现出了优异的稳定性，使用寿命延长到 1 年以上。该催化剂的使用被称为石油重整的第二次革命。催化剂中的 Re 可以在烧结过程中稳定 Pt 晶体，Re 与 Pt 形成合金，影响催化活性与选择性，并降低脱氢反应的活性，因此 Re 添加剂提高了 Pt 催化剂的稳定性并延长了使用寿命。除了 Pt-Re 双金属催化剂外，还发展了 Pt-Ir、Pt-Sn、Pt-Ge 等其他双金属催化剂，以及 Pt-Re-M（M = Ir、Sn、Ge、Fe、Y、Sc 等）、Pt-Re-Pd-Cu-X（X = 卤素，下同）、Pt-Ir-Cu-Se-X、Pt-Co-Sn-P-X、Pt-Ni-Zn-X、Pt-Co-Ta-Me（Me = ⅠA 族金属）等多金属催化剂。相比于 Pt-Re 双金属催化剂，这些双（多）金属催化剂都有高的催化重整选择性，而且活化程序更简单，更符合现代生产的要求。

3）氢能源技术铂系催化剂

鉴于目前机动车尾气排放问题及化石能源的匮乏现状，发展高效清洁能源成为当今最迫切的问题之一。燃烧值高、燃烧产物无污染的氢能是目前最常用的清洁能源之一。氢的生产有多种方法，如电解水法、煤（焦炭）气化法、重油（残油）部分氧化法和各种类型碳氢化合物重整法。

电解水制氢是发展氢能源的方法之一。电解水制氢装置主要由阴极和阳极组成，通过施加外加电压进行水的电解，催化性能高的阴极材料是 Pt 或 Pd，性能优良的阳极材料是 Ir、Ru、IrO 或 RuO。电解水制氢的理论热力学电位为 1.23V，实际生产过程中电位会更高，通过使用性能高的催化剂，可以使电解水所需要的电位降低，其越接近理论值，能耗越低。因此，控制催化剂成本，即减少催化剂的铂系金属用量，是降低电解水制氢成本的方法之一。

1979 年，美国康乃狄格大学采用 Pt 作为电极，25℃电解煤浆，在阳极和阴极分别产生纯 CO_2 和氢气，虽然会产生中间碳氢化合物，但不产生焦油和硫化物。碳氢化合物可用作生产副产品油的原料，CO_2 排除方法简单。由于阳极碳氧化产生的自由能降低了煤浆电解所需要的电位，该电解反应可逆热力学电位仅为 −0.21V，远低于传统水电解电位，有效降低了制氢成本。该电解制氢工艺的缺点是反应速率较低，近年美国俄亥俄大学采用新的催化电极并提高电解操作温度到 80℃，改进了煤浆电解工艺，研制了以碳纤维和 Ti 作为载体材料、以 Pt-Ir 作为催化涂层材料的催化电极，其比 Pt/C 电极有更高的催化活性[44]。

20 世纪 80 年代中期，江森·马塞公司将相同催化剂颗粒上发生的部分氧化反应和蒸气重整反应相结合，开发了自热重整反应制氢技术。该技术以天然气和水制氢，从每个碳原子获得 3 个以上的氢分子，它的放热和吸热反应可以平衡，不需要外部供给热量。催化剂在重整炉中激活蒸气重整和部分氧化反应，可以高效地生产含有少量 CO 的氢气重整产品。可以利用铂或铂系金属在清除器内清除 CO，以免毒害燃料电池的电极。清除 CO 后的氢气供给燃料电池阳极，燃料电池反应产生电能。

液化石油气是最有发展前景的制取氢的碳氢化合物，可采用液化石油气间接部分氧化法制氢。该方法通过控制蒸气与碳的比例、碳与氧的比例、反应温度和时间等参数，采用 $Pt-Ni/\delta-Al_2O_3$ 载体催化剂，在 350～450℃温度区间内通过 Pt-Ni 双金属催化剂获得最高产氢催化活性和选择性。在反应过程中，在 Pt 位点上通过氧化反应产生热，进而催化吸热的蒸气重整反应。

乙醇也是有发展前景的替代燃料，但乙醇可部分被氧化生成乙醛，乙醛是一种潜在致癌物，因而采用的乙醇燃料也需要催化净化，最好的途径是将其转化为氢使用。目前，以 CeO_2 为载体负载单金属 Pt、Pd、Rh 等或双金属（Pt-Rh、Rh-Au）等催化剂可催化乙醇部分氧化和蒸气重整制氢。

此外，Pt 纳米粒子、Pt 纳米丝和 Pt 羰基原子簇作为催化剂，也可实现由水煤气转化制氢，其反应为

$$CO + H_2O \longrightarrow CO_2 + H_2$$

4）汽车废气净化催化剂

20 世纪 40 年代初，世界许多大城市出现了光化学烟雾污染现象，该现象主要缘于内

燃机车排放的废气，其成分包括一氧化碳（CO）、多种碳氢化合物（HC）、氮氧化物（NO_x）和其他颗粒物质等。汽车尾气对大气的污染引起了世界各国的高度重视，各国纷纷立法限制汽车排放污染物。随着国民经济的高速发展和人们生活水平的提高，我国的汽车保有量逐年增多，汽车尾气排放量也将逐年增高。为了预防和减少汽车排放尾气对国家经济建设、社会发展和生态环境造成影响，我国政府从 2007 年 1 月起开始实施欧盟汽油车尾气排放EuroⅢ标准。同时，我国也加强了对汽车尾气排放技术的研究。

汽车尾气净化主要使用 Pt、Pd 和 Rh 催化剂，这是因为它们具有高的催化活性，同时也具有高的塔曼（Tammann）温度。塔曼温度是固体晶格开始明显流动的温度，一般在固体熔点（绝对温度）的 $\frac{2}{3}$ 处的温度。Pt、Pd、Rh 和 Ru 的塔曼温度分别为 750℃、640℃、845℃和 990℃，高于汽车排放尾气的平均温度（600~700℃）。汽车排放尾气净化的基本原理是在催化剂作用下通过氧化、还原反应使有害的 CO、HC 和 NO_x 物质转变为相对无害的物质。Pt 能有效地催化各类氧化反应，对 CO 和碳氢化物的氧化反应具有高的催化活性。Pt 也用于柴油车尾气净化颗粒物质过滤器中，它可以在较低温度下催化氧化 NO 为 NO_2 的反应，然后再促使 NO_2 与炭烟燃烧减少颗粒排放。与 Pt 一样，Pd 的主要作用也是催化氧化 CO 和碳氢化物。作为氧化型催化剂，Pd 比 Pt 具有更高的储氧能力，如果加入稀土氧化物，如 La 或 Ce 的氧化物，可以进一步提高 Pd 系催化剂的储氧能力和氧化催化活性。

2. 铂系材料在航空航天领域的应用

航空航天领域的飞机、航天器、太空舱等长时间在空气中或外太空飞行，所使用的耐高温材料要具有良好的高温持久强度、蠕变强度、热疲劳强度，在空气和腐蚀介质中要有高的抗氧化性能和抗热腐蚀性能，并应具有在高温下长期工作的组织结构稳定性。航空航天材料接触的介质是飞机用燃料、火箭用推进剂和各种润滑剂、液压油等，其中多数对金属和非金属材料有强烈的腐蚀作用或溶胀作用。这些限制因素使得航空航天材料需要熔点更高、化学性质更稳定，尤其是铂系贵金属材料。

1）宇宙空间站电阻解热电离式发动机用铂合金

电阻加热电离式发动机是宇宙空间站使用的一种辅助动力装置，气体在通过电阻加热电离式发动机的热交换室时被加热，然后通过一个喷嘴使被加热的气体膨胀而产生动力。这种发动机必须具有与各种高温火箭燃料相容的工作特性和长寿命。铂是最好的候选材料之一。铂是具有高熔点和优良抗氧化、耐腐蚀特性的金属，它与多种火箭燃料相容，但纯铂的高温强度不足。NASA 对铂合金进行了充分的研究，将材料选择的目标转向弥散强化铂合金。研究表明，以 ZrO_2 弥散强化的 Pt 合金（ZGSPt）和以 Y_2O_3 弥散强化的 Pt 合金（ODSPt）的最低寿命可达 45000h，远高于宇宙空间站寿命要求（高 4 倍以上）。相比 ZGSPt，ODSPt 有晶粒长大倾向，但对材料的稳定性并无大的影响。ODSPt 和 ZGSPt 可作为以二氧化碳、氢、氮、水蒸气和甲烷为燃料的宇宙空间站电阻加热电离式发动机材料。采用氨和联氨作燃料时，若适度降低发动机工作温度，ODSPt 和 ZGSPt 合金也可以使用[45]。

2015 年，欧洲航天局成功测试了 3D 打印的铂合金火箭燃烧室，如图 12-12 所示，这种燃烧室主要用在 10N 肼推进器上，它是用一种铂-铑合金材料 3D 打印的。在测试期间，最高温度曾达到了 1253℃，这证明了 3D 打印的燃烧室和喷嘴在性能上与常规制造的推进器不相上下。

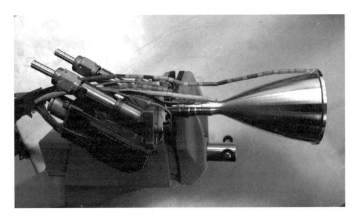

图 12-12　多次测试后的 3D 打印铂合金火箭燃烧室

2）宇宙飞船用放射性同位素核燃料包封容器

由于核燃料在核反应堆中"燃烧"时产生的能量远大于化石燃料，宇宙飞船所使用的能源都是由放射性同位素核燃料供应，核燃料裂变释放热能并将其转变为电能。图 12-13 展示的是 NASA 于 1989 年发射的伽利略（Galileo）号和于 1997 年发射的卡西尼号（Cassini）飞船，它们所需的电能都是由放射性同位素氧化物 $^{238}PuO_2$ 热电发动机供给。另外，由于航天飞船在太空中距离太阳遥远，温度低，飞船的仪器设备和装置需要外界热量以维持正常的运转，以二氧化钚为燃料的轻质量放射性同位素加热单元可以提供热能。飞船在发射升空及返回时，容易受到外界冲击，极易造成核燃料泄漏，将核燃料释放到环境中去。宇宙飞船中放射性同位素热源的工作环境涉及高温、低压氧和含碳绝缘材料。铂族金属则具有高的高温强度和延性、高的抗氧化和抗间隙元素脆化的能力，以及高的金属-碳化合物液相线温度，这些性能足以应对飞船在运行中和返回大气层时的任何突发事故。因此，核燃料（如二氧化钚燃料颗粒或片）被完全包封在 Ir 合金和 Pt 合金容器内，以保持在使用过程中燃料形态的完整性并预防突发事故造成核泄漏。

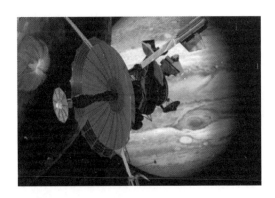

图 12-13　伽利略号（左）和卡西尼号（右）飞船

3）铂系金属在航空航天领域的其他应用

利用金属形变引起电阻值变化的现象可以制备电阻应变材料。Pt-W 合金是在 700℃以下使用成熟的高温电阻应变材料，但在 800~1000℃高温下长期使用时，合金丝氧化挥发严重，疲劳强度降低。为了发展能满足 700℃以上高温静态和 1000℃动态测量的应变材料，昆明贵金属研究所研制了一系列改性 Pt-W 多元合金，在合金中添加 Re、Ni、Cr 和 Y 等元素。改性 Pt-W 应变合金中 Re 添加剂主要用于提高合金的高温强度，Ni 和 Cr 主要用作提高合金的电阻率和抗氧化性及降低电阻温度系数，微量元素 Y 具有细化晶粒和稳定组织结构的作用。这些多元合金仍然保持单相固溶体结构，但明显地提高了抗拉强度和抗氧化性能，适度提高了电阻率并降低了电阻温度系数和应变灵敏系数。

航空发动机的点火触头必须具有高熔点、高耐腐蚀性和高可靠性，20 世纪 20 年代曾使用 Pt-W 合金，现在使用 Pt-Ir 合金。最经典的触头材料是 Pt-25wt% Ir 合金，至今尚无其他材料可替代它作为航空发动机点火触头。采用各种化学和物理沉积方法及热涂层技术，可将 Pt、弥散强化 Pt 和 Pt-Rh 合金涂覆到各种金属基体材料上，如 Cu 合金、不锈钢、Ni 合金、Nb 基合金等。航空涡轮发动机采用铂铝化合物涂层，可以极大改善涡轮叶片的耐热性，提高叶片寿命。此外，Pt-Ir 合金是固溶强化型合金，具有优异的物理化学性能，可用作高可靠弱电流精密电接触材料，包括高灵敏继电器和微电机用电接触材料及导电滑环材料等。Pt-Rh、Pt-W 合金具有适度的电阻率、稳定的热电性能、优异的催化活性及优异的抗氧化和耐腐蚀性，可用作航空航天和军工仪表的高可靠电接触材料、电火花塞和长寿命电位器绕组材料。

图 12-14 为我国自主研制的国产大飞机 C919 照片，它的成功研制也离不开铂系金属的贡献，如精密仪器、电阻应变材料、合金涂层和电接触材料等。C919 的成功研制是我国高端制造业的历史性突破，标志着我国进入少数几个能独立自主研发大型民用客机的国家之列，也彰显了我国在航空航天领域的又一科技进步。

图 12-14　国产大飞机 C919

参 考 文 献

[1]　唐宗薰. 中级无机化学. 北京: 高等教育出版社，2009.

[2]　Bhosale R，Kelkar S，Parte G，et al. NiS$_{1.97}$: a new efficient water oxidation catalyst for photoelectrochemical hydrogen generation. ACS Applied Materials & Interfaces，2015，7: 20053-20060.

[3]　Liu Z，Lu T，Song T，et al. Structure-designed synthesis of FeS$_2$@C yolk-shell nanoboxes as a high-performance anode for sodium-ion batteries. Energy & Environmental Science，2017，10: 1576-1580.

[4]　Wadia C，Alivisatos A P，Kammen D M. Materials availability expands the opportunity for large-scale photovoltaic deployment. Environmental Science & Technology，2009，43: 2072-2077.

[5]　Guidotti R A，Masset P. Thermally activated（"thermal"）battery technology Part I: An overview. Journal of Power Sources，2006，161: 1443-1449.

[6]　Zhao X，Ke L，Wang C Z，et al. Metastable cobalt nitride structures with high magnetic anisotropy for rare-earth free magnets. Physical Chemistry Chemical Physics，2016，18: 31680-31690.

[7]　Zhang Y，Ouyang B，Xu J，et al. Rapid synthesis of cobalt nitride nanowires: highly efficient and low-cost catalysts for oxygen evolution. Angewandte Chemie International Edition，2016，55: 8670-8674.

[8]　Liang H，Gandi A N，Anjum D H，et al. Plasma-assisted synthesis of NiCoP for efficient overall water splitting. Nano Letters，2016，16: 7718-7725.

[9]　Li W，Zhang S，Fan Q，et al. Hierarchically scaffolded CoP/CoP$_2$ nanoparticles: controllable synthesis and their application as a well-matched bifunctional electrocatalyst for overall water splitting. Nanoscale，2017，9: 5677-5685.

[10]　Alcántara R，Tirado J L，Jumas J C，et al. Electrochemical reaction of lithium with CoP$_3$. Journal of Power Source，2002，109: 308-312.

[11]　赵栋梁，尚宏伟，李亚琴，等. 钛铁基储氢合金在车载储能领域的应用研究. 稀有金属，2017，41: 515-533.

[12]　Guo W，Sun W，Lv L P，et al. Microwave-assisted morphology evolution of Fe-based metal-organic frameworks and their derived Fe$_2$O$_3$ nanostructures for Li-ion storage. ACS Nano，2017，11: 4198-4205.

[13]　Wang X X，Cullen D A，Pan Y T，et al. Nitrogen-coordinatedsingle cobalt atom catalysts for oxygen reduction in proton exchange membrane fuel cells. Advanced Materials，2018，30: 1706758.

[14]　Meng J，Niu C，Xu L，et al. General oriented formation of carbon nanotubes from metal-organic frameworks. Journal of the American Chemical Society，2017，139: 8212-8221.

[15]　Wang Y，Gao Y，Shao J，et al. Ultrasmall Fe$_3$O$_4$ nanodots within N-doped carbon frameworks from MOFs uniformly anchored on carbon nanowebs for boosting Li-ion storage. Journal of Materials Chemistry A，2018，6: 3659-3666.

[16]　Simon P，Gogotsi Y. Materials for electrochemical capacitors. Nature Materials，2008，7: 845-854.

[17]　史鹏飞. 化学电源工艺学. 哈尔滨: 哈尔滨工业大学出版社，2006.

[18]　Goodenough J B，Mizushima K. United Kingdom Atomic Energy Authority. United Kingdom Patent GB 11953/97，1979.

[19]　王玲，高朋召，李冬云，等. 锂离子电池正极材料的研究进展. 硅酸盐通报，2013，32（1）: 32-35.

[20]　王恒国. 锂离子电池与无机纳米电极材料. 北京: 化学工业出版社，2016.

[21]　Arai H，Okada S，Sakurai Y，et al. Reversibility of LiNiO$_2$ cathode. Solid State Ionics，1997，95: 275-282.

[22]　Kim J M，Chung H T. Role of transition metals in layered Li[Ni，Co，Mn]O$_2$ under electrochemical operation. Electrochimica Acta，2004，49: 3573-3580.

[23]　Zheng J，Zhou W，Ma Y，et al. Combustion synthesis of LiNi$_{1/3}$Co$_{1/3}$Mn$_{1/3}$O$_2$ powders with enhanced electrochemical performance in LIBs. Journal of Alloys and Compounds，2015，635: 207-212.

[24]　Zhang Y，Huo Q，Du P，et al. Advances in new cathode material LiFePO$_4$ for lithium-ion batteries. Synthetic Metals，2012，162: 1315-1326.

[25]　Zhang W J. Structure and performance of LiFePO$_4$ cathode materials: A review. Journal of Power Sources，2011，196: 2962-2970.

[26]　Dubal D P，Gomezromero P，Sankapal B R，et al. Nickel cobaltite as an emerging material for supercapacitors: an overview.

Nano Energy，2015，11：377-399.

[27]　Wang X，Han X，Lim M，et al. Nickel cobalt oxide-single wall carbon nanotube composite material for superior cycling stability and high-performance supercapacitor application. Journal of Physical Chemistry C，2012，116：12448-12454.

[28]　Yue S，Tong H，Lu L，et al. Hierarchical $NiCo_2O_4$ nanosheets/nitrogen doped graphene/carbon nanotube film with ultrahigh capacitance and long cycle stability as a flexible binder-free electrode for supercapacitors. Journal of Materials Chemistry A，2017，5：689-698.

[29]　Detsi E，Cook J B，Lesel B K，et al. Mesoporous $Ni_{60}Fe_{30}Mn_{10}$-alloy based metal/metal oxide composite thick films as highly active and robust oxygen evolution catalysts. Energy & Environmental Science，2016，9：540-549.

[30]　Han L，Dong S，Wang E. Transition-metal（Co，Ni，and Fe）-based electrocatalysts for the water oxidation reaction. Advanced Materials，2016，28：9266-9291.

[31]　Sun B，Zhou W，Li H，et al. Magnetic Fe_2O_3/mesoporous black TiO_2 hollow sphere heterojunctions with wide-spectrum response and magnetic separation. Applied Catalysis B：Environmental，2018，221：235-242.

[32]　Wang J，Cui W，Liu Q，et al. Recent progress in cobalt-based heterogeneous catalysts for electrochemical water splitting. Advanced Materials，2016，28：215-230.

[33]　De S，Zhang J，Luque R，et al. Ni-based bimetallic heterogeneous catalysts for energy and environmental applications. Energy & Environmental Science，2016，9：3314-3347.

[34]　Fang Z，Peng L，Lv H，et al. Metallic transition metal selenide holey nanosheets for efficient oxygen evolution electrocatalysis. ACS Nano，2017，11：9550-9557.

[35]　Sun H，Xu X，Yan Z，et al. Porous multishelled Ni_2P hollow microspheres as an active electrocatalyst for hydrogen and oxygen evolution. Chemistry of Materials，2017，29：8539-8547.

[36]　Huang Z F，Wang J，Peng Y，et al. Design of efficient bifunctional oxygen reduction/evolution electrocatalyst：recent advances and perspectives. Advanced Energy Materials，2017，7：1700544.

[37]　宁远涛. 硝酸工业氨氧化反应铂合金催化网的百年发展：Ⅰ.氨氧化铂合金催化网的发展和某些技术进步. 贵金属，2008，29（3）：60-65.

[38]　宁远涛. 硝酸工业氨氧化反应铂合金催化网的百年发展：Ⅱ.氨氧化铂合金催化网的性质、表面状态和结构再造. 贵金属，2008，29（4）：41-46.

[39]　Chernyshov V I，Kisil I M. Platinum metals catalytic systems in nitric acid production. Platinum Metals Review，1993，37：136-143.

[40]　宁远涛，王建国. 氨氧化催化剂铂基合金：中国，ZL92104729.0. 1994.

[41]　Yuantao N，Zhengfen Y. Platinum loss from alloy catalyst gauzes in nitric acid plants. Platinum Metals Review，1999，43：62.

[42]　宁远涛，戴红，李永年，等. 催化合金 Pt-Pd-Rh-RE 四元系的结构与性能. 贵金属，1997，18（2）：1-7.

[43]　宁远涛，戴红，文飞，等. 新型氨氧化催化合金的工业应用. 贵金属，1997，18（3）：1-7.

[44]　Camerron D S. Fuel cell science and technology 2006. Platinum Metals Review，2007，51：27-33.

[45]　Inouye H. Thermoelectric generators provide power during space missions. Platinum Metals Review，1979，23：16-22.

第13章 铜、锌副族

13.1 铜副族元素

铜副族元素的基本性质见表 13-1。

表 13-1 铜副族元素的基本性质

性质 ＼ 元素	铜	银	金
元素符号	Cu	Ag	Au
英文名称	Copper	Silver	Gold
原子序数	29	47	79
原子量	63.546	107.868	196.967
价电子层结构	$3d^{10}4s^1$	$4d^{10}5s^1$	$5d^{10}6s^1$
原子半径/pm	157	175	179
离子半径/pm	73	126	85
第一电离能 I_1/(kJ/mol)	750	735	895
电负性	1.9	1.93	2.54
$\varphi^{\ominus}$ / V	0.34	0.80	1.40

13.1.1 铜的性质与用途

1. 铜元素简介

铜元素是一种金属化学元素，化学符号 Cu，原子序数 29，是一种过渡金属，也是人体所必需的一种微量元素。铜是人类最早发现的金属且被广泛使用，属于重金属。铜在地壳中的含量约为 0.01%[1]，居第 22 位，在个别铜矿床中，铜的含量可以达到 3%～5%。自然界中的铜多数以化合物即铜矿物的形式存在，如 Cu_2S（辉铜矿）、CuS（铜蓝）、$CuFeS_2$（黄铜矿）、Cu_2O（赤铜矿）、CuO（黑铜矿）、$Cu(OH)_2 \cdot CuCO_3$（孔雀石）、$CuSO_4 \cdot 5H_2O$（胆矾）、$CuSiO_3 \cdot 2H_2O$（硅孔雀石）（图 13-1）。铜矿物与其他矿物聚合成铜矿石，开采出来的铜矿石经过选矿也可成为含铜品位较高的铜矿。

图 13-1　各种铜矿石

2. 物理性质

铜为紫红色固体，熔点 1357.77K（1083.4℃）、沸点 2835K（2562℃）、密度 8960kg/m^3（固态）。

3. 化学性质

铜的氧化数有 0、+1、+2、+3、+4，其中 +1 和 +2 是常见氧化数。+3 氧化数的有六氟合铜（Ⅲ）酸钾，+4 氧化数的有六氟合铜（Ⅳ）酸铯，0 氧化数的 $Cu(CO)_2$ 可通过气相反应再用基质隔离方法检测到。

铜容易被卤素、互卤化物、硫、硒腐蚀，硫化橡胶可以使铜变黑。铜在室温下不和四氧化二氮反应，但在硝基甲烷、乙腈、乙醚或乙酸乙酯存在时，则生成硝酸铜：

$$Cu + 2N_2O_4 \longrightarrow Cu(NO_3)_2 + 2NO$$

金属铜易溶于硝酸等氧化性酸，若无氧化剂或适宜配位试剂存在，则不溶于非氧化性酸，如以下反应。

铜可溶于氯酸或经过酸化的氯酸盐：

$$3Cu + 6H^+ + ClO_3^- \longrightarrow 3Cu^{2+} + Cl^- + 3H_2O$$

存在较浓的氯离子时铜发生配位反应：

$$2Cu + 6S{=}C(NH_2)_2 + 2HCl \longrightarrow 2Cu(Ⅰ)[S{=}C(NH_2)_2]_3Cl + H_2$$

铜在酸性条件下能和高锝酸根离子反应，使高锝酸根离子还原为单质锝：

$$7Cu + 2TcO_4^- + 16H^+ \longrightarrow 2Tc + 7Cu^{2+} + 8H_2O$$

铜和硫化亚铁加热可以发生置换反应：

$$2Cu + FeS \longrightarrow Cu_2S + Fe$$

铜加热可以和三氧化硫反应，主要反应有两种：

$$4Cu + SO_3 \longrightarrow CuS + 3CuO$$

$$Cu + SO_3 \longrightarrow CuO + SO_2$$

铜与人体健康关系密切。人体每天都要摄入各种微量元素，铜是人体不能缺少的金属元素之一。成年人体内，1kg 体重中，铜含量为 1.4～2.1mg，其中血液中铜的含量为 1.0～

1.5mg。这一数量虽小，但它对于维持身体健康和器官的正常运行却不可缺少。这是因为铜元素在机体运行中具有特殊的作用。铜是机体内蛋白质和酶的重要组成部分，许多重要的酶需要微量铜的参与和活化。例如，铜可以催化血红蛋白的合成[2]。研究表明，缺铜会导致血浆胆固醇升高，增加动脉粥样硬化的危险，因而缺铜是引发冠状动脉心脏病的重要因素[3]。科学家还发现，营养性贫血、骨质疏松症等疾病的产生也都与人体缺铜有关[4, 5]。严重缺铜和长期边缘性缺铜，还会引发小儿发育不良和一些地方病。

1）铜元素重要的化合物

a）氧化数为 + 1 的化合物

（1）氧化物和氢氧化物。Cu_2O（红色）为共价型化合物，基本不溶于水，呈弱碱性，对热基本是稳定的，1508K 熔化但不分解。Cu_2O 是一有毒种的物质，广泛应用于船底漆。

在 Cu(I)盐的溶液中加入 NaOH 时，先生成相应的氢氧化物，随后立即脱水变成相应的氧化物 Cu_2O。Cu_2O 由于制备条件的不同，晶粒的大小各异，分别呈现黄、橙、红等不同的颜色。OH^- 与 CuCl 作用生成的黄色沉淀渐变为橙色并迅速变为红色的 Cu_2O，后者在酸性溶液中立即歧化为 Cu 和 Cu^{2+}。

（2）卤化物 CuX。CuF（易歧化，未曾制得纯态）是红色，CuCl 为白色，CuBr 和 CuI 为白色或淡黄色，CuCl、CuBr 和 CuI 都不溶或几乎不溶于水，溶解度按 Cl、Br、I 顺序降低。

CuCl 的盐酸溶液能吸收 CO，形成氯化羰基铜（I）$Cu(CO)Cl·H_2O$。若有过量的 CuCl 存在，则该溶液对 CO 的吸收几乎是定量的，所以这个反应可以用以测定混合物中 CO 的含量。

（3）硫化物。在 Cu(I)盐的溶液中通入 H_2S 时，能生成黑色的 Cu_2S 沉淀。Cu_2S 溶解度在盐中是最小的，但能溶于热浓硝酸或氰化钠（钾）溶液中。

b）氧化数为 + 2 的化合物

（1）氢氧化铜和氧化铜。在 Cu^{2+}离子溶液中加入强碱，即有淡蓝色 $Cu(OH)_2$ 絮状沉淀析出，加热、脱水变为黑色 CuO，CuO 也难溶于水。

$$Cu^{2+} + OH^- \longrightarrow Cu(OH)_2\downarrow$$

$$Cu(OH)_2 \xrightarrow{\triangle} CuO + H_2O\ (353K)$$

$Cu(OH)_2$ 显两性，既能溶于酸，也能溶于浓 NaOH 溶液中形成蓝紫色$[Cu(OH)_4]^{2-}$配合离子：

$$Cu(OH)_2 + 2OH^- \longrightarrow [Cu(OH)_4]^{2-}$$

$[Cu(OH)_4]^{2-}$能电离出少量的 Cu^{2+}，可以被含—CHO 的葡萄糖还原成红色的 Cu_2O：

$$2Cu^{2+} + 4OH^- + C_6H_{12}O_6 \longrightarrow Cu_2O\downarrow + 2H_2O + C_6H_{12}O_7$$

利用此反应可检验糖尿病。

（2）氯化铜。$CuCl_2$ 不仅易溶于水，而且易溶于乙醇和丙酮。很浓的 $CuCl_2$ 溶液呈黄绿色，浓溶液呈绿色，稀溶液呈蓝色。黄色是由于$[CuCl_4]^{2-}$配合离子的存在，而蓝色是由于$[Cu(H_2O)_4]^{2+}$配合离子存在，两者并存时呈绿色。

（3）硫酸铜。无水 $CuSO_4$ 为白色粉末，不溶于乙醇和乙醚，但吸水性很强，吸水后即显蓝色（$CuSO_4 \cdot 5H_2O$）。因而可用来检验乙醇、乙醚等有机溶剂中微量的水，并可除去水分。无水 $CuSO_4$ 加热到 923K 时，即分解成 CuO。

硫酸铜是制备其他铜化合物的重要原料，加在储水池中可防止藻类的生长，同石灰乳混合而得"波尔多"溶液，可用以消灭害虫。

（4）硫化铜。在微酸性的 Cu^{2+} 溶液中通入 H_2S，生成黑色 CuS 沉淀。它不溶于稀酸，只能溶于热的稀硝酸或溶于浓氰化钠中。

4. 铜元素应用

作为最早应用在人类历史上的金属材料之一，也是至今应用最为广泛的金属材料之一，铜及铜合金由于具有较高的强度、优良的导电性能、导热性能及良好的耐蚀性能，被广泛地应用于电工、电力、机械制造等重要工业领域[6]。科学技术及现代工业的发展对铜及铜合金的综合性能提出了更高的要求。大规模集成电路的引线框架、大型高速涡轮发电机的转子导线、触头材料、各种点焊、滚焊机的电极、大型电动机车的架空导线、电动工具的换向器、高压开关簧片、微波管及宇航飞行器元器件等都要求材料在保持本身优良导电性能的同时，具有较高的强度和硬度。热交换环境中的零器件，如电厂锅炉内喷射式点火喷孔、气割枪喷嘴、连铸机结晶器内衬及大推力火箭发动机燃烧室内衬等，不仅要求材料具有良好的电导率和热导率，而且要求材料具有足够高的热强度。因此，人们在不断探索具有优良的综合物理性能和力学性能的功能铜基材料及其在更广阔方面的应用。中国精铜消费结构见图 13-2。

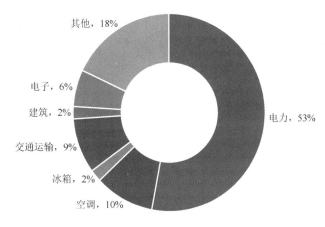

图 13-2　中国精铜消费结构

1）铜基材料在航空航天领域的应用

火箭、卫星和航天飞机中，除了微电子控制系统和仪器、仪表设备以外，许多关键性的部件也要用到铜和铜合金。火箭发动机的燃烧室和推力室的内衬，可以利用铜的优良导热性来进行冷却，以保持温度在允许的范围内。美国、俄罗斯、欧洲等国家和地区在火箭发动机内衬材料方面的研究较为广泛和系统（图 13-3），就美国为例，NASA 在火箭发动机推力室材料上研究较为广泛，路易斯研究中心研究的 CuAg 合金其名义成分为 Cu-3wt%Ag，经时效处理，细小的富 Ag 相通过连续析出弥散分布于基体上，与基体具有相同的位相关系，具有较高的强度；CuZr 合金（美国牌号 Amzirc，其名义成分为 Cu-0.15wt%Zr）经时效处理产生弥散的 Cu_3Zr 相，相比于 NARloy-A，具有更高的强度，室温屈服强度和抗拉强度分别为 512.9MPa、521.2MPa，延伸率为 19%，在 500℃时仍然具有较高的强度，抗拉强度约为 200MPa。同时具有较高的热传导性、组织稳定性和耐高温氧化性，但是合金在超过 550℃时，性能急剧下降，600℃下合金的屈服强度和抗拉强度仅分别为 39.8MPa、45.3MPa，其热膨胀系数也较低。$Cu-Al_2O_3$（Glldcop）属于弥散强化型合金，同样具有较高的高、低温强度，但是不易加工成型，同时其热膨胀系数和高温低周期疲劳性能也较低。Cu-0.6Cr 合金经退火处理，屈服强度和抗拉强度分别为 54MPa、232MPa，合金经过时效处理，屈服强度和抗拉强度分别上升至 324MPa、448MPa。其高温下（550℃）抗拉强度保持为 210MPa。Cu-1.85Be-0.25Co 合金经过时效处理，其室温屈服强度和抗拉强度高达 1066MPa、1205MPa。但是延伸率和高温性能极差。Cu-14.8Nb 经过形变处理室温抗拉强度为 1400MPa，高温下（500℃）抗拉强度为 515MPa，但是延伸率不到 2%。Rocketdyne 研发的 CuAgZr 合金（美国牌号 NARloy-A，其名义成分为 Cu-3wt% Ag-0.5wt%Zr）为当前航天飞机主发动机内衬材料，抗拉强度和屈服强度略低于 CuZr 合金，但是其高温低周期疲劳性能远高于 CuZr 合金。现如今 NASA 正在研发一种新型的火箭发动机内衬材料 CuCrNb 合金（美国牌号 CRCop-84，其名义成分为 Cu-8wt%Cr-4wt%Nb），合金中的 Cr_2Nb 相可阻碍晶粒的长大。相比于 CuAgZr 合金，CRCop-84 的热导率略微降低，但是，高低温强度和高温低周期疲劳性能都高于 CuZr、CuAgZr 合金。同时，除了 CRCop-84，NASA 还研发了一系列其他成分比的 CuCrNb 合金（CRCop-42、CRCop-84 + Ag）。

图 13-3　火箭的发动机冷却管

粉末冶金刹车材料由金属和非金属组成，它的组成大致可分为三部分：①基体金属，一般是铜基、铁基；②固体润滑组元，有低熔点金属 Pb、Bi、Sb 等，还有石墨、MoS_2、BN、$BaSO_4$ 和滑石等，它们作踽，可改善抗卡滞性能，提高材料的耐磨性；③加入摩擦剂，一般有 SiC、SiO$_2$、Al$_2$O$_3$、奠乃石（3Al$_2$O$_3$，2SiO$_2$）和难熔金属化合物等。它们的主要作用是与对偶工作表面适当啮合，从而提高摩擦系数和耐磨性，选择摩擦剂时必须注意它们的硬度应比基体金属高，还要注意它们的颗粒形状和大小。我国飞机粉末冶金刹车材料开创于 20 世纪 60 年代，虽然起步较晚，但发展速度很快。铁基和铜基粉末冶金刹车材料，在较短时间内实现装配国产军用飞机。70～80 年代装配从苏联进口安-24、伊尔-18、伊尔-64 等飞机，从英国进口三叉戟飞机，从美国进口波音 707 飞机，80～90 年代装配从美国进口波音 737、MD-82 等飞机，从苏联进口 Tyl54M 飞机，从加拿大进口双水獭飞机，实现了进口飞机粉末冶金刹车材料的国产化，有的还返销国外，同时装配国产 Y7、直八和 Y7-200A 等飞机。国内各航空公司进口飞机使用国产粉末冶金刹车材料的结果表明，国产粉末冶金刹车材料的使用寿命长，制动效果好，装卸方便，可以说，国产粉末冶金飞机刹车材料达到国际水平，已成功地替代进口粉末冶金刹车材料[7-10]。航空刹车副-BY2-1587 见图 13-4。

图 13-4　航空刹车副-BY2-1587

此外，铜合金也是卫星结构中承载构件用的标准材料。卫星上的太阳翼板通常是由铜与其他几种元素的合金制成的。

2）铜在其他高科技方面的应用

a）计算机

信息技术是高科技的前导，它依靠的是现代人类智慧的结晶——计算机这个工具，对瞬息万变、浩如烟海的信息进行加工和处理。计算机的心脏由微处理器（包含运算器和控制器）和存储器组成。这些基本部件（硬件）都是大规模集成电路，在微小的芯片上分布着千万个相互连接的晶体管、电阻、电容等元件，以进行快速的数值运算、逻辑运算和大量的信息储存。这些集成电路的芯片要通过引线框架和印刷电路组装起来才能进行工作。铜和铜合金不但是引线框架、焊料和印刷电路板中的重要材料，而且能够在集成电路的微小元件互连中起重要作用[11-14]。

b）超导和低温

一般材料（除半导体以外）的电阻随温度降低而减小，当温度降得很低时，某些材料的电阻会完全消失，这种现象称为超导性。出现超导性的最高温度称为该材料的超导临界温度。超导性的发现为电的利用打开了一个新天地，因为电阻为零，只要施加一个很小的电压就可以产生十分巨大（理论上是无限大）的电流，获得巨大的磁场和磁力；或者当电流通过它时，不发生电压的降低和电能的损耗。显然超导材料的实际应用将会引起人类在生产和生活上的变革，很受人们的关注。但是对通常的金属来说，只有当温度降低到十分接近绝对零度时才出现超导性，在工程上很难实现。近年来已开发出一些超导合金，它们的临界温度比纯金属的高，如 Nb_3Sn 合金为 18.1K。但是它们的应用离不开铜。首先是这些合金要在超低温下工作，要通过气体的液化来获得低温，如液氦、液氢和液氮的液化温度分别为 4K、20K 和 77K。铜在这样低的温度下仍有良好的韧塑性，是低温工程中不可缺少的结构和管路输送材料。此外，Nb_3Sn、NbTi 等超导合金很脆，难以加工成型材，需用钢做包套材料把它们结合起来。目前这些超导材料已用于制作强磁体，在医疗诊断的核磁共振仪及某些矿山强力磁选机上得到了应用。正在筹划中的时速超过 500km 的磁浮列车，也要依靠这些超导磁体把列车悬浮起来，避免轮轨接触的阻力，从而实现车厢的高速运行。最近发现了一些临界温度更高的材料，称为"高温超导材料"，它们大多是复合氧化物。较早发现和比较著名的一种是含铅的铜基氧化物（$YB_2Cu_3O_7$），临界温度为 90K，可以在液氮温度下工作。目前还没有获得临界温度在室温附近的材料；而且这些材料难以做成大块物体，它们能通过可保持超导性的电流密度也不够高，因此，目前还未能在强电的场合下应用，有待进一步研究开发[15-19]。

c）高能物理

揭示物质结构是科学家孜孜以求的重大基础课题，对这个问题的认识每深入一步，都会给人类带来重大的影响。当前原子能的利用就是一个例子。近代物理的最新研究业已发现，物质的最小构成单元不是分子和原子，而是比它小亿倍的夸克和轻子。现在对这些基本粒子的研究往往要在比原子弹爆炸时的核作用高数百倍的极高反应能下进行，称为高能物理。这样高的能量是通过带电粒子在强磁场内，经过长距离加速，向固定的靶"轰击"而获得（高能加速器），或者两个相反方向加速运动的粒子流互相对撞而获得（对撞机）。为此，需要用钢作绕组构筑出长距离的强磁场通道。此外，在受控热核反应装置中也要有类似的结构。为了降低由于通过大电流的发热温升，这些磁通道由中空的异型铜棒绕成，以便通入介质进行冷却。例如，著名的欧洲卢瑟福高能物理实验室中的质子同步加速器，它的水冷磁体由中空的铜管组成，共计使用约 300t 的铜挤压材。我国于 1984 年建成的重粒子加速器，用去每根 40m 长的外方内圆的铜管材共 46t。在此以后建成的正负电子对撞机中，应用这类铜管 105t。在我国研制的受控热核反应装置中，共有 16 个聚焦线圈。每个线圈用长度 55m 的铜条绕成，壳体用钢板焊接而成，其上焊有冷却水管，该装置共计用钢 50t。

13.1.2　银的性质与用途

1. 存在形式、丰度与分布

银具有一系列优良的特性，也拥有很长的应用历史，不论是在货币、饰品，还是在餐具器皿、炼丹术、医药等应用方面都能发现银的痕迹，银与金一样是历史悠久的贵金属（图 13-5）[20, 21]。《天工开物》中就有总括前人冶炼银的详细记载："礁砂入炉前，先行拣净淘洗。炼银炉用土筑成巨墩，高五尺①许，底铺瓷屑、炭灰。每炉受礁砂二石②，用栗木炭二百斤③为薪，合两三人之力鼓风，炭尽之时，以长铁叉添入。风火力到，礁砂熔化成团。此时银铅尚混在一起，待冷定取出，另投入'分金炉'……"银自身带正电，具有很好的杀菌效果，可以吸附在带负电的微生物的细胞壁上，影响其正常的物质运输，缺少物质和能量的微生物最终会因细胞壁破裂凋亡。早在古代，人们就懂得用银制器皿盛放食物，防止食物变质腐烂。古埃及人熟知用薄银片覆盖伤口可防止细菌感染，加速伤口愈合；蒙古族人早期用银器装羊奶以保鲜。

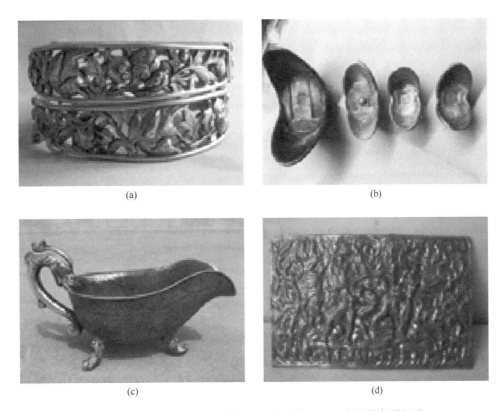

(a)　　　　　　　　　　　　　　(b)

(c)　　　　　　　　　　　　　　(d)

图 13-5　（a）银镯；（b）银锭；（c）银酒杯；（d）古代战争图银片

---

① 明朝，1 尺约为 32cm。
② 明朝，1 石 = 0.1074m³。
③ 明朝，1 斤 = 604.79g。

银是自然界中分布得最广的贵金属，它在地壳中的含量为千分之一（0.1ppm），大约等于金或铂、钯、铑、铱、锇和钌量总和的 20 倍。银在自然界中很少以单质状态存在，虽有单质自然银存在，但很少，只有 1/3 银构成有经济意义的单一银矿，2/3 的银伴生于有色金属矿床中。银产量的 80%来自有色金属矿山，单一银矿产银不足 20%。大部分呈化合物状态。银的主要矿石古天然银或辉银矿（AgS）、角银矿（AgCl）出产于氧化矿石中。一些不太普遍的混合硫化物、砷化物和锑化物是重要的，主要因为它们很难加工。大部分纯银都是从铅、铜、锌或金矿石中得到的副产品。因在铜、锌、铅矿石的选矿、冶炼过程中，直到最后电解精炼阶段，银才与铜、铅、锌分离，进入黑色细粉状的阳极泥中，这种阳极泥经过一系列的火法、湿法处理，将其他杂质排除，最后才得到纯度大于 99.99%的白银。所以，世界上 60%以上的银是作为有色金属冶炼厂的副产品而产出的。

2. 银及银的化合物的理化性质

1）银单质

银是化学元素周期表第 I B 族元素，元素符号为 Ag，原子序数 47。银的分子量为 107.90，密度为 10.49g/cm^3，熔点为 960℃。银为白色金属，导热、导电性能很好，质软，富延展性，其反光率极高，可达 99%以上。按其化学活性，银居金和铜之间的中间位置。化学性质稳定，可用于电镀、制造合金及硝酸银和其他银的化合物等[22]。

银不直接与氧化合，但在熔融状态下 1 体积金属可溶解约 21 体积氧。氧在固态银中的溶解度很低，因此，当熔融银凝固时，会分离出溶解在其中的氧，有时会伴有金属飞溅。银与氧、氮和碳不直接发生作用，加热时很容易与硫生成硫化物 AgS。银也可与游离氯、溴和碘相互作用，生成相应的卤化物。这些过程在常温下缓慢进行，而有水分存在、加热和日光作用下速度加快。

2）氧化银

物理性质：化学式为 Ag$_2$O，分子量是 231.74，为褐色或灰黑色固体，密度 7.143g/cm^3，熔点 230℃，不溶于水，微溶于乙醇，极易溶于硝酸、氨水、硫代硫酸钠及氰化钾溶液[22, 23]。

化学性质：氧化银见光逐渐分解，在加热至 300℃时会完全分解生成银和氧气；能从空气中吸收二氧化碳生成碳酸银；与可燃性有机物或易氧化物质摩擦能引起燃烧；能与硫酸反应生成硫酸银；电子工业和有机合成中用羟基取代卤素时用湿的 Ag$_2$O 作催化剂；此外还可用作防腐剂、分析试剂、净水剂、玻璃着色剂、有机合成氧化剂等[23, 24]。

制备方法：将碱金属氢氧化物与硝酸银混合后反应，滤取沉淀、洗涤、干燥可以得到氧化银。反应首先生成非常不稳定的氢氧化银，氢氧化银立即分解，得到水和氧化银。洗涤沉淀后，必须在小于 85℃的条件下烘干，但最后除去氧化银中的少量水非常困难，因为温度升高时，氧化银便会分解[24, 25]。

3）氯化银

物理性质：化学式 AgCl，白色粉末，熔点 455℃，沸点 1550℃，密度 5.56g/cm^3，不溶于水，溶于氨水、硫代硫酸钠或氰化钾溶液，形成稳定的配离子。

化学性质：见光易分解，开始变灰，最后变黑。氯化银可用于制造电池，以及光学和药学等方面。

制备方法：将稀盐酸加入热的硝酸银溶液中，可得氯化银沉淀。注意所有操作应在暗室中进行，产品应储存在棕色玻璃瓶中[26]。

4）溴化银

物理性质：化学式 AgBr，淡黄色晶体或粉末。熔点 432℃，密度 6.473g/cm³（25℃）；难溶于水，微溶于氨水，易溶于氰化钾、硫代硫酸钠等溶液中；有感光作用，可用以制造照相底片或胶卷。

化学性质：在高于 1300℃时分解，见光易分解，开始变灰，最后变黑。溴化银主要用于照相术。涂有一层含溴化银胶体粒子的照相底片受光的作用时，溴化银感光分解成银[27]。

制备方法：将溴化钾加入热的硝酸银溶液中，可得溴化银沉淀，所有操作应在暗室中进行，产品应储存在棕色玻璃瓶中。

5）碘化银

物理性质：化学式 AgI，分子量为 234.77，是一种黄色粉末；熔点 558℃，沸点 1506℃，密度 5.683g/cm³（30℃）；不溶于水和氨水，溶于氢碘酸、碘化钾、氰化钾、硫代硫酸钠等溶液中。

化学性质：见光易分解，开始变灰，最后变黑。碘化钾可用于照相术，还可用作人工降雨的晶核和用于治疗牙本质过敏[28]。

制备方法：将碘化钾加入热的硝酸银溶液中，可得碘化银沉淀。所有操作应在暗室中进行，产品应储存在棕色玻璃瓶中[29]。

6）硝酸银

物理性质：化学式 AgNO₃，分子量为 170，为无色棱状结晶体，易溶于水，能溶于乙醇。

化学性质：与有机物混存时，遇光逐渐变为灰色或灰黑色；可用于治疗平疣、寻常疣、跖疣、尖锐湿疣、急性渗出性皮炎湿疹、溃疡，防止浅二度烧伤创面的感染，以及用于腐蚀赘生物等[30-32]。

3. 用途

银是古老的金属元素，它的基本物理化学性质及通常的用途，人们已经很熟悉。自古以来，银就被制成各种工艺品、装饰品，美化人们的生活。然而，随着科学技术的发展，银已由传统的货币、餐具器皿和首饰工艺品消费，逐渐转移到工业技术的应用领域，工业银已成为最大的白银消耗领域，电子、电器用银已经约占银总消耗的 40%。我国电子、电器、感光材料、化学试剂和化工材料每年所耗银约占总消耗量的 75%。银的电阻率为 $1.62×10^{-6}Ω·cm$，具有良好的导电性能，被广泛用作导电材料。之后，随着经济的发展，银开始走向工业界，近年来银已应用在航空航天、感光材料、电影胶片业、电接点材料、电子工业、电镀、焊接、能源、超导材料、纤维复合材料、医学、货币和珠宝首饰及器具等方面。同时，银还具有稳定的化学性能、优良的导热性、高塑性、抗氧化性、催化性能和抗菌性能等特点，至今被广泛应用于生物医药、化学催化、检测、能源、导电、抗菌、电子技术、化学化工、日用化工等诸多方面，且其应用范围不断延伸，具体应用范围如下。

图 13-6　火箭发动机

1）航空航天工业

在铜、铅合金中加入 1%的银作为轴承材料，轴承寿命就可以大大增加，可用于宇宙航空工业。将一根直径为 0.6μm 的超细银丝，嵌入火箭发动机（图 13-6）的固体推进剂中，由于银具有高的导热性，可以大大提高推进剂的燃烧速度。最近发现，当把银锌合金加热到 300℃以上，或把银铝铜合金加热到 500℃上，急冷时，前者变成粉红色，后者变为金黄色，这种色泽可一直保存，但是，如果再加热到一定温度，合金又变成银白色。这是合金的结构由六方晶系变成有序立方晶系，再加热时又变成六方晶系的缘故，利用这种性质可研制出一系列崭新的光记录合金。

2）感光材料

卤化银感光材料是用银量最大的领域之一。由于银的卤盐（溴化银、氯化银、碘化银）和硝酸银具有对光特别敏感的特性，可用来制造照相底片的感光层，制作电影、电视和照相所需的黑白、彩色胶片（图 13-7）、底片、晒相纸和印相纸，印刷制版用的感光胶片，医疗与工业探伤用的 X 光胶片和航空测绘，天文宇宙探索与国防科学研究用的各种特殊感光材料。20 世纪 90 年代，世界照相业用银量为 6000～6500t。电子成像、数字化成像技术的发展，使卤化银感光材料用量有所减少，但卤化银感光材料的应用在某些方面尚不可替代，仍有很大的市场空间。以形成影像的能力来说，任何物质都比不上银的速度和效率，自发明照相以来，银一直是感光材料中独一无二的主角，还没有任何一种物质能代替它。

图 13-7　胶片

3）电接点材料

银具有很好的延展性及最好的导电性和传热性，因此，用于制合金、焊接、银箔、银盐、化学仪器等。银常用来制作灵敏度极高的物理仪器元件，各种自动化装置、火箭、潜艇、计算机、核装置及通信系统中大量的接触点都是用银制作的，耐磨且性能可靠。银主要是以纯银、银合金形式作为电接触材料、电阻材料、钎焊料、测温材料和厚膜浆料等。例如，银铜、银镉、银镍等合金制作的电触头可消除一般金属的消耗变形、接触电阻及黏结等弊端，银钨、银钼、银铁合金等制作的低压功率开关、起重开关、重负荷的继电器与电接点材料可广泛用于交通、冶金、自动化和航空航天等尖端工业。最常用的电接点是银-氧化镉，因镉有毒，现在又开发了银-氧化锡、银-氧化锌、银-镍、银-钨、银-石墨等材料制作接点，可用于助听器、发电机组、电话和航天飞机及电气系统。

4）电子工业

目前，我们正处在一个飞速发展的电子时代，电子手表、电视机、电子计算机等电子产品（图 13-8）的体积越来越小，生产成本越来越低，但是其功能、可靠性却越来越高，处理信号的速度越来越快，这与集成电路的出现是分不开的。在这些电路的制作中，都离不开银及其合金，其中半导体元件的接合材料、电极材料、导电浆料、电阻浆料、镀层及制作的薄膜的溅射靶等，都是用银及其合金制作的。纳米银胶具有可靠的连接强度，其黏结工艺在降低成本的同时，可实现大批量生产，提高生产效率，在大功率器件装配领域具有较高的应用价值。纳米银线在石墨烯中形成的网络结构会大幅提高复合材料的性能和硬度。

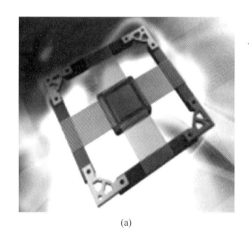

(a)　　　　　　　　　　　　　　　　(b)

图 13-8　（a）电子器件；（b）平板显示

5）焊接业

银具有一种奇妙的结合力，除了铝合金和镁合金之外，从不锈钢、有色金属、粉末冶金制品到金属陶瓷、陶瓷、石墨都能用银焊料焊接。这是由于银焊料的熔化温度比被焊接材料的熔点低得多，在焊接时不会因为过热而损害材料；银不但不侵蚀钢铁，而且对大多数金属有良好的浸润性；银焊料不仅本身具有韧性，而且能在焊接部位形成抗冲击、抗振动、抗腐蚀性强的优良合金，因此银焊料应用最广。

6）能源工业

银与铟和镉组成的合金在核裂变型压水反应堆中用作中子吸收材料。银可用于原子能反应堆的管道、飞机发动机部件、高频度开关、电子仪器、冰箱和电视机。银锌电池在飞机、潜水艇、浮标、导弹、空间飞行器和地面电子仪表等领域的特殊用途中，始终保持长盛不衰的态势。将银涂在弧形玻璃镜面可聚集阳光，并将其转化为热能和电能，银锌、银镉电池比普通电池的连续使用性能强20倍以上。随着民用领域对大容量充电池需求的不断增长，锂离子电池发展到了极限困境阶段，采用氧化银-锌做电极的军用电池跃入了人们视线。银锌电池（图13-9）能克服锂离子电池的衰减快、易起火、续航短、寿命短的弊病，具有同样体积下笔记本高达8h的续航能力，银锌电池正以电池贵族的身份出现在民用领域。相信不久的将来如同锂离子电池替代铅酸电池一样，银锌电池将走到民用市场的前台成为高端电子产品的主角，而这也将更大拉动银产品的生产。还原硝酸银制得超细球状银粉，将具有良好分散性的银粉制备成银浆，可使太阳能电池获得致密银电极，其光电转换效率可达17.5%。氧化银在玻璃工业中可用作着色剂，银敷在玻璃窗上可防止紫外线通过。

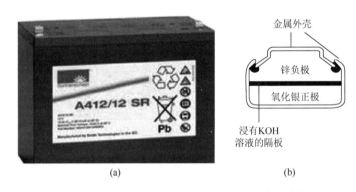

图13-9 （a）银锌电池；（b）银锌电池工作示意图

7）超导材料

最近，日本电子技术综合研究所成功地合成了含银的新型高温超导材料，并已确认其在−156℃下可成为电阻为零的超导状态。就不含水银和铊等剧毒性元素的物质而言，该材料已实现最高温度下的超导状态，故作为工业上有可能应用的材料而引人注目。由于采用了银，显示超导性的氧化铜层的间隔变小，因此如能使合成条件和组成最佳化，则还有可能开发出性能更好的材料。

8）催化剂用银

银主要以合金催化剂形式用于石化工业。有机合成用羟基取代卤素时用湿的氧化银做催化剂。在农业、气象上，将化合物碘化银粉末洒入云层，可以起到人工降雨的效果。

9）防腐性能用银

银不会与氧气直接化合，化学性质十分稳定。在一些容易修饰的金属表面镀上一层银，可以延长使用寿命，而且美观。氧化银还可用做防腐剂、电子器件材料。

10）医疗用银

银因有很强的杀菌能力而被称为亲生物金属。银在水中能分解出极微量的银离子，这种阴离子能吸附水中的微生物，使微生物赖以呼吸的酶失去作用，从而杀死微生物。十亿分之几毫克的银就能净化 1kg 水。普通的抗生素仅能杀死 6 种不同的病原体，而含银的抗生素则能杀死 650 种以上的病原体，所以银可用作外科手术及疾病的治疗。银的最重要的化合物是硝酸银，其被用于制作眼药水。银线、银片是固定碎骨与修补颅骨破洞的常用材料。银金、银汞、银锡合金等是重要的牙科材料。

11）纳米银

银本身具有良好的电导率，而将银纳米化后，其便拥有了纳米结构的量子效应，电导率会发生很大的变化，这带来的是能耗的降低和效率的提升。因此，银纳米粒子在导电复合材料中的应用也被寄予厚望[33-35]。将银纳米粒子引入导电复合体系，由于纳米粒子的表面能大，易于自聚成链，有利于提高体系的导电性。在航空航天工业中，静电可能产生火灾、仪表设备失灵等危害，如何消除静电是一个重要的热点问题，向材料中添加银纳米材料可有效提高其导电性能，消除静电现象。其中，具有高比表面积的纳米片状银粉已经成功地用来开发高性能的导电复合材料。由银与聚乙烯醇、聚丙烯酰胺等聚合物制备出的银纳米复合材料也具有较高的电阻率和击穿场强，可显著改善聚合物的绝缘性能。由于银具有良好的抗菌效果，在涂料中加入银纳米颗粒可以有效提高涂料的抗菌性。银纳米材料良好的导热性使其能更快、更均匀地分散和传递热量。将银纳米粉掺杂在不同材料中后，检测发现其熔点更低。

13.1.3　金的性质与用途

1. 存在形式、丰度与分布

金是一种金属元素，化学符号是 Au，原子序数是 79，金单质在室温下为固体，密度高、柔软、光亮、抗腐蚀，其延展性是已知金属中最高的。金是一种过渡金属，在溶解后可以形成三价及单价正离子。金与大部分化学物质不会发生化学反应，但可以被氯、氟、王水及氰化物侵蚀。金能够被水银溶解，形成汞齐（非化学反应）；能够溶解银及碱金属的硝酸不能溶解金。以上两个性质成为黄金精炼技术的基础，分别称为"加银分金法"及"金银分离法"。

金在自然中通常以其单质形式（图 13-10）出现，即金属状态，但也可与银形成合金。天然金中通常含有 8%～10%的银，而银含量超过 20%时称为银金。当银含量上升时，物件的颜色会变得较白且质量较轻。金的地壳丰度为 1.0ng/g[36]，当矿石含有天然金时，金会以粒状或微观粒子状态藏在岩石中，其通常会与石英或如黄铁矿的硫化物矿脉同时出现，以上情况称为脉状矿床（lode）或岩脉金。天然金亦会以叶片、粒状或大型金块的形式出现，它们由岩石中浸蚀出来，最后形成冲积矿床的沙砾，称为砂矿或冲积金。冲积金一定会比脉状矿床的表面含有更丰富的金，因为在岩石中金的邻近矿物氧化后，再经过风化作用，清洗后流入河流与溪流，在那里透过水可收集及结合再形成金块。虽然我国金矿资源储备量较为丰富，但是随着金矿的开采，我国逐渐面临着金矿资源短缺的问题[37]。

图 13-10　天然条件下的金单质

2. 金及金的化合物的理化性质

1）金单质

金的元素符号为 Au，原子序数为 79，原子半径为 144pm，密度为 19.32g/cm³（20℃），熔点为 1064.18℃，沸点为 2856℃，比热容为 0.13kJ/(kg·K)。金为金黄色固体，导热、导电性能很好，质软，富延展性，化学性质稳定，可用于电力传导、医疗、电镀、制造合金等。金的电离能高，难以失去外层电子形成正离子，也不易接受电子形成阴离子，因此，常温下金不与氧气反应，只有加热和其他工序才能制造氧化金。金只能溶于王水、硒酸、高氯酸等腐蚀性较强的物质中。金的化合物，无论是固态还是溶液或气态，总是以共价结合，而其中绝大多数又是以络离子形式结合[38]。

2）氧化金

氧化金，化学式 Au_2O_3，不能由金直接氧化制得，而是将 AuOH 热分解而得，是金最稳定的氧化物，常温下呈棕色或棕黑色粉末，溶于盐酸、浓硝酸和氰化钠溶液，不溶于水，有刺激性气味。氧化金对光敏感，见光逐渐分解，因此需低温并盛放在棕色瓶中，可由氢氧化金在 140~150℃加热至恒量制得。

3）氯化金

氯化金，化学式 $AuCl_3$，密度为 3.9g/cm³，熔点为 254℃，是众多金化合物中最为稳定的价态，为金黄色到带红黄色单斜结晶，极易吸湿潮解，易受日光影响，强热条件下可分解成氯气、氯化氢和金，易溶于水和乙醇，溶于乙醚，微溶于氯仿，不溶于二硫化碳，有刺激性。金亦会形成另一种氯化物——氯化亚金（AuCl），它没有氯化金稳定，需安瓿熔封，阴凉干燥保存，常在高温中将金氯化得到，或者与王水反应可得。

4）溴化金

溴化金，化学式为 $AuBr_3$，棕色结晶，是平面结构的二聚物，密度为 7.9g/cm³。溴化金在受热时，首先生成 AuBr，然后再分解成金和溴。溴化金微溶于水，溶于乙醚、乙醇、甘油，需要密封在阴凉干燥处。在 150℃时，用溴和金作用便可制得溴化金，也可用氢溴酸同 $AuCl_3$ 反应制取。

3. 用途

由于金具备独特的良好性质，它具有极高的抗腐蚀的稳定性；良好的导电性和导热性；金的原子核具有较大捕获中子的有效截面；对红外线的反射能力接近 100%；金合金具有各种触媒性质；金还有良好的工艺性，极易加工成超薄金箔、微米金丝和金粉；金很容易镀到其他金属和陶器及玻璃的表面上，在一定压力下金容易被熔焊和锻焊；金可制成超导体与有机金等。正因为有这么多优异性质，金有理由广泛用到最重要的现代高新技术产业中，如电子技术、通信技术、宇航技术、化工技术、医疗技术等。

1）电子器件

金有十分高的电传导性，常温下金的块体材料的电阻率为 $2.05 \times 10^{-8} \Omega \cdot m$，常用在 3C 产品的电路板（图 13-11）上，作为高电流的导线（虽然银比金有更高的电传导性，但金有抗侵蚀的优点），即便金会被氯气侵蚀，但由于其高传导性、高抗氧化、抗环境侵蚀（包括能够抵抗其他非含氯的酸），被广泛应用在电子工业上。为了使电线接件有良好连接，某些电子测量仪器的接头会镀金，以避免氧化，延缓接触电阻的增加。同时金在其他层面，如高湿度、高腐蚀性的大气电子接触、失败率高的接触，部分电脑、通信设备、航天器、喷射机引擎等层面应用仍十分普遍，而且在未来亦不太可能被其他金属取代。除了电力接触外，以金为基的形状记忆合金 Au-Cu-Zn-Al，具有较好的形状记忆功能[39]，同时具有很高的弹性，可用作电器的弹性丝材。

图 13-11 沉金电路板

2）航空航天领域的应用

航空航天材料是指飞行器及其动力装置、附件、仪表所用的各类材料，是航空航天工程技术发展的决定性因素之一，也是航空航天材料科学中富有开拓性的一个分支。航空航天材料具有优良的耐高低温性能及耐老化和耐腐蚀性能，能适应空间环境。金基合金是为适应现代微电子技术发展而研发的一种新型功能材料，它既保持了纯金原有的抗氧化、耐腐蚀等优异性能，又大幅提高了再结晶温度。利用真空磁控溅射技术将金基合金镀覆于各种基体部件表面，镀金后的部件（图 13-12）由于具有耐高温和耐酸性介质腐蚀的特点，被广泛应用于电子工业和尖端科技领域，例如，航空航天飞行器上的各种仪器部件、宇航员的装备、喷气发动机、热反应器、红外装置等都用了这种镀金材料[40]。

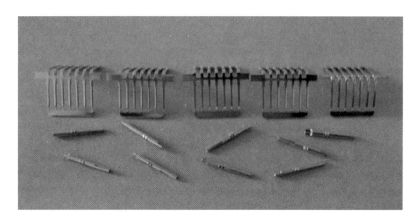

图 13-12　镀金器件

　　压气机作为航空发动机的五大部件之一，近几年随着航空业的发展和人们对温度参数关注度的提高，传统标准化热电偶已无法满足航空压气机试验的测量要求。提高热电偶的测温精准度是可能达到测温新要求的最好方法。金-铂热电偶采用直径为 0.5mm 的高纯度金丝与铂丝，并用 0.12mm 的铂丝连接而成。经过一些测试可初步认为金-铂热电偶符合目前压气机气流测温的新要求[41]。

　　3）金基合金的种类和应用

　　根据合金化原理及工业应用的要求，人们以金为基体，加入不同合金元素构成了丰富的二元、三元和多元金基合金等功能材料[42]，由于添加合金元素的作用不同，合金的特性及加工性能差异也非常大。

　　Au-Ni 合金的液相线随溶质浓度升高而降低，随后又升高，含 42.5%（摩尔分数）的合金具有最低的熔点（950℃）。Au-Ni 合金可用作电真空器件与航空发动机钎焊材料、轻负荷点接触材料等。

　　Au-Pd 合金在固相线以下高温区为连续固溶体，固相区内存在 Au_3Pd、$AuPd$ 和 $AuPd_3$ 长程有序相。Au-Pd 合金及其改进型合金可用作 K 金饰品、中温测温热电偶元件、钎料、催化剂、电接触材料和不同电阻率的精密电阻材料等。

　　所有的 Au-Ni-Cu 在高温下均为面心立方结构的单相固溶体。在较低温度时，其大多分解为两相固溶体。高 Ni 的 Au-Ni-Cu 合金是现代流行的"K 白金"饰品材料，颜色与铂金很接近，是非常好的铂金代用品。与 Au-Cu 合金相比，Au-Cu-Ni 合金的熔点及其与基底的润湿性提高了，在此基础上，再添加 Zn、Mn、Pd、Rh 和 RE 元素中的一种或两种构成四元与五元合金，可进一步改善合金的力学、电学和耐磨性能，Au-Cu-Ni-Zn、Au-Cu-Ni-Mn 等四元与五元合金，常用作电接触材料。随着经济的发展及人们生活水平的提高，金除了在首饰业和镀金工艺品等传统领域需求量增加以外，在尖端科技方面的仪表接触器、开关触点、电阻测温、夜视仪等高端镀膜制品上的应用也日益广泛。因而如何将磁控溅射技术与金基合金的优良品质结合起来，更好地提高金基合金镀膜产品的质量，成为现今众多科研工作者关注的热点。

在 Au-Ag-Cu 合金中，Au 是影响合金化学稳定性的主要组元，Ag 与 Cu 的比例则影响合金的熔化温度与强度性质。三元合金的颜色随 Au、Ag、Cu 含量不同而从红、微红、红黄、黄、浅黄、黄绿、浅黄绿直至白色变化。该合金广泛应用于彩色 K 金饰品、精密电阻材料、电位器绕组材料和轻载荷接触材料。常用的合金有 75Au-13Ag-12Cu、60Au-35Ag-5Cu 及 50Au-20Ag-30Cu（质量分数）等。它们具有较低的电阻率和较高的强度，已成功地替代某些铂合金和钯合金。在合金中添加少量 Mn 可提高合金的电阻率，添加少量 Ni 和稀土元素可进一步提高合金的耐磨性和强度。

4）金基钎料

贵金属钎料不仅在电子、航空和航天领域应用广泛，在化工、石油、轻工业领域也占有重要地位。金基钎料主要有以下特点[43, 44]：①优良的耐腐蚀性和抗氧化性能；②低蒸气压；③良好的流散性、浸润性及高稳定性；④焊接接头优异的物理与力学性能。它的缺点是成本高、密度大。

金基钎料根据熔点温度及实用性可细分为低温金基钎料（400℃以下）、中温金基钎料（400～600℃）、高温金基钎料（600℃以上），不同熔点温度应用于不同的领域。对于金基高温钎料，熔点在 800℃以上，钎料件接头在高温工作环境下仍然具备高性能和高可靠性，广泛应用于卫星、导弹、飞机发动机及陶瓷件连接中。Au-Ni 系和 Au-Cu 系为两个典型高温金基系列，其中 Au-Ni 是金与镍形成无限固溶体，往金里面加入适量的镍可以降低合金熔点，Au-Ni 系钎料中应用最广的为 Au-18Ni 和 Au-17.5Ni，当 Ni 含量为 17.5%时，合金熔点最低，两种钎料属于理想的共晶钎料，熔化冷却后不易发生成分偏析，其耐蚀性和高温抗蠕变性能优异，焊接接头强度高，并拥有良好的流布性和润湿性能，广泛应用于飞机、卫星、导弹的制作中。其缺点是加工性能差、成材率低，此外，金镍钎料中还有镍含量为 16%、25%、35%、55%的 4 种钎料，但目前市场应用很少。

5）金催化应用

金一直被认为是化学惰性的金属，由于其化学惰性和难以分散，一般不被用来作催化剂。20 世纪 70 年代末以前，人们也曾考察过多种含金催化剂，但未发现它比其他贵金属催化剂具有更好的催化性能[45]。至 20 世纪 80 年代后期，Harut 发现负载型金催化剂具有很高的低温 CO 催化氧化活性，并且具有其他贵金属不具有的湿度增强效应，打破了认为金没有催化活性的传统观念，致使人们对其催化特性产生了极大兴趣和广泛关注。近年来，金的配合物受到了广泛的关注。大量成功反应实例表明，三苯基膦等各种电子给予体与金形成的配合物具有高催化性能，现已逐步应用于有机合成中。金催化反应见图 13-13。

a）金催化环化反应

金有两种稳定的氧化态，通常以配合物形式存在。其主要功能是活化 C—C 重键（包括双键和三键），也可以作为亲电试剂进攻 C＝X。金是一种过渡金属，对炔烃、芳烃、

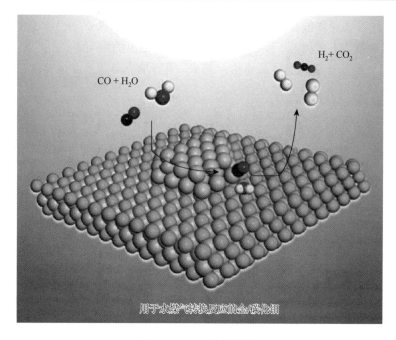

图 13-13　金催化反应

二烯烃及单烯烃显示出高电子亲和力；作为 Lewis 酸的同时也是一种具有活性的亲电试剂；主要发生的环化有 n 烯炔类化合物环化、烯炔类化合物[$m + n$]环化及炔类化合物环化。

b）金催化剂的选择氧化

在乙二醇的氧化过程中，使用钯、铂催化剂时容易使二醇过度氧化，造成 C—C 键的断裂，生成 CO_2。而金催化剂在碱溶液中以氧气为氧源很容易催化氧化邻二醇，同时，金催化剂具有良好的抗氧化还原性能，不会因被氧化或还原而失活。

金催化领域的研究刚开始就已经显示出了巨大的研究潜力。作为一类新的氧化反应催化剂，金负载型催化剂是最基本的活性成分。我们有信心地预测在不久的将来该领域一定能够取得许多新的进展并获得更多的研究进展。

6）纳米金

纳米金即指金的微小颗粒[46]，其直径在 $1\sim100nm$，具有高电子密度、介电特性和催化作用，能与多种生物大分子结合，且不影响其生物活性。由氯金酸通过还原法可以方便地制备各种不同粒径的纳米金，其颜色依直径大小而呈红色至紫色。近年来，以纳米金为免疫标记物的检测技术得到发展。由于球形的纳米金粒子对蛋白质有很强的吸附功能，可以与葡萄球菌 A 蛋白、免疫球蛋白、毒素、糖蛋白、酶、抗生素、激素、牛血清白蛋白等非共价结合，因而其在基础研究和实验中成为非常有用的工具[47, 48]。

随着科学技术的不断发展，食品分析检测技术也在不断地更新、完善和迅速发展，尤其是快速检测技术更能适应现代高效、快速的节奏并满足社会的要求。仪器分析法可以保证数据的精确性和准确性，但其流程仍比较烦琐。尽管以纳米金为标记物的免疫分析法及其他速测技术的开发过程需投入较多资金和较长时间，但具有简单、快速、灵敏度高、特异性强、价廉、样品所需量少等优点，其灵敏度与常规的仪器分析一致，适合现场筛选，而且其中的金免疫层析技术正在向定量、半定量检测和多元检测的方向发展，更加体现出金标技术的优势。总之，快速检测技术的快速、灵敏、简便等优点，使之在食品卫生检疫和环境检测中有着广泛的应用和发展前景。

13.2　锌副族元素

锌副族元素的基本性质见表 13-2。

表 13-2　锌副族元素的基本性质

性质 ＼ 元素	锌	镉	汞
元素符号	Zn	Cd	Hg
英文名称	Zinc	Cadmium	Mercury
原子序数	30	48	80
原子量	65.39	112.41	200.59
价电子层结构	$3d^{10}4s^2$	$4d^{10}5s^2$	$5d^{10}6s^2$
原子半径/pm	153	171	176
离子半径/pm	74	97	102
第一电离能 I_1/(kJ/mol)	915	873	1013
电负性	1.65	1.69	2.00
$\varphi^{\ominus}$ / V	−0.76	−0.40	+0.78

13.2.1　锌的性质与用途

1. 锌的物理化学性质

锌是一种外观呈现银白色的金属，密度为 7.14g/cm³，熔点为 419.5℃（图 13-14）。锌在室温下，性较脆；100～150℃时，变软；超过 200℃后，又变脆。锌是第四“常见”金属，仅次于铁、铝及铜。锌具有优良的抗大气腐蚀性能，在常温下表面易生成一层保护膜，主要用于钢铁和钢结构的表面镀层；锌能与多种有色金属形成合金，例如，Cu-Zn 构成黄铜，Cu-Sn-Zn 形成青铜，Cu-Zn-Sn-Pb 用作耐磨合金等；锌还被用于制成锌粉，用于湿法冶金的还原过程，以除去溶液中较正的金属离子，超细锌粉用于喷涂等[49-52]。

锌基合金熔点低，流动性好，可以压铸形状复杂、壁薄的精密件，铸件表面光滑，有很好的常温机械性能和耐磨性能，容易焊、钎焊、塑性加工，可进行表面处理，在空气中具有良好的耐腐蚀性能，残废材料便于回收和重熔，广泛用于航空工业和汽车工业，但是锌及其合金比重大，蠕变强度低，易于发生自然时效，进而产生尺寸变化[49-51]。

图 13-14 金属锌

2. 锌合金

1）锌合金的发展

锌合金从 20 世纪初开始工业应用，至今已有上百年的历史。锌在合金中的应用可追溯至中国上古时期，那时称黄铜为瑜石。后来在明朝已有"黄铜"这个名称，而且其生产技术水平很高，宣德香炉至今享有盛名。欧洲在 17 世纪和 18 世纪使用的锌是从我国购进的，大约在 1730 年冶炼锌的技术才由我国传到英国，后又传到其他国家[49, 52]。

锌合金被应用，要归功于 19 世纪末压铸机的发明，有了压铸机，锌合金及其压铸件相应诞生，深受欢迎。第二次世界大战期间，德国因缺铜而利用锌合金代替铜合金做耐磨零件，后来发现锌合金有"老化"问题而搁置。直到 20 世纪 50 年代末，出现国际性钢资源紧张，锌合金又被重视，并发明了几种典型的铸造锌合金，特别值得指出的是重力铸造锌合金的研制成功，扩大了锌合金的用途。锌合金板最早被用于做屋顶瓦，历史悠久。挤压锌合金材刚刚起步，变形锌合金的品种和应用量还不多。

工业产品中冲压零件占总零件的比例越来越大，汽车、仪表、电器、日用品等各种行业冲压件的比例少则占 30%～40%，多则占 80%～90%（图 13-15）。为了提高产品更新换代速度，争得市场，首先要尽快地生产出大量的冲压件，为此，模具的制造成为关键问题。在众多的制模方法中，除了常规的钢模制造工艺方法之外，目前国内外模具工作者均在探求各种快速经济的制模方法。锌基合金模具就是其中的一种。

近些年来，节约能源、减少环境污染、降低成本的要求，以及铜价的高涨使锌合金迅速崛起，其应用的成功得益于冶炼技术的进步，其能大量提供高纯锌原料，使锌合金"老化"问题得以解决。我国对锌合金的重视并不晚，但真正的大规模研究、开发和应用是在改革开放以后，首先是在沿海地区建立很多锌压铸厂，生产锌合金压铸件，向国内外销售；然后随着钢铁工业的发展，银用锌合金用量剧增，使我国成为锌及锌合金生产、应用和出口大国。

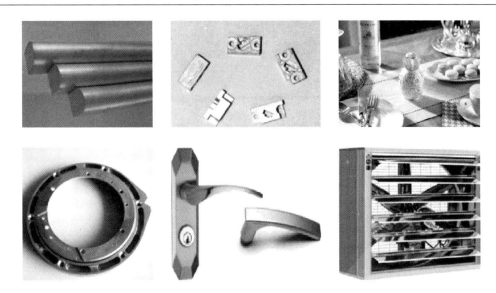

图 13-15　金属锌合金的应用

2）锌合金分类

锌合金成分可分为 Zn-Al 系、Zn-Cu 系、Zn-Pb 系和 Zn-Pb-Al 系[50, 52]。Zn-Al 系合金一般含有少量的 Cu、Mg 以提高强度和改善耐腐蚀性；Zn-Cu 合金一般还含有 Ti，也称为 Zn-Cu-Ti 系合金，该合金是抗蠕变合金，有时为进一步改善抗蠕变性能也加入少量 Cr；Zn-Pb 系合金一般用作冲制电池壳用，并可制成各种小五金及体育运动器材等；Zn-Pb-Al 系合金用于镀锌行业。近些年有些镀锌行业人员主张取消 Al，单纯使用 Zn-Pb 合金[53]。

a）按照加工方式分类

锌合金按照加工方式主要分为三类：铸造合金、变形合金和热镀合金。铸造合金分为压力铸造合金（图 13-16）、重力铸造合金等。其中，Zn-Al 合金和 Zn-Cu-Ti 合金既可直接铸造，又可进行变形加工。Zn-Al 合金因具有超塑性引起人们关注。

图 13-16　压铸锌合金

b）按性能和用途分类

（1）抗蠕变锌合金——Zn-Cu-Ti 合金，它可通过变形生产所需要的零件，也可以直接压铸制品。

（2）超塑性锌合金——Zn-Al 元合金，在一定的组织条件和变形条件下，能呈现出极大的伸长率[54, 55]。对于加工一些形状复杂的零件，有独到之处。从 20 世纪 70 年代起，美国、英国、日本等国开始大力研究锌合金的超塑现象。目前，超塑性锌合金在工业上已获得一定的应用。

（3）阻尼锌合金——一种很有发展前途的新型结构材料，又称减震锌合金，它可以降低工业噪声并减轻机械振动。

（4）模具锌合金——锌合金模具在第二次世界大战初期就开始使用，当时称"简易模具"。这项技术在日本、西欧一些国家和地区已成功地用于汽车制造工业作冲压模具，日本的标准定名为"冲压用锌合金"，即 ZAS。

（5）耐磨锌合金——锌合金轴承具有摩擦系数低、对油有较高的亲和力、力学性能优异等特点。早在 1940 年前后，德国就因缺铜而用锌合金代替青铜作轴承材料。

（6）防腐锌合金——包括牺牲阳极及作为电镀、喷镀、热浸镀等用途的锌合金。

（7）结构锌合金——Zn-Cu-Ti、Zn-Al 合金都可用来制造结构零件，其中早期的 Zn-4Al 压铸合金在这方面用量较大，而近期发展起来的高强度 Zn-Al 合金的应用范围正在扩大。

3. 锌元素的应用

1）锌元素在航空航天领域中的应用

航空航天材料是一类非常特殊的材料，它与军事应用密切相关。现代工业推动了航空航天领域新材料新工艺的发展，能够引领和带动相关技术进步和产业发展，衍生出军民两用的新材料和新工艺。与此同时，航空航天材料的进步又对现代工业产生了深远的影响。目前有四种被航空航天行业广泛应用的先进材料，即钛合金、复合材料、铝锌合金、超高强度钢[56-60]。这四种先进材料的发现和应用解决了一系列飞机、战斗机机身、发动机设计等方面的技术瓶颈。

用航空航天材料制造的许多零件往往需要在超高温、超低温、高真空、高应力、强腐蚀等极端条件下工作，有的则受到重量和容纳空间的限制，需要以最小的体积和质量发挥在通常情况下等效的功能，有的需要在大气层中或外层空间长期运行，不可能停机检查或更换零件，因而要有极高的可靠性和质量保证。不同的工作环境要求航空航天材料具有不同的特性，如高的比强度和比刚度、优良的耐高低温性能、耐老化和耐腐蚀、适应空间环境、较长的寿命和高安全性等。

2）铝锌镁合金材料

飞机由于运行环境的限制，需要时常与水、空气等自然物质接触，一般铝合金易被氧化、被腐蚀，因此飞行器的暴露部件主要使用以铝镁合金和铝锌镁合金为代表的耐蚀铝合金制备[51, 61]。

飞行器由于需要长时间暴露在空气中，时常会被太阳辐照、风雨等自然因素侵害，并长期接触各种燃料、化学品助推剂、润滑剂等对材料有强烈腐蚀性的介质，因此，制备航天器的材料必须具备抗老化、耐腐蚀的特性。铝镁合金及铝锌镁合金正好具备优良的抗腐蚀性能，因此常被用作航天器材料。其中，按照元素分类，Al-Mg-Zn-Cu 合金命名为"7×××"。

　　铝锌镁合金牺牲阳极对防止金属腐蚀很有效，因此常被用来延长各种金属制产品的使用寿命（图 13-17）。铝锌镁合金材料的主要元素是铝，再在其中添加锌、镁等其他金属元素来优化其性能。铝锌镁合金材料最显著的特点是具有极高的强度，锌与镁两种元素的添加让铝锌镁合金的结构产生明显的强化作用，使得铝锌镁合金材料的热处理效果比其他种类铝合金更好。当然，随着锌和镁两种元素的含量增加，铝锌镁合金材料的强度会进一步提高。铝锌镁合金材料还具有良好的机械性能，这是由于其内部晶体细致、分布均匀，因此，铝锌镁合金材料的耐磨性很强，拥有不错的深度钻孔性能。铝锌镁合金材料还具有很强的抗腐蚀能力，无论是应力腐蚀还是剥落腐蚀，铝锌镁合金都能完美地应对，特别是在高应力结构件的加工中表现优异。此外，铝锌镁合金材料的耐低温性也值得人们关注。

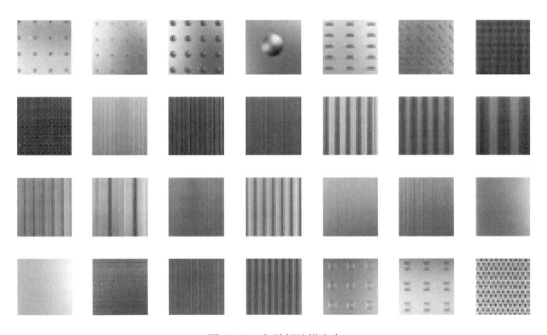

图 13-17　各种铝锌镁合金

　　铝锌镁合金材料的上述性能使它成为制造航天飞行器的良好结构材料，并广泛应用于航空工业，是制造飞行器不可或缺的一种合金材料，常被用来制造机翼上翼面蒙皮、大梁等（图 13-18）[51]。目前，铝锌镁合金主材料在航天航空工业、机械设备、模具加工等领域扮演着重要角色，具有强度高、密度小、易于成型等特点。

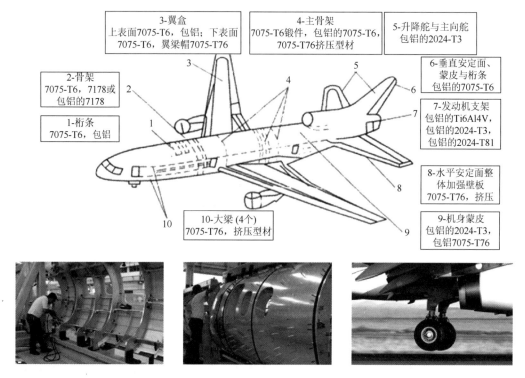

图 13-18　飞机中使用的铝合金部件

3）纳米锌的应用

纳米结构材料正广泛用于航空航天飞行器中，如机身及其辅助装置、机翼、发动机及其部件、螺旋桨、火箭喷嘴、点火器等。目前大量应用的纳米结构材料主要是金属与化合物纳米复合材料和用纤维及纳米粉体增韧补强的复合陶瓷材料。

纳米晶体是一种多晶体，晶粒本身长程有序，而晶粒的分界面既非长程有序，又非短程有序，纳米晶体材料的这种结构特点使得它与传统材料具有极不相同的性能，通过铅锌矿加工的纳米晶体在磁性材料、电子材料、光学材料及高强、高密度材料、催化剂、传感器等方面具有广阔的应用前景，因而越来越受到人们的重视。

采用纳米金属及其复合结构材料的原因主要有以下几点。纳米增韧补强的新型复合结构材料可大幅提高材料的强度，降低材料的用量，减轻飞行器的质量，从而提高飞行器的飞行速度和性能。密度只有铝合金约 50%的锂镁合金等，以其塑性好、强度高等特性开始大量用作导弹、宇宙飞船的结构材料。为进一步提高这些新型合金的性能，纳米相及纳米金属间化合物弥散补强合金的研究已引起各国关注。构成金属材料的晶粒尺寸减小到纳米量级，材料在室温下应具备很好的塑性变形能力。纳米铝合金和镁锌合金及其纳米金属间化合物弥散补强的新型材料大幅度提高了材料强度，减轻了飞行器的质量，从而提高了飞行器的速度与性能。纳米氧化物弥散强化高温合金，具有良好的高温强度，优异的抗氧化、耐摩擦及耐高温腐蚀等性能，已部分用于航空发动机导向叶片、涡轮工作叶片（图 13-19）[48, 62-65]。

纳米锌可以用作高效催化剂。金属锌纳米粒子作为一种崭新的材料，在化工、光学、电学及生物医学领域表现出了很多独特的性能[66, 67]。作为高效催化剂，锌及其合金纳米粉体（图 13-20）由于效率高、选择性强，可用于二氧化碳和氢合成甲醇等反应过程中的催化剂。郭广生等以单模激光器为光源，以金属锌或乙酸锌为原料，采用激光蒸凝法在氢气气氛下制备了粒径可控、分散性良好的金属锌纳米晶。

图 13-19　飞机发动机叶片

图 13-20　纳米锌粉

13.2.2　镉的性质与用途

1. 镉元素的简介

镉是一种金属元素，元素符号为 Cd，英文名称为 Cadmium，原子序数为 48，密度为 8.65g/cm³。镉呈银白色，略带淡蓝色光泽，质软耐磨，有韧性和延展性，易燃且有刺激性。镉熔点为 320.9℃，其沸点为 765～767℃。

1817 年，德国人施特罗迈尔（F. Stromeyer）在哥廷根大学时，于碳酸锌中发现了一种新元素，这就是镉。同一时期，赫尔曼和罗洛夫（J. C. H. Roloff）也于氧化锌中发现了镉。根据拉丁文 cadmia（菱锌矿），将其命名为 Cadmium，元素符号定为 Cd。

镉 Cd 在自然界是稀有元素，地壳中含量为 0.1～0.2mg/kg。镉在地壳中的含量比汞多一些，但是汞以强烈的金属光泽、较大的密度、特殊的流动性和能够溶解多种金属的特性吸引了人们的注意。镉在地壳中的含量比锌少得多，常少量赋存于锌矿中，很少单独成矿。金属镉比锌更易挥发，因此在用高温冶炼锌时，它比锌更早逸出，使人们不易觉察。这就注定了镉不可能先于锌而被人们发现。

2. 镉的理化性质

镉通常具有 +2 价氧化态，但它也存在 +1 价状态。镉在潮湿空气中可缓慢氧化并失去光泽，加热时在表面会形成棕色的氧化层 CdO。镉蒸气燃烧产生棕色的烟雾。镉与硫酸、盐酸和硝酸作用产生镉盐。镉对盐水和碱液有良好的抗蚀性能。高温下镉可以与卤素激烈反应，形成卤化镉；也可与硫直接化合，生成黄色固体硫化镉 CdS。

$$2Cd + O_2 =\!=\!= 2CdO$$

$$Cd + S \xrightarrow{\quad\quad} CdS$$

$$Cd + 2HCl \xrightarrow{\quad\quad} CdCl_2 + H_2\uparrow$$

$$Cd^{2+} + 2NaOH \xrightarrow{\quad\quad} Cd(OH)_2 + 2Na^+$$

$$Cd(OH)_2 + 2H^+ \xrightarrow{\quad\quad} Cd^{2+} + 2H_2O$$

$$Cd + X_2 \xrightarrow{\quad\quad} CdX_2 \ (X = F、Cl、Br、I)$$

鉴定 Cd^{2+} 的特征反应：

$$Cd^{2+} + H_2S \xrightarrow{\quad\quad} CdS + 2H^+$$

镉可用于制作体积小和电容量大的镍镉电池、塑胶和金属电镀、车胎、某些发光电子组件和核子反应炉原件等。镉的氧化物呈棕色，硫化物呈鲜艳的黄色，是一种很难溶解的颜料，常用作生产颜料、荧光粉、油漆、染料、印刷油墨等某些黄色颜料。硫化镉、硒化镉、碲化镉用于制造光电池[69]。镉红如图 13-21 所示。

图 13-21　镉红

镉的毒性较大，会对人体和环境造成巨大危害，必须注意防范。日本因镉中毒曾出现"痛痛病"。世界卫生组织将镉列为重点研究的食品污染物；国际癌症研究机构（International Agency for Research on Cancer，IARC）将镉归类为人类致癌物，即镉会对人类造成严重的健康损害；我国也将镉列为实施排放总量控制的重点监控指标之一。

3. 镉的制备[70]

1）置换法生产镉

从处理镉原料所得含镉溶液中，用锌粉置换出海绵镉并加以精炼制取精镉的过程，为镉的生产方法之一。

由于电解沉积法生产镉的电耗大（每吨镉耗电约 1300kW·h），许多工厂将电解沉积法改为置换法以节约电能，此法主要用于处理镉渣。工艺流程包括镉渣的浸出、溶液净化、置换、海绵镉精炼和熔铸等过程。

2）电解沉积法生产镉

从含镉原料制得的纯净镉电解液，经电解沉积生产金属镉的过程，为镉的生产方法之一。其主要用于处理铜镉渣，包括铜镉渣硫酸浸出、锌粉置换沉淀海绵镉、海绵镉溶解造液、镉电解沉积和镉熔铸等过程。

4. 镉的主要应用

目前，全球近 86%的镉应用于制造镍镉电池，9%用于生产颜料，4%用于生产涂料，1%用于生产合金、太阳能电池板和稳定器。

镉的最主要应用领域为电池行业，主要是镍镉电池（图 13-22），但是现在笔记本电脑和手机上的镍镉电池已经渐被锂离子电池所取代。

图 13-22　镍镉电池

1）镍镉电池在航空等领域中的应用

镍镉电池是一种直流供电电池，可重复 500 次以上的充放电，经济耐用。其内部抵制力小，即内阻很小，可快速充电，又可为负载提供大电流，而且放电时电压变化很小，是一种非常理想的直流供电电池。镍镉电池（Ni-Cd, Nickel-Cadmium Battery, Ni-Cd Rechargeable Battery）是最早应用于手机、笔记本电脑等设备的电池种类，它具有良好的大电流放电特性、耐过充放电能力强、维护简单等特点，一般使用以下反应放电：

$$Cd + 2NiO(OH) + 2H_2O \Longrightarrow 2Ni(OH)_2 + Cd(OH)_2$$

与其他类型的电池比较，镍镉电池可耐过充电或过放电。镍镉电池的放电电压根据其放电装置有所差异，每个单元电池（cell）大约是 1.2V，电池容量单位为 A·h（安时）、mA·h（毫安时），放电终止时电压的极限值称为"放电终止电压"，镍镉电池的放电终止电压为 1.0/cell（cell 为每一单元电池）。镍镉电池在长时间放置的情况下，特性也不会劣化，自放电率低，充分充电后可完全恢复原来的特性，它可在−20～60℃的温度范围内使用。由于单元电池采用金属容器，坚固耐用；采用完全密封的方式，不会出现电解液泄漏现象，故无需补充电解液。

镍镉电池的优点：有高充放电寿命，可以提供 500 次以上的充放电周期，寿命几乎等同于使用该种电池的设备的服务期；优异的放电性能，在大电流放电的情况下，镍镉电池具有低内阻和高电压的放电特性；大范围温度适应性，普通型镍镉电池可以应用于较高或较低温度环境，高温型电池可以在 70℃ 或者更高温度的环境中使用；具备可靠的安全阀。

在航空领域，镍镉碱性蓄电池之所以能取代惯用的铅酸和锌银蓄电池，是由于该系列电池与其相比有不少的技术优势。与铅酸电池相比，镍镉电池体积小，重量轻，内阻低，能以 30～40 倍率瞬间大电流放电，低温下工作性能良好，电池有效工作寿命可达 3～5 年；与锌银电池相比，除体积和重量上有不足之处外，镍镉电池功率大，寿命长，低温–15～–10℃ 下能保证飞机启动是锌银电池不能比拟的。因此，镍镉蓄电池从装机起就显示了极强的生命力。通过多年改进和提高，镍镉航空电池不仅在性能上有很大提高，电池使用的安全可靠性也有了新的突破，为减少维护、方便使用提供了更好的条件。

经过 50 多年的研究验证和使用，镍镉电池已经在飞机上实现了广泛大面积的使用，其在放电和安全性等方面较于新晋研发并使用的锂电池依然具有一定优势。

2）镉涂料在航空和军事领域中的应用

镉涂料在航空和军事领域中具有重要地位。由于镉在潮湿的空气中表面能生成一层碱式碳酸盐膜，具有一定的防护作用，可保护镉层不继续受到腐蚀。镀镉和镀锌一样，往往对钢铁特别是高强钢部件易产生"氢脆"，但镀镉比镀锌产生氢脆的倾向性小些。因此，通常采用低氢脆镀镉作为结构钢、高强钢和弹簧钢部件的重要防护方法。

传统的氰化镀镉溶液性能稳定，镀层性能优良，因此，航空航天、航海及一些特殊电子零部件采用氰化镀镉工艺制备防护层。目前飞机起落架选用的钢材（如 300M、SAE4340）都要求进行保护性的以氰化物为基础的镀镉处理。但氰化物是国家严令禁止使用的污染物之一，用无氰镀镉代替氰化镀镉已成为趋势[71, 72]。

镉作为合金组土元能配成很多合金，如含镉 0.5%～1.0% 的硬铜合金，其有较高的抗拉强度和耐磨性。镉（98.65%）镍（1.35%）合金是飞机发动机的轴承材料。镍镉扩散镀层具有良好的耐高温性和耐蚀性。镍镉扩散镀层作为一种理想的高温防护层早在苏联 P13-300、美国 JT-30、JT4A、英国斯贝等发动机中就有广泛应用。国内电镀镍镉合金扩散层工艺试验已有 30 多年历史，并用于涡喷-13、涡喷-6、AN-24 等发动机压气机和涡轮等部分零件，还用于中国和美国共同研制的 FT-8 燃气轮机的动力涡轮零件中。

镉还通常被用于电镀飞机降落架上的固件，并且由于镉拥有其他防腐涂料没有的特性，也被应用于生产降落伞。

3）镉能作为原子反应堆的控制棒[73]

镉具有较大的热中子俘获截面，因此含银（80%）铟（15%）镉（5%）的合金可作原子反应堆的（中子吸收）控制棒。

4）其他应用

镉还用于制造电工合金，例如，电器开关中的电触头大多采用银-氧化镉材料，具有导电性能好、燃弧小、抗熔焊性能好等优点，广泛地用于家用电器开关、汽车继电器等，但是由于镉有毒并且受欧洲联盟《报废电子电气设备指令》（Waste Electrical and Electronic

Equipment，WEEE）和《关于在电子电气设备中限制使用某些有害物质的指令》（Restriction of the Use of Certain Hazardous Substances in Electrical and Electronic Equipment，简写为 RoHS）两项指令的影响，电器开关中的银氧化镉材料逐渐被环保材料如银氧化锡、银镍材料所取代。

13.2.3　汞的性质与用途

1. *存在形式、丰度与分布*

1）*存在形式*

单质汞在常温下为银白色，呈液态，有金属光泽，常用于温度计和一些电器开关中。一旦脱离封闭状态，单质汞在常温下可以形成无色无味的汞蒸气[74]。

无机汞化合物又称汞盐[75]，常见的汞盐有硫化汞、氧化汞和氯化汞。除硫化汞为红色外，其他汞盐大多呈白色粉末状或结晶状。一些汞盐由于容易挥发而以气态形式存在，但由于它们的水溶性很强且化学性质非常活泼，因此和单质汞蒸气相比，这些汞盐更容易从空气中快速沉降从而进入水生环境和陆地中,这也是离子态的汞在大气中的滞留周期明显短于单质汞的一个主要原因[76]。汞可与有机碳原子结合形成碳汞键，含有碳汞键的金属有机化合物称为有机汞化合物，通常人们最关注的有机汞化合物是甲基汞。与无机汞化合物类似，甲基汞等烷基汞也以盐的形式存在。除二甲基汞为无色的液体外，其他烷基汞大多为白色结晶固体。

2）*丰度与分布*

汞的宇宙丰度为 0.284ppm，在自然界中的分布极不均匀。汞是地壳中相当稀少的一种元素，含量只有 0.08ppm。在地球其他圈层中汞的丰度分别为：地幔，0.01ppm；地核，0.008ppm。此外，在不同类型的岩石中，汞的丰度为：黏土岩石中最高，为 0.1～1ppm；基性岩中为 0.09ppm；酸性岩中为 0.08ppm；碳酸岩中为 0.04ppm；超基性岩中汞的丰度最低，为 0.01ppm[77]。

汞的化学性质决定了它不易与地壳主量元素成矿，所以考虑到其在普通岩石中的含量，汞矿中的汞是极高的。品位最高的汞矿含有 2.5%的汞（质量分数），即使品位最低的也有 0.1%，是地壳中汞含量的 12000 倍。汞矿一般形成于非常新的造山带，这里的高密度的岩石被推至地壳。汞矿常见于温泉和其他火山地区。

20 世纪 80 年代以来，我国收集了岩石、土壤和水系沉积物中大量可靠的分析数据，为分析汞的地球化学空间分布特征提供了依据。从空间分布上看，土壤和水系沉积物中汞的含量背景值在以干旱荒漠区、半干旱荒漠区、黄土高原和高寒山区为主的西部和北部较低，在东部的森林沼泽区和半湿润低山丘陵区为中等，在南部的湿润低山丘陵区、热带雨林区和高山峡谷区较高。尤其在以云南东南部、贵州、广西西部、湖南西部岩溶区为中心的低温成矿区域内，无论岩石、土壤，还是水系沉积物，汞含量背景值均达到最高。一般情况下，岩石、土壤和水系沉积物之间的汞含量具有继承性，在地理空间分布上呈明显的对应关系，并且土壤和水系沉积物之间的汞含量具有相近性，与岩石相比，它们更容易对汞进行富集[78]。

汞在世界范围内广泛分布，其来源分为自然源和人工源两种。汞可以从某个源头迅速扩散，随之进入全球循环圈，最终以湿态或干态的形式沉降在水域或陆地生态系统中[79]。

2. 理化性质

1）物理性质

汞，俗称水银，呈银白色，化学元素符号 Hg，原子序数 80，在元素周期表中位于第 6 周期、第 IIB 族，熔点$-38.87℃$，沸点$356.6℃$，密度$13.59g/cm^3$。汞在常温常压下为闪亮的银白色重质液体，是常温下唯一以液态存在的金属物质，具有流动性。有恒定的体积膨胀系数，热膨胀率很大，有良好的导电性，内聚力很强。常温下蒸发出汞蒸气，蒸气有剧毒。天然的汞是汞的七种同位素的混合物。

2）化学性质

汞在空气中稳定，微溶于水，有空气存在时溶解度增大，溶于硝酸和热浓硫酸，能和稀盐酸作用，在其表面产生氯化亚汞膜，但与稀硫酸、盐酸、碱都不起作用。能溶解许多金属（包括金和银，但不包括铁），形成合金，合金称为汞齐。汞具有强烈的亲硫性和亲铜性，即在常态下，很容易与硫和铜的单质化合并生成稳定化合物，因此在实验室通常会用硫单质去处理撒漏的水银。一般汞化合物的化合价是$+1$或$+2$，$+4$价的汞化合物只有四氟化汞，而$+3$价的汞化合物不存在。其金属活跃性低于锌和镉，且不能从酸溶液中置换出氢。二价汞的含氧酸盐都是离子化合物，在溶液中完全电离，但其硫化物和卤化物都是共价化合物，与水、空气、稀的酸碱都不起作用。

汞的存在形式主要有：金属汞、无机汞、有机汞，毒性由弱到强。无机汞如硝酸汞$[Hg(NO_3)_2]$、升汞（$HgCl_2$）、甘汞（$HgCl$）、溴化汞（$HgBr_2$）等，其中雷汞 $Hg(CNO)_2$ 用于制造雷管，在军事上用于起爆剂。分子中含有碳—汞键的有机化合物称为有机汞化合物。大型鱼类体内富含有机汞，有机汞的毒性强度要比无机汞强得多，具有较强的脂溶性和扩散性。汞在人体内不易分解，由于其分子结构中有碳汞键不易切断；是高神经毒剂，多在脑部积累。20 世纪 50 年代日本爆发的"水俣病事件"，甲基汞就是罪魁祸首。

3. 用途

1）汞元素在航空航天领域的应用

随着科技的发展，金属汞及其化合物被广泛地应用在电气仪器、军事、航空等精密高新科技领域。

（1）航空化探（airborne geochemical exploration）。蒸气感测技术是航空化探的方法之一，是用测汞仪等测出矿床散在大气中的汞等异常情况[80]。航空汞蒸气测量（airborne mercury vapor survey）是航空气体测量较早使用的一种方法。它是把高灵敏度的航空测汞仪安装在飞机上实时连续地测量观测点气体中的汞含量。汞、金、铜、多金属、锡、钼和铀等许多矿床上方的大气中散逸有微量的汞蒸气。通过航空汞蒸气测量发现的异常来寻找这些矿床。它具有效率高、成本低、适用于交通困难地区的特点，并可与其他航空物探方法同时进行。由于汞蒸气受大气运移影响较大，每次测量异常的位置和强度往往变化较大，目前仍处于实验研究阶段。

（2）航天用碲镉汞红外探测器。红外辐射的探测即红外探测，是航天遥感应用中一项重要的课题，需要具有较大光敏感面积的红外探测器。碲镉汞光伏器件是航天应用中的一种重要化合物半导体光电器件如"风云三号"气象卫星（图 13-23）中用于高光谱大气探测的碲镉汞光伏器件，"嫦娥五号"探月项目中用于月球矿物探测的中波红外探测器。碲镉汞（$Hg_{1-x}Cd_xTe$）被认为是制备多波段尤其是中长波高性能红外探测器的最佳材料，其材料可以看成是由半金属材料 Hg、Te 和半导体材料 Cd、Te 以一定的组成 x 所形成的三元系半导体材料。碲镉汞材料的禁带宽度与组成 x 直接相关，通过调节组成 x 可以对其禁带宽度（即对应探测器的截止波长）进行相应调整，这也正是该材料在红外探测应用中的一项重要优势。碲镉汞材料的光学性质主要体现在其吸收系数上，吸收系数是碲镉汞器件设计中不可忽视的因素，直接与碲镉汞的吸收层厚度和器件的量子效率有关。

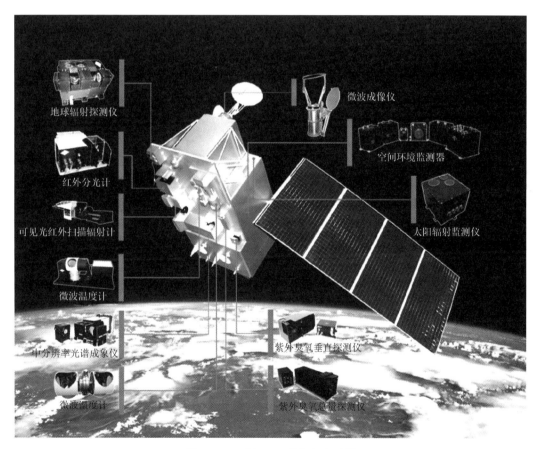

图 13-23　"风云三号"气象卫星

（3）碲镉汞雪崩光电二极管探测器（avalanche photo diode，APD）。HgCdTe 独特的材料特性使之适用于制造红外波段光子探测器。同时研究学者还发现 HgCdTe 的能带结构也非常适用于制造雪崩光电二极管（图13-24）。1993年，Leveque等经过理论分析表明，HgCdTe材料雪崩激发具有固有的单载流子工作机制：室温下当截止波长小于1.9μm时，能带隙接近或等于自旋分裂能，空穴电离谐振增强作用使空穴电离率远大于电子电离率；当截止波长大于1.9μm时，不再发生空穴电离谐振，由于电子有效质量迅速降低，电子的电离率远大于空穴电离率。HgCdTe APD器件特有的单载流子工作的机制，决定了这种器件具有极低噪声；HgCdTe材料高效的光学吸收及高碰撞电离率，决定了这种器件具有非常高的雪崩增益；器件在单电子工作下具有极高的响应速度。HgCdTe APD具有极低噪声、极高的放大倍率和响应速度，在理论上特别适用于超高速应用和主动成像应用。HgCdTe APD应用主要包括：超光谱探测、远程通信、自由空间通信、量子信息处理、激光测距、目标指示器、激光雷达、共焦显微镜、荧光显微镜及光谱、生/化危害探测、天文学、癌症探测、热像仪和辐射探测仪等[81, 82]。例如，NASA支持研究的超低噪声、高带宽的1.55μm碲铬汞APD，由BAE与Voxtel Inc合作研制[83]，采用电子激发纵向电流传输式HgCdTe APD器件结构，用于行星的人造卫星对地进行自由空间红外通信的地球接收器。

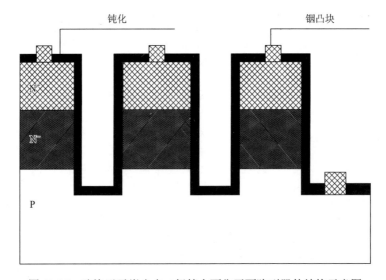

图13-24　碲铬汞雪崩光电二极管台面焦平面阵列器件结构示意图

（4）静电火箭发动机（图13-25）。电火箭发动机是用电能加速工质（工作介质）形成高速射流而产生推力的火箭发动机，由电源、电源交换器、电源调节器、工质供应系统和电推力器等组成。与化学火箭发动机不同的是它的能源和工质是分开的。电能由飞行器提供，一般由太阳能、核能或化学能经转换装置得到。工质常用氢、氮、氩或碱金属（铯、汞、铷、锂等）的蒸气。电火箭发动机具有比冲高、寿命长（可起动上万次，累计工作上万小时）、推力小、速度快、操作灵活等特点，适用于航天器的姿态控制、位置保持和星际航行等。电火箭发动机根据工质的不同主要分为电热、静电和电磁火箭发动机。其中静电火箭发动机的工质是汞、铯、氢等，工作中该发动机工质从贮箱经过电离室电离成离子，在引出电极的静电场力作用下加速形成射束。离子射束与中和器发射的电子耦合形成中性的高速束流，喷射而产生推力。推力通常为（0.5～25）×10^{-5}N，比冲达 8500～20000s。

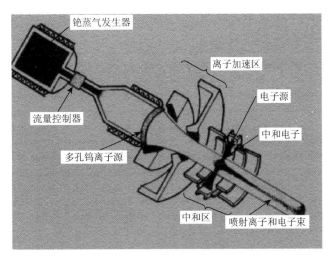

图 13-25　静电火箭发动机示意图

（5）"反引力"的飞行器（inverse gravity vehicle，IGV）。英国科学家约翰·瑟尔（John Searl）是瑟尔效应发电机（Searl effect generator，SEG）和 IGV 的发明人。早在 1965 年，约翰·瑟尔便在他的 SEG 基础上，制造出了 IGV，并进行了飞行测试。IGV 可以制造成任何尺寸，而且半小时内就可以从英国飞抵日本，时速高于 19000km。"旋转圆盘"的中心会产生"反引力"，这是因为：变化的"空间场"产生"引力场"，变化的"引力场"产生"空间场"。并且，"空间场"与"引力场"在相互激发的过程中，也符合物理学上的"右手定则"和"左手定则"。变化的"旋转圆盘引力场"会激发产生一个"空间场"："旋转圆盘空间场"。根据右手定则，"旋转圆盘"激发产生的"空间场"，使得"圆盘"所在的空间发生变化："圆盘"中心的"空间"趋向于"平直"——"轴向平直"，作用于圆盘中心的引力减小，出现"中心失重"——"反引力"效应。这与脉冲星、黑洞喷流的本质是一样的。而这种"反引力"的表现效果取决于两点："圆盘"的角速度 ω 和半径 r。角速度 ω 越大、半径 r 越大，作用越强、效果越明显。但是，目前还没有比较成熟的技术达到类似于"脉冲星"的"旋转方式"。所以说，要实现能够使用的"反引力"，可以首先考虑"旋转圆盘"。最重要的是找到能够"极高速旋转"的新技术和新材料。只有电磁技术，才有可能推动某种新材料实现"极高速旋转"。能够"极高速旋转"的"新材料"必须满足以下两点。①能导电：可以使用电磁技术进行驱动、调控；②易运动：可以实现高速，最好是液态或气态，让液态或气态的这种"新材料"，在电磁场中绕中心"极高速旋转"，来达到"平直""旋转中心空间"，减小引力，实现"反引力"的目的。目前，符合这两点的非汞莫属。汞在元素周期表中是 80 号元素，今后，还可能发现更适合的其他元素，但一定是排在汞后面的元素，如铋[84]。因此，必须实验检测一些新材料的功能，如新的超导材料、某些材料在电磁场里的特殊表现、汞的"密度漂移"和汞在电磁场下的"高速旋转"等，发现可以"极高速旋转"的技术和材料，实验可以使用的"旋转圆盘"中心的"反引力"，才有可能在此基础上制造 IGV。如果能够让"汞液体"或"汞蒸气"或其他更适合的材料，绕"圆盘形状"的物体的"重心""极高速旋转"，使得物体"重心"所在的"空间"发生"平直"，那么就可以产生"反引力"效应。瑟尔飞碟和基于汞元素的 IGV 原理图分别见图 13-26 和图 13-27。

图 13-26　约翰·瑟尔（John Searl）和瑟尔飞碟

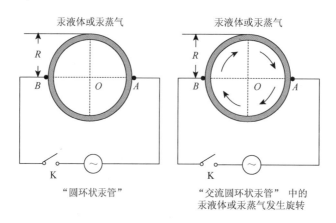

图 13-27　基于汞元素的 IGV 原理图

2）汞元素在其他方面的应用

金属汞的生产应用非常广泛。例如，在化学工业中作为生产汞化合物的原料，或作为催化剂；食盐电饵用汞阴极制造氯气、烧碱等；以汞齐方式提取金、银等贵金属及镀金、镏金等；口腔科以银汞齐填补龋齿；汞作为钚反应堆的冷却剂等。但与此同时，它也给环境造成了严重的污染。目前，我国是世界上汞用量最大的国家。

4. 汞元素的排放及治理现状

据报道，全世界汞储量约 12.76 万 t，我国有约 8 万 t，世界汞产量每年约 6000t，我国每年约 2684t。我国主要行业每年的排汞量如下：有色冶金约 386t，燃煤约 302.87t，小黄金约 250t，电池约 163t，电光源约 28.9t，总排放每年超过 1000t，在世界上所占份额最大[85]。汞以工业废渣、废气、废水形式大量地进入环境，水、大气、土壤等受到严重污染。人类还肆意地开发、滥用各种汞资源，又造成汞资源过度流失，进一步导致水、大气、土壤和许多生物体的汞含量不断上升，使自然环境和生态平衡被严重破坏。

由于汞元素对人体及环境的影响，全球开始对汞有了严格的控制。2013 年，多国政府在日内瓦签署《关于汞的水俣公约》。同年 6 月，世界卫生组织推行了《全球医用汞消除计划》，目标是在 2017 年全球减少 70%的汞柱血压计和温度计，减少汞对环境的破坏，使医务工作者和群众不再直接暴露于汞污染环境中。

目前，汞污染的治理仍是环境研究的热点和难题，在继续研究治理技术的同时，也要做好预防措施，如削减工业用汞量；政府应运用法律和行政管理手段限制含汞产品的销售和使用；采用替代产品或工艺，如无汞电池、电子式或液晶式体温计及压力表、无汞日光灯等；加大环保执法力度，严格限制含汞三废的排放；加强垃圾分类管理及其宣传教育力度，提高公民的环保意识等。

参 考 文 献

[1]　孟宸羽. 如何测定地质样品中不同含量的铜. 地球，2016，（1）：381-383.

[2]　张瑛，陆明盛，徐海潮，等. 硫酸铜注射液的研制. 中国医院药学杂志，1988，（2）：76-78.

[3]　徐杨. 铜缺乏与心血管疾病. 国外医学医学地理分册，2001，22（1）：4-6.

[4]　叶彼得. 小儿营养性缺铜性贫血. 国外医学：儿科学分册，1986，（4）：193-196.

[5]　耿志国. 缺铜可能导致骨质疏松. 实用医学进修杂志，2006，（4）：202-202.

[6]　郭守晖. 高强高导 Cu-Cr-RE 合金工艺及性能的优化. 南昌大学，2006.

[7]　魏宽，谢明，杨有才，等. 碳纳米管增强铜基复合材料性能及产业化应用研究现状. 材料导报，2015，（s1）：41-44.

[8]　王德宝. 高性能耐磨铜基复合材料的制备与性能研究. 合肥：合肥工业大学，2008.

[9]　高峰. 铜基体上 Fe/Y 催化合成碳纳米相的研究. 天津：天津大学，2010.

[10]　于竹丽，朱和国. 铜基复合材料的导电性研究现状. 材料导报，2015，（s2）：345-349.

[11]　赵晋阳. 氮化铜薄膜的光存储应用研究. 南京：南京邮电大学，2014.

[12]　鲁墨森，刘晓辉，张鹏. 铜-康铜热电偶测温技术在果树研究中的应用. 落叶果树，2009，41：52-55.

[13]　方昌盛. 德兴铜矿计算机网络的建设及应用. 金属矿山，2000，（8）：43-44.

[14]　罗石辉，毛子胜，王平. 计算机在电解铜箔行业中的应用. 铜业工程，2010，（4）：69-71.

[15]　王如竹，徐烈. 高纯铜的热电磁特性及其在过冷态超流氦中的传热. 低温与超导，1992，（1）：35-41.

[16]　Springs J C，Srivastava A，Levin Z S，et al. Microstructure and mechanical properties of heavily worked and recrystallized copper for low temperature superconductor applications. IEEE Transactions on Applied Superconductivity，2017，（99）：1-4.

[17]　陈志福，张敬因，魏子镪，等. 并绕铜带对高温超导绕组交流损耗影响实验研究. 低温与超导，2014，42（7）：28-32.

[18]　章立源. 高温铜氧化物超导体的某些新进展评论. 低温与超导，2008，36（11）：21-25.

[19]　Li H，Dong Z，Yang F，et al. Effect of ion beam mixing/implantation at low temperature on superconductivity in palladium-hydrogen and palladium-copper-hydrogen systems. Chinese Physics Letters，1987，4（6）：241.

[20]　张吾乐. 贯彻中央经济工作会议精神，认真做好 1999 年全行业的改革和脱困工作——在全国有色金属工业工作会议上的报告（摘要）. 有色金属工业，1999，（3）：4.

[21]　刘桂甫，奚英洲，刘庆杰. 提高金粉质量的生产实践. 有色金属冶炼部分，1999，（5）：29.

[22]　辞海编辑委员会. 辞海. 上海：上海辞书出版社，1978：295.

[23]　马世昌. 化学物质辞典. 西安：陕西科学技术出版社，1999：603.

[24] 化学工业部天津化工研究院，等. 化工产品手册. 北京：化学工业出版社，1982：546.

[25] 化工词典编写组. 化工辞典. 北京：燃料化学工业出版社，1969：388.

[26] 林茵，李想. 无机化学辞典. 呼和浩特：远方出版社，2006：72.

[27] 徐枫. 摄影手册（再修订本）. 成都：四川科学技术出版社，1996：415.

[28] 魏太星. 最新临床药物手册. 郑州：中原农民出版社，2003：789.

[29] 黄可龙. 精细化学品技术手册. 长沙：中南工业大学出版社，1994：503.

[30] 谈永祥，周全法，李锋. 白银深加工产品及其产业化过程. 再生资源研究，2002，4：29.

[31] 黄峻，黄祖瑚. 临床药物手册. 5 版. 上海：上海科学技术出版社，2015：1746.

[32] 钱存忠. 兽药速查手册. 北京：中国农业科学技术出版社，2014：546.

[33] Xiu Z，Zhang Q，Puppala H L，et al. Ne gligible particle specific antibacterial activity of silver nanoparticles. Nano Letters，2012，12（8）：4271-4275.

[34] Prabhu S，Poulose E K. Silver nanoparticles：mechanism of antimicrobial action，synthesis，medical applications，and toxicity effects. International Nano Letters，2012，2（1）：1-10.

[35] Saravanan S，Nethala S，Pattnaik S，et al. Preparation，characterization and antimicrobial activity of a bio-composite scaffold containing chitosan/nano-hydroxyapatite/nano-silver for bone tissue engineering. International Journal of Biological Macromolecules，2011，49（2）：188-193.

[36] 迟清华. 金在地壳、岩石和沉积物中的丰度. 地球化学，2002，31（4）：347-353.

[37] 栾邵明. 我国金矿资源与地质勘查形势的初步探讨. 山东工业技术，2018，（4）：109.

[38] 杨爱群，许绍权. 金化合物的固相反应研究. 化学世界，1997，（3）：125-127.

[39] 张如祥，张进修. 可加工变形的新型金基形状记忆合金. 中山大学学报：自然科学版，1993，（1）：9-14.

[40] 倪龙河，鲁沂，许辉. 航空航天器中的贵金属. 金属世界，2000，（6）：4-4.

[41] 赵春雷，赵国昌，宋丽萍，等. 金-铂热电偶的压气机流场测温分析. 中国测试，2014，（s1）：99-101.

[42] 张勤，张俊凯，厉英. 磁控溅射金基合金靶材的制备、应用及发展趋势. 材料导报，2014，28（05）：16-19.

[43] 方继恒，谢明，张吉明，等. 金/钯基贵金属钎料研究进展. 中国有色金属学报，2017，27（8）：1659-1669.

[44] 朱绍林. 金基钎料简介. 有色金属与稀土应用，2000，（4）：9-11.

[45] 王东辉，程代云，郝郑平，等. 纳米金催化剂上 CO 低（常）温氧化的研究. 化学进展，2002，1（5）：360-367.

[46] 刘瑞利. 金纳米材料的制备及在铜离子检测方面的应用. 烟台：烟台大学，2013.

[47] Adányi N，Ádám György Nagy，Takács B，et al. Sensitivity enhancement for mycotoxin determination by optical waveguide lightmode spectroscopy using gold nanoparticles of different size and origin. Food Chemistry，2018，267：10-14.

[48] Metzger T S，Tel-Vered R，Albada H B，et al. Zn（II）-protoporphyrin IX-based photosensitizer-imprinted Au-nanoparticle-modified electrodes for photoelectrochemical applications. Advanced Functional Materials，2015，25（41）：6470-6477.

[49] 孙连超，田荣璋. 锌及锌合金物理冶金学. 长沙：中南工业大学出版社，1994：181.

[50] 陈浦泉. 锌合金模具和锌合金超塑性成形技术. 哈尔滨：哈尔滨工业大学出版社，1985：456.

[51] 刘静安，谢水生. 铝合金材料应用与开发. 北京：冶金工业出版社，2011：476.

[52] 田荣璋. 中国有色金属丛书. 锌合金. 长沙：中南大学出版社，2010：300.

[53] 谢定陆，隋贤栋，罗艳归. 铜锌合金的研究现状及其进展. 材料导报，2011（s1）：497-499.

[54] 高存贞，杨涤心，谢敬佩，等. 高铝锌合金研究现状及进展. 热加工工艺，2010，39（7）：23-26.

[55] 侯平均，李会强，倪锋. 改善高铝锌合金性能的研究进展. 材料开发与应用，2001，（2）：30-34.

[56] 轩立卓，杨塈，沙春鹏，等. 以锌镍合金镀层替代航空用镀镉、镀镉钛层的研究. 材料保护，2014，47（10）：15-16，6.

[57] 湛瑞芳，李文胜，常浩，等. 硬脂酸锌在解决无内胎航空轮胎胎里裂口中的应用研究. 现代橡胶技术，2014，40（3）：43-45.

[58] 陈浩，许松. 纳米 ZnO 粒子对航空润滑油性能的影响. 机械传动，2005，（1）：13-14，73.

[59] 范建国. 锌/银航空蓄电池失效机制及延寿方法研究. 郑州：郑州大学，2001.

[60] 张路怀，肖来荣，姜媛媛，等. 镁对铜锌合金 $\alpha \rightarrow \beta$ 相转变的影响. 特种铸造及有色合金，2009，29（12）：1169-1171.

[61]　朱资鉴. 新型航天用铝镁和铝锌镁合金材料概述. 中国战略新兴产业，2018，（4）：75-77.

[62]　王锡娇. 涂料与颜料标准应用手册（上）. 北京：军事谊文出版社，2005：644.

[63]　赵建明，顾丽英. 一种铜锌合金耐磨性的研究. 机械工程材料，1998，（2）：50-52.

[64]　周向东. 铜锌合金及 20CrMnTi 钢中温塑性加工的规律和机理的研究. 光学精密工程，1990，（1）：36-39.

[65]　郭子政，时东陆. 纳米材料和器件导论. 北京：清华大学出版社，2009：223.

[66]　李酽，刘敏，刘金城，等. 氧化锌气敏传感器性能的改善及在民航系统的应用. 材料导报，2014，28（21）：53-56.

[67]　孟凡明，何明前，刘艳容，等. 航空锌银蓄电池用活性锌粉的研究. 功能材料，2004，（1）：64-65，68.

[68]　张祺祺，关华. 铜锌合金粉的表面改性及其抗氧化性研究. 腐蚀科学与防护技术，2016，28（2）：149-153.

[69]　金属百科. 基本介绍. http://baike.asianmetal.cn/metal/cd/cd.shtml.[2018-08-26].

[70]　金属百科. 金属镉提取工艺、镉冶炼方法. http://baike.asianmetal.cn/metal/cd/extraction.shtml.[2018-08-26].

[71]　万冰华，杨军，王福新，等. 无氰镀镉工艺开发研究与应用. 电镀与精饰，2014，36（3）：22-25.

[72]　李博. 无氰镀镉替代氰化镀镉工艺研究. 电镀与精饰，2016，38（4）：32-35.

[73]　金属百科. 镉的用途和应用领域. http://baike.asianmetal.cn/metal/cd/application.shtml.[2018-08-26].

[74]　杨秋菊. 用火焰原子吸收分光光度计直接测定气相和气溶胶中的还原态汞. 成都：四川大学，2005.

[75]　张璐. 汞矿区中汞和大气中重金属污染的评估. 西安：陕西师范大学，2008.

[76]　UNEP. Report of the global mercury assessment working group on the work of its first meeting. Geneva，Switzerland，2002.

[77]　康春丽，杜建国. 汞的地球化学特征及其映震效能. 地质地球化学，1999，（1）：79-84.

[78]　文雪琴，迟清华. 中国汞的地球化学空间分布特征. 地球化学，2007，36（6）：621-627.

[79]　孙淑兰. 汞的来源、特性、用途及对环境的污染和对人类健康的危害. 上海计量测试，2006，（5）：6-9.

[80]　朱栋梁. 航空航天地球化学遥感方法. 国外地质勘探技术，1993，（2）：29-31.

[81]　刘兴新. 碲镉汞雪崩光电二极管发展现状. 激光与红外，2009，39（9）：909-913.

[82]　顾仁杰. MBE 生长的 PIN 结构碲镉汞红外雪崩光电二极管. 红外与毫米波学报，2013，32（2）：136-140.

[83]　Longshore R E，Reine M B，Sood A，et al. HgCdTe MWIR back-illuminated electron-initiated avalanche photodiode arrays. Infrared and Photoelectronic Imagers and Detector Devices Ⅱ，2006.

[84]　杨明昆，王严学，杨绍国. 实验室里检测"空间场". http://blog.sina.com.cn/s/blog_94b2f1e50101h8mv.html[2018-08-26].

[85]　黄宝圣，王希英. 汞毒生物作用机制及其防治策略. 绿色科技，2010，（10）：70-74.

第14章 稀土元素

稀土（rare earth，简写为 RE 或 Ln，也常简写为 R）是历史遗留的名称，18 世纪得名。"稀"原指稀少，"土"是指其氧化物难溶于水的"土"性，其实，稀土元素在地壳中的含量并不稀少，性质也不像土，而是一种活泼金属。

稀土元素是指元素周期表中ⅢB 族，原子序数 21 的钪（Sc）、39 的钇（Y）和 57 的镧（La）至 71 的镥（Lu）等共 17 种元素。原子序数 57～71 的 15 种元素中，只有镧原子不含有 f 电子，其余 14 种元素均含有 f 电子。国际纯粹与应用化学联合会（International Union of Pure and Applied Chemistry，IUPAC）在 1968 年统一规定把镧以后原子序数 58～71 的铈～镥 14 个具有 f 电子的元素命名为镧系元素，而通常在许多文献和著作中将从原子序数 57 的镧至 71 的镥的 15 种元素称为镧系元素。

镧系元素包括镧（La）、铈（Ce）、镨（Pr）、钕（Nd）、钷（Pm）、钐（Sm）、铕（Eu）、钆（Gd）、铽（Tb）、镝（Dy）、钬（Ho）、铒（Er）、铥（Tm）、镱（Yb）、镥（Lu），它们均位于周期表中第 6 周期的 57 号位置上。61 号元素钷是放射性元素，它是铀的裂变产物，寿命最长的同位素 ^{147}Pm 的半衰期也只有 2.64 年，在天然矿物中较难找到。一直到 1972 年才从沥青铀矿中提取出元素钷。

稀土元素在元素周期表中的位置十分特殊，17 种元素同处在ⅢB 族，钪、钇、镧分别为第 4、5、6 长周期中过渡元素系列的第一种元素。镧与其后的 14 种元素性质十分相似，化学家只能把它们放入一个格子内，然而由于其原子序数不同，还不能作为真正的同位素。稀土元素的性质十分相似，而又不完全相同，这就造成了这组元素很难分离，只有充分利用它们之间的微小差别才能分离，它们之间的差别很小，几乎具有连续性，如离子半径和电子能级等，这可根据人们的需要加以选择应用，这也是稀土有许多优异性能和特殊用途的主要原因之一。另外，它们的电子结构有一个没有完全充满的内电子层，即 4f 电子层，由于 4f 电子数的不同，这组元素的每一种元素又具有很特别的性质，特别是光学和磁学性质。镧系元素中由于 4f 电子依次填充，许多性质随之呈现规律性的变化，如"四分组效应""双峰效应"。

根据钇和镧元素的化学性质、物理性质和地球化学性质的相似性和差异性，以及稀土元素在矿物中的分布和矿物处理的需求，将稀土元素分组。例如，以钆为界，把它们划分为轻稀土和重稀土两组，其中轻稀土又称铈组元素，包括 La、Ce、Pr、Nd、Pm、Sm、Eu；重稀土又称钇组元素，包括 Gd、Tb、Dy、Ho、Er、Tm、Yb、Lu 和 Y。根据稀土硫酸盐的溶解性及某些稀土化合物的性质，常又把稀土分为轻、中和重稀土三组，轻稀土为La、Ce、Pr、Nd；中稀土为 Sm、Eu、Gd、Tb、Dy；重稀土为 Ho、Er、Tm、Yb、Lu 和 Y。在分离稀土工艺中和研究稀土化合物性质变化规律时，又呈现出"四分组效应"，即将稀土分为四组，铈组 La、Ce、Pr；钐组 Nd、Sm、Eu；铽组 Gd、Tb、Dy；铒组 Ho、Er、Tm、Yb、Lu 和 Y。稀土元素的某些物理特性见表 14-1。

表 14-1　稀土金属的某些物理特性

原子序数	元素	原子量	离子半径/Å	密度/(g/cm³)	熔点/℃	沸点/℃	氧化物熔点/℃	比电阻/(Ω·cm×10⁶)	R³⁺离子磁矩（波尔磁子）
57	La	138.92	1.22	6.19	920±5	4230	2315	56.8	0
58	Ce	140.13	1.18	6.768	804±5	2930	1950	75.3	2.56
59	Pr	140.92	1.16	6.769	935±5	3020	2500	68	3.62
60	Nd	144.27	1.15	7.007	1024±5	3180	2270	64.3	3.68
61	Pm	147	1.14	—	—	—	—		2.83
62	Sm	150.35	1.13	7.504	1052±5	1630	2350	88	1.55～1.65
63	Eu	152	1.13	5.166	826±10	1490	2050	81.3	3.40～3.50
64	Gd	157.26	1.11	7.868	1350±20	2730	2350	140.5	7.94
65	Tb	158.93	1.09	8.253	1336	2530	2387	—	9.7
66	Dy	162.51	1.07	8.565	1485±20	2330	2340	56	10.6
67	Ho	164.94	1.05	8.799	1490	2330	2360	87	10.6
68	Er	167.27	1.04	9.058	1500～1550	2630	2355	107	9.6
69	Tm	168.94	1.04	9.318	1500～1600	2130	2400	79	7.6
70	Yb	173.04	1	6.959	824±5	1530	2346	27	4.5
71	Lu	174.99	0.99	9.849	1650～1750	1930	2400	79	0
21	Sc	44.97	0.83	2.995	1550～1600	2750	—	—	—
39	Y	88.92	1.06	4.472	1552	3030	2680	—	—

14.1　稀土元素特性

14.1.1　稀土元素的制备

　　稀土元素的制备是一个相当复杂的过程，首先利用化学处理从氟碳铈镧矿或独居石中获得稀土氯化物或氧化物的混合物，然后进行单一稀土元素的分离和提取，方法如下。①溶剂萃取法。利用稀土元素在水和有机溶剂中分配的不同，将稀土的盐类与有机相及水相多次接触，不断地进行再分配而将它们一一分离，此法具有规模大和连续生产的优点。②离子交换法。利用稀土元素与离子交换剂结合的稳定程度不同将它们一一分离。这是分离某些高纯的稀土元素最有效的方法。此法的缺点是规模小，生产周期长。

　　稀土金属的制备方法如下。①金属热还原法。常用钙、锂、钠、镁等金属作还原剂，还原稀土金属的卤化物。②熔盐电解法。可电解稀土卤化物与碱金属、碱土金属卤化物的熔盐。进一步纯制可采用真空熔炼法、真空蒸馏法、电迁移法和区域熔炼法。

14.1.2　稀土元素的发色原理及光谱特性

可见光的波长范围为 760～400nm，色谱按红、橙、黄、绿、青、蓝、蓝靛、紫等顺序分布。白光是复色光，波长可以是连续的也可以是不连续的，由两种或多种单色光按一定的比例混合组成白光，组成白光的两种单色光称为互补光。例如，$KMnO_4$ 溶液对可见光中波长为 525nm 的绿光有很强的吸收，对波长大于或小于 525nm 的光波吸收逐渐减弱，直至不吸收，所以我们看见 $KMnO_4$ 溶液的颜色为紫色，而紫色是绿色的互补色。

当可见光照射在透明或半透明物质上时，若物质对其中某一定波长的光有吸收，其余部分的色光被透过或反射，从而使物体呈现颜色，看见的颜色是被吸收的色光的互补色。因此，凡是能在陶瓷釉彩中对可见光具有选择性吸收的物质，都可用作陶瓷釉彩颜料。

在多电子原子中，对于一种确定的电子组态，可以有几种不同的 S、L、J 状态，这些状态的自旋角动量（S）、轨道角动量（L）和总角动量（J）不同，即包含着电子间相互作用情况不同，因而能量有所不同，原子能级的高低和 S 的大小有很大关系，原子的光谱项用 $2S+1L$ 表示。在 L-S 耦合的情况下，从同一组态出现的各个谱项的能量是有差别的。由于 E_{4f} 能级上的电子受电子自旋角动量和轨道角动量的相互作用、耦合（L-S）产生了许多能级亚层，导致了 f-f 电子跃迁（$\Delta E = E_2 - E_1 = h\nu$），产生了线状吸收光谱，这种 f-f 跃迁导致了对可见光选择性地吸收，这是稀土元素发色的根本原因。

稀土氧化物有多种，如 LnO、Ln_2O_3 和 LnO_2，其中 Ln_2O_3 较常见。随着原子序数的递增，电子被填充在 4f 轨道上，稀土离子的 4f 亚层被外层（$5s^2$）（$5p^6$）电子壳层所屏蔽，致使 4f 亚层受邻近其他离子的势场（结晶场）影响很小，其线状谱线基本保持自由离子的线状光谱特征，这与过渡元素的 d-d 跃迁不同，d 亚层处于过渡金属离子的最外层，没有屏蔽层的保护，受配位场或晶体场影响较大，谱线不稳定，容易造成同一元素在不同化合物中的吸收光谱出现差别，导致颜色不稳定。稀土元素的电子能级和谱线比其他元素丰富，它们在从紫外光、可见光到红外光区都有吸收或发射现象，是非常好的色谱范围较广的有色物质。

14.1.3　稀土元素的主要物理化学性质

稀土元素是典型的金属元素，它们的金属活泼性仅次于碱金属元素和碱土金属元素，而比其他金属元素活泼。在 17 种稀土元素当中，按金属的活泼次序排列，由钪、钇、镧递增，由镧到镥递减，即镧元素最活泼。稀土元素能形成化学稳定的氧化物、卤化物、硫化物，还可以和氮、氢、碳、磷发生反应，易溶于盐酸、硫酸和硝酸中。稀土元素具有特异的 4f 电子构型，4f 电子被完全填满的外层 5s 和 5p 电子所屏蔽，4f 电子的不同运动方式使稀土具有不同于周期表中其他元素的光学、磁学和电学等物理和化学特性；并且，稀土元素具有较大的原子磁矩、很强的自旋轨道耦合等特性，与其他元素形成稀土配合物时，配位数可在 3～12 变化，稀土化合物的晶体结构也是多元化的。

在自然条件下，稀土元素多呈三价状态，形成 RE_2O_3 型化合物，钐、铕、Yb 可还原呈二价状态，它们可置换钙、铅、锶而存在于斜长石、萤石、磷氯铅矿和菱锶矿中。铈、镨、铽在表生条件下可氧化呈四价状态，形成方铈石等配合物是稀土元素迁移的最主要形式。

稀土元素易和氧、硫、铅等元素化合生成熔点高的化合物，因此在钢水中加入稀土可以起到净化钢的效果。由于稀土元素的金属原子半径比铁的原子半径大，很容易填补在其晶粒及缺陷中，并生成能阻碍晶粒继续生长的膜，从而使晶粒细化而提高钢的性能。

稀土元素具有未充满的 4f 电子层结构，并由此而产生多种多样的电子能级。因此，稀土可以作为优良的荧光、激光和电光源材料，以及彩色玻璃、陶瓷的釉料。稀土离子与羟基、偶氮基或磺酸基等形成结合物，使稀土广泛用于印染行业。而某些稀土元素具有中子俘获截面积大的特性，如钐、铕、钆、镝和铒，可用作原子能反应堆的控制材料和减速剂。而铈、钇的中子俘获截面积小，则可作为反应堆燃料的稀释剂。稀土具有类似微量元素的性质，可以促进农作物的种子萌发，促进根系生长，促进植物的光合作用。

稀土元素在地壳中平均含量为 165.35ppm，主要富集在花岗岩、碱性岩、碱性超基性岩及与它们有关的矿床中，稀土元素在自然界的存在形式有下列 3 种：独立矿物、类质同象、离子状态。

稀土独立矿物约 170 余种，主要的稀土矿物 20 余种，共分 4 类：碳酸盐、氟碳酸盐（氟碳铈矿、氟碳钙铈矿、氟碳钡铈矿、直氟碳钙钇矿、黄河矿、镧石、碳钙铈矿、碳铈钠石等）、磷酸盐（独居石、磷钇矿、水磷铈石等）、氧化物（褐钇铌矿、易解石、黑稀金矿、铈铌钙钛矿等）、硅酸盐（褐帘石、硅钛铈矿、硅铍钇矿、羟硅铈钙石、绿层硅铈钛矿、羟硅铍钇矿等）。

稀土元素以类质同象置换矿物中 Ca、Sr、Ba、Mn、Zr 等元素的形式分散在矿物中。这类矿物在自然界中较多，但是大多数矿物中的稀土含量较低。含稀土的萤石、磷灰石均属于此类。稀土元素呈离子吸附状态赋存于某些矿物如蒙脱石、多水高岭石、铁和锰的氢氧化物等的表面或颗粒之间，可以富集成规模巨大的离子吸附型矿床。

14.2 我国稀土资源概况

中国拥有较为丰富的稀土资源，稀土资源储量约 5500 万 t，占世界总储量的 42%，产量 9.5 万 t，占世界稀土产量的 86.4%。截至目前，已在全国 60% 以上的省区市发现上千处矿床、矿点和矿化产地，除内蒙古包头的白云鄂博、江西赣南、广东粤北、四川凉山为稀土资源集中分布区外，山东、湖南、广西、云南、贵州、福建、浙江、湖北、河南、山西、辽宁、陕西、新疆等地区亦有稀土矿床发现，全国稀土资源总量的 98% 分布在内蒙古、江西、广东、四川、山东等地区，形成北、南、东、西的分布格局。

稀土资源总的特点表现为，资源类型较多，矿物种类丰富，稀土元素较全，稀土品位高及矿点分布面广而又相对集中。资源分布表现为"北轻南重"，轻稀土矿主要分布在内蒙古包头等北方地区和四川凉山，离子型中重稀土矿主要分布在江西赣州、福建龙岩等南方 7 个地区。白云鄂博矿稀土储量占全国稀土总储量的 83% 以上，居世界第一，是我国轻稀土主要生产基地，为稀土与铁、铌、钍等元素共生的综合矿床。矿物类型复杂，稀土氧化物平均含量 5%左右。四川凉山稀土矿主要集中分布在冕宁县和德昌县。冕宁县牦牛坪稀土矿床规模居各矿床之首，矿石中 80%的稀土集中在氟碳铈矿内。离子型中重稀土则主要分布在江西赣州、福建龙岩等南方地区，尤其是在南岭地区分布着可观的离子吸附型中稀土、重稀土矿，易采、易提取，已成为我国重要的中、重稀土生产基地。此外，中国的海滨砂也极为丰富，在整个南海的海岸线及海南岛、台湾岛的海岸线可称为海滨砂存积的黄金海岸，有近代沉积砂矿和古砂矿，其中独居石和磷钇矿是处理海滨砂回收钛铁矿和锆英石时作为副产品加以回收的。

　　我国已有稀土矿床主要是与黑色、稀有金属等共生或伴生的内生矿床，其次为风化壳离子吸附型矿床，砂矿则甚少。成因类型包括：①超基性岩型、碳酸岩型、基性岩型的超基性-基性岩系列；②霓霞正长岩型、正长岩-碳酸岩型、伟晶岩型、热液脉型的碱性岩系列；③花岗岩型、伟晶岩型、石英脉型的花岗岩系列；混合岩型、碳酸岩型的变质岩系列；④花岗岩风化壳型、混合岩风化壳型、火山岩风化壳型的风化壳系列；⑤碎屑岩型、残坡积型、冲积型、滨海砂矿的机械沉积系列；⑥磷块岩型、铁质岩型、有机岩型的化学-生物化学沉积系列等。工业类型包括：①铁铌稀土型矿床，白云鄂博铁铌稀土矿是其典型代表，主要在中元古界的一套浅海相浅变质岩系中产出；②碱性岩-热液（脉）型稀土矿床，如郗山碱性岩-碳酸岩脉型稀土矿床，牦牛坪霓石碱长花岗岩、重晶霓辉石脉型稀土矿床，矿床与碱性岩、碱性花岗岩的侵入密切相关，矿体位于侵入体内外接触带或岩脉内；③碱性岩-碳酸岩型铌稀土矿床，庙娅铌稀土矿床为代表，产于碱性岩-碳酸岩杂岩体中；④离子吸附型稀土矿床，产于花岗岩、混合岩和火山岩风化壳，如江西龙南、寻邬、河岭等地，从富 Ce 到富 Y 都有，规模大，品位低，分布广，易采选。

14.3　稀土元素的名称由来及应用概况

　　由于稀土元素独特的物理化学性质，其能与许多元素化合，大幅度提高物质的质量和性能，这使其应用领域日益广泛，成为现代工业不可缺少的物质。按照稀土材料的功能用途，其主要包括：①稀土永磁材料，钕、钐、镨、镝等是制造现代超级永磁材料的主要原料，其磁性高出普通永磁材料 4～10 倍，广泛应用于电视机、电声、医疗设备、磁悬浮列车及军事工业等高新技术领域。②稀土发光材料，如氧化镧生产镧玻璃，用于镜头、相机、扫描仪、望远镜；氧化铕、氧化钇，作为发光材料，用于 LED 半导体照明、PDP 等离子显示屏、安全标示、路牌等。③稀土催化材料，如硝酸稀土可作为催化燃烧催化剂、催化净化催化剂，用于燃气炉具、机动车尾气净化器等。④稀土防腐材料，如加入稀土的铝彩板、压缩天然气（compressed natural gas，CNG）气瓶、输气管、高速公路防护板等金属材料具有防腐功能。⑤稀土储氢材料，如典型的储氢合金 La-Ni$_5$，其储氢密度超过液态氢和固态氢；又如镧铈混合稀土金属，制成储氢合金、镍氢电池、氢燃料电池，用于动力车、电动工具、通信工具等。⑥超导材料，如钇钡铜氧系、镧铜系超导材料离不开稀土。⑦稀土精密抛光材料，如 CeO$_2$ 对玻璃等有较好抛光作用，纳米 CeO$_2$ 则有较高的抛光精密度，已用于液晶显示、硅单晶片、玻璃存储等。⑧稀土环保材料，如混合氯化稀土，可做稀土活性剂、稀土微孔金属水处理器；稀土合金膜，用于水体、水质净化剂和净化器等。稀土材料广泛应用于冶金机械、石油化工、电子信息、能源交通、航空航天、国防军工等领域，此外，稀土在农业、电气、医疗、轻纺、环保等领域也有广泛用途，特别是在高技术领域，稀土越来越扮演着不可替代的角色，稀土各元素的主要应用列举如下。

1. 镧（La）

"镧"（Lanthanum）这种元素是 1839 年被命名的，当时瑞典人莫桑德发现铈土中含有其他元素，他借用希腊语中"隐藏"一词把这种元素取名为"镧"。从此，镧便登上了历史舞台。镧的应用非常广泛，如应用于压电材料、电热材料、热电材料、磁阻材料、发光材料、储氢材料、光学玻璃、激光材料、各种合金材料等。它也应用到制备许多有机化工产品的催化剂中，光转换农用薄膜也用到镧。在国外，科学家把镧对作物的作用赋予"超级钙"的美称。

2. 铈（Ce）

"铈"（Cerium）这种元素是由德国人克劳普罗斯，瑞典人乌斯伯齐力、希生格尔于 1803 年发现并命名的。铈广泛应用于以下几方面。①铈作为玻璃添加剂，能吸收紫外线与红外线，现已被大量应用于汽车玻璃。其不仅能防紫外线，还可降低车内温度，从而节约空调用电。从 1997 年起，日本汽车玻璃全加入氧化铈。②目前正将铈应用到汽车尾气净化催化剂中，可有效防止大量汽车废气排到空气中。美国在这方面的消费量占稀土总消费量的三分之一。③硫化铈可以取代铅、镉等对环境和人类有害的金属应用到颜料中，可对塑料着色，也可用于涂料、油墨和纸张等行业。目前领先的是法国罗纳普朗克公司。④Ce：LiSAF激光系统是美国研制出来的固体激光器，可通过监测色氨酸浓度用于探查生物武器，还可用于医学。铈应用领域非常广泛，几乎所有的稀土应用领域中都含有铈，如抛光粉、储氢材料、热电材料、铈钨电极、陶瓷电容器、压电陶瓷、铈碳化硅磨料、燃料电池原料、汽油催化剂、某些永磁材料、各种合金钢及有色金属等。

3. 镨（Pr）

大约 160 年前，瑞典人莫桑德从镧中发现了一种新的元素，但它不是单一元素，莫桑德发现这种元素的性质与镧非常相似，便将其定名为"镨钕"。"镨钕"希腊语为"双生子"之意。又过了 40 多年，也就是发明汽灯纱罩的 1885 年，奥地利人韦尔斯巴赫成功地从"镨钕"中分离出了两种元素，一种命名为"钕"，另一种则命名为"镨"（Praseodymium）。这种"双生子"被分隔开了，镨元素也有了自己施展才华的广阔天地。

镨是用量较大的稀土元素，其主要用于玻璃、陶瓷和磁性材料中。①镨被广泛应用于建筑陶瓷和日用陶瓷中，其可与陶瓷釉混合制成色釉，也可单独作釉下颜料，制成的颜料呈淡黄色，色调纯正、淡雅。②用于制造永磁体。选用廉价的镨钕金属代替纯钕金属制造永磁材料，其抗氧性能和机械性能明显提高，可加工成各种形状的磁体，广泛应用于各类电子器件和马达上。③用于石油催化裂化。以镨钕富集物的形式加入 Y 型沸石分子筛中制备石油裂化催化剂，可提高催化剂的活性、选择性和稳定性。镨在我国于 20 世纪 70

年代开始投入工业使用，用量不断增大。④镨还可用于磨料抛光。另外，镨在光纤领域的用途也越来越广。

4. 钕（Nd）

伴随着镨元素的诞生，钕（Neodymium）元素也应运而生，钕元素的到来活跃了稀土领域，在稀土领域中扮演着重要角色。钕元素凭借其在稀土领域中的独特地位，多年来成为市场关注的热点。金属钕的最大用途是制作钕铁硼永磁材料。钕铁硼永磁体的问世，为稀土高科技领域注入了新的生机与活力。钕铁硼磁体磁能积高，被称作当代"永磁之王"，其以优异的性能广泛用于电子、机械等行业。阿尔法磁谱仪的研制成功，标志着我国钕铁硼磁体的各项磁性能已跨入世界一流水平。钕还应用于有色金属材料。在镁或铝合金中添加 1.5%～2.5%钕，可提高合金的高温性能、气密性和耐腐蚀性，广泛用作航空航天材料。另外，掺钕的钇铝石榴石产生短波激光束，在工业上广泛用于厚度在 10mm 以下薄型材料的焊接和切削。在医疗上，掺钕钇铝石榴石激光器代替手术刀用于摘除手术或消毒创伤口。钕也用于玻璃和陶瓷材料的着色及橡胶制品的添加剂。随着科学技术的发展，以及稀土科技领域的拓展和延伸，钕元素将会有更广阔的利用空间。

5. 钷（Pm）

1947 年，马林斯基（J. A. Marinsky）、格伦丹宁（L. E. Glendenin）和科里尔（C. E. Coryell）从原子能反应堆用过的铀燃料中成功地分离出 61 号元素，用希腊神话中的神名普罗米修斯（Prometheus）命名为钷（Promethium）。钷为核反应堆生产的人造放射性元素。

钷的主要用途如下。①可作热源，为真空探测和人造卫星提供辅助能量。②^{147}Pm 放出能量低的 β 射线，用于制造钷电池，作为导弹制导仪器及钟表的电源。此种电池体积小，能连续使用数年之久。此外，钷还用于便携式 X 射线仪、荧光粉、度量厚度及航标灯中。

6. 钐（Sm）

1879 年，波依斯包德莱从铌钇矿得到的"镨钕"中发现了新的稀土元素，并根据这种矿石的名称将其命名为钐（Samarium）。钐呈浅黄色，是做钐钴系永磁体的原料，钐钴永磁体是最早得到工业应用的稀土磁体。这种永磁体有 $SmCo_5$ 系和 Sm_2Co_{17} 系两类。20世纪 70 年代前期发明了 $SmCo_5$ 系，后期发明了 Sm_2Co_{17} 系。现在以后者的需求为主。钐钴磁体所用的氧化钐的纯度不需太高，从成本方面考虑，主要使用 95%左右的产品。此外，氧化钐还用于陶瓷电容器和催化剂方面。另外，钐还具有核性质，可用作原子能反应堆的结构材料、屏蔽材料和控制材料，使核裂变产生巨大的能量得以安全利用。

7. 铕（Eu）

1901 年，德马凯（Eugene-Antole Demarcay）从"钐"中发现了新元素，命名为铕（Europium）。这大概是根据欧洲（Europe）一词命名的。氧化铕大部分用于荧光粉，Eu^{3+}用于红色荧光粉的激活剂，Eu^{2+}用于蓝色荧光粉。现在 $Y_2O_2S：Eu^{3+}$是发光效率、涂敷稳定性、回收成本等最好的荧光粉。再加上对提高发光效率和对比度等技术的改进，铕正在被广泛应用。近年氧化铕还用于新型 X 射线医疗诊断系统的受激发射荧光粉。氧化铕还可用于制造有色镜片和光学滤光片，用于磁泡储存器件，在原子反应堆的控制材料、屏蔽材料和结构材料中也能一展身手。

8. 钆（Gd）

1880 年，瑞士的马里格纳克（G. de Marignac）将"钐"分离成两种元素，其中一种由索里特证实是钐元素，另一种元素得到波依斯包德莱的研究确认，1886 年，马里格纳克为了纪念钇元素的发现者——研究稀土的先驱荷兰化学家加多林（Gadolin Gadolin），将这种新元素命名为钆（Gadolinium）。

钆在现代技革新中起着重要作用，它的主要用途如下。①其水溶性顺磁络合物在医疗上可提高人体的核磁共振（nuclear magnetic resonance，NMR）成像信号。②其硫氧化物可用作特殊亮度的示波管和 X 射线荧光屏的基质栅网。③在钆镓石榴石中的钆对于磁泡记忆存储器是理想的单基片。④在无卡诺循环限制时，可用作固态磁制冷介质。⑤用作控制核电站的连锁反应级别的抑制剂，以保证核反应的安全。⑥用作钐钴磁体的添加剂，以保证性能不随温度而变化。另外，氧化钆与镧一起使用，有助于玻璃化区域的变化并提高玻璃的热稳定性。氧化钆还可用于制造电容器、X 射线增感屏。世界上目前正在努力开发钆及其合金在磁制冷方面的应用，现已取得突破性进展，室温下采用超导磁体、金属钆或其合金为制冷介质的磁冰箱已经问世。

9. 铽（Tb）

1843 年瑞典的莫桑德（Karl G. Mosander）通过对钇土的研究，发现了铽元素（Terbium）。铽的应用大多涉及高技术领域，主要为技术密集、知识密集型的尖端项目，又是具有显著经济效益的项目，有着诱人的发展前景。

铽的主要应用领域如下。①荧光粉用于三基色荧光粉中的绿粉的激活剂，如铽激活的磷酸盐基质、铽激活的硅酸盐基质、铽激活的铈镁铝酸盐基质，在激发状态下均发出绿色光。②磁光储存材料。近年来铽系磁光材料已达到大量生产的规模，用 Tb-Fe 非晶态薄膜研制的磁光光盘作计算机存储元件，存储能力可提高 10～15 倍。③磁光玻璃。含铽的法拉第旋光玻璃是制造在激光技术中广泛应用的旋转器、隔离器和环形器的关键材料。特别是铽镝铁磁致伸缩合金（Terfenol）的开发研制，更是开辟了铽的新用途，Terfenol 是 20 世纪 70 年代才发现的新型材料，该合金中有一半成分为铽和镝，有时加入钬，其余为铁，该合金由美国依阿华州阿姆斯实验室首先研制，当 Terfenol 置于一个磁场中时，其尺寸的变化比一般磁性材料变化大，这种变化可以使一些精密机械运动得以实现。铽镝铁开始主要用于声呐，目前已广泛应用于多个领域，从燃料喷射系统、液体阀门控制、微定位到机械制动器、太空望远镜的调节机构和飞机机翼调节器等领域。

10. 镝（Dy）

1886 年，法国人波依斯包德莱成功地将钬分离成两种元素，一种仍称为钬，而另一种根据从钬中"难以得到"的意思命名为镝（Dysprosium）。

镝目前在许多高技术领域起着越来越重要的作用，镝的最主要用途如下。①镝作为钕铁硼系永磁体的添加剂使用，在这种磁体中添加 2%～3%的镝，可提高其矫顽力，过去镝的需求量不大，但随着钕铁硼磁体需求的增加，它成为必要的添加元素，品位必须在 95%～99.9%，需求也在迅速增加。②镝用作荧光粉激活剂，三价镝是一种有前途的单发光中心三基色发光材料的激活离子，它主要由两个发射带组成，一个为黄光发射，另一个为蓝光发射，掺镝的发光材料可作为三基色荧光粉。③镝是制备 Terfenol 合金必要的金属原料，能使一些机械运动的精密活动得以实现。④镝金属可用做磁光存储材料，具有较高的记录速度和读数敏感度。⑤镝用于镝灯的制备，在镝灯中采用的工作物质是碘化镝，这种灯具有亮度大、颜色好、色温高、体积小、电弧稳定等优点，已用于电影、印刷等照明光源。⑥由于镝元素具有中子俘获截面积大的特性，在原子能工业中用来测定中子能谱或作中子吸收剂。⑦$Dy_3Al_5O_{12}$ 还可用作磁制冷用磁性工作物质。随着科学技术的发展，镝的应用领域将会不断地拓展和延伸。

11. 钬（Ho）

19 世纪后半叶，光谱分析法的发现和元素周期表的发表，再加上稀土元素电化学分离工艺的进展，更加促进了新的稀土元素的发现。1879 年，瑞典人克利夫发现了钬元素并以瑞典首都斯德哥尔摩地名将其命名为钬（Holmium）。钬的应用领域目前还有待进一步开发，其用量不是很大。最近，包头稀土研究院采用高温高真空蒸馏提纯技术，研制出非稀土杂质含量很低的高纯金属钬 Ho/ΣRE＞99.9%。

目前钬的主要用途如下。①钬用作金属卤素灯添加剂，金属卤素灯是一种气体放电灯，它是在高压汞灯基础上发展起来的，其特点是在灯泡里充有各种不同的稀土卤化物。目前主要使用的是稀土碘化物，其在气体放电时发出不同的谱线光色。在钬灯中采用的工作物质是碘化钬，在电弧区可以获得较高的金属原子浓度，从而大大提高了辐射效能。②钬可以用作钇铁或钇铝石榴石的添加剂。③掺钬的钇铝石榴石（Ho：YAG）可发射 2μm 激光，人体组织对 2μm 激光吸收率高，几乎比 Hd：YAG 高 3 个数量级。所以用 Ho：YAG 激光器进行医疗手术时，不但可以提高手术效率和精度，而且可使热损伤区域减至更小。钬晶体产生的自由光束可消除脂肪而不会产生过大的热量，从而减少对健康组织产生的热损伤。据报道，美国用钬激光治疗青光眼，可以减少患者手术的痛苦。我国 2μm 激光晶体的水平已达到国际水平，应大力开发生产这种激光晶体。④在磁致伸缩合金 Terfenol-D 中，也可以加入少量的钬，从而降低合金饱和磁化所需的外场。⑤用掺钬的光纤可以制作光纤激光器、光纤放大器、光纤传感器等光通信器件，其在光纤通信迅猛的今天将发挥更重要的作用。

12. 铒（Er）

1843 年，瑞典的莫桑德发现了铒元素（Erbium）。铒的光学性质非常突出，一直是人们关注的问题。Er^{3+} 在 1550nm 处的光发射有特殊意义，因为该波长正好位于光纤通信的光学纤维的最低损失，Er^{3+} 受到波长 980nm、1480nm 的光激发后，从基态 4I15/2 跃迁至高能态 4I13/2，当处于高能态的 Er^{3+} 再跃迁回至基态时发射出 1550nm 波长的光，石英光纤可传送各种不同波长的光，但不同的光光衰减率不同，1550nm 频带的光在石英光纤中传输时光衰减率最低（0.15dB/km），几乎为下限极限衰减率。因此，光纤通信在 1550nm 处作信号光时，光损失最小。这样，如果把适当浓度的铒掺入合适的基质中，依据激光原理作用，放大器能够补偿通信系统中的损耗，因此在需要放大波长 1550nm 光信号的电信网络中，掺铒光纤放大器是必不可少的光学器件，目前掺铒的二氧化硅纤维放大器已实现商业化。据报道，为避免无用的吸收，光纤中铒的掺杂量应为几十至几百 ppm。光纤通信的迅猛发展，将开辟铒的应用新领域。另外，掺铒的激光晶体及其输出的 1730nm 激光和 1550nm 激光对人的眼睛安全，大气传输性能较好，对战场的硝烟穿透能力较强，保密性好，不易被对方探测，照射军事目标的对比度较大，已制成军用的对人眼安全的便携式激光测距仪。Er^{3+} 加入玻璃中可制成稀土玻璃激光材料，是目前输出脉冲能量最大，输出功率最高的固体激光材料。Er^{3+} 还可做稀土上转换激光材料的激活离子。另外，铒也可应用于眼镜片玻璃、结晶玻璃的脱色和着色等。

13. 铥（Tm）

铥元素（Thulium）是瑞典的克利夫于 1879 年发现的，因斯堪迪那维亚（Scandinavia）的旧名 Thule 而得名。铥的主要用途有以下几个方面：①用作医用轻便 X 光机射线源。铥在核反应堆内辐照后产生一种能发射 X 射线的同位素，可用来制造便携式血液辐照仪，这种辐照仪能使铥-169 受到高中子束的作用转变为铥-170，放射出 X 射线照射血液并使白细胞下降，正是这些白细胞引起了器官移植排异反应，因此其可减少器官的早期排异反应。②铥元素还可以应用于临床诊断和治疗肿瘤，因为它对肿瘤组织具有较高亲和性，重稀土比轻稀土亲和性更大，尤其以铥元素的亲和力最大。③铥在 X 射线增感屏用荧光粉中做激活剂 LaOBr：Br（蓝色），可增强光学灵敏度，因而降低了 X 射线对人的照射和危害，与以前钨酸钙增感屏相比可降低 X 射线剂量的 50%，这在医学应用中具有重要的现实意义。④铥还可在新型照明光源——金属卤素灯上做添加剂。

14. 镱（Yb）

1878 年，查尔斯（Jean Charles）和马利格纳克（G. de Marignac）在"铒"中发现了新的稀土元素，这种元素由伊特必（Ytterby）命名为镱（Ytterbium）。镱的主要用途如下。①镱可作热屏蔽涂层材料。镱能明显地改善电沉积锌层的耐蚀性，而且含镱镀层比不含镱镀层晶粒细小，均匀致密。②镱可作磁致伸缩材料。这种材料具有超磁致伸缩性，即在磁场中膨胀的特性。该合金主要由镱/铁氧体合金及镝/铁氧体合金构成，并加入一定比例的锰，以便产生超磁致伸缩性。③镱可用于测定压力的镱元件，试验证明，镱元件在标定的压力范围内灵敏度高，同时为镱在压力测定应用方面开辟了一条新途径。④镱可用作磨牙空洞的树脂基填料，以替换过去普遍使用的银汞合金。⑤日本学者成功地完成了掺镱钆镓石榴石埋置线路波导激光器的制备工作，这一工作的完成对激光技术的进一步发展很有意义。另外，镱还用于荧光粉激活剂、无线电陶瓷、电子计算机记忆元件（磁泡）添加剂、玻璃纤维助熔剂及光学玻璃添加剂等。

15. 镥（Lu）

1907 年，韦尔斯巴赫和尤贝恩（G. Urbain）各自进行研究，用不同的分离方法从"镱"

中又发现了一种新元素，韦尔斯巴赫把这种元素命名为 Cp（Cassiopeium），尤贝恩根据巴黎的旧名 Lutece 将其命名为镥（Lutetium）。后来发现 Cp 和 Lu 是同一元素，便统一称为镥。

镥的主要用途如下。①制造某些特殊合金。例如，镥铝合金可用于中子活化分析。②稳定的镥核素在石油裂化、烷基化、氢化和聚合反应中起催化作用。③作钇铁或钇铝石榴石的添加元素，改善某些性能。④镥可作为磁泡储存器的原料。⑤一种复合功能晶体掺镥四硼酸铝钇钕，属于盐溶液冷却生长晶体的技术领域，实验证明，掺镥 NYAB 晶体在光学均匀性和激光性能方面均优于 NYAB 晶体。⑥经国外有关部门研究发现，镥在电致变色显示和低维分子半导体中具有潜在的用途。此外，镥还用于能源电池技术及荧光粉的激活剂等。

16. 钇（Y）

1788 年，一位以研究化学和矿物学、收集矿石为业余爱好的瑞典军官卡尔·阿雷·尼乌斯（Karl Arrhenius）在斯德哥尔摩湾外的伊特必村（Ytterby），发现了外观像沥青和煤一样的黑色矿物，按当地的地名命名为伊特必矿（ytterbite）。1794 年，芬兰化学家约翰·加多林分析了这种伊特必矿样品。发现其中除铍、硅、铁的氧化物外，还含有约 38% 的未知元素的氧化物型"新土"。1797 年，瑞典化学家埃克贝格（Anders Gustaf Ekeberg）确认了这种"新土"，将其命名为钇（Yttrium）。

钇是一种用途广泛的金属，主要用途如下。①钇可用作钢铁及有色合金的添加剂。FeCr 合金通常含 0.5%～4% 的钇，钇能够增强这些不锈钢的抗氧化性和延展性；MB26 合金中添加适量的富钇混合稀土后，合金的综合性能得到明显的改善，可以替代部分中强铝合金用于飞机的受力构件上；在 Al-Zr 合金中加入少量富钇稀土，可提高合金电导率，该合金已为国内大多数电线厂采用；在铜合金中加入钇，可提高导电性和机械强度。②含钇 6% 和铝 2% 的氮化硅陶瓷材料，可用来研制发动机部件。③用功率 400W 的钕钇铝石榴石激光束来对大型构件进行钻孔、切削和焊接等机械加工。④由 Y-Al 石榴石单晶片构成的电子显微镜荧光屏，荧光亮度高，对散射光的吸收低，抗高温和抗机械磨损性能好。⑤含钇达 90% 的高钇结构合金，可以应用于航空和其他要求低密度和高熔点的场合。⑥目前备受人们关注的掺钇 $SrZrO_3$ 高温质子传导材料，对燃料电池、电解池和要求氢溶解度高的气敏元件的生产具有重要的意义。此外，钇还用于耐高温喷涂材料、原子能反应堆燃料的稀释剂、永磁材料添加剂及电子工业中的吸气剂等。

17. 钪（Sc）

1879 年，瑞典的化学教授尼尔森（L. F. Nilson，1840—1899）和克莱夫（P. T. Cleve，1840—1905）差不多同时分别在稀有的矿物硅铍钇矿和黑稀金矿中找到了一种新元素。他们给这一元素定名为"Scandium"（钪），钪就是门捷列夫当初所预言的"类硼"元素。他们的发现再次证明了元素周期律的正确性和门捷列夫的远见卓识。钪比起钇和镧系元素来，离子半径特别小，氢氧化物的碱性也特别弱，因此，钪和稀土元素混在一起时，用氨（或极稀的碱）处理，钪将首先析出，故应用"分级沉淀"法可比较容易地把它从稀土元素中分离出来。另一种方法是利用硝酸盐的分级分解进行分离，由于硝酸钪最容易分解，从而达到分离的目的。用电解的方法可制得金属钪，在炼钪时将 $ScCl_3$、KCl、$LiCl$ 共熔，以熔融的锌为阴极电解质，使钪在锌极上析出，然后将锌蒸去可得金属钪。另外，在加工矿石生产铀、钍和镧系元素时易回收钪。钨、锡矿中综合回收伴生的钪也是钪的重要来源之一。钪在化合物中主要呈 +3 价态，在空气中容易氧化成 Sc_2O_3 而失去金属光泽变成暗灰色。钪能与热水作用放出氢，也易溶于酸，是一种强还原剂。钪的氧化物及氢氧化物只显碱性，但其盐灰几乎不能水解。钪的氯化物为白色结晶，易溶于水并能在空气中潮解。在冶金工业中，钪常用于制造合金（合金的添加剂），以改善合金的强度、硬度和耐热性能。例如，在铁水中加入少量的钪，可显著改善铸铁的性能，少量的钪加入铝中，可改善其强度和耐热性。在电子工业中，钪可用作各种半导体器件，钪的亚硫酸盐在半导体中的应用已引起了国内外的注意，含钪的铁氧体在计算机磁芯中也颇有前途。在化学工业上，用钪化合物作乙醇脱氢及脱水剂生产乙烯和用废盐酸生产氯时的高效催化剂。在玻璃工业中，可以制造含钪的特种玻璃。在电光源工业中，含钪和钠的钪钠灯，具有效率高和光色正的优点。自然界中钪均以 ^{45}Sc 形式存在，另外，钪还有 9 种放射性同位素，即 $^{40\sim44}Sc$ 和 $^{46\sim49}Sc$。其中，^{46}Sc 作为示踪剂，已在化工、冶金及海洋学等方面使用。在医学上，国外还有人研究用 ^{46}Sc 来医治癌症。

14.4　稀土材料在航空航天领域的应用

14.4.1　稀土永磁材料在信息技术中的应用

众所周知，磁性材料中的永磁（也称硬磁）、软磁和旋磁等磁性材料是信息产业的重要功能材料。它们在包括电信、电话、印刷、出版、新闻、广播、电视等传统的信息部门和新兴的电子计算机、激光、光导纤维、通信卫星等信息部门中起到非常重要的作用。这些重要的功能材料应用于以电子计算机为基础的包括信息采集、传递、储存、加工和处理等信息产业中的各个方面。信息的采集需要各种各样的传感器，而利用磁效应已制造了大量的高灵敏度、高精度的磁性传感器；具有旋磁特性的微波铁氧体材料在大功率微波发射和接收时作为单向传输的环行器或隔离器，是广播电视、卫星通信等信息传输的必要器件；半硬磁性或硬磁性薄膜可作为永久保存信息的磁性存储器；在信息的加工和处理过程中，计算机、扫描仪、复印机等设备都离不开由硬磁性材料制造的各类永磁马达或其他驱动装置；在信息加工和处理过程中离不开由软磁性材料制作的各种电感器、扼流圈和变压器。因此，信息产业是与磁性材料的开发和利用密切相关的一个产业。

在磁性材料中，永磁材料的主要功能在于为各种器件或装置提供一个磁场，通常在能量转换的旋转机械中作为转子，而在传感器、行波管、音响喇叭等器件和装置中作为一个恒定磁场源。在信息产业中，永磁材料已有大量的应用。稀土永磁材料对于信息产业来说是一种非常重要的磁性功能材料，它与现代的信息产业，特别是"三网"（电信网、电视网、互联网）及智能电网的各个方面都有着密切的关系，稀土永磁材料在信息产业的某些领域甚至是必不可少的。

　　卫星通信和卫星广播所用的微波管离不开低温度系数的高温稀土永磁材料来作为它的磁场源。在微波管中，如速调管、磁控管、行波管需要这种磁场来控制带电粒子的运动，以实现高频或超高频振荡及微波信号放大和接收的目的。

　　在这些器件或装置中，磁场通常是由周期反向的聚焦磁体产生。这个周期反向的聚焦磁体由多个圆环形稀土永磁体构成，相邻两个磁体的极性相反。图 14-1 给出了行波管中周期反向聚焦磁体剖面示意图。为了达到行波管有效的信号放大，以及获得足够高的峰值磁场和高的温度稳定性，Sm-Co 磁体是行波管的首选磁体。同样地，大功率多注速调管的磁场系统，有类似的周期反向聚焦磁体，图 14-2 左方给出了一个用于 C 波段大功率多注速调管实物照片，其脉冲功率达 120kW，平均功率为 6kW；而图 14-2 右方是该多注速调管中所采用的周期反向永磁聚焦系统[1]。

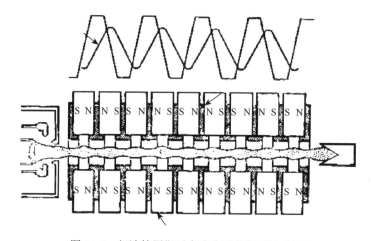

图 14-1　行波管周期反向聚焦磁体剖面示意图

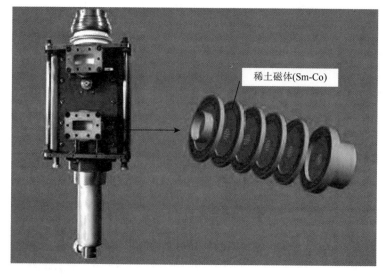

图 14-2　用于 C 波段大功率多注速调管照片（速调管长 690mm，质量 35kg）

14.4.2 稀土钢在航空航天领域的应用

1. 耐热性能提升

随着火力发电、动力机械、航空和石化等工业迅速发展,作为高温工作重要部件的耐热钢的服役条件下的高温性能亟须提高。耐热钢具有高的热强性和良好的持久塑性、抗氧化性和抗腐蚀性能等,但是耐热钢属于难变形钢种、化学成分复杂、合金元素含量高,导致热变形过程中变形抗力大、塑性低,服役过程中该钢种也会发生复杂的蠕变行为。近 5 年,在稀土对奥氏体耐热钢、2205 双相不锈钢、AFA 不锈钢等不同钢种的耐热性的影响机制方面取得了重要研究进展。

稀土元素能够在晶界形成偏析,提高再结晶激活能,强化晶界[2],抑制蠕变过程中晶界孔洞和微观裂纹的生成,从而显著提升耐热钢的抗蠕变性能。Xu 等[3]研究发现在 600℃,加载应力 100MPa 条件下,掺杂 Ce 的 9Cr-1Mo 钢的蠕变周期是未掺杂 Ce 的 2.3 倍;1×10^5h 条件下前者蠕变断裂强度比后者高 7%。添加 Ce 能够将普通 P91 钢的表面活化能从 541kJ/mol 提高到 662kJ/mol,将应力指数从 11.6 提高到 13.8,显著改善 9Cr-1Mo 钢的蠕变性能。

稀土元素的加入能够产生固溶强化作用,并可与碳原子发生交互作用,增大钢材的变形抗力和峰值应变。Wen 等[4]研究发现,在变形温度为 850～1100℃,变形速率为 0.004～10s^{-1} 变形条件下,添加质量分数为 0.019% 的稀土元素(La 和 Ce)后,T91 耐热钢的再结晶激活能、峰值应力、峰值应变分别由未添加稀土元素的 354.6kJ/mol、75.6MPa 和 0.186 提高到 397.2kJ/mol、83.7MPa 和 0.302,显著提高了再结晶发生条件。

高温氧化稀土元素添加能够在含硅的合金中形成富硅的内氧化物,减缓了表面氧化锈层剥落。Yan 等[5]研究了 1373K 条件下添加稀土 Y 对于 HP40 合金循环氧化行为的影响,添加 Y 后其在表面形成覆盖了富含锰的氧化铬双层结构,硅在表层富集改善了锈层的结合强度,从而有效地提升了 HP40 高温条件下的抗氧化能力。

添加稀土元素后促使晶间 MC 型碳化物(主要为 Cr)由网状分布转变为均匀分布,改善钢材的热塑性和蠕变持久强度。奥氏体不锈钢广泛应用于蒸汽机、高压罐和高压输送管道等,然而传统奥氏体不锈钢的 Cr_2O_3 保护层在 923K 条件下不稳定。Zhao 等[6]研究发现 Y 被加入氧化铝保护奥氏体(AFA)不锈钢后,可有效改善晶内和晶界的碳化物形貌,促使高密度的碳化物形成,对于晶界迁移和后续的晶粒长大形成很强的拖曳和钉扎效应,从而达到细化晶粒、改善抗高温腐蚀性能和高温蠕变性能的效果。

2. 耐腐蚀性能提升

添加稀土元素提升钢材的耐腐蚀性能是近几年来稀土钢材研究的热点之一。众多研究者就稀土元素对耐候钢、管线钢、船板钢、低镍奥氏体不锈钢等多个钢种耐腐蚀性能的影响机制进行了广泛研究,发现适量的稀土元素添加可明显提升钢材的抗电化学腐蚀和抗应力腐蚀能力。

稀土元素可与钢中多种合金元素及杂质元素发生有益的冶金物理化学作用,净化钢基体,提高其自腐蚀电位,降低电化学腐蚀电流密度。高强度结构钢和不锈钢因其特有的高强度、高弹性模量及其他优异性能,广泛应用于飞机结构部件。针对中国海军军用飞机在海洋大气环境下服役腐蚀状况严重的问题,Li 等[7]研究了添加稀土 Ce 对低合金超高强钢腐蚀性能的影响,发现添加质量分数为 0.08%的 Ce 的试验钢在质量分数为 3.5%的 NaCl 溶液(水浴温度35℃)中腐蚀384h 后,其腐蚀质量损失与未添加稀土 Ce 相比降低了 11.4%,说明添加稀土 Ce 可提高超高强度钢的抗电化学腐蚀性能。张慧敏等[8]以不同含量稀土 La 的 4Cr13 马氏体不锈钢为研究对象,浸泡于质量分数为 10%的 NaCl 溶液腐蚀介质中浸蚀 20 天后,普通不锈钢和 La 质量分数为 0.20%的不锈钢的腐蚀速率分别为 $7g/(m^2 \cdot d)$ 和 $3g/(m^2 \cdot d)$,浸蚀 40 天后自腐蚀电位分别为–0.54V 和–0.44V,这表明稀土 La 的添加提高了 4Cr13 马氏体不锈钢的自腐蚀电位,提升了其耐腐蚀性能。

稀土元素可使钢中夹杂物变质并弥散分布,减弱钢中由夹杂物导致的微区域电化学腐蚀,降低甚至避免钢材点蚀的发生。耐候钢的腐蚀反应经常是由局部点蚀扩展到整个表面,通过添加稀土可以改变非金属夹杂物的成分并改善其形态,从而有效抑制耐候钢的点蚀反应。Yue 等[9]研究了浓度为 0.01mol/L 的 NaHSO₃ 试验溶液在周期性浸蚀条件下,往耐候钢中添加 Ce 的质量分数为 48.93%的混合稀土金属后,微米级弥散分布的稀土夹杂物取代了易腐蚀的长条硫化锰夹杂物,减弱了钢中的微区域电化学腐蚀,点蚀电位由–410mV 提高到–380mV 以上,从而提高了耐点蚀性能。Yang 等[10]针对海洋腐蚀对于 X80 管线钢的影响,进行了 X80 管线钢中添加稀土 Y 在质量分数为 3.5%的 NaCl 溶液浸蚀的对比试验,发现稀土 Y 能够有效降低 X80 试验钢的腐蚀电流密度,浸蚀 53 天后测量的腐蚀速率由普通试验钢的 $7.10 \times 10^{-5} A/cm^2$ 降低到 $3.98 \times 10^{-6} A/cm^2$。组织观察发现,添加稀土使大尺寸的 Al_2O_3 夹杂物变质为小尺寸的稀土化合物,有利于形成连续致密的内锈层,减少钢材的点蚀源,从而提高钢的抗腐蚀性能。

对于耐候钢、管线钢、不锈钢等多个钢种,稀土元素可以与钢中多种合金元素及杂质元素发生反应,改善钢中晶内和晶界碳化物析出,促进有利织构生成,提高了基体的自腐蚀电位,降低腐蚀电流密度,促进 Si、Cu、P 在内锈层的富集,促进致密保护锈层的生成,从而有效提高这些钢种的耐化学和应力腐蚀性能。但是目前,稀土元素提升钢材耐腐蚀性能方面的研究仍处于初步阶段,主要表现在以下几方面:①稀土元素的选择仍以经验为主,缺乏理论指导;②研究内容主要集中在添加稀土元素对于电化学腐蚀性能和强度、韧性等力学性能的影响,虽然应力腐蚀开裂(stress corrosion cracking,SCC)是高强度管线钢土壤环境腐蚀的主要形式,但是添加稀土元素对管线钢 SCC 的影响未见相关研究;③添加稀土元素提升电化学腐蚀和力学性能的机理分析较为粗浅,如稀土元素改善耐候钢点蚀电化学反应的机理、稀土管线钢的电化学反应 Nyquist 图、极化电阻影响微观机制等,稀土钢表面保护层的形成机理、稀土钢中有利织构生成的机理等众多重要机理问题仍有待进一步的深入研究[11]。

3. 耐磨性能提升

高锰钢由于具备良好的耐磨性,服役于包括航空发动机在内的特殊工业领域,高温、高流速条件下高锰钢的耐磨性是部件寿命的决定性因素。针对高锰钢的耐磨性问题，Sun 等[12]研究发现，加入稀土后有效改善了 M50NiL 钢渗碳氮化层的组织形貌，提高了硬度值（增量130HV0.1）和层厚（增量 14%），从而有效提高了 M50NiL 钢的耐磨性。Yan 等[13]研究发现，500℃条件下进行碳氮共渗处理的淬火态 M50NiL 钢，添加稀土 La 后能促进表层析出强化相 γ'-Fe_4(N, C)、ε-Fe_{2-3}(N, C)，从而提升其耐磨性。Tang 和 Yan[14]研究发现等离子体渗氮 30CrMnSiA 钢添加稀土 Ce 后，表面渗氮层的强化相 ε-Fe_{2-3}N 析出比例增加，硬度增加了 100HV0.1。磨损试验表明（加载力为 10N）：相比未添加稀土元素的渗氮 30CrMnSiA钢，稀土渗氮 30CrMnSiA 钢磨损率降低了 47%。以上研究工作证明了添加稀土元素可通过改善高锰钢的表面渗碳氮层组织形貌、促进表层强化相析出等机制提升高锰钢的耐磨性能，但是稀土元素如何促进高锰钢表层强化相的析出，以及表面强化相析出对基体组织力学性能的影响等方面的研究仍有待加强。

14.4.3 高性能稀土镁合金在航空航天领域的应用

镁合金高温性能差，在使用温度超过 120℃时，镁合金的蠕变强度会随温度升高而大幅度下降，这制约了其在汽车发动机、航空航天等领域应用。目前，工作温度超过 200℃的镁合金均为稀土镁合金。我国稀土资源不但储量丰富，而且具有矿种和稀土元素齐全、稀土品位高及矿点分布合理等优势，研发高性能稀土耐热镁合金具有天然的资源优势。

通过合金化，加入稀土元素可提高镁合金的耐热性能。大部分稀土元素在镁合金中有较大固溶度，可以实现固溶强化、沉淀强化。稀土元素提高镁合金耐热性的机制是使得晶界和相界扩散渗透性减小，相界的凝聚作用减慢，且第二相能有效阻碍位错运动；稀土元素可减少金属表面氧化物缺陷集中，从而使镁合金具有优良的高温抗氧化性能。在 Mg-Al合金中加入 1%混合稀土可提高镁合金的抗蠕变性能，特别是当 Al 的质量分数小于 4%时，效果更佳。一方面在于稀土元素与合金中的 Al 结合生成 $Al_{11}RE_3$ 等 Al-RE 化合物，从而减少了 $Mg_{17}Al_{12}$ 相的生成，有利于提高镁合金的高温性能；另一方面在于生成的 $Al_{11}RE_3$等 Al-RE 化合物具有较高的熔点（$Al_{11}RE_3$ 的熔点为 1200℃），而且这些化合物在镁基体中的扩散速度慢，热稳定性高，可有效钉扎住晶界，阻止晶界的滑移，从而提高镁合金的高温性能。

张清等[15]的研究表明：加入质量分数 0.5%的稀土元素 Sm 后，通过 Sm 的固溶强化作用，细化了 Mg-10Y 合金的显微组织，显著改善了合金的高温力学性能，其抗拉强度大幅度提高，使用温度由原来的 250℃提高到 350℃。张金玲等[16]研究了稀土元素 Y 对 Mg-9Al-2.25Sr 耐热镁合金组织及力学性能的影响，研究发现：当 Y 的质量分数为 0.35%时，合金晶粒细化，分布均匀，综合力学性能最优，其高温（200℃）下的抗拉强度为 192.52MPa、屈服强度为 134.83MPa，较未添加稀土元素 Y 的合金分别提高了 64.07%和 42.83%。

轻合金精密成型国家工程研究中心对稀土耐热镁合金进行了应用研究，探索了Mg-11Y-5Gd-2Zn-0.5Zr 稀土耐热镁合金重力铸造发动机活塞的熔炼浇注工艺及活塞本体的显微组织和力学性能。研究表明：Mg-11Y-5Gd-2Zn-0.5Zr 稀土耐热镁合金具有良好的高温强度,在 300℃、350℃时的抗拉强度分别达到 247.0MPa、161.9MPa;在 250℃、80MPa 条件下 100h 后,镁合金活塞材料的蠕变变形量仅有 0.428%,合金具有优异的抗蠕变性能[17]。

在所有稀土元素中,Y 被认为是提高镁合金高温性能最有效的元素,由此开发了一系列 Mg-Y-RE 基耐热镁合金。其中 WE54 和 WE43 最受重视,它们具有很高的室温和高温强度,耐热温度可达 300℃,且经热处理后,耐蚀性能优于其他高温镁合金,已在多种新型军机、轻型坦克及赛车等高端民用领域得到应用,具有极高的军事价值。目前,稀土耐热镁合金的研究主要集中在 Mg-Y、Mg-Gd、Mg-Gd-Y、Mg-Y-Nd 和 Mg-Y-Sm 等合金系。近年来,Mg-Ho 系合金也开始受到重视[18]。

高性能轻金属材料在航空航天和国防建设中占有十分重要的地位。航空航天器的轻量化带来的经济效益和性能改善十分显著。MD600N 直升机的变速装置采用了稀土镁合金,降低了重量,极大提高了旋翼的升力。我国"神舟六号"载人飞船使用稀土镁中间合金开发的 MB26 镁合金制作电器箱,减重 13kg。航空航天和武器装备上使用的材料工况条件恶劣,经常需要在震动、沙尘、腐蚀、高温等苛刻环境下服役,这使得稀土镁合金如 WE43、WE54 被广泛应用于新型航空发动机齿轮箱和直升机的变速系统中,如西科斯基公司的 S-92 型直升机和贝尔 BA-609 型倾斜旋翼飞机及欧洲的 NH90 直升机。稀土镁合金被广泛用于制造飞机部件,如发动机零部件、座椅、踏板、起落轮、飞机座舱顶棚框架、涡轮喷气发动机机罩及各种无线电设备底座等。美国的 B-36 战略轰炸机大量使用稀土镁合金,共使用了 5555kg 镁板、700kg 镁合金锻造件及 300kg 镁合金铸造件。我国的歼击机、轰炸机、直升机、运输机、机载雷达、地空导弹、运载火箭、人造卫星和飞船均选用了稀土镁合金构件[19, 20]。

稀土镁合金作为一种新型镁合金,因其具有高强、高韧、耐蚀和耐热等优异性能,必将成为镁合金一个持续研究的热点。利用微合金化、多元合金化技术在 Mg-RE 二元合金系的基础上添加其他稀土元素或非稀土元素,利用其协同作用,形成三元、四元等多元合金体系;研究优化稀土镁合金的制备技术,通过改进铸造、压铸及变形工艺,降低合金化过程中的杂质元素含量,进一步提高稀土镁合金的性能;研发低成本、高性能的稀土镁中间合金及高性能稀土镁合金是未来镁合金技术的重要发展方向。

14.5 稀土材料应用前景及发展发向

14.5.1 稀土材料应用前景

《稀土行业发展规划(2016—2020 年)》确定了我国在"十三五"期间,主要稀土功能材料产量年均增长率 15%以上,稀土高值利用需求量年均增长率为 16.5%的目标,我国企业在稀土高端材料中国际市场份额争取到 2020 年达到 50%以上。我国进入工业化加速发展时期,特别是我国可持续发展战略和"一带一路"战略等实施,利用稀土磁性、发光、催化、储氢、抛光、防腐、环保等高性能特性,开发稀土纳米超导材料、纳米磁性材料、纳米催化剂、高性能陶瓷等,扩大稀土在航空航天、轨道交通、新能源汽车、电子信息、海洋工程、工业机器人、高档数控机床、高性能医疗设备等新型领域的应用,为稀土产业发展创造了广阔的发展空间。

14.5.2 稀土产业发展方向

《稀土行业发展规划(2016—2020 年)》明确了将构建合理开发、有序生产、高效利用、科技创新、协同发展的稀土行业新格局作为"十三五"的主要发展方向,在保护稀土战略资源,继续压缩过剩冶炼分离产能的前提下,重点发展稀土高端功能材料及器件,重点包括超高纯稀土金属及其化合物、高端稀土功能晶体、高性能稀土磁性材料、高性能稀土发光材料、高容量稀土储能材料、高性能稀土抛光材料、高强高韧稀土轻合金材料七项稀土高值利用工程,着力拓展稀土功能材料的中高端应用,加快稀土产业转型升级,提高行业发展质量和效益,发挥好稀土在改造传统产业、发展新兴产业及国防科技工业中的战略价值和支撑作用,推进稀土供给侧结构性改革,促进我国稀土行业适应、把握和引领经济"新常态",实现可持续健康发展。

参 考 文 献

[1] 张立乔. 稀土永磁材料在信息技术中的应用. 新材料产业,2016,(5):20-24.

[2] Guo D Q,Ren H P,Jin Z L,et al. Effect of RE on recrystallization behavior of low-carbon micro-alloyed steel. Journal of Iron Steel Research,2013,25(8):46-50.

[3] Xu Y W,Song S H,Wang J W. Effect of rare earth cerium on the creep properties of modified 9Cr-1Mo heat-resistant steel. Materials Letters,2015,161:616-619.

[4] Wen Z,Yi D Q,Wang B,et al. Effect of rare earths on the recrystallization behavior of T91 heat-resistant steel. Journal of University of Science and Technology Beijing,2013,35(8):1000-1008.

[5] Yan J,Gao Y,Liang L,et al. Effect of yttrium on the cyclic oxidation behavior of HP40 heat-resistant steel at 1373K. Corrosion Science,2011,53(1):329-337.

[6] Zhao W X,Wu Y,Jiang S H,et al. Micro-alloying effects of yttrium on recrystallization behavior of an alumina-forming austenitic stainless steel. Journal of Iron and Steel Research International,2016,23(6):553-558.

[7] Li T,Liu Y,Zhen C Q. Effect of rare earth elements on marine atmospheric corrosion behavior of ultrahigh strength steel. Surface Technology,2016,(3):38-43.

[8] 张慧敏,崔朝宇,赵莉萍,等. 镧对 4Cr13 钢组织及耐蚀性的影响. 中国稀土学报,2011,29(1):100.

[9] Yue L J,Han J S,Wang L M. Study on nonmetallic inclusions and pitting corrosion resistance of RE weathering steel. Chinese Rare Earths,2013,34(3):13-17.

[10] Yang J C,Yang Q H,Ding H F,et al. Efect of rare earth yttrium on corrosion resistance and physicochemical behavior of pipeline steel. Special Steel,2016,37(2):62-67.

[11] Mi F Y,Wang X D,Wang B,et al. Effect of rare earths on resistance to industrial atmospheric corrosion of low carbon steel. Journal of Iron and Steel Research,2010,22(8):36-43.

[12] Sun Z,Zhang C S,Yan M F. Microstructure and mechanical properties of M60NiL steel plasma nitrocarburized with and without rare earths addition. Materials and Design,2014,55:128-136.

[13] Yan M F,Zhang C S,Sun Z. Study on depth-related microstructure and wear property of rare earth nitrocarburized layer of M50NiL steel. Applied Surface Science,2014,289(1):370-377.

[14] Tang L N，Yan M F. Effects of rare earths addition on the microstructure，wear and corrosion resistances of plasma nitride 30CrMnSiA steel. Surface and Coatings Technology，2012，206（8/9）：2363-2369.

[15] 张清，李全安，井晓天，等. Sm 对 Mg-10Y 合金组织的细化作用. 材料工程，2011，（3）：70-72.

[16] 张金玲，刘璐，王昕，等. 钇含量对 Mg-9Al-2.25Sr 耐热镁合金组织及力学性能的影响. 机械工程材料，2013，37（3）：5-10.

[17] 陈长江，王渠东，尹冬弟. 镁-稀土耐热镁合金活塞的开发研究. 特种铸造及有色合金，2010，30（5）：455-458.

[18] Pekguleryuz M O，Kaya A A. Creep resistant magnesium alloys for powertrain applications . Advanced Engineering Materials，2003，5（12）：866-878.

[19] 钟皓，刘培英，周铁涛. 镁及镁合金在航空航天中的应用及前景. 航空工程与维修，2002，（4）：41-42.

[20] 康鸿跃，陈善华，马水平，等. 镁合金在军事装备中的应用. 金属世界，2008，（1）：61-64.

第15章 原子核化学

15.1 原子核化学发展史

15.1.1 α、β和γ射线的研究

自从卢瑟福于 1911 年通过 α 粒子的散射实验提出原子的"核式结构模型"以来，原子就被分为两个部分进行研究，一是处于原子中心的原子核，二是围绕其做运动的核外电子。原子的质量中心与原子核的质量中心非常接近。原子核的尺度只有几十飞米，而密度高达 $10^8 t/cm^3$。

对原子核的研究和 19 世纪末以来原子物理学的发展是紧密联系的。贝克勒耳于 1896 年发现铀盐具有放射性之后，激发了一些新的放射性元素的发现。其中最著名的是居里夫妇，通过他们不懈的钻研，发现了镭（Radium，Ra）和钋（Polonium，Po）。放射性物质放出射线的性质及射线和物质本身的关系也随着放射性元素的发现而进一步被研究。卢瑟福发现放射性元素放出的射线分为三种成分，即 α 射线、β 射线和 γ 射线，且 α 射线带正电、β 射线带负电、γ 射线不带电。

1895 年 11 月 8 日，德国物理学家伦琴发现 X 射线。1896 年 1 月 20 日，法国著名的数学家和物理学家彭加勒在法国科学院的会议上介绍了伦琴发现 X 射线的过程并展示了由 X 射线拍摄的照片。彭加勒与贝克勒耳对 X 射线的产生机理进行了实验和讨论。彭加勒由实验推断 X 射线可能是伴随着荧光产生的。后来，贝克勒耳研究了不同的铀盐和纯铀金属板，他发现它们都具有放射性，它们发出的是一种不同于荧光和 X 射线的新射线，人们称之为"铀射线"（uranium ray）。1903 年，由于对放射学的突出贡献，贝克勒耳和居里夫妇共同获得诺贝尔物理学奖。

贝克勒耳发现的放射性启发了居里夫妇（图 15-1）的工作。1898 年，居里夫人发现钍（Thorium，Th）也是放射性元素。由此居里夫人意识到既然不止一种元素能自发地放出辐射，它肯定具有普遍性，必须给它一个新名称，就此她提出了具有普遍意义的"放射性"（radioactivity）这个术语。后来，在实验中居里夫人发现在一种来自当时的捷克斯洛伐克的沥青铀矿中含有一种放射性比铀（Uranium，U）还要强的未知元素。在极其艰难的实验条件下，1898 年 7 月，居里夫人从沥青铀矿中提取出了一种新的放射性元素，并命名为钋，其放射性是纯铀的 400 倍。发现钋之后，居里夫妇开始提炼镭。苦研四年之后，他们于 1902 年从数吨矿渣中提炼出了 0.1g 纯镭盐（氯化镭，$RaCl_2$），并测出了镭的原子量。

图 15-1 贝克勒耳（左）、居里夫妇（中、右）

1898 年，卢瑟福在实验中发现放射性物质发出的射线成分是复杂的，其中至少包含两种不同的辐射，一种贯穿能力很弱，他称之为 α 射线（后证实其是氦离子）；另一种具有较强的贯穿本领，称之为 β 射线（后证实其是高速电子）。他的这一成果发表于 1899 年。1900 年，γ 射线被法国物理学家维拉德发现，后来被证实为电磁辐射的一种形式。1903 年，卢瑟福发现 α 射线在磁场作用下会发生偏转，根据方向断定 α 射线粒子带正电。1909 年，卢瑟福用巧妙的方法根据光谱判断出 α 粒子是氦原子的原子核。

1913 年，化学家索迪提出了放射性物质衰变时的位移法则，即当放出 α 射线时，生成的元素较之前原子序数减少 2；当放出 β 射线时，原子序数较之前增加 1。同年，英国物理学家莫塞莱通过对各种元素的标识 X 射线辐射波长的研究，指出原子序数就是原子核中正电荷的数目，这一发现对门捷列夫元素周期表的完善起了相当大的推动作用。

15.1.2 几个著名的核反应

1902 年，卢瑟福和索迪合作，通过对铀、镭、钍等元素的放射性研究，提出元素嬗变理论。该假说认为放射性物质是由一些不稳定的放射性原子组成的，单位时间都有一部分原子通过发射（α、β 和 γ）射线和放出能量而衰变成其他放射性元素；也就是说，元素也有一个"进化"过程。元素嬗变理论打破长久以来人们相信的"原子是不可分割的"哲学和化学思想，确立了一种元素可以向另一种元素转化的观念。在此之前，原子发生转变仅局限于天然范围。自然，人们就会想是否可以通过人工的方法进行原子转变，实现"点石成金"的梦想呢？

1. 历史上第一个人工核反应

1919 年，卢瑟福来到了剑桥大学担任实验室主任。同年他用 ^{212}Po 放出的 α 粒子去轰击靶核氮气，发现了荧光屏上产生的明亮闪光，卢瑟福推测这是由于 α 粒子与氮原子核相互作用产生了某种新粒子的结果。这就是历史上实现的第一个人工核反应。实验中的核反应如下：

$$\alpha + {}^{14}_{7}N \longrightarrow {}^{17}_{8}O + {}^{1}_{1}H$$

这是人类历史上第一次人工实现的"炼金术"，通过核反应把一种元素变成了另一种元素。

卢瑟福发现许多元素在 α 粒子轰击下都可放射出类似于氢核的新粒子，其能量很大，可以穿过银箔在荧光屏上产生闪光。因此他觉得所有元素的原子核中都有这种粒子，并将其命名为"质子"（proton），符号为 p。

$$\alpha + {}^{14}_{7}N \longrightarrow {}^{17}_{8}O + p$$

2. 发现中子的核反应

1920 年，卢瑟福提出中子假说，预言原子核中除了含有质子以外，还有一种由电子和氢核组成的不带电的中性粒子，他称之为"双子"（doublet）。

1930 年，德国物理学家玻特和他的学生贝克尔发现，用镭的 α 射线轰击铍-9（^{9}Be）时，会产生一种能穿透几英寸铅板的中性射线，他们认为这种中性辐射是 γ 射线。

$$\alpha + {}^9Be \longrightarrow n + {}^{12}C$$

1931 年，居里夫妇也进行了这一实验，并让这种射线打在含氢的石蜡上，发现该辐射能从石蜡里打出质子。然而，他们认为这是由 γ 光子引起的"康普顿效应"（compton effect）。就这样，玻特和居里夫妇都错失了发现中子的机会。

1932 年，英国物理学家查德威克重复了上述实验，联系他的老师卢瑟福提到的中性粒子，并证明反应过程中所产生的中性射线是由一种质量和质子差不多的中性粒子组成的，他把这种中性粒子命名为中子（neutron）。1935 年，查德威克因发现中子被授予诺贝尔物理学奖。

3. 第一个在加速器上实现的核反应

1932 年，英国剑桥大学卡文迪许实验室的科克罗夫特和瓦尔顿利用他们自己发明的电压倍加器加速质子，然后轰击锂转变为氢，反应如下，二人因此获得 1951 年诺贝尔物理学奖。

$$p + {}^7_3Li \longrightarrow \alpha + \alpha$$

在这一反应中输入能量是 0.5MeV，输出能量为 17.8MeV。这表明核反应可以从原子核中释放出能量。

4. 产生第一个人工放射性核素的反应

1934 年，居里夫妇用 α 粒子轰击铝箔后发现铝箔保持放射性，且放射性呈指数衰减，根据同样的方法，他们还合成了一些其他的人工生成的放射性物质，此即人工放射性。因此他们获得了 1935 年的诺贝尔化学奖。他们完成的核反应如下：

$$\alpha + {}^{27}_{13}Al \longrightarrow {}^{30}_{15}P + n$$

^{30}P 不稳定，放射衰变转变为 ^{30}Si：

$$^{30}_{15}P \longrightarrow {}^{30}_{14}Si + {}^{0}_{1}e + v$$

人工放射性的发现是 20 世纪最重要的发现之一。从此，科学家们不再局限于自然界的天然放射性物质来研究问题，这为同位素和原子能的利用提供了可能，推动了核物理的发展。

15.1.3　重核的裂变和轻核的聚变

1. 费米的中子实验

1934 年，居里夫妇发现人工放射性的消息传到罗马，使费米想到中子因为和含氢物质中的氢原子核碰撞，速度会降低，用这种不带电荷的慢速中子作为入射粒子要比 α 粒子更容易使被辐射物质发生核反应。按照这种想法，他便用中子沿着元素周期表的顺序依次轰击各种元素，寻找可产生人工放射性的元素。

1934 年 5 月，费米研究组用中子轰击当时周期表上的最后一种元素 92 号元素铀时得到很多种元素，其中有一种半衰期为 13min 的放射性元素。经分析这种元素不是从铅到铀之间的那些元素。费米认为有可能是产生了原子序数大于 92 的"超铀元素"（transuranic），即 93 号元素，但是鉴于当时的实验条件还无法精确地分离分析轰击后的产物，他没有完全确定。实际上是 ^{235}U 分裂成了大致相等的两半。

93 号元素的问题历经四年多也未被研究清楚，但在此期间却有好几个实验"证实"了费米的推测。1938 年，费米获得诺贝尔物理学奖，以表彰他通过中子轰击而发现新的放射性元素。

同年，德国两位化学家哈恩和斯特拉斯曼，与女物理学家迈特纳用慢中子轰击铀然后用化学方法分离和分析轰击后的反应产物，得到了与费米相悖的结果：轰击后的产物分裂成两部分，产生的是 56 号元素钡而不是 93 号新元素。面对这样的实验事实，费米坦率地承认了自己判断的错误，并在裂变理论的基础上提出新理论：当铀发生核裂变时，会产生中子。而这些中子又会继续和其他铀核撞击，于是引发一连串的反应，直到全部铀原子发生裂变。这就是著名的链式反应理论。根据这一理论，一连串的核裂变将在短时间内释放巨大的能量，如果将其制成炸弹，理论上，它的爆炸力是 TNT 炸药的 2000 万倍！

2. 重核裂变的发现

1937 年，伊伦娜·居里和萨维奇在用中子轰击铀盐时，发现产物中有一种半衰期为 3.5h 的物质，化学性质很像镧。他们推测其是一种超铀物质，但也没有确定。德国化学家哈恩则认为伊伦娜·居里错了，他和助手斯特拉斯曼重复了这一实验。1938 年 12 月中旬，他们经分析确认产物中存在钡。

哈恩随后将其实验结果寄给了已迁往瑞典的合作者迈特纳，迈特纳对钡的产生做出了这样的解释："铀核好比是一个时刻颤动的液滴，当一个慢中子击中它时，核就振动起来并有可能被拉长，拉长了的核液滴更易于受到内部的电的斥力作用，两个小核液滴互相排斥，越离越远，最终中间断裂，成为两个小核。"他们预言这种产物是钡和氪。此外，迈特纳还根据反应前后物质的质量不同，计算出了反应中放出的巨大能量。

根据哈恩的研究，迈特纳和弗里希根据玻尔的液滴模型利用云室对铀核分裂作了精辟的物理解释。后来弗里希和迈特纳联名发表了一份题为《中子导致的铀的裂体：一种新的核反应》的文章，该文章给出了重核裂变的理论解释，为核裂变提供了理论基础。

1946 年年底，中国物理学家钱三强与他的妻子何泽慧在法国居里实验室发现了铀核的三分裂现象，即在铀核的每三千个裂变之中，就会出现一次这种新形式的裂变现象。铀核不仅可以一分为二，而且可以一分为三，其中之一往往是 α 粒子。

3. 链式反应

1939 年 3 月中旬，物理学家西拉德和费米先后证明铀核裂变时可以释放出两个以上的中子。这表明铀核裂变时有可能引发链式反应。链式反应是指：当一个中子击中铀核时，铀核裂变，释放出大量能量的同时还会放出 2～3 个中子，这些中子继续引发新的铀核发生裂变，这样循环往复，直到全部铀核发生裂变。

1939 年，费米听说铀原子核裂变的消息，他便设想了原子反应堆的可能性。1941 年年底，在物理学家康普顿的组织协调下，费米组织了原子反应堆的建造和实验。要实现控制链式反应，必须解决两个关键问题。第一，要有合适的中子"慢化剂"，把快中子转变为慢中子。重水（D_2O）是一种良好的慢化剂，并且因其是液体，可兼做冷却剂，但主要缺点是价格较贵，系统设计需有严格的密封要求，所以费米采用石墨（即碳，C）代替。第二，必须严格控制反应速率，使裂变安全平稳地进行。费米利用镉棒（Cadmium，Cd）作控制棒来吸收中子控制反应速率。

费米和西拉德设计了立方点阵式的"芝加哥一号堆"，它是由镶嵌着 7t 铀原料的石墨板和完整的石墨板交替堆放而成的。1942 年 12 月 2 日，在费米的指挥下核反应堆平稳地运行了 28min，人类完成了第一个链式反应。第一个链式反应的完成，标志着人类实现了原子能的可控释放，开启了人类原子能时代，芝加哥大学也因此被誉为人类"原子能诞生地"。

15.2　原子核化学基本知识

与原子核有关的知识可以分为两个方面，一方面是基础研究，如对原子核的结构、核力、核反应等问题的研究，这些涉及物质结构本质的基本问题，是为了了解其原理和规律，为原子核能的利用做准备；另一个方面就是如何应用原子核能和原子核的放射性。

以上两方面联系紧密，相互促进。能源问题已成为全世界关注的焦点。在化石能源逐渐枯竭后，除继续利用潮汐能以外，原子能和太阳能更将会是人类赖以生存的能源。

而目前原子能主要用于国防。人类长期依赖的能源绝大部分间接来自太阳，今后将更多地直接利用太阳辐射。太阳不可能持续地输出强大的能量太阳能也是来源于太阳内部氢原子发生氢氦聚变不断释放的能量。所以原子核的研究在理论上和应用上都具有相当重要的意义。

原子核位于原子的核心。原子核体积很小，只占原子体积的几千亿分之一，却拥有原子质量的 99.96%。原子核是由 Z 个质子和 N 个中子所组成的（Z 和 N 均为正整数），核子数 A 为质子数 Z 和中子数 N 之和。质子带一个单位的正电荷，中子呈电中性，所以整个原子核带正电荷 Ze（e 为元电荷）。质子和中子都有一定的质量，故原子核有一定的质量；如果忽略核外电子的结合能（electron binding energy，EB），原子核的质量是原子质量与核外电子质量之差。原子核中的 A 个核子分布在一个很小、密度很大的区域，这个区域的大小用核半径来描述。

15.2.1　原子核的半径

原子核中的核子分布在一个近似球对称的范围内，它没有明显的边界，所以原子核半径并不是指原子核的几何半径。测量原子核半径的方法有 α 粒子散射、质子散射、电子散射、中子散射、μ 介子原子的特征 X 射线研究等。原子核的半径与质量数的立方根成正比，即：$R = r_0 A^{1/3}$。r_0 是一个常数，用不同的方法定出的常数 r_0 可以略有不同，一般地说，$r_0 = (1.1 \sim 1.5) \times 10^{-13}$ cm。

实际上，原子核的核子分布范围难以用实验的方法直接测量，所以往往用下述两种相似的概念来表示。研究早期原子核半径按原子核的电荷分布半径计算，即原子核中质子的分布范围。后来发现原子核内部还有结构，核子之间存在着很强的核力时，便用核力的作用范围代表原子核半径。由于核力是一种短程力，入射强子与核内核子将近接触时才进入原子核的核力作用范围，故核力只有在原子核的尺度内才发生作用，也就是核物质的分布范围[1]。

15.2.2　结合能

要克服核力将原子核内的核子分开需要能量，该能量就是原子核的结合能，按照爱因斯坦的质能关系，原子核的结合能与这个核的质量和组成它的自由核子质量相关。各个核子组成原子核有质量损耗，且 $\Delta m > 0$。质量亏损 Δm 乘以光速 c 的二次方就等于该原子核的结合能，即

$$E_B(Z, N) = \Delta m c^2 = [Z m_p + N m_n - m(Z, N)]c^2$$

式中，m_p 为原子核中单个质子的质量；m_n 代表单个中子的质量；Z 为质子数；N 为中子数；$m(Z, N)$ 是该原子核的质量；c 为光速。单位核子的结合能（也称比结合能）用 E_B/A 表示，中等质量核及重核的比结合能大致是一个常数（约 8×10^6 eV），这样巨大的结合能是使核子保持在 10^{-13} cm 线度内不会自动分离开来而组成一个稳定核体系的必要因素。比结合能大致是一个常数这一事实，与原子中电子的结合能不同，在这方面，原子核很像固

体或液体。把一个粒子 b（质子、中子或其他核子集团）从核内分离出去所需要的最小能量称为粒子 b 的结合能[1, 2]。

当结合能较小的核变成结合能较大的核，即结合得比较松的核变到结合得紧的核时，从高能量态转化为低能量态，就会释放出部分结合能。从图 15-2 可以看出，通过两个途径可以获得所释放的结合能：一是重核裂变，即一个重核分裂成两个质量较小的核；二是轻核聚变。人们根据重核裂变的原理制造了原子反应堆与原子弹，依靠轻核聚变的原理制成了氢弹。由此可见，人们所利用的主要是原子核结合能发生变化时释放的能量。

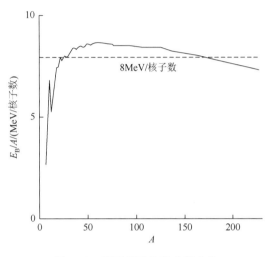

图 15-2　原子核平均结合能曲线

15.2.3　核自旋

原子核的角动量，又称为核的自旋，是原子核的最重要的性质之一。产生原子核角动量的原因是原子核由中子和质子所组成，中子和质子是具有自旋为 1/2 的粒子，除了自旋外，它们还在核内做复杂的相对运动，因此具有相应的轨道角动量。所有这些角动量的矢量和就是原子核的自旋，它是由核的内部运动引起的，与整个核的外部运动无关。归纳关于基态原子核的实验结果，人们发现：偶偶核（即质子数和中子数为偶数的核）的自旋为零；奇奇核的自旋大多数为不等于零的整数；奇核的自旋为 $h/2\pi$ 的半整数倍。原子核的电四极矩是描述原子核的电荷分布的非球对称的一个量。因为核自旋而产生磁矩，影响核外电子的运动，造成核外电子能级的超精细分裂，引起原子光谱的超精细结构，对原子光谱超精细结构的分析即可获得核自旋数据。

15.2.4　磁偶极矩

核磁矩是原子核的一种电磁性质。电荷做轨道运动产生磁偶极矩，这个磁偶极矩与质子的轨道角动量成正比。组成原子核的质子带有正电荷，做轨道运动，对原子核的磁偶极矩有贡献，同理，中子不带电荷则无贡献。核子的自旋可以引起自旋磁矩，所以原子核的磁偶极矩等于各核子的自旋磁矩及质子的轨道磁矩之和。

原子核的磁矩和核外电子的作用引起核外电子的附加能量，这种附加能量形成原子光谱的超精细结构[3]。

15.2.5　原子核的宇称

宇称是描述在空间坐标反演变换（$x \rightarrow -x$）下，量子力学系统波函数变化性质的一个量。例如，描述一个单粒子的波函数，当空间坐标反演时，波函数不变的为正宇称（或偶宇称），波函数改变符号的为负宇称（或奇宇称）。原子核系统的宇称取决于组成这个系统的各个单粒子的宇称。原子核的状态有一定的宇称，通常用加在自旋数值右上角的"＋"或"－"来表示，"＋"代表正宇称，"－"代表负宇称。在核过程中，宇称通常是守恒的；在某些过程中，如 β 衰变，宇称是不守恒的，这是 1956 年由李政道和杨振宁首先提出，并被实验所证实的。

15.2.6　原子核的衰变

在人们发现的两千多种核素中，绝大多数核素都是不稳定的，它们会自发地蜕变，变为另一种核素。不稳定的放射性核放射出射线后衰变为另一种核或衰变为能量较低的核，这样的现象称为放射性衰变，放射过程中遵从电荷守恒、质量数守恒和能量守恒。

1896 年 3 月，贝克勒耳首先发现了铀的放射现象，这是人类认识原子核的开始。但是他却把研究工作仅限于铀，没能进一步拓宽。此时，正在法国留学的居里夫人毅然选择了放射性研究作为她的博士论文。1898 年，居里夫妇先后发现了放射性钍、钋和镭，这些新的放射性元素的发现使放射性研究有了新的突破，轰动了整个科学界。1903 年，贝克勒耳与居里夫妇共享了诺贝尔物理学奖。放射现象一方面为我们提供了原子核内部运动的许多重要的讯息，另一方面它又在工业、农业、医学很多领域实现了广泛的实际应用。

原子核自发地放出 α 粒子（α 射线）的转变过程称为 α 衰变。α 粒子也就是氦原子核带两个正电核，质量数为 4。

原子核自发地放射出电子 e^-、正电子 e^+ 或俘获 K 轨道一个电子的转变过程称为 β 衰变；放射出电子 e^- 的称为 $β^-$ 衰变，所发射出的电子称为 $β^-$ 粒子或 $β^-$ 射线；放射出正电子 e^+ 的称为 $β^+$ 衰变，所发射出的正电子称为 $β^+$ 粒子或 $β^+$ 射线；俘获 K 轨道电子的转变过程称为 K 轨道电子俘获。

α 和 β 衰变后的子核很可能处于激发态，会以放射 γ 射线的形式释放能量，跃迁到较低的能态或基态。这种自发地放射 γ 射线的过程称为 γ 衰变。常用的钴-60、铯-137 都既有 β 放射性，又有 γ 放射性。处于激发态的原子核还可能将跃迁的能量直接转移给一个 K 轨道的电子，并将 K 轨道的电子发射出原子，这种现象称为内转换，发射出的电子称为内转换电子[2, 3]。

15.2.7　核反应

粒子（如中子、光子、π 介子等）或原子核与原子核之间的相互作用引起的各种变化称核反应。核反应是自然界中早已普遍存在的极为重要的现象。现如今存在的化学元素除氢以外都是通过天然核反应合成而来，在恒星上发生的核反应为恒星辐射出巨大能量提供能量来源。此外，宇宙射线每时每刻都在地球上引发核反应。自然界的碳-14 大部分是由宇宙射线中的中子轰击氮-14 产生的。

1919 年，英国的卢瑟福用天然放射性物质铀的 α 粒子轰击氮，首次实现了人工核反应。20 世纪 30 年代初电压加速器的出现和 40 年代初反应堆的建成，为研究核反应提供了强有力的工具。目前已能将质子加速到 $5\times10^5\mathrm{MeV}$，将铀原子核加速到约 $9\times10^4\mathrm{MeV}$，并能获得介子束。高分辨率半导体探测器的使用提高了检测核辐射能量的精度。核电子学和计算机技术的发展改善了获取和处理数据的能力。在过去半个多世纪里，研究过的核反应数以千计，制备出了自然界不存在的放射性核素约 2000 种，发现了 300 余种基本粒子，获得了有关核素性质、核转变规律、核结构、基本粒子及自然界四种相互作用的规律和相互联系的大量知识。

作为轰击粒子的能量，可以低到 1eV 不到，也可以高到几百 GeV。在 100MeV 以下的，称为低能核反应；100MeV～1GeV 的，称为中能核反应；1GeV 以上的，称为高能核反应。

轰击粒子的种类多种多样，可以轻到质子，重到铀离子。比 α 粒子重的粒子引起的核反应，统称为重粒子反应。

核反应实际上研究两个问题。一是反应运动学，它研究在能量、动量等守恒的前提下，核反应服从的一般规律。它不涉及粒子间相互作用的机制，只回答反应能否发生及反应产物的运动学特征。二是反应动力学，它研究参加反应的各粒子间的相互作用机制，即研究核反应发生的概率。核反应动力学的内容，直接反映了核内运动形态，是原子核理论的重要课题。

在核反应中，轰击原子核的粒子称为入射粒子或轰击粒子，被轰击的原子核称为靶核，核反应发射的粒子称为出射粒子，轰击后的原子核称为剩余核或产物核。入射粒子 a 轰击靶核 A，发射出射粒子 b 并生成剩余核 B 的核反应可用以下方程式表示：$A + a \longrightarrow B + b$。若 a、b 为同种粒子，则为散射，并根据剩余核处于基态还是激发态而分为弹性散射和非弹性散射，用 A（a, a）A 和 A（a, a′）A* 表示[4]。给定的入射粒子和靶核能发生的核反应往往不止一种。

15.2.8　核裂变

一个重原子核分裂成为两个（或更多个）中等质量碎片的现象称为核裂变。按分裂的方式，裂变可分为自发裂变和感生裂变。自发裂变是没有外部作用时的裂变，类似于放射性衰变，是重核不稳定性的一种表现；感生裂变是在外来粒子（最常见的是中子）轰击下产生的裂变。

　　裂变过程处于激发态的原子核（例如，铀-235 核被一个中子激发之后，就形成激发态的铀-236 核）发生形变时，一部分激发能转化为形变势能。随着原子核逐步拉长，形变能将经历一个先增大后减小的过程。这是因为有两种因素在起作用：来自核力的表面能（E_S）是随形变而增大的；来自质子之间静电斥力的库仑能（E_C）却是随形变的增大而减小的。两种因素综合作用的结果形成一个裂变势垒，原子核只有通过势垒才能发生裂变。势垒的顶点称为鞍点。到达最终断开的剪裂点后，两个初生碎片受到相互的静电斥力作用，向相反方向飞离，静电库仑能转化成两碎片的动能。初生碎片具有很大的形变，它们很快收缩成球形，碎片的形变能就转变成为它们的内部激发能。具有相当高激发能的碎片，以发射若干中子和 γ 射线的方式退激，这就是裂变瞬发中子和瞬发 γ 射线。退激到基态的碎片由于中子数与质子数的比例偏大，均处于 β 稳定线的丰中子一侧，因此要经历一系列的 β 衰变而变成稳定核（远离 β 稳定线的核素）。这就是裂变碎片的 β 衰变链。在 β 衰变过程中，有些核又可能发出中子，此中子称为缓发中子。以上就是一个激发核裂变的全过程[5]。

　　由此可见，裂变能否发生将取决于复合核的激发能大小及库仑能（E_C）与表面能（E_S）之比：

$$\chi \sim E_C/E_S = Z^2/A$$

式中，χ 为可裂变率，它正比于 Z^2/A，Z^2/A 越大，裂变的可能性也越大；当 Z^2/A 超过 50 时，库仑力已大到使原子核无法存在。核素图及裂变过程中的核形变分别见图 15-3 和图 15-4。

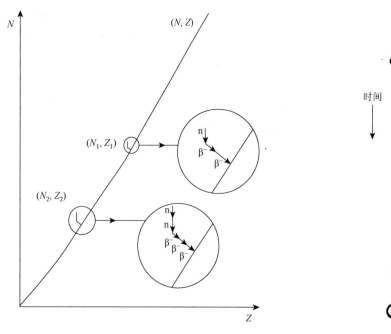

　　　　图 15-3　从核素图看裂变过程　　　　　　　　图 15-4　裂变过程中的核形变

实现可控核裂变链式反应的装置,在核能事业中是最重要的装置之一,通常简称为反应堆或堆。自持的裂变反应称为裂变链式反应。例如,铀-235 的核吸收一个中子后发生裂变,又放出两三个中子,除去消耗,至少还有一个中子能引起另一个铀-235 核发生裂变,使裂变自持地进行下去。核裂变链式反应的进行过程基本上是一个以中子为媒介的,裂变核素部分质量转化为能量的过程。

在反应堆内产生核链式反应的物质称为核燃料,又称裂变材料。只有能大量获得,且易吸收热中子并引起裂变的核素才能作为核燃料。这种核素有铀-235、铀-233 和钚-239 三种。只有铀-235 存在于天然铀中,而铀-233 和钚-239 都要靠反应堆生成[5]。

用反应堆产生核能,需要解决以下几个问题:为核裂变链式反应提供必要的条件,使链式反应持续进行,并能把反应中产生的能量取出来应用;能控制链式反应,使其按工作需要进行;避免核裂变链式反应所产生的中子或放射性物质危害工作人员和附近居民的身体健康。

15.3　原子核化学在航空航天领域的应用

航空航天飞行器要求发动机具有高推重比和长航时。两项性能的满足都需要高能量密度能源燃料作为动力。目前航空飞行器使用的航空燃油是常规化石能源中能量密度最高的能源品种,即使这样,飞行器也要携带几吨、几十吨甚至上百吨的航空燃油满足飞行距离的需求,为了进一步增加飞行距离,有的飞机还需要空中加油,这些都对飞机飞行性能带来了诸多不便,而核能作为能源密度最高的能源品种,以其可持续供给特性及理论上的高温特性,成为航空航天动力的发展方向。

美国早在 1942 年的曼哈顿计划时期就已设计采用核能为航空发动机提供动力。1946 年更是开始了核动力航空推进技术研究,但是由于缺乏对核辐射材料影响的了解,也没有核辐射防护试验条件所以没有成功。同年 5 月,美国空军实施了“核能飞机发动机”(Nuclear Energy for the Propulsion of Aircraft,NEPA)计划,企图研发核动力的长航时战略轰炸机和高性能飞机。NEPA 计划运行 6 年,花费几千万美元,至 1951 年被“飞机核动力”(Aircraft Nuclear Propulsion,ANP)计划替代。ANP 计划企图研发全尺寸飞机用核反应器和发动机系统。ANP 计划持续 10 年,1961 年因事故等多种原因而中止[6]。

20 世纪 90 年代由于巡航导弹和无人机的发展,核动力发动机再次激发了研究人员的兴趣。而 1998 年,触发异构体反应(triggered isomer reaction)的发现和触发异构体换热器(triggered isomer heat exchanger,TIHE)的发明为核能航空发动机的研制提供了新方向。2003 年,美国空军在 TIHE 研究成果的基础上,开始研究一种采用核能/普通涡扇发动机组合动力的高空长航时无人机。飞机在起飞、爬升、下降和着陆时以普通的涡扇发动机为动力,而在高空巡航时切换动力源以基于 TIHE 燃烧室的发动机为动力,这种混合动力无人机可在高空持续飞行 1 个月。经过对涡桨、涡扇、涡喷和火箭发动机的评估,最后认定一种 $M_a = 0.5$ 的涡扇发动机为最佳的涡扇发动机,所选发动机的参数与全球鹰无人机的动力 AE3007 很接近。

1955 年，空军-原子能委员会（Air Force-Atomic Energy Commission，AFAEC）联合工作组成立，随后美国的空间核电源项目整合并更名为"空间核辅助电源"（Space Nuclear Auxiliary Power，SNAP）计划。SNAP 计划快速发展美国的核动力航天器。SNAP 计划还同时支持放射性同位素电源（radioisotope thermoelectric generator，RTG）和核反应堆电源。相比之下，RTG 技术较为成熟，且可以满足部分航天应用需求。而且，由于当时蓄电池的一系列问题阻碍了空间太阳能发电系统的应用，所以美国较早地研发了同位素航天器。1961 年 6 月 29 日，世界上第一颗核动力航天器"子午仪" 4A 军用导航卫星发射并成功在轨运行。卫星使用 RTG 为晶振提供稳定的电源，电功率为 2.6W。随后多颗"子午仪"卫星相继应用 RTG 做电源。1965 年 4 月 3 日，由空军支持、用于验证空间核反应堆电源的 SNAPSHOT 卫星发射。SNAPSHOT 是世界上第一颗也是美国唯一一颗使用核反应堆的在轨航天器。1969～1972 年发射的阿波罗 12～17 号飞船上均使用了 RTG。阿波罗任务成功后，美国在太空竞赛中取得胜利，其重点开始转向国内民族和经济问题，空间项目受到了很大的影响。美国空军则于 1976 年在"林肯实验卫星"（LES）8/9 通信卫星上最后一次使用了核能。

2002 年 2 月，NASA 发布了"核系统倡议"（NSI），支持同位素和反应堆电源及推进系统的研发。2003 年 3 月，NASA 成立"木星冰月亮轨道器"（JIMO）项目，同时将整个核动力研究项目更名为"普罗米修斯"工程。2005 年，该工程因为经费问题及 NASA 发展优先级的变化而终止。2004 年 1 月，为了提振美国人对太空探索的热情，重返月球和载人登火星等太空探索任务被重新提出。2010 年 4 月 15 日，奥巴马总统提出在 21 世纪 30 年代中人类将登上火星。2011 年，NASA 发布《2013～2022 年十年行星科学愿景与旅行》，提出研究新的火星巡视器、木卫二的探索和天王星及其卫星探测的任务。NASA 一直在以载人火星探测为最终目标开展火星任务。上述计划都需要以发展核动力航天器为支撑。作为"普罗米修斯"工程的组成部分，RTG 研究取得了一些进展，"多任务同位素热电发电机"（MMRTG）是这一时期具有代表意义的系统，也是唯一得到在轨应用的系统。MMRTG 设计寿命 14 年，寿命初期输出功率 125W。"普罗米修斯"工程对基于同位素的空间核推进技术提供了支持。该技术主要计划用于小型和中型的太阳系外科学探测卫星。基于核反应堆的大功率核电源和核电推进是这一时期的研究重点，兆瓦级及以上的核反应堆电源概念不断被提出，其中一些新概念和创新性技术得到了 NASA 探索项目的支持。JIMO 作为"普罗米修斯"工程的核心，也是这一时期核动力航天器的典型代表。JIMO 主要任务是探测木卫二和木星其他的卫星，任务实施分为 5 个主要阶段。JIMO 总重约 21t，展开状态下长 58.4m、宽 15.7m，收拢状态下长 19.7m、宽 4.57m，设计寿命 20 年。卫星一个 550kW 的核反应堆和一个 2kW 的太阳电池阵供能，使用 8 个 30kW、比冲 7000s 的离子发动机。图 15-5 给出了 JIMO 在轨效果图[7]。

"可变比冲磁等离子体火箭"（variable specific impulse magnetoplasma rocket，VASIMR）是核推进技术的代表。在 NASA 的资助下，AdAstra 公司完成了 200kW 电功率的 VASIMR 发动机 VX-200 的原理样机的研制、测试和试验。测试数据显示，发动机效率高达 60%。

图 15-5　JIMO 在轨效果图[7]

AdAstra 公司基于 VASIMR 和大功率核反应堆电源技术,提出了短期载人往返火星的计划,使用 200MW 核反应堆在 39 天内载人到达火星;飞船使用 5 个 VASIMR 发动机,总重 600t,总旅程 69 天。

进入 21 世纪后,美国发射了多颗用于深空探测的核动力航天器。"新地平线"(new horizons)冥王星探测器使用 GPHS-RTG 供电,于 2006 年 1 月发射。"勇气号"和"机遇号"火星车采用同样的设计,每部车使用 8 个 RHU,先后于 2003 年 6 月和 7 月发射。"好奇号"火星车电源完全由 MMRTG 供给,于 2011 年 11 月发射[8]。

分析上述美国动力航空推进研究结果,能粗略得出以下结论。

(1)核动力航空推进不仅是可以实行的,而且其具有飞行时间长的突出优势。

(2)核动力航空推进中保证核反应器安全、可靠的同时,也要最大限度地减轻核屏蔽重量问题。

(3)核动力开式循环已经试验测试验证是可行的,且单个核反应器方案最佳,但是由于带有燃油燃烧室也会带来控制及核反应器切换反应等各方面的问题。核动力闭式循环对长航时更具潜质,但目前尚未得到充分验证。

根据核动力航空推进的国外研究调研,认为核动力航空发动机与航空燃气涡轮发动机相比,除核辐射安全性外,技术实现上存在着三个突出关键问题。

(1)自重量问题。核反应器结构和核辐射屏蔽会给飞行器增加很大的重量,其中较为关键是核辐射屏蔽重量。

(2)热交换器换热效率与速率问题。核动力航空推进核心是核反应器热能传递给航空推进各类介质,能量传递效率与速度问题成了核动力是否可行的关键。

(3)热力系统及新型结构问题。核动力航空推进可选多种实施方案,但都需要热力系统设计,保障运行可靠[9]。

根据核动力航空推进的性能特点及技术难题,分析认为其对于以下两类用途较为有利:一是核动力。长航时无人机推进动力,可以无需复杂的核辐射屏蔽。二是核动力巡航导弹发动机。长航时无人机滞空时间长，而核动力由于核燃料的特殊性，可保证飞机滞空时间；无人机可以减轻核辐射屏蔽防护重量，提高发动机的推重比或飞机功重比，大大地缓解了自重问题。巡航弹需要能够长距离持续供能的动力，作为作战武器，也可以减少屏蔽措施来缓解自重问题。

核热火箭是利用核裂变产生的热能加热工质至高温，然后通过收缩扩张喷管加速到超声流而产生推力的火箭发动机系统。其飞行原理与液体火箭发动机相似，所不同的是动力系统采用核反应堆取代了液体火箭中的化学燃烧。理论上，如果使用核燃料驱动火箭，其理论最大比冲可以高达约 1000000s，是液氧-液氢化学火箭的一万多倍。核热火箭发动机的构造和传统化学火箭发动机类似。在反应堆中，通过与核电厂中的核反应类似的方式控制核反应发生的速度：反应堆周围布置了一圈用于控制堆内中子流的控制棒。当控制棒抽出时，中子流增加，促进链式核反应进行，提高发动机输出功率。如果需要减小发动机的推力或停机，则将控制棒推入反应堆来吸收堆内的中子流，减缓核反应即可[10]。

热核火箭具有推力大、比冲高、可多次启动等优点。热核火箭的发动机和化学火箭的发动机构造基本相似，其基本原理也是将推进剂加热后向后喷出，让火箭获得前进的动力。但和化学火箭不同的是，热核火箭加热推进剂的热量由核反应提供，而不像化学火箭依靠化学反应释能飞行。核反应释放的能量引起的高温限制了核热火箭的发动机发展。由于核反应能够产生的温度一般远远高于目前可用的材料能够承受的温度，因而不得不降低核反应的速率，以不完全释放核反应能够产生的能量来适应目前的发动机。总之，依靠人类现有的科技水平，核动力火箭实用化还面临诸多难点。核反应堆的小型化难题还难以攻克，因为核反应堆需要冷却控制系统和辐射屏蔽系统，目前研制出这样的发动机还十分困难[11]。

15.4 核辐射对航天器的影响

根据辐射粒子能量的大小来划分，辐射可分为电离辐射和非电离辐射，凡是与物质直接或间接反应时能使物质电离的辐射，称为电离辐射；红外线、可见光、无线电波、微波等辐射，由于能量低，无法引起物质电离，称为非电离辐射。

按辐射引起电离的过程来区分，辐射又可分为直接和间接电离辐射：直接电离辐射是那些能量大到可以通过碰撞就能引起物质电离的带电粒子，如电子、β 射线、质子和 α 粒子等。间接电离辐射是能够直接电离粒子或引起核变化的非带电粒子，如光子、中子等。

按辐射源的位置来区分：把体外放射源发射的辐射对人体的照射称为外照射，由进入体内的放射性物质发射的辐射所产生的照射称为内照射[12]。

尽管飞行器外设会屏蔽很大一部分空间辐射粒子，但航天器长时间暴露于空间辐射场中，总有相当一部分会进入舱内，使航天器内设施的功能失效，甚至威胁宇航员的身体健康。在宇宙空间中，航天器内辐射环境受到负载、发动机技术和造价等多方面因素的限制[13-15]。将核辐射完全屏蔽是不可能的，也没必要。在合理且可实现的前提条件下，尽可能降低舱内设施及宇航员所接受的辐射剂量即可。

参 考 文 献

[1] 宁平治，李磊，闵德芬. 原子核物理基础. 北京：高等教育出版社，2003：56.

[2] 杨福家. 原子物理学. 北京：高等教育出版社，2000：123.

[3] 蒋明. 原子核物理导论. 北京：原子能出版社，1983：69.

[4] 卢希庭. 原子核物理（修订版）. 北京：原子能出版社，2000：110.

[5] 范登博施，休伊曾加. 原子核裂变. 黄胜年，等译. 北京：原子能出版社，1980：95.

[6] 陈江，杜刚，季路成. 核动力航空推进探析. 中国工程热物理学会热机气动热力学 2009 年学术会议，2009：235-238.

[7] 马世俊，杜辉，周继时，等. 核动力航天器发展历程（下）. 中国航天，2014，5：32-35.

[8] 马世俊，杜辉，周继时，等. 核动力航天器发展历程（上）. 中国航天，2014，4：31-35.

[9] 史朝龙，卫海洋. 国外核动力发动机的关键技术及应用前景. 飞航导弹，2013，1：81-85.

[10] 魏志勇，方美华，杨浩. 深空条件下航天器内的辐射环境研究. 航天器环境工程，2008，25：229-232.

[11] 库尔特·克莱纳，李有观. 未来的核动力飞行器. 交通与运输，2014，30：34-35.

[12] 彭慧，唐显，蔡定勤，等. 航天器发射事故中钚-238 热源辐射风险评估模型的建立及应用. 同位素，2016，29：223-229.

[13] 刘成洋，阎昌琪，王建军，等. 核动力二回路系统优化设计. 原子能科学技术，2013，47：421-426.

[14] 胡文军，陈红永，陈军红，等. 空间核动力源的安全性研究进展. 深空探测学报，2017，4：453-465.

[15] 祈章年. 载人航天的辐射防护与监测. 北京：国防工业出版社，2003：6-38.

第 16 章　碳增强高分子复合材料

16.1　引　　言

16.1.1　碳材料

碳是最早被发现和利用的元素之一，也是以单质及化合物形式广泛存在于自然界的元素之一。碳原子具有形成长的共价链和环的能力，从而在有机化学与生物化学中占据着重要地位。在漫长的地质时期，植物对碳素的固定是大气中产生氧气的近乎唯一的来源，决定了整个地球环境的发展趋势。人类活动（如人口激增、滥伐森林、过度开采等）导致的碳排放已经对气候变化产生了至关重要的影响，全球各国已下发并试行了碳排放交易工作，并将其作为一种基本的经济手段，这一定程度上控制了碳的排放。从技术层面上讲，人为固定碳素、制备碳材料是更高效、更有益的。目前发现的含碳化合物的总数达到了二百多万种，而以单质形式存在的碳的同素异形体金刚石、石墨、富勒烯和碳纳米管等都是形成碳材料的重要物质。

原子序数为 6 的碳元素，位于元素周期表的第二周期第ⅣA 族。碳原子的半径较小，所以在分子中碳原子可以和相邻原子的轨道有效地互相叠加，形成较强的化学键，存在 sp、sp^2 和 sp^3 三种杂化形式，可以形成多种碳同素异形体。碳是周期表中唯一具有从零维到三维同素异形体的元素[1]。sp、sp^2 和 sp^3 各具特点，相比较而言，sp 是能量的不稳定状态，压力下易形成 sp^2 杂化形式，而和杂化键的碳原子形成的共价键对外界压力的承受能力也是不同的。具有四面体结构的 sp^3 杂化键不能耐受大的形变，在压力作用下易断裂，非常脆而硬，而 sp^2 杂化键能够通过平面的弯曲承受大的变形，是非常柔软的。

长期以来，石墨、金刚石和无定形碳被视为最有代表性的三种天然的碳的同素异形体。1985 年，Kroto 等[2]采用聚焦激光脉冲蒸发石墨产生并发现了富勒烯（C_{60}），如图 16-1 所示，并因此获得了 1996 年的诺贝尔化学奖。1991 年，日本科学家 Iijima 在用高分辨透射电镜分析真空电弧蒸发石墨电极产物时，发现了具有纳米尺寸的碳的多层管状结构[3]，即碳纳米管，如图 16-2 所示。2004 年，英国曼彻斯特大学的 Novoselov 等[4]利用机械剥离法得到稳定存在的石墨烯结构，如图 16-3 所示，并因此获得了 2010 年诺贝尔物理学奖。

1. 金刚石

在金刚石中，sp^3 杂化的碳原子具有很强的共价性，金刚石晶体结构是由碳原子相互间以共价键组成的三维正四面体框架结构，每个碳原子在晶体结构中与周围空间的四个碳原子以饱和共价键形式连接，使金刚石成为地球上最硬的材料。此外，金刚石还呈现出很高的化学惰性。

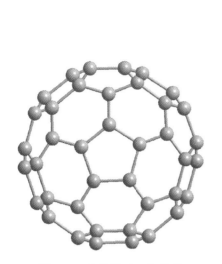

图 16-1　富勒烯（C_{60}）结构

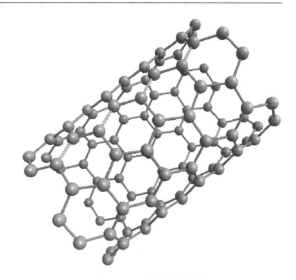

图 16-2　碳纳米管结构

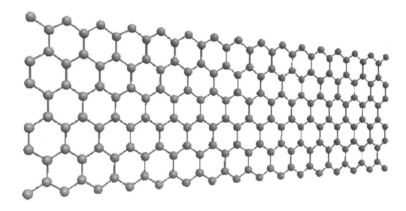

图 16-3　石墨烯结构

2. 富勒烯

富勒烯是一系列由纯碳原子组成原子簇的总称，目前已分离出 C_{60}、C_{70}、C_{88} 和 C_{96} 等。但受目前技术条件所限，只有 C_{60} 和 C_{70} 能够被大量合成出来，最新的技术已经可以成吨制备 C_{60} 富勒烯。然而大量制备其他大碳笼富勒烯，目前仍具有很大的技术难度。因此，目前人们主要的研究对象为 C_{60} 和 C_{70} 富勒烯。

C_{60} 分子是由 12 个五元环和 20 个六元环（共 60 个碳原子）所拼接而成的足球型三十二面体（又称为截角二十面体），其碳笼直径为 0.71nm，点群为 I_h。这种高度对称的球型结构，使得 C_{60} 分子碳笼球面上的碳原子能够分摊一定的外部压力，从而使单分子 C_{60} 异常坚固。理论预测单个 C_{60} 分子的体模量甚至会超过金刚石。由于 C_{60} 分子是一个封闭的球型分子，所以碳笼表面呈弯曲状，这将导致 C_{60} 分子含有部分的 sp^3 杂化的共价键。

3. 石墨

在石墨平面的 sp^2 杂化的碳原子组成的共价键比金刚石的要强，但石墨层间的弱范德华力使石墨层容易滑动。石墨具有层状晶体结构，在晶体中碳原子之间以 σ 键连接在一起，在同一层上还有一个大 π 键。一个碳原子周围只有 3 个碳原子与其相连，碳与碳组成了六边形的形状，无限多的六边形组成了一层。层与层之间联系力非常弱，而层内 3 个碳原子联系很牢固。

石墨是由一层层以蜂窝状有序排列的平面碳原子堆叠而形成的，当把石墨片剥成单层之后，这种只有一个碳原子厚度的单层就是石墨烯。石墨烯是由单层的 sp^2 杂化碳原子组成的二维正六边形蜂窝状点阵结构，它可以卷曲成零维的富勒稀、一维的碳纳米管或者堆积成三维的石墨，成为构建其他维度碳质材料的基本单元[5]。

4. 碳纤维

碳纤维是 20 世纪中叶兴起的一种新型纤维材料，是含碳量高于 90% 的无机高分子纤维，其中含碳量高于 99% 的称为石墨纤维。碳纤维具有密度小、质量轻、强度（比钢大 4～5 倍）大、弹性模量高等特性，同时还具有电性能优良、耐高温、耐腐蚀等功能。碳纤维的微观结构类似人造石墨，是乱层石墨结构，在沿纤维轴方向表现出很高的强度。这种特性的形成是因为碳纤维是在原丝基础上经过预氧化和碳化处理而形成的，制作碳纤维的原丝普遍采用聚丙烯腈（PAN）沥青、黏胶纤维等一些普通纤维。PAN 基碳纤维的适用范围很广，产量占世界碳纤维的 90%。

5. 碳纳米管

碳纳米管是一种具有特殊结构（径向尺寸为纳米级，轴向尺寸为微米级，管子两端基上都封口）的一维量子材料，可看作是由片层结构的石墨卷成的无缝中空的纳米级同轴圆柱体，两端由富勒烯半球封成。如表 16-1 所示，碳纳米管综合了优秀的力学和结构特性，是一种极为理想的填充材料，被认为是 21 世纪最有前途的一维纳米材料。

表 16-1　碳纳米管典型性质

碳纳米管类型	拉伸强度/GPa	弹性模量/TPa	密度/(g/cm³)	直径/nm
单壁碳纳米管	50～500	～1	1.3～1.5	～1
双壁碳纳米管	23～63	—	1.5	～5
多壁碳纳米管	10～60	0.3～1	1.8～2.0	～20

16.1.2　复合材料

复合材料是由两种或两种以上不同性质的材料用物理和化学方法在宏观尺度上组成

的具有新性能的材料。复合材料克服了单一材料的缺点,具有高模量、高强度、高韧性、耐高温、耐腐蚀和易加工六大性能优势。复合材料中每一种组成材料称为复合材料的组分,包容组分称为基体材料（简称基体）,主要采用各种树脂、金属和非金属材料。而被包容组分称为增强材料,增强材料在复合材料中起主要作用,由它提供复合材料的刚度和强度,通常采用各种纤维状材料或其他材料。基体与增强体的结合面称为界面,基体与增强体材料的界面性质可有效提高复合材料的刚度和强度。

先进复合材料（advanced composites）专指结构复合材料中刚度和强度性能相当于或超过铝合金的复合材料,主要为高性能纤维（硼纤维、碳纤维、芳纶等）增强的树脂基复合材料,从技术成熟程度和应用范围上主要是碳纤维树脂基复合材料,其次是金属基、陶瓷基和碳（石墨）基复合材料。自 20 世纪 60 年代末先进复合材料诞生以来就显示出了巨大潜力,其在飞机结构上的应用可比常规金属结构减重 25%~30%。在航空航天系统中用于制造发动机的进气道、机匣、压气机、燃烧室、涡轮、加力燃烧筒和尾喷管等,显著减轻了发动机重量,提高了发动机推力。太阳帆板基板及卫星主承力筒复合材料用量更是占结构重量的 90%以上。除此之外,先进复合材料还广泛地应用在舰船、地面武器装备、工业领域和汽车领域等。

16.1.3　碳增强复合材料

碳增强复合材料将增强体与基体的优异性能结合起来,极大地利用了不同形态的碳元素与不同基体的优势。常见的碳增强复合材料形式有碳纤维增强复合材料、碳纳米管增强复合材料、石墨烯增强复合材料。

碳纤维、碳纳米管及石墨烯作为碳元素的典型代表,具备优异的物理和化学性能,将它们作为增强体,配备不同的基体,组成性能良好的复合材料,能够满足航空航天及工业领域的各方面性能要求。因此,研究碳增强复合材料,对人类的发展和社会的进步有着重要意义。

16.2　碳纤维增强复合材料

16.2.1　碳纤维

1. 碳纤维的定义

碳纤维是一种含碳量在 95%以上的新型纤维材料,是由有机纤维（如腈纶丝、沥青及黏胶纤维等）在惰性气体中经碳化和石墨化处理而得到的微晶石墨材料。碳纤维具有高强度、高模量、耐高温、优异的电性能和较小的体积质量等特性,既有碳材料的固有特性,又具备纺织纤维的柔软可加工性和优异的力学性能,因此在国防、军事和民用领域得到广泛应用。

2. 碳纤维的分类

根据基础原料不同，碳纤维可以分为三大类：①PAN 基碳纤维，以 PAN 为原料经高温碳化而成；②沥青基碳纤维，以沥青（包括煤沥青和石油沥青）为原料经高温碳化而成；③黏胶基碳纤维，以黏胶纤维为原料经高温碳化而成。其中 PAN 基碳纤维由于其优越的性能，受到广泛应用。

根据力学性能不同，碳纤维可以分为：高性能型和通用型。高性能型碳纤维强度为 2000MPa、模量为 250GPa 以上；通用型碳纤维强度为 1000MPa、模量为 100GPa 左右。其中高性能碳纤维又可以分为标准型碳纤维、高强型碳纤维、高模型碳纤维、高强高模型碳纤维。

根据丝束大小不同，碳纤维可以分为：宇航级小丝束碳纤维和工业级大丝束碳纤维。小丝束为 1K、3K、6K（1K 为 1000 根长丝）。现在较多的为 12K 和 24K；大丝束为 48K 以上，直到 480K。

根据增强材料形式不同，碳纤维可以分为：连续长纤维、短切纤维和编织物（二维、三维），如图 16-4 所示。长纤维用于宇航和工业构件中，短纤维用于建筑行业。

 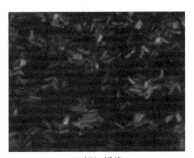 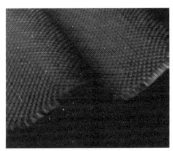

(a) 连续长纤维　　　　　　　　(b) 短切纤维　　　　　　　　(c) 编织物

图 16-4　碳纤维的各种形态

根据纤维的用途和功能，碳纤维可以分为：受力结构用碳纤维、耐焰碳纤维、活性炭纤维（吸附）、导电用碳纤维、润滑用碳纤维、耐磨用碳纤维。

3. 碳纤维的制备

1）PAN 基碳纤维

PAN 基碳纤维生产工艺流程可分为：原丝准备、预氧化、碳化和石墨化。

a）原丝准备

PAN 基碳纤维的核心技术是原丝的制备，PAN 原丝的质量直接决定着最终碳纤维产品的质量、产量和生产成本。如果 PAN 原丝质量低劣、均匀性较差，就会在后续过程中产生毛丝缠结，甚至发生断丝，这样生产就难以稳定，原丝损耗必然加大，而原丝成本占整个碳纤维生产成本的 50%以上。

b）预氧化

PAN 原丝生产碳纤维的第一步是大分子腈侧基的环化。PAN 原丝在预氧化炉处理，介质为空气，温度为 200～300℃。通过预氧化，PAN 大分子链转化为环状梯形结构，使其在高温炭化时不熔不燃，保持纤维的形态。预氧化过程中，产生一系列复杂的化学反应，如环化反应、脱氢反应和氧化反应等，纤维颜色由白色经黄色、棕色，再转变为黑色。预氧化工艺是一个使线型 PAN 大分子链转化为耐热梯形结构的预氧化丝的复杂过程，它受多种因素的影响，如原丝结构、预氧化温度、时间、升温速度和预加张力等。

c）碳化

预氧化丝在惰性气体保护下进入炭化炉，炉内温度 800～1500℃。纤维在炉内进行碳化反应，直链状大分子交联后转变为稠环状结构。纤维中碳含量从 60% 左右升至约 95%，形成梯形六元环连接的乱层状石墨片结构。

d）石墨化

为了进一步提高碳纤维的模量，可将碳纤维在 3000℃ 高温下进行石墨化热处理，使纤维的含碳量升至 99% 以上，以改进纤维的结晶在大分子轴向的有序和定向排列。

2）沥青基碳纤维

沥青基碳纤维的生产工艺流程如下：各向同性沥青→沥青纤维→不熔化→碳化→通用型碳纤维液晶沥青→沥青纤维→不熔化→碳化→石墨化→高性能碳纤维。

a）沥青的调制

作为碳纤维用的沥青原料，首先要有适宜的纺丝流变性能，具有适当的化学反应活性，使刚纺出的纤维通过氧化反应转变为不溶性纤维；具备一定的分子量及分子量分布，以使初生纤维有一定的力学性能。可通过加氢热处理、蒸馏或溶剂萃取、添加树脂或其他化合物，达到调整沥青化学成分和结构的目的。

b）沥青纤维的成型及不熔化处理

将调制好的沥青进行熔融纺丝，刚纺出的纤维直径最好为 15μm，有足够的纤维强度，然后在 400℃ 左右进行氧化反应，使沥青分子间产生缩合或交联，以达到提高熔点的目的。

c）碳化工艺

不熔化纤维在惰性气体保护下，1000～1500℃加热碳化，纤维中非碳原子发生各种化学反应生成的气态化合物，随惰性气体一起排出。大分子转变为乱层石墨结构的碳纤维在张力下择优取向，使纤维的强度增加 40%，模量增加 25%。

3）黏胶基碳纤维

黏胶基碳纤维的生产工艺流程如下：黏胶原丝→加捻→稳定化浸渍→干燥、预氧化→低温碳化→卷绕→高温碳化→表面处理→络筒→碳纤维成品。与 PAN 基碳纤维相比，黏胶基碳纤维增加了加捻、稳定化浸渍工序，因为黏胶纤维中含水量多，在稳定化浸渍工序中加入适当的无机或有机系催化剂，可以降低热裂解热和活化能，缓和热裂解和脱水反应，便于控制生产工艺参数，有利于提高碳纤维的强度。

4. 碳纤维的性能

1）碳纤维的力学性能

碳纤维的应力-应变曲线是一条直线（图 16-5），纤维在断裂前是弹性体，断裂是瞬间开始和完成的。高模量碳纤维的最大延伸率是 0.35%，高强度碳纤维为 1%（目前已有延伸率为 1.5%的碳纤维商品），碳纤维的弹性回复率为 100%。

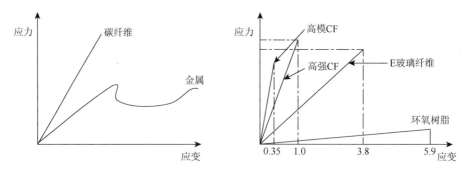

图 16-5　碳纤维的应力-应变曲线

碳纤维的抗拉强度比钢材大 4～5 倍，比强度为钢材的 10 倍左右，高模量碳纤维抗拉强度比钢材大 68 倍左右，弹性模量比钢材大 1.8～2.6 倍，体积质量相当于钢材的 1/4、铝合金体的 1/2、钛合金的 1/3，即便是制作成复合材料，其体积质量也比这些材料轻很多。碳纤维的模量较高，一般的中强中模、高强型碳纤维模量在 200GPa 以上，高模型碳纤维模量在 400～600GPa。

2）碳纤维的物理性能

碳纤维的密度较小，为 1.5～2.0g/cm^3，这除与原丝结构有关外，还与碳化处理的温度有关。一般经过高温（3000℃）石墨化处理，其密度可达到 2.0g/cm^3。碳纤维的导热系数较高（表 16-2），但随温度升高而有下降趋势。碳纤维的热膨胀系数与其他类型纤维不同，它有各向异性的特点。平行纤维方向是负值，而垂直于纤维方向是正值。碳纤维的导电性好，其比电阻与纤维类型有关，在 25℃时，高模量碳纤维为 775μΩ·cm，高强度碳纤维为 1500μΩ·cm。同时，碳纤维具有良好的自润滑性和耐摩擦性。

表 16-2　碳纤维等导热系数表

材料	CF	GF	钢	铝
λ/[kcal/(m·h·℃)]①	14.4	0.86	36.54	108～144

3）碳纤维的化学性能

碳纤维的化学性能与碳很相似，它除了可以被氧化剂氧化外，对一般酸碱是惰性的。在空气中，温度高于 400℃时则出现明显的氧化，生成 CO 和 CO_2。在不接触空气或氧化气氛时，碳纤维具有突出的耐热性，与其他材料比较，碳纤维受热温度高于 1500℃时强度才开始下降，而其他材料（如 Al_2O_3 晶须）性能已经大大下降。另外，碳纤维还有良好的耐低温性能，例如，在液氨温度下也不脆化。它还有耐油、抗放射、抗辐射、吸收有毒气体和减速中子等特性。

_____

① 1kcal = 4186J

16.2.2　碳纤维增强复合材料简介

1. 碳纤维增强树脂基复合材料

1）碳纤维增强树脂基复合材料的优异性能

碳纤维增强树脂基复合材料是最先进的复合材料之一，与其他材料相比，具有一系列的优异性能，具体表现在以下几个方面。

a）具有较低的密度和较高的比强度、比模量

碳纤维增强树脂基复合材料的密度是钢材的五分之一，比铝合金和玻璃钢还轻，而其比强度是钢的 5 倍，玻璃钢的 2 倍；比模量是钢和铝合金的 3 倍以上。这些优点赋予了碳纤维增强树脂基复合材料轻质高强的特性。

b）优异的耐疲劳性能

金属材料的疲劳破坏常是没有明显预兆的突发性破坏，而聚合物基复合材料中纤维与基体的界面能阻止材料的受力所导致的裂纹扩展。因此，其疲劳破坏总能从纤维的薄弱环节开始，逐渐扩展到结合面上，破坏前有明显的预兆。大多数金属材料的疲劳强度极限是其拉伸强度的 40%～50%，而碳纤维增强树脂基复合材料的疲劳强度极限可为其拉伸强度的 70%～80%。因此，碳纤维增强树脂基复合材料在应力作用下呈现黏弹性材料的疲劳特性，显示出良好的耐疲劳特性。

c）良好的耐腐蚀性能

碳纤维增强树脂基复合材料的耐腐蚀性能主要取决于基体树脂，树脂的性能特点使其具有良好的耐酸、耐碱及耐油等性能。

d）具有可设计性

碳纤维增强树脂基复合材料是一种各向异性的材料，其成型技术非常灵活，具有很强的可设计性。由于每一缕碳纤维都是由上万根纤维组成的，复合材料中纤维的含量、排列方法、层数等参数经合理优化设计后，可以使其在不同的方向上具有不同的力学性能。

e）良好的减震性能

受力结构的自震频率除与结构本身形状有关外，还与结构材料比模量的平方根成正比，复合材料的比模量高，因此用这类材料制成的结构件具有较高的自振频率。同时，复合材料中的界面具有吸震能力，使材料的振动阻尼很高。

2）碳纤维增强树脂基复合材料的成型方法

碳纤维增强树脂基复合材料有多种成型方法，近年来，人们一直在改进不同种类的碳纤维复合材料的性能和加工方法，力求为这种性能优良的材料寻找到最佳的加工方法。目前主要成型方法有以下几种。

a）手糊成型工艺

手糊成型工艺（图 16-6）是复合材料最早的一种成型方法，也是一种最简单的方法。它的最大特点是以手工操作为主，不受产品尺寸和形状限制，适宜尺寸大、批量小、形状复杂产品的生产；设备简单、投资少、设备折旧费低；易于满足产品设计要求。但这

种方法生产效率低，且劳动强度大，劳动卫生条件差；产品质量不易控制，性能稳定性不高。

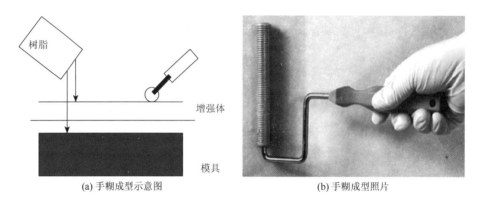

(a) 手糊成型示意图　　　　　　(b) 手糊成型照片

图 16-6　手糊成型

b）喷射成型工艺

喷射成型（图 16-7）是从手糊成型开发出的一种半机械化成型技术，是通过喷枪将不饱和聚酯树脂从喷枪喷出，同时将纤维用切割机切断并由喷枪中心喷出，与树脂一起均匀沉积到模具上，制取复合材料制件的方法。喷射成型工艺的优点是生产效率较手糊成型工艺可提高数倍，劳动强度降低，能够制作大尺寸制品。但是用喷射成型方法虽然可以制成复杂形状的制品，但其厚度和纤维含量都较难精确控制，树脂含量一般在 60%以上，孔隙率较高，制品强度较低，施工现场污染和浪费较严重。

图 16-7　船体内壁喷射成型

c）注射成型

注射成型适用于热塑性和热固性复合材料，是将粒状或粉状的纤维-树脂混合料从注射机的料斗送入机筒内，加热熔化后由柱塞或螺杆加压，通过喷嘴注入温度降低的闭合模内，经过冷却定型后，脱模制备复合材料的方法。这种方法的优点是成型周期短，物料的塑化在注射机内完成；能提高产品精度，保证质量，减少后续加工工作量；可使形状复杂的产品一次成型，生产效率高，成本低。但这种方法的缺点是不适用于长纤维增强的产品，对模具质量的要求较高。

d）纤维缠绕成型

纤维缠绕成型（图 16-8）是一种将浸渍了树脂的纱或丝束缠绕在回转芯模上，常压下在室温或较高温度下固化成型的一种复合材料制造工艺，是一种生产各种尺寸回转体的简单有效的方法。纤维缠绕成型的主要优点是，能按性能要求配置增强材料，结构效率高；自动化成型，产品质量稳定，生产效率高。但这种方法对设备要求高，技术难度大，工艺质量不易控制。

(a) 缠绕成型　　　　　　　　　　　　(b) 缠绕成型制成的CNG气瓶

图 16-8　缠绕成型工艺及其制品

e）拉挤成型

拉挤成型是将浸渍过树脂胶液的连续纤维束或带状织物在牵引装置作用下通过成型模定型，在模中或固化炉中固化，制成具有特定横截面形状和长度不受限制的复合材料型材的方法。拉挤成型的最大特点是连续成型，制品长度不受限制，力学性能尤其是纵向力学性能突出，结构效率高，制造成本较低，自动化程度高，制品性能稳定。

2. 碳纤维增强陶瓷基复合材料

随着现代科学技术的发展，许多空间技术和新能源领域，特别是航天航空、军事等尖端科学领域，如航空发动机、航天热防护系统、原子能等领域，对新材料提出了更高的要求，尤其是高温结构材料，希望研究出具有低密度、高强度、高模量、高韧性、耐高温、耐腐蚀等优良性能的先进材料。例如，航空发动机的热效率主要取决于涡轮前的进口温度，当发动机的推重比为 10 时，涡轮的进口温度高达 1650℃。在这样的高温下，传统的高温合金材料已经不能满足要求，因此，研究人员把目标锁定在纤维增强陶瓷基复合材料。这类复合材料具有高强度、高韧性、优异的热稳定性和化学稳定性，是一类新型结构材料。发达国家把它应用到新一代发动机和热机中，有效地克服了对裂纹和热震的敏感性，同时提高了发动机和热机燃烧室的工作温度,进而提高了能源转化率。在纤维增强陶瓷基复合材料领域中,碳纤维是引人注目的增强体之一,由于具有高比强度、高比模量和优异的高温热稳定性,其已成为纤维增强陶瓷基复合材料中最常用的增强纤维。在陶瓷基复合材料领域中,碳化硅(SiC)基体以其优异的高温性能、极好的抗蠕变性能和低的热膨胀系数成为热结构陶瓷基复合材料的主要候选陶瓷基体材料之一。目前,以碳纤维增强碳化硅陶瓷基复合材料(以下简称 CF/SiC 复合材料)为代表的纤维增强陶瓷基复合材料充分利用了碳纤维优异的高温力学性能和 SiC 陶瓷基体的高温抗氧化性能,在热防护领域有着重要的应用,在战略武器和空间技术等方面具有广泛的应用前景,被认为是目前最有发展前途的高温热结构材料。

纤维增强基复合材料的制备工艺主要有:先驱体浸渍裂解法、化学气相渗透工艺、液相硅浸渍工艺、泥浆浸渍-热压工艺等。

1) 先驱体浸渍裂解法

先驱体浸渍裂解法制备复合材料的工艺过程为以纤维预制件为骨架,抽真空排除预制件中的空气,采用以—C—Si—为主链的有机聚合物溶液进行浸渍,交联固化或直接晾干,然后在惰性气体保护下进行高温裂解使先驱体聚合物转化为陶瓷基体。裂解过程中小分子逸出使材料内部形成气孔,且基体裂解后出现体积收缩,因此,复合材料需经过多次浸渍裂解循环才能实现致密化。

2) 化学气相渗透工艺

化学气相渗透工艺是在化学气相沉积工艺的基础上发展起来的,其工艺过程为将纤维预制件放入专用的渗透炉中,在温度梯度和压力梯度下,通入反应物气体,发生化学反应并渗透到纤维预制件中形成基体。随着渗透过程的进行,产生大量的闭孔,使沉积速率变慢,一般需要多次打磨除去表层后再继续渗透致密。

3) 液相硅浸渍工艺

液相硅浸渍工艺制备复合材料的工艺过程为先采用沥青、酚醛等树脂先驱体浸渍碳纤维预制件,然后高温裂解生成基体碳,得到复合材料或直接采用复合材料,在复合材料的基础上,将熔融硅在真空下通过毛细管作用渗入复合材料内部,使硅熔体与碳基体反应生成基体。

4) 泥浆浸渍-热压工艺

泥浆浸渍-热压工艺制备复合材料的工艺过程为将 SiC 微粉、烧结助剂和溶剂等配制成泥浆,碳纤维预制件浸渍泥浆后热压烧结得复合材料。一般情况下,SiC 的烧结温度至少为 1900℃,但在 TiB_2、TiC、B、B_4C 等烧结助剂作用下其烧结温度有所降低。用该工艺制备的复合材料致密度较高,工艺简单,制备周期短,在制备单向复合材料方面具有较大的优势,但制备复杂构件有较大困难。

3. C/C 复合材料

C/C 复合材料是以碳纤维作为增强体、热解碳为基体的复合材料。C/C 复合材料具有比强度高、比模量高、断裂韧性高和密度低的特点,同时还具有良好的热稳定性、抗烧蚀性、化学稳定性和尺寸稳定性等一系列优异性能,已经被广泛应用于航空、航天、核能、化工等领域。随着航空航天技术的推广，高速高负荷军用、民用飞机对材料的要求越来越严格，目前很多军用、民用飞机及导弹等武器上都应用了 C/C 复合材料。

C/C 复合材料的制备方法可以分为两类：液相浸渍法和化学气相渗透法。其中，液相浸渍法是用聚合物（树脂和沥青）浸渍纤维编织体，然后经过稳定化处理和碳化处理生成基体碳的技术。采用化学气相渗透方法制备 C/C 复合材料的一般做法是：将碳纤维预制体置于沉积炉中，气态的碳氢化合物通过扩散、流动等方式进入预制体内部，在一定温度下发生热解反应，生成热解碳并以涂层形式沉积于纤维表面。化学气相渗透方法具有对纤维损失小、基体组成和结构的可设计性强、工艺灵活、适应面广等优点，是制备 C/C 复合材料的主要技术。

碳纤维预制体是 C/C 复合材料最基本的增强结构体（增强相）。它是由碳纤维的长丝或短切丝，通过纺织、编织或其他方法等制成的具有特定外形的纺织品、编织品的一类碳纤维预成型体的总称，是复合材料的骨架。预制体不仅决定了纤维的体积含量和纤维方向，而且影响复合材料中孔隙几何形状、孔隙的分布和纤维的弯扭程度。预制体结构同时也决定了纤维性能是否有效传递到复合材料并影响基体的浸润和固化过程。C/C 复合材料预制体的制备属于纺织业范畴，它的分类繁多，目前应用在喉衬和刹车领域。C/C 复合材料预制体大致可以归为三类：①针刺预制体（2.5D 织物）；②细编穿刺预制体（3D 织物）；③轴棒编织预制体（4D 织物）。

16.2.3　碳纤维增强复合材料的应用

与金属材料相比，碳纤维增强复合材料的主要优势是高的比强度和比模量，具有良好的可设计性，以及具有优异的耐疲劳、耐腐蚀和抗振动等特性，并且易于制造一次整体成型复杂零件，因此在航空航天领域得到广泛应用。

1. 碳纤维增强树脂基复合材料的应用

从目前航空航天领域的应用情况看，常用的碳纤维增强树脂基复合材料有高强碳纤维/树脂基复合材料（如 T300、T700 增强的树脂基复合材料）、高强中模碳纤维/树脂基复合材料（如 T800、IM7 纤维增强的树脂基复合材料）、高强高模碳纤维/树脂基复合材料（如 M40J、M55J 等高模纤维增强的树脂基复合材料）。在树脂体系上，环氧树脂应用广泛，其使用温度一般不超过 150℃，工艺性好，技术成熟度高，当采用双马树脂作为基体材料时，复合材料的使用温度不高于 250℃，耐温要求在 300～450℃时选用聚酰亚胺树脂。通常情况下，耐高温树脂的工艺性较差，成品率低，制造成本较高。

在航空领域，军机、民机的大型承力构件中，采用 CFRP 替代钛、铝、镁等金属材料，可大幅降低结构质量，减少油耗，并降低运营成本。据保守估计，采用 CFRP 替代传统金属材料作为飞机主承力结构，可达到减重 20%以上的效果。同时，在航空领域基于 CFRP 整体成型工艺，开展飞机结构一体化设计，可减少飞机结构的零件种类、数量，缩短制造装配生产周期，进而降低飞机的制造成本。

在航天领域，碳纤维的应用以高强、中模为主，高模也有少量应用。在大型运载火箭上，碳纤维多用于整流罩、发动机壳体等结构中，有效地减轻了上面级结构重量，对提高运载火箭发射有效载荷的能力具有十分明显的效果。

20世纪80年代，碳纤维在战术导弹上得到大规模应用，主要应用于战术导弹固体火箭发动机壳体，目的在于获取更高的推重比，提升发动机结构的可靠性和安全性，并尽可能提高导弹结构频率。

2. 碳纤维增强陶瓷基复合材料的应用

用CF/SiC复合材料制备航空涡轮发动机的某些部件可以提高发动机的燃烧温度从而提高发动机的效率，还可减轻发动机的质量。现已用在航空冲式发动机的喷管、喷嘴、夹芯板等；在高推重比航空发动机内主要用于喷管和燃烧室，可将工作温度提高300～500℃，推力提高30%～100%，结构减重50%～70%；在高比冲液体火箭发动机主要用于推力室和喷管，可显著减重，提高推力室压力和寿命，同时减少冷却剂量，实现轨道动能拦截系统的小型化和轻量化；应用在推力可控固体火箭发动机内的气流通道的喉栓和喉阀，可以解决新一代推力可控固体轨控发动机喉道零烧蚀的难题，提高动能拦截系统的变轨能力和机动性。

CF/SiC复合材料是随航空航天技术的发展而崛起的一种新型超高温结构材料。目前，各种卫星及飞行器的太阳能电池板的框架大多采用CF/SiC复合材料，这种耐高温复合材料适合应用于热保护系统及热结构材料领域，如航空航天飞机和导弹的鼻锥、机翼和喷管等，航空发动机浮壁、矢量喷管等；应用在超高声速飞行器的大面积热防护系统，可减少发射准备程序，减少维护次数，提高使用寿命和降低成本。经过30多年的发展，CF/SiC复合材料现已成功应用于法国幻影2000和阵风战斗机上。

CF/SiC复合材料应用在高温连接件上则能够满足严酷环境中的性能要求，目前可生产的连接件尺寸在8～12mm范围内。例如，在欧洲的发展计划中，热塑性结构复合材料的先进连接技术已经发展得非常成熟。为了防止超音速气流干扰，在高温下进行密封，可将热塑性结构材料连接起来。试验结果表明，CF/SiC复合材料制备出的高温连接件可满足实际高温环境，满足必要的飞行标准。CF/SiC复合材料的潜在应用还包括汽车和高速列车等交通运输工具的刹车系统，还可应用于原子反应堆壁等领域。

3. C/C复合材料的应用

C/C复合材料是目前在惰性气氛中高温力学性能最好的材料之一，也是极少数能在超过3000℃温度环境中使用的结构材料，所以在航空航天等诸多尖端技术领域，它占据着不可替代的位置，其独特性能和应用价值已得到普遍肯定。

近年来，C/C复合材料在可重复使用再入及高超飞行器、特种发动机的热结构上应用前景广泛，如航空涡轮喷气发动机中的涡轮盘、叶片、燃烧室、喷油杆和尾喷管调节片等，航天飞机上的鼻锥和机翼前缘，冲压发动机的燃烧室内衬和喷管。C/C复合材料在先进导弹上也得到广泛应用。抗氧化防护的C/C复合材料被成功用于美国空天飞机X-30、俄罗斯暴风雪航天飞机、法国Hermes及日本HOPE等航天飞机的鼻锥、机翼前缘、机翼挡板、起落架，以及远程洲际导弹的端头帽等部件上，使用温度为1650～1600℃。此外，20世纪90年代初，美国已在实施将C/C复合材料用于超高速飞行器的飞机结构材料的计划，以实现飞行器全 C/C 复合材料主结构的设计与制造。C/C 复合材料的发展与现代宇航工业和空间技术的发展密切相关，其军事用途十分明显，又处于材料科学前沿，因此关于材料、工艺、性能和应用的研究至关重要。

16.3　碳纳米管增强复合材料

16.3.1　碳纳米管

碳纳米管又称巴基管（buckytube），属于富勒碳系，在 1991 年 1 月由日本物理学家饭岛澄男发现[6]。碳纳米管作为一维纳米材料，重量轻，六边形结构连接完美，具有许多特异的光、电、磁、热、化学和力学性质。近年来，随着碳纳米管及纳米材料研究的不断深入，碳纳米管在制备技术、性能表征及应用探索等方面都达到了一定的深度和广度，市场上的应用目前主要以碳纳米管增强复合材料应用为主，同时其广阔的应用前景也不断地展现出来。

1. 碳纳米管的结构特征

碳纳米管是一种具有特殊结构的一维量子材料（径向尺寸为纳米量级，轴向尺寸为微米量级），可看作是石墨烯片围绕同一中心轴按照一定的螺旋角卷曲而成的纳米级无缝管状物，两端通常被由五元环和七元环参与形成的半球形大富勒烯分子封住。

碳纳米管具有典型的层状中空结构特征，主要由呈六边形排列的碳原子构成数层到数十层的同轴圆管。层与层之间保持固定的距离，约为 0.34nm，直径一般为 2～20nm。碳纳米管的管身是准圆管结构，管壁由碳原子通过 sp^2 杂化与周围 3 个碳原子完全键合后所构成的六边形平面网状结构围成圆柱面，端帽部分由含五边形的碳环组成的多边形结构封口（图 16-9）[7]。

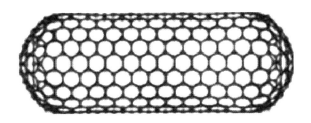

图 16-9　碳纳米管的结构示意图

根据层数不同，碳纳米管可分为单壁碳纳米管（single-walled carbon nanotubes，SWNTs）和多壁碳纳米管（multi-walled carbon nanotubes，MWNTs）。单壁碳纳米管［图 16-10（a）］仅有一层石墨片卷曲层，直径在 1～2nm，具有较好的对称性与单一性，且具有较高的化学惰性，其表面要纯净一些。多壁碳纳米管［图 16-10（b）］则有两层以上的石墨片卷曲层，形状像个同轴电缆，直径一般为 2～25nm，管壁间距为 0.34～0.4nm，其表面要活泼得多，结合有大量的表面基团，如羧基等。

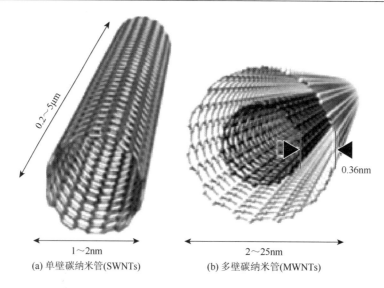

$0.2\sim5\mu m$

$1\sim2nm$

(a) 单壁碳纳米管(SWNTs)

$2\sim25nm$

$0.36nm$

(b) 多壁碳纳米管(MWNTs)

图 16-10　碳纳米管

根据碳六边形沿轴向的不同取向，碳纳米管可分成锯齿形、扶手椅型和螺旋型三种。其中螺旋型的碳纳米管具有手性，而锯齿形和扶手椅型的碳纳米管没有手性。

2. 碳纳米管的制备方法

碳纳米管的制备是对其开展研究和应用的前提，目前主要制备方法有：电弧放电法（arc discharge）、激光蒸发法（laser ablation）、化学气相沉积法（chemical vapor deposition，CVD）。

前两种方法虽然产物晶化程度和纯度较高，但是由于设备复杂，产物多样，生产成本较高而难以规模化生产。与高温的电弧放电法和激光蒸发法相比，化学气相沉积法因其设备简单，可实现工业化生产，是一种简便、经济、耗能低和可规模化的方法。

1）电弧放电法

电弧放电法是在真空反应器中充以一定压力的惰性气体（He 或 Ar）保护，采用面积较大的石墨棒作阴极，面积较小的石墨棒作阳极，加热至高温 3000℃ 以上通过石墨电极直流放电的方法。在电弧放电过程中，两石墨电极间总保持一定的间隙。阳极石墨棒不断被蒸发，阴极上沉积有多壁碳纳米管、富勒烯、石墨颗粒、无定形碳和其他形式的碳颗粒。

该方法的缺点是：①电弧放电剧烈，反应过程不易控制，导致碳纳米管缺陷多；②副产物多，不易于后期的分离提纯。

2）激光蒸发法

激光蒸发法是制备单壁碳纳米管的一种有效方法。用高能 CO_2 激光聚焦于掺有 Fe、Co、Ni 或其他合金的石墨靶，在激光照射下可以生成气态碳，气态碳和催化剂粒子被气流从高温区带向低温区，在催化剂的作用下生长成单壁碳纳米管。所得碳纳米管的形态与电弧法得到的相似，但质量更高，并且无定形碳未出现。该方法缺点是设备复杂，所得碳纳米管的纯度较低。

3）化学气相沉积法

化学气相沉积法，又称催化热解法，是目前应用最广、最易实现大规模生产的一种方法。一般是以少量过渡金属（Fe、Co、Ni）及合金作为催化剂，黏土、硅酸盐、氧化铝作为载体，以碳氢化合物（乙烯、乙炔、苯、二甲苯、乙醇、液化气等）作为碳源，在保护气氛（N_2、Ar 等）和还原气氛（H_2）下经高温分解形成碳原子，碳原子在金属颗粒上长大成碳纳米管[8]。其反应装置示意图如图 16-11 所示。

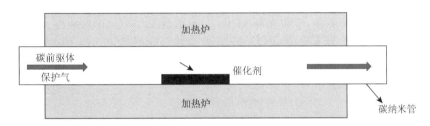

图 16-11　化学气相沉积装置示意图

3. 碳纳米管的性能及应用

碳纳米管作为有代表性的重要一维纳米材料，具有多方面优异的性能，这使其在很多领域有较好的应用现状和前景。碳纳米管管壁中的碳原子采用的是 sp^2 杂化，因此碳纳米管沿轴向具有高模量和高强度，可用于增强复合材料的力学性能；而碳纳米管圆筒状弯曲会导致量子限域和 σ—π 再杂化，这种再杂化结构特点及 π 电子离域结构赋予了碳纳米管特异的光、电、磁、热、化学和力学性质；碳纳米管的管腔内部是纳米级中空结构，可作为纳米级分子反应器和存储容器[9]。

1）力学性能及应用

由于碳纳米管中碳原子采取 sp^2 杂化，相比 sp^3 杂化，sp^2 杂化中 s 轨道成分比较大，使碳纳米管具有高模量和高强度，可用于增强复合材料的力学性能。

碳纳米管具有良好的力学性能：①抗拉强度达到 50～200GPa，是钢的 100 倍，密度却只有钢的 1/6，至少比常规石墨纤维高一个数量级；②强度比同体积钢的强度高 100 倍，重量却只有后者的 1/6～1/7；③弹性模量可达 1TPa，与金刚石的弹性模量相当，约为钢的 5 倍；④硬度与金刚石相当，却拥有良好的柔韧性，这启示人们可以利用碳纳米管制造轻薄的弹簧，用在汽车、火车上作为减震装置，能够大大减轻重量；⑤可以拉伸，长径比一般在 1000∶1 以上，是理想的高强度纤维材料，因而被称为"超级纤维"。

2）导电性能及应用

碳纳米管是优良的一维介质，具有与石墨相同的片层结构，其中碳原子的 p 电子形成大范围的离域 π 键。由于共轭效应显著，碳纳米管具有优异的电学性能，能较好地应用在量子导线和晶体管阵列等。

实际应用中，碳纳米管在基体材料中通过相互搭建成网络进行电子传递，实现导电。理论预测碳纳米管的导电性能取决于其管径和管壁的螺旋角。当碳纳米管的管径大于 6nm 时，导电性能下降；当管径小于 6nm 时，碳纳米管可以被看成具有良好导电性能的一维量子导线。当管径≤0.7nm 时，碳纳米管具有超导性，这预示着碳纳米管在超导领域有应用前景。

3）导热性能及应用

碳纳米管由卷曲的石墨片构成，具有非常大的长径比，因而热量沿着其轴向方向传递，相对其径向方向的热交换性能较低，通过合适的取向，碳纳米管可以合成各向异性高的热传导材料。

另外，碳纳米管有着较高的热导率，在温度为 100K 时，单根碳纳米管的热导率为 37000W/mK，室温下能达到 6600W/mK，这一数据几乎是所报道的金刚石室温下热导率（3320W/mK）的 2 倍。只要在复合材料中掺杂微量的碳纳米管，该复合材料的热导率就会得到很显著的改善。

4）其他性能及应用

碳纳米管还具有光学、电化学等其他良好的性能。

目前针对碳纳米管的应用不再是仅针对某一个性能的单一研究应用，而是综合多个优异的性能，使碳纳米管能在很多领域发挥它尽可能多的性能。例如，在电化学电容器（超级电容器）中，就综合了碳纳米管比表面积大、导电性好、力学性能好且能保持稳定的结构、化学稳定性强等一系列的优势。又如，在锂离子电池材料中的应用，其稳定有序的结构、稳定的化学性能及良好的导电性为催化剂提供了优渥的支撑平台。同样，碳纳米管拥有中空结构、较石墨略大的层间距及优异的电化学性能等优势，是很有前途的储氢材料，为储氢材料的研究开辟了更广阔的应用前景。

16.3.2　碳纳米管增强复合材料简介

碳纳米管增强复合材料是随着碳纳米管的出现而发展起来的。碳纳米管具有超强的力学性能和优异的物理性能，其弹性模量达 1.0～1.8TPa，抗拉强度达 150GPa，密度可达 0.8g/cm³，热膨胀系数几乎为零，是复合材料的理想增强体。

碳纳米管除了可以和聚合物形成复合材料（即碳纳米管增强树脂基复合材料）外，也可以和金属或金属氧化物纳米粒子进行复合（碳纳米管增强金属基复合材料）。碳纳米管在这些复合物中起着载体的作用，然而 CNTs 在实际应用中会遇到诸多问题。例如，由于其自身的结构特性和表面化学惰性，很难与其他物质作用；由于碳纳米管间的范德华力和 π-π 相互作用，其易于团聚和缠结，且很难均匀分散在溶剂中。要提高碳纳米管在溶剂中的分散性及碳纳米管与负载物的前驱物的相互作用，需要对碳纳米管先进行功能化，增加其在水溶液的分散性。目前较为常用的手段就是用浓酸对碳纳米管进行氧化处理。

碳纳米管增强树脂基复合材料的性能取决于碳纳米管的负载量，通过功能化处理，可增加碳纳米管在复合材料中的比重，并使碳纳米管在复合材料中分散更均匀，同时碳纳米管的进入也可以增强复合材料的机械性能。

碳纳米管增强金属基复合材料是近十几年发展起来的一类先进复合材料，其除具有普通金属基复合材料的优良性能外，还具有密度小、热膨胀系数小、导电导热率高、阻尼性能优良等优点。随着航空航天技术的迅速发展，对材料的性能要求也越来越高，传统材料已经存在一定的局限性,碳纳米管增强金属基复合材料能够满足先进航空航天飞行器的发展需要,在航空航天领域具有良好应用潜力[10]。

16.3.3　碳纳米管增强复合材料的性能

1. 电学性能

自碳纳米管被发现以来,由于其优异的导电性能而被广泛研究。在碳纳米管导电复合材料中,随着碳纳米管含量的增加,复合材料的电导率会在某一临界值(渗流阈值)附近突然增加几个数量级,即所谓的"逾渗"现象[11]。碳纳米管复合材料的导电机理主要有两种:第一种是隧道效应理论,Polley 等[12]认为导电性能由导电网络形成,但不是靠导电粒子直接接触导电,而是热振动时电子在粒子间迁移造成的;第二种是渗流理论[13],渗流理论认为导电性能是由于导电填料在基体中形成导电通路实现的。聚合物(如聚乙烯、聚丙烯、环氧树脂等)均为绝缘体,添加碳纳米管后可以明显改善复合材料的电性能。Pandis 等[14]在聚甲基丙烯酸甲酯聚合物基体中加入 0.5%碳纳米管,复合材料的电导率从 10^{-8}S/m 提高到了 10^{-3}S/m。

2. 力学性能

碳纳米管由 C—C 共价键结合而成,具有很大的长径比,这使其具有优良的力学性能,其杨氏模量和剪切模量与金刚石相当,因此认为碳纳米管是理想的聚合物复合材料的增强材料。碳纳米管的抗拉强度高达 50~200GPa,是钢的抗拉强度的 100 倍,与聚合物复合之后能大大提高复合材料的力学性能,在受到外力作用时,碳纳米管的加入使作用在聚合物上的载荷有效地从聚合物基体上转移到了碳纳米管上,因而极大地提高了复合材料的强度。但碳纳米管对聚合物材料力学性能的提高也并不是成正比地提高,而影响碳纳米管复合材料力学性能的因素主要包括以下几个方面:碳纳米管与聚合物的界面性能[15]、碳纳米管在聚合物中的分散及分布[16]、碳纳米管在聚合物基体中的取向程度[17]。碳纳米管与聚合物间强的界面相互作用能有效地将载荷从聚合物基体转移到碳纳米管,且能防止碳纳米管在高剪切力作用下从聚合物基体中抽出。碳纳米管在聚合物基体中均匀分散时,能使碳纳米管和基体的接触面积大大增加,从而提高了载荷从聚合物基体向碳纳米管转移的效率,碳纳米管的增强效果更明显。

3. 热学性能

聚合物材料一般是热的不良导体,往往需要通过填充高导热性的填料来提高材料的导热性能,而碳纳米管在具有良好机械性能和电学性能的同时兼具优异的热学性能,可以作为聚合物复合材料的增强材料来提高复合材料的导热性能[18]。

由于聚合物声子自由程很小,热导率很低,所以碳纳米管复合材料的导热性能主要依赖于碳纳米管的导热系数、碳纳米管在基体中的分布及碳纳米管与聚合物基体之间的相互作用。对于复合材料而言,热阻主要来源于热导率较低的聚合物基体。当碳纳米管含量较低时，在基体中呈孤立状态，批次接触机会小，不能形成相互作用，此时对提高复合材料的导热性能贡献不大。当碳纳米管含量达到某一临界值时，碳纳米管之间可以形成相互作用，在聚合物基体中形成导热网络，此时复合材料的导热性能提高快[19]。

16.3.4　碳纳米管增强复合材料的应用

1. 航空航天领域

航空航天科学技术的不断进步，促进了先进复合材料的飞速发展。飞机和卫星等制造材料要求质量轻、强度高、耐高温、耐腐蚀等苛刻的条件，而先进复合材料正好具有这些特点而广泛应用于飞机、火箭、航天飞行器等[20]。例如，美国 F-22 军用飞机先进复合材料的用量已达到 25%以上，军用直升机的用量达到 50%以上（图 16-12）[21]。目前在飞机机身结构制造上和小型无人机整体结构制造上大量使用先进复合材料，飞机用先进复合材料经过 40 年的发展，从最初的非承力构件发展到应用于次承力和主承力构件，质量减轻了 20%~30%。在航空涡轮发动机上使用的复合材料也越来越多且比例也越来越大，高分子复合材料由于强度高、比模量高、耐疲劳与耐腐蚀性好、阻噪能力强等优点在航空发动机冷端部件、发动机短舱、反推力装置等部件上得到了广泛应用。波音 787 飞机中 80%的材料使用的是复合材料，其中 50%使用的是碳增强聚合物基复合材料[22]，O'Donnel 等的研究结果表明，当使用碳纳米管复合材料代替原有的铝合金部件时，波音 747-400 飞机的重量平均降低了 17.32%，燃油消耗降低了 10%[23]。此外，碳纳米管聚合物复合材料还具有独特的低膨胀系数、低抗电磁辐射等优异性能，在外太空环境下依然拥有高的使用年限，因此在人类的空间探索开发中起到了非常重要的作用。目前卫星的微波通信系统、能源系统、各个支撑结构件等基本上都做到了复合材料化。我国在"风云二号"气象卫星及神舟系列飞船上均采用了碳/聚合物复合材料作主承力构件，大大减轻了卫星的质量，降低了发射成本。

图 16-12　军用直升机

2. 汽车领域

轻量化和环保是当今世界汽车材料发展的主要方向,聚合物纳米复合材料是最重要的汽车轻质材料之一,它可以减少整部汽车质量的 40%,且采购成本也能降低 40%左右。纳米材料由于具有量子尺寸效应、小尺寸效应、表面界面效应等特性,被广泛应用于汽车任何部位,包括车身、传动系统、排气系统等（图 16-13）[24]。汽车领域著名的丰田和通用汽车公司均已开发出碳纳米管聚合物复合材料,以代替汽车中使用的结构材料。

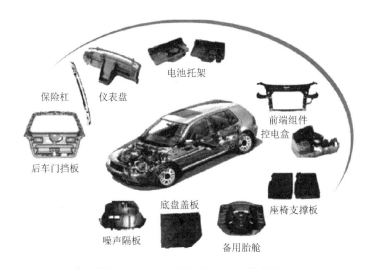

保险杠　仪表盘　电池托架　前端组件　控电盒　后车门挡板　噪声隔板　底盘盖板　备用胎舱　座椅支撑板

图 16-13　纳米材料在汽车中的应用

3. 传感器领域

利用碳纳米管优良的电子传导性能和较高的电流承载能力,能够形成电传导网络对复合材料进行检测。碳纳米管吸附气体后,在碳纳米管和吸附气体之间产生电子交换而显示出不同的电学特性,利用这一特性可以制备出不同的传感器[25]。碳纳米管的导电性随管中网络结构和直径变化而改变,在应力影响下,碳纳米管网格发生变化,直径逐渐减小,甚至碳纳米管的螺旋角度发生变化,导致电性能发生变化,通过测定其电子特征的变化以反映力学应力的变化。由于碳纳米管具有微型、灵敏、精确等特点,可进入血液、淋巴系统等进行工作,或者进入细胞来传导信息,探测 DNA 的复制、转录等一些微小的变化[28, 29]。碳纳米管复合材料已广泛应用于生物医学压力传感器[26]（图 16-14）[27]。郑丽等[30]研究了碳纳米管复合材料中利用碳纳米管传感网络来监测结构的应变损伤。万莉等[31]结合三维编织复合材料制造工艺,利用碳纳米管传感器对三维编织复合材料试件缺陷进行检测,成功地实现了对三维编织复合材料内部缺陷位置和大小的估计。

4. 电磁屏蔽材料及吸波隐身领域

随着现代电子工业的高速发展,电磁干扰已经成为社会不可忽视的公害之一。电磁辐

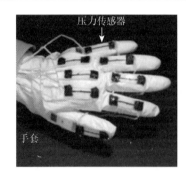
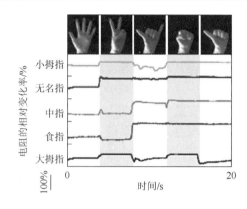

图 16-14　生物医学压力传感器

射不仅会影响人的身体健康，还会对周围电子仪器设备造成干扰、泄露信息等，因此改善材料的电磁屏蔽性能成为亟待解决的问题。碳纳米管具有吸波频谱范围广、吸收强度大等优点，广泛应用于电磁屏蔽和吸波领域。碳纳米管复合材料的电磁屏蔽效率取决于碳纳米管的导电性、介电常数和长径比等参数。电磁波入射到屏蔽体表面时，通常有 3 种衰减机理：①在入射表面的反射损耗；②在屏蔽体内部的吸收损耗；③在屏蔽体内部的多重反射损耗[32]（图 16-15）[33]。研究表明，碳纳米管复合材料的电磁屏蔽机理主要以外部反射损耗和内部吸收损耗为主，但由于复合材料中碳纳米管和聚合物基体之间存在大量界面，多重反射也能提高电磁屏蔽的效能[34]。

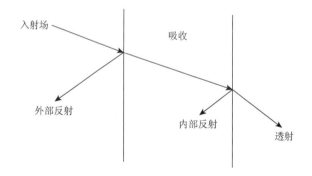

图 16-15　电磁波屏蔽机理

5. 储能材料

　　碳纳米管由于其独特的一维纳米形貌而被作为锂离子电池负极材料得到广泛应用。碳纳米管的储锂机理主要有三点：首先，碳纳米管的尺寸为纳米级，管内及间隙空间也都处于纳米级，而纳米材料的小尺寸效应能有效地增加锂离子在化学电源中的反应活性空间；其次，碳纳米管具有优异的导电性能，增大了锂离子的快速嵌入和脱出的自由传递速度，对锂电池的大功率充放电有很好的促进作用；最后，碳纳米管的比表面积大，能增加锂离子的反应活性位，使储锂的容量增大[35]。

16.4　石墨烯增强复合材料

16.4.1　石墨烯

2004 年，英国曼彻斯特大学安德烈·亥姆（Andre Geim）和康斯坦丁·诺沃肖罗夫（Konstantin Novoselov）使用 3M 胶带获得了石墨稀，这一项发明使得石墨烯进入大家的视野，科学家们对其进行了广泛的研究，发现石墨烯具有优越的热力学、电学及机械性能，这些性能引发了科学家的极大兴趣。2010 年，安德烈·亥姆和康斯坦丁·诺沃肖罗夫获得了诺贝尔物理学奖。

石墨烯在严格意义上是指单独一层的石墨层片，每个碳原子由 sp^2 杂化成类似蜂窝形状的二维晶体结构，见图 16-3。理论上其厚度只有 0.34nm，其碳—碳键长度大概为 0.142nm，以 σ 键彼此连接，形成六边形，链接很牢固。石墨烯是构成富勒烯、石墨、碳纳米管等同素异形体的基本单位。

1. 石墨烯的性能

石墨烯有许多特别优秀的性能。在常温状态下，由于很强的原子间作用力，石墨烯中的电子只会受到很小的干扰。石墨烯的电子迁移率能够达到 $2×10^5 cm^2/(V·s)$，是电子在硅中迁移率的 140 倍，其电导率为 $10^6 S/m$。在室温条件下，石墨烯的热导率约为 5000W/mK，是相同条件下铜的热导率（401W/mK）的 10 倍多，也高于碳纳米管。因此，石墨烯作为散热材料是非常好的。石墨烯有超高的强度、刚度及韧性，杨氏模量达到 1Tpa，和单壁碳纳米管差不多；强度约为 180GPa，是一般钢材的 100 倍；一个单位面积的石墨烯能够承受 4kg 重量的物体，是碳纤维的 20 倍；抗拉强度超过 125GPa，硬度超过钻石，利用石墨烯的超高的力学性能可以将其作为纳米填料及增强剂。

2. 石墨烯的制备

石墨烯目前主要合成方法有四种：①机械剥离法；②基于衬底的方法；③基于溶液的氧化石墨烯还原法；④在特定的溶剂中直接剥离石墨烯。

（1）机械剥离法：通过胶带剥离大块石墨。经过一系列处理，该技术能获得高品质的石墨烯，其片径高达 100μm，足够用来深入研究其性能。机械剥离的方法产量极低，只能制备少量石墨烯用于实验室研究。

（2）基于衬底的方法：石墨烯的外延生长是一种基于衬底的方法，涉及在真空中高温加热碳化硅，使得最上面的硅原子逸出，留下的碳原子重建成六方石墨烯。化学气相沉积是另一种基于衬底的方法，通常情况下，使用镍薄片与甲烷气体，在冷却衬底时，于过渡金属的表面上析出碳成核并长大形成石墨烯。然而，由此产生的石墨烯通常具有几层，整体质量在很大程度上取决于使用的基体材料的类型。

（3）基于溶液的氧化石墨烯还原法：在这种技术中，石墨氧化物（GO）作为一种中间产物，用以获得在溶剂中分散稳定的石墨烯。GO 是石墨氧化的产物，保持了石墨的原始分层结构。但由于大量的羟基、环氧基团、羰基和羧基的插层连接在石墨烯平面上，GO 具有强亲水性，易被剥离，从而形成稳定的胶体分散体系。随着氧化过程的进行，其亲水性增加，然而，过程中氧化石墨烯也逐渐失去其优良的电性能，并最终成为电绝缘体。GO 需要还原，以恢复其导电性。

（4）在特定的溶剂中直接剥离石墨烯：研究人员发现石墨烯也可由天然石墨置于几种选定的有机溶剂中获得。石墨烯分散可以通过反复的超声波和离心法实现，但是提高石墨稀单层产量和分散浓度仍然是个难题。

16.4.2　石墨烯增强复合材料简介

1. 石墨烯/聚合物纳米复合材料

石墨烯/聚合物纳米复合材料是石墨烯迈向实际应用的一个重要方向。由于石墨烯性能优异，且改性后的石墨烯易于在聚合物基体中均匀分散，非常适用于开发高性能的聚合物纳米复合材料。

1）石墨烯/聚合物纳米复合材料的制备方法

石墨烯的分散是石墨烯/聚合物纳米复合材料制备中的关键问题。石墨烯的分散状态会对复合材料的性能产生显著影响。因此，获得均匀、分散性好的复合体系是研究的重点。石墨烯/聚合物纳米复合材料的制备方法主要有如下三种。

a）原位聚合法

在原位聚合法中，石墨烯或改性石墨烯首先与单体或预聚体共混，将合适的引发剂分散进去，然后调整温度和时间等参数，用热或辐射引发聚合，最终制得石墨烯/聚合物纳米复合材料。

原位聚合法有两个优点：①确保了填料颗粒在聚合物基体中的均匀分散；②制备出的纳米复合材料中填料颗粒和聚合物之间相互作用力大，有利于应力转移。研究人员用该法成功制备了许多种石墨烯/聚合物纳米复合材料，如石墨烯/聚酰亚胺、石墨烯/聚氨酯、石墨烯/聚吡咯、石墨烯/聚苯胺、石墨烯/聚甲基丙烯酸甲酯等。然而，该方法的缺点是引入石墨烯后聚合体系的黏度增大，使得聚合反应变得复杂，操作变得困难。

b）溶液共混法

溶液共混法需要先得到能在有机溶剂中稳定分散的石墨烯分散液，再将聚合物分散于溶液中，除去溶剂，即可制备出石墨烯/聚合物纳米复合材料。

石墨烯/聚苯乙烯（polystyrene，PS）、石墨烯/聚氨酯（polyurethane，PU）、石墨烯/聚碳酸酯（polycarbonate，PC）、石墨烯/聚丙烯酸甲酯（polymethyl methacrylate，PMMA）、石墨烯/聚乙烯醇（polyvinyl alcohol，PVA）、石墨烯/环氧树脂（epikote，EP）等聚合物纳米复合材料均可采用溶液共混法制备。该方法是制备聚合物基纳米复合材料的最直接途径。先将石墨烯在有机溶剂中稳定分散，能有效控制石墨烯的尺寸与形态，更容易实现石墨烯在聚合物基体中的均匀分散。然而该方法常需要使用有机溶剂，会对环境产生污染。

c）熔融共混法

采用熔融共混法制备石墨烯/聚合物纳米复合材料时，首先要将聚合物和石墨烯的混合物加热至聚合物熔点以上，使其处于熔融状态，然后利用剪切作用促使石墨烯在聚合物中分散，即可获得石墨烯/聚合物纳米复合材料。

熔融共混法不需要溶剂，比上述两种方法更经济和环保。然而石墨烯在聚合物基体中不易分散，与聚合物的界面作用较差。此外，如果化学改性的石墨烯中的官能团在熔融状态下不稳定，则不适合采用熔融共混法制备复合材料。石墨烯/PU、石墨烯/PMMA、石墨烯/PC 等可以采用此法制备。

2）石墨烯/聚合物纳米复合材料的机械性能及增强机制分析

石墨烯超高的比表面积、表面粗糙与褶皱、二维平面形态使其成为制备轻质高强复合材料的理想填料。添加适量的石墨烯可以使基体树脂的力学性能得到显著提高，克服了一般无机填料使用量大，且不能兼顾刚性、尺寸稳定性与韧性的缺点。石墨烯基聚合物纳米复合材料的机械性能取决于石墨烯在聚合物基体中的分散性、石墨烯与聚合物基体的界面结合等因素。

石墨烯在聚合物基体中均匀分散可以避免因团聚而引起的应力集中，使应力均匀分布，增大界面面积，有利于应力转移，进而提高复合材料的力学性能。同时定向分布也有利于应力转移。化学改性的石墨烯（chemically modified graphene，CMG）在 PI 基体中定向分布，充当桥连剂，可以有效阻止复合材料在应力下的断裂形变。

同时，化学交联能改善石墨烯与聚合物基体的界面结合，有助于提高复合材料的力学性能。使用与聚合物基体结构相似的单体、聚合物等对石墨烯进行改性，有利于改善石墨烯与基体间的相容性，NH_2 改性的氧化石墨烯（ODA-GO）与 PI 的相容性有大幅提高，原位法制备的质量分数 0.3%的 ODA-GO/PI 复合材料的拉伸强度比纯 PI 膜高 240%，质量分数 3%的复合材料的模量是纯 PI 膜的 15 倍，表明 ODA-GO 与 PI 的界面结合力强，相容性好，发生了有效的应力转移作用。

石墨烯与聚合物基体间的界面结合力越大，越有利于应力转移，然而这却在一定程度上限制了聚合物链段的运动与层间滑移，不利于能量耗散，即对韧性产生不利影响。复合材料的强度和韧性如何有效平衡长期困扰着科研工作者，天然生物材料为研究人员提供了极好的借鉴。典型的天然生物材料——贝壳珍珠层由微米级文石片碳酸钙（约 95%）及有机质（约 5%）组成，其韧性是文石片的 3000 多倍，这种超常的力学性能归因于珍珠层独特的多尺度多级次“砖-泥”组装结构。效法自然、超越自然，具有超高力学性能的石墨烯成为制备仿贝壳结构复合材料的新宠。目前，通过定向冻融、自组装、层层沉积、电泳沉积等方法制备了一系列仿贝壳结构的石墨烯/聚合物材料。然而，这些仿贝壳材料性能不甚理想，究其原因，主要是没能有效解决石墨烯与聚合物基体间的界面结合问题。通过在石墨烯纳米片的表面接枝上长链芳香胺，可制备具有层状韧性界面相的石墨烯/环氧树脂纳米复合材料 [图 16-16（a）]。通过加入质量分数为 0.6%的氨基改性石墨烯，复合材料的弯曲强度提高了 91.5%，断裂韧性提高了 93.8%。长链芳香胺在复合材料中的作用 [图 16-16（b）] 如下：①促进石墨烯纳米片的剥离及在环氧树脂基体中的分子级分散；②充当石墨烯纳米片与环氧树脂间应力转移的桥梁；③调节石墨烯纳米片周围的化学计量比，构建层状结构，耗散更多的断裂能。

　　另一种典型的天然生物材料——骨骼的高强度和韧性归因于牺牲键和隐藏长度的有效结合。通过对石墨烯纳米片进行共价与非共价修饰，在石墨烯纳米片与 PU 复合材料中构筑了牺牲键和隐藏长度有效结合的相界面［图 16-16（c）］，达到了增强增韧的目的，其机理如下：①石墨烯纳米片表面的 PU 齐聚物短链（含 4～5 个单体单元）与 PU 基体化学结构相同，有利于石墨烯纳米片在基体中均匀分散；②PU 链间存在氢键相互作用，石墨烯纳米片表面的 PU 齐聚物链可隐藏在相界面中，类似于贝壳珍珠层中的折叠蛋白，在载荷作用下，隐藏长度会释放，断裂处产生大应变；③吸附在石墨烯纳米片表面的芘环和石墨烯纳米片间的 π—π 相互作用会形成牺牲键，该能量（26kJ/mol）大于 PU 基体的链间相互作用能，在载荷作用下吸附的芘环沿着石墨烯表面滑移，耗散一定的能量。如此独特的相界面使得复合材料的强度和模量比纯 PU 高 50.7% 和 104.8%，而断裂伸长率（＞900%）仍可与纯 PU 相媲美。

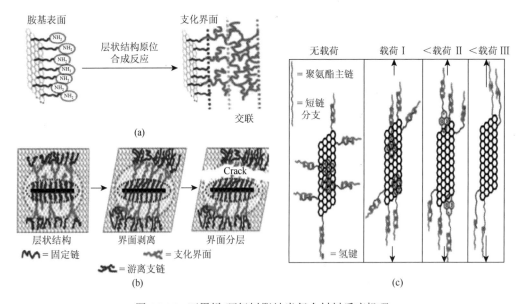

图 16-16　石墨烯/环氧树脂纳米复合材料反应机理

（a）石墨烯/环氧树脂纳米复合材料中富含氨基的石墨烯表面和层状相界面结构；（b）石墨烯/环氧树脂纳米复合材料中石墨烯纳米片周围的层状结构及载荷下的变形与裂；（c）GN/PU 复合材料机械测试时的牺牲键断裂和隐藏长度释放增韧机理

　　此外，如果在石墨烯/聚合物纳米复合材料中引入碳纳米管，还能达到协同增强和增韧的效果。碳纳米管的桥连作用使得还原氧化石墨烯片/PVA 复合材料的韧性远远超过蜘蛛的牵引丝和凯夫拉纤维。

2. 石墨烯/金属基复合材料

　　碳质材料作为增强相来强化金属及合金的研究已不陌生，最早的研究主要是集中于相对易于加工的碳纳米管为增强相广泛应用于增强聚合物中，碳纳米管作为金属基材料的增强相的研究就是在此基础上开展的。近几年，随着石墨烯的生产逐渐规模化及其质量和层数可控性程度的提高，石墨烯复合材料的研究越来越受到国内外学者的关注。目前石墨烯复合材料的研究主要集中于聚合物材料的研究，并取得了良好的成果。

1）石墨烯/金属基复合材料的制备方法

石墨烯作为金属的增强体有其独特的优势，如高温固有稳定性、高强度和刚度、优越的导电性和电导率。然而，由于石墨烯密度小、分散性差、熔态下与熔融金属界面张力不同及界面反应问题，很难把石墨烯融入金属中。目前，制备石墨烯/金属基复合材料的主要方法包括：粉末冶金法、化学沉积法、水热合成法。

a）粉末冶金法

粉末冶金法是一种以金属粉末为原料，经压制和烧结制成制品的加工方法。其具有工艺简单、灵活，能达到近净成型，材料利用率高的特点，在石墨烯金属基复合材料制备中应用较为广泛。在粉末冶金过程中，球磨时间、球料比、石墨烯的加入量及二次机械变形（如热挤压、热锻、热卷曲、搅拌摩擦加工等）均影响石墨烯在基体中分散的均匀性及成型后的组织和性能。

b）化学沉积法

化学沉积法是利用一种合适的还原剂使镀液中的金属离子还原并沉积在基体表面上的化学还原过程。传统的镀层一般为硬度大和润滑性好的颗粒，以提高材料的耐磨性和自润滑性。化学沉积工艺过程操作简单、灵活方便。

通过化学镀或电化学镀将金属离子与石墨烯复合形成组织、性能均匀的镀层，满足实际生产需要注意以下几点。首先，金属基底的氧化还原势应低于溶液中的金属离子，金属基底材料一般为 Cu、Al、Zn 等。其次，电镀电源宜选用脉冲交流电源，其较直流电源可形成更加致密、均匀的镀层。再次，在电镀材料中加入表面活性剂（如烷基硫酸钠、甲基溴化铵等）可以更好地改善镀层材料的微观结构和性能。最后，对于所得镀层或制件进行一定的机械强化（热压、冷压等），能进一步优化复合材料的性能。

c）水热合成法

水热法是在高温高压、密封的压力容器中，以水为溶剂进行化学反应，此方法在制备石墨烯复合材料的方面应用较为广泛。采用水热法制备石墨烯金属基复合材料，石墨烯在基体中分散性好、晶形好且可控制、生产成本低；最重要的是经水热法制备的粉体一般无需烧结，从而避免了晶体在烧结过程中的长大，也避免了杂质的混入，可以制备纯度较高的材料。

2）石墨烯/金属基复合材料的机械性能及强化机制分析

石墨烯增强金属基复合材料的强化机制和强度预测涉及复合材料的组织设计问题，近年来一直是石墨烯增强金属基复合材料的研究热点和难点，目前石墨烯增强金属基复合材料的作用机理及规律仍没有统一的结论。国内外一些研究者认为石墨烯增强金属基复合材料的强化机制主要有四种模型，即剪切滞后强化机制、热失配强化机制、Orowan 强化机制和细晶强化机制。

a）剪切滞后强化机制

剪切滞后模型是目前应用最频繁的预测材料性能的强化机制，来源于纤维增强金属基复合材料的载荷传递理论，它是根据载荷在基体与增强体界面上传递的机制建立的。根据剪切滞后模型，石墨烯在铜基复合材料中主要是通过界面剪切力的传递，来承载分担基体所受到的载荷，其增强效果主要与石墨烯的长径比和体积分数有关。石墨烯增强铜基复合材料的屈服强度可表示为

$$\sigma_c = \sigma_m(1 + \rho V) \qquad (16\text{-}1)$$

式中，σ_m 为金属基体的屈服强度；ρ 和 V 分别为石墨烯的长径比和体积分数。剪切滞后模型克服了位错模型不考虑增强体承载作用的缺陷，充分考虑了纤维、晶须增强体在材料变形过程中的应力传递作用。但是在短纤维复合材料中，纤维与纤维、纤维与基体之间由于纤维的不连续性会产生十分复杂的交互作用，从而显著影响局部应力场的分布和总体性能，因此剪切滞后模型无法解决基体和增强体之间的交互作用，存在一定的局限性。

　　b）热失配强化机制

热失配强化机制是由于增强相和基体之间的热膨胀系数存在较大差异，在热成型过程中由于热胀冷缩而产生加工硬化和高密度位错，从而提高复合材料强度。根据复合材料各组分的弹性及组成的体积比可预测复合材料的热膨胀系数。石墨烯的膨胀系数约为 $1.1 \times 10^{-6} K^{-1}$，而纯铜的膨胀系数为 $17.7 \times 10^{-6} K^{-1}$，因此，在热加工成型过程中，石墨烯和铜基体之间存在较大的热膨胀不匹配，导致在石墨烯周围产生高密度的位错区，高密度的位错阻碍晶体的滑移，从而提高了复合材料的强度。复合材料中产生的位错密度可表示为

$$\rho_d = \frac{10V\varepsilon h}{bt(1-V)} \qquad (16\text{-}2)$$

式中，V 为石墨烯的体积分数；εh 为热应变；b 为伯格斯矢量；t 为石墨烯的长径比。

　　复合材料的强度增量为

$$\Delta\sigma_c = 1.25\mu b\sqrt{\rho} \qquad (16\text{-}3)$$

式中，μ 为金属基体的刚性模量；b 为伯格斯矢量；ρ 为复合材料中的位错密度。

　　c）Orowan 强化机制

Orowan 模型是假设复合材料中的基体与不含增强体的基体合金的力学性能相同，事实上由于颗粒与合金的热膨胀系数不同，热错配应力的松弛在增强体颗粒周围形成一高位错密度区，基体中的位错在运动的过程中碰到硬度比较大的颗粒时，位错发生弯曲绕过颗粒后继续向前运动，而在颗粒周围留下位错环。位错线的弯曲将会增加位错影响区的晶格畸变能，增大位错线运动的阻力，使变形抗力增大，从而增大了复合材料的强度。复合材料的剪切强度可表示为

$$\tau = \frac{0.84MGb}{L_M - s} \qquad (16\text{-}4)$$

式中，M 为泰勒系数；G 为金属基体的剪切模量；b 为伯格斯矢量；s 为石墨烯的长径比；L_M 为石墨烯的间距。

　　该模型在考虑了增强体和基体物理性能的差异导致的热错配应力对材料强化的影响的同时，也很好地说明了颗粒增强复合材料等各向同性复合材料的屈服和加工硬化行为。但是 Orowan 模型忽视了位错增强体的承载作用，同时也未考虑材料在变形过程中基体中的三向应力对基体变形的约束作用。

　　d）细晶强化机制

增强相加到基体中会引起亚晶粒尺寸的减小，极为细小的亚晶粒导致了复合材料的增强。一般通过细化晶粒或亚晶阻碍位错运动实现晶界的强化。热加工时，常会在基体里发生再结晶，当颗粒尺寸较小时，颗粒会钉扎大晶界，当颗粒尺寸较大时，会促进再结晶形

核，使复合材料获得极为细小的晶粒。在制备石墨烯增强金属基复合材料过程中，首先会在石墨烯上形核，与此同时也作为异质晶核促进结晶，从而提高形核率，达到细化晶粒的作用。复合材料的屈服强度和晶粒尺寸一般遵循 Hall-Petch 公式，即

$$\sigma_c = \sigma_0 + bd^{1/2} \tag{16-5}$$

式中，σ_0 为摩擦应力；b 为 Hall-Petch 斜率；d 为晶粒尺寸。从 Hall-Petch 公式中可以看出，减小晶粒尺寸，能够提高复合材料的强度。

细晶强化是众多材料强化方法中，可以在提高复合材料强度的同时提升材料的塑韧性的强化方法，但并不是晶粒越细，细晶强化效果就越好，当晶粒细化到一定程度，由于晶粒内塞积的位错不够多而产生的应力集中不能推动相邻晶粒中位错开动；另外，随着晶界面积的增大，其所占的体积也不容忽略，晶界滑移对强度的影响也愈加明显，这些现象都导致 Hall-Petch 公式在实际应用中晶粒尺寸需在一定的范围内。利用晶粒中位错塞积模型，可推导出与 Hall-Petch 关系适用的上临界尺寸 $d_{\max}$ 和下临界尺寸 $d_{\min}$：

$$d_{\max} = \frac{Gb}{2\tau_c(1+s)(1-\mu)}, \quad d_{\min} = \frac{Gb}{\tau_c} \tag{16-6}$$

式中，G 为剪切模量；b 为柏格斯矢量；τ_c 为位错运动的临界切应力；μ 为泊松比；s 为一个与晶体的晶格类型、晶界类型和间隙原子沿晶界的偏聚程度等相关的量。

16.4.3　石墨烯增强复合材料的应用

1. 石墨烯/聚合物纳米复合材料的应用前景

石墨烯/聚合物纳米复合材料的研究尚处于发展初期，但石墨烯/聚合物纳米复合材料因其优异的机械、导电、导热、耐热和阻隔等性能，在航空航天、微电子、新能源、生物医学和传感器等领域将具有十分广阔的应用前景。相信随着研究的不断深入，石墨烯基聚合物纳米复合材料的用途将会越来越广泛。

目前，该研究领域仍面临着巨大的挑战：如何大规模制备结构完整、尺寸和层数可控的高质量石墨烯及其衍生物；如何有效地使石墨烯及其衍生物在聚合物基体中定向或均匀分散；最关键问题是如何充分改善石墨烯和聚合物之间的界面黏合作用，这些都是亟须解决的问题。今后石墨烯及其聚合物纳米复合材料的研究应集中在如下几方面：①改进现有制备方法并发展新技术，实现石墨烯及其衍生物的低成本、高质量、大规模制备；②更加深入地研究石墨烯的化学特性，开发并完善新的功能化方法，精确控制功能化的基团、位点及官能团数量等，并在功能化的同时保持石墨烯良好的固有性质；③深入分析石墨烯在聚合物中的定向或均匀分散、石墨烯与聚合物的界面结合对复合材料的结构、性质的影响；④发展新的仿真技术，精确预测石墨烯的结构缺陷、层数及分散性等对复合材料机械、导电和导热等性能的影响。

2. 石墨烯/金属基复合材料的应用前景

目前，国内关于石墨烯金属基复合材料的研究都处于实验室阶段，关键制备工艺的突

破期待解决，主要解决石墨烯纳米粉体的添加工艺，以及石墨烯与基体金属的界面结合及在基体中的均匀分布。由于石墨烯/金属基复合材料应用范围较广，依据使用性能进行体系的精细化设计需要大量试验数据支撑。传统金属基复合材料的一些设计思路可提供一些借鉴，但强化机制又存在差异性，而且传统金属基复合材料在我国主要以实验室小批量生产为主，本身设计体系不健全，因此，石墨烯/金属基复合材料的发展，也带动了传统金属基复合材料体系的发展。关键制备工艺的突破是未来石墨烯/金属基复合材料发展的重点，石墨烯/金属基复合材料未来可应用在航空航天、轨道交通、电缆导线及民用电子等领域。

参 考 文 献

[1] 成会明. 纳米碳管制备、结构、物性及应用. 北京：化学工业出版社，2002.

[2] Kroto H W，Heath J R，O'Brien S C，et al. C60：Buckminsterfullerene. Nature 1985，318：162.

[3] Iijima S. Helical microtubules of graphitic carbon. Nature，1991，354：56.

[4] Novoselov K S，Geim A K，Morozov S V，et al. Electric field effect in atomically thin carbon films. Science，2004，306（5696）：666-669.

[5] Geim A K，Novoselov K S. The rise of graphene. Nature Materials，2007，6：183.

[6] 陈展虹. 碳纳米管结构概述. 福建教育学院学报，2003，（10）：76-83.

[7] 刘剑洪，吴双泉，何传新，等. 碳纳米管和碳微米管的结构、性质及其应用. 深圳大学学报（理工版），2013，30（1）：1-11.

[8] 谷献模. 功能化碳纳米管及其复合材料的制备与催化性能研究. 哈尔滨：哈尔滨工业大学，2014.

[9] 胡晓阳. 碳纳米管和石墨烯的制备及应用研究. 郑州：郑州大学，2013.

[10] 何天兵，胡仁伟，何晓磊，等. 碳纳米管增强金属基复合材料的研究进展. 材料工程，2015，43（10）：91-101.

[11] Logakis E，Pollatos E，Pandis C，et al. Structure-property relationships in isotactic polypropylene/multi-walled carbon nanotubes nanocomposites. Composites Science and Technology，2010，70：328-335.

[12] Polley M H，Boonstra B B S T，et al. Carbon Blacks for highly conductive rubber[J]. Rubber Chemistry and Technology，1957，（30）：170-179.

[13] Stauffer D，Aharony A. Introduction to percolation theory：revised second edition. London：Taylor & Francis，1994.

[14] Pandis C，Pissis P，Pionteck J，et al. Highly conducting poly（methyl methacrylate）/carbon nanotubes composites：Investigation on their thermal，dynamic-mechanical，electrical and dielectric properties. Composites Science & Technology，2011，71（6）：854-862.

[15] 贾志杰，王正元，徐才录，等. 原位法制取碳纳米管/尼龙-6复合材料. 清华大学学报（自然科学版），2000，40（4）：14-16.

[16] Salvetat J P，Briggs G A D，Bonard J M. Elastic and shear moduli of single-walled carbon nanotube ropes. Applied Physics Letters，1999，82（5）：944-947.

[17] 邱军，袁捷，王国建. 碳纳米管/聚合物复合材料加工过程中原位取向方法与技术. 高分子通报，2009，11：10-17.

[18] Biercuk M J，Llaguno M C，Radosavljevic M，et al. Carbon nanotube composites for thermal management. Applied Physics Letters，2002，80（15）：2767-2770.

[19] Huxtable S T，Cahill D G，Shenogin S，et al. Interfacial heat flow in carbon nanotube suspension. Nature Materials，2003，2（11）：731-734.

[20] 苏云洪，刘秀娟，杨永志. 复合材料在航空航天中的应用. 工程与试验，2008，48（4）：36-38.

[21] 林德春，潘鼎，高健，等. 碳纤维复合材料在航空航天领域的应用. 玻璃钢，2007，（1）：18-28.

[22] Chae H G，Choi Y H，minus M L，et al. Carbon nanotube reinforced small dimeter polyacrylonitrile based carbon fiber. Composites Science and Technology，2009，69（3）：406-413.

[23] O'Donnell S，Sprong K，Haltli B. Potential impact of carbon nanotube reinforced polymer composite on commercial aircraft

performance and economics. AIAA Aviation Technology，Integration and Operations Forum，2004.

[24]　曾大新. 碳纳米管在汽车上的应用. 湖北汽车工业学院学报，2006，20（3）：23-27.

[25]　Wang X J，Zhang X X，Sun C X，et al. Surface modification of multi-walled carbon nanotubes by dielectric barrier discharge in atmospheric pressure and the analysis on gas sensitive charateristics. High Voltage Engineering，2012，38（1）：223-228.

[26]　Bethune D S，Klang C H，Devries M S，et al. Cobalt catalysed growth of carbon nanotubes with single-atomic-layer walls. Nature，1993，（363）：605-607.

[27]　Yamada T，Hayamizu Y，Yamamoto Y，et al. A stretchable carbon nanotube strain sensor for human-motion detection. Nature nanotechnology，2011，（6）：296-301.

[28]　Modi A，Koratkar N，Lass E，et al. Miniaturized gas ionization sensors using carbon nanotubes. Nature，2003，（40）：171-174.

[29]　Collins P G，Bradley K，Lshigami M，et al. Extreme oxygen sensitivity of electronic properties of carbon nanotubes. Science，2000，（287）：1801-1804.

[30]　郑丽，赵锦航，牛小方，等. 基于自组装原位生长法制备聚苯胺/CNTs 纳米复合材料修饰叉指电极的葡萄糖生物传感器. 天津工业大学学报，2015，1：17-21.

[31]　万莉，马永军，李静东. 基于碳纳米管传感器的复合材料内部缺陷测量及误差估计. 合成材料老化与应用，2015，（1）：88-95.

[32]　Das N C，Maiti S. Electromagnetic interference shielding of carbon nanotube/ethylene vinylacetate composites. Material Science，2008，43（6）：1920-1925.

[33]　周坤豪，胡小芳. 碳纳米管填充聚合物基电磁屏蔽复合材料的研究进展. 化工进展，2012，31（6）：1258-1273.

[34]　Schulz R B，Plantz V C，Brush D R. Shielding theory and practice. Electromagnetic Compatibility，IEEE Transportation，1988，30（3）：187-201.

[35]　张洪坤. 碳纳米管及锡-碳纳米管复合材料的电化学储锂性能研究. 北京：北京化工大学，2013.

第17章　仿生石墨烯纳米复合材料

17.1　引　　言

随着纳米科学的发展和纳米技术的进步，在过去的 20 多年里，科研工作者制备了大量纳米复合材料，其中作为 21 世纪最有前景的材料之一的聚合物纳米复合材料发展迅速。聚合物纳米复合材料结构和功能的可设计性被广泛用于航空航天、军事和工业等领域。例如，航空器上高比强度和比模量的轻量化减重材料，高推重比材料和各种微电子、传感器等功能材料，航天器上的能源设备材料、抗高能射线材料和光学遥感材料等。但是，传统聚合物纳米复合材料主要存在以下问题：纳米填料较差的分散性、低含量及较弱的界面相互作用，因此，其性能达不到实际应用要求。而一些生物材料，如天然鲍鱼壳，成功解决了上述三个科学问题，从而具有优异的力学性能。受天然鲍鱼壳有序层状结构和丰富界面相互作用的启发，科学家已成功制备出一系列高性能的仿生聚合物纳米复合材料，其中纳米填料（也称为基元材料）主要包括碳酸钙纳米片[1, 2]、氧化铝薄片[3]、纳米黏土[4]、羟基磷灰石[5, 6]、碳纳米管[7]及石墨烯[8, 9]等。相比于其他基元材料，石墨烯纳米片具有更加优异的物理性能[10]，并且其含氧衍生物氧化石墨烯表面具有丰富的官能团，有利于界面设计，进一步提升复合材料的性能。

如图 17-1 所示，仿生聚合物纳米复合材料（bioinspired graphene-based nanocomposites，BGBNs）相比于传统纳米复合材料，其优势在于纳米填料具有均匀的分散性、较好的取向结构、高含量及丰富的界面相互作用，从而具有更加优异的性能。

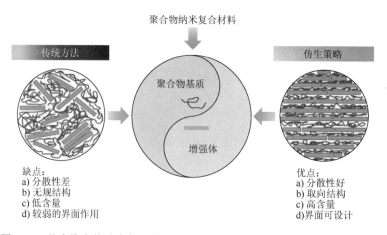

图 17-1　仿生聚合物纳米复合材料与传统聚合物纳米复合材料的优缺点对比

因此，本章将主要讨论仿生石墨烯纳米复合材料。具体来讲，首先剖析天然鲍鱼壳力学性能和界面结构的关系，然后以此为出发点，总结 BGBNs 的最新研究进展，对比其不同制备方法的优缺点，讨论不同界面的相互作用及其协同效应，分析 BGBNs 的拉伸强度、韧性及导电性能。此外，我们也将总结 BGBNs 在有机光伏器件、超级电容器、锂离子电池、纳米流体发电机、传感器、驱动器等柔性电子器件领域的应用和潜在的挑战。最后，我们也凝练出基于界面相互作用和基元材料的仿生协同强韧策略，旨在为将来制备综合高性能多功能的 BGBNs 提供启发；在此基础上，我们也将展望未来 5～10 年 BGBNs 的发展方向和目标。

17.1.1　天然鲍鱼壳的界面结构

　　天然鲍鱼壳是一种典型的二元协同互补复合材料[11]，它由 95vol%的无机碳酸钙（CaCO₃）片层和 5vol%的有机基质通过"砖-水泥"结构层层堆砌而成［图 17-2（a）］[12]。其中 CaCO₃ 片层是由成千上万个相同晶向的纳米晶通过生物大分子黏连而成，直径为 5～8μm，

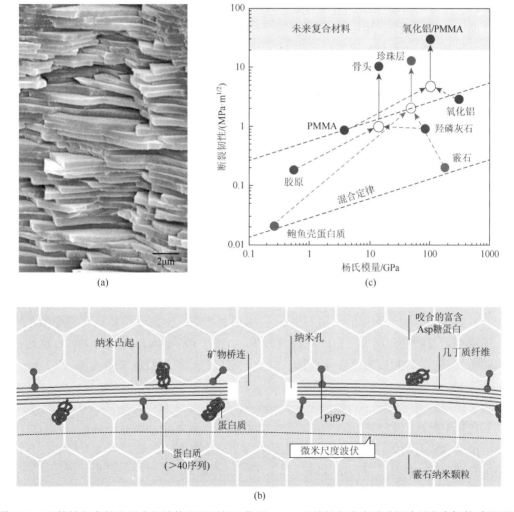

图 17-2　天然鲍鱼壳的分层多级结构和界面相互作用。（a）天然鲍鱼壳中碳酸钙片层和有机基质层层堆砌的"砖-泥"结构；（b）由蛋白质基质、lustrin A、Pif97、甲壳素纤维、纳米孔、纳米凸起、矿物桥连等组成的界面相互作用；（c）天然鲍鱼壳的韧性高于霰石和蛋白质两种组分按照混合定律的计算值

厚度为 200~900nm，且其表面具有一定的纳米凸起；而有机基质是由蛋白质（如 Pif97 和 lustrin A）和甲壳素组成的交联网络，其可以与 $CaCO_3$ 片晶内的蛋白质形成丰富的氢键、共价键、离子键等，从而构成有机界面层 [图 17-2 (b)] [13]。由于存在分层多级次微纳有机-无机复合结构和丰富的界面相互作用，天然鲍鱼壳具有优异的力学性能，其断裂韧性（$1.5kJ/m^2$）是纯 $CaCO_3$ 片层（$\sim 0.5J/m^2$）的 3000 倍，远超传统复合材料"混合定律"计算值 [图 17-2 (c)] [12]。这主要是由于裂纹在 $CaCO_3$ 片层之间扩展时，$CaCO_3$ 片层之间的矿物桥连、表面纳米凸起的剪切阻力，以及有机界面层的塑性变形、裂纹桥连和裂纹偏转等增韧机制，协同耗散大量能量，从而有效地在平行和垂直于 $CaCO_3$ 片层两个方向上抑制裂纹扩展。

天然鲍鱼壳这种独特的结构和力学性能之间的关系，可以为新型高性能纳米复合材料的制备提供以下几点启发：①有机-无机有序微纳复合层状结构；②高含量的无机片层基元材料；③丰富的界面相互作用。最近，2D 石墨烯和 GO 纳米片因其优异的力学性能和导电性能而被广泛研究，相比于石墨烯，GO 纳米片表面含有大量的含氧官能团，如羟基、羧基和环氧基，有利于与有机基质形成丰富可设计的界面相互作用，因此 GO 纳米片是制备高性能 BGBNs 的理想基元材料。

17.1.2　石墨烯独特的物理性能

高质量的单层石墨烯自 2004 年被成功剥离[14]，就引起了学术和工业领域的研究热潮。其二维（2D）纯 sp^2 杂化结构赋予了石墨烯优异的物理性能。Lee 等[15]通过原子力显微镜纳米压痕，测试了单层石墨烯的弹性和本征断裂强度。首先，将单层石墨烯机械沉积在表面具有圆柱空腔的基底上，而石墨烯可以通过范德华力伸展紧贴在空腔上沿边缘；然后，通过原子力显微镜探针对准石墨烯片层中心进行纳米压痕 [图 17-3 (a)]。在压痕测试过程中，需要先固定一个恒定的位移速率，重复数个循环直至不再出现明显的迟滞现象，以保证单层石墨烯纳米片与空腔边缘没有相对滑动。当记录下弹性性能的测试数据后，继续以相同的速率对石墨烯压痕，直至石墨烯纳米片断裂 [图 17-3 (b)]。如图 17-3 (c) 所示，数据点线为实验测得的单层石墨烯应力-应变曲线，由此可得单层石墨烯纳米片的杨氏模量和断裂强度分别为（1.0 ± 0.1）TPa 和（130 ± 10）GPa，应变为 25%，这比报道的碳纳米管[137,138]的相应力学性能要高。此外，它也与模拟预测的结果 [图 17-3 (c) 实线][18]大体一致。

除了优异的力学性能，石墨烯也具有超高的导电性能，其电导率高达 $6\times10^3 S/cm$[19]，这使它在航空航天、柔性电极、智能器件等领域具有广泛的应用前景。目前，一般有两种方法可用于合成石墨烯，一种是自下而上的化学气相沉积法，虽然得到的石墨烯具有较高的本征物理性能，但是这种方法耗时且难以实现宏量制备；另一种是自上而下法，如机械剥离法和化学剥离法，同样，前者也不利于实际应用中石墨烯的大规模制备，而后者是较为常用的剥离石墨的方法，如 Hummer 法。该方法通过加入氧化剂，使石墨薄片氧化成表面具有大量含氧官能团的 GO 纳米片。其不仅有利于 BGBNs 的丰富界面设计，而且在还原之后也能赋予材料较高的导电性能。

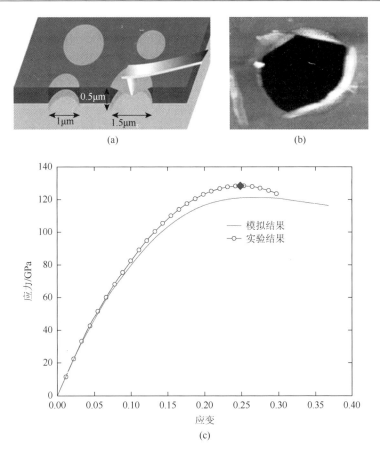

图 17-3　单层石墨烯纳米片的力学性能。（a）原子力纳米压痕测试石墨烯纳米片力学性能示意图；
（b）石墨烯纳米片断裂之后的原子力显微镜（AFM）照片；（c）石墨烯纳米片实验（数据点线）和理
论模拟（实线）应力-应变曲线

17.1.3　仿生石墨烯纳米复合材料设计原理

　　受天然鲍鱼壳有序多级次微纳层状结构和丰富界面相互作用的启发，一系列 BGBNs
被制备[20-24]。这种仿生策略成功解决了传统石墨烯-聚合物纳米复合材料的三大科学问题：
石墨烯较差的分散性、低含量及较弱的界面相互作用。如图 17-4 所示，在揭示天然鲍鱼壳
微观结构的基础上，石墨烯纳米复合材料的仿生构筑策略可以分为两大类。首先，有所发
明地在石墨烯层间构筑不同的界面相互作用，制备二元 BGBNs。根据界面强度的不同，
可以分为强共价键和较弱的非共价键，而共价键因交联剂不同又可分为小分子、长链分子
及聚合物键连，非共价键可分为氢键、离子键、π-π 堆积相互作用；此外，将这些强弱界
面相互作用合理搭配可以在石墨烯层间构筑协同界面，进一步提升其力学性能。其次，在
优化界面设计的基础上，可以有所创造地在石墨烯层间引入另一种功能性基元材料，如一
维（1D）的纳米纤维素（nanofibrillated cellulose，NFC）和 CNTs，二维的二硫化钼（MoS$_2$）
纳米片和蒙脱土等，从而制备综合高性能的三元 BGBNs，并实现材料的多功能，如抗疲
劳、防火性能等。

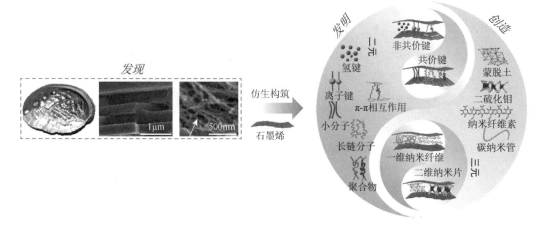

图 17-4　仿生构筑高性能石墨烯纳米复合材料的策略。受天然鲍鱼壳有序多级次微纳层状结构和丰富界面相互作用的启发，一方面，可以在石墨烯层间引入不同的界面相互作用，仿生构筑强韧一体化二元石墨烯纳米复合材料；另一方面，也可以引入另一种基元材料，仿生构筑多功能三元石墨烯纳米复合材料

17.2　仿生石墨烯纳米复合材料的制备方法

传统制备石墨烯纳米复合材料的方法[25]主要包括简单的溶液混合、熔融共混、机械混合及原位聚合，它们通常会导致石墨烯在聚合物基质中的含量较低、分散性较差。因此，所制得的石墨烯纳米复合材料具有较低的力学性能和导电性能。所以，石墨烯纳米片本征优异的力学性能和导电性能很难通过传统方法得以实现。

到目前为止，BGBNs 的制备方法（图 17-5）主要包括：层层（layer-by-layer，LBL）自组装法、真空抽滤法、蒸发法、电泳沉积法、凝胶成膜法、冰模板法及裁剪叠层压制法。

17.2.1　层层自组装法

层层自组装法[26]本质上是一种循环吸附过程［图 17-5（a）］。一个循环过程包括三个步骤：首先在基底表面吸附一层带电组分，其次清洗基底，最后在第一层组分上面吸附另一层带相反电荷的组分。这样经过一个循环过程就可以得到一个纳米级厚度的双层结构，进一步通过重复上述循环吸附过程可以制备厚度可调的多层复合薄膜。根据操作方法的不同，层层自组装法可分为浸泡式、旋涂式、喷雾式、电磁式及流体式组装技术。与其他仿生制备方法相比，层层自组装法可以简单精确地控制每一种组分层的纳米级厚度，因此常被用于在各种基底表面涂覆功能涂层及制备纳米复合材料。例如，Podsiadlo 等[27]通过沉浸式层层自组装法，制备了仿生纳米黏土-PVA 层状纳米复合材料，其杨氏模量达到 107GPa。Bonderer 等[3]通过旋涂式层层自组装法，制备了韧性高达的 75MJ/m³ 的仿生氧化铝-聚甲基丙烯酸甲酯（Al₂O₃-PMMA）纳米复合材料。此外，层层自组装法也可用于制备 BGBNs[28, 29]，并且在制备过程中很容易在石墨烯层间构筑氢键、共价键及 π-π 堆积相互作用，从而大幅

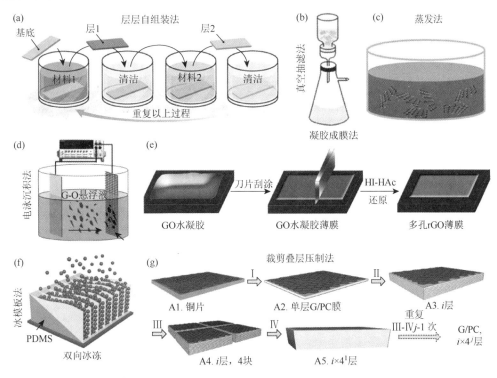

图 17-5 BGBNs 的常见制备方法：（a）层层自组装法；（b）真空抽滤法；（c）蒸发法；（d）电泳沉积法；（e）凝胶成膜法；（f）冰模板法；（g）裁剪叠层压制法

提升其性能。例如，Kotov 等[30]通过连续的层层自组装技术和随后的原位还原，制备了超薄氧化石墨-聚合电解质导电薄膜，该薄膜具有超强的耐酸碱腐蚀性及抗光降解性。Hu 等[28]通过层层自组装法，将 GO 和丝心蛋白（SF）组装成高性能的仿生纳米复合材料。SF 分子链上含有大量的官能团，能够与 GO 纳米片形成多种界面相互作用，如氢键、极性-极性及疏水-疏水相互作用；此外，在 5nm 厚的 GO-SF 双层中，紧密接触的 GO 纳米片和 SF 分子链之间通过界面相互作用网络形成了分子相间区，因此该 GO-SF 纳米复合材料具有优异的力学性能，其拉伸强度超过 300MPa，杨氏模量达到 145GPa，韧性超过 2.2MJ/m^3。最近，Xiong 等[290]通过层层自组装法，将 GO 纳米片和纤维素纳米晶（cellulose nanocrystals，CNC）成功组装成超高刚度的 BGBNs，其弹性模量创纪录地高达 169GPa。

Zhu 等[31]采用层层自组装和真空抽滤两种方法，制备了仿生还原氧化石墨烯（rGO）-PVA 纳米复合材料。进一步，他们通过比较所得复合材料的微观结构、力学性能和导电性能，系统研究了这两种制备方法的优缺点。实验结果表明，这两种方法制备的纳米复合材料虽然具有不同的原子和纳米尺度结构，但是却表现出类似的微米和亚微米尺度结构特点，因此，其宏观力学性能基本相同；而对于导电性能，因为其主要取决于 rGO 纳米片之间的隧道势垒，与原子和纳米尺度结构相关，所以层层自组装法相比于真空抽滤法，更有利于提升 BGBNs 的导电性能。

17.2.2　真空抽滤法

真空抽滤法是一种简单有效的将材料由纳米尺度组装成微米尺度的方法[32]。2D 石墨烯和 GO 纳米片可以很容易地通过真空抽滤获得有序规整的层状结构。例如，Dikin 等[33]将 GO 水分散液，通过真空抽滤法制备了纯 GO 纸，在抽滤过程中，一些水分子被引入 GO 片层间，可以与 GO 纳米片形成氢键从而提升其力学性能，测试表明 GO 纸的最大拉伸强度和模量分别达到 133MPa 和 32GPa。此后，许多水溶性、油溶性分子和聚合物，如 PVA[34]、壳聚糖（CS）[35]、PMMA[34]及热塑性聚氨酯（TPU）[36]等，也可以通过真空抽滤法与 GO 纳米片进行复合，从而制备 BGBNs［图 17-5（b）］。此外，Qiu 等[158]通过真空抽滤法制备了电化学还原的 GO/CNT 异质复合材料薄膜；与纯石墨烯薄膜相比，该异质薄膜具有更优异的电化学性能。原则上，真空抽滤法是制备 BGBNs 的普适方法，但是由于样品尺寸受限于过滤砂芯的直径，所以该方法难以实现复合材料的规模化扩大制备。

17.2.3　蒸发法

相比于真空抽滤法，蒸发法[38, 39]［图 17-5（c）］的优势在于，原则上可以制备任意尺寸的 BGBNs，且其操作也较简单。蒸发过程往往需要数十小时到几天才能成膜，因此该方法要求 GO 纳米片和有机小分子或聚合物的分散液可以较长时间地保持均匀。虽然升温可以加速蒸发，但是较高的温度可能不利于形成有序的纳米结构。再者，类似于真空抽滤法，蒸发法也不能精细控制 GO 纳米片和有机相之间的有序结构。因此，我们应该进一步探索新型制备工艺，以实现 BGBNs 结构的高度可调化。

17.2.4　电泳沉积法

典型的电泳沉积过程[40, 41]［图 17-5（d）］包含以下两个步骤：在电场作用下，带电粒子首先向带相反电荷的电极移动；然后在其表面沉积形成薄膜。作为一种通用技术，电泳沉积以前广泛用于制陶业及胶体加工业，现在也逐渐用于石墨烯纳米片的组装。该方法适用于石墨烯和 GO 的有机溶液或水溶液，并且在恒定电压下，可以简单地通过控制沉积时间来调节 BGBNs 的结构。此外，沉积基底不局限于光滑平整薄板，也可以是三维多孔柔软块材，便于实际应用。电泳沉积制备的 BGBNs 具有优异的性能，如高导电性、良好的热稳定性及较强的力学性能。最后值得一提的是，虽然该方法是一种简单、通用、易操作的材料制备方法，但是纳米复合材料的尺寸仍然受到电泳沉积设备的限制。

17.2.5　凝胶成膜法

GO 纳米片可以被看作是一种 2D 双亲性聚合物，其表面含有亲水和疏水基团。它可以在水中溶胀且容易自组装成 3D 网络结构[42]。由于 GO 纳米片之间存在范德华力和氢键，所以通过改变其间亲水和疏水平衡可以得到临界凝胶化浓度较低的 GO 水凝胶。GO 水凝胶因流变学剪切稀化特性而具有较强的可加工性。有综述[43]已经详细总结了制备 GO 水凝胶的方法。图 17-5（e）为凝胶成膜过程示意图。首先黏稠的 GO 水凝胶被刮涂在平整基底表面，在自然晾干后形成致密的 GO 薄膜；然后再经过化学还原，得到 rGO 薄膜。如果在 GO 水凝胶制备过程中引入有机交联剂[44]，则通过凝胶成膜法可以制得 BGBNs[45-48]。该方法的优点在于，通过改变 GO 水凝胶的体积与基底的表面积，可以方便地调节 BGBNs 的尺寸、形状和厚度。

因此，凝胶成膜法已经成为制备 BGBNs 的通用方法[47]。加入的有机交联剂也可以是一些常用的聚合物，如 PVA、羟丙基纤维素（HPC）、聚乙烯亚胺（PEI）、聚乙烯吡咯烷酮（PVP）、PEO、聚二甲基二烯丙基氯化铵（PDDA）、CS、精胺、羧甲基纤维素钠（CMC）等。因为凝胶成膜过程不需要额外的超声处理，所以石墨烯片层较大；相比于真空抽滤法和蒸发法，该方法制备的 BGBNs 的力学性能和电学性能更高。例如，Zhang 等[46]利用合成的聚（丙烯酸-共-3-丙烯酰胺基苯硼酸）（PAPB）和 GO 纳米片形成复合水凝胶，再通过凝胶成膜法制备了超强韧高导电的 BGBNs，其拉伸强度为 382MPa，韧性为 7.5MJ/m^3，同时电导率为 337S/cm。值得一提的是，其优异的力学性能和导电性能除了与较大的石墨烯纳米片有关外，还与 GO 纳米片之间 π-π 堆积作用和氢键的协同界面相互作用有关。

17.2.6　冰模板法

相比于其他方法，冰模板法[5, 6, 49, 50]［图 17-5（f）］的最大优点在于可以模仿天然鲍鱼壳多尺度微纳结构。它起初被用于制备层状陶瓷基纳米复合材料，其过程大致如下：首先将陶瓷基悬浮液置于低温二维取向温度场，此时层状的冰晶逐渐形成，而陶瓷颗粒被排出于冰晶之间；然后冷冻干燥使冰升华，制得层状陶瓷基 3D 骨架；最后将聚合物基质填充其间，热压后可制得"砖-水泥"仿鲍鱼壳块体材料。在此过程中，通过调节冷冻时的动力学条件和陶瓷基悬浮液的成分，可以精细调控材料的多级次微纳复合结构。例如，通过控制冷冻的速度，可以使陶瓷薄片的厚度达到 1μm；通过加入蔗糖、盐或者乙醇，可以将陶瓷薄片的粗糙度控制在微米尺度；又如，通过调控冰晶的生长可以实现陶瓷薄片之间的桥连。这些因素影响陶瓷薄片的相互滑移，从而最终决定复合材料的力学性能。在过去十年，很多仿生陶瓷基层状纳米复合材料通过冰模板法已被成功制备，如 Al$_2$O$_3$-PMMA[50]、羟基磷灰石（HA）-PMMA[5]等。最近有报道[51-55]利用冰模板法制备优异力学性能的石墨烯纳米复合材料。例如，Vickery 等[176]采用冰模板法，将 GO 和 PVA 组装成 BGBNs。该材料具有高度有序的 3D 结构（类海绵的大孔骨架），且容易规模化扩大制备。Gao 等[56]采用冰模板法和随后的高温烧结，将 GO 和 CS 组装成超弹性抗疲劳的 BGBNs。该材料内部规整的层状结构由许多微米拱桥薄片构成，其可作为弹性单元，从而赋予材料超高的弹性和疲劳寿命。在一个 90%的压缩回弹循环中，该材料具有很小的能量耗散（～0.2），并且其受钢珠冲击后具有超快的回弹速度（～580mm/s）。此外，在 20%应变下，它能够循环压缩 10^6 次；即使在 50%应变下，它也能循环压缩 2.5×10^5 次，远优于以前报道的可压缩泡沫材料。

17.2.7 裁剪叠层压制法

以上所有方法均要求石墨烯或者 GO 与有机交联剂事先形成均匀分散液。而事实上石墨烯或者 GO 因其 2D 结构特性，在很多聚合物基质中趋向于团聚，不利于制备高性能的 BGBNs，所以上述方法仍然具有很大的局限性。最近，Liu 等[57]采用简单的裁剪叠层压制法 [图 17-5 (g)] 制备了高性能的仿生多层石墨烯-聚碳酸酯（PC）复合薄膜，其过程大致如下：首先利用电化学气相沉积法（CVD）在铜基底表面生长一层石墨烯薄膜，接着在其表面旋涂一层厚度可调的 PC 膜；其次通过化学腐蚀去除铜基底，得到石墨烯-PC 单层薄膜；再次将若干双组分单层膜叠在一起切成四份，再堆积进行热压，不断重复这一过程；最后得到多层石墨烯-PC 复合薄膜。由于石墨烯片层的应力传递作用，该复合薄膜的力学性能较纯 PC 薄膜大幅提升，当石墨烯体积分数为 0.185% 时，前者有效弹性模量大约为后者的 2 倍。此外，相比于绝缘的 PC 薄膜，该复合薄膜还具有优异的导电性能，其电导率为 417S/m。该方法最大的优点在于有效避免了石墨烯的局部团聚，实现了石墨烯在有机基质中的均匀分散，有利于石墨烯和有机基质之间界面相互作用的精确调控，且可以推广用于组装其他二维纳米材料。值得一提的是，Liu 等制备的石墨烯-PC 复合薄膜不涉及任何界面设计，因此其力学传递效率仍然较低[58]。将来的研究工作可以考虑在石墨烯和有机基质之间设计不同的界面相互作用，例如，在 CVD 生长的石墨烯表面引入官能团，实现氢键交联；或者在石墨烯表面通过原位聚合共价交联有机基质；甚至用 GO 直接代替石墨烯进行仿生制备等。

17.3　二元仿生石墨烯纳米复合材料

在天然鲍鱼壳中，微米 $CaCO_3$ 片层与有机蛋白质基质之间存在薄而均匀分散的界面层[13]，虽然其含量少，但是却具有丰富的界面相互作用，如氢键、共价键、离子键等。它可以通过塑性变形、裂纹桥连和裂纹偏转等多种增韧机制抑制裂纹扩展，从而赋予天然鲍鱼壳优异的力学性能。值得一提的是，天然鲍鱼壳多级次结构对其力学性能也有一定的影响，这主要与 $CaCO_3$ 微米片层的尺寸、形状特征及排布有关，如 $CaCO_3$ 片层之间的矿物桥连及表面纳米凸起等[12]。同样，GO 纳米片的几何尺寸也会影响 BGBNs 的力学性能[59]，但是目前通过 Hummer 法制备尺寸可控的 GO 纳米片还非常困难。而 GO 纳米片表面含有丰富的含氧官能团，能够与有机基质形成各种界面相互作用。因此，下面将主要讨论独特的界面设计对二元 BGBNs 力学性能的增强作用，而该力学性能主要包括拉伸强度和韧性，其中后者是通过计算拉伸应力-应变曲线下的面积得到。界面相互作用一般可以分为两大类：共价键和非共价键，其中共价交联剂可以分为小分子、长链分子及聚合物高分子，而非共价键包括氢键、离子键和 π-π 堆积相互作用。此外，多种强弱界面相互作用合理搭配也可以构筑协同界面，如氢键-离子键、氢键-π-π 堆积相互作用、氢键-共价键、离子键-共价键等，进一步提升 BGBNs 的力学性能，下面将详细分析不同界面协同强韧机理。再者，我们也将比较不同界面设计对 BGBNs 导电性能的影响，为将来设计用于柔性电子器件的综合高性能 BGBNs 提供依据。

17.3.1　单一界面相互作用

1. 氢键交联

氢键是指电负性较大的氮（N）、氧（O）、氟（F）等原子与氢原子之间的静电相互作用。由于 GO 表面具有丰富的含氧官能团，所以 BGBNs 中普遍存在氢键界面相互作用。例如，Dikin 等[33]首先通过真空抽滤法制备了 GO 纸，它具有有序紧密的层状结构 [图 17-6（a）]。由于 GO 纳米片与 H_2O 分子之间会形成氢键，所以该 GO 纸具有优异的力学性能，其拉伸强度达到 133MPa，杨氏模量达到 32GPa。相比于拉伸状态，GO 纸在弯曲状态下具有更加明显的形变。这主要是由于单轴拉伸下，力会通过层间氢键的剪切形变而均匀传递；而弯曲过程中应力会在表面高度集中，表现为在外表面，堆叠的层状结构容易发生分层，而在内表面，GO 片层会发生局部剪切和褶皱弯曲。因此，该 GO 纸是一种面内刚硬面外柔软的宏观材料。此外，由于 GO 纳米片表面具有大量的缺陷，所以该 GO 纸是电绝缘的。Pei 等[60]利用氢碘酸（HI）的化学还原作用，有效去除了 GO 纳米片表面的缺陷，部分恢复了其 sp^2 共轭结构，成功将 GO 纸还原成高导电的柔性 rGO 薄膜，其电导率为 298S/cm。再者，由于层间距减少及层间增强的 π-π 堆积作用，该 rGO 薄膜力学性能进一步提升，其拉伸强度为 170MPa，韧性为 $2.98MJ/m^3$。这种综合高性能的 rGO 薄膜在柔性电子器件领域具有潜在应用。

除了水分子，其他的小分子或聚合物也可以与 GO 纳米片形成丰富的氢键，如 DMF、PVA、HPC、聚丙烯酸（PAA）、聚 N-异丙基丙烯酰胺及 PMMA 等。Putz 等[34]系统研究了 H_2O、DMF、PVA 及 PMMA 对 BGBNs 力学性能的影响。图 17-6（b）为相应四种复合材料氢键网络结构模型图。由于电负性原子上未连接氢原子，DMF 只能通过酰胺氧作为氢键受体参与成键；而 H_2O 分子却可以同时作为氢键受体和供体参与形成氢键，因此，相比于 GO-DMF，GO-H_2O 具有更高的储存模量。进一步，当亲水性 PVA 分子链引入 GO 层间时，一方面其侧链羟基可以作为氢键受体和供体参与成键，另一方面形成的氢键单元可以通过 PVA 骨架桥连成更强的氢键网络。因此 GO-PVA 仿生纳米复合材料具有比 GO-H_2O 更高的储存模量，而且当 GO 含量为 77.4wt%时，其储存模量大约为混合定律计算值的两倍。然而当疏水性 PMMA 插入 GO 层间时，虽然形成的氢键单元也能通过 PMMA 骨架桥连成氢键网络，但是类似于 DMF，其只能通过酯基氧作为氢键受体参与成键，并且其侧链甲基的疏水特性及空间位阻进一步限制了氢键的形成。因此，GO-PMMA 纳米复合材料的储存模量相对更低，与混合定律计算值也较为接近，而且受 PMMA 含量影响较小。此外，Li 等[61]利用 HI 将 GO-PVA 还原成 rGO-PVA，其拉伸强度和韧性分别进一步增加到 188.9MPa 和 $2.52MJ/m^3$。这主要是由于还原过程使 rGO 层间距减小，同时使 rGO 纳米片之间的 π-π 堆积相互作用增强。值得一提的是，GO 纳米片边缘的羧基在 HI 化学还原过程中不能被还原，因此，大部分氢键仍被保留。再者，rGO-PVA 纳米复合材料的电导率（52.65S/cm）虽然相比于 GO-PVA 提高了 4 个数量级，但是仍低于纯 rGO 薄膜。因此基于绝缘聚合物构筑的氢键界面相互作用有利于提升 BGBNs 的力学性能，却不利于增加其导电性能。

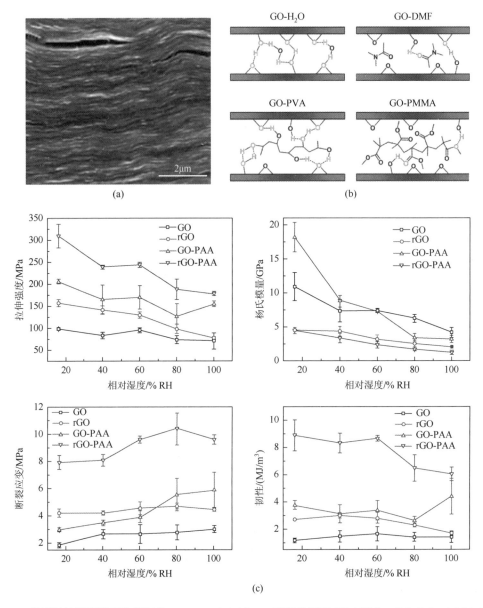

图 17-6 基于氢键界面相互作用制备 BGBNs。(a) 纯 GO 薄膜的断面 SEM 照片;(b) H_2O、DMF、PVA 及 PMMA 与 GO 纳米片之间的氢键交联示意图;(c) 纯 GO 和 rGO 薄膜、GO-PAA 和 rGO-PAA 纳米复合材料的拉伸强度、杨氏模量、断裂应变、韧性与环境湿度之间的关系

Medhekar 等[62]利用分子动力学模拟,定量研究了氢键网络对于 BGBNs 力学性能的影响。在含水 GO 纸中,不仅相邻 GO 纳米片的官能团之间能形成氢键,而且 GO 纳米片和 H_2O 分子之间也能形成氢键,因此改变 H_2O 含量可以调节 GO 纸的力学性能。Compton 等[63]利用实验-理论计算相结合的方法,也证实了 GO-PVA 纳米复合材料的模量随 H_2O 含量的增大而减小。最近,笔者课题组[64]系统研究了 H_2O 含量对 GO、rGO、GO-PAA、rGO-PAA 纳米复合材料力学性能的影响。如图 17-6(c)所示,随着相对湿度的增加,这

四种材料的拉伸强度和杨氏模量减小，而其断裂伸长率却增大。此外，在相对湿度为 16%时，GO 和 GO-PAA 中水含量分别为 4.26wt% 和 5.92wt%，这与 Compton 等模拟的 GO 和 GO-PAA 最优水含量（～5wt%）一致。对于纯 GO 和 rGO 来说，当水与 GO 纳米片之间形成饱和氢键时，更高的水含量只能增加水分子之间的氢键，溶胀 GO 片层结构，而不能桥连相邻 GO 纳米片，从而有利于相邻 GO 片层的滑移。同样，对于 GO-PAA 和 rGO-PAA 纳米复合材料来说，过量的 H_2O 分子也只能用于形成 H_2O-PAA、H_2O-GO、H_2O-H_2O 三种相对较弱的氢键，从而促进相邻 GO 片层的滑移，使拉伸强度和杨氏模量降低，断裂伸长率增大。

此外，其他的天然高分子也可以用来在石墨烯层间构筑氢键网络。例如，Hu 等[65]利用空间局部电化学还原法制备了综合高性能的 rGO-SF 纳米复合材料。因为 SF 骨架的交联及氢键、极性、疏水等界面相互作用，其拉伸强度高达 300MPa，韧性为 $2.8MJ/m^3$。类似于上述的 rGO-PVA，该 rGO-SF 纳米复合材料中绝缘的 SF 大分子也会阻碍电子传递，所以其电导率（13.5S/cm）相比于纯 rGO 薄膜更低。

2. 离子键交联

在天然生物材料中，微量的金属离子常与蛋白质基质形成螯合结构，以提升后者的力学性能，尤其是刚度和硬度。例如，沙蚕口超硬的特性源于铜离子（Cu^{2+}）和锌离子（Zn^{2+}）与内部蛋白质的螯合结构[66, 67]。此外，其他的金属离子，如锰离子（Mn^{2+}）、钙离子（Ca^{2+}）、钛离子（Ti^{4+}）、铝离子（Al^{3+}）及铁离子（Fe^{3+}）等，也常被发现于昆虫的角质层和其他生物体中，用于增强其力学性能。而 GO 纳米片表面具有丰富的含氧官能团，非常有利于金属离子配位交联。2008 年，Park 等[68]首先利用 Ca^{2+} 和 Mg^{2+} 交联 GO 纳米片。如图 17-7（a）所示，该种离子交联可分为两种模式：一种是通过 GO 纳米片边缘羧基与二价金属离子配位的面内桥连，另一种是二价金属离子首先作为路易斯酸，诱导 GO 纳米片表面的环氧基团开环，之后再与开环之后得到的羟基和羧基进行交联的层间桥连。这两种离子交联机理可以通过傅里叶变换红外光谱（Fourier transform infrared spectroscopy，FTIR）、X 射线光电子能谱（X-ray photoelectron spectroscopy，XPS）等表征方法成功证实，并且，面内离子桥连要强于层间离子交联。此外，离子插入石墨烯层间，也将增加层间距和样品拉伸横截

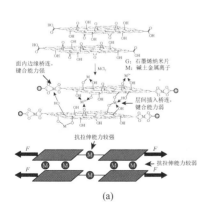

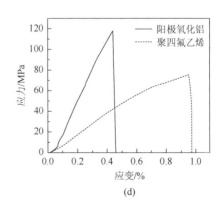

（a）　　　　　　　　　　（b）　　　　　　　　　　（d）

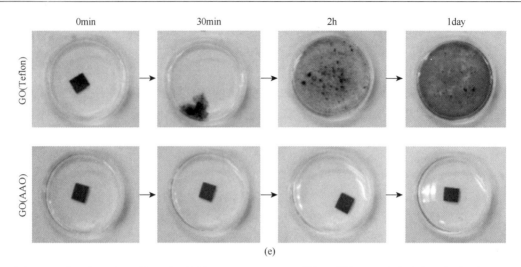

图 17-7　基于离子键界面相互作用制备 BGBNs。（a）Mg^{2+} 和 Ca^{2+} 与 GO 纳米片离子交联示意图；（b）和（c）分别为 GO（AAO）和 GO（Teflon）薄膜的数码照片（插图分别为相应的断面 SEM 照片，标尺为 2μm）；（d）GO（AAO）和 GO（Teflon）薄膜的拉伸应力-应变曲线；（e）GO（AAO）和 GO（Teflon）薄膜用水浸泡后，前者保持完整，后者分散

面积，而不利于力学性能的提升。因此，金属离子的半径对于 BGBNs 的力学性能具有很大的影响。实验结果也证实，离子半径较大的 Ca^{2+}（1.06Å）交联的 GO 纸，其力学性能要低于离子半径较小的 Mg^{2+}（0.78Å）交联的 GO 纸。

此外，Park 等[68]也发现，缓慢的循环低载荷拉伸有利于提升离子交联 GO 纸的力学性能。例如，在经过 4 次循环拉伸后，其拉伸强度和模量分别提升了 10%～80% 和 10%～40%。这主要是由于边缘连接的金属离子在较小的拉力扰动下，会采取更强的方式与 GO 纳米片表面含氧官能团发生交联。作为对比，纯 GO 纸在循环拉伸之后，其力学性能没有发生明显变化。

除了 Ca^{2+} 和 Mg^{2+}，其他的多价金属离子也能与 GO 纳米片配位形成离子键。Bai 等[44]利用 GO 凝胶化实验证实，除了一价金属离子，常见的二价和三价金属离子，如 Cu^{2+}、Pb^{2+}、Cr^{3+}、Fe^{3+} 等，均能与 GO 纳米片表面的羟基和羧基进行配位，促进 GO 溶胶转变为凝胶；并且，相比于二价碱土金属离子，三价过渡金属离子通常有更大的配位常数和更强的交联作用。最近一系列基于离子交联的 BGBNs 已成功制备，例如，Lam 等[69]利用原子层沉积法（atomic layer deposition，ALD），将少量的 Zn 与 GO 纳米片进行交联，制备了力学性能和导电性能均提升的 GO-Zn 纸。一方面，其拉伸强度、韧性和杨氏模量分别约为 142.2MPa、0.32MJ/m³ 和 35.4GPa，相比于纯 GO 纸，分别提升了 27%、39% 和 20%。另一方面，其电导率为 1S/cm，相比于纯 GO 纸高 3 个数量级，这主要是由于覆盖在 GO 纳米片表面薄的 ZnO 导电层，以及 GO 纳米片层间交联的 Zn 原子促进了电子传输。

以上所述的离子交联 BGBNs 均是由两步法制备，即预先制备 GO 纸，再引入离子交联。最近，Yeh 等[70]发现，在利用真空抽滤法将酸性 GO 分散液组装成 GO 薄膜时，使用的多孔阳极氧化铝（AAO）滤片可以在释放 Al^{3+} 的同时交联 GO 纳米片，得到的 GO 纸标记为 GO（AAO）。为便于对比，他们也改用聚四氟乙烯（Teflon）滤膜制备了 GO（Teflon）

纸。如图 17-7（b）、（c）所示，虽然 GO（AAO）薄膜因表面更光滑的 AAO 滤片，而相对于 GO（Teflon）薄膜更加平整光滑，但是它们却具有类似的断面形貌。此外，如图 17-7（d）所示，GO（AAO）薄膜的力学性能要优于 GO（Teflon）薄膜，其中前者的杨氏模量为后者的 3.4 倍。而且，如图 17-7（e）所示，GO（AAO）薄膜能够在水中保持完整，而 GO（Teflon）薄膜在没有任何机械搅拌的情况下会立即分散，并且在一天之后基本分散完全。事实上，Park 等[68]之前利用 AAO 滤片，真空抽滤制备的"纯" GO 纸有可能也引入了 Al^{3+} 交联，从而使一些含氧官能团参与成键而被消耗，这样再引入 Ca^{2+} 和 Mg^{2+} 交联时，其新增的离子键交联数量相对有限，从而使力学性能增强不明显。例如，Ca^{2+} 交联 GO 纸的杨氏模量相比于该"纯" GO 纸仅增加了 10%左右，明显低于 Al^{3+} 交联作用（240%）[70]。

事实上，这些离子交联的 BGBNs 中离子含量非常低，例如，GO-Mg^{2+}[189]中仅含 1.2wt%左右的 Mg^{2+}，这极大限制了离子交联数量。最近，Liu 和 Xu[71]利用丹宁酸（TA）修饰 GO 纳米片，通过邻苯二酚基团与 Fe^{3+} 的螯合作用，增加了 Fe^{3+} 离子交联密度（5.6wt%），制备了超强的 GO-TA-Fe^{3+} 纳米复合材料，其拉伸强度达到（169.27±5.48）MPa。在此基础上，他们也研究了 Fe^{3+} 的含量对纳米复合材料力学性能的影响。实验结果表明，当 Fe^{3+} 含量由 0.9wt%增大到 5.6wt%时，其拉伸强度和模量分别由（138.83±7.98）MPa 和（23.1±1.8）GPa 增加到（169.27±5.48）MPa 和（49.7±1.7）GPa。

3. π-π 堆积相互作用

石墨烯表面具有 sp^2 杂化结构，所以 π-π 堆积相互作用可以有效增强 BGBNs 的界面作用。同时，石墨烯纳米片也具有较大的比表面积，这有利于提升石墨烯片层之间 π-π 堆积交联密度。最近，Xu 等[72]利用水溶性的 1-芘丁酸盐（PB⁻）共轭交联 rGO 纳米片，制备了柔性自支撑导电石墨烯纳米复合材料［图 17-8（a）］。如图 17-8（b）所示，其具有有序的层状结构。因为 PB 与 rGO 纳米片之间的 π-π 堆积作用，该 rGO-PB 纳米复合材料的力学性能和导电性能显著提升。如图 17-8（c）所示，其拉伸强度为 8.4MPa，韧性为 0.01MJ/m^3，杨氏模量为 4.2GPa，而且其电导率为 2S/cm，相比于纯 GO 薄膜的电导率（6×10^{-7}S/cm）高 7 个数量级。此外，Liu 等[73]也证实，1-芘丁酸 N-羟基琥珀酰亚胺酯通过 π-π 堆积作用插入石墨烯层间，可以将化学气相沉积石墨烯薄膜的层间电导率提升 6 个数量级。然而，对于一些侧链含有分子间成键基团的小分子芘基衍生物，如 1-芘丁酸、1-芘丁醇、1-芘乙酸、1-芘基硼酸等，其在构筑石墨烯纳米复合材料过程中倾向于团聚，从而不利于 BGBNs 的导电性能[73]。

上述 π-π 堆积交联剂仅涉及一端带芘基的小分子。事实上，相比于单侧堆积交联，双侧共轭交联相邻石墨烯纳米片将极大提升石墨烯纳米复合材料的力学性能。最近，Zhang 等[74]系统研究了聚乙二醇（PEG）分子两端不同共轭基团（苯基、芘基、二芘基）及分子链长度对 BGBNs 力学性能的影响。如图 17-8（b）所示，他们首先在 PEG 两端分别接枝苯基（ph）、芘基（py）及二芘基（py_2），合成了 ph-PEG-ph、py-PEG-py 和 py_2-PEG-py_2 三种功能化 PEG（FPEG），通过控制 PEG 的含量，可以控制 FPEG 的分子链长度；然后再通过真空抽滤法将石墨烯和合成的 FPEG 组装成石墨烯-FPEG 纳米复合材料。如图 17-8（e）所示，石墨烯-PEG 与石墨烯-ph-PEG-ph 的拉伸强度基本相同，说明苯基与石墨烯纳

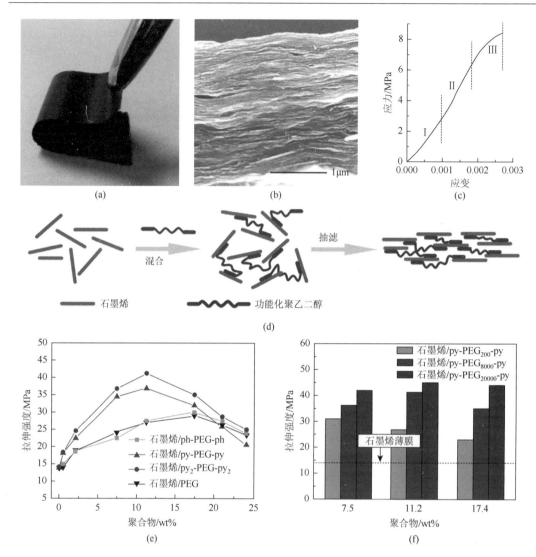

图 17-8　基于 π-π 堆积相互作用制备 BGBNs。（a）、（b）和（c）分别为 rGO-PB⁻纳米复合材料的数码照片、断面 SEM 照片和拉伸应力-应变曲线；（d）石墨烯纳米片与合成的三种 FPEG，通过 π-π 堆积相互作用交联成纳米复合材料的示意图；（e）石墨烯-PEG、石墨烯-ph-PEG-ph、石墨烯-py-PEG-py 和石墨烯-py₂-PEG-py₂ 纳米复合材料拉伸强度与聚合物含量之间的关系；（f）纯石墨烯薄膜，以及特定聚合物含量下三种不同链长 FPEG 交联的石墨烯纳米复合材料的拉伸强度

米片之间的 π-π 堆积作用较弱，不适合用于增强 BGBNs。而石墨烯-py-PEG-py 和石墨烯-py₂-PEG-py₂ 相比于石墨烯-PEG，拉伸强度明显提升，并且在相同含量下，二芘基的增强效果更明显。当 py₂-PEG-py₂ 的含量为 11.2wt%时，石墨烯-py₂-PEG-py₂ 的拉伸强度达到最大值 41MPa，进一步提高 py₂-PEG-py₂ 的含量将使纳米复合材料的力学性能下降。其拉伸断裂机理为，当材料开始被拉伸时，卷曲的 FPEG 分子链将沿着拉伸方向逐渐被拉直，从而耗散大量能量；当拉力进一步增大时，FPEG 分子链完全被拉直，FPEG 与石墨烯纳米片之间的 π-π 堆积作用也发生断裂，从而赋予材料高强度。而过量的聚合物不能有效地

与石墨烯纳米片作用，只能增加拉伸横截面积，从而导致拉伸强度降低。此外，随着 py-PEG-py 分子链的增长，其拉伸强度逐渐增加 [图 17-8（f）]，这主要是由于长链 py-PEG-py 有利于将相邻石墨烯纳米片交联成网络结构，从而提升应力传递效率；而短链 py-PEG-py 仅吸附在同一石墨烯纳米片，不利于增强力学性能。同时，尽管 FPEG 与石墨烯纳米片之间的 π-π 堆积作用不会破坏后者的 sp^2 杂化共轭网络结构，但是 FPEG 改变了石墨烯纳米复合材料的掺杂浓度，增加了电子空穴对，并形成了电子散射位点，因此，rGO-FPEG 纳米复合材料的导电性能相对于纯 rGO 薄膜降低。

4. 共价键交联

相比于上述几种非共价键，共价键是一种更强的界面相互作用，有利于大幅提升 BGBNs 的力学性能。最近，一系列共价交联的 BGBNs 被成功制备。Gao 等[75]利用小分子戊二醛（GA）共价交联 GO 纳米片，制备了力学性能提升的 BGBNs（GO-GA）。其拉伸强度和杨氏模量相对于纯 GO 薄膜分别提升了 59% 和 190%，原位拉曼测试证明 GA 的共价交联作用显著提高了 GO 纳米片之间的应力传递效率。但由于较短的 GA 分子链限制了 GO 纳米片的滑移，该 GO-GA 纳米复合材料的韧性较低，仅为 0.3MJ/m³ 左右。此外，An 等[76]受高等植物细胞壁之间硼酸交联网络的启发，在 GO 片层之间引入硼酸原酸酯键共价交联，制备了超刚硬的 GO-硼酸纳米复合材料。如图 17-9（a）所示，纯 rGO 薄膜中只有氢键，而 GO-硼酸纳米复合材料中同时存在硼酸原酸酯键和氢键，进一步的热处理将导致硼酸原酸酯低聚物形成。因为强共价交联作用，GO-硼酸的力学性能大幅提升，其拉伸强度和杨氏模量分别从纯 GO 薄膜的 130MPa 和 30GPa 提高到 160MPa 和 110GPa。此外，在热处理之后，因共价交联密度增大，其拉伸强度和杨氏模量进一步提升至 185MPa 和 127GPa。类似于 GO-GA，该 GO-硼酸纳米复合材料同样具有较低的韧性（0.14MJ/m³）。

最近，作者课题组[77]利用一种长链分子（10, 12-二十五碳二炔-1-醇，PCDO）交联 GO 纳米片，成功制备了超韧的 BGBNs（rGO-PCDO）。其制备过程如下：首先 PCDO 通过一端的羟基与 GO 纳米片表面的羧基发生酯化反应，共价接枝到 GO 纳米片表面；其次在紫外光照条件下，PCDO 通过二炔键的 1,4-加成聚合形成共价交联网络；最后通过 HI 还原，使 GO 纳米片表面的剩余含氧官能团去除，从而得到 rGO-PCDO 纳米复合材料。如图 17-9（b）所示，相比于纯 rGO 薄膜，该 rGO-PCDO 纳米复合材料不仅拉伸强度（129.6MPa）提升 17%，而且韧性（3.9MJ/m³）也提升 162%。此外，其拉伸断面呈现明显的 rGO 片层的拉出和卷曲 [图 17-9（c）]，表明 PCDO 与 rGO 纳米片之间的共价交联断裂吸收了大量的能量。其拉伸过程如图 17-9（d）所示，当材料开始受力拉伸时，rGO 片层之间零散的氢键发生断裂，使相邻 rGO 纳米片发生相对滑移，同时卷曲的 PCDO 交联网络逐渐被拉直，从而耗散大量能量；随着拉力继续增大，拉直的 PCDO 分子链及 PCDO 与 rGO 纳米片之间的共价键发生断裂，导致 rGO 片层拉出并发生卷曲，进一步耗散能量，同时提升拉伸强度。此外，PCDO 二炔键共轭网络交联结构，有利于促进电子沿 Z 轴方向在 rGO 片层之间传递，从而使 rGO-PCDO 纳米复合材料的导电率提升至 232.29S/cm。

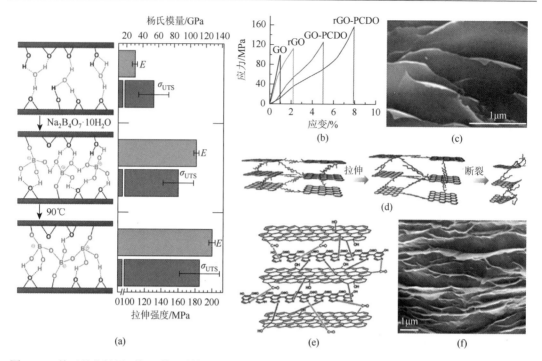

图 17-9　基于共价键界面相互作用制备 BGBNs。(a) GO-硼酸纳米复合材料共价交联示意图及相应的拉伸强度和杨氏模量；(b) 纯 GO 和 rGO 薄膜、GO-PCDO 和 rGO-PCDO 纳米复合材料的拉伸应力-应变曲线；(c) 和 (d) 分别为 rGO-PCDO 纳米复合材料的断面俯视 SEM 照片和相应的断裂机理；(e) 和 (f) 分别为 rGO-PDA 纳米复合材料的结构示意图及断面 SEM 照片

　　由于 PCDO 分子和 GO 纳米片之间的共价交联密度较低，rGO-PCDO 的拉伸强度提升相对有限。为此，一些高分子聚合物被用于共价交联 GO 纳米片，使 GO 片层间界面强度大幅增强。例如，Park 等[78]在 GO 片层之间引入聚丙烯胺共价交联，使 GO-聚丙烯胺纳米复合材料的拉伸强度和杨氏模量，相对于纯 GO 薄膜分别提升了 10%和 30%。虽然 FTIR 结果表明，聚丙烯胺长链上的氨基可能与 GO 纳米片表面的环氧基团和羧基发生反应，但是它们之间的反应机理至今还没有完全解析清楚。此外，Tian 等[79]首先在 GO 纳米片表面修饰聚多巴胺（PDA），合成 PDA 包覆的 GO 纳米片（PDG）异质基元材料；然后利用聚醚酰亚胺（PEI）与 PDA 之间的共价交联，将 PDG 异质基元材料组装成高模量、高强度的 BGBNs（PDG-PEI）。改变 PEI 的含量，可以调控 PDG-PEI 纳米复合材料的交联密度，从而优化其力学性能。当 PEI 的含量为 14.67wt%时，其拉伸强度和杨氏模量达到最大值，分别为 178.96MPa 和 84.84GPa。此外，在共价交联过程中，通过真空抽滤额外提供压力，可以使 PDG 异质基元材料取向更规整，进一步提升该 BGBNs 的力学性能，如其拉伸强度增加到 209.9MPa，杨氏模量提高到 103.4GPa。最近，作者课题组[38]直接在 GO 片层之间引入 PDA 共价交联，而后通过 HI 化学还原，制备了强度和韧性均大幅提升的 BGBNs[rGO-PDA，图 17-9（e）]。该 BGBNs 的力学性能可以通过改变 PDA 的含量而进行优化。当 PDA 的含量为 4.6wt%时，其力学性能最佳，这与天然鲍鱼壳中有机基质含量相符，体现了仿生设计的优越性。其最大拉伸强度为 204.9MPa，最大韧性为 4.0MJ/m³。相对于之前的 rGO-PCDO，该 rGO-PDA 纳米复合材料的

高强度是由于 PDA 分子链与 GO 纳米片之间更密集的共价交联作用；而其高韧性同样是由于卷曲的 PDA 分子链在拉伸过程中不断被拉直，耗散大量能量所导致，因此，其断裂形貌也呈现 rGO 片层的拉出及卷曲 [图 17-9（f）]。同时，由于 PDA 为绝缘性交联剂，该 rGO-PDA 纳米复合材料的电导率（18.5S/cm）相比于纯 rGO 薄膜有所降低。

17.3.2　协同界面相互作用

实际上，在同一种 BGBNs 中往往存在多种界面相互作用，而其优异的力学性能则是多种界面相互作用之间的协同强韧效应所导致。因此，合理搭配强弱界面相互作用对于提升 BGBNs 的力学性能至关重要。下面我们将主要讨论以下四种协同界面相互作用：氢键-离子键、氢键-π-π 堆积相互作用、氢键-共价键、离子键-共价键，并分析其协同强韧机理。

1. 氢键-离子键协同

作者课题组[80]在石墨烯层间构筑氢键和离子键协同界面相互作用，成功制备了强韧一体化 BGBNs。如图 17-10（a）所示，首先配制 GO 纳米片与 HPC、Cu^{2+} 的均匀分散液，然后利用蒸发法将其组装成 GO-HPC-Cu 纳米复合材料，最后通过 HI 化学还原得到该 BGBNs [rGO-HPC-Cu，图 17-10（b）]。通过 FTIR 和 XPS 表征，可以证明该 BGBNs 中同时存在氢键和离子键两种界面交联作用。如图 17-10（c）所示，该 rGO-HPC-Cu 纳米复合材料具有有序的层状结构，并且相应的 EDS 图像显示 Cu^{2+} 均匀分散在 rGO 片层之间。为了研究氢键和离子键之间的界面协同作用，我们也制备了相应单一界面交联的 rGO-HPC 和 rGO-Cu 纳米复合材料。进一步，通过改变 HPC 和 Cu^{2+} 的含量，可以调控氢键和离子键的相对比例，从而优化其协同强韧作用。

图 17-10（d）为纳米复合材料的静态拉伸应力-应变曲线，相比于纯 rGO 薄膜（拉伸强度为 137.4MPa，韧性为 1.8MJ/m^3），氢键交联的 rGO-HPC 纳米复合材料的拉伸强度和韧性分别提升至 237MPa 和 4.7MJ/m^3，而离子键交联的 rGO-Cu 纳米复合材料的拉伸强度和韧性分别提升至 258MPa 和 5.4MJ/m^3。当将氢键和离子键同时引入 rGO 片层之间时，rGO-HPC-Cu 纳米复合材料的力学性能进一步提升，其拉伸强度和韧性分别高达 274.3MPa 和 6.7MJ/m^3，从而证明氢键和离子键的协同强韧作用。

除了优异的静态力学性能，该 BGBNs 也具有超高的抗疲劳性能 [图 17-10（e）]。在同一循环拉力作用下，rGO-HPC-Cu 纳米复合材料的疲劳寿命相比于 rGO-HPC 和 rGO-Cu 大约高出 5 个数量级，进一步证明了该协同强韧策略的优越性。在准静态拉伸下，该 BGBNs 协同断裂机理如下：当开始受力拉伸时，HPC 和 rGO 纳米片之间的氢键不断破坏和重组，导致卷曲的 HPC 分子链逐渐被拉直，同时 rGO 层间较弱的离子键发生断裂，在这一过程，大量能量被耗散；随着拉力逐渐增大，连接相邻 rGO 边缘的面内离子键桥连也发生断裂；当拉力继续增大，拉直的 HPC 分子链与 rGO 纳米片之间的氢键完全断裂，进一步耗散能量。因此，氢键和离子键协同强韧效应的本质是离子键和氢键的裂纹桥连作用及 HPC 分子链的塑性变形。此外，由于绝缘性聚合物 HPC 含量相对较低（~3wt%），该 BGBNs 仍具有较高的电导率（127.7S/cm），略低于纯 rGO 薄膜。

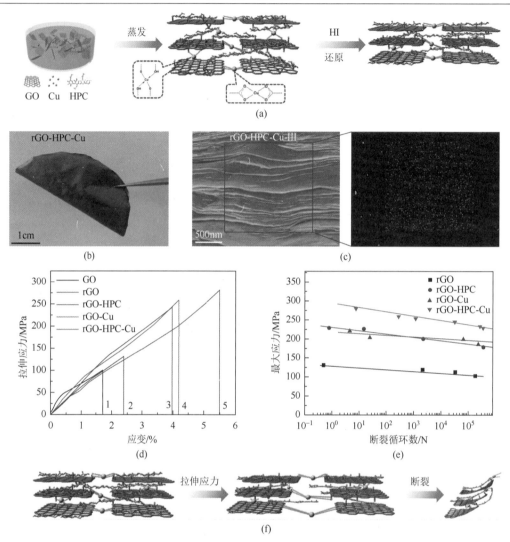

图 17-10 基于氢键和离子键界面协同作用的 BGBNs。（a）rGO-HPC-Cu 纳米复合材料的制备过程示意图；（b）rGO-HPC-Cu 纳米复合材料的数码照片；（c）rGO-HPC-Cu 纳米复合材料的断面 SEM 照片及相应的 Cu 元素的 EDS 图像；（d）纯 GO（曲线 1）和 rGO 薄膜（曲线 2）、rGO-HPC（曲线 3）、rGO-Cu（曲线 4）和 rGO-HPC-Cu 纳米复合材料（曲线 5）的拉伸应力-应变曲线；（e）纯 rGO 薄膜、rGO-HPC、rGO-Cu 及 rGO-HPC-Cu 纳米复合材料的疲劳寿命曲线；（f）rGO-HPC-Cu 纳米复合材料的界面协同断裂机理

2. 氢键-π-π 堆积相互作用

上述的氢键-离子键协同界面相互作用一般只能通过两种交联剂实现，相比之下，氢键-π-π 堆积相互作用这一协同界面却可以通过一种交联剂实现。例如，Zhang 等[46]利用丙烯酸和 3-丙烯酰胺基苯硼酸两种单体合成了一种共聚物交联剂 PAPB。此交联剂可以通过分子链上的羧基和苯环基团分别与 rGO 纳米片形成氢键-π-π 堆积交联，从而大幅提升 BGBNs（rGO-PAPB）的力学性能。通过改变 PAPB 的含量，可以进一步优化该 rGO-PAPB 纳米复合材料的力学性能。当 PAPB 含量为 4wt%时，其拉伸强度和韧性达到最大值，分

别为 382MPa 和 7.5MJ/m³。值得一提的是，该 BGBNs 优异的力学性能，也与凝胶成膜过程导致的 rGO 片层褶皱互锁结构有关。循环拉伸测试结果表明，此结构不仅可以被拉直，而且也可以增大界面相互作用面积。因此，其有利于同时提高 BGBNs 的拉伸强度和韧性。此外，该 BGBNs 也具有优异的导电性能。其电导率为 337S/cm，与纯 rGO 薄膜（350S/cm）基本相同，这可能与其中的 π-π 堆积交联有关。

　　此外，Song 等[81]合成了一种磺化的苯乙烯-乙烯-丁烯-苯乙烯三嵌段共聚物（SSEBS）。它是一种水溶性高分子，可以均匀分散于 GO 水溶液中，得到的分散液通过真空抽滤法 [图 17-11（a）] 可组装成柔性的 GO-SSEBS 纳米复合材料 [图 17-11（b）]。拉曼光谱证实 SSEBS 分子链上苯环与 GO 纳米片之间存在较强的 π-π 堆积相互作用；与此同时，SSEBS 分子链上磺酸基团与 GO 纳米片表面的含氧官能团之间也存在氢键作用。通过改变 SSEBS 的含量，可以调节 GO-SSEBS 纳米复合材料的力学性能。实验结果表明，当 SSEBS 的含量为 10wt%时，其力学性能最佳，相应的纳米复合材料标记为 GO-S-10。当 SSEBS 的含

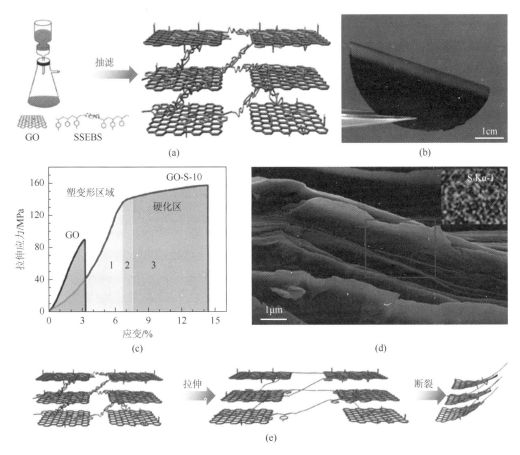

图 17-11　基于氢键-π-π 堆积界面协同作用制备的 BGBNs。（a）GO-SSEBS 纳米复合材料的制备过程示意图；（b）GO-SSEBS 纳米复合材料的数码照片；（c）纯 GO 薄膜和 GO-S-10 纳米复合材料的拉伸应力-应变曲线；（d）和（e）分别为 GO-S-10 纳米复合材料的断面俯视 SEM 照片（插图为 S 元素的 EDS 照片）和相应的协同断裂机理

量过低时，SSEBS 分子链不能为 GO 纳米片的相互滑移提供足够的空间，从而限制了 π-π 堆积作用和氢键断裂过程的能量耗散；而过量的 SSEBS 分子链只能在 GO 片层之间作为填充杂质，增大拉伸横截面积，从而降低力学性能。如图 17-11（c）所示，GO-S-10 纳米复合材料的拉伸强度和韧性高达 158MPa 和 15.3MJ/m^3，其相对于纯 GO 薄膜分别提高 76% 和 900%。此外，GO-S-10 纳米复合材料的拉伸应力-应变曲线呈现明显的两段区域：塑性变形区和增强区。其相应的协同断裂过程如图 17-11（e）所示，当开始受力时，SSEBS 分子链中无规卷曲的聚乙烯/丁烯片段逐渐被拉直，从而使 GO 纳米片发生相互滑移，在这一塑性变形过程中大量能量被耗散；当拉力继续增大到增强区，上述的聚乙烯/丁烯片段完全被拉直，然后 GO 纳米片与 SSEBS 分子链之间的氢键-π-π 堆积作用相继发生断裂，使纳米复合材料的拉伸强度逐渐提升，同时进一步耗散能量，并最终导致 GO 纳米片的拉出［图 17-11（d）］。此外，在拉出的 GO 纳米片表面也可以观察到 SSEBS 分子链的存在，这进一步证实了 SSEBS 分子链和 GO 纳米片之间较强的 π-π 堆积作用。

3. 氢键-共价键协同

上述两种协同界面相互作用都是非共价键。事实上，高强高韧的生物材料[13]已经证实，强的界面相互作用可以起到有效传递载荷、保持结构完整性的作用，而弱的界面相互作用可以不断破坏，引发裂纹偏转、塑性变形等增韧机制。因此，在石墨烯层间同时引入非共价键和共价键协同界面相互作用，更有利于制备强韧一体化高性能的 BGBNs。Hu 等[203]基于氢键和共价键界面协同效应制备了超强韧的 BGBNs 纤维。其制备过程如下：首先超支化聚丙三醇（HPG）与石墨烯溶胶均匀混合形成复合液晶；然后该复合液晶通过湿纺法制备得到 GO-HPG 纤维；最后再将 GO-HPG 纤维浸泡于 GA 水溶液中，通过缩醛化共价交联得到 GO-HPG-GA 纤维。拉伸力学测试结果表明，氢键交联的 GO-HPG 纤维的拉伸强度为 555MPa，杨氏模量为 15.9GPa，韧性为 18MJ/m^3，而氢键-共价键协同交联的 GO-HPG-GA 纤维的拉伸强度和杨氏模量分别进一步增大到 652MPa 和 20.9GPa，但其韧性稍微降低至 14MJ/m^3，这主要是由于高含量（~23vol%）的 HPG 使得 GA 处理之后的共价交联密度过高，从而极大限制了 GO 纳米片的相对滑移。因此，要最大化实现氢键和共价键之间的协同强韧作用，必须合理优化两者之间的相对比例。

不同于上述"两步法"协同界面构筑策略，最近，作者课题组[35]在石墨烯层间引入少量的 CS，利用真空抽滤法和随后的 HI 还原，一步直接制备了氢键-共价键协同强韧的 BGBNs（rGO-CS）。其氢键-共价键协同界面与 CS 含量紧密相关，如图 17-12（a）所示，当 CS 含量较低时（5.6wt%），抽滤过程引入的额外压力，将使 CS 分子链在 GO 纳米片表面充分展开而暴露其氨基反应位点，进而与 GO 纳米片表面的羧基发生酰胺化反应；而当 CS 含量较高时，CS 分子链之间存在较强的静电斥力，这使其仍然保持高度卷曲形态，从而不能与 GO 纳米片发生酰胺化反应。因此，当 CS 含量较低时，BGBNs 中 CS 分子链和 GO 纳米片之间存在氢键和共价键协同界面相互作用。这种独特的界面协同效应大幅提升了 BGBNs 的力学性能［图 17-12（b）］，例如，rGO-CS 纳米复合材料的拉伸强度高达 526.7MPa，韧性高达 17.7MJ/m^3，相比于纯 rGO 薄膜分别提升了 1.6 和 6.1 倍。图 17-12（c）

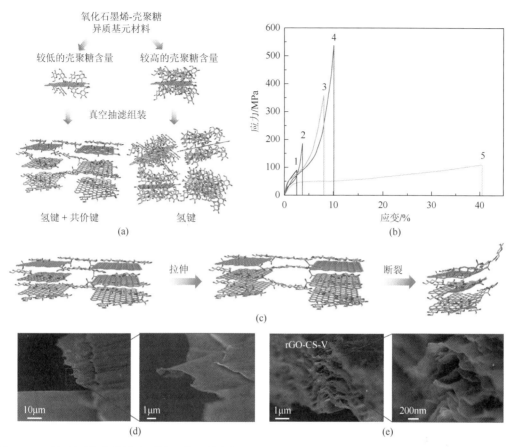

图 17-12　基于氢键-共价键界面协同作用制备的 BGBNs。（a）CS 分子链与 GO 纳米片界面交联机制；（b）纯 CS 薄膜（曲线 5）、GO 薄膜（曲线 1）、rGO 薄膜（曲线 2）、GO-CS（曲线 3）和 rGO-CS 纳米复合材料（曲线 4）的拉伸应力-应变曲线；（c）rGO-CS 纳米复合材料的界面协同断裂机制；（d）和（e）分别为纯 rGO 薄膜和 rGO-CS 纳米复合材料的断面侧视 SEM 照片

为相应的协同断裂机制：当开始拉伸时，相邻 rGO 纳米片之间发生相互滑移，导致 CS 分子链与 rGO 纳米片之间较弱的氢键断裂，与此同时，卷曲 CS 分子链不断被拉直，这一过程中，大量能量被耗散；当拉力进一步增大，CS 分子链完全被拉直，随后 CS 分子链与 rGO 纳米片之间的强共价键也发生断裂，使 rGO 纳米片拉出被卷曲 [图 17-12（d）]。此外，高含量石墨烯（94.4wt%）的仿生策略也赋予该 rGO-CS 纳米复合材料优异的导电性能，其电导率高达（155.3±4.0）S/cm，但是，由于在 rGO 纳米片之间嵌入了绝缘的 CS 分子链，其电导率略低于纯 rGO 薄膜。

4. 离子键-共价键协同

作者课题组[83-85]也成功证明了离子键-共价键之间的界面协同效应。例如，Zhang 等[83]利用 Ca^{2+} 和 PCDO 依次交联石墨烯纳米片，制备了一维超强 BGBNs 纤维（rGO-PCDO-Ca^{2+}）。其中 Ca^{2+} 因为是在湿纺制备纤维的过程中引入的，其含量难以控制；而 PCDO 含量可以通过控制热处理 GO 的温度而调节。随着热处理温度升高，GO 纳米片表面的含氧官能团减少，PCDO 交联量也降低。因此，该界面协同强韧作用可以通过控制 PCDO 的含量进行优化，从而进一步提升 BGBNs 的力学性能。当 PCDO 的含量为 3.61wt%时，rGO-PCDO-Ca^{2+}纳米复合材料的拉伸强度和韧性达到最大，分别为 842.6MPa 和 15.8MJ/m^3。值得一提的是，这种独特的力学性能不仅与离子键和共价键之间的协同作用有关，还与大尺寸的石墨烯纳米片有关。此外，由于 PCDO 共轭骨架结构，该 BGBNs 具有优异的导电性能，其电导率为 292.4S/cm。除了 Ca^{2+}，Zn^{2+}也可以和 PCDO 构筑离子键和共价键协同界面，基于此，Gong 等[84]制备了强韧一体化 BGBNs 薄膜（rGO-PCDO-Zn^{2+}）。与一维纤维不同，该复合薄膜可以通过控制 Zn^{2+}的含量而优化其力学性能。当 Zn^{2+}的含量约为 0.44wt%时，rGO-PCDO-Zn^{2+}纳米复合材料的力学性能最优。其拉伸强度和韧性分别为 439.1MPa 和 7.5MJ/m^3，远高于对应单一界面交联的 rGO-Zn^{2+}和 rGO-PCDO 纳米复合材料。其协同断裂机理如下：在起初受力拉伸时，较弱的层间离子交联发生断裂，引发 rGO 纳米片相互滑移，同时卷曲的 PCDO 分子链逐渐被拉直，在这一过程中，大量能量被耗散；随着拉力逐渐增大，PCDO 分子链完全被拉直，面内交联离子键发生断裂，进一步耗散能量；最后继续增大拉力，PCDO 与 rGO 纳米片之间的共价键也将发生断裂，同时使 rGO 纳米片拉出并卷曲，从而赋予 BGBNs 高强度和高韧性。此外，该 rGO-PCDO-Zn^{2+}纳米复合材料同样具有优异的导电性能，其电导率为 131.8S/cm。

上述离子键和共价键均是独立交联，并且所用的 PCDO 共价交联密度相对较低，因此其对 BGBNs 的力学性能提升相对有限。最近，Wan 等[85]在石墨烯层间引入 PDA-镍离子（Ni^{2+}）螯合结构，通过离子键-共价键界面协同强韧作用制备了超抗疲劳高导电的 BGBNs（rGO-PDA-Ni^{2+}）。其中 Ni^{2+}和 PDA 不仅可以与 GO 纳米片分别形成丰富的离子键和共价键交联，而且它们之间也可以配位螯合，从而极大增加了界面交联密度。在控制 PDA 的含量为 4.1wt%左右时，通过改变 Ni^{2+}的含量，可以调节 PDA-Ni^{2+}螯合密度，从而优化 BGBNs 的力学性能。静态拉伸测试结果表明，当 Ni^{2+}的含量为 0.88wt%时，该 rGO-PDA-Ni^{2+}纳米复合材料的拉伸强度和韧性达到最大值，分别为 417.2MPa 和 19.5MJ/m^3，远大于相应单一界面交联的 rGO-Ni^{2+}和 rGO-PCDO 纳米复合材料。除了优异的静态力学性能，该 BGBNs 还具有超高的抗疲劳特性。图 17-13（a）为纯 rGO 薄膜、rGO-Ni^{2+}、rGO-PDA 和 rGO-PDA-Ni^{2+}纳米复合材料的疲劳寿命（S-N）曲线。在同一循环拉力作用下，rGO-Ni^{2+}和 rGO-PDA 纳米复合材料相比于纯 rGO 薄膜，具有更高的疲劳寿命，这主要是由于离子键和共价键裂纹桥连作用。再者，因为共价键的强度比离子键更高，可以在疲劳测试过程中吸收更多的能量，所以相比于 rGO-Ni^{2+}，rGO-PDA 具有更高的疲劳寿命。而由于离子键和共价键协同界面相互作用，rGO-PDA-Ni^{2+}纳米复合材料的疲劳寿命进一步提升，并且其疲劳断面形貌显示 rGO 纳米片大幅拉出并卷曲[图 17-13（b）]。其相应的疲劳裂纹协同抑制机理 [图 17-13（c）] 如下：在疲劳测试之前，首先对材料进行预加载，在这一过程中，相对较弱的氢键和层间交联的离子键发生断裂，导致 rGO 纳米片相互滑移，从而引发裂纹；之后对材料施加一个按正弦规律变化的动态力，开始拉伸疲劳测试，此时 PDA-Ni^{2+}螯合结构逐渐解键，发生塑性变形，这极大抑制了裂纹在垂直于 rGO 纳米片方向的扩展，与此同时，平行于 rGO 纳米片方向的裂纹被离子键和共价键桥连；随着连续疲劳测试，面内交联的离子键也发生断裂；当继续循环拉伸时，PDA-Ni^{2+}螯合结构完全解键，长链 PDA 完全被拉直，此时裂纹主要通过共价键桥连；最终，在若干循环拉伸之后，PDA 与 rGO 纳米片之间的共价键桥连也发生断裂，同时使 rGO 纳米片发生卷曲。因此，该离子键和共价键协同效应的本质是，平行和垂直于 rGO 纳米片两个方向的裂纹被塑性变形和裂纹桥连机制有序抑制。此外，这种独特的抗疲劳特性也使材料在动态拉伸过程中保持较高的电导率，例如，在 290MPa 拉力下循环拉伸 1×10^5 次，该 BGBNs 的电导率（144.5S/cm）保持为其原始电导率的 77%。

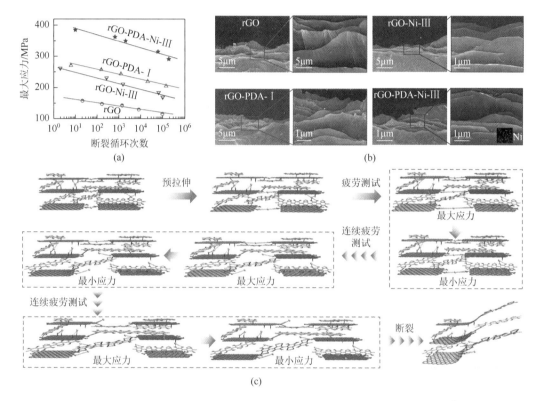

图 17-13　基于离子键和共价键界面协同作用制备的 BGBNs。（a）纯 rGO 薄膜、rGO-Ni^{2+}、rGO-PDA 和 rGO-PDA-Ni^{2+}纳米复合材料的疲劳寿命曲线；（b）纯 rGO 薄膜、rGO-Ni^{2+}、rGO-PDA 和 rGO-PDA-Ni^{2+}纳米复合材料的疲劳断面俯视 SEM 照片（插图为 Ni 元素的 EDS 图像）；（c）rGO-PDA-Ni^{2+}纳米复合材料界面协同疲劳断裂机理

进一步，这种独特的界面协同强韧作用可以通过如下式所示的协同系数定量表征：

$$S = \frac{2T_{\text{rGO-PDA-Ni}} - (T_{\text{rGO-Ni}} + T_{\text{rGO-PDA}})}{T_{\text{rGO-Ni}} + T_{\text{rGO-PDA}}} \times 100\% \qquad (17\text{-}1)$$

式中，S 为协同系数；$T_{\text{rGO-PDA}}$、$T_{\text{rGO-Ni}}$ 和 $T_{\text{rGO-PDA-Ni}}$ 分别为 rGO-PDA、rGO-Ni^{2+}和 rGO-PDA-Ni^{2+}纳米复合材料的拉伸强度。当 Ni^{2+}的含量为 0.88wt%时，S 达到最大值，这与其最佳力学性能相对应，因此，该界面协同效应与 PDA-Ni^{2+}的螯合密度紧密相关。当

Ni^{2+}的含量较低时，该 PDA-Ni^{2+}螯合结构具有较小的交联密度，不能充分解键抑制裂纹，从而导致力学性能较低；而当 Ni^{2+}的含量过高时，该 PDA-Ni^{2+}螯合结构将紧密交联，不利于其发生塑性变形，因此也不能有效抑制裂纹，而使力学性能降低。

17.4　三元石墨烯纳米复合材料

在天然鲍鱼壳中，2D 的 $CaCO_3$ 微米片和 1D 的纳米纤维甲壳素之间的协同强韧作用也有利于其独特的力学性能[12]。受此启发，通过结合不同的 1D 和 2D 基元材料，我们可以制备强韧一体化的三元纳米复合材料。例如，Zhang 等[86]利用 CNT 和纳米黏土之间的协同强韧作用，制备了尼龙-6-CNT-纳米黏土三元纳米复合材料。在加入 1wt%左右的 CNT-纳米黏土协同基元材料时，其力学性能大幅提升；Prasad 等[87]也证明了 CNT 和石墨烯可以协同增强 PVA 纳米复合材料的力学性能。此外，Shin 等[88]基于 rGO 和 CNT 之间的协同作用，制备了超韧的 rGO-CNT-PVA 三元纳米复合纤维。事实上，这种基元材料之间的协同强韧作用也可以用来构筑高性能三元 BGBNs[21, 89-91]，其中第二种基元材料既可以是 1D 的 NFC 和 CNT，也可以是 2D 的 MoS_2、二硫化钨（WS_2）纳米片及 MMT 等。此外，该三元 BGBNs 不仅具有优异的力学性能，也拥有其他多种功能，如抗疲劳、防火性能等。下面详细讨论不同的一维和二维基元材料与石墨烯纳米片之间的协同强韧作用。

17.4.1　一维基元材料协同强韧作用

Xiong 等[29]利用层层自组装法，将 GO 纳米片和 CNCs 组装成超刚硬的三元 BGBNs。在制备过程中，首先在带负电荷的 CNCs 表面修饰带正电荷的 PEI，然后将其与带负电荷的 GO 纳米片进行层层自组装，其中 GO 纳米片与致密的 CNCs-PEI 交联网络之间存在强烈的静电相互作用和氢键协同界面。在受力拉伸时，CNCs 交联网络将发生重排和变形，从而耗散大量能量，导致该 BGBNs 优异的力学性能。其拉伸强度和杨氏模量分别为 655MPa 和 169GPa，其中后者为目前所有 BGBNs 膜材料的最高值。该 BGBNs 优异的力学性能主要得益于较低含量的软聚合物基质，以及 1D 刚性的 CNCs 和 2D 柔软的 GO 纳米片之间的协同强韧作用。此外，在电化学还原之后，该 rGO-CNCs 三元纳米复合材料的电导率为 50S/cm，远低于纯 rGO 薄膜（120S/cm），这主要是由于 CNCs 为绝缘性基元材料，且其含量较高（～43.2wt%）。

为同时大幅提升纳米复合材料的力学性能和导电性能，最近作者课题组[213]利用共轭骨架交联剂 PCDO 和 1D 双层碳纳米管（DWNTs）之间的协同作用，制备了强韧一体化高导电的三元 BGBNs [rGO-DWNTs-PCDO，图 17-14（a）]。该 rGO-DWNTs-PCDO 纳米复合材料的拉伸应力-应变曲线如图 17-14（b）所示，相比于纯 rGO 薄膜，其拉伸强度和韧性分别提升至 374.1MPa 和 9.2MJ/m^3。进一步，其拉伸断裂形貌图 [图 17-14（c）] 表明 DWNTs 沿拉伸方向被拉出，同时 rGO 纳米片也被拉出并发生卷曲。该三元 BGBNs 协同断裂机理如图 17-14（d）所示，在开始拉伸时，相邻 rGO 纳米片发生相互滑移，同时 DWNTs 桥连 rGO 纳米片，从而使应力均匀传递；当进一步受力时，无规取向的 DWNTs 和卷曲的 PCDO 分子逐渐沿着拉伸方向被拉直，从而耗散大量能量，当 rGO 纳米片和 DWNTs 之间的 π-π 堆积相互作用断裂，DWNTs 将被拉出，同时导致材料较大的塑性变形；最后继续增大拉力，PCDO 和 rGO 纳米片之间的共价键也将断裂，同时诱导 rGO 纳米片拉出并卷曲。

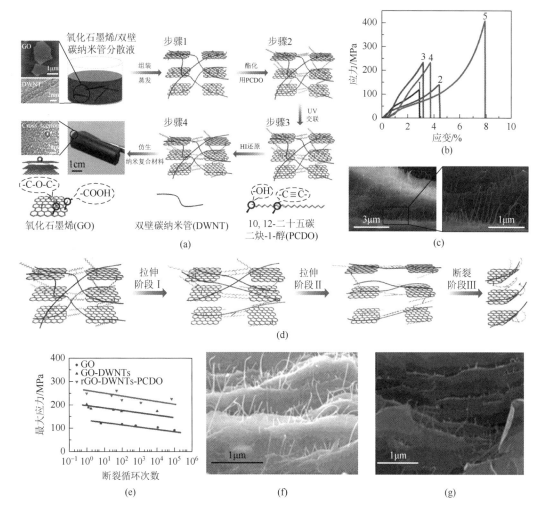

图 17-14　基于 1D 的 DWNTs 与 2D 的 GO 纳米片之间的基元材料协同作用，以及 PCDO 共价交联制备的 BGBNs。（a）rGO-DWNTs-PCDO 三元纳米复合材料的制备过程示意图；（b）纯 GO（曲线 1）和 rGO 薄膜（曲线 2）、GO-DWNTs（曲线 3）、GO-DWNTs-PCDO（曲线 4）和 rGO-DWNTs-PCDO 纳米复合材料（曲线 5）的拉伸应力-应变曲线；（c）和（d）分别为 rGO-DWNTs-PCDO 三元纳米复合材料的断面俯视 SEM 照片和相应的协同断裂机理；（e）纯 GO 薄膜、GO-DWNTs 和 rGO-DWNTs-PCDO 纳米复合材料的疲劳寿命曲线；（f）和（g）分别为 GO-DWNTs 和 rGO-DWNTs-PCDO 纳米复合材料的疲劳断面俯视 SEM 照片

因此，该 rGO-DWNTS-PCDO 三元纳米复合材料不仅具有 DWNTs 和 rGO 纳米片之间的基元材料协同作用，而且具有 π-π 堆积相互作用和共价键界面协同作用。这种独特的协同效应除了赋予材料高强度和高韧性，还赋予材料优异的抗疲劳性能［图 17-14（e）］。相比于二元 GO-DWNTs 纳米复合材料，该三元 BGBNs 在相同的循环应力下具有 5 个数量级更高的疲劳寿命。在疲劳拉伸测试时，2D 的 rGO 纳米片通过裂纹偏转抑制裂纹，而1D 的 DWNTs 和 PCDO 共价交联通过裂纹桥连抑制裂纹，在 rGO-DWNTs-PCDO 三元纳米复合材料中，上述两种裂纹抑制机制协同作用可大幅增加能量耗散，从而提升其疲劳寿命。进一步，相比于二元 GO-DWNTs 纳米复合材料［图 17-14（f）］，该三元 BGBNs 的断面形貌呈现更明显的 rGO 纳米片的卷曲，从而充分证实了 PCDO 的裂纹桥连作用。此外，不同于导电性能降低的 rGO-CNCs，该 rGO-DWNTs-PCDO 三元纳米复合材料相比于纯 rGO 薄膜，具有大幅提升的电导率[（394.0±6.8）S/cm]，这主要是由于 DWNTs 和 PCDO 共轭交联骨架协同传输电子。

17.4.2　二维基元材料协同强韧作用

2D 纳米材料通常具有独特的本征性能，例如，MoS_2 纳米片具有优异的润滑特性和力学性能[93, 94]，MMT 纳米片具有很好的阻燃性能[94-96]。最近，基于 GO 与 MoS_2、MMT 纳米片之间的协同强韧作用，一系列三元 BGBNs 已经被成功制备。例如，Wan 等[157]利用真空抽滤法，将 GO、MoS_2 纳米片与 TPU 组装成强韧一体化三元 BGBNs [（rGO-MoS_2-TPU，图 17-15（a）]。如图 17-15（b）所示，其具有典型的类鲍鱼壳的层状结构，并且 MoS_2 纳米片均匀分散在 GO 纳米片层之间。当 MoS_2 的含量为 4wt%左右时，该 rGO-MoS_2-TPU 三元纳米复合材料的力学性能最优，其对应的拉伸应力-应变曲线如图 17-15（c）所示。相比于二元 rGO-TPU 纳米复合材料，该 rGO-MoS_2-TPU 三元纳米复合材料拉伸强度由 166.7MPa 增大到 235.3MPa，而韧性由 3.3MJ/m^3 增大到 6.9MJ/m^3，这主要是由于 GO 与 MoS_2 纳米片之间的协同强韧作用。当 MoS_2 的含量高于 4wt%时，MoS_2 纳米片会过度重堆积，将作为缺陷导致较低的应力传递效率，使力学性能降低；而当 MoS_2 的含量低于 4wt%时，裂纹不能有效通过 MoS_2 纳米片的滑移而偏转，导致较低的能量耗散，从而使力学性能也不能大幅提升。图 17-15（d）为该 rGO-MoS_2-TPU 三元纳米复合材料协同裂纹扩展模型，在刚开始受力时，rGO 纳米片与 TPU 之间的氢键首先发生断裂，使 rGO 纳米片开始滑移，从而引发裂纹；当拉力进一步增大，rGO 与 MoS_2 纳米片之间的摩擦力促使 MoS_2 纳米片随 rGO 纳米片一起滑动，而相邻的 MoS_2 纳米片因为硫层之间的润滑特性将发生相对滑移，从而使裂纹发生偏转，导致较大的应变；随着拉力继续增大，这种裂纹引发-偏转-扩展循环将耗散更多的能量，直至材料断裂。其断裂形貌俯视图［图 17-15（d）］表明，拉出的 rGO 纳米片表面存在滑移分离的 MoS_2 纳米片，这进一步证实了 MoS_2 纳米片在拉伸断裂过程中的润滑作用。此外，该三元 BGBNs 的电导率为 46.4S/cm，相比于纯 rGO 薄膜偏低。

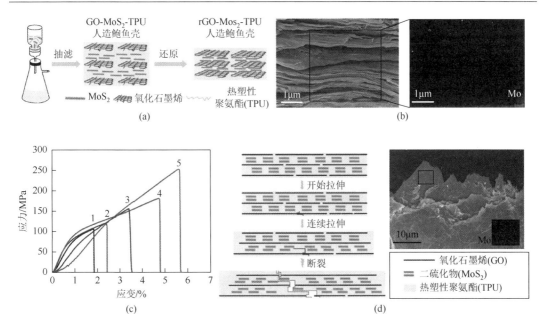

图 17-15　基于 2D 的 MoS_2 与 GO 纳米片之间的基元材料协同作用制备的 BGBNs。（a）rGO-MoS_2-TPU
三元纳米复合材料的制备过程示意图；（b）rGO-MoS_2-TPU 三元纳米复合材料的断面 SEM 照片以及相应
的 Mo 元素的 EDS 图像；（c）纯 GO 薄膜（曲线 1）、GO-TPU（曲线 2）、rGO-TPU（曲线 3）、GO-MoS_2-TPU
（曲线 4）和 rGO-MoS_2-TPU 纳米复合材料（曲线 5）的拉伸应力-应变曲线；（d）rGO-MoS_2-TPU 三元
　　纳米复合材料的协同断裂机理以及相应的断面俯视 SEM 照片（插图为 Mo 元素的 EDS 图像）

　　除了优异的力学性能，这种独特的基元材料协同效应也可以赋予材料其他的功能特
性。Ming 等[97]在 PVA 基质中引入 GO 与 MMT 纳米片两种基元材料，制备了具有阻燃特
性的三元 BGBNs［rGO-MMT-PVA，图 17-16（a）］。其横截断面呈现典型的层状结构［图
17-16(b)］，相应的 Si 元素 EDS 结果［图 17-16(c)］表明，MMT 纳米片在该 rGO-MMT-PVA
三元纳米复合材料中均匀分散。FTIR 和 XPS 结果表明 PVA、GO 和 MMT 纳米片之间存
在较强的界面相互作用，主要包括 GO 纳米片和 PVA 之间的氢键、MMT 纳米片和 PVA
之间的共价键。图 17-16（d）为该 rGO-MMT-PVA 三元纳米复合材料的拉伸应力-应变曲
线，其拉伸强度和韧性分别为 356.0MPa 和 7.5MJ/m^3，相对于 rGO-PVA 二元纳米复合材
料分别提升了 30%和 47%。除了优异的静态力学性能，该三元 BGBNs 还具有超高的疲劳
寿命［图 17-16（e）］，这进一步证实了 rGO 和 MMT 纳米片之间的协同强韧作用。此外，
该 rGO-MMT-PVA 三元纳米复合材料还具有优异的阻燃性能。如图 17-16（f）所示，蚕茧
在用该复合材料隔绝之后，加热 5min 都不会着火；而将蚕茧直接放置在火焰上加热，马
上点燃。类似于 rGO-MoS_2-TPU，该 rGO-MMT-PVA 三元纳米复合材料相比于纯 rGO 薄
膜（184.9S/cm），也具有较低的电导率（130S/cm），这主要是由于加入的基元材料和交联
剂均为绝缘体。

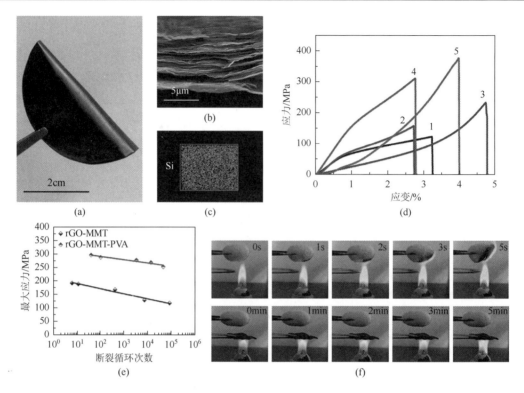

图 17-16　基于 2D 的 MMT 与 GO 纳米片之间的基元材料协同作用制备的 BGBNs。（a）rGO-MMT-PVA 三元纳米复合材料的数码照片；（b）和（c）分别为 rGO-MMT-PVA 三元纳米复合材料的断面 SEM 照片及相应的 Si 元素的 EDS 图像；（d）纯 GO 薄膜（曲线 1）、GO-MMT（曲线 2）、rGO-MMT（曲线 3）、GO-MMT-PVA（曲线 4）和 rGO-MMT-PVA 纳米复合材料（曲线 5）的拉伸应力-应变曲线；（e）rGO-MMT 和 rGO-MMT-PVA 纳米复合材料的疲劳寿命曲线；（f）蚕茧直接放置在火焰上加热，仅 5s 就点燃，而在用 rGO-MMT-PVA 三元纳米复合材料隔绝之后，其加热 5min 后都未点燃

17.5　仿生石墨烯纳米复合材料应用

受天然鲍鱼壳有序规整结构启发，目前制备的 BGBNs 一般可以分为三种：1D 纤维[98-100]、2D 薄膜[22, 23, 101]、3D 块体纳米复合材料[52, 102]。因为具有优异的力学性能和电学性能，这些 BGBNs 已经被用于组装各种柔性电子器件（图 17-17），如有机光伏器件、超级电容器、锂离子电池、纳米流体发电机、传感器和驱动器等。

石墨烯纳米复合材料经常被用于制备有机光伏器件的透明电极[103-106]。例如，Kymakis 等[107]首先在柔性 PET 基底上旋涂 GO 薄层，然后利用激光照射法将 GO 还原成 rGO，制备了大面积透明柔性电极。虽然当 rGO 薄层厚度为 20.1nm 时，该电极的透光率仅为 44%，但是其面电阻为 700Ω/sq，并且组装得到的有机光伏器件［图 17-17（a）］的能量转换效率高达 1.1%，这比化学还原 rGO 薄膜器件的效率高一个数量级。

最近，一系列高性能柔性石墨烯基超级电容器[108]也被成功制备，例如，El-Kady 等[109]将激光还原的 rGO 薄膜作为电极材料，组装了柔性超级电容器［图 17-17（b）］。该超级

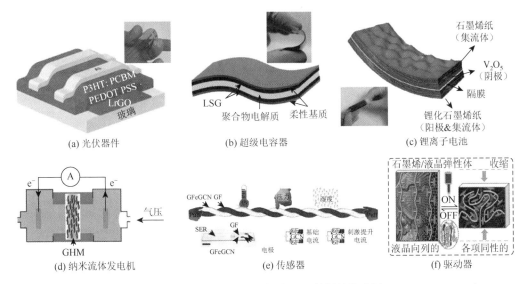

(a) 光伏器件　　(b) 超级电容器　　(c) 锂离子电池

(d) 纳米流体发电机　　(e) 传感器　　(f) 驱动器

图 17-17　BGBNs 在柔性电子器件领域的应用

电容器具有超高的体积能量密度和突出的充放电循环稳定性，并且，其在高机械应力作用下仍能保持优异的电化学特性。此外，Yang 等[110]也利用石墨烯凝胶纳米复合材料制备了高性能柔性超级电容器。在石墨烯片层和非挥发离子液体电解质组成的致密碳电极中，存在连续的离子传输通道，这使得该超级电容器的体积能量密度高达 60wh/L。另外，该种仿生石墨烯电极材料具有非常稳定的充放电循环特性，而且其成本较低，有利于大规模商业应用。

仿生石墨烯基电极材料也可以用于制备高性能的锂离子电池[111]。例如，Gwon 等[112]将石墨烯纸和五氧化二钒（V_2O_5）石墨烯纸分别作为阳极和阴极材料，组装了全石墨烯基锂离子充电电池 [图 17-17 (c)]。石墨烯纸具有较强的力学性能，较大的表面积及优异的导电性能，其既可以作为活性材料，也可以作为集流材料。而石墨烯表面的皱褶和凸起有利于活性材料和集流材料相互接触，因此，相比于传统的非柔性 V_2O_5/铝箔电极，该 V_2O_5/石墨烯纸电极具有更高的电容和循环寿命。再者，由于该电池不需要额外提供锂源，所以在电池组装之前，石墨烯纸需要先进行锂化。此过程的优点在于可以有效避免起初不可逆的副反应，如锂离子和石墨烯纳米片表面含氧官能团之间的反应。此外，在弯曲、扭转变形状态下，该石墨烯基柔性锂离子电池仍能正常充放电，从而在柔性电子器件中具有潜在应用。

除了作为柔性电极材料，BGBNs 也可以作为离子传输通道材料，用以制备纳米流体发电机。最近，Guo 等[113]利用石墨烯基水凝胶纳米复合材料组装了 2D 纳米流体发电机 [图 17-17 (d)]。在潮湿条件下，相互连通的大面积 2D 纳米流体网络可以在石墨烯水凝胶纳米复合材料中形成。在相邻石墨烯纳米片之间形成的带负电荷的 2D 纳米毛细通道，具有表面电荷控制的离子传输特性，即吸附反离子，排出共离子。当电解质在外加机械力驱动下，垂直流过该石墨烯水凝胶纳米复合材料时，我们可以观察到连续的脉冲波形电流信号，且该信号依赖于外加机械力的输入波形。这种仿生设计原理可以用于指导制备其他 2D 层状材料的纳米流体器件。

　　此外，BGBNs 也可以用于制备一些智能器件，如传感器[114, 115]和驱动器[99]。例如，Zhao 等[115]首先利用电化学沉积方法，在石墨烯纤维表面包覆一层类石墨的氮化碳，制得皮芯结构的石墨烯纤维，然后再将该纤维和纯石墨烯纤维进行双螺旋缠绕，制备了多刺激响应传感器 [图 17-17（e）]。该双螺旋石墨烯纤维对微小的温度变化（$\Delta T = 4\text{℃}$），很小的机械应力（压力为 0.05N，拉力为 0.3N）和微量的湿度（RH = 3%）具有超高的响应灵敏度，在长时间测试下其电流响应比高达 100 左右。Yang 等[116]利用可逆光致变形的石墨烯-液晶弹性体纳米复合材料，制备了近红外光驱动器 [图 17-17（f）]。在该纳米复合材料中，石墨烯纳米片通过以下两种界面相互作用均匀分散于液晶弹性体基质中：石墨烯纳米片和液晶弹性体芳环之间的 π-π 堆积相互作用，石墨烯纳米片表面含氧官能团和液晶弹性体分子链上的酯基之间的氢键。由于石墨烯纳米片的高度取向、液晶弹性体的自组装行为及熵驱动弹性等特点，该驱动器具有优异的光力驱动性能，如高达 35.7%的应变，240kPa 的机械应力，低于 0.5s 的起始灵敏度，8s 左右的超快可逆光响应速度及较长时间的循环稳定性。此外，其光力驱动性能可以通过改变石墨烯纳米片的含量和取向度来控制。

　　值得一提的是，上述各种柔性电子器件均要求 BGBNs 兼具高力学性能和电学性能。然而，受鲍鱼壳启发的仿生策略在提升 BGBNs 的力学性能时，往往降低了其电学性能，这主要是由于引入了绝缘交联剂，因此在石墨烯层间进行界面设计时，可以考虑采用导电基元材料（如 CNT）或者共轭骨架交联剂（如 PCDO）。此外，类鲍鱼壳致密结构有利于提升 BGBNs 力学性能，但是对于超级电容器或者锂离子电池的柔性电极来说，其优异的电化学特性却要求 BGBNs 具有分级多孔结构，因此，如何平衡 BGBNs 的分级多孔结构和力学性能之间的矛盾，将是未来 5～10 年实现 BGBNs 在柔性电子器件领域应用的一大挑战。

17.6　仿生石墨烯纳米复合材料展望

　　正如 2007 年 Geim 和 Novoselov 所预言，石墨烯未来的一个主要研究方向将是石墨烯纳米复合材料[117]。到目前为止，已经有成千上万篇关于石墨烯纳米复合材料的文章和综述被报道。本章主要综述了最近十年 BGBNs 的研究进展。相比于石墨烯纳米复合材料的传统制备方法，该仿生策略具有如下几点优势：①高含量的石墨烯纳米片；②石墨烯纳米片规整取向；③丰富可设计的界面相互作用，如氢键、离子键、π-π 堆积相互作用及共价键。一般而言，氢键强度较弱，其对 BGBNs 的力学增强有限，且容易受环境湿度的影响；而离子键交联密度较小，也不能大幅提升 BGBNs 的力学性能，且其成键强度与金属离子半径和价态有关，因此，下一步工作应主要探究提升离子交联密度的新工艺，以及研究金属离子半径和价态对 BGBNs 力学性能的影响规律；因为还原之后的 rGO 纳米片表面存在剩余含氧官能团，不利于形成丰富的 π-π 堆积相互作用，因此 π-π 堆积相互作用对 BGBNs 的力学增强也有限。此外，不同的共轭基团对 π-π 堆积相互作用也有较大影响；而共价键具有较大的界面强度，能够大幅提升 BGBNs 的力学性能，并且通过优化交联剂的链长和交联密度，可以同时提高 BGBNs 的拉伸强度和韧性。

天然鲍鱼壳优异的力学性能,在很大程度上取决于不同基元材料和界面相互作用之间的协同强韧作用,如 1D 的纳米纤维甲壳素、2D 的 $CaCO_3$ 微米片、氢键、离子键及共价键。因此,上述四种界面相互作用合理搭配,构筑的协同界面相互作用可以进一步提升 BGBNs 的力学性能。例如,因为氢键和共价键之间的界面协同强韧作用,rGO-CS[35] 的拉伸强度和韧性分别高达 526.7MPa 和 $17.7MJ/m^3$。同时,引入第二种基元材料(如 1D 纳米纤维、2D 纳米片)也可以构筑协同效应,其不仅可以提升 BGBNs 的力学性能,而且能赋予 BGBNs 其他的功能特性。例如,rGO-DWNTs-PCDO 三元纳米复合材料[92] 具有优异的抗疲劳性能,rGO-MMT-PVA 三元纳米复合材料[97] 具有优异的阻燃性能。由于石墨烯具有本征 2D 结构,所以制得的综合高性能的 BGBNs 具有各向同性的力学性能和导电性能,其在有机光伏器件、超级电容器、锂离子电池、纳米流体发电机、传感器、驱动器等柔性电子器件领域具有广泛应用。

基于目前的研究进展,我们提出 BGBNs 在未来 5～10 年的研究方向和目标:①BGBNs 的拉伸强度和杨氏模量可以与碳纤维增强纳米复合材料相媲美,从而实现其在航空航天领域的应用;②同时提升 BGBNs 的电学性能和抗疲劳性能,以实现其在柔性可穿戴电子器件领域的应用;③探索高性能 BGBNs 的简单宏量制备工艺,使其大规模生产应用。总之,在不久的将来,新型高性能多功能的 BGBNs 将逐渐从实验研究转向实际应用。

参 考 文 献

[1]　Li X Q, Zeng H C. Calcium carbonate nanotablets: bridging artificial to natural nacre. Advanced Materials, 2012, 24 (47): 6277-6282.

[2]　Finnemore A, Cunha P, Shean T, et al. Biomimetic layer-by-layer assembly of artificial nacre. Nature Communications, 2012, 3: 966.

[3]　Bonderer L J, Studart A R, Gauckler L J. Bioinspired design and assembly of platelet reinforced polymer films. Science, 2008, 319 (5866): 1069-1073.

[4]　Yao H B, Tan Z H, Fang H Y, et al. Artificial nacre-like bionanocomposite films from the self-assembly of chitosan-montmorillonite hybrid building blocks. Angewandte Chemie International Edition, 2010, 49 (52): 10127-10131.

[5]　Bai H, Walsh F, Gludovatz B, et al. Bioinspired hydroxyapatite/poly (methyl methacrylate) composite with a nacre-mimetic architecture by a bidirectional freezing method. Advanced Materials, 2016, 28 (1): 50-56.

[6]　Bai H, Chen Y, Delattre B, et al. Bioinspired large-scale aligned porous materials assembled with dual temperature gradients. Science Advances, 2015, 1 (11): e1500849.

[7]　Cheng Q, Li M, Jiang L, et al. Bioinspired layered composites based on flattened double-walled carbon nanotubes. Advanced Materials, 2012, 24 (14): 1838-1843.

[8]　Wan S, Peng J, Jiang L, et al. Bioinspired graphene-based nanocomposites and their application in flexible energy devices. Advanced Materials, 2016, 28 (36): 7862-7898.

[9]　Wan S, Hu W, Jiang L, et al. Bioinspired graphene-based nanocomposites and their application in electronic devices. Chinese Science Bulletin, 2017, 62 (27): 3173-3200.

[10]　Gong S, Ni H, Jiang L, et al. Learning from nature: constructing high performance graphene-based nanocomposites. Materials Today, 2017, 20 (4): 210-219.

[11]　Liu M, Jiang L. Dialectics of nature in materials science: binary cooperative complementary materials. Science China Materials, 2016, 59 (4): 239-246.

[12]　Wegst U G, Bai H, Saiz E, et al. Bioinspired structural materials. Nature Materials, 2015, 14 (1): 23.

[13]　Barthelat F，Yin Z，Buehler M J. Structure and mechanics of interfaces in biological materials. Nature Reviews Materials，2016，1（4）：16007.

[14]　Novoselov K S，Geim A K，Morozov S V，et al. Electric field effect in atomically thin carbon films. Science，2004，306（5696）：666-669.

[15]　Lee C，Wei X，Kysar J W，et al. Measurement of the elastic properties and intrinsic strength of monolayer graphene. Science，2008，321（5887）：385-388.

[16]　Peng B，Locascio M，Zapol P，et al. Measurements of near-ultimate strength for multiwalled carbon nanotubes and irradiation-induced crosslinking improvements. Nature Nanotechnology，2008，3（10）：626.

[17]　Yu M F，Lourie O，Dyer M J，et al. Strength and breaking mechanism of multiwalled carbon nanotubes under tensile load. Science，2000，287（5453）：637-640.

[18]　Liu F，Ming P，Li J. Ab initio calculation of ideal strength and phonon instability of graphene under tension. Physical Review B，2007，76（6）：064120.

[19]　Berger C，Song Z，Li X，et al. Electronic confinement and coherence in patterned epitaxial graphene. Science，2006，312（5777）：1191-1196.

[20]　Cheng Q，Jiang L，Tang Z. Bioinspired layered materials with superior mechanical performance. Accounts of Chemical Research，2014，47（4）：1256-1266.

[21]　Cheng Q，Duan J，Zhang Q，et al. Learning from nature：constructing integrated graphene-based artificial nacre. ACS Nano，2015，9（3）：2231-2234.

[22]　Wan S，Peng J，Jiang L，et al. Bioinspired graphene-based nanocomposites and their application in flexible energy devices. Advanced Materials，2016，28（36）：7862-7898.

[23]　Zhang Y，Gong S，Zhang Q，et al. Graphene-based artificial nacre nanocomposites. Chemical Society Reviews，2016，45（9）：2378-2395.

[24]　Sun G，Zhang X，Lin R，et al. Weavable，high-performance，solid-state supercapacitors based on hybrid fibers made of sandwiched structure of MWCNT/rGO/MWCNT. Advanced Electronic Materials，2016，2（7）：1600102.

[25]　Hu K，Kulkarni D D，Choi I，et al. Graphene-polymer nanocomposites for structural and functional applications. Progress in Polymer Science，2014，39（11）：1934-1972.

[26]　Richardson J J，Björnmalm M，Caruso F. Technology-driven layer-by-layer assembly of nanofilms. Science，2015，348（6233）：2491.

[27]　Podsiadlo P，Kaushik A K，Arruda E M，et al. Ultrastrong and stiff layered polymer nanocomposites. Science，2007，318（5847）：80-83.

[28]　Hu K，Gupta M K，Kulkarni D D，et al. Ultra-robust graphene oxide-silk fibroin nanocomposite membranes. Advanced Materials，2013，25（16）：2301-2307.

[29]　Xiong R，Hu K，Grant A M，et al. Ultrarobust transparent cellulose nanocrystal graphene membranes with high electrical conductivity. Advanced Materials，2016，28（7）：1501-1509.

[30]　Kotov N A，Dékány I，Fendler J H. Ultrathin graphite oxidepolyelectrolyte composites prepared by self-assembly：transition between conductive and nonconductive states. Advanced Materials，1996，8（8）：637-641.

[31]　Zhu J，Zhang H，Kotov N A. Thermodynamic and structural insights into nanocomposites engineering by comparing two materials assembly techniques for graphene. ACS Nano，2013，7（6）：4818-4829.

[32]　Shao J J，Lv W，Yang Q H. Self-assembly of graphene oxide at interfaces. Advanced Materials，2014，26（32）：5586-5612.

[33]　Dikin D A，Stankovich S，Zimney E J，et al. Preparation and characterization of graphene oxide paper. Nature，2007，448（7152）：457.

[34]　Putz K W，Compton O C，Palmeri M J，et al. High-nanofiller-content graphene oxide-polymer nanocomposites via vacuum-assisted self-assembly. Advanced Functional Materials，2010，20（19）：3322-3329.

[35]　Wan S，Peng J，Li Y，et al. Use of synergistic interactions to fabricate strong，tough，and conductive artificial nacre based on

graphene oxide and chitosan. ACS Nano，2015，9（10）：9830-9836.

[36] Wan S，Li Y，Peng J，et al. Synergistic toughening of graphene oxide-molybdenum disulfide-thermoplastic polyurethane ternary artificial nacre. ACS Nano，2015，9（1）：708-714.

[37] Qiu L，Yang X，Gou X，et al. Dispersing carbon nanotubes with graphene oxide in water and synergistic effects between graphene derivatives. Chemistry—A European Journal，2010，16（35）：10653-10658.

[38] Cui W，Li M Z，Liu J Y，et al. A strong integrated strength and toughness artificial nacre based on dopamine cross-linked graphene oxide. ACS Nano，2014，8（9）：9511-9517.

[39] Chen C，Yang Q H，Yang Y，et al. Self-assembled free-standing graphite oxide membrane. Advanced Materials，2009，21（29）：3007-3011.

[40] An S J，Zhu Y，Lee S H，et al. Thin film fabrication and simultaneous anodic reduction of deposited graphene oxide platelets by electrophoretic deposition. Journal of Physical Chemistry Letters，2010，1（8）：1259-1263.

[41] Chavez-Valdez A，Shaffer M S，Boccaccini A R. Applications of graphene electrophoretic deposition. A review. Journal of Physical Chemistry B，2012，117（6）：1502-1515.

[42] Xiong Z，Liao C，Han W，et al. Mechanically tough large-area hierarchical porous graphene films for high-performance flexible supercapacitor applications. Advanced Materials，2015，27（30）：4469-4475.

[43] Li C，Shi G. Functional gels based on chemically modified graphenes. Advanced Materials，2014，26（24）：3992-4012.

[44] Bai H，Li C，Wang X，et al. On the gelation of graphene oxide. Journal of Physical Chemistry C，2011，115（13）：5545-5551.

[45] Xu X，Li H，Zhang Q，et al. Self-sensing，ultralight，and conductive 3D graphene/iron oxide aerogel elastomer deformable in a magnetic field. ACS Nano，2015，9（4）：3969-3977.

[46] Zhang M，Huang L，Chen J，et al. Ultratough，ultrastrong，and highly conductive graphene films with arbitrary sizes. Advanced Materials，2014，26（45）：7588-7592.

[47] Tan Z，Zhang M，Li C，et al. A general route to robust nacre-like graphene oxide films. ACS Applied Materials & Interfaces，2015，7（27）：15010-15016.

[48] Xu Y，Shi G，Duan X. Self-assembled three-dimensional graphene macrostructures：synthesis and applications in supercapacitors. Accounts of Chemical Research，2015，48（6）：1666-1675.

[49] Deville S，Saiz E，Nalla R K，et al. Freezing as a path to build complex composites. Science，2006，311（5760）：515-518.

[50] Munch E，Launey M E，Alsem D H，et al. Tough，bio-inspired hybrid materials. Science，2008，322（5907）：1516-1520.

[51] Qiu L，Bulut Coskun M，Tang Y，et al. Ultrafast dynamic piezoresistive response of graphene-based cellular elastomers. Advanced Materials，2016，28（1）：194-200.

[52] Qiu L，Liu J Z，Chang S L，et al. Biomimetic superelastic graphene-based cellular monoliths. Nature Communications，2012，3：1241.

[53] Qiu L，Liu D，Wang Y，et al. Mechanically robust，electrically conductive and stimuli-responsive binary network hydrogels enabled by superelastic graphene aerogels. Advanced Materials，2014，26（20）：3333-3337.

[54] Cheng C，Jiang G，Garvey C J，et al. Ion transport in complex layered graphene-based membranes with tuneable interlayer spacing. Science Advances，2016，2（2）：e1501272.

[55] Vickery J L，Patil A J，Mann S. Fabrication of graphene-polymer nanocomposites with higher-order three-dimensional architectures. Advanced Materials，2009，21（21）：2180-2184.

[56] Gao H L，Zhu Y B，Mao L B，et al. Super-elastic and fatigue resistant carbon material with lamellar multi-arch microstructure. Nature Communications，2016，7：12920.

[57] Liu P，Jin Z，Katsukis G，et al. Layered and scrolled nanocomposites with aligned semi-infinite graphene inclusions at the platelet limit. Science，2016，353（6297）：364-367.

[58] Zhang X，Samorì P. Chemical tailoring of functional graphene-based nanocomposites by simple stacking，cutting，and folding. Angewandte Chemie International Edition，2016，55（50）：15472-15474.

[59] Chen J，Li Y，Huang L，et al. Size fractionation of graphene oxide sheets via filtration through track-etched membranes.

Advanced Materials，2015，27（24）：3654-3660.

[60]　Pei S，Zhao J，Du J，et al. Direct reduction of graphene oxide films into highly conductive and flexible graphene films by hydrohalic acids. Carbon，2010，48（15）：4466-4474.

[61]　Li Y Q，Yu T，Yang T Y，et al. Bio-inspired nacre-like composite films based on graphene with superior mechanical，electrical，and biocompatible properties. Advanced Materials，2012，24（25）：3426-3431.

[62]　Medhekar N V，Ramasubramaniam A，Ruoff R S，et al. Hydrogen bond networks in graphene oxide composite paper：structure and mechanical properties. ACS Nano，2010，4（4）：2300-2306.

[63]　Compton O C，Cranford S W，Putz K W，et al. Tuning the mechanical properties of graphene oxide paper and its associated polymer nanocomposites by controlling cooperative intersheet hydrogen bonding. ACS Nano，2012，6（3）：2008-2019.

[64]　Wan S，Hu H，Peng J，et al. Nacre-inspired integrated strong and tough reduced graphene oxide-poly（acrylic acid）nanocomposites. Nanoscale，2016，8（10）：5649-5656.

[65]　Hu K，Tolentino L S，Kulkarni D D，et al. Written-in conductive patterns on robust graphene oxide biopaper by electrochemical microstamping. Angewandte Chemie International Edition，2013，52（51）：13784-13788.

[66]　Bryan G W，Gibbs P E. Zinc-a major inorganic component of nereid polychaete jaws. Journal of the Marine Biological Association of the United Kingdom，1979，59（4）：969-973.

[67]　Gibbs P E，Bryan G W. Copper-the major metal component of glycerid polychaete jaws. Journal of the Marine Biological Association of the United Kingdom，1980，60（1）：205-214.

[68]　Park S，Lee K S，Bozoklu G，et al. Graphene oxide papers modified by divalent ions-enhancing mechanical properties via chemical cross-linking. ACS Nano，2008，2（3）：572-578.

[69]　Lam D V，Won S，et al. A robust and conductive metal-impregnated graphene oxide membrane selectively separating organic vapors. Chemical Communications，2015，51（13）：2671-2674.

[70]　Yeh C N，Raidongia K，Shao J，et al. On the origin of the stability of graphene oxide membranes in water. Nature Chemistry，2015，7（2）：166.

[71]　Liu R Y，Xu A W. Byssal threads inspired ionic cross-linked narce-like graphene oxide paper with superior mechanical strength. RSC Advances，2014，4（76）：40390-40395.

[72]　Xu Y，Bai H，Lu G，et al. Flexible graphene films via the filtration of water-soluble noncovalent functionalized graphene sheets. Journal of the American Chemical Society，2008，130（18）：5856-5857.

[73]　Liu Y，Yuan L，Yang M，et al. Giant enhancement in vertical conductivity of stacked CVD graphene sheets by self-assembled molecular layers. Nature Communications，2014，5：5461.

[74]　Zhang J，Xu Y，Cui L，et al. Mechanical properties of graphene films enhanced by homo-telechelic functionalized polymer fillers via π-π stacking interactions. Composites Part A，2015，71：1-8.

[75]　Gao Y，Liu L Q，Zu S Z，et al. The effect of interlayer adhesion on the mechanical behaviors of macroscopic graphene oxide papers. ACS Nano，2011，5（3）：2134-2141.

[76]　An Z，Compton O C，Putz K W，et al. Bio-inspired borate cross-linking in ultra-stiff graphene oxide thin films. Advanced Materials，2011，23（33）：3842-3846.

[77]　Cheng Q，Wu M，Li M，et al. Ultratough artificial nacre based on conjugated cross-linked graphene oxide. Angewandte Chemie International Edition，2013，125（13）：3838-3843.

[78]　Park S，Dikin D A，Nguyen S T，et al. Graphene oxide sheets chemically cross-linked by polyallylamine. Journal of Physical Chemistry C，2009，113（36）：15801-15804.

[79]　Tian Y，Cao Y，Wang Y，et al. Realizing ultrahigh modulus and high strength of macroscopic graphene oxide papers through crosslinking of mussel-inspired polymers. Advanced Materials，2013，25（21）：2980-2983.

[80]　Zhang Q，Wan S J，Jiang L，et al. Bioinspired robust nanocomposites of cooper ions and hydroxypropyl cellulose synergistic toughening graphene oxide. Science China Technological Sciences，2017，60（5）：1-7.

[81]　Song P，Xu Z，Wu Y，et al. Super-tough artificial nacre based on graphene oxide via synergistic interface interactions of π-π

stacking and hydrogen bonding. Carbon，2017，111：807-812.

[82]　Hu X，Xu Z，Liu Z，et al. Liquid crystal self-templating approach to ultrastrong and tough biomimic composites. Scientific Reports，2013，3（32）：2374.

[83]　Zhang Y，Li Y，Ming P，et al. Ultrastrong bioinspired graphene-based fibers via synergistic toughening. Advanced Materials，2016，28（14）：2834-2839.

[84]　Gong S，Jiang L Cheng，Q. Robust bioinspired graphene-based nanocomposites via synergistic toughening of zinc ions and covalent bonding. Journal of Materials Chemistry A，2016，4（43）：17073-17079.

[85]　Wan S，Xu F，Jiang L，et al. Flexible materials：superior fatigue resistant bioinspired graphene-based nanocomposite via synergistic interfacial interactions. Advanced Functional Materials，2017，27（10）：1605636.

[86]　Zhang W D，Phang I Y，Liu T X. Growth of carbon nanotubes on clay：unique nanostructured filler for high-performance polymer nanocomposites. Advanced Materials，2006，18（1）：73-77.

[87]　Prasad K E，Das B，Maitra U，et al. Extraordinary synergy in the mechanical properties of polymer matrix composites reinforced with 2 nanocarbons. Proceedings of the National Academy of Sciences，2009，106（32）：13186-13189.

[88]　Shin M K，Lee B，Kim S H，et al. Synergistic toughening of composite fibres by self-alignment of reduced graphene oxide and carbon nanotubes. Nature Communications，2012，3：650.

[89]　Gong S，Wu M，Jiang L，et al. Integrated ternary artificial nacre via synergistic toughening of reduced graphene oxide/double-walled carbon nanotubes/poly（vinyl alcohol）. Materials Research Express，2016，3（7）：075002.

[90]　Duan J，Gong S，Gao Y，et al. Bioinspired ternary artificial nacre nanocomposites based on reduced graphene oxide and nanofibrillar cellulose. ACS Applied Materials & Interfaces，2016，8（16）：10545.

[91]　Wan S，Zhang Q，Zhou X，et al. Fatigue resistant bioinspired composite from synergistic two-dimensional nanocomponents. ACS Nano，2017，11（7）：7074-7083.

[92]　Gong S S，Cui W，Zhang Q，et al. Integrated ternary bioinspired nanocomposites via synergistic toughening of reduced graphene oxide and double-walled carbon nanotubes. ACS Nano，2015，9（12）：11568-11573.

[93]　Huang X，Zeng Z，Zhang H. Metal dichalcogenide nanosheets：preparation，properties and applications. Chemical Society Reviews，2013，42（5）：1934-1946.

[94]　Bertolazzi S，Brivio，J，Kis A. Stretching and breaking of ultrathin MoS_2. ACS Nano，2011，5（12）：9703-9709.

[95]　Walther A，Bjurhager I，Malho J M，et al. Supramolecular control of stiffness and strength in lightweight high-performance nacre-mimetic paper with fire-shielding properties. Angewandte Chemie International Edition，2010，49（36）：6448-6453.

[96]　Walther A，Bjurhager I，Malho J M，et al. Large-area，lightweight and thick biomimetic composites with superior material properties via fast，economic，and green pathways. Nano Letters，2010，10（8）：2742-2748.

[97]　Ming P，Song Z，Gong S，et al. Nacre-inspired integrated nanocomposites with fire retardant properties by graphene oxide and montmorillonite. Journal of Materials Chemistry A，2015，3（42）：21194-21200.

[98]　Xu Z，Gao C. Graphene fiber：a new trend in carbon fibers. Materials Today，2015，18（9）：480-492.

[99]　Zhao F，Zhao Y，Chen N，et al. Stimuli-deformable graphene materials：from nanosheet to macroscopic assembly. Materials Today，2016，19（3）：146-156.

[100]　Xu Z，Gao C. Graphene in macroscopic order：liquid crystals and wet-spun fibers. Accounts of Chemical Research，2014，47（4）：1267-1276.

[101]　Zhong Y L，Tian Z，Simon G P，et al. Scalable production of graphene via wet chemistry：progress and challenges. Materials Today，2015，18（2）：73-78.

[102]　Sherrell P C，Mattevi C. Mesoscale design of multifunctional 3D graphene networks. Materials Today，2016，19（8）：428-436.

[103]　Gomez De Arco L，Zhang Y，Schlenker C W，et al. Continuous，highly flexible，and transparent graphene films by chemical vapor deposition for organic photovoltaics. ACS Nano，2010，4（5）：2865-2873.

[104]　Yu D，Yang Y，Durstock M，et al. Soluble P3HT-grafted graphene for efficient bilayer-heterojunction photovoltaic devices. ACS Nano，2010，4（10）：5633.

[105] Yin Z，Sun S，Salim T，et al. Organic photovoltaic devices using highly flexible reduced graphene oxide films as transparent electrodes. ACS Nano，2010，4（9）：5263-5268.

[106] Xu Y，Long G，Huang L，et al. Polymer photovoltaic devices with transparent graphene electrodes produced by spin-casting. Carbon，2010，48（11）：3308-3311.

[107] Kymakis E，Savva K，Stylianakis M M，et al. Flexible organic photovoltaic cells with in situ nonthermal photoreduction of spin-coated graphene oxide electrodes. Advanced Functional Materials，2013，23（21）：2742-2749.

[108] Wang X，Shi G. Flexible graphene devices related to energy conversion and storage. Energy & Environmental Science，2015，8（3）：790-823.

[109] El-Kady M F，Strong V，Dubin S，et al. Laser scribing of high-performance and flexible graphene-based electrochemical capacitors. Science，2012，335（6074）：1326-1330.

[110] Yang X，Cheng C，Wang Y，et al. Liquid-mediated dense integration of graphene materials for compact capacitive energy storage. Science，2013，341（6145）：534-537.

[111] Zhou G，Li F，Cheng H M. Progress in flexible lithium batteries and future prospects. Energy & Environmental Science，2014，7（4）：1307-1338.

[112] Gwon H，Kim H S，Lee K U，et al. Flexible energy storage devices based on graphene paper. Energy & Environmental Science，2011，4（4）：1277-1283.

[113] Guo W，Cheng C，Wu Y，et al. Bio-inspired two-dimensional nanofluidic generators based on a layered graphene hydrogel membrane. Advanced Materials，2013，25（42）：6064-6068.

[114] Liu Q，Zhang M，Huang L，et al. High-quality graphene ribbons prepared from graphene oxide hydrogels and their application for strain sensors. ACS Nano，2015，9（12）：12320-12326.

[115] Zhao F，Zhao Y，Cheng H，et al. A graphene fibriform responsor for sensing heat，humidity，and mechanical changes. Angewandte Chemie International Edition，2015，127（49）：15164-15168.

[116] Yang Y，Zhan W，Peng R，et al. Graphene-enabled superior and tunable photomechanical actuation in liquid crystalline elastomer nanocomposites. Advanced Materials，2015，27（41）：6376-6381.

[117] Geim A K，Novoselov K S. The rise of graphene. Nature Materials，2017，6（3）：183-191.

第18章 树脂基复合材料

18.1 引 言

航空航天工业是高性能树脂基复合材料的重要应用与需求领域,本章主要介绍先进热固性树脂基复合材料,同时简介热塑性树脂基复合材料,以及先进树脂基复合材料的成型工艺。先进树脂基复合材料以其特有的高性能（力学性能、耐热性能、电磁性能等），成为航空和航天飞行器的理想材料。航空航天工业主要涉及的先进树脂基复合材料基体热固性树脂包括：酚醛树脂、改性酚醛树脂、环氧树脂、双马来酰亚胺树脂、氰酸酯树脂、有机硅树脂、硅芳炔树脂、聚酰亚胺树脂等。热固性基体树脂的成型工艺性是其复合材料能否获得成熟应用的核心指标之一,航空航天复合材料制备工艺主要包括热压罐成型、缠绕成型、树脂传递模塑成型、模压成型及其他辅助成型工艺。

18.2 树脂基复合材料的特性与航空航天应用[1]

迄今,已有数万种材料可供人类进行工程选择,按其组成与特性可分为四大类,即金属、聚合物、无机非金属和复合材料；每一类材料又包含许多种材料。其中复合材料是发展最快、应用最广的,主要包括天然复合材料、颗粒弥散增强复合材料、纤维增强复合材料和纳米复合材料等。

人类很早就应用复合材料,如糊墙用的麦壳泥浆、筑墙用的草席泥土等都可以看作初级的复合材料。现代复合材料的大规模应用始于第二次世界大战,现在已在航空航天、航海舰船、汽车、体育器材和日用品等军民领域得到广泛的应用。

我国树脂基复合材料研究起始于 1958 年,经过多年的发展,在生产技术、产品种类、生产规模等方面迈过了由小到大的台阶,产量已经仅次于美国,居世界第 2 位。我国高性能树脂基复合材料发展水平与发达国家尚有差距,所采用的基体主要有环氧树脂、酚醛树脂、乙烯基酯树脂等。我国高性能树脂基复合材料的研究始于 20 世纪 80 年代末期,近期科研人员研究的重点依然是对传统热固性大品种树脂特别是环氧树脂和酚醛树脂的改性和专用化,且对新型结构的热固性树脂也在合成与改性方面进行了广泛的研究。

18.2.1 高性能树脂基复合材料的结构、成型和性能

AFML 和 NASA 将比强度大于 4×10^6 cm 和比模量大于 4×10^6 cm 的复合材料称为先进复合材料。一般先进树脂基复合材料是用碳纤维、陶瓷纤维、芳纶纤维或玻璃纤维等增强的聚合物基复合材料,由高性能纤维和高性能树脂两部分组成。

复合材料中纤维和基体起到协同作用是借助界面实现的,因此在复合材料设计与制备

工艺中的核心任务是如何使得复合材料界面强弱合适，既能充分发挥纤维的承载作用，又能充分发挥树脂基体的整体黏结性和其他特殊性能。高性能复合材料中常用的纤维有碳纤维、石墨纤维、石英纤维、高硅氧纤维、玻璃纤维、超高分子量聚乙烯纤维、芳纶纤维、碳化硅纤维、氧化铝纤维等。常用的基体树脂有热塑性聚酰亚胺、聚醚酰亚胺、聚醚醚酮、聚四氟乙烯等热塑性树脂，也有环氧树脂、酚醛树脂、氰酸酯树脂、改性双马、有机硅树脂、硅芳炔、聚酰亚胺等热固性树脂。

迄今已形成较为成熟的复合材料成型工艺包括模压成型、缠绕成型、预浸料热压罐成型、喷射成型、手糊成型、拉挤成型、树脂传递模塑成型等。

如图 18-1 所示，树脂基复合材料的密度在 $1.4 \sim 1.6 \mathrm{g/cm^3}$，比金属要小得多，同时树脂基复合材料的比强度和比模量也要比金属材料高，这些特性说明树脂基复合材料特别适合对于减重和强度要求高的航空航天等领域。

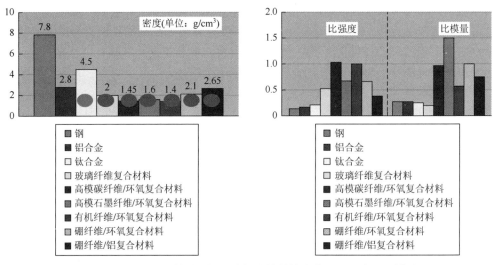

图 18-1　常用金属材料和树脂基复合材料的密度、比强度和比模量

另外，复合材料的可设计性强（结构与性能有很大的调整余地）、可整体成型（柔性加工和适合异型件）、加工过程较为环保节能（成型温度较低），使得树脂基复合材料在航空航天中具有越来越多的应用。当然，树脂基复合材料也存在缺点：纤维成本较高、复合材料部件生产量小、复合材料性能可靠性较低、复合材料易受外界影响。

航空航天工业的需求是先进复合材料技术发展的驱动力，世界各航空航天先进国家制定了先进复合材料研究计划，如美国先进亚声速技术计划（Advanced Subsonic Technology，AST）、美国经济可承受复合材料研究计划（Composites Affordability Initiative，CAI）、欧洲先进和低成本机体结构计划（Advanced Low Cost Aircraft Structures，ALCAS）、英国飞机能效计划（Aircraft Energy Efficiency，ACEE）等。

18.2.2　高性能树脂基复合材料在航空航天领域的应用

高性能树脂基复合材料以其突出的轻质高强特性（密度小、比强度大、比模量高），以及独特的耐烧蚀性、灵活的可设计性和加工成型的简便性等，在军事、空间和民用行业得到越来越多的应用。在军事领域，采用复合材料可以实现武器部件的轻量化，提高快速反应和打击能力，实现高威力、大射程和打击精确性。目前复合材料已成为航空、航天、核工业、兵器、船舶和电子通信等国防产品结构的主要组成部分。

在航空工业中，树脂基复合材料用于制造飞机机翼、机身、鸭翼、平尾和发动机外涵道；在航天领域，树脂基复合材料不仅是方向舵、雷达、进气道的重要材料，而且可以制造固体火箭发动机燃烧室的绝热壳体，也可用作发动机喷管的烧蚀防热材料。近年来研制的新型氰酸树脂复合材料具有耐湿性强、微波介电性能佳、尺寸稳定性好等优点，广泛用于制作宇航结构件、飞机的主次承力结构件和雷达天线罩。

军用飞机上复合材料用量越大，其作战效能越高。如图 18-2 和表 18-1 所示，随着新型号的研制，复合材料在军用战斗机上的应用比例逐渐上升：美国 F16 战斗机复合材料占 3.4%、F22 则占到 24%、F35 进一步占到 35%，欧洲 EF2000 更是占到 40%。复合材料在直升机上的应用比例更高，例如，美国鱼鹰直升机 V-22 上复合材料比例达到 50%，而欧洲虎式直升机 EC-665 的复合材料更是高达 80%。无人机的迅猛发展，为复合材料提供了广阔的舞台。波音公司 X-45C 无人机复合材料用量达 90%，国内无人机也基本上用轻质复合材料制造。

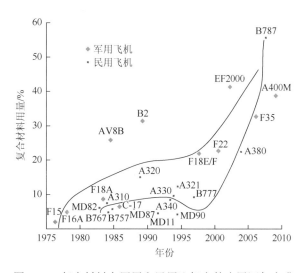

图 18-2　复合材料在军用和民用飞机上的应用逐年上升

表 18-1　树脂基复合材料在军机上的应用情况

机型	使用部位	用量/%
F14	平尾蒙皮、水平安定面等	0.8
F15	垂尾及平尾蒙皮、方向舵、减速板等	1.6
F16	垂尾、方向舵、平尾蒙皮等	3.4
幻影 2000	垂尾蒙皮、方向舵、副翼、起落架舱门等	7
F18	垂尾、平尾、减速板、操纵面、机翼等	12
AV-8B	机翼蒙皮、翼盒、前机身平尾等	26

续表

机型	使用部位	用量/%
Rafale	中机身、蒙皮、鸭翼、机翼、垂尾、副翼等	24
JAS-39	前机身、进气道、鸭翼、机翼垂尾等	25～30
EF2000	机身、机翼、垂尾、方向舵等	35～40
F22	机身、机翼、襟翼、垂尾副翼等	24
MFI（俄）	机身、机翼、鸭翼、控制面等	40 左右
F35	机身、机翼、进气道、操纵面、副翼、垂尾等	35

在民用飞机上，复合材料的应用也呈现增长趋势。1972 年开创采用复合材料先河的空中客车 A300 飞机的复合材料结构重量不足 5%，1990 年的波音 777 客机约占 10%左右，2005 年的空中客车 A380 客机中占 25%（图 18-3），2009 年的"梦想客机"波音 787 中占 52%，2013 年的空中客车 A350 飞机上更是占到了 53%。

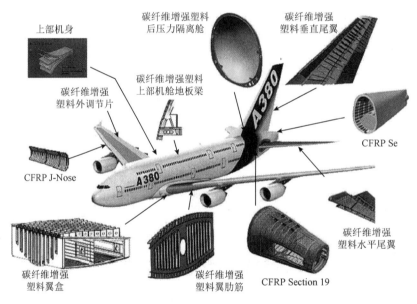

图 18-3 空中客车 A380 上的树脂基复合材料部件

树脂基复合材料在卫星结构上主要应用为：①卫星本体结构，包括外壳、中心承力筒、仪器安装板；②太阳电池阵结构，包括电池基板和连接架；③天线结构，包括反射器、支撑结构和馈源结构；④桁架结构，包括接头和杆件等。所用树脂基复合材料主要是碳/环氧、Kevlar/环氧和酚醛蜂窝夹层等。

18.2.3　高性能树脂基复合材料在其他领域的应用

在舰船工业中，先进树脂基复合材料具有比传统结构材料优越得多的力学性能，还兼有耐腐蚀、振动阻尼和吸收电磁波等功能,用为核潜艇的声呐导流罩、大深度鱼雷的壳体、深海潜水器壳体及商陆能艇的艇体结构、水面舰艇的甲板构件。

在能源工业,树脂基复合材料具有耐酸、耐碱、耐有机溶剂、耐油等耐腐蚀性能,因此在煤矿生产及石油的开采、运输、储备中得到非常广泛的应用。我国的燃气输送管道尚处于从传统的钢管网向塑料管网发展的初始阶段,其潜在市场非常大,纤维增强塑料(fiber reinforced plastics,FRP)/塑料复合管和玻纤增强热塑性复合材料管道十分适于天然气、煤气的输送和储存。

在建筑行业,树脂基复合材料的可设计性和良好的力学性能可用于建筑物的承载结构及加固,实践表明,树脂基复合材料应用在现代建筑中比传统建筑材料性能更加优良,综合效益更好。

在汽车工业,应用树脂基复合材料可以减轻自重,降低油耗,从而提高运载能力,用于车辆内部装饰具有舒适隔声、隔热、降低震动等优点。树脂基复合材料汽车部件制品主要有车身壳体、汽车顶篷、引擎盖、保险杠、仪器盘、油箱、座椅、刹车片和安全气囊等。

在化学工业,耐腐蚀材料已有 50 多年的历史,氯碱工业是最早将玻璃钢用作耐腐材料的领域之一,而后其陆续进入化工行业的各个领域,在化肥、造纸、生物工程、环境工程及金属电镀等工业中发挥重要作用。

在机械、电子、体育、娱乐、医疗等方面,树脂基复合材料也得到较好的应用,如机械制造中的轴承、齿轮、叶轮等零部件。很多体育用品改用树脂基复合材料制造,大大改善了其使用性能,有利于运动员创造更佳成绩。大多公园及各类游乐场所的设施均已采用不同类型的树脂基复合材料取代传统的材料。在生物复合材料中,树脂基复合材料的担架、呼吸器,碳纤维/环氧结构的假肢、人造假牙和人造脑壳等早已经出现。

18.2.4 先进树脂基复合材料的展望与未来

对高性能树脂基复合材料的期望,主要是以下 3 个方面:高比强度和高比模量的纤维、高性能树脂和更为先进的成型工艺技术。

纤维的发展趋势:复合材料增强材料用纤维力求在保持高比强度和比模量的前提下,实现特殊功能和降低价格。例如,降低碳纤维价格的措施在于发展沥青基碳纤维和采用大丝束。芳纶纤维是重要的有机纤维,其密度小、成本相对较低。类似的有机纤维包括超高分子量聚乙烯、聚苯并咪唑等。无机纤维因其耐高温、抗氧化和多功能等因素是高性能纤维发展的焦点,如碳化硅纤维和氧化铝纤维等。增强体的三维编织技术是长纤维相互交织得到的无缝合完整预制体,其复合材料具有较强的剪切强度,可以根据应用需求编织出各种形状和尺寸。

高性能树脂的发展趋势:树脂在复合材料中起到黏合剂的作用;其发展趋势是提高耐湿热性、提高韧性和提高耐温级别。合成新型分子结构树脂和对已有树脂进行提质改性是拓宽高性能树脂品种和应用范围的有效途径。PMR-15 型聚酰亚胺可在 316℃下长时间应用于航空发动机上;为了进一步提高耐热性,国内外设计并合成了端炔基聚酰亚胺。在环氧树脂分子中引入含稠环结构,以提高其耐热性;在环氧中引入含氟侧基以降低吸湿性。

成型工艺技术的发展趋势：采用虚拟仿真技术，提高复合材料增强体和界面的设计可靠性及可预测性。同时发展新型复合技术，如原位复合、自增强、自蔓延复合、梯度复合和超分子复合等工艺技术。复合工艺的多用途、自动化和低成本也是重要的关注点。混杂复合材料是进行复合材料最佳化设计和制造的新成果，有层内混杂、层间混杂；一般是不同纤维的混杂增强，如碳纤维和玻璃纤维混杂增强、碳纤维和芳纶纤维混杂增强等。

复合材料性能与应用的发展趋势：复合材料向着超高性能、特殊功能性（透波、吸波、烧蚀、自清洁等）、智能自修复（自诊断、自适应、自修复等）、仿生结构或仿生性能等更高更新的性能持续迈进。复合材料除了用作先进军用部件外，也朝着更高档、更大众化的行业发展，如汽车业、船舶业、化工行业和建筑行业等。

18.3　常用复合材料基体热塑性树脂[2]

先进树脂基复合材料的高性能基体树脂不同于通用高分子材料，其具有耐高温、耐热氧化，以及极高的力学性能和突出的功能性。高性能树脂分为热塑性树脂和热固性树脂。热固性树脂是主要的复合材料基体树脂，但热塑性树脂也占有较为重要的地位。

常用的先进复合材料基体用高性能热塑性树脂包括：聚砜树脂、聚苯硫醚、聚醚醚酮、聚醚酰亚胺和聚四氟乙烯树脂等。

18.3.1　高性能树脂简介

高性能树脂大多具有芳杂环的刚性骨架，分子链排列较为规整。热塑性树脂大多通过缩聚制备，其分子链较为刚性，具有较高的玻璃化转变温度和热结构性能。热固性树脂则易于加热固化为三维交联结构，具有较高的模量和较低的韧性。

耐热性和耐热氧化性是高性能树脂最基本的性能。耐热/耐热氧化性与树脂分子结构密切相关：化学键键能越大，耐热性越高（如 $C=C$、$C-F$、$C≡N$、$Si-O$、苯环等）；分子链刚性越大，耐热性越高（环形或梯形结构、共轭结构）；交联提高耐热性，而支链降低耐热性；分子链聚合度越大，耐热性越高。

树脂分子链的次价键导致内聚能不同，也是影响树脂性能的重要因素；极性越高，熔点或软化点越高；极性越小，透波性越好。若树脂中杂质多，会导致其耐热性降低（杂质往往是树脂发生热降解的引发剂或催化剂）。

高性能树脂在使用过程中会接触紫外光、空气、水汽、化学试剂和微生物等，这些因素对树脂的稳定性有很大影响。加入抗氧剂、杀菌剂、紫外光屏蔽剂等，将会提高其性能。

高性能树脂耐热性的表征指标包括玻璃化转变温度、热变形温度、热分解温度、阻燃氧指数、高温残碳率等。树脂力学性能包括拉伸强度和拉伸模量、剪切强度、弯曲强度和弯曲模量、冲击强度和硬度等。树脂电磁学性能包括介电常数、电阻率、电击穿强度等。其他性能包括吸湿率、折射率和耐候性等。

18.3.2　聚砜树脂

本节主要介绍聚砜树脂的合成、性能、复合材料和应用。

聚砜是一种是主链中含有二苯砜结构单元的热塑性树脂，主要有双酚 A 型聚砜、聚芳砜和聚醚砜三种。图 18-4 是三种聚砜的分子结构示意图。

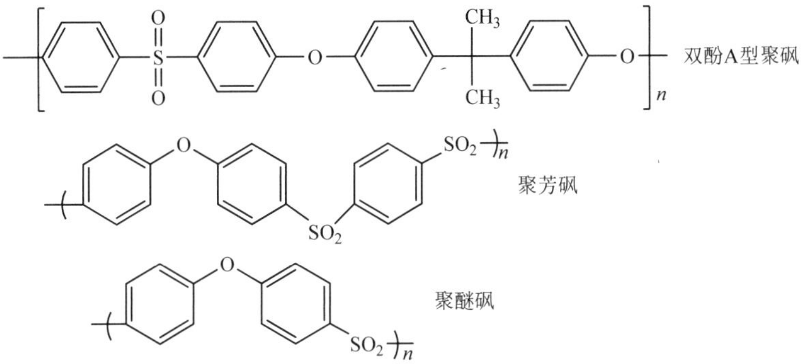

图 18-4　三种聚砜的分子结构示意图

聚砜是通过缩合反应制备的。双酚 A 型聚砜以双酚 A 钠盐和二氯二苯砜为原料进行缩聚而成。如图 18-5 所示，在二甲基亚砜溶剂中，双酚 A 与氢氧化钠反应形成钠盐，然后与二氯二苯砜缩聚，得到线型聚砜。

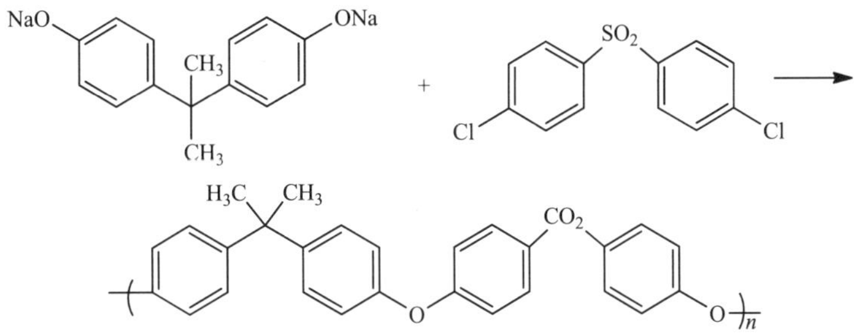

图 18-5　双酚 A 型聚砜的合成示意图

聚芳砜由 4,4′-二苯醚二磺酰氯、联苯磺酰氯和联苯缩聚而成，反应过程如图 18-6 所示。

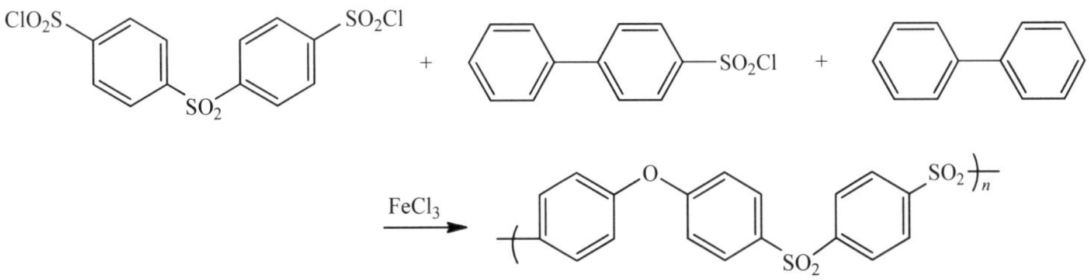

图 18-6　聚芳砜的合成示意图

聚醚砜合成时，先由双酚 S 和氢氧化钾制备酚盐，再与二氯二苯砜缩聚，如图 18-7 所示。

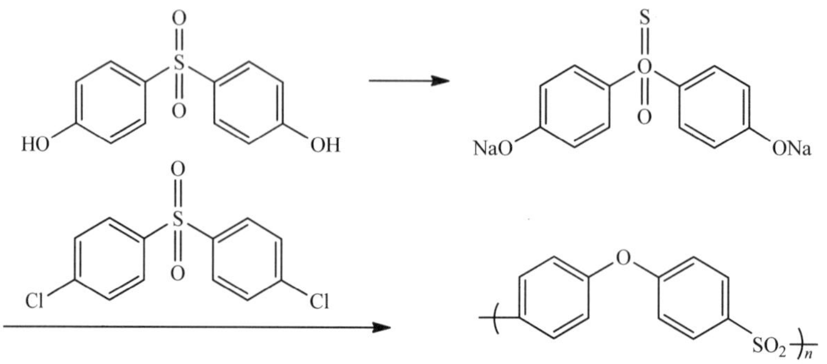

图 18-7　聚醚砜的合成示意图

聚砜是黄色透明树脂，以注塑料形式出售，可用注射、吹塑、挤出和预浸料等成型加工。聚砜玻璃化转变温度为 180～220℃，熔融温度 340～400℃。聚砜在热塑性树脂中具有很高的抗蠕变性；随着温度升高，模量缓慢下降；而且聚砜的耐热氧化性和阻燃性较好，可以达到 V0 级耐火性。

聚砜在航空航天与汽车行业，主要用作机罩、面罩、齿轮等；在电子电器领域，主要是印刷线路板、电容器薄膜、录音录像组件等；在医疗器械领域，主要是仪表外壳、手术盘、牙具和手术设备等。

18.3.3　聚苯硫醚

本节主要介绍聚苯硫醚（PPS）树脂的合成、性能、复合材料和应用。

聚苯硫醚是高分子主链含有苯硫醚结构的热塑性树脂，以粉末形式提供，玻璃化转变温度 85℃，熔融温度 285℃。

合成聚苯硫醚时，以六磷酰胺为溶剂，将硫化钠与对二氯苯进行缩聚制得。反应式如图 18-8 所示。

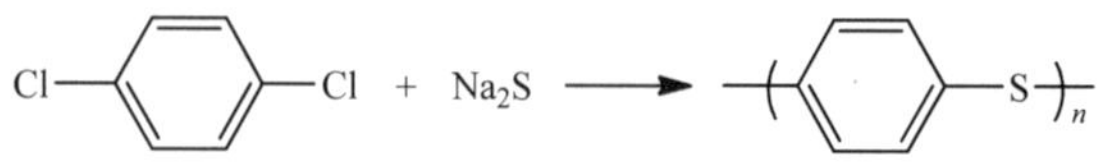

图 18-8　聚苯硫醚的合成示意图

聚苯硫醚虽然在加热到 300℃以上高温时会慢慢固化，但仍看作热固性树脂。聚苯硫醚树脂具有较高的热稳定性，425℃才开始分解，使用温度 220℃。聚苯硫醚对玻璃、金属和陶瓷都有很好的黏附性，适合制备界面结合良好的复合材料。聚苯硫醚具有自熄性，极限氧指数为 44%，达到 UL94 V0 级。聚苯硫醚在高温下仍然保持来年更好的介电性能和极低的吸湿率，是适宜的透波材料。另外聚苯硫醚具有仅次于聚四氟乙烯的耐腐蚀性能。

聚苯硫醚广泛用于汽车、机械、航空、航天和化工领域，是值得大力开发的高性能热塑性树脂。航空航天等军工领域，聚苯硫醚用作发动机涂层、飞机行李架、导弹尾翼、导弹弹体燃烧层、核潜艇耐辐射部件、舰船耐腐蚀部件。

18.3.4 聚醚醚酮

本节主要介绍聚醚醚酮（PEEK）树脂的合成、性能、复合材料和应用。

聚醚醚酮是 1978 年 ICI 公司开发的，商品名为 Victrex PEEK，后来 3M、Dupont 和 BASF 等进行了开发。

图 18-9 是 PEEK 树脂的合成过程：以 4, 4′-二氟苯酮和对苯二酚为原料，以碳酸钾作为缚酸剂，在二苯砜溶剂中缩聚而成，如图 18-9 所示。

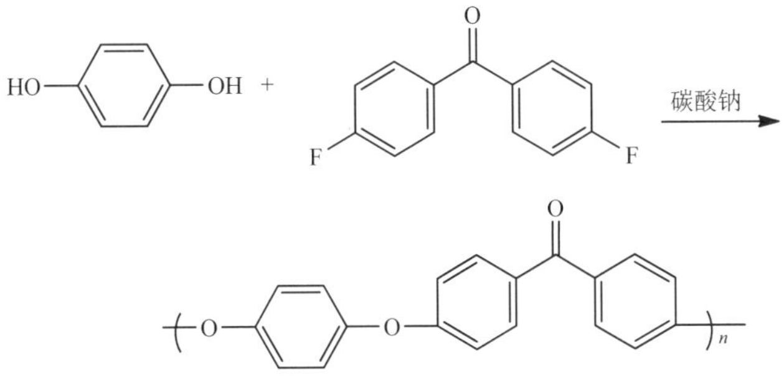

图 18-9 聚醚醚酮的合成示意图

PEEK 是新型耐高温热塑性树脂，玻璃化转变温度 185℃、熔融温度 288℃，可在 250℃ 连续使用。PEEK 的韧性远高于环氧树脂；其力学性能随温度衰减较慢。

PEEK 吸湿率仅为环氧的 1/10，耐溶剂和耐水性很好。PEEK 具有天然的 UL94 V0 级阻燃性，发烟毒性较小。另外，PEEK 具有稳定的耐辐射性能和电磁性能。

PEEK 可以采用注塑、挤出或模压成型，制备管材、棒材、膜片、涂层或异型材料。在航空航天工业上，PEEK 的碳纤维增强复合材料已经应用于飞机机身和内部阻燃部件。在电气领域，PEEK 树脂及其复合材料可以用作高温高压和高湿度条件下的绝缘材料。PEEK 及其复合材料也可以替代金属制造发动机内罩、密封件和离合器等，应用到汽车和飞机上。

18.3.5 聚醚酰亚胺

本节主要介绍聚醚酰亚胺（PEI）树脂的合成、性能、复合材料和应用。

PEI 是一种在主链上含有柔性醚键的非晶性热塑性聚酰亚胺，它是为了克服聚酰亚胺熔融温度高、加工困难、韧性差而发展起来。

PEI 的合成一般采用缩聚法。如图 18-10 所示，缩聚法是双酚 A 醚型二酐和芳香二胺在 DMAc 中缩聚而得。

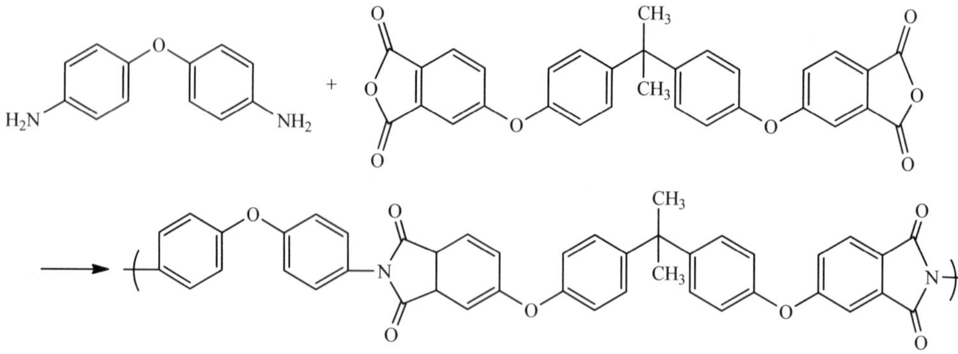

图 18-10　PEI 的缩聚合成示意图

PEI 树脂的玻璃化转变温度为 200～250℃，属于具有较高耐热性的热塑性树脂。PEI 树脂的耐火等级属于 UL94 V0 级、发烟率低。PEI 树脂的介电常数为 3，而且随着温度升高其变化较小。

PEI 树脂可耐长时间的蠕变，其力学性能较高、弯曲强度达到 200MPa。与纤维复合后，其力学性能与环氧和双马树脂复合材料相当。PEI 薄膜是耐高温电绝缘材料，用于高性能漆包线等。纤维增强 PEI 复合材料以其耐热性和高力学性能应用于航空结构部件。

18.3.6　聚四氟乙烯

本节主要介绍聚四氟乙烯（PTFE）树脂的合成、性能、复合材料和应用。

聚四氟乙烯是重要的工程塑料，被誉为塑料之王；其产量虽不大，但广泛应用在航空、航天、兵器、电子、石化、机械、纺织等部门。聚四氟乙烯具有优异的耐高低温性能和化学稳定性，很高的电绝缘性、不黏性和润滑性，同时几乎是不燃性最高的塑料。聚四氟乙烯的力学性能较差、加工较难，限制了其进一步扩展用途。

聚四氟乙烯是分子结构完全对称的非极性线型高分子，具有螺旋构象；处于螺旋外围的 F 原子包裹在 C—C 链周围，赋予聚四氟乙烯树脂极佳的耐化学腐蚀性、化学稳定性和耐高温性能。

聚四氟乙烯具有如下优异性能：①高度化学稳定性，除了熔融碱金属和强氟化介质外，对几乎所有化学药品呈惰性；②较宽的高低温性能，在超低温下不发脆、在高温下不发黏；③不黏性，表面张力仅为 0.019N/m；④润滑性，其摩擦系数极小，仅为 0.04；⑤电绝缘性能，其体积电阻极高、耐击穿电压高达 40kV/mm；⑥耐老化性能，聚四氟乙烯抗紫外线辐射、耐受微生物腐蚀和耐氧化；⑦不燃性，其极限氧指数为 95，具有塑料中最高的阻燃性；⑧低渗透性，其对气体和液体的渗透均较小。

同时聚四氟乙烯也具有如下缺点：①较差的力学性能；②线膨胀系数较大，是钢铁的 13 倍，因此在复合材料制备过程中易于变形开裂；③成型困难，聚四氟乙烯熔点高达 327℃，不适合注塑、压延等成型工艺；④导热性较差，易于热变形和热蠕变；⑤黏结性较差，与纤维增强体的界面结合不好。

聚四氟乙烯表面改性可以改善其性能：在分子链上引入极性基团和改变表面形貌（萘钠化学处理、辐射接枝、激光辐射改性、离子注入、等离子体改性），提高表面能；提高表面粗糙度；消除制品弱界面层。

18.4　常用复合材料基体热固性树脂[3, 4]

热固性树脂是树脂基复合材料最主要的基体，一般是带有活性官能团的低聚物，具有良好的复合材料加工工艺性，通过热或其他条件进一步发生交联固化形成不溶不熔的固体材料。热固性树脂固化后的三维网络体形分子结构赋予材料较好的力学性能和耐热性能。

常用的先进复合材料基体用高性能热固性树脂包括：酚醛树脂、环氧树脂、有机硅树脂、双马来酰亚胺树脂、氰酸酯树脂、硅芳炔树脂和聚酰亚胺树脂等。

18.4.1　酚醛树脂

1905～1907 年，美籍比利时人 L. H. Baekeland 对酚醛树脂进行了系统研究后，于 1907 年申请了酚醛树脂加压加热固化的专利，并于 1910 年成立了 Bakelite 公司，预见了除烧蚀材料外的几乎所有用途。故人们将 1910 年称为"酚醛树脂元年"，将 Baekeland 称为"酚醛树脂之父"。

1. 酚醛树脂的合成与固化

酚醛树脂合成的主要原材料包括：酚类（苯酚、甲酚、混合酚、二甲酚、间苯二酚、木质素降解酚类）；醛类（甲醛、多聚甲醛、三氧六环、乙醛、糠醛），合成催化剂（酸类如盐酸、草酸、乙酸、对甲苯磺酸等，碱类如氨水、氢氧化钠、氢氧化钡、氧化镁等，盐类如乙酸锌等）；固化剂（一般是六次甲基四胺）。

碱性条件下醛类化合物对酚的加成反应较易进行，而在酸性条件下羟甲基与酚的缩聚反应更易进行。一般在酸性条件下缩聚制备 Novolac 酚醛树脂（热塑性酚醛）时，醛与酚的摩尔比应小于 1，以防凝胶；后续加工成型过程中采用六次甲基四胺分解提供亚甲基实现固化。在碱性条件下缩聚制备 Resol 酚醛树脂（热固性酚醛）时，醛与酚的摩尔比应大于 1，树脂预聚物中含有羟甲基，在后续加热时可以缩聚而交联固化。

图 18-11 所示是碱催化合成 Resol 酚醛树脂的化学机理；而图 18-12 是酸催化合成 Novolac 酚醛树脂的化学机理。碱性催化合成 Resol 酚醛易于得到超支化低聚物，是含有活性官能团的单组分热固性树脂，热固化借助于羟甲基与酚的缩聚完成。酸催化合成 Novolac 酚醛得到的则是线型分子，几乎不含支化结构，是不含活性官能团的热塑性树脂，其固化需要外加适量（一般为树脂质量的 8%～15%）乌洛托品作为固化剂，经高温固化。酚醛树脂固化过程中有小分子释放，因此需要在压力下成型。

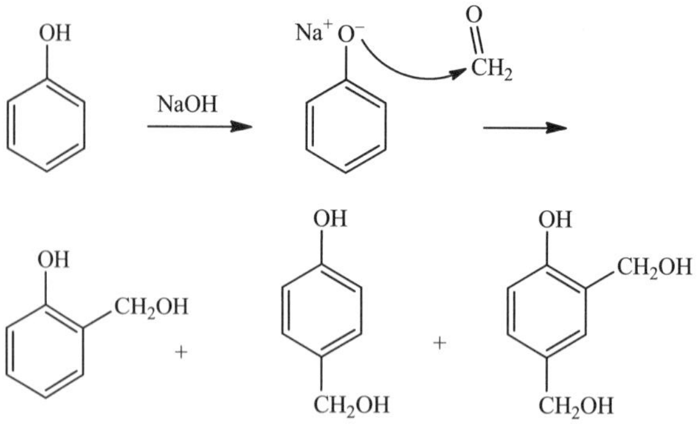

图 18-11　碱催化合成 Resol 酚醛树脂的化学机理

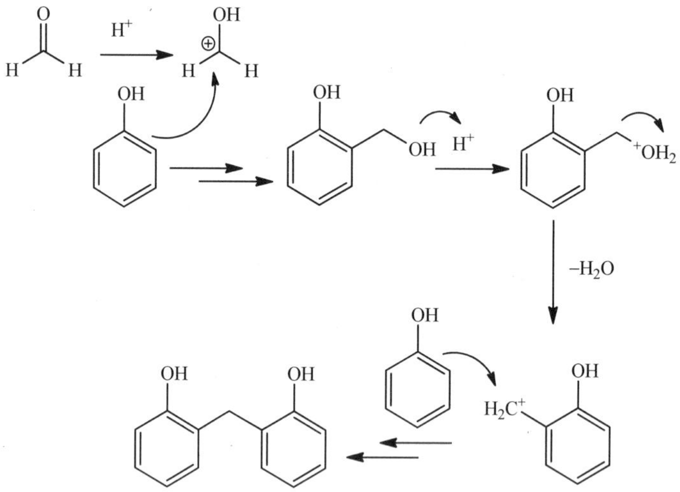

图 18-12　酸催化合成 Novolac 酚醛树脂的化学机理

2. 酚醛树脂的性能与应用

酚醛树脂成本低、制备容易、成型简单，是用量和应用面很广的热固性树脂品种。酚醛及其复合材料制品尺寸稳定、耐热性高（玻璃化转变温度可达到 250℃，在 300℃ 下强度仍可维持 70%）、阻燃性好［极限氧指数（limiting oxygen index，LOI）32～36、可自灭、发烟量小、烟雾无毒］、电绝缘性能好（加入木粉模压为电器材料，俗称电木粉）；在高温空气中会氧化为红色，外观着色受到限制。

酚醛基复合材料可用模压、缠绕、手糊、注射等成型。酚醛树脂固化后具有较好的力学性能和耐热性能，尤其具有高温烧蚀性能，并且树脂改性衍生品种很多，因此酚醛树脂应用很广。

酚醛模塑料耐热、阻燃且电绝缘，常应用于电气行业。纤维增强酚醛复合材料可替代金属用于汽车部件、机械零件等。

在宇航工业（空间飞行器、火箭、导弹等），玻璃纤维或碳纤维增强酚醛基复合材料成功应用于耐高温防热材料和超高温烧蚀材料，如火箭发动机喷管、鼻锥；密封舱室的内饰防火材料；建筑上的隔热板、内饰防火板、地板、楼梯和管道等；交通运输上的座椅、排气管、内装饰板、隔热材料、汽车刹车片等。

18.4.2　环氧树脂

环氧树脂是在预聚物主链侧基上含有环氧基的热固性树脂，一般在脂肪族、脂环族或芳香族主链上含有 2 个以上的环氧基，可以在催化剂或固化剂作用下发生开环聚合而固化。

1. 环氧树脂的合成与固化

环氧树脂主要通过 2 种方法制备：多元酚或多元胺化合物与环氧氯丙烷的缩聚；链状或环状双烯类化合物与过氧酸的环氧化。工业上一般采用前者制备。

双酚 A 型环氧树脂的生产方法主要有一步法和二步法两种。低中分子量的树脂一般用一步法合成，而高分子量的树脂既可用一步法，也可用二步法合成。①一步法：将一定摩尔比的双酚 A 和环氧氯丙烷在 NaOH 作用下进行缩聚，用于合成低、中分子量的双酚 A 型环氧树脂。国产的 E-20、E-12、E-14 和 E-44 等环氧树脂均是采用一步法生产的。②二步法：二步法又有本体聚合法和催化聚合法两种。本体聚合法是将低分子量的环氧树脂和双酚 A 加热溶解后，再在 200℃反应 2h 即得产品；本体聚合法是在高温下进行，副反应多、生成物中有支链、溶解性差，反应过程中甚至会出现凝胶。催化聚合法是将低分子量的双酚 A 型环氧树脂和双酚 A 加热到 80～120℃溶解，然后加入催化剂使其反应，因反应热而自然升温，放热完毕后冷却至 150～170℃再反应 1.5h，过滤即得产品。

一步法是在水介质中呈乳液状态进行的，后处理较困难，树脂分子量分布较宽、有机氯含量高，不易制得环氧值和软化点高的树脂产品。而二步法是在有机溶剂中呈均相状态进行的，反应较平稳、树脂分子量分布较窄、有机氯含量低、环氧值和软化点可通过原料配比的反应温度来控制。

酚醛环氧树脂（EPN）学名线型酚醛多缩水甘油醚，为浅棕黄色黏稠液体或固体，是一种耐热环氧树脂。酚醛环氧树脂是以线型酚醛树脂（novolac）与环氧氯丙烷为原料，NaOH 作为碱性脱酸剂缩聚而成的。常用的酚醛环氧树脂有苯酚型酚醛环氧树脂、邻甲酚型酚醛环氧树脂和双酚 A 型酚醛环氧树脂。

环氧树脂的控制指标主要如下：①环氧值。环氧值是鉴别环氧树脂性质的最主要的指标，工业环氧树脂型号就是按环氧值不同来区分的。环氧值是指每 100g 树脂中所含环氧基的物质的量。环氧值的倒数乘以 100 就称为环氧当量。环氧当量的含义是：含有 1mol 环氧基的环氧树脂的克数。②无机氯含量。树脂中的氯离子能与胺类固化剂起络合作用而影响树脂的固化，同时也影响固化树脂的电性能，因此氯含量也是环氧树脂的一项重要指标。③有机氯含量。树脂中的有机氯含量标志着分子中未起闭环反应的那部分氯醇基团的含量，它的含量应尽可能地降低，否则也要影响树脂的固化及固化物的性能。

环氧树脂的固化剂有加成型、催化型、缩聚型和自由基引发剂型等。实际应用中主要是加成型固化剂。图 18-13 所示是叔胺催化环氧树脂开环固化的机理；图 18-14 是伯胺和仲胺通过氢转移加成反应使环氧树脂开环固化的机理；图 18-15 是酸酐催化环氧固化的反应机理。不同固化剂的使用温度是不同的，伯胺或仲胺可以使环氧室温固化；叔胺在约 120℃中温固化环氧，而酸酐在约 180℃高温固化环氧。实际上，低聚聚酰胺、氰酸酯、异氰酸酯和热塑性酚醛树脂等也可作为环氧树脂的加成型固化剂。

图 18-13　叔胺催化环氧树脂开环固化的机理

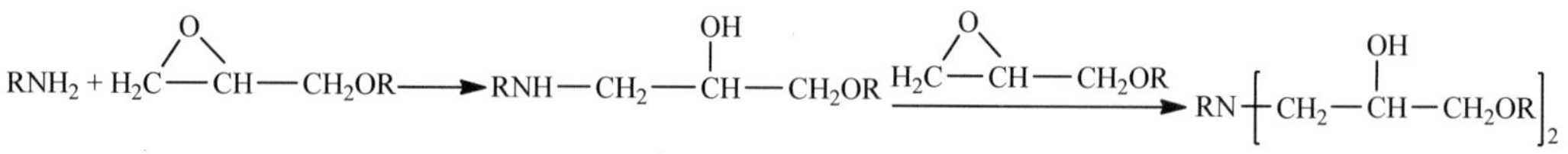

图 18-14　伯胺和仲胺通过氢转移加成反应使环氧树脂开环固化的机理

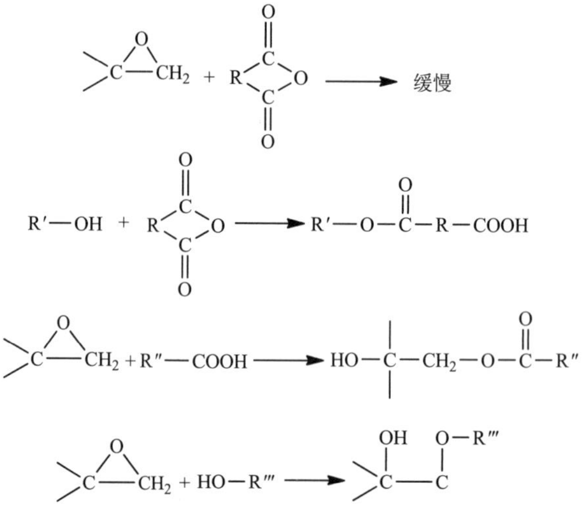

图 18-15　酸酐催化环氧固化的反应机理

2. 环氧树脂的性能与应用

环氧树脂及其固化物具有以下特点。①形式多样。各种树脂（从极低的黏度到高熔点固体）、固化剂、改性剂体系几乎可以适应各种应用要求。②固化方便。选用各种不同的固化剂，环氧树脂体系几乎可以在 0～180℃温度范围内固化。③黏附力强。环氧树脂分子链中固有的极性羟基和醚键的存在，使其对各种物质具有很高的黏附力。环氧树脂固化时的收缩性低，产生的内应力小，这也有助于提高黏附强度。④收缩性低。环氧树脂和所用的固化剂的反应是通过直接加成反应或树脂分子中环氧基的开环聚合反应来完成的，没有水或其他挥发性副产物放出。它们和不饱和聚酯树脂、酚醛树脂相比，在固化过程中显示出很低的收缩性（小于 2%）。⑤力学性能高。固化后的环氧树脂体系具有优良的力学性能。⑥电性能。固化后的环氧树脂体系是一种具有高介电性能、耐表面漏电、耐电弧的优良绝缘材料。⑦化学稳定性。通常，固化后的环氧树脂体系具有优良的耐碱性、耐酸性和耐溶剂性。像固化环氧体系的其他性能一样，化学稳定性也取决于所选用的树脂和固化剂。适当地选用环氧树脂和固化剂，可以使其具有特殊的化学稳定性能。⑧尺寸稳定性。上述的许多性能的综合，使环氧树脂体系具有突出的尺寸稳定性和耐久性。⑨耐霉菌。固化的环氧树脂体系耐大多数霉菌，可以在苛刻的热带条件下使用。

环氧树脂复合材料可用缠绕、树脂传递模塑（resin transfer molding，RTM）、拉挤和热压罐等工艺成型。环氧树脂可以应用为复合材料基体、涂料和胶黏剂等，其应用领域包括航空、航天、电子等工业的军用和民用方面，如飞机的主翼、尾门、直升机旋翼片、飞行架材、发动机盖。

18.4.3　有机硅树脂

热固性有机硅树脂是指经固化后为交联网络结构的聚有机硅氧烷，是一类半无机高分子。其具有以下特性：耐高低温、介电性、耐候性、生理惰性、低表面张力等。

1. 有机硅树脂的合成与固化

有机硅树脂的固化方式分为缩合聚合、有机过氧化物引发自由基聚合和铂催化硅氢加成三种，相应的需要三种预聚物：缩聚型预聚物含有硅醇等活性基团；过氧化物引发型预聚物含有乙烯基，尽量不含硅羟基；硅氢加成型预聚物含有乙烯基和硅氢基。

缩合型甲基硅树脂一般以甲基三氯硅烷或甲基三乙氧基硅烷为起始原料，经可控水解制备。预聚物中含有 Si—OH 或 Si—OR 等可缩聚基团，在加热或催化剂（如胺类、钛酸酯、二月桂酸二丁基锡等）作用下进一步缩聚而交联固化。甲基三甲氧基硅烷的可控水解制备甲基硅树脂过程如图 18-16 所示，包括以下步骤：①在 0℃和过量水的条件下快速搅拌进行水解；②分层和洗涤；③蒸馏除去溶剂；④在适当的温度下脱除低聚物，得到具有合适黏度的甲基硅树脂。

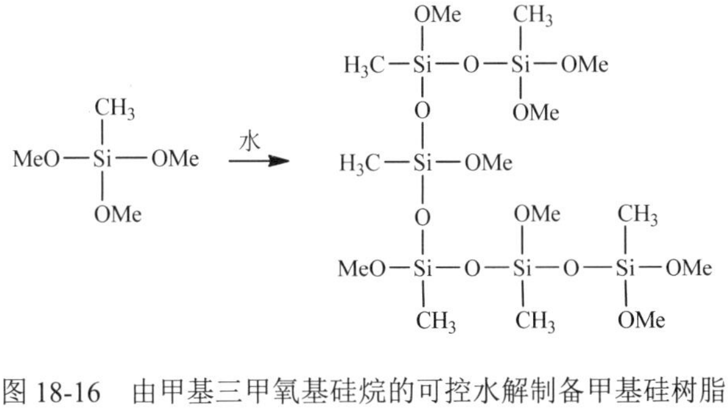

图 18-16　由甲基三甲氧基硅烷的可控水解制备甲基硅树脂

甲基硅树脂的交联通过加热或加入催化剂完成，在合适固化制度下交联成为三维网络的不溶不熔固体硅树脂。

过氧化物型硅树脂一般是指可由过氧化物引发剂固化的乙烯基硅树脂。乙烯基硅树脂的制备与缩合型硅树脂基本相同,采用含有乙烯基氯硅烷的二氯硅烷和三氯硅烷混合单体进行共缩聚水解方法,制备结束后基本不含有硅醇结构。

加成型硅树脂是指含有硅乙烯基的基础树脂和含硅氢基的交联剂发生硅氢加成反应而固化的有机硅树脂。通常由四部分组成:乙烯基硅树脂、含氢硅油、铂类催化剂、其他如乙烯基硅油等稀释剂。

2. 有机硅树脂的性能与应用

已形成规模化的有机硅树脂有道康宁公司的 DC-994 和 DC-997,俄罗斯的 KO-08 和晨光化工研究院有限公司的 GTS-101 等。

热固性有机硅树脂具有如下优异性能:①由于 Si—O—Si 键能在化学键中几乎最大(450kJ/mol),所以硅树脂的热稳定性极高;②Si—O—Si 键的柔性极大,所以硅树脂的玻璃化转变温度很低,可以在较低的温度下使用;③硅树脂不含极性基团,其介电损耗和耐电晕等在绝缘材料中较好;④有机硅树脂分子链之间的分子间作用力较弱、有效交联密度较小,其力学性能较低,但可以通过纤维增强解决;⑤有机硅树脂表面能低,有优良的憎水性,但是对湿气的渗透性比较大;⑥有机硅树脂耐紫外光和臭氧,具有很好的耐候性。

有机硅绝缘材料使用温度可达 200℃,在直流电机转子、高温马达和干式变压器等电绝缘材料上有重要用途。用硅树脂黏结的玻璃布层合板广泛用于 H 级电机的接线板、仪表板、天线罩、变压器套管和微波挡板等。

航空航天高速飞行器在高低温交变的外太空中,需要防辐射和耐高低温的有机硅耐候涂料。

有机硅树脂中加入纤维填料后加工成有机硅模塑料,可以经由模压或注射成型。有机硅模塑料制备的部件应用于宇航、无线电和电工等工业。

玻璃布增强有机硅复合材料可耐高温、吸水率低、绝缘性好且阻燃性高,用作高温继电器外壳、雷达天线罩、线圈架和开关装置等。

有机硅树脂或环氧改性硅树脂模塑料也用于电子器件的耐高温塑封料,其不仅密封性好,吸湿性也小。

18.4.4 双马来酰亚胺树脂

N, N'-4, 4'-二苯甲烷双马来酰亚胺单体(BDM)是改性双马树脂的基本原料。纯 BDM 固化后综合力学性能较差、耐热性能也比较低,改性后其力学性能和耐热性能都能提高。对双马来酰亚胺树脂(BMI)的研究重点集中在降低熔点、改善韧性、提高热稳定性和改善加工工艺性等。

1. 双马来酰亚胺树脂的合成、改性与固化

除了二苯甲烷双马来酰亚胺外,新型单体主要有稠环型、噻吩型、含硅型和多马来酰亚胺等。但双马来酰亚胺树脂的改性主要基于与改性组分的共聚固化。

二元胺扩链改性：如图 18-17 所示，双马来酰亚胺和二元胺发生 Michael 加成反应形成线型聚合物，产物中的仲胺还会导致支化；多余的马来酰亚胺双键是改性双马树脂后续固化交联反应的活性官能团。可以用来改性双马来酰亚胺的二胺，主要有二氨基二苯甲烷、二肼、含砜二胺等。应该注意二元胺分子量不能太大，否则会影响改性双马树脂的力学性能。

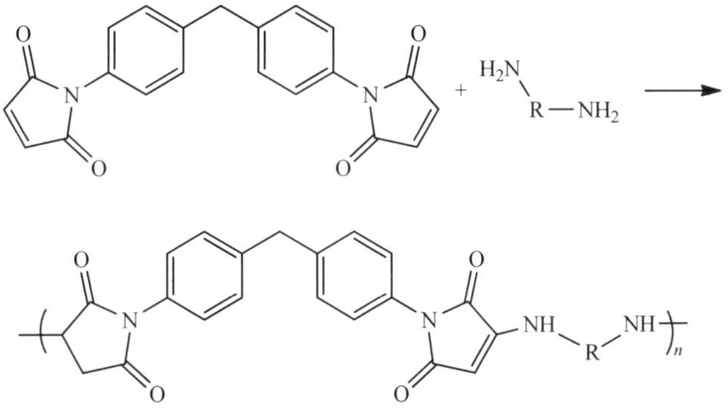

图 18-17　二元胺扩链改性马来酰亚胺树脂

烯丙基化合物改性：实用的烯丙基化合物主要是双酚 A 二烯丙基醚、二烯丙基双酚 A 和烯丙基酚醛树脂。烯丙基与马来酰亚胺双键在高温下发生 Diels-ene 加成反应，预聚物稳定、流变性适宜，固化物电绝缘性和力学性能优良，是耐高温复合材料的理想基体。图 18-18 所示是烯丙基双酚 A 改性双马来酰亚胺树脂的反应式。

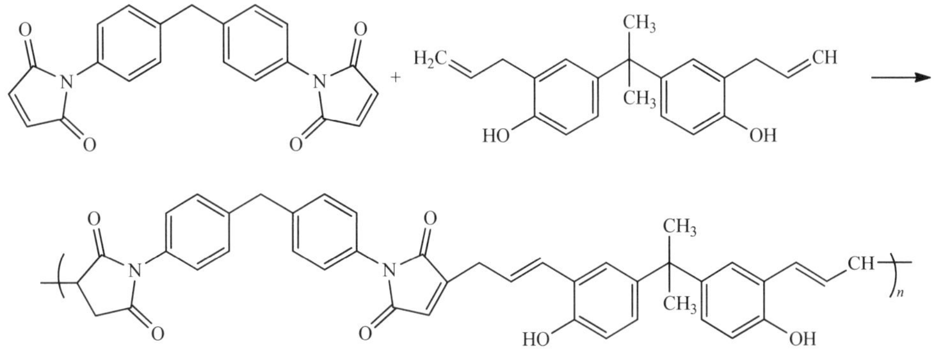

图 18-18　二烯丙基双酚 A 改性马来酰亚胺树脂

炔丙基酚醛树脂：利用炔丙基酚醛树脂中的炔丙基和马来酰亚胺双键之间的 Diels-ene 氢转移加成反应和 Diels-Alder 环加成反应，改性马来酰亚胺树脂韧性和耐热性优良，力学性能满足热结构复合材料要求。图 18-19 是炔丙基酚醛改性双马来酰亚胺树脂和随后固化反应的机理。

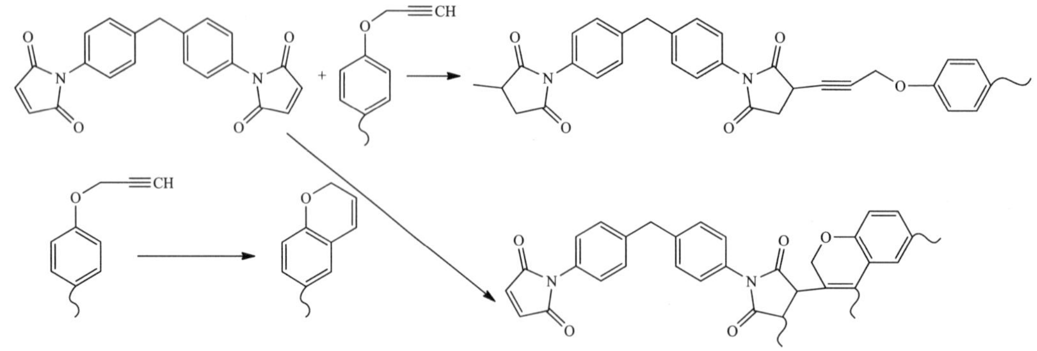

图 18-19 炔丙基酚醛改性双马来酰亚胺树脂

氰酸酯改性：双酚 A 型氰酸酯改性双马来酰亚胺树脂时，一般认为二者自聚形成互穿网络结构后，也不排除会发生共聚交联反应。氰酸酯改性双马来酰亚胺树脂具有很高的电性能，适合于高性能印刷电路板。

环氧树脂改性：环氧树脂主要用来改善双马来酰亚胺树脂的韧性。在环氧和双马来酰亚胺树脂共混体系中加入二元胺作为共固化剂，同时与环氧基和双马来酰亚胺树脂双键发生反应，实现均一的共聚物。当然合成含有环氧基的双马来酰亚胺树脂也是方法之一。

2. 双马来酰亚胺树脂的性能与应用

双马来酰亚胺改性树脂固化后具有比环氧树脂更为优异的耐热性，其 T_{d5}（热失重 5% 的温度）可达 400℃，玻璃化转变温度最高可达 300℃以上；这是由双马来酰亚胺树脂的刚性结构决定的。同时双马来酰亚胺树脂固化后力学性能与环氧相当，固化过程中无小分子释放（适合于低压成型），是耐高温热结构复合材料的理想基体。

改性双马来酰亚胺树脂工艺性与环氧相当，而耐热性和尺寸稳定性优于环氧，非常适合航空航天复合材料和电子电器绝缘材料。例如，玻璃纤维增强双马来酰亚胺树脂复合材料应用在 Rolls-Royce 公司的 RB162 发动机的压缩机壳、转子叶片等。碳纤维增强双马来酰亚胺树脂复合材料应用到 F22 战斗机上，如机身、机翼、副翼和垂尾等。

18.4.5　氰酸酯树脂

氰酸酯树脂是指含有两个或两个以上氰酸酯官能团的预聚物。氰酸酯树脂经热固化或催化固化后形成三嗪环网络结构，具有低介电常数、低介电损耗、高玻璃化转变温度和低吸湿性等优良性能。概括而言，氰酸酯树脂具有环氧的可加工性、酚醛的可烧蚀性、双马来酰亚胺的耐热性和比聚酰亚胺更好的介电性。氰酸酯复合材料主要应用于高性能印刷电路板、先进透波材料和耐热结构材料。

1. 氰酸酯树脂的合成、改性与固化

氰酸酯单体主要是双酚 A 型二氰酸酯，通常采用酚类化合物和溴腈在碱性条件下的缩合来制备。图 18-20 所示是双酚 A 和氯化腈以丙酮为溶剂，以三乙胺为缚酸剂制备双酚 A 型氰酸酯的反应。需要注意双酚 A 为母体时，反应需要在 0℃左右进行，而以酚醛树脂为母体时，需要为 –30℃。

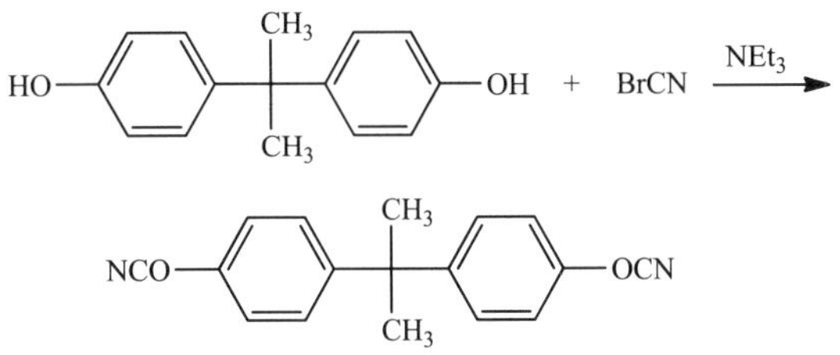

图 18-20　双酚 A 型二氰酸酯的合成反应

氰酸酯基具有很强的亲电性，可与亲核试剂发生加成反应，如与酚、醇、水和胺类进行加成反应，也可与环氧基发生加成环化反应。特别是进行酚类反应时，先生成二芳基亚胺碳酸脂，然后热或催化促进形成三嗪环。氰酸酯与含活泼氢化合物的加成反应会极大降低固化温度。

在热或催化（如二月桂酸二丁基锡、四氯化钛等）作用下，氰酸酯发生环三聚形成三嗪环结构，这是氰酸酯树脂具有较好的力学性能、耐热性能和低吸湿性能的原因。双酚 A 型二氰酸酯的固化反应见图 18-21。

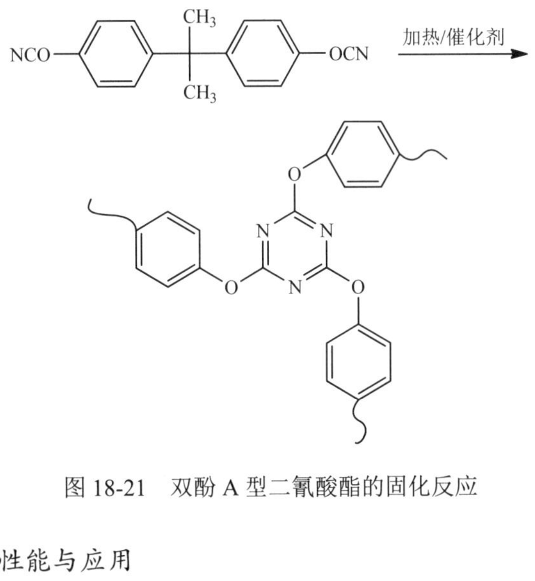

图 18-21　双酚 A 型二氰酸酯的固化反应

2. 氰酸酯树脂的性能与应用

氰酸酯复合材料可以采用预浸料、RTM、缠绕、拉挤、模压和热压罐等多种复合材料成型工艺。氰酸酯固化物具有较小的介电常数（2.6～3.0）和较低的介电损耗（1MHz时 0.001～0.005）。双酚 A 型氰酸酯的玻璃化转变温度约为 250℃，双酚 E 型氰酸酯为 260℃，双酚 B 型氰酸酯为 290℃，而酚醛型氰酸酯则达到 350℃。氰酸酯固化后耐水煮和吸湿性都要比环氧和双马来酰亚胺树脂好。

　　氰酸酯或改性氰酸酯复合材料具有与双马来酰亚胺树脂相当的性能，可应用于航空、航天、导弹、微电子等行业的耐高温耐湿介电材料。氰酸酯主要用作印刷电路板；在航空航天领域，主要用作飞机雷达天线罩、导弹罩体等透波材料。

18.4.6　硅芳炔树脂

　　聚硅芳炔树脂是一种高性能耐热复合材料的新型基体树脂。法国 Buvat 和日本 Itoh 等通过芳基格氏试剂与硅烷缩聚制备了含硅氢芳基乙炔树脂，研究表明该树脂具有比聚酰亚胺还高的耐热性、阻燃性和理想的力学性能。高温碳化后硅芳炔树脂（MSP）会转变为含硅碳材料，具有比纯碳更好的力学性能和耐氧化性。

　　1. 硅芳炔树脂的合成与固化

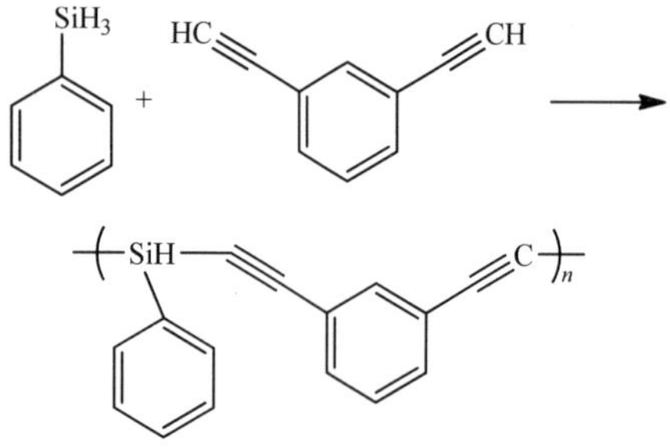

图 18-22　脱氢偶合缩聚法制备硅芳炔树脂

　　硅芳炔树脂的合成路线很多，但主要的技术路线是脱氢偶合缩聚、芳基格氏试剂缩聚和 Wurtz-Fittig 锂还原缩聚。图 18-22 所示是 Itoh 等采用的脱氢偶合缩聚法，以二乙炔基苯和苯基硅烷为原料，在氧化镁催化下缩聚制备支化硅芳炔。

　　如图 18-23 所示，采用格氏试剂缩聚法，以二乙炔基苯和二氯硅烷为原料，以原位制备的乙基格氏试剂为交换剂原位生成炔基格氏试剂，再与二氯硅烷缩聚制备硅芳炔树脂。

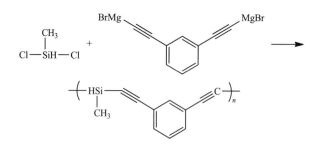

图 18-23　芳基格氏试剂缩聚法制备硅芳炔树脂

　　采用芳炔基锂与氯硅烷的缩聚也可以制备硅芳炔树脂，图 18-24 所示是 Wurtz-Fittig 锂还原缩聚制备硅芳炔的反应示意图。在四氢呋喃中，金属锂原位还原二乙炔基苯制得炔锂，再与硅芳炔缩聚制备硅芳炔树脂。

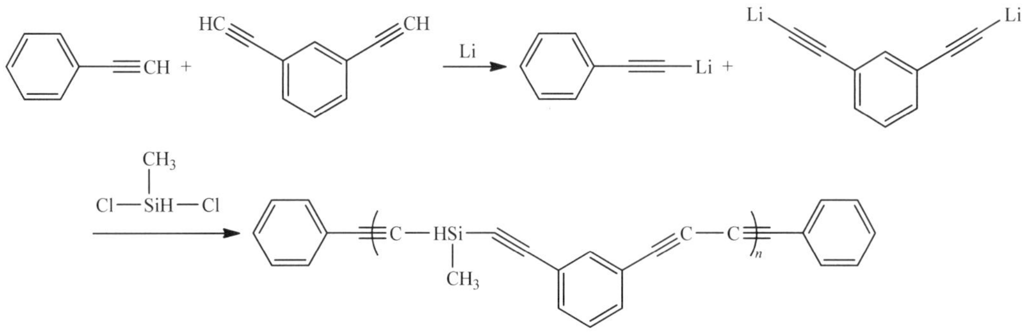

图 18-24　Wurtz-Fittig 锂还原缩聚制备硅芳炔的反应示意图

炔基是硅芳炔树脂的可固化活性官能团，可以通过自由基聚合、环三聚、硅氢加成和 Diels-Alder 环加成等固化。

2. 硅芳炔树脂的性能与应用

硅芳炔固化后具有超级耐热性能，尤以间位二乙炔基苯为单体时最优。固化物在氮气下的 T_{d5} 可达 600℃以上，在空气中也在 570℃以上；高温残碳率接近 90%，玻璃化转变温度高于 500℃，超过了迄今所有的热固性聚合物。

为了降低硅芳炔树脂的成本和改善其工艺性，Buvat 等合成了苯乙炔封端型硅芳炔树脂 BLJ，其具有理想的流变性，固化物也具有很高的耐热性（玻璃化转变温度大于 450℃、残碳率大于 80%），是理想的超高温复合材料基体树脂。华东理工大学开发的 SAR 树脂也具有较好的复合材料加工工艺性，特别是具有比 MSP 高得多的纤维黏附性和力学性能。

硅芳炔复合材料主要应用在航空航天飞行器的耐高温透波结构材料、烧蚀防热材料和高温抗氧化材料。

18.4.7　聚酰亚胺树脂

聚酰亚胺是综合性能最佳的特种工程材料之一，耐高温达 400℃以上，长期使用温度范围 -200~300℃，无明显熔点，绝缘性能强，介电损耗仅 0.004~0.007；已广泛应用在航空、航天、微电子、纳米、液晶、分离膜、激光等领域。

聚酰亚胺特别是热固性聚酰亚胺具有以下优异性能：全芳香聚酰亚胺开始分解的温度一般在 500℃左右；聚酰亚胺可耐极低温，如在 -269℃的液态氢中不会脆裂；具有优良的机械性能，未填充的材料抗张强度都在 100MPa 以上；一些聚酰亚胺品种不溶于有机溶剂，对稀酸稳定；热膨胀系数小；具有很高的耐辐照性能，其薄膜在 $5×10^9$rad 快电子辐照后强度保持率为 90%；具有良好的介电性能，介电常数约为 3.4，介电损耗为 10^{-3}；是自熄性聚合物，发烟率低；在极高的真空下放气量很少；无毒，并经得起数千次消毒，血液相容性实验为非溶血性，体外细胞毒性实验为无毒。

1. 降冰片烯封端聚酰亚胺树脂的合成、性能与应用

降冰片烯封端热固性聚酰亚胺是 PMR 型聚酰亚胺的一种，与热固性聚酰亚胺和缩聚型聚酰亚胺不同，其具有良好的复合材料加工工艺性和综合力学性能。采用降冰片烯封端聚酰亚胺为基体制备的纤维增强材料在 310℃下长时间服役仍具有较好的力学性能，因此在飞机上得到广泛应用。

树脂合成用单体是芳香二胺、芳香二酐和降冰片烯酸酐；聚酰亚胺预聚物的分子量通过调整单体配比实现。

以 PMR-15 为例，图 18-25 所示是降冰片烯封端聚酰亚胺合成反应示意图。以苯基四甲酸二烷基酯、芳香二元胺和降冰片烯二酸单烷基酯为原料，先在乙醇中溶解酐类形成单酯，再加入二胺缩合，此时亚胺化程度较低，主要是酰胺酸的溶液。考虑到降冰片烯单酯的亚胺化速度较快，预浸料应存放在低温下以保持黏附性。

PMR 型聚酰亚胺树脂的固化是通过降冰片烯的聚合实现的，固化一般在 210～350℃温度区间内进行；加压固化时加压选择在 215℃附近，固化温度约在 310℃，后处理温度约为 350℃。

PMR 型聚酰亚胺固化后玻璃化转变温度约为 284℃，起始分解温度＞400℃、T_{ds} 约为 466℃。Ciba-Geigy 的烯丙基降冰片烯酸酐用于制备 PMR-15 聚酰亚胺树脂，其玻璃化转变温度可超过 300℃。PMR-15 作为基体的层压复合材料，拉伸强度和剪切强度都很高，远高于酚醛、氰酸酯和环氧等常用热固性树脂。

PMR-15 聚酰亚胺基复合材料在航空航天上用于发动机罩、扇片和导弹壳体等。如 GE 公司的 PMR-15/T300 复合材料用作 F18 战斗机上发动机外涵道，使其减重 20%、整体强度更高、成本下降。

2. 炔基聚酰亚胺的合成、性能与应用

乙炔基封端聚酰亚胺最早是休斯飞机公司于 20 世纪 60 年代开发的，目前已形成 Thermid 600 系列；但存在的问题是熔点与固化温度太接近，加工窗口过窄。后来在美国高速民用飞行器计划 HSCT 支持下，NASA 开发了苯乙炔基封端聚酰亚胺 PETI-1 和 PETI-5；日本也开发出了非对称无定形 TriA-PI。国内学者对苯乙炔基封端聚酰亚胺也进行了研究，获得了较好的应用。

乙炔基封端聚酰亚胺 Thermid MC-600 的合成原材料是二苯甲酮四甲酸二甲酯、1,3-二（间氨基苯氧基）苯、间氨基苯乙炔。如图 18-26 所示，先在乙醇中制得乙炔基封端酰胺酸低聚物，除去溶剂等挥发分后，再加热得到酰亚胺化树脂。

苯乙炔基封端聚酰亚胺包括多个不同配方的品种，其中 PETI-1 所用原材料是 4-(3-氨基苯氧基)-4′-苯乙炔基苯甲酮、二苯醚四甲酸二酐和 3,4′-二氨基二苯醚，调整封端剂用量，满足树脂分子链约为几千。苯乙炔基苯酐封端的 PETI-5 所用的原材料是芳香四酸二酐（均苯四甲酸酐、二苯甲酮四甲酸酐、联苯四甲酸酐的混合物）、芳香二胺［间苯二胺、3,4′-二氨基二苯醚、1,3-二(3-氨基苯氧基)苯的混合物］和封端剂苯乙炔基苯酐。图 18-27 所示是苯乙炔基封端的 PETI-330 的单体配方和分子结构式。

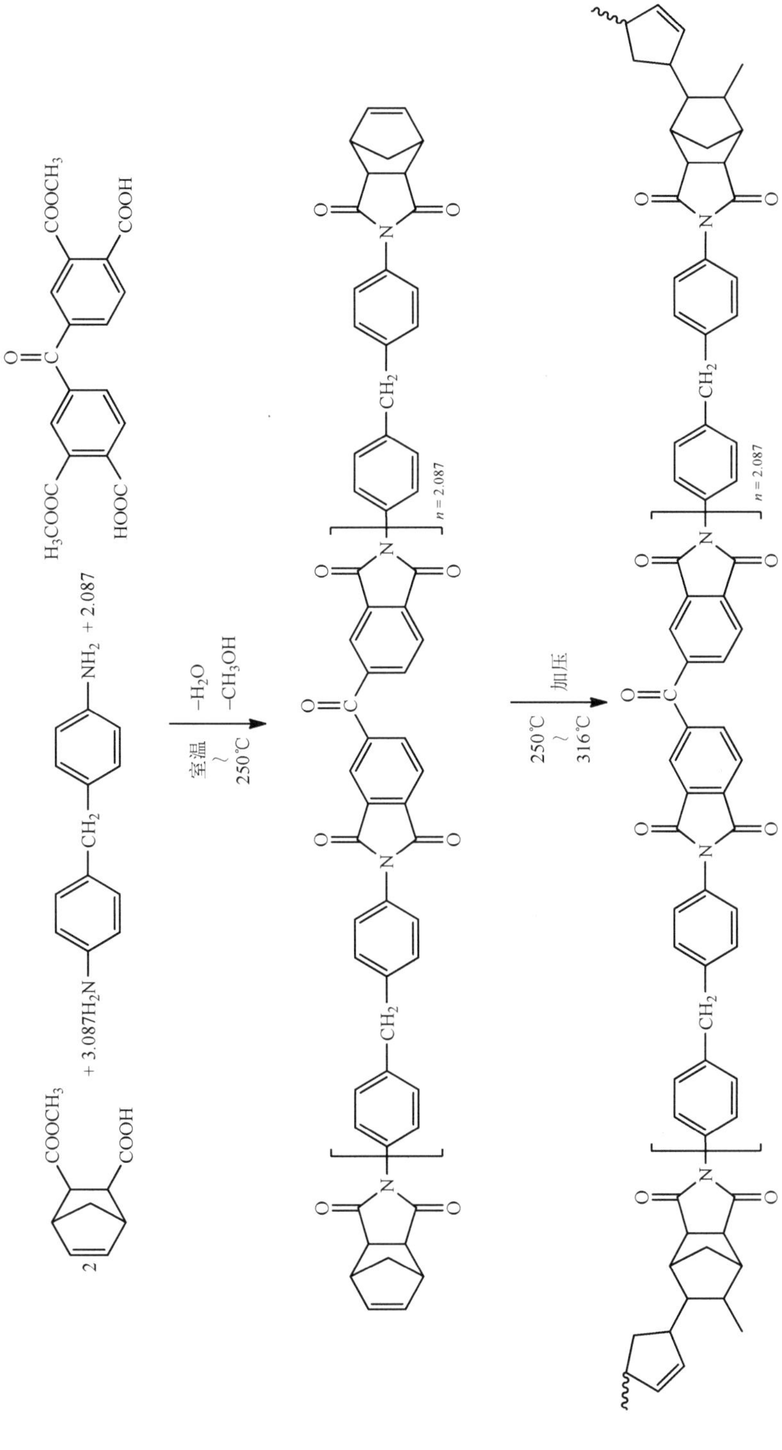

图 18-25　降冰片烯封端聚酰亚胺合成反应示意图

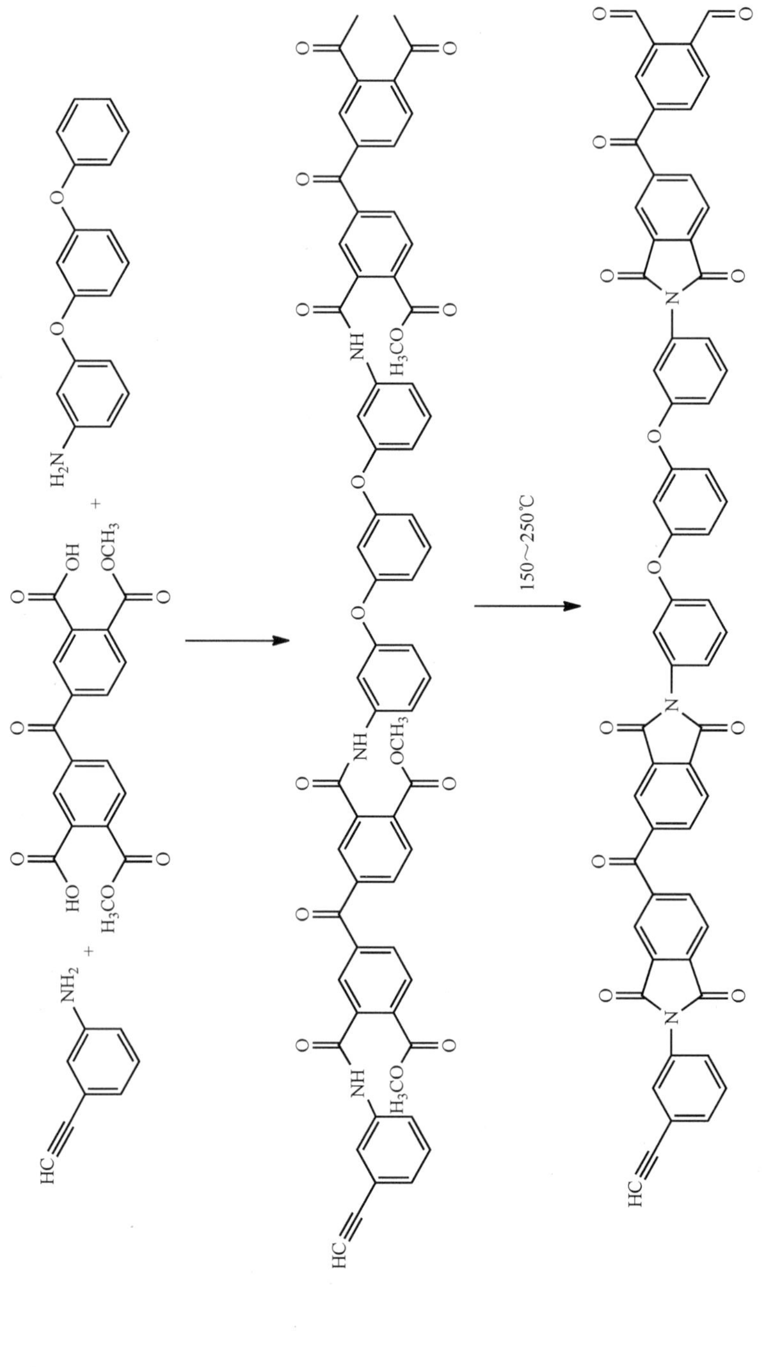

图 18-26　乙炔基封端聚酰亚胺 Thermid MC-600 合成反应示意图

150~250℃

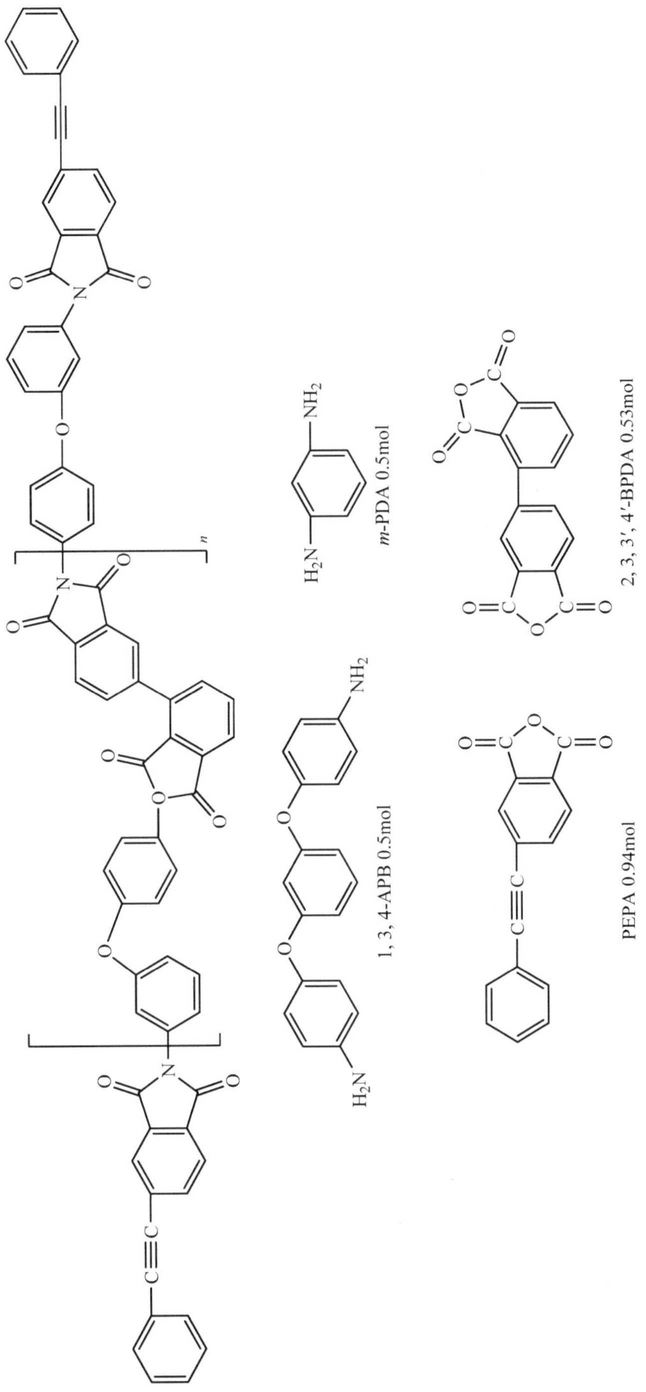

图 18-27　苯乙炔基封端聚酰亚胺 PETI-330 的单体配方和分子结构式

m-PDA 0.5mol

1, 3, 4-APB 0.5mol

2, 3, 3', 4'-BPDA 0.53mol

PEPA 0.94mol

乙炔基或苯乙炔基封端聚酰亚胺的热固化基团是碳碳三键，端乙炔基需要在 200～250℃交联固化，而苯乙炔基则需要在 250～300℃交联固化。因此，苯乙炔基封端聚酰亚胺具有较宽的加工窗口，固化物热稳定性也更好。

含乙炔基聚酰亚胺固化后玻璃化转变温度高于300℃（Thermid 600固化后 T_g 为354℃），层压复合材料具有很高的层间剪切强度。

含乙炔基聚酰亚胺作为特种基体树脂主要用作航空航天飞行器的耐高温复合材料，如飞机用轴承和发动机盖；另外美国高速客机采用苯乙炔封端聚酰亚胺胶黏剂。

18.5　树脂基复合材料成型工艺[5, 6]

复合材料的成型过程要完成树脂浸渍、与纤维复合、固化和后加工。一般情况下，树脂基复合材料的制备和制品的成型是同时完成的，材料的制备过程也就是其制品的生产过程。在复合材料成型过程中，增强材料的形状变化不大，但基体的形状和状态有较大变化。复合材料的制备应根据制品结构和使用要求来选择成型工艺；在成型过程中纤维预处理、纤维排布方式、成型温度和压力、成型时间等因素都影响复合材料性能。复合材料纤维与基体的界面黏结情况是决定其力学性能的关键因素，界面黏结除与纤维表面有关外，还与树脂的浸润性和流变性有关。

相对于其他类别复合材料（金属基复合材料、碳基复合材料、陶瓷基复合材料），树脂基复合材料的成型过程相对简单。一种复合材料可以用多种方法成型，应根据复合材料所需的纤维预制体、树脂品种、工艺成本、生产条件和应用需求等，选择最经济和最有效的成型工艺。

热固性树脂基复合材料和热塑性树脂基复合材料具有不同的加工工艺性，如表 18-2所示。

表 18-2　热固性树脂基复合材料和热塑性树脂基复合材料工艺对比

工艺性能	纤维含量	成型压力	成型速度	耐溶剂性	耐热性	存储性	材料费用
热固性树脂基复合材料	中到高	低（<1MPa）	慢（几小时）	好	高	好	低到高
热塑性树脂基复合材料	低到中	高（数兆帕）	快（几分钟）	差	低	稍差	低到中

18.5.1　复合材料成型工艺的类型和选择

按照不同分类方法，复合材料成型工艺的类型简介如下。

1. 按预成型方法的不同来分类

按照复合材料预成型方法的不同，可以将复合材料成型工艺分为手糊成型、短纤维喷射成型、缠绕成型和纤维编织-树脂传递模塑成型等。

其中，手糊成型是采用布、带或毡等纤维材料和低黏度树脂进行手糊的湿法工艺或者采用预浸料层贴的干法工艺。

短纤维喷射成型是将短切纤维和低黏度树脂胶液同时喷射到模具表面的常见成型工艺，其机械化程度和生产效率大大提高，便于现场制备大型部件。

缠绕成型是将连续长纤维纱或带浸渍胶液后缠绕到芯模或内衬上，然后固化定型；此工艺适合于回转体产品，机械化程度和生产效率较高。缠绕分为纤维和胶液分开的湿法缠绕、采用预浸纱的干法缠绕。缠绕制品可按照应力大小通过计算机程序排布纤维，纤维含量高、制品强度大。

编织-树脂传递模塑成型是近 20 年来发展起来的新技术。利用纤维编织技术，将纤维编织成与产品形状尺寸基本一致的三维立体织物；经树脂传递模塑等完成树脂的浸渍、固化而得到具有较高层间剪切强度的复合材料制品。

2. 按成型压力来分类

按照复合材料制备过程中的压力不同，可以将复合材料成型工艺分为接触成型、真空袋成型、反应注射成型（reaction injection molding，RTM）成型、拉挤成型、压力袋成型、热压罐成型、模压成型、增强反应注射成型（reinforced reaction injection molding，RRIM）等。

接触成型在固化时不需要施加压力，主要是手糊成型和喷射成型。

真空袋成型是指利用真空袋将预浸料铺层密封，由内向外抽出空气和挥发分，借助大气压在固化过程中进行低压固化。

RTM 成型是指利用低黏度液体树脂在压力输送下浸渍铺放在模具中的纤维预制体，再密闭热固化的工艺。此工艺要求树脂固化时几乎没有小分子挥发分释放。RTM 工艺与树脂膜熔渗工艺（resin film infusion，RFI）类似。

拉挤成型是将浸渍液体树脂胶液的纤维素连续通过加热口模，在压力下挤出多余树脂，在牵引力下加热固化，比较适合制备单向复合材料。

压力袋成型时，利用压缩气体通过橡胶袋将压力传递到预浸料铺层上，从而达到加压热固化的目的，压力一般为几个大气压。

热压罐成型时，利用热压罐内的加压气体，对密封在真空袋中的复合材料预浸料铺层坯料进行加压热固化，压力一般在几个到几十个大气压。

模压成型一般指将短纤维预混料或预浸布铺层密封在对模中施以高压的热固化工艺，制品平整度较高，但不适合连续生产。

3. 按模具开合情况来分类

复合材料闭模成型工艺包括模压成型、树脂传递模塑成型、注射成型、反应注塑成型等。复合材料开模成型工艺包括手糊成型、喷射成型、缠绕成型和拉挤成型等。复合材料编织成型工艺则不需要模具。

复合材料成型工艺的选择需要考虑以下因素：制品数量、生产速率、制备成本等。一般地，对于数量多和外形复杂的复合材料小件，如机械零部件和电工部件，多采用模压热成型；对于外形简单的大尺寸部件，多采用手糊、喷射等成型；若制品为回转体，宜采用缠绕工艺；对于净尺寸成型制品，则会选择 RTM 等工艺；对于板材和线材，采用拉挤成型。

本节主要介绍航空航天复合材料制备过程中常用的几种成型工艺，如热压罐成型、缠绕成型、RTM 成型、模压成型等，以及辅助成型技术，如喷射成型、反应注射成型和手糊成型等。

18.5.2　复合材料热压罐成型工艺

热压罐是具有加热功能的大型圆柱形压力容器，一端封闭，另一端开门，是生产航空航天高性能复合材料的主要成型设备。热压罐成型过程包括：预浸料的制备；预浸料的剪裁与铺放；预浸料铺放后进模装袋；热固化；脱模和后加工。

1. 热压罐成型预浸料和工艺辅助材料

热压罐成型的主要原料是预浸料和工艺辅助材料。其中预浸料是纤维（单向纤维带或织物）浸渍树脂的片状料，纤维主要是碳纤维、玻璃纤维、芳纶纤维和涤纶纤维（低成本民用制品），树脂则包括聚醚酰亚胺、聚醚醚酮等热塑性树脂和酚醛、环氧和聚酰亚胺等热固性树脂。

复合材料预浸料的基本要求是：树脂与纤维的结合性要好；预浸料软而不黏、易于铺覆；挥发分控制在 3% 以内；室温储存期在一个月以上；具有适中的固化温度。复合材料预浸料的优点是：预浸料质量控制严格、质量稳定；树脂与纤维比例易调整；制造过程机械化和自动化；易于进行铺层设计，满足复合材料性能要求。当然预浸料也存在可选择树脂较少、生产环节较多和生产成本偏高的缺点。

热压罐成型工艺常用到的辅助材料有真空袋（聚乙烯薄膜或尼龙薄膜）及密封胶条、聚四氟乙烯隔离膜、玻璃棉等吸胶材料、连接真空管路的透气材料、聚四氟乙烯脱模布和周边挡条等。

2. 预浸料的制备

预浸料有单向预浸料和织物预浸料两种，前者便于铺层设计、充分发挥纤维的强度，后者剪裁和铺层方便。预浸料制备工艺包括溶液法和热熔法。

溶液法制备预浸料时，一般用到立式或卧式溶液浸胶机。在浸胶时可以放置在线黏度计监控胶液变化，以满足浸胶工艺要求。溶液法浸渍的主要工艺参数是胶液温度、黏度、浸渍速率、牵引张力、烘干温度和时间。溶液法预浸料生产的主要工艺过程是：纤维以一定的速率移动，脱除上浆剂后经浸渍带上一定量胶液；采用胶辊、刮刀或淋胶法挤出多余胶液；经过烘箱加热除去溶剂；检测含胶量和挥发分含量；覆隔离薄膜；收卷即得预浸料。整个工艺流程如图 18-28 所示。

热熔法制备预浸料需要用到热熔预浸机，也可以将胶膜和纤维预浸过程分开在不同设备上进行。热熔法的工艺流程如图 18-29 所示。主要工序包括：将预烘到合适黏度（5000～10000cP）的树脂熔胶放置在胶辊间，控制胶辊的间隙和旋转将树脂均匀涂在离型纸上得

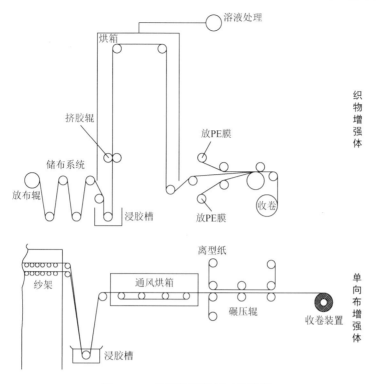

图 18-28　溶液法预浸料工艺流程

到厚度可调可控的树脂胶膜；树脂胶膜和单向纤维或织物经加热板和浸渍辊辊压，使得树脂熔体浸渗入纤维内部；降温后切边收卷。

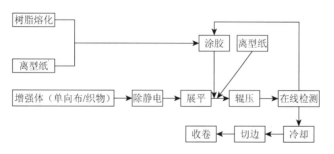

图 18-29　热熔法预浸料工艺流程

　　预浸料的铺层可以采用人工铺叠、机械辅助铺叠和自动铺叠。

　　人工铺叠既适合单向预浸带，也适合织物预浸料；目前仍大量应用在典型样件和复杂型面制件的生产；铺叠时应注意预浸料的层数和方向，防止少铺和铺错方向。铺好后经过压实赶出层间气泡，装入真空袋、抽真空，随后进入热固化阶段。

　　机械辅助铺叠是介于手工铺层和自动铺层之间的预浸料铺叠工艺。机械裁切有激光、刀片、超声和高压水裁切等方式。预浸料裁切后需要分类存放，更可以借助机械臂搬运至指定位置，该方法特别适合机翼蒙皮等大面积部件。

自动铺叠也称自动铺放技术，按照计算的纤维方向和顺序对预浸料进行全自动化铺层，一般由自动铺带机来完成。自动铺放技术大大提高了复合材料的质量和可靠性。在军机和民机复合材料制备中大量采用自动铺带技术，发展趋势是将自动铺带和丝束自动铺放技术相结合起来。

3. 预浸料坯件的固化

预浸料铺层后，将预浸料坯件和各种辅助材料按照如图 18-30 所示顺序组合装入真空袋，注意各种辅助材料必须铺放平整。确认真空袋与密封胶条气密性后，连接真空管路，关闭热压罐。启动真空泵抽出坯件中的空气和挥发分；升温至凝胶开始前停止真空并加压；按照热固性树脂的固化制度加热进行固化交联反应。固化结束后的降温阶段应采取较小的降温速率，防止复合材料中产生较大的残余应力。

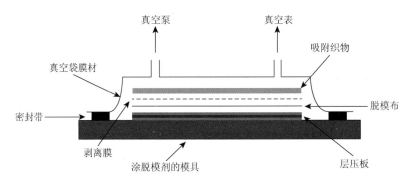

图 18-30　预浸料坯件组合系统（装入真空袋固化前）

热压罐复合材料成型技术适合于制造结构复杂、尺寸精度高的复合材料制件，主要应用在航空、航天、兵器和电子工业。

18.5.3　缠绕成型

缠绕成型是在纤维缠绕机上实现的，在一定张力和设定线型的条件下，将连续粗纱或布带浸渍合适的胶液后连续缠绕到芯模上，再经热固化定型得到复合材料制品。基本的缠绕模式有环向缠绕、纵向缠绕和螺旋缠绕。

1. 缠绕成型设备与主要原材料

缠绕成型的主要设备是缠绕机，辅助设备有浸胶装置、张力装置、固化装置等。纤维缠绕机一般指能缠绕球形、圆柱形和锥形体的、具有 2～4 个自由度和由计算机控制的螺旋缠绕机，又称万能缠绕机。按照芯模放置形式可以将缠绕机分为卧式、立式和倾斜式。通过控制芯模转动速率和缠绕嘴的平移速度可以方便地调节缠绕角，将纤维束准确地铺放到芯模上。

纤维缠绕中浸胶槽由浸胶辊、胶槽和压胶辊组成；通过浸胶设备得到预浸纤维束。缠绕时张力是重要的工艺参数。张力大小和均匀性直接影响复合材料制品的含胶量和致密性。张力由张力器施加；在螺旋缠绕和平面缠绕中纤维束张力控制在 4.4～17.6N，而在环向缠绕中一般使用较高的张力值（26.5～35.3N）。纤维缠绕坯件常用的固化设备是鼓风式电热烘箱、红外加热灯、蒸汽加热、热压罐和电子束固化等。

可用于缠绕的纤维有玻璃纤维、碳纤维、芳纶纤维、超高分子量聚乙烯纤维等；其中碳纤维和芳纶纤维主要用于武器复合材料的缠绕成型。玻璃纤维一般分为有捻或无捻纤维、单束或多束粗纱。芳纶纤维主要是杜邦公司的凯夫拉纤维，国内也有量产化的牌号；其强度和韧性得到很大的提高。碳纤维一般用高支数的单束纤维；考虑到碳纤维的脆性很大，建议采用湿法缠绕。

选择缠绕用基体树脂时，要保证对纤维有良好的浸润性、固化后与纤维的断裂伸长率匹配、工艺温度窗口要广、固化收缩率要低、毒性要小和成本要低廉。依据树脂的状态可以分为干法、湿法和半干法成型。选用树脂最好是液体状态，否则就要采用溶液，一般要求黏度在 1～3Pa·s。

常用缠绕树脂包括不饱和聚酯、乙烯酯树脂、环氧树脂、酚醛树脂等常见品种，也有氰酸酯树脂、改性双马树脂和聚酰亚胺树脂等特种品种。

2. 缠绕成型工艺

缠绕工艺过程包括芯模的制造、树脂胶液的配制、纤维上浆剂去除、浸胶、张力缠绕、固化、检验等工序，如图 18-31 所示。采用干法还是湿法缠绕，应根据对力学性能的要求、设备情况、原材料和批量化情况而定。

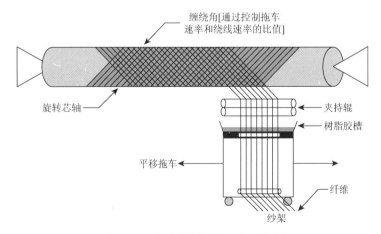

图 18-31　复合材料缠绕工艺示意图

影响缠绕复合材料性能的工艺参数主要是纤维浸胶、缠绕张力、缠绕速度和固化制度。纤维浸胶决定了含胶量的高低，含胶量过高时制品的强度会偏低，含胶量过低时制品的孔隙率增加且剪切强度偏低。

缠绕张力及其在纤维束之间张力的均匀性对复合材料质量影响极大；合适的缠绕张力使树脂产生预应力，提高抗撕裂的能力。为使制品各产热层在张力下不出现内松外紧现象，缠绕张力应有规律地递减，保证各层有相同的应力。缠绕速率应适中，以保证缠绕和制品的稳定。

固化制度包括加热范围、升温速率、恒温及时间、降温速率等。固化制度要根据相应树脂来选择，通过实验来确定。

3. 缠绕成型的特点与应用

缠绕成型复合材料的特点是：①比强度高，缠绕复合材料的比强度比钢高三倍；②避免了织物交织点或短纤维末端应力集中，因此复合材料的拉伸强度更高；③可使复合材料产品实现等强度结构，通过调整缠绕角和缠绕张力等参数，可使产品在任何方向实现设计强度。缠绕成型复合材料也存在以下缺点：复合材料制品内部也会较容易产生气孔、开孔周围应力集中程度较高、制品形状受到局限。

缠绕成型复合材料制品的主要应用包括以下领域：①压力容器（气瓶等压力容器在航空、航天和舰艇等方面应用广泛）；②化工管道（用于输送石油、天然气和化学品等，具有不生锈、轻质高强和耐久性好等优势）；③军工制品（如火箭发动机外壳、火箭发射筒、雷达罩、鱼雷发射管等）。

18.5.4　RTM 成型

如图 18-32 所示，RTM 是将合适的液体树脂注入闭合模具中浸润增强预制体并固化成型的工艺，特别适合多品种、中批量和近净尺寸成型。近些年 RTM 技术已经在航空航天和汽车等工业获得广泛的应用，预计将会得到更大的发展。

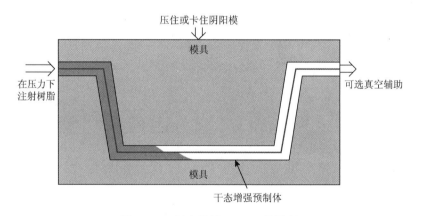

图 18-32　复合材料 RTM 工艺原理

1. RTM 成型的设备与原材料

RTM 成型设备包括树脂注射机和模具。树脂注射并在模具中流动应满足流程最短原则、树脂由下而上流动原则和冒口同时流胶原则。树脂注射机包括单组分和多组分注射系统，其中单组分注射系统适合于自固化树脂，而多组分注射系统（一般为双组分系统）适合于树脂和固化剂分开的高活性热固性树脂。

RTM 成型工艺对模具的要求很高，其组成包括上下模、模腔、夹紧装置、脱模装置、加热系统和注射系统。

RTM 技术的核心原材料是合适的液体树脂，还包括纤维预制体。

适合 RTM 工艺的树脂的基本要求是：①在室温或较低温度下具有较低的黏度，且在注射期间具有稳定的黏度；②树脂对纤维要有良好的浸润性；③固化收缩率要小，不产生或尽量少产生挥发分；④固化温度不能太高。

适合 RTM 成型的热固性树脂有乙烯酯树脂、环氧树脂、双马来酰亚胺树脂等，还有新出现的炔基酚醛树脂、炔基聚酰亚胺和硅芳炔树脂等。

增强纤维预制体可以制成各种形状，或者预埋金属或非金属预埋件。增强纤维的种类有玻璃纤维、碳纤维、芳纶纤维等。三维编织体是最理想的 RTM 预制体。

辅助材料包括脱模剂（石蜡、硅油）和固化剂等。

2. RTM 成型工艺

RTM 成型工艺包括以下几步：配胶；涂脱模剂和胶衣；预制体放置在模具中并合模；模具加热到预定的注射温度；真空排除空气后，注射树脂；树脂注满后，锁住出口；热固化；开模，取出复合材料制件。该过程可以分为独立的两部分：预制体加工；树脂的注入和固化。

预制体加工技术包括"剪裁-铺放"技术、纤维布缝合技术、定向纤维毡技术和 3D 编织技术。缝合技术虽然提高了层间强度和抗冲击性能，但会造成纤维损伤和静态强度的下降。

树脂注射是 RTM 成型的关键，直接决定着复合材料的生产周期、成本和质量。很多时候理想的工艺参数和最终制品的性能之间需要达成平衡。例如，为了达到成型周期短的要求，提高注射压力，但是压力提高会充乱纤维排布或树脂对纤维浸润不充分。

目前在 RTM 技术基础上，衍生出了特殊的 RTM 技术，包括真空辅助 RTM（vacuum-assisted resin transfer molding，VARTM）、压缩 RTM（compressed resin transfer molding，CRTM）、RFI 和共注射 RTM（co-injection resin transfer molding，CIRTM）。VARTM 是半开模的，在将树脂注入模腔过程中从模具冒口处抽真空。真空辅助不仅加大了充模动力，而且提高了树脂在纤维束间的微观流动速率，改善了树脂与纤维的浸润，有利于无缺陷复合材料。

3. RTM 成型的特点与应用

RTM 成型工艺具有以下优势：①预制体制造、树脂浸润和固化成型分开，复合材料可设计性强；②适用于纤维毡、无纺布、纺织布、针织物和三维编织物；③实现高达 65% 的纤维体积含量；④RTM 的闭模成型工艺可大大减少有害挥发分的危害；⑤可以制备大尺寸、外形复杂和表面光洁的净尺寸复合材料。但同时 RTM 工艺也存在以下缺点：双面模具费用高；适合 RTM 要求的树脂品种有限。

RTM 工艺既可以用于大批量工业制品的生产（汽车保险杠、车体结构、建筑框架和门、电器外壳、冷却塔风扇叶片、自行车架、滑雪板、轻轨车门等），更是航空航天高性能复合材料的理想成型技术（雷达罩、炸弹弹仓、鱼雷壳、曲面装甲板、导弹发射管、直升机传动轴、飞机机翼等），图 18-33 所示是采用 RTM 技术成型的 F35 飞机垂直尾翼。

图 18-33　采用 RTM 成型技术制备的 F35 垂直尾翼

18.5.5　模压成型

模压成型是复合材料制备技术中最古老又富有活力的，将预混料或预浸料放在金属模具中，经加压热固化而定型。

1. 模压成型的设备和原材料

模压所用设备包括预混料制备系统、预浸料制备系统和热压机。在预混料制备系统中，短切纤维经蓬松机处理后，在捏合机中与树脂胶液混合均匀，经烘干机烘至合适黏性后，经疏松机制得分散性均匀的预混料。在预浸料制备系统中，将连续纤维束或织物经过浸胶机、烘干机制备得到具有铺覆性的预浸料。热压机可以加热加压，按照树脂固化制度完成固化定型。

模压成型的主要原材料是纤维预制体、树脂和填料等。常用的增强材料是玻璃纤维布、玻璃纤维短切纤维、碳纤维布、碳纤维短切纤维和涤纶布等。常用的基体树脂有环氧树脂、酚醛树脂、有机硅树脂、乙烯酯树脂、聚酰亚胺树脂等。填料以无机填料为主，用来降低成型收缩率、改善表面光洁度、增强着色效果和降低成本，主要包括纳米碳酸钙、高岭土、氧化铝等。

2. 模压工艺

模压成型工艺包括片状模塑料（sheet molding compound，SMC）模压成型法、团状模塑料（dough molding compound，DMC）模压成型法、层压模压法和织物模压法等。

SMC 属于预浸毡料，重现性好，操作环保，制品质量好。主要应用在汽车、电器电气、通信工程和建筑工程领域；其中汽车制造涉及大量片状模塑料。DMC 是热固性树脂短纤维预混料，在电器、仪表、化工、军工部件上应用广泛。层压模压法是将预浸布剪裁成预定的形状和尺寸，在模具中层叠铺放后经热压得到层合复合材料；该工艺可在军工高强度复合材料制品上应用。织物模压法是将预制形状织物浸渍树脂后进行热压成型，所制备的复合材料层间剪切强度大幅提高；但该工艺成本较高，仅适用于特殊模压制品。

18.5.6　其他成型技术

本节简单介绍其他复合材料成型工艺，如喷射成型、拉挤成型、手糊成型、注射模压成型和反应注射模压成型等。

1. 喷射成型的设备、原材料与工艺

如图 18-34 所示，喷射成型借助特殊喷枪（在线混合引发剂和树脂、喷枪切割器将连续纤维束短切），将树脂和短切纤维同时喷射到模具上、并用压辊压实，再室温固化成型。喷射成型较少用于先进复合材料，但适合制备大型部件。

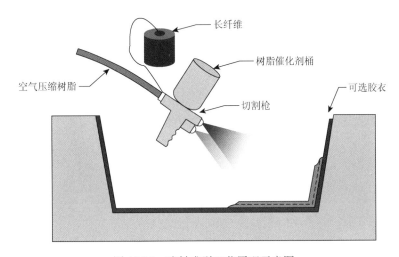

图 18-34　喷射成型工艺原理示意图

喷射成型工艺设备主要是喷射机，由树脂喷射系统和粗纱切割喷射系统组成。喷射成型中模具分为阳模和阴模。喷射成型工艺所用增强材料是纤维粗纱，多为玻璃纤维，需要硅烷偶联剂处理。喷射成型常用的树脂包括不饱和聚酯树脂、双环戊二烯聚酯树脂等。

喷射成型的具体工艺步骤：在模具上涂脱模剂；上胶衣层；喷射成型；室温或加热固化；脱模、修整。

作为手糊成型技术的扩展，喷射成型在船舶、建筑和汽车部件上应用广泛，如游泳池、船体和储罐等。

2. 拉挤成型的设备、原材料与工艺

拉挤成型是一种连续成型工艺，适合制造不同截面形状的复合材料管、杆或板材等。在成型过程中，连续纤维束浸胶后，通过具有设定截面形状的模腔并受热凝胶定型，在牵引拉力作用下继续加热固化，可以拉拔成连续的型材。

拉挤成型所用的增强材料一般是玻璃纤维无捻粗纱、玻璃纤维连续毡、玻璃纤维布带、涤纶纤维束、芳纶纤维束或碳纤维粗纱等。

拉挤成型所用树脂一般要求黏度较低、固化收缩率较小、工艺使用期较长和固化时间较短。树脂品种主要包括不饱和聚酯树脂、环氧树脂、乙烯基酯树脂、酚醛树脂和聚氨酯树脂等。

拉挤成型具有较大的优势：拉挤型材在纵向的比强度和比模量很高；工艺过程自动化程度高，产品质量稳定；原材料利用率高；可以连续化制造；设备造价较低。

拉挤型材广泛应用于电气设备、体育用品、交通运输、耐腐蚀和航空航天领域，如电缆套管、车间防腐桁架、滑雪板、建筑板材、汽车行李架、矿企隧道撑架、飞船天线绝缘管等。

3. 手糊成型原材料与工艺

手糊成型适合于量小且尺寸大的复合材料制品，它是将增强纤维与树脂交替糊制在模具上，然后进行常温固化的复合材料制备技术（图 18-35）。

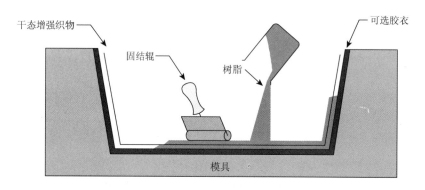

图 18-35　手糊成型工艺示意图

手糊成型的增强材料主要是无捻粗纱、无捻粗纱布、短切纤维毡、织物等，一般是玻璃纤维，有时也用到碳纤维。

手糊成型树脂一般选用不饱和聚酯树脂，其次是环氧树脂、酚醛树脂。所用的辅助原材料包括固化剂、填料和脱模剂等。

在手糊成型前，先进行纤维或布的剪裁，注意在强度要求较高的地方采用单向布增强、布片的搭接不少于 5cm、布片按照经纬向交替排列等。模具准备是手糊成型的重要步骤，有必要先喷涂或刷涂一层胶衣层，然后在手动压辊辅助下进行手糊。手糊用树脂胶液的黏度一般控制在 200～800MPa·s，保证其既可以很好地浸润纤维，又不至于流胶；树脂胶液一般控制在手糊操作后 30min 凝胶较好。

手糊成型的应用也比较广泛，如游船、舢板、灯塔、汽车车壳、火车门窗、油罐、器械外罩、赛艇、冷却塔等。

4. 注射和反应注射模压成型

注射成型工艺中，将粒粉料加热熔融、借助柱塞或螺杆驱动，使熔体以很高的压力和速度注入闭合模具并充满模腔，经热固化（热固性树脂）和冷却（热塑性树脂）定型。图 18-36 所示是注射模压成型工艺示意图。

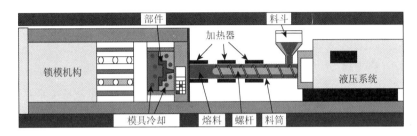

图 18-36　注射模压成型工艺示意图

注射成型压力为 100～200MPa，典型热固性复合材料生产周期为 30～60s。注射模压成型适合生产形状复杂的部件，尺寸精度高，自动化程度高；但也存在模具投资大、工艺参数复杂的缺点。

反应注射成型（RIM）是将聚合和成型结合起来的成型方法，将反应物计量后混合均匀并充入模具，在模腔中固化定型。改进的结构反应注射成型（structure reaction injection molding，SRIM）与 RIM 的不同是模腔中铺放纤维预制体。SRIM 成型时树脂黏度必须很低，以便充分浸润纤维和充满模腔。SRIM 成型常用玻璃纤维或碳纤维预制体；树脂一般是聚氨酯、聚脲、环氧树脂或酚醛树脂（黏度一般在 100MPa·s 以下）。SRIM 成型适合大规模生产复杂结构部件，如汽车上的货物箱、保险杠、仪表板等。

参 考 文 献

[1]　吴培熙，沈健. 特种性能树脂基复合材料. 北京：化学工业出版社，2003.

[2]　黄发荣，周燕. 先进树脂基复合材料. 北京：化学工业出版社，2008.

[3]　陈祥宝. 高性能树脂基体. 北京：化学工业出版社，1999.

[4]　Critchley J P，Knight G J，Wright W W. Heat-Resistant Polymers. New York：Plenum Press，1983.

[5]　益小苏 杜善义. 复合材料手册. 北京：化学工业出版社，2009.

[6]　Mazumdar S K. Composites Manufacturing：Materials，Product and Process Engineering. Boca Raton：CRC Press，2002.

附表 元素的中英文名称及发现与由来

原子序数	元素名称 中文	元素名称 英文	元素符号	发现者	元素名称由来
1	氢	Hydrogen	H	1766 年，英国贵族亨利·卡文迪西发现	即形成水的元素，由希腊语 Ydor（意思是水，演变为拉丁语就是 Hydra）和 Gennao（由……构成）构成
2	氦	Helium	He	1868 年，法国天文学家让逊和英国天文学家诺曼·洛克利用太阳光谱发现	这是从太阳光谱中发现的元素，所以用希腊语 Helios（太阳）命名
3	锂	Lithium	Li	1817 年，瑞典人约翰·欧格思·阿弗韦森在分析叶长石时发现	因从叶石中发现而得名，希腊语 Lithos 意思是石头
4	铍	Beryllium	Be	1798 年，法国人路易·尼古拉斯·沃克朗在分析绿柱石时发现	因从绿宝石（Beryl）中发现而得名
5	硼	Boron	B	1808 年，法国人约瑟夫·路易·吕萨克与法国人路易士·泰纳尔合作发现，而英国化学家戴维只不过迟了 9 天发表	得名于硼砂，硼砂的拉丁语是 Boron，因为它可以熔融金属，阿拉伯语 Boron 的意思是焊接
6	碳	Carbon	C	1796 年，英国籍化学家史密森·特南特发现钻石由碳原子组成	古代就已发现，得名于炭（Carbon）
7	氮	Nitrogen	N	1772 年，瑞典化学家卡尔·威廉·舍勒和法国化学家拉瓦节与苏格兰化学家丹尼尔·卢瑟福同时发现氮气	即形成硝石的元素，由希腊语 Nitron（意思是硝石，演变为拉丁语就是 Nitre）得名
8	氧	Oxygen	O	1771 年，英国普里斯特里和瑞典舍勒发现；中国古代科学家马和发现（有争议）	即形成酸的元素，希腊语 Oxys（酸）
9	氟	Fluorine	F	1786 年化学家预言氟元素存在，1886 年由法国化学家莫瓦桑用电解法制得氟气而证实	得名于萤石（拉丁语 Fluor，原意是熔剂），化学成分是氟化钙
10	氖	Neon	Ne	1898 年，英国化学家莱姆塞和瑞利发现	来自希腊语 Neon（新的）
11	钠	Sodium	Na	1807 年，英国化学家戴维发现并用电解法制得	因电解苏打（Soda，化学成分是碳酸钠）制得而得名。拉丁语 Natrium 意思也是苏打
12	镁	Magnesium	Mg	1808 年，英国化学家戴维发现并用电解法制得	得名于苦土（Magnesia，希腊一个盛产苦土的地方）
13	铝	Aluminum	Al	1825 年，丹麦 H. C. 奥斯特用无水氯化铝与钾汞齐作用，蒸发掉汞后制得	得名于明矾（拉丁语 Alumen，原意是具有收敛性的矾），化学成分是硫酸铝钾
14	硅	Silicon	Si	1823 年，瑞典化学家贝采尼乌斯发现它为一种元素	得名于石英玻璃（Silex）
15	磷	Phosphorus	P	1669 年，德国人波兰特通过蒸发尿液发现	因会发出冷光而得名，由希腊语 Phos（光）和 Phoros（带来）构成
16	硫	Sulfur	S	古人发现（法国拉瓦锡确定它为一种元素）	古代就已发现，因其晶体呈黄色而得名（梵语 Sulvere，意思是鲜黄色）
17	氯	Chlorine	Cl	1774 年，瑞典化学家舍勒发现氯气，1810 年英国戴维指出它是一种元素	以氯气的颜色绿色而得名，希腊语 Chloros 意思是绿色

原子序数	元素名称		元素符号	发现者	元素名称由来
	中文	英文			
18	氩	Argon	Ar	1894 年，英国化学家瑞利和莱姆塞发现	来自希腊语 Argon（懒惰）
19	钾	Potassium	K	1807 年，英国化学家戴维发现并用电解法制得	因电解木灰碱（Potash，化学成分是碳酸钾）制得而得名。拉丁语 Kalium 意思也是木灰碱
20	钙	Calcium	Ca	1808 年，英国化学家戴维发现并用电解法制得	得名于石灰（Calx）
21	钪	Scandium	Sc	1879 年，瑞典人尼尔逊发现	因其发现者是瑞典人，为纪念他的祖国（Scandinavia，斯堪的纳维亚）而得名
22	钛	Titanium	Ti	1791 年，英国人马克·格列戈尔从矿石中发现	以希腊神话人物 Titan 命名
23	钒	Vanadium	V	1831 年，瑞典瑟夫斯特木研究黄铅矿时发现，1867 年英国罗斯特首次制得金属钒	以北欧女神 Vanadis 命名
24	铬	Chromium	Cr	1797 年，法国路易·尼古拉·沃克兰在分析铬铅矿时发现	因其化合物具有多种颜色而得名，希腊语 Chroma 意思是"美丽的颜色"
25	锰	Manganese	Mn	1774 年，瑞典舍勒从软锰矿中发现	因该矿产的产地 Manganesia（位于土耳其）而得名
26	铁	Iron	Fe	古人发现	古代就已发现，英语为 Iron（从 Iren 演变过来），德语为 Eisen
27	钴	Cobalt	Co	1735 年，布兰特发现	意思是"地下小魔"（德语 Kabalt），因为它能使玻璃变成蓝色
28	镍	Nickel	Ni	中国古人发现并使用。1751 年，瑞典矿物学家克朗斯塔特首先认为它是一种元素	意思是"骗人的小鬼"（德语为 Nickle），因为它和钴（27）有同样的性质，能使玻璃变成绿色
29	铜	Copper	Cu	古人发现	古代就已发现，因首次从塞浦路斯岛（Aes Cyprium）获得该金属而得名
30	锌	Zinc	Zn	中国古人发现	古代就已发现，名称起源尚不清楚，可能来自德语 Zinke（穗状或锯齿状物）
31	镓	Gallium	Ga	1875 年，法国布瓦博德朗研究闪锌矿时发现	因其发现者是法国人，为纪念他的祖国（Gallo，高卢，法国的古称）而得名
32	锗	Germanium	Ge	1885 年，德国温克莱尔发现	因其发现者是德国人，为纪念他的祖国（German，日耳曼，一般就指德国）而得名
33	砷	Arsenic	As	公元 317 年，中国葛洪从雄黄、松脂、硝石合炼制得，后由法国拉瓦锡确认为一种新元素	关于它的词源，一种说法是出自 Arsen（Arsen，意思是强烈），因为砒霜（砷的氧化物）是一种烈性毒药；另一种说法是由波斯语 Az-Zarnikh（雌黄，Az 是阴性冠词，Zar 意思是黄金）演变而来
34	硒	Selenium	Se	1817 年，瑞典贝采尼乌斯发现	意思是月亮的元素（Selene，希腊神话中的月亮女神）
35	溴	Bromine	Br	1824 年，法国巴里阿尔发现	因恶臭的特性而得名，希腊语 Bromos 意思是恶臭

原子序数	元素名称		元素符号	发现者	元素名称由来
	中文	英文			
36	氪	Krypton	Kr	1898 年，英国莱姆塞和瑞利发现	来自希腊语 Krypton（隐藏）
37	铷	Rubidium	Rb	1860 年，德国本生与基尔霍夫利用光谱分析发现	因其光谱是红色（Rubidus，拉丁语深红色）而得名
38	锶	Strontium	Sr	1808 年，英国化学家戴维发现并用电解法制得	据说这种元素来自于苏格兰的 Strontian 铅矿，所以得名 Strontia（锶土）
39	钇	Yttrium	Y	1789 年，德国克拉普鲁特发现	因钇土原产于瑞典的 Ytterby 而得名
40	锆	Zirconium	Zr	1789 年，德国化学家克拉普罗斯在锆石中发现	阿拉伯语意思是朱砂，波斯语意思是金色
41	铌	Niobium	Nb	1801 年，英国化学家哈契特发现	因首先在北美的钶矿石中发现这种元素，而以哥伦布（Columbus）的名字命名。后来从钶矿中分离出钽（73），才真正得到该元素，遂用 Tantalus 女儿的名字 Niobe 命名
42	钼	Molybdenum	Mo	1778 年，瑞典舍勒发现，1883 年瑞典人盖尔姆最早制得	其硫化物和石墨一样都是黑色矿物，德语通称为 Molybdon，由此得名
43	锝*	Technetium	Tc	1937 年，美国劳伦斯用回旋加速器首次获得，由意大利佩列尔和美国西博格鉴定为一新元素。它是第一种人工制造的元素	它是人造元素，所以用希腊语 Technetos（人工制造）
44	钌	Ruthenium	Ru	1827 年，俄国奥赞在铂矿中发现，1844 年俄国克劳斯在乌金矿中也发现它并确认为它是一种新元素	因其发现者是两名俄国化学家，为纪念他们的祖国（Russia，俄罗斯）而得名
45	铑	Rhodium	Rh	1803 年，英国沃拉斯顿从粗铂中发现并分离	因其化合物呈玫瑰红色而得名，希腊语 Rodon 意思是玫瑰花
46	钯	Palladium	Pd	1803 年，英国沃拉斯顿从粗铂中发现并分离	为纪念不久前发现的武女星 Pallas 而得名
47	银	Argentum	Ag	古人发现	古代就已发现，来源于希腊语 Argyros（词头 Argos 意思是光泽或白色）来的，英语为 Silver
48	镉	Cadmium	Cd	1817 年，F. 施特罗迈尔从碳酸锌中发现	得名于水锌矿 Calamine，希腊语是 Cadmein（可能是以希腊神话人物 Cadmus 命名的）
49	铟	Indium	In	1863 年，德国里希特和莱克斯利用光谱分析发现	因其光谱是靛蓝色（Indigo）而得名
50	锡	Stannum	Sn	古人发现	古代就已发现，原意是坚硬，因为铜被掺入锡后会得到更加坚硬的青铜，英语为 Tin
51	锑	Stibium	Sb	古人发现	古代就已发现，英语为 Antimony，词头 Anti-意思是反对，词尾是从 Monk（僧侣）变化而来的，传说辉锑矿可以治疗僧侣的常见病，但是很多僧侣服用后病情反而恶化，故被认为是僧侣的克星
52	碲	Tellurium	Te	1782 年，F. J. 米勒·赖兴施泰因在含金矿石中发现	按照同族元素硒（34）的命名方法，称其为地球的元素（Tellus，罗马神话中的大地女神特勒斯）

续表

原子序数	元素名称		元素符号	发现者	元素名称由来
	中文	英文			
53	碘	Iodine	I	1814 年，法国库瓦特瓦（1777—1838）发现，后由英国戴维和法国盖·吕萨克研究确认其为一种新元素	以碘的颜色紫色而得名，希腊语 Iodhs 意思是紫色
54	氙	Xenon	Xe	1898 年，英国拉姆塞和瑞利发现	来自希腊语 Xenon（奇异）
55	铯	Cesium	Cs	1860 年，德国本生和基尔霍夫利用光谱分析发现	因其光谱是蓝色（Caesius，拉丁语天蓝色）而得名
56	钡	Barium	Ba	1808 年，英国化学家戴维发现并制得	来源于重晶石（Baryta），因该矿石产于意大利的博罗尼亚（Bologna）而得名
57～71	镧系	Lanthanide	La～Lu		
57	镧	Lanthanum	La	1839 年，瑞典莫山吉尔（1797—1858）从粗硝酸铈中发现	因其隐藏在稀土中而得名，希腊语 Lanthanein 意思是隐藏
58	铈	Cerium	Ce	1803 年，瑞典贝采利乌斯、德国克拉普罗特、瑞典希新格分别发现	为纪念第一颗刚发现的小行星 Ceres（罗马神话中谷类的女神）而得名
59	镨	Praseodymium	Pr	1885 年，奥地利威斯巴（1858—1929）从镨钕混合物中分离出玫瑰红的钕盐和绿色的镨盐而发现	来自镨土（Praseodymia），是由希腊语 Pratos（葱绿）和 Didymos（孪晶）构成的，意思是绿色的孪晶
60	钕	Neodymium	Nd	1885 年，同上	来自钕土（Neodymia），意思是新的孪晶，参见氖（10）和镨（59）
61	钷	Promethium	Pm	1945 年，美国马林斯基、格伦德宁和科里宁从原子反应堆铀裂变产物中发现并分离	得名于希腊神话人物普罗米修斯（Prometheus）
62	钐	Samrium	Sm	1879 年，法国布瓦博德朗发现	得名于钐土（Samaria），是俄国矿物学家 B. E. Самарский（V. E. Samarskii）发现的
63	铕	Europium	Eu	1896 年，法国德马尔盖发现	用来纪念欧洲（Europa）
64	钆	Gadolinium	Gd	1880 年，瑞士人马里尼亚克从萨马尔斯克矿石中发现。1886 年，法国布瓦博德朗制出纯净的钆	得名于钆土（Gadoina），为了纪念芬兰化学家加多林（J. Gadolin），他发现了第一种稀土元素钇（39）
65	铽	Terbium	Tb	1843 年，瑞典莫桑德尔发现，1877 年正式命名	得名于瑞典的 Ytterby，参见钇（39）
66	镝	Dysprosium	Dy	1886 年，法国布瓦博德朗发现，1906 年法国于尔班制得较纯净的镝	得名于希腊语 Dysprositos，意思是难以获得的
67	钬	Holmium	Ho	1879 年，瑞典克莱夫从铒土中分离出并发现	因其发现者是瑞典人，为纪念他的故乡斯德哥尔摩（Stockholm）而得名
68	铒	Erbium	Er	1843 年，瑞典莫德桑尔用分级沉淀法从钇土中发现	得名于瑞典的 Ytterby，参见钇（39）
69	铥	Thulium	Tm	1879 年，瑞典克莱夫从铒土中分离出并发现	因其发现者是瑞典人，就以斯堪的纳维亚的古名 Thule（北极的陆地）命名
70	镱	Ytterbium	Yb	1878 年，瑞士马里尼亚克发现	得名于瑞典的 Ytterby，参见钇（39）
71	镥	Lutetium	Lu	1907 年，奥地利韦尔斯拔和法国于尔班从镱土中发现	其发现者是法国人，为纪念他的故乡巴黎（Lutetia，巴黎的旧称）而得名

原子序数	元素名称		元素符号	发现者	元素名称由来
	中文	英文			
72	铪	Hafnium	Hf	1923 年，瑞典化学家赫维西和荷兰物理学家科斯特发现	因其发现者在哥本哈根（也称 Hafnia）取得的成就而得名
73	钽	Tantalum	Ta	1802 年，瑞典艾克保发现，1844 年德国罗斯首先将铌、钽分开	因其不被酸腐蚀的性质而和希腊神话中宙斯之子 Tantalus（因受罚而浸在水中，但不能吸收水分）相提并论
74	钨	Wolframium	W	1781 年，瑞典舍勒分解钨酸时发现	得名于德国的黑钨矿（Wolframite），所以德语称其为 Wolfram。其英语名称 Tungsten 原意是重石，主要成分是钨酸钙
75	铼	Rhenium	Re	1925 年，德国地球化学家诺达克夫妇从铂矿中发现	为纪念莱茵河（Rhine）而得名
76	锇	Osmium	Os	1803 年，英国化学家坦南特等用王水溶解粗铂时发现	因其化合物带有臭味而得名，希腊语 Osme 意思是臭味
77	铱	Iridium	Ir	1803 年，英国化学家坦南特等用王水溶解粗铂时发现	因其化合物呈彩色而得名，希腊语 Iris 意思是虹
78	铂	Platinum	Pt	1735 年，西班牙安东尼奥·乌洛阿在平托河金矿中发现，1748 年由英国化学家 W. 沃森确认为一种新元素	得名于 Platina Del Pinto 的金属，当铂的价值未被发现时，它常被奸商掺在黄金中
79	金	Aurum	Au	古人发现	古代就已发现，英语为 Gold
80	汞	Hydragyrum	Hg	古希腊人发现	是由拉丁语 Hydra（水）和 Argyrum（银）组成的，参见氢（1）和银（47）。英语为 Mercury，意思是罗马神话中众神的信使，说明该金属有流动性，古代就已发现
81	铊	Thallium	Tl	1861 年，英国克鲁克斯利用光谱分析发现	因其光谱是绿色而得名（Thallium，拉丁语绿枝的意思）
82	铅	Plumbum	Pb	古人发现	原指铅（Plumbum Nigrum，黑铅）和锡（Plumbum Album，白铅），古代就已发现。英语为 Lead，原意为领导，可能逐步引申为导线和铅锤
83	铋	Bismuth	Bi	1450 年，德国瓦伦丁发现	是从德语 Wismut（可能得名于白色金属，或是褐铁矿石）翻译过来的
84	钋	Polonium	Po	1898 年，法国皮埃尔·居里夫妇发现	这是居里夫人为纪念她的祖国波兰（拉丁语为 Polonia）而起的名字
85	砹	Astatine	At	1940 年，美国化学家西格雷、科森等人用 α-粒子轰击铋靶发现并获得	来自希腊语 Astatos，意思是不稳定
86	氡	Radon	Rn	1903 年，英国莱姆塞仔细观察研究镭射气时发现	也称镭射气，这是由镭（88）衰变而来的元素，后缀-on 表示惰性气体
87	钫	Francium	Fr	1939 年，法国化学家佩雷（女）提纯锕时意外发现	因发现者是法国人，为纪念自己的祖国（France）而命名
88	镭	Radium	Ra	1898 年，法国化学家皮埃尔·居里夫妇发现，1910 年居里夫人制得第一块金属镭	意思是射线（Radiation）的给予者
89~103	锕系	Actinide	Ac~Lr		

续表

原子序数	元素名称		元素符号	发现者	元素名称由来
	中文	英文			
89	锕	Actinium	Ac	1899 年，法国 A. L. 德比埃尔从铀矿渣中发现并分离获得	因为放射性衰变而得名，Active 是活动的意思
90	钍	Thorium	Th	1828 年，瑞典贝采尼乌斯发现	以北欧神话中的雷神（Thor）命名
91	镁	Protactinium	Pa	1917 年，F. 索迪、J. 格兰斯通、D. 哈恩、L. 迈特纳各自独立发现	意思是原始的（前缀 Proto-）锕（Actinum），因为镁可以衰变为锕（89）
92	铀	Uranium	U	1789 年，德国克拉普罗特（1743-1817）发现，1842 年人们才得金属铀	为纪念不久前发现的天王星（Uranus，希腊神话人物）而得名
93	镎	Neptunium	Np	1940 年，美国艾贝尔森和麦克米等用人工核反应制得	按照铀（92）的命名方法，用海王星（Neptune，罗马神话中的海神）命名
94	钚	Plutonium	Pu	1940 年，美国西博格、沃尔和肯尼迪在铀矿中发现	按照铀（92）和镎（93）的命名方法，用冥王星（Pluto，冥王）命名
95	镅*	Americium	Am	1944 年，美国西博格和吉奥索等用质子轰击钚原子制得	因发现者是美国人，为纪念他的国家（America，美洲）而得名
96	锔*	Curium	Cm	1944 年，美国西博格和吉奥索等人工制得	以纪念法籍波兰科学家居里夫人（Marie Curie，1867—1934），她发现了钋（84）和镭（88），是 1903 年诺贝尔物理学奖和 1911 年诺贝尔化学奖获得者
97	锫*	Berkelium	Bk	1949 年，美国西博格和吉奥索等人工制得	因该元素发现于伯克利大学（Berkeley）而得名
98	锎*	Californium	Cf	1950 年，美国西博格和吉奥索等人工制得	得名于发现该元素的伯克利大学的所在地加利福尼亚（California）
99	锿*	Einsteinium	Es	1952 年，美国吉奥索观测氢弹爆炸产生的原子"碎片"时发现	以纪念犹太裔德国物理学家爱因斯坦（Albert Einstein），他创立了相对论，是 1921 年诺贝尔物理学奖获得者
100	镄*	Fermium	Fm	1952 年，美国吉奥索观测氢弹爆炸产生的原子"碎片"时发现	以纪念美籍意大利核物理学家费米（Enrico Fermi），他是 1938 年诺贝尔物理学奖获得者
101	钔*	Mendelevium	Md	1955 年，美国吉奥索等用氦核轰击锿制得	以纪念俄国化学家门捷列夫（Д. И. Менделее в，D. I. Mendeleev），他发现了元素周期律
102	锘*	Nobelium	No	1958 年，美国加利福尼亚大学与瑞典诺尔研究所合作，用碳离子轰击锔制得	以纪念瑞典化学家诺贝尔（Alfred Bernard Nobel），他被誉为"炸药之父"，是诺贝尔奖的创立者
103	铹*	Lawrencium	Lr	1961 年，美国加利福尼亚大学科学家以硼原子轰击锎制得	以纪念美国核物理学家劳伦斯（Ernest Orlando Lawrence），他是 1939 年诺贝尔物理学奖获得者
104	𬬻	Rutherfordium	Rf	1964 年，俄国弗廖洛夫和美国吉奥索各自领导的科学小组分别人工制得	以纪念英国核物理学家卢瑟福（Ernest Ruther-ford），他获得过 1909 年诺贝尔化学奖，还发现了原子核和质子（获奖后的贡献）

原子序数	元素名称 中文	元素名称 英文	元素符号	发现者	元素名称由来
105	𬭊*	Dubnium	Db	1967 年，俄国弗廖洛夫和美国吉奥索各自领导的科学小组分别人工制得	以纪念犹太裔德国核物理学家哈恩（Otto Harn），他发现了铀原子的核裂变反应，是 1944 年诺贝尔化学奖获得者，现在称 Db（Dubnium），是以莫斯科杜布纳（Dubna）核研究中心命名的
106	𬭳*	Seaborgium	Sg	1974 年，俄国弗廖洛夫等用铬核轰击铅核制得，同年美国吉奥索、西伯格等用另外的方法也制得	以纪念美国核物理学家西伯格（Glenn Theodore Seaborg, 1912—1999），他发现了镎（93），是 1951 年诺贝尔化学奖获得者
107	𬭛*	Bohrium	Bh	1981 年发现，由丹麦物理学家玻耳命名	以纪念丹麦物理学家玻耳（Niels Henrik David Bohr, 1885—1962），他是量子力学的奠基人之一，1922 年诺贝尔物理学奖获得者
108	𬭶*	Hassium	Hs	1984 年，发现于欧洲著名科学城——德国黑森州（Hessen）的达姆施塔特市（Darmstadt）重离子研究中心	以用该重离子研究中心实验室的所在地黑森州（Hessen）命名
109	鿏*	Meitnerium	Mt	1982 年，德国达姆施塔特重离子研究中心，用铁-58 跟铋-209 在粒子加速器中合成了 109 号元素	以纪念犹太裔瑞典核物理学家麦特纳（Lise Meitner, 1878—1968），他和哈恩（参见第 105 号元素）共同发现了铀原子的核裂变反应
110	𫟼*	Darmstadtium	Ds	1994 年，德国达姆施塔特的重离子研究中心发现	含义与地名 Darmstadt 有关
111	𬬭*	Roentgenium	Rg	1994 年，德国重离子研究中心西尔古德·霍夫曼教授领导的国际科研小组首先发现	含义与伦琴（Roentgen）有关
112	鿔*	Copernicium	Cn	1996 年，德国达姆施塔特重离子研究中心（GSI）西格·霍夫曼（Sigurd Hofmann）和维克托·尼诺夫（Victor Ninov）领导的研究团队合成出来	为纪念著名天文学家哥白尼（Copernicus）而得名
113	鿭	Nihonium	Nh	2004 年，日本理化学研究所、中国科学院兰州近代物理研究所、中国科学院高能物理研究所发现	以日本国名（Nihon）命名
114	𫓧	Flerovium	Fl	2000 年，俄罗斯弗廖罗夫核反应实验室合成	以纪念苏联原子物理学家乔治·弗洛伊洛夫（Georgy Flyorov, 1913—1990）
115	镆	Moscovium	Mc	2004 年，由俄罗斯杜布纳联合核子研究所和美国劳伦斯利福摩尔国家实验室联合组成的科学团队成功合成	以"莫斯科"英文地名拼写为开头的 Moscovium（缩写 Mc）
116	𫟷	Livermorium	Lv	2004 年，美国劳伦斯利福摩尔国家实验室合成	以纪念劳伦斯利福摩尔国家实验室（LLNL）对元素发现作出的贡献
117	石田	Tennessine	Ts	美国劳伦斯利福摩尔国家实验室、橡树岭国家实验室和俄罗斯杜布纳联合核子研究所的科学家共同合成	以"田纳西州"英文地名拼写为开头 Tennessine（缩写 Ts）
118	气奥	Oganesson	Og	由美国劳伦斯利福摩尔国家实验室与俄罗斯杜布纳联合核子研究所的科学家联合合成	为向超重元素合成先驱者、俄罗斯物理学家尤里·奥加涅相致敬